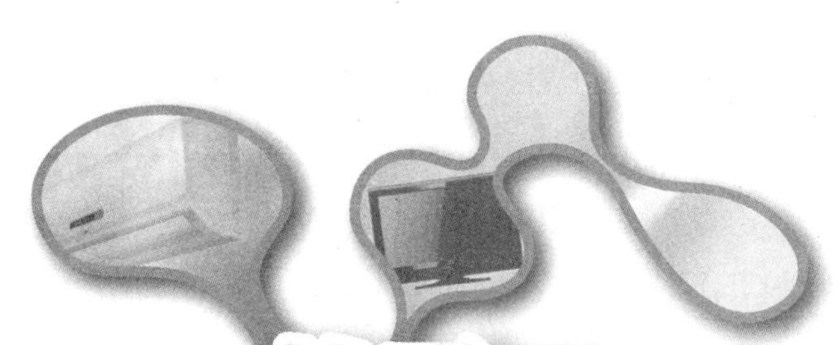

基于Cortex-M3和IPv6的物联网技术

开发与应用

廖建尚 编著

清华大学出版社
北 京

内容简介

本书介绍了基于Cortex-M3和IPv6的物联网开发技术与应用，由浅入深地对物联网系统的开发进行介绍。全书采用任务式开发的学习方法，共积累了70个趣味盎然、贴近生活的案例，每个案例均有完整的开发过程，分别是明确的学习目标、清晰的环境开发要求、深入浅出的原理学习、详细的开发内容和完整的开发步骤，最后进行总结和拓展，引导读者轻松完成理论学习，并将理论与开发实践有机地结合起来。

本书按照知识点分类，将嵌入式系统和物联网系统的开发技术、Cortex-M3接口技术、传感器驱动、无线传感网络技术、Contiki操作系统基本知识和网络技术、IPv6综合开发技术、物联网平台开发技术、Android移动互联网开发结合在一起，实现了各种领域的物联网的数据采集、传输和控制，并提供案例及其源代码，读者可以快速上手。

本书既可作为高等院校相关专业的教材或教学参考书，也可供相关领域的工程技术人员查阅，且适合微处理器和物联网系统开发爱好者使用。

图书在版编目(CIP)数据

基于Cortex-M3和IPv6的物联网技术开发与应用/廖建尚编著．—北京：清华大学出版社，2017
ISBN 978-7-302-47217-9

Ⅰ．①基…　Ⅱ．①廖…　Ⅲ．①互联网络－应用－研究 ②智能技术－应用－研究　Ⅳ．①TP393.4 ②TP18

中国版本图书馆CIP数据核字(2017)第125798号

责任编辑：刘向威　张爱华
封面设计：文　静
责任校对：焦丽丽
责任印制：宋　林

出版发行：清华大学出版社
网　　址：http://www.tup.com.cn，http://www.wqbook.com
地　　址：北京清华大学学研大厦A座　　**邮　　编**：100084
社 总 机：010-62770175　　**邮　　购**：010-62786544
投稿与读者服务：010-62776969，c-service@tup.tsinghua.edu.cn
质量反馈：010-62772015，zhiliang@tup.tsinghua.edu.cn
课件下载：http://www.tup.com.cn，010-62795954
印 装 者：三河市金元印装有限公司
经　　销：全国新华书店
开　　本：185mm×260mm　**印　张**：36.5　**字　　数**：890千字
版　　次：2017年11月第1版　**印　　次**：2017年11月第1次印刷
印　　数：1～2000
定　　价：89.00元

产品编号：074143-01

前　言

物联网和移动互联网的迅猛发展慢慢改变了人类社会的生产方式、人们的工作方式、生活习惯等。国家规划在9大重点领域推广物联网，分别是智能工业、智能农业、智能物流、智能家居、智能交通、智能电网、智能环保、智能安防、智能医疗，并得到了广泛的应用且逐步改变着这些产业的结构。

物联网系统涉及的技术很多，对于一个有志于从事物联网开发的人，必须掌握处理器外围接口的驱动开发技术、相应传感器的驱动开发技术，能开发应用程序和移动端程序。本书从STM32处理器入手，详细讲解微处理器接口结束、传感器驱动、无线网络技术、基于Contiki操作系统网络开发技术、基于IPv6的多无线网络融合技术、Android开发技术和云平台开发技术以及物联网高级应用技术。书中理论清晰，实践案例丰富，逐步引导读者掌握物联网的各种开发技术。

本书是一本由浅入深地对物联网系统进行开发的书籍，全书采用任务式开发的学习方法，共积累了70个趣味盎然、贴近生活的案例，每个案例均有完整的开发过程，分别是明确的学习目标、清晰的环境开发要求、深入浅出的原理学习、详细的开发内容和完整的开发步骤，最后进行总结与拓展，引导读者进行理论学习，并将理论用于开发实践进行验证，强调理论与实践的有机结合，每个案例均附上完整的开发代码，在源代码的基础上可以快速进行二次开发，能方便地将其转化为各种比赛的案例，便于工程技术开发人员和科研工作人员进行科研项目等。

第1章介绍物联网的发展状况以及和IPv6的联系，讨论了本书开发使用的硬件平台STM32和物联网开发的软件环境搭建，以及如何用IAR建立工程。

第2～4章介绍基于STM32的开发技术，其中第2章是STM32外围接口开发，开发任务有GPIO控制、外部中断、串口通信、SYSTICK定时器、LCD、实时时钟、独立看门狗、窗口看门狗、定时器中断、内部温度传感器和DMA开发，引导读者掌握STM32外围接口开发；第3章是传感器驱动开发，在STM32的基础上完成各种传感器的原理学习与开发，有光敏传感器、温湿度传感器、雨滴/凝露传感器、火焰传感器、继电器、霍尔传感器、超声波测距传感器、人体红外传感器、可燃气体/烟雾传感器、酒精传感器、空气质量传感器、三轴加速度传感器、压力传感器、RFID读写和步进电机控制等，所介绍的传感器均是目前在社会上广泛应用的；第4章介绍了4种常用的无线网络技术，有IEEE 802.15.4无线网络驱动开发、IEEE 802.15.4点对点通信开发、蓝牙无线网络开发和WiFi无线网络开发，通过项目开发阐述了4种网络的特点。

第5～7章介绍Contiki操作系统和基于Contiki的开发技术，其中第5章介绍易于移植到微处理器上的小型操作系统Contiki，讨论了Contiki应用和数据结构，并将Contiki移植到 STM32，并在 Contiki 系统上进行进程开发、多进程开发、进程通信开发、定时器驱动开发和基于 Contiki 的 LCD 驱动开发；第 6 章介绍基于 Contiki 操作系统的无线网络项目开发，分别详细阐述了 Contiki 网络工程开发、IPv6 网关实现，并分模块实现三种网络的 IPv6 开发，分别有 IEEE 802.15.4 节点 RPL 组网开发、蓝牙节点 IPv6 组网开发、WiFi 节点 IPv6 组网开发、节点间 UDP 通信开发、节点间 TCP 通信开发、PC 与节点间 UDP 通信开发、PC 与节点间 TCP 通信以及 Protosocket 编程开发。第 7 章介绍基于 IPv6 的物联网综合项目开发，详细分析了基于 IPv6 的多无线网络融合框架、节点数据通信协议，结合项目实现了信息采集及控制（UDP）、信息采集及控制（CoAP）、传感器综合应用以及传感器的自定义开发。

第 8 章和第 9 章是高级技术应用开发，其中第 8 章介绍物联网平台综合项目开发，讨论了智云物联平台的基本使用方法和一种用于数据传输的通信协议，并且实现了 IPv6 的节点硬件驱动开发、Android API 开发和 Web API 开发，实现了云平台的应用；第 9 章是物联网云平台高级项目开发，有 4 个综合应用项目，分别是可燃气体检测系统开发、自动浇花系统开发、智能家居监控系统开发和农业环境自动监控系统开发，实现了物联网云平台的高级应用，也对全书的知识点进行了应用和串联。

本书特色：

(1) 任务式开发。抛开传统的理论学习方法，选取合适的案例将理论与实践结合起来，通过理论学习和开发实践，快速入门，由浅入深，逐步掌握 Cortex-M3 和 IPv6 的物联网开发技术。

(2) 各种知识点融合。将嵌入式系统和物联网的开发技术、STM32 处理器基本接口驱动、传感器驱动、常用无线技术、小型操作系统、IPv6、Android 移动互联网开发等相结合，实现了强大的物联网数据采集、传输和处理。

本书既可作为高等院校相关专业的教材或教学参考书，也可供相关领域的工程技术人员查阅，也适合微处理和物联网开发爱好者使用。

本书在编写过程中，借鉴和参考了国内外专家、学者、技术人员的相关研究成果，在此谨向有关作者表示深深的敬意和谢意。感谢中智讯（武汉）科技有限公司在本书编写过程中提供的帮助，特别感谢清华大学出版社的编辑在本书出版过程中给予的指导和大力支持。本书是“广东高等职业教育品牌专业建设项目（2016gzpp044）”研究成果之一。

由于本书涉及的知识面广，时间又仓促，限于笔者的水平和经验，疏漏之处在所难免，恳请专家和读者批评指正。

编　者

2017 年 3 月

目　　录

第 1 章　物联网开发硬件与软件 …… 1

1.1　任务 1　认识物联网 …… 1

1.1.1　物联网的含义与基本特征 …… 1

1.1.2　中国物联网产业发展现状 …… 2

1.1.3　中国物联网技术发展存在的问题 …… 4

1.1.4　IPv6 和物联网发展 …… 5

1.1.5　IPv6 技术简介 …… 6

1.2　任务 2　认识物联网开发套件 …… 7

1.2.1　学习目标 …… 7

1.2.2　STM32W108 …… 7

1.2.3　ZXBee 无线节点 …… 7

1.2.4　硬件连接和调试 …… 9

1.2.5　ZXBee 无线节点硬件资源 …… 11

1.3　任务 3　搭建物联网开发环境 …… 12

1.3.1　学习目标 …… 12

1.3.2　开发环境 …… 12

1.3.3　原理学习 …… 12

1.3.4　开发步骤 …… 12

1.4　任务 4　IAR 项目开发 …… 13

1.4.1　工程目录创建 …… 14

1.4.2　工程设置 …… 16

1.4.3　程序下载和调试 …… 19

1.4.4　下载 hex 文件 …… 21

第 2 章　STM32 外围接口开发 …… 24

2.1　任务 5　GPIO 驱动 …… 24

2.1.1　学习目标 …… 24

2.1.2　开发环境 …… 24

2.1.3　原理学习 …… 24

2.1.4　开发内容 …… 25

2.1.5 开发步骤 …… 28
2.1.6 总结与扩展 …… 28
2.2 任务6 外部中断 …… 28
2.2.1 学习目标 …… 28
2.2.2 开发环境 …… 28
2.2.3 原理学习 …… 29
2.2.4 开发内容 …… 30
2.2.5 开发步骤 …… 32
2.2.6 总结与扩展 …… 32
2.3 任务7 串口通信 …… 32
2.3.1 学习目标 …… 32
2.3.2 开发环境 …… 32
2.3.3 原理学习 …… 32
2.3.4 开发内容 …… 33
2.3.5 开发步骤 …… 35
2.3.6 总结与扩展 …… 35
2.4 任务8 SYSTICK 定时器 …… 36
2.4.1 学习目标 …… 36
2.4.2 开发环境 …… 36
2.4.3 原理学习 …… 36
2.4.4 开发内容 …… 36
2.4.5 开发步骤 …… 38
2.4.6 总结与扩展 …… 38
2.5 任务9 LCD …… 38
2.5.1 学习目标 …… 38
2.5.2 开发环境 …… 38
2.5.3 原理学习 …… 38
2.5.4 开发内容 …… 39
2.5.5 开发步骤 …… 46
2.5.6 总结与扩展 …… 46
2.6 任务10 实时时钟 …… 47
2.6.1 学习目标 …… 47
2.6.2 开发环境 …… 47
2.6.3 原理学习 …… 47
2.6.4 开发内容 …… 47
2.6.5 开发步骤 …… 50
2.6.6 总结与扩展 …… 50
2.7 任务11 独立看门狗 …… 50
2.7.1 学习目标 …… 50

2.7.2 开发环境 …… 50
2.7.3 原理学习 …… 50
2.7.4 开发内容 …… 51
2.7.5 开发步骤 …… 52
2.7.6 总结与扩展 …… 52
2.8 任务 12 窗口看门狗 …… 53
2.8.1 学习目标 …… 53
2.8.2 开发环境 …… 53
2.8.3 原理学习 …… 53
2.8.4 开发内容 …… 54
2.8.5 开发步骤 …… 55
2.8.6 总结与扩展 …… 55
2.9 任务 13 定时器中断 …… 56
2.9.1 学习目标 …… 56
2.9.2 开发环境 …… 56
2.9.3 原理学习 …… 56
2.9.4 开发内容 …… 57
2.9.5 开发步骤 …… 59
2.9.6 总结与扩展 …… 59
2.10 任务 14 内部温度传感器 …… 59
2.10.1 学习目标 …… 59
2.10.2 开发环境 …… 60
2.10.3 原理学习 …… 60
2.10.4 开发内容 …… 60
2.10.5 开发步骤 …… 62
2.10.6 总结与扩展 …… 62
2.11 任务 15 DMA …… 62
2.11.1 学习目标 …… 62
2.11.2 开发环境 …… 63
2.11.3 原理学习 …… 63
2.11.4 开发内容 …… 65
2.11.5 开发步骤 …… 68
2.11.6 总结与扩展 …… 69

第 3 章 传感器驱动开发 …… 70

3.1 任务 16 光敏传感器 …… 70
3.1.1 学习目标 …… 70
3.1.2 开发环境 …… 70
3.1.3 原理学习 …… 70

3.1.4 开发内容 …… 70
3.1.5 开发步骤 …… 73
3.1.6 总结与扩展 …… 73
3.2 任务17 温湿度传感器 …… 73
3.2.1 学习目标 …… 73
3.2.2 开发环境 …… 73
3.2.3 原理学习 …… 73
3.2.4 开发内容 …… 76
3.2.5 开发步骤 …… 79
3.2.6 总结与扩展 …… 80
3.3 任务18 雨滴/凝露传感器 …… 80
3.3.1 学习目标 …… 80
3.3.2 开发环境 …… 80
3.3.3 原理学习 …… 80
3.3.4 开发内容 …… 81
3.3.5 开发步骤 …… 83
3.3.6 总结与扩展 …… 83
3.4 任务19 火焰传感器 …… 83
3.4.1 学习目标 …… 83
3.4.2 开发环境 …… 83
3.4.3 原理学习 …… 83
3.4.4 开发内容 …… 84
3.4.5 开发步骤 …… 85
3.4.6 总结与扩展 …… 86
3.5 任务20 继电器 …… 86
3.5.1 学习目标 …… 86
3.5.2 开发环境 …… 86
3.5.3 原理学习 …… 86
3.5.4 开发内容 …… 88
3.5.5 开发步骤 …… 89
3.5.6 总结与扩展 …… 89
3.6 任务21 霍尔传感器 …… 89
3.6.1 学习目标 …… 89
3.6.2 开发环境 …… 89
3.6.3 原理学习 …… 89
3.6.4 开发内容 …… 91
3.6.5 开发步骤 …… 92
3.6.6 总结与扩展 …… 92
3.7 任务22 超声波测距传感器 …… 93

3.7.1 学习目标 …… 93
3.7.2 开发环境 …… 93
3.7.3 原理学习 …… 93
3.7.4 开发内容 …… 94
3.7.5 开发步骤 …… 95
3.7.6 总结与扩展 …… 96
3.8 任务 23 人体红外传感器 …… 96
3.8.1 学习目标 …… 96
3.8.2 开发环境 …… 96
3.8.3 原理学习 …… 97
3.8.4 开发内容 …… 97
3.8.5 开发步骤 …… 98
3.8.6 总结与扩展 …… 98
3.9 任务 24 可燃气体/烟雾传感器 …… 99
3.9.1 学习目标 …… 99
3.9.2 开发环境 …… 99
3.9.3 原理学习 …… 99
3.9.4 开发内容 …… 100
3.9.5 开发步骤 …… 102
3.9.6 总结与扩展 …… 102
3.10 任务 25 酒精传感器 …… 102
3.10.1 学习目标 …… 102
3.10.2 开发环境 …… 102
3.10.3 原理学习 …… 102
3.10.4 开发内容 …… 103
3.10.5 开发步骤 …… 104
3.10.6 总结与扩展 …… 105
3.11 任务 26 空气质量传感器 …… 105
3.11.1 学习目标 …… 105
3.11.2 开发环境 …… 106
3.11.3 原理学习 …… 106
3.11.4 开发内容 …… 106
3.11.5 开发步骤 …… 108
3.11.6 总结与扩展 …… 108
3.12 任务 27 三轴加速度传感器 …… 109
3.12.1 学习目标 …… 109
3.12.2 开发环境 …… 109
3.12.3 原理学习 …… 109
3.12.4 开发内容 …… 110

3.12.5 开发步骤 …… 115
3.12.6 总结与扩展 …… 115
3.13 任务 28 压力传感器 …… 116
3.13.1 学习目标 …… 116
3.13.2 开发环境 …… 116
3.13.3 原理学习 …… 116
3.13.4 开发内容 …… 117
3.13.5 开发步骤 …… 120
3.13.6 总结与扩展 …… 121
3.14 任务 29 RFID 读写 …… 121
3.14.1 学习目标 …… 121
3.14.2 开发环境 …… 121
3.14.3 原理学习 …… 121
3.14.4 开发内容 …… 124
3.14.5 开发步骤 …… 132
3.14.6 总结与扩展 …… 133
3.15 任务 30 步进电机控制 …… 134
3.15.1 学习目标 …… 134
3.15.2 开发环境 …… 134
3.15.3 原理学习 …… 134
3.15.4 开发内容 …… 135
3.15.5 开发步骤 …… 137
3.15.6 总结与扩展 …… 137

第 4 章 无线传感网络技术开发 …… 138

4.1 任务 31 IEEE 802.15.4 无线网络驱动开发 …… 138
4.1.1 学习目标 …… 138
4.1.2 开发环境 …… 138
4.1.3 原理学习 …… 138
4.1.4 开发内容 …… 140
4.1.5 开发步骤 …… 143
4.2 任务 32 IEEE 802.15.4 点对点通信开发 …… 144
4.2.1 学习目标 …… 144
4.2.2 开发环境 …… 144
4.2.3 原理学习 …… 144
4.2.4 开发内容 …… 144
4.2.5 开发步骤 …… 148
4.3 任务 33 蓝牙无线网络开发 …… 150
4.3.1 学习目标 …… 150

4.3.2 开发环境…… 150
4.3.3 原理学习…… 150
4.3.4 开发内容…… 153
4.3.5 开发步骤…… 155
4.4 任务34 WiFi无线网络开发 …… 160
4.4.1 学习目标…… 160
4.4.2 开发环境…… 160
4.4.3 原理学习…… 160
4.4.4 开发内容…… 164
4.4.5 开发步骤…… 165

第5章 基于Contiki操作系统的基础项目开发 …… 168

5.1 任务35 认识Contiki操作系统 …… 168
5.1.1 学习目标…… 168
5.1.2 原理学习…… 168
5.2 任务36 认识Contiki操作系统的数据结构 …… 171
5.2.1 学习目标…… 171
5.2.2 原理学习…… 171
5.3 任务37 Contiki操作系统移植 …… 175
5.3.1 学习目标…… 175
5.3.2 开发环境…… 175
5.3.3 原理学习…… 175
5.3.4 开发内容…… 175
5.3.5 开发步骤…… 184
5.3.6 总结与扩展…… 184
5.4 任务38 Contiki操作系统的进程开发 …… 185
5.4.1 学习目标…… 185
5.4.2 开发环境…… 185
5.4.3 原理学习…… 185
5.4.4 开发步骤…… 191
5.4.5 总结与扩展…… 191
5.5 任务39 Contiki多进程开发 …… 192
5.5.1 学习目标…… 192
5.5.2 开发环境…… 192
5.5.3 原理学习…… 192
5.5.4 开发步骤…… 193
5.5.5 总结与扩展…… 193
5.6 任务40 Contiki进程通信基础开发 …… 194
5.6.1 学习目标…… 194

5.6.2 开发环境…… 194
5.6.3 原理学习…… 194
5.6.4 开发步骤…… 195
5.6.5 总结与扩展…… 196
5.7 任务 41 Contiki 进程通信高级开发 …… 196
5.7.1 学习目标…… 196
5.7.2 开发环境…… 196
5.7.3 开发内容…… 196
5.7.4 开发步骤…… 200
5.7.5 总结与扩展…… 200
5.8 任务 42 定时器驱动开发 …… 200
5.8.1 学习目标…… 200
5.8.2 开发环境…… 200
5.8.3 原理学习…… 200
5.8.4 开发步骤…… 202
5.8.5 总结与扩展…… 202
5.9 任务 43 基于 Contiki 的 LCD 驱动开发 …… 203
5.9.1 学习目标…… 203
5.9.2 开发环境…… 203
5.9.3 原理学习…… 203
5.9.4 开发步骤…… 209
5.9.5 总结与扩展…… 210

第 6 章 基于 Contiki 操作系统的无线网络项目开发 …… 211

6.1 任务 44 Contiki 网络工程开发 …… 211
6.1.1 学习目标…… 211
6.1.2 开发环境…… 211
6.1.3 开发内容…… 211
6.1.4 开发步骤…… 218
6.1.5 总结与扩展…… 218
6.2 任务 45 IPv6 网关实现…… 219
6.2.1 学习目标…… 219
6.2.2 开发环境…… 219
6.2.3 原理学习…… 219
6.2.4 开发内容…… 220
6.2.5 开发步骤…… 229
6.3 任务 46 IEEE 802.15.4 节点 RPL 组网开发 …… 235
6.3.1 学习目标…… 235
6.3.2 开发环境…… 235

6.3.3 原理学习 …… 235
6.3.4 开发内容 …… 238
6.3.5 开发步骤 …… 243
6.4 任务47 蓝牙节点IPv6组网开发 …… 244
6.4.1 学习目标 …… 244
6.4.2 开发环境 …… 244
6.4.3 原理学习 …… 244
6.4.4 开发内容 …… 245
6.4.5 开发步骤 …… 249
6.5 任务48 WiFi节点IPv6组网开发 …… 251
6.5.1 学习目标 …… 251
6.5.2 开发环境 …… 251
6.5.3 原理学习 …… 251
6.5.4 开发内容 …… 251
6.5.5 开发步骤 …… 253
6.6 任务49 节点间UDP通信开发 …… 255
6.6.1 学习目标 …… 255
6.6.2 开发环境 …… 255
6.6.3 原理学习 …… 256
6.6.4 开发内容 …… 256
6.6.5 开发步骤 …… 260
6.7 任务50 节点间TCP通信开发 …… 262
6.7.1 学习目标 …… 262
6.7.2 开发环境 …… 262
6.7.3 原理学习 …… 262
6.7.4 开发内容 …… 263
6.7.5 开发步骤 …… 266
6.8 任务51 PC与节点间UDP通信开发 …… 268
6.8.1 学习目标 …… 268
6.8.2 开发环境 …… 268
6.8.3 原理学习 …… 269
6.8.4 开发内容 …… 269
6.8.5 开发步骤 …… 270
6.9 任务52 PC与节点间TCP通信 …… 272
6.9.1 学习目标 …… 272
6.9.2 开发环境 …… 272
6.9.3 原理学习 …… 272
6.9.4 开发内容 …… 273
6.9.5 开发步骤 …… 274

6.10 任务 53 Protosocket 编程开发 …… 276
6.10.1 学习目标 …… 276
6.10.2 开发环境 …… 276
6.10.3 原理学习 …… 276
6.10.4 开发内容 …… 276
6.10.5 开发步骤 …… 278

第 7 章 基于 IPv6 的物联网综合项目开发 …… 280

7.1 任务 54 基于 IPv6 的多无线网络融合框架 …… 280
7.1.1 学习目标 …… 280
7.1.2 开发环境 …… 280
7.1.3 原理学习 …… 280
7.1.4 开发内容 …… 280
7.1.5 开发步骤 …… 282
7.2 任务 55 节点数据通信协议 …… 290
7.2.1 学习目标 …… 290
7.2.2 原理学习 …… 291
7.3 任务 56 信息采集及控制(UDP) …… 294
7.3.1 学习目标 …… 294
7.3.2 开发环境 …… 294
7.3.3 原理学习 …… 294
7.3.4 开发内容 …… 294
7.3.5 开发步骤 …… 302
7.3.6 总结与扩展 …… 305
7.4 任务 57 信息采集及控制(CoAP) …… 305
7.4.1 学习目标 …… 305
7.4.2 开发环境 …… 305
7.4.3 原理学习 …… 305
7.4.4 开发内容 …… 307
7.4.5 开发步骤 …… 311
7.4.6 总结与扩展 …… 315
7.5 任务 58 传感器综合应用 …… 315
7.5.1 学习目标 …… 315
7.5.2 开发环境 …… 315
7.5.3 开发内容 …… 316
7.5.4 开发步骤 …… 329
7.6 任务 59 传感器的自定义开发 …… 333
7.6.1 学习目标 …… 333
7.6.2 开发环境 …… 333

7.6.3 开发内容……………………………………………………………………… 333
7.6.4 开发步骤……………………………………………………………………… 339

第 8 章 物联网平台综合项目开发……………………………………………………… 341

8.1 任务 60 智云物联开发基础 …………………………………………………… 342
8.1.1 学习目标……………………………………………………………………… 342
8.1.2 智云物联平台介绍…………………………………………………………… 342
8.1.3 智云物联基本框架…………………………………………………………… 343
8.1.4 智云物联常用硬件…………………………………………………………… 344
8.1.5 智云物联优秀项目…………………………………………………………… 344
8.1.6 开发前准备工作……………………………………………………………… 345
8.2 任务 61 智云平台基本开发 …………………………………………………… 346
8.2.1 学习目标……………………………………………………………………… 346
8.2.2 开发环境……………………………………………………………………… 346
8.2.3 原理学习……………………………………………………………………… 346
8.2.4 开发内容……………………………………………………………………… 347
8.2.5 开发步骤……………………………………………………………………… 351
8.2.6 总结与扩展…………………………………………………………………… 357
8.3 任务 62 物联网通信协议 ……………………………………………………… 357
8.3.1 学习目标……………………………………………………………………… 357
8.3.2 开发环境……………………………………………………………………… 357
8.3.3 原理学习……………………………………………………………………… 357
8.3.4 开发内容……………………………………………………………………… 362
8.3.5 开发步骤……………………………………………………………………… 364
8.3.6 总结与扩展…………………………………………………………………… 366
8.4 任务 63 IPv6 的节点硬件驱动开发…………………………………………… 366
8.4.1 学习目标……………………………………………………………………… 366
8.4.2 开发环境……………………………………………………………………… 367
8.4.3 原理学习……………………………………………………………………… 367
8.4.4 开发内容……………………………………………………………………… 372
8.4.5 开发步骤……………………………………………………………………… 382
8.4.6 总结与扩展…………………………………………………………………… 384
8.5 任务 64 Android API 开发 …………………………………………………… 385
8.5.1 学习目标……………………………………………………………………… 385
8.5.2 开发环境……………………………………………………………………… 385
8.5.3 原理学习……………………………………………………………………… 385
8.5.4 开发内容……………………………………………………………………… 391
8.5.5 开发步骤……………………………………………………………………… 409
8.5.6 总结与扩展…………………………………………………………………… 411

8.6 任务 65 Web API 开发 …… 411
8.6.1 学习目标…… 411
8.6.2 开发环境…… 411
8.6.3 原理学习…… 411
8.6.4 开发内容…… 416
8.6.5 开发步骤…… 457
8.6.6 总结与扩展…… 463
8.7 任务 66 开发调试工具 …… 464
8.7.1 学习目标…… 464
8.7.2 开发环境…… 464
8.7.3 原理学习…… 464
8.7.4 开发内容…… 464
8.7.5 开发步骤…… 467
8.7.6 总结与扩展…… 469

第 9 章 物联网云平台高级项目开发…… 470

9.1 任务 67 可燃气体检测系统开发 …… 470
9.1.1 学习目标…… 470
9.1.2 开发环境…… 470
9.1.3 原理学习…… 470
9.1.4 开始内容…… 471
9.1.5 开发步骤…… 480
9.1.6 总结与扩展…… 482
9.2 任务 68 自动浇花系统开发 …… 483
9.2.1 学习目标…… 483
9.2.2 开发环境…… 483
9.2.3 原理学习…… 483
9.2.4 开发内容…… 485
9.2.5 开发步骤…… 500
9.2.6 总结与扩展…… 502
9.3 任务 69 智能家居监控系统开发 …… 503
9.3.1 学习目标…… 503
9.3.2 开发环境…… 503
9.3.3 原理学习…… 503
9.3.4 开发内容…… 505
9.3.5 开发步骤…… 531
9.3.6 总结与扩展…… 532
9.4 任务 70 农业环境自动监控系统开发 …… 533
9.4.1 学习目标…… 533

9.4.2 开发环境…… 533
9.4.3 原理学习…… 533
9.4.4 开发内容…… 534
9.4.5 开发步骤…… 546
9.4.6 总结与扩展…… 548

附录 A 常见硬件及问题…… 549

A.1 无线节点读取 IEEE 地址 …… 549
A.2 传感器 …… 550
A.3 STM32W108 IPv6 radio 镜像固化 …… 552
A.4 蓝牙无线节点设置 …… 554
A.5 浏览器采集和控制节点 …… 555

参考文献…… 565

第1章　物联网开发硬件与软件

本章先引导读者初步认识物联网和物联网的发展概况，然后简单介绍物联网开发硬件和软件，初步了解物联网系统项目的基本开发过程。

1.1　任务1　认识物联网

1.1.1　物联网的含义与基本特征

物联网(Internet of Things)是指利用各种信息传感设备，如射频识别(RFID)装置、无线传感器、红外感应器、全球定位系统、激光扫描器等对现有物品信息进行感知、采集，通过网络支撑下的可靠传输技术，将各种物品的信息汇入互联网，并进行基于海量信息资源的智能决策、安全保障及管理技术与服务的全球公共的信息综合服务平台。物联网示意图如图1.1所示。

图1.1　物联网示意图

物联网有两层意思：第一，物联网的核心和基础仍然是互联网，是在互联网基础上延伸和扩展的网络；第二，其用户端延伸和扩展到任何物品，以及物品之间进行信息交换和通信。因此，物联网是指运用传感器、射频识别、智能嵌入式等技术，使信息传感设备感知任何需要的信息，按照约定的协议，通过可能的网络(如基于WiFi的无线局域网、3G/4G等)接入方式，把任何物体与互联网相连接，进行信息交换通信，在进行物与物、物与人的泛在连接的基础上，实现对物体的智能化识别、定位、跟踪、控制和管理。《物联网导论》中给出了物联网的架构图，分为感知识别层、网络构建层、信息处理层和综合应用层，如图 1.2 所示。

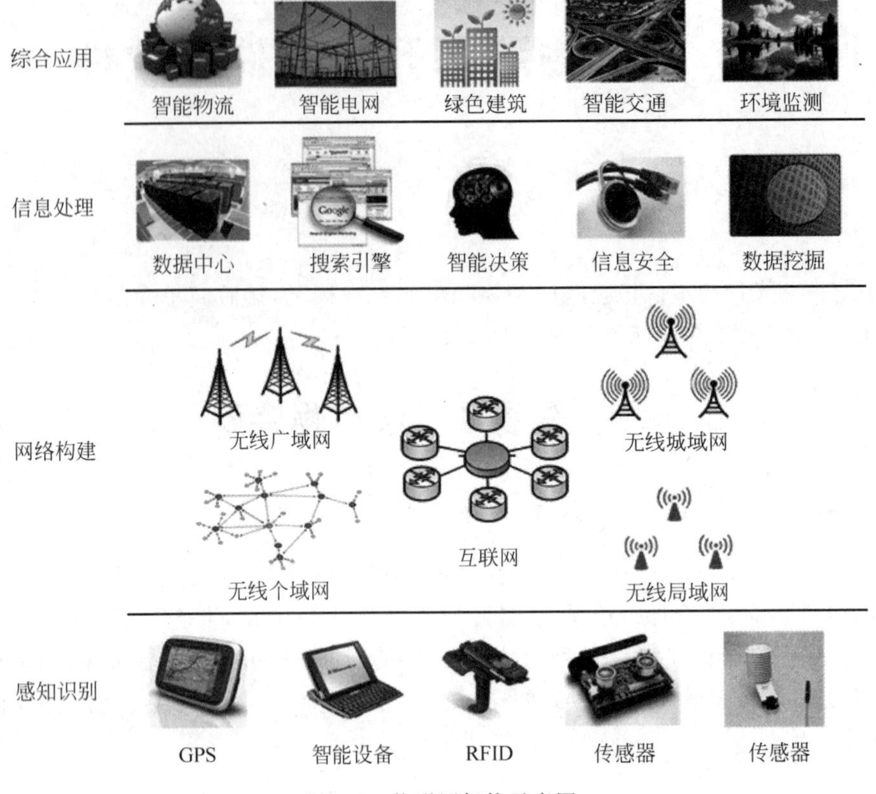

图 1.2 物联网架构示意图

物联网作为新一代信息技术的重要组成部分，有 3 方面的特征：首先，物联网技术具有互联网特征，对需要用物联网技术联网的物体来说一定要有能够实现互联互通的互联网络来支撑；其次，物联网技术具有识别与通信特征，接入联网的物体一定要具备自动识别的功能和物物通信(M2M)的功能；最后，物联网技术具有智能化特征，使用物联网技术形成的网络应该具有自动化、自我反馈和智能控制的功能。

1.1.2 中国物联网产业发展现状

在中国，物联网概念的前身是传感网，中国科学院早在 1999 年就启动了传感网技术的研究，并取得了一系列的科研成果。2009 年以后，国内出现了对物联网技术进行集中研究的浪潮。2010 年，物联网被写入了政府工作报告。从产业结构、产业规模看，中国目前的物联网产业发展仍处于初级阶段。物联网相关技术、标准、产品和市场都不成熟，预计到 2020 年末将达到万亿级规模。

1. 物联网纳入国家重点发展领域

时任总理的温家宝 2009 年 8 月在无锡考察时指出要积极创造条件，在无锡建立“感知中国”中心，加快推动物联网技术发展。2010 年 9 月，物联网业就上升到了国家战略高度，作为新一代信息技术的重要组成部分的物联网技术被列为国家重点培育的战略性新兴产业。2010 年 10 月，《国民经济和社会发展第十二个五年规划纲要》出台，指出战略性新兴产业是国家未来重点扶持的对象，而主要聚焦在下一代通信网络、物联网、三网融合、新型平板显示、高性能集成电路和高端软件等范畴的新一代信息技术产业将是未来扶持的重点。除此之外，中国已将物联网列入到《国家中长期科学技术发展规划(2006—2020年)》和2050年国家产业路线图。《物联网"十二五"发展规划》中以下9个方面纳入重点发展领域(见图1.3)。

(1) 智能工业：生产过程控制、生产环境监测、制造供应链跟踪、产品全生命周期监测，促进安全生产和节能减排。

(2) 智能农业：农业资源利用、农业生产精细化管理、生产养殖环境监控、农产品质量安全管理与产品溯源。

(3) 智能物流：建设库存监控、配送管理、安全追溯等现代流通应用系统，建设跨区域、行业、部门的物流公共服务平台，实现电子商务与物流配送一体化管理。

(4) 智能交通：交通状态感知与交换、交通诱导与智能化管控、车辆定位与调度、车辆远程监测与服务、车路协同控制，建设开放的综合智能交通平台。

(5) 智能电网：电力设施监测、智能变电站、配网自动化、智能用电、智能调度、远程抄表，建设安全、稳定、可靠的智能电力网络。

(6) 智能环保：污染源监控、水质监测、空气监测、生态监测，建立智能环保信息采集网络和信息平台。

(7) 智能安防：社会治安监控、危化品运输监控、食品安全监控，重要桥梁、建筑、轨道交通、水利设施、市政管网等基础设施安全监测、预警和应急联动。

(8) 智能医疗：药品流通和医院管理，以人体生理和医学参数采集及分析为切入点，面向家庭和社区开展远程医疗服务。

(9) 智能家居：家庭网络、家庭安防、家电智能控制、能源智能计量、节能低碳、远程教育等。

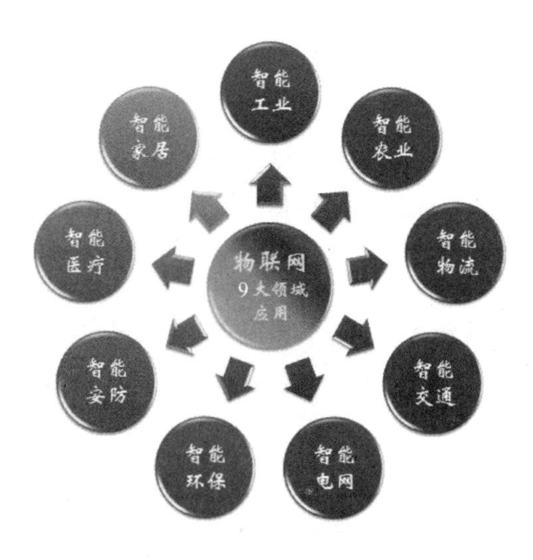

图1.3　9个物联网重点发展领域

2. 形成了较为丰富的物联网基础应用

根据中国RFID产业联盟发布的数据显示，2010年中国RFID产业纯收入已经达到121.5亿元，同比增长了42.8%；2011年的产业纯收入达到了160多亿元，同比增长了

33.3%，增长非常快。目前，中国 RFID 产业发展仅次于美国、英国，排名世界第 3 位。RFID 技术已用于工业生产、物流、食品追溯、城市交通等若干领域，随着 3G 网络的使用，各运营商又纷纷推出了移动支付方式，使 RFID 技术又增加了新的应用领域——移动支付。

物联网应用已进入到实质性的推进阶段。白皮书列出了很多应用领域的例子，涉及工业领域、农业领域，交通、M2M、智能电网等方方面面。但同时也看到，现在的应用还处于一个起步阶段，令人欣喜的是推进速度比以前快了许多。同时，智慧城市的建设为很多新一代信息技术产业的应用提供了重要载体，物联网、云计算、大数据的应用在建设当中都可以找到。我国智慧城市的数量也在不断增长，已经超过 300 个。

1.1.3 中国物联网技术发展存在的问题

中国物联网发展存在不少问题，其中刘艳来在《物联网技术发展现状及策略分析》中详细分析了目前物联网存在的问题。

1. 标准缺位阻碍物联网技术发展

目前，国际上都没有形成统一的物联网应用标准，国内更是如此，行业与行业、企业与企业之间，物联网应用都很难形成统一标准。由于缺乏统一的标准，导致物联网项目不能互通，这无疑增加了物联网领域广域化全程全网的应用难度。目前，我国物联网在安防、电力、交通、物流、医疗、环保等领域已经得到应用，且应用模式正日趋成熟。在安防领域，视频监控、安全防范等应用已取得良好效果；在电力行业，远程抄表、输变电监测等应用正在逐步拓展；在交通领域，路网监测、车辆管理和调度等应用正在发挥积极作用；在物流领域，物品仓储、运输、监测应用广泛推广；在医疗领域，个人健康监护、远程医疗等应用日趋成熟。除此之外，物联网在环境监测、市政设施监控、楼宇节能、食品药品溯源等方面也开展了广泛的应用。《物联网“十二五”发展规划》提出了几个标准体系。

(1) 标准体系架构：全面梳理国内外相关标准，明确我国物联网发展的急需标准和重点标准，开展顶层设计，构建并不断完善物联网标准体系。

(2) 共性关键技术标准：重点支持标识与解析、服务质量管理等共性基础标准和传感器接口、超高频和微波 RFID、智能网关、M2M、服务支撑等关键技术标准的制定。

(3) 重点行业应用标准：面向工业、环保、交通、医疗、农业、电力、物流等重点行业需求，以重大应用示范工程为载体，总结成功模式和成熟技术，形成一系列具有推广价值的行业应用标准。

(4) 信息安全标准：制定物联网安全标准体系框架，重点推进物联网感知节点、数据信息安全标准的制定和实施，建立国家重大基础设施物联网安全监测体系，明确物联网安全标准的监督和执行机制。

(5) 标准化服务：整合现有标准化资源，建立国内外标准信息数据库和智能化检索分析系统，形成综合性的标准咨询、检测和认证服务平台，建立物联网编码与标识解析服务系统。

2. 物联网核心技术环节有待突破

中国科学院传感网研究起步较早，从 1999 年起就着手启动了该项研究，并且在多项网络通信技术应用方面，如无线智能传感器、微型传感器、传感器终端机和移动基站等，研究进展都非常顺利，产业化推进很快，从材料、技术、器件、系统到网络都已经形成了完整的产业链；在世界物联网技术领域，中国作为国际标准制定的主导国之一（目前国际标准制定的主导国由中国、美国、德国、韩国4国组成），发展前景喜人。但二维码技术和RFID技术作为物联网技术的关键环节，在西方发达国家的研究起步更早、发展也较快，在芯片设计制造、终端设备及系统等应用等方面中国与之相比都处于落后地位。此外，中国在物联网领域的核心技术方面与发达国家相比仍然存在较大的差距，在RFID产业链上，从核心芯片研发、系统集成到软件开发等核心关键技术仍然不是由中国的企业所控制。

尽管我国物联网在产业发展、技术研发、标准研制和应用拓展等领域已经取得了一些进展，但应清醒地认识到，我国物联网发展还存在一系列瓶颈和制约因素。主要表现在以下几个方面：核心技术和高端产品与国外差距较大，高端综合集成服务能力不强，缺乏骨干龙头企业，应用水平较低，且规模化应用少，信息安全方面存在隐患等。《物联网"十二五"发展规划》提出以下几个关键技术。

（1）信息感知技术。超高频和微波RFID：积极利用RFID行业组织，开展芯片、天线、读写器、中间件和系统集成等技术协同攻关，实现超高频和微波RFID技术的整体提升。微型和智能传感器：面向物联网产业发展的需求，开展传感器敏感元件、微纳制造和智能系统集成等技术联合研发，实现传感器的新型化、小型化和智能化。位置感知：基于物联网重点应用领域，开展基带芯片、射频芯片、天线、导航电子地图软件等技术合作开发，实现导航模块的多模兼容、高性能、小型化和低成本。

（2）信息传输技术。无线传感器网络：开展传感器节点及操作系统、近距离无线通信协议、传感器网络组网等技术研究，开发出低功耗、高性能、适用范围广的无线传感网系统和产品。异构网络融合：加强无线传感器网络、移动通信网、互联网、专网等各种网络间相互融合技术的研发，实现异构网络的稳定、快捷、低成本融合。

（3）信息处理技术。海量数据存储：围绕重点应用行业，开展海量数据新型存储介质、网络存储、虚拟存储等技术的研发，实现海量数据存储的安全、稳定和可靠。数据挖掘：瞄准物联网产业发展重点领域，集中开展各种数据挖掘理论、模型和方法的研究，实现国产数据挖掘技术在物联网重点应用领域的全面推广。图像视频智能分析：结合经济和社会发展的实际应用，有针对性地开展图像视频智能分析理论与方法的研究，实现图像视频智能分析软件在物联网市场的广泛应用。

（4）信息安全技术。构建"可管、可控、可信"的物联网安全体系架构，研究物联网安全等级保护和安全测评等关键技术，提升物联网信息安全保障水平。

3. IP地址不足问题有待解决

物体接入到物联网后，每个物体都需要一个唯一的IP地址，以便解决寻址问题，而目前IPv4地址不足问题严重，只能依靠IPv6技术实现。但由IPv4向IPv6转型以及如何处理好与IPv4的兼容性问题，成为物联网技术发展过程中的一个难题。

1.1.4 IPv6和物联网发展

1. IPv6和IPv4的区别与联系

IPv4协议，即国际互联网协议的第4版，它是第一个被广泛使用、构成现今互联网技术的基石的协议。但是在互联网设计之初，互联网的设计者们并没有预见到如今大规模的应用，因此IPv4协议在可扩展性、功能性和安全性上还有很多内在的问题。IPv6被提出作为IPv4的升级版本，为互联网朝更大、更快、更好的方向发展，因此IPv6从设计之初就是作为下一代互联网的基础通信协议。IPv4 和 IPv6 从协议上来看只是 IP 报文头定义的区别，IPv6 包头固定长度，而且字段定义比 IPv4 报文更加简洁。而 IPv6 相对于 IPv4 最明显的改进在于增加了地址的空间，由 IPv4 的 32 位地址格式变成了 IPv6 的 128 位地址格式。

作为 IPv6 协议最突出的优势之一，IPv6 地址空间到底有多大？形象地说，IPv4 地址数量还不够全球人分，但是 IPv6 协议几乎能给地球上每一粒沙子都分配上。一些应用于智能建筑、智慧能源和绿色节能的应用都需要运行 IPv6 协议的网络设备来支持，从某种角度来说，IPv6 已经成为下一代互联网的 DNA，影响着每个新应用和新的网络协议。

2. IPv6 技术对物联网的支持

如果说互联网是通过网络路由器和终端计算机将人连在一起，那么物联网就是"物物相连的互联网"。然而，真的要把物和物连接起来，并且能够识别和定位，除了需要特殊的设备（如传感器），还要给它们每个都贴上一个标签，给每个智能物件一个 IP 地址。这样不仅可以通过网络访问和控制这些物件，这些联网的物件还能自动感知环境的信息，智能地做出判断，例如能检测环境的湿度、温度、核辐射、振动、红外线等，为气象监测、环境污染提供有力的数据和预警情报。基于智能物件的物联网被视为基于 IPv6 的下一代互联网的关键应用，这种结合信息化工具、联网的传感器大量应用于智慧城市、绿色小区、智慧家庭、智慧能源以及智能电网等领域。

物联网是以下一代互联网为核心网络，在其外围是各种功能不同的异构网络。作为目前互联网核心技术的 IPv4 技术，已经处于暮年时期，可供分配的 IP 地址已经耗尽。因此，以 IPv6 技术为核心技术的下一代互联网将是物联网的主要接入网络，而且将对物联网的发展起推动作用。

1.1.5 IPv6 技术简介

目前我们使用的第二代互联网使用的是以 IPv4 技术为核心的 TCP/IP 协议簇，它的核心技术属于美国。IPv4 的地址空间采用 32 位二进制数编码并分为网络地址和主机地址两部分，从理论上讲，可以编址 1600 万个网络、40 亿台主机。但由于在 IPv4 技术设计之初，人们对互联网的发展估计不足，造成了其地址资源的不足，并且在采用 A、B、C、D 4 类编址方式后，使可用的网络地址和主机地址的数目大打折扣，随着互联网产业的迅速发展，目前的 IP 地址已经枯竭。一方面是由于 IP 地址资源的枯竭，另一方面是随着信息技术、移动通信技术及网络技术的发展，互联网络已经进入了人们的日常生活，越来越多的移动终端需要随时随地地接入网络，而且随着技术的发展，可能身边的每一样东西都需要连入全球网络。在这样的环境下，IPv6 应运而生。单从地址空间上来说，IPv6 采用 128 位二进制编码地址是 IPv4 地址总数的 296 倍。这是一个很大的数字，从理论上讲，可以为地球上任何物品都分配一个 IPv6 地址，因此从一定程度上来说 IPv6 从根本上解决了网络地址资源不足的问题，同时也使除计算机外的其他设备连入互联网有了可能，为物联网的提出提供了支持。

如果说使用 IPv4 技术实现的只是人机交互，那么使用 IPv6 技术则可以扩展到任意事物之间的交互，它有足够的资源用于众多设备终端、智能物体接入互联网络，如智能家电、传感器、摄像头甚至一栋建筑等，网络将变成一个无时无处不在并且深入世界每个角落的真正的无盲区的全球网络。从这一点来看，IPv6 在物联网上的应用有着天然的优势。从 IPv6 特点看，以 IPv6 技术作为物联网的主要接入网技术，在多方面支持物联网的发展：

(1) IPv6 巨大的地址空间,可以对物联网海量的节点进行支持;

(2) IPv6 技术无状态自动地址配置可以灵活地对物联网节点进行地址配置;

(3) IPv6 对移动性的支持可以更好地满足物联网对节点移动性的要求;

(4) IPv6 对安全和 QoS 的支持可以满足物联网对隐私安全和个性服务的要求。

1.2 任务 2 认识物联网开发套件

1.2.1 学习目标

- 了解 STM32W108 处理器的基本性能和接口;
- 了解 STM32 无线节点的构成以及基本调试连接;
- 了解 STM32 无线节点的硬件资源。

1.2.2 STM32W108

无线节点处理器模块采用的是意法半导体(ST)公司的 STM32W108 芯片。该芯片集成了符合 IEEE 802.15.4 标准的 2.4GHz 收发器、32 位 ARM Cortex-M3 微处理器、Flash 闪存、RAM 存储器以及基于 ZigBee 系统使用的很多通用外设。

STM32W108 集成了一个经过优化的 ARM Cortex-M3 微处理器,它是 32 位高性能内核,使用 ARM Thumb 2 指令集,有低功耗、高性能、高内存利用率的特点。它支持两种不同的操作模式:特权模式和非特权模式。网络协议栈软件运行在特权模式,可以访问芯片的所有资源;应用程序运行在非特权模式,对于访问 STM32W108 的资源有一定限制,即允许应用程序开发人员调度事件,但同时防止其对内存和寄存器的某些禁区进行修改。这种架构可以增加系统的稳定性和可靠性。该处理器在使用外部晶振时,运行在 12MHz 或 24MHz 频率上;在使用内部高频 RC 振荡器时,运行在 6MHz 或 12MHz 频率上。

STM32W108 有 128KB 的 Flash 内存和 8KB 的 RAM 空间,以及 ARM 配置存储保护单元(MPU)。STM32W108 软件采用有效的磨损均衡算法,可以优化嵌入式 Flash 的寿命。

STM32W108 与目前其他 2.4GHz SoC 芯片最大的区别或优势主要有三点:一是在保持低功耗的基础上,采用了 32 位 ARM Cortex-M3 内核,有别于其他 8 位、16 位处理器,提供了更强大的处理能力,并有广泛的 ARM 开发工具、群体支持;二是芯片内部带有功率放大器(PA),发射输出功率可达+7dBm,无须外部功放就可以获得较大的通信距离;三是 STM32W108 芯片的不同版本分别固化了 IEEE 802.15.4 MAC、ZigBee、RF4CE 等协议栈,用户无须理解网络协议,就可以进行符合相关标准的无线网络产品开发。图 1.4 所示为 STM32W108 的系统时钟图。

1.2.3 ZXBee 无线节点

ZXBee 无线节点支持多种传感器,可选 STM32 处理器和 1.8in(1in=25.4mm)TFT LCD,支持 CC2530Bee(ZigBee/IPv6_6LoWPAN)、CC1110LF(RF433M)、CC2540BLE(BLE 4.0)、CC3200WF(WiFi)等处理器和无线网络。其中,ZXBee 一般安装在开发平台内

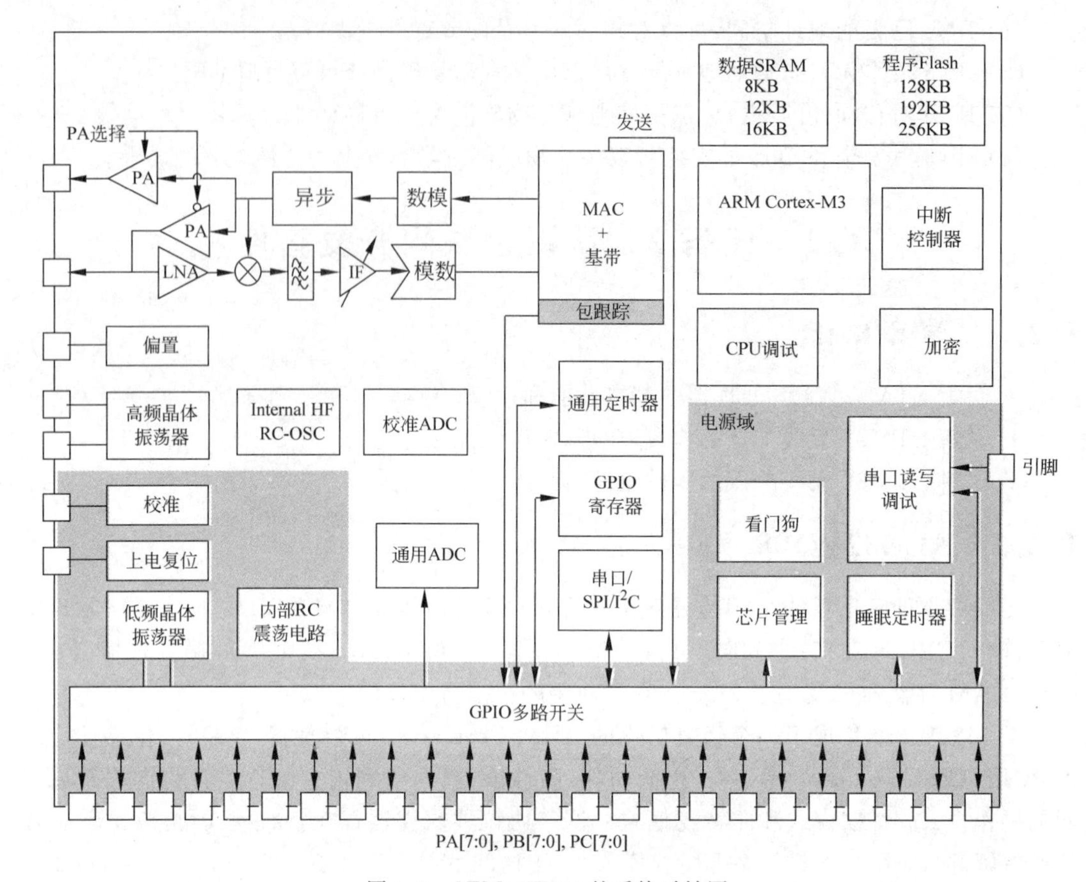

图 1.4　STM32W108 的系统时钟图

或者独立使用。ZXBee 无线节点主要由嵌入式底板、无线模组、传感器板、LCD 板 4 部分组成，如图 1.5 所示。普通型 ZXBee 节点不含 LCD 板，且嵌入式底板不包含 ARM 芯片。

图 1.5　ZXBee 无线节点

1.2.4 硬件连接和调试

1. 烧写调试工具

ZXBee 烧写调试工具的主要模块实物图如图 1.6 所示。

图 1.6 ZXBee 主要模块实物图

2. 硬件结构框图

ZXBee 无线节点硬件框图如图 1.7 所示。

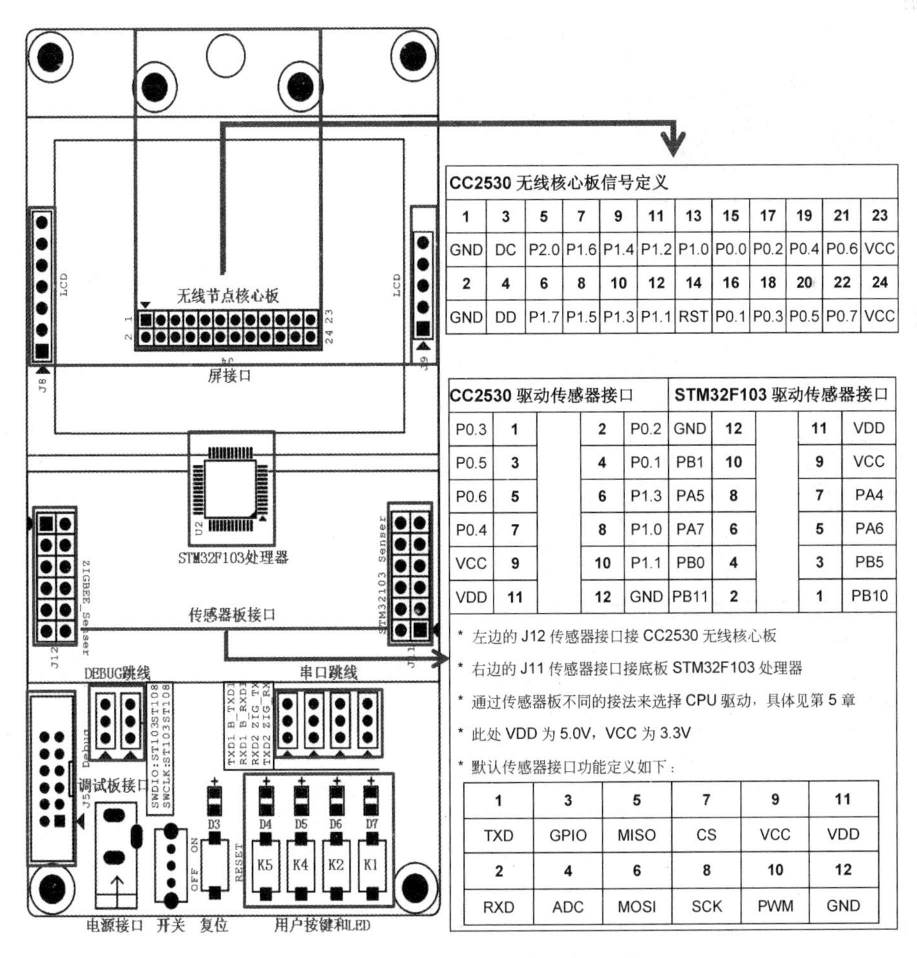

CC2530 无线核心板信号定义

1	3	5	7	9	11	13	15	17	19	21	23
GND	DC	P2.0	P1.6	P1.4	P1.2	P1.0	P0.0	P0.2	P0.4	P0.6	VCC
2	4	6	8	10	12	14	16	18	20	22	24
GND	DD	P1.7	P1.5	P1.3	P1.1	RST	P0.1	P0.3	P0.5	P0.7	VCC

CC2530 驱动传感器接口				STM32F103 驱动传感器接口			
P0.3	1	2	P0.2	GND	12	11	VDD
P0.5	3	4	P0.1	PB1	10	9	VCC
P0.6	5	6	P1.3	PA5	8	7	PA4
P0.4	7	8	P1.0	PA7	6	5	PA6
VCC	9	10	P1.1	PB0	4	3	PB5
VDD	11	12	GND	PB11	2	1	PB10

* 左边的 J12 传感器接口接 CC2530 无线核心板
* 右边的 J11 传感器接口接底板 STM32F103 处理器
* 通过传感器板不同的接法来选择 CPU 驱动，具体见第 5 章
* 此处 VDD 为 5.0V，VCC 为 3.3V
* 默认传感器接口功能定义如下：

1	3	5	7	9	11
TXD	GPIO	MISO	CS	VCC	VDD
2	4	6	8	10	12
RXD	ADC	MOSI	SCK	PWM	GND

图 1.7 ZXBee 无线节点硬件框图

3. 跳线说明

1）无线协调器跳线设置说明

ZXBee 系列无线协调器直接安装到主板对应插槽中，有 4 种模式可供选择，其中模式选择和跳线设置说明如图 1.8 所示。

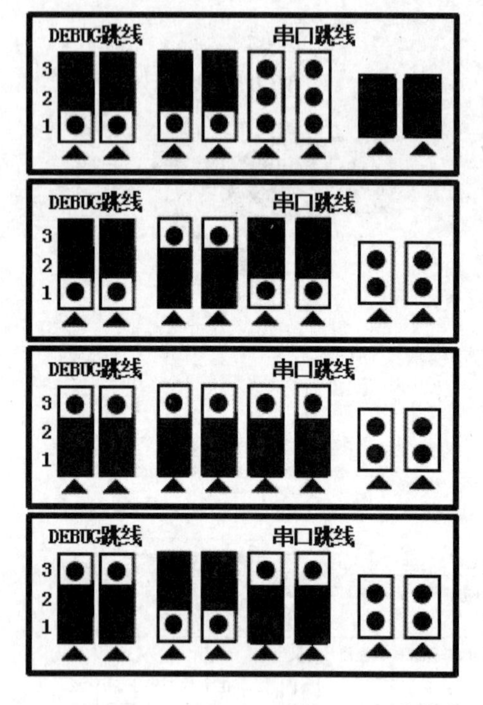

模式一：调试 CC2530，CC2530 串口连接到网关（运行 ZigBee ZStack 协议栈）

模式二：调试 CC2530，CC2530 串口连接到调试扩展板

模式三：调试 STM32F103，STM32F103 串口连接到网关（运行 **6LoWPAN IPv6 协议时的模式，默认**）

模式四：调试 STM32F103，STM32F103 串口连接到调试扩展板

图 1.8　4 种模式选择和跳线设置说明图

2）无线节点跳线设置说明

ZXBee 系列无线节点板上提供了两组跳线用于选择调试不同处理器，跳线设置说明如图 1.9 所示。

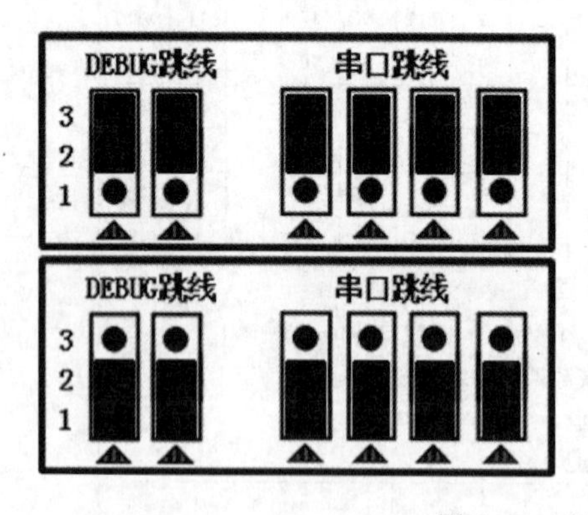

模式一：调试 CC2530，CC2530 串口连接到调试扩展板

模式二：调试 STM32F103，STM32F103 串口连接到调试扩展板（默认）

图 1.9　无线节点跳线设置说明图

4. 传感器板的使用

传感器板提供了两种接法，提供给两种不同的核心板，分别通过无线核心板（CC2530）和底板 STM32F103 驱动，如图 1.10 所示。

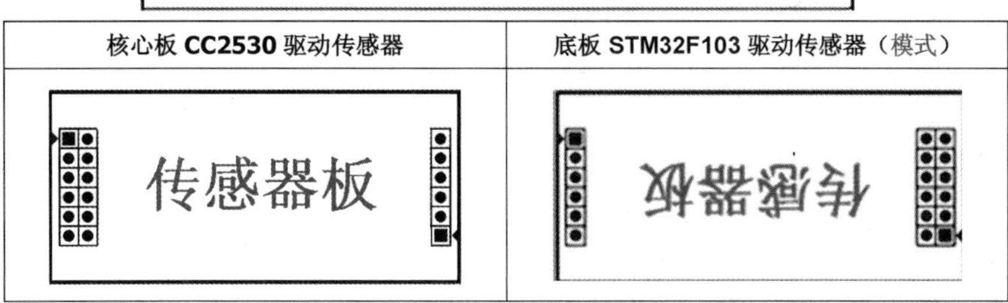

图 1.10　两种核心板接法

5. 调试接口板的使用

通过调试接口板的转接，无线节点可以使用仿真器进行调试，同时还可以使用 RS-232 串口，连接如图 1.11 所示。

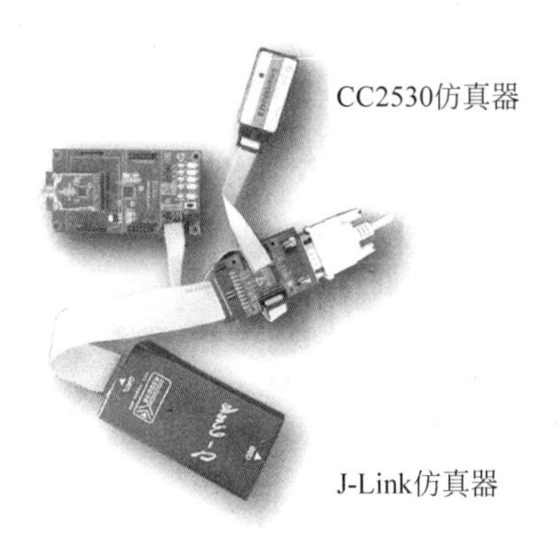

图 1.11　调试接口板的连接

1.2.5　ZXBee 无线节点硬件资源

1. 传感器接口引脚

传感器接口引脚如表 1.1 所示。

表 1.1　传感器接口引脚

1	3	5	7	9	11
TXD	GPIO	MISO	CS	VCC	VDD
2	4	6	8	10	12
RXD	ADC	MOSI	SCK	PWM	GND

2. 硬件资源分配

硬件资源分配如表 1.2 所示。

表 1.2　硬件资源分配

引脚(STM32F103)	底板设备	传感器接口
PA0	K1	
PA1	K2	
PA2	TXD2(连接无线模块)	
PA3	RXD2(连接无线模块)	
PA4	—	CS
PA5	—	SCK
PA6	—	MISO
PA7	—	MOSI
PA9	TXD1(调试串口)	—
PA10	RXD1(调试串口)	—
PB0	—	ADC
PB1	—	PWM
PB5	—	GPIO
PB8	D4	—
PB9	D5	—
PB10	—	TXD
PB11	—	RXD

注：1. 悬空/不使用的引脚没有列出。

2. 接 LCD 的引脚没有列出。

1.3　任务 3　搭建物联网开发环境

1.3.1　学习目标

掌握物联网开发常用工具安装和环境搭建。

1.3.2　开发环境

- 硬件：计算机(推荐主频 2GHz 以上,内存 1GB 以上),s210 系列开发平台。
- 软件：Windows XP/7/8/10。

1.3.3　原理学习

本书采用 IPv6 协议,并将 Contiki 的 IPv6 协议移植到 STM32F103 处理器,其中 STM32F103 处理器是一款 ARM Cortex-M3 处理器,开发需要搭建 IAR 集成开发环境,IAR 软件包“CD-EWARM”位于 Resource\04-常用工具,用于开发基于 Contiki 操作系统及 IPv6 协议的软件工具。

1.3.4　开发步骤

IAR Embedded Workbench IDE 是一款流程的嵌入式软件开发 IDE 环境,ARM 接口技术及 IPv6 协议栈工程都基于 IAR 开发,软件安装包位于 Resource\04-常用工具\CD-

EWARM，安装界面如图 1.12 所示，按照默认安装即可。

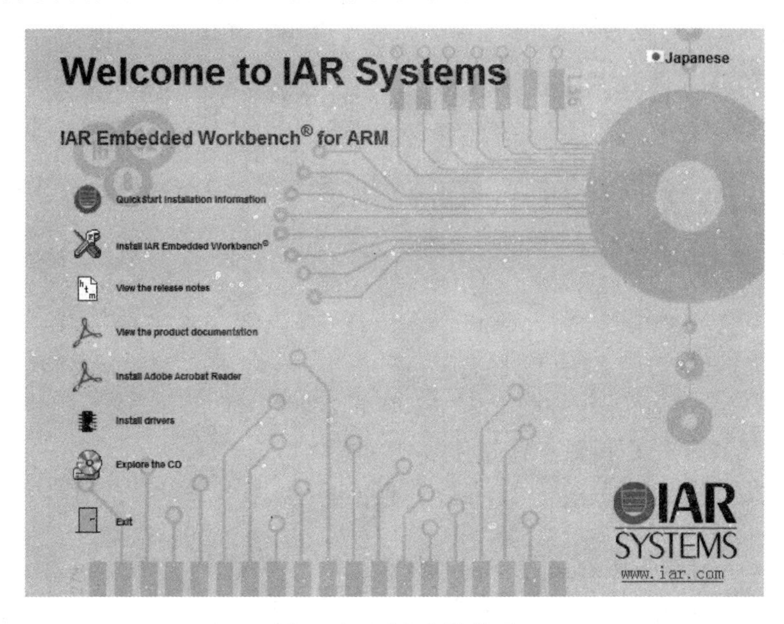

图 1.12　IAR 安装界面

软件安装完成后，即可自动识别 eww 格式的工程，打开 IAR 工程，如图 1.13 所示。

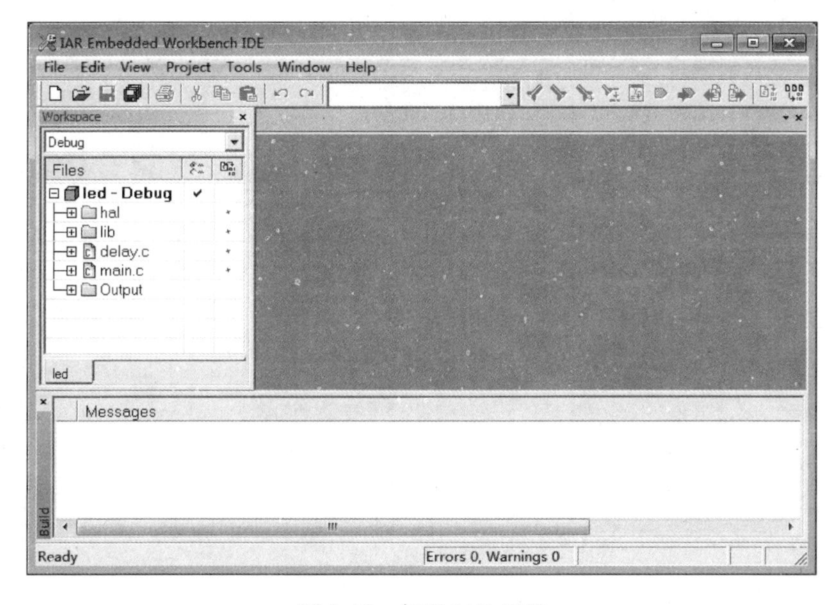

图 1.13　打开 IAR 工程

1.4　任务 4　IAR 项目开发

首先分析本书项目的工程模板，开发资源包中“01-开发例程”中的第 2 章的工程文件目录列表如图 1.14 所示。

其中 2.1～2.11 的文件夹中存放的是基础开发例程的工程文件，common 文件夹中存放的是开发例程所需要的公共文件，包括驱动程序以及官方提供的库文件。

在 common 文件夹中有两个文件夹，分别是 hal 和 lib 文件夹，hal 中存放的是开发者自定义的驱动程序的头文件和源文件，lib 中存放的是官方提供的 STM32 3.5 库文件。

2.1-led
2.2-key
2.3-uart
2.4-systick
2.5-lcd
2.6-rtc
2.7-iwdg
2.8-wwdg
2.9-tim
2.10-temperature
2.11-dma
common

图 1.14　工程文件目录列表

1.4.1　工程目录创建

（1）先创建一个命名为 common 的文件夹，然后在 common 文件夹中创建 hal 和 lib 文件夹。

（2）在 hal 文件夹中创建 include 和 src 两个文件夹，前者存放开发者自定义的头文件，后者存放自定义的源文件。

（3）将开发资源包中 01-开发例程\第 2 章\common\lib 目录下的所有文件复制到 lib 文件夹中。

（4）创建工程目录文件夹，以 example 为例。

（5）打开 IAR 应用程序。选择 Project→Create New Project，在弹出的 Create New Project 对话框的 Tool chain 下拉列表框中选择 ARM，在 Project templates 列表框中选择 Empty project，单击 OK 按钮，在弹出的“另存为”对话框中将文件存放在 01-开发例程\第 1 章目录下（可随意选择工程文件存放的目录），编写工程名，以 example 为例，创建一个名为 example 的工程。创建完成后，选择 File→Save Workspace，在弹出的 Sawe Workspace As 对话框中以 example 命名，如图 1.15 和图 1.16 所示。

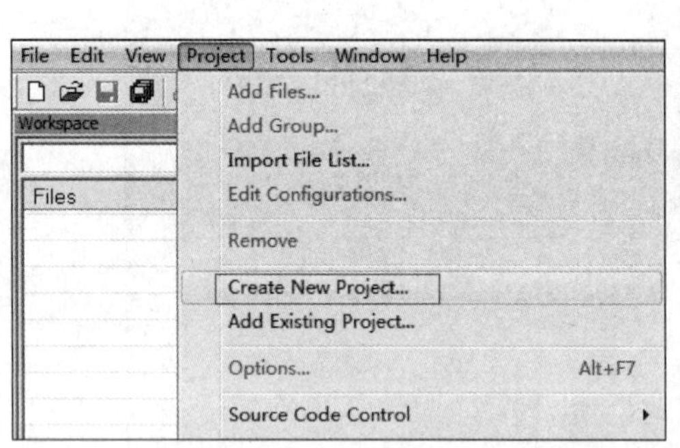

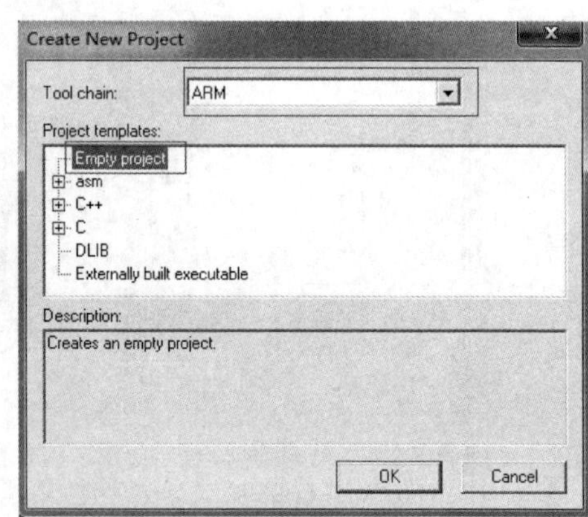

图 1.15　创建工程

（6）构建 IAR-EWARM 工程目录，添加好的目录，如图 1.17 所示。

① 添加目录的方法。

在工程文件上右击，在弹出的快捷菜单中选择 Add→Add Files 或者 Add Group 添加文件或者组（文件夹），如图 1.18 所示。

按照图 1.14 目录的结构添加好工程目录。其中 lib 目录下需要添加的所有文件都在工程目录 common\lib 下，开发者可以自行查看。

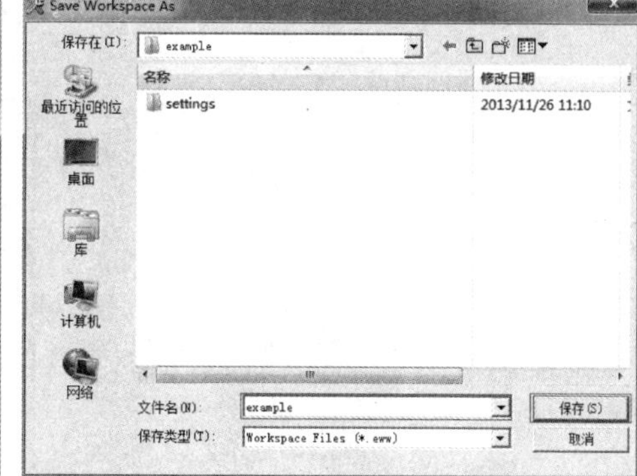

图 1.16　保存工程和工作空间

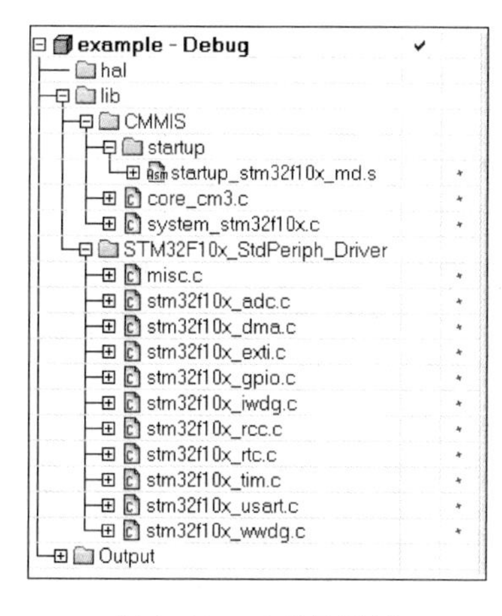

图 1.17　工程目录树

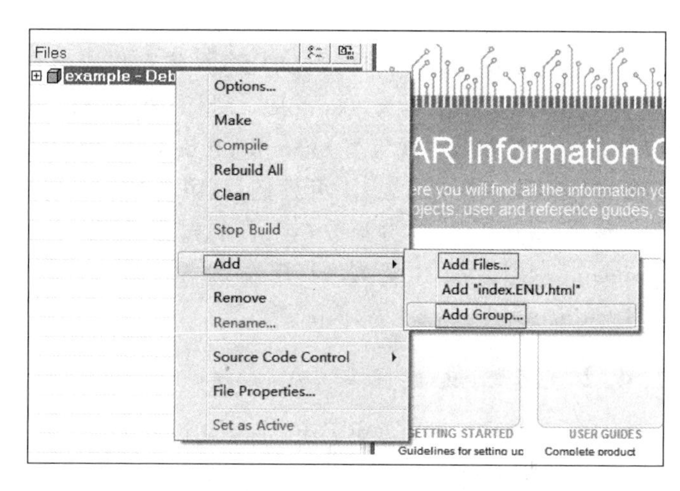

图 1.18　添加文件或组

② 添加说明。

- lib\CMMIS\startup 中的 startup_stm32f10x_md. s 文件为 STM32 芯片启动文件，该文件在 common\lib\CMSIS\CM3\DeviceSupport\ST\STM32F10x\startup\iar 目录下。
- lib\CMMIS 中的 core_cm3. c 文件在 common\lib\CMSIS\CM3\CoreSupport 目录下，system_stm32f10x. c 文件在 common\lib\CMSIS\CM3\DeviceSupport\ST\STM32F10x 目录下。
- STM32F10x_StdPeriph_Driver 目录下所有的文件为官方提供的库函数文件，这些文件都在 common\lib\STM32F10x_StdPeriph_Driver\src 目录下，开发者可根据程序的需要进行选择性的添加。本次开发例程是一个点亮 LED 灯的开发例程，开发者需要添加的库函数文件为 misc. c、stm32f10x_gpio. c 和 stm32f10x_rcc. c。
- Output 为输出文件夹，是 IDE 自动生成的文件夹。

(7) 添加开发者自定义的程序。

以添加 example. c 和 example. h 为例，选择 File→New→File，添加空文件，如图 1.19 所示。

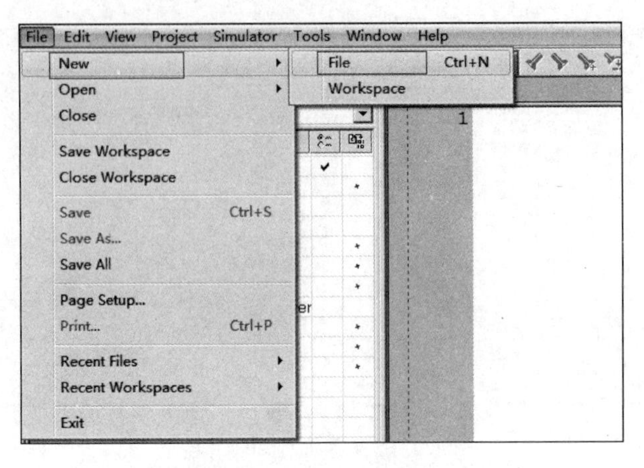

图 1.19 添加空文件

在空白文件里面编写自定义的函数，编写完毕后，按 Ctrl+S 键将其保存在 common\hal\src 目录下，并命名为 example.c，此函数的源代码可参考目录 01-开发例程\第 1 章\example.c；按照此方式编写 example.h 头文件，保存在 common\hal\include 目录下，此头文件的源代码可参考目录 01-开发例程\第 1 章\example.h 头文件。

编写 main.c 文件，并存放在工程的根目录下，同时将该文件添加到工程目录列表中。该 main.c 文件的目录为 01-开发例程\第 1 章\main.c。添加好的目录列表，如图 1.20 所示。

1.4.2 工程设置

在工程设置中需要设置 CPU 的类型以及编译选项等参数，具体设置过程如下。

(1) 在工程名上右击，在弹出的快捷菜单中选择 Options，如图 1.21 所示。

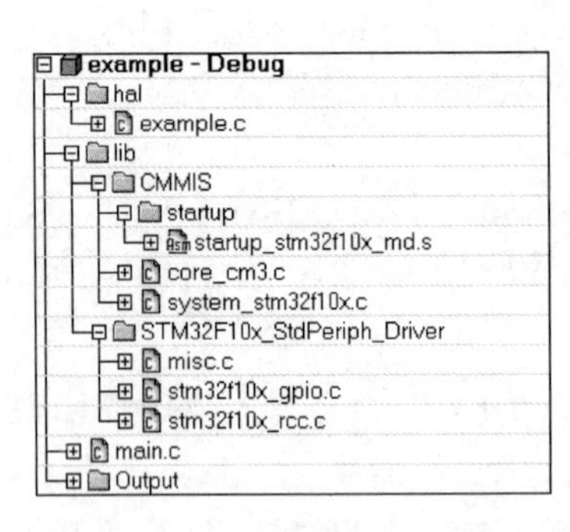

图 1.20 添加完成的工程目录

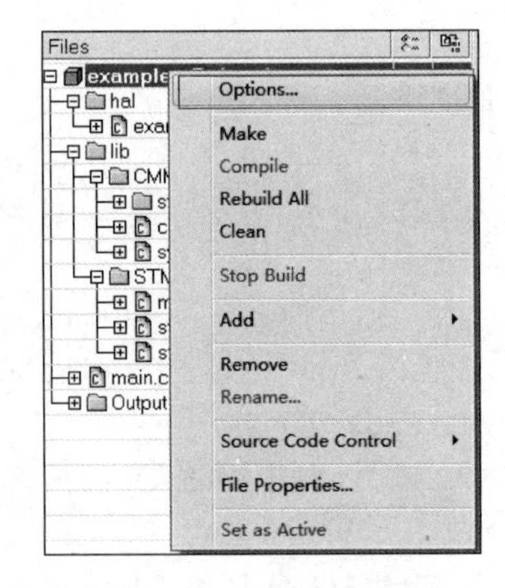

图 1.21 进入工程设置方法

(2) 在弹出的工程设置界面选择设备型号，再单击右边的 General Options，在右边的 Target 选项卡中的 Device 选项中选择 ST STM32F103xB，如图 1.22 所示。

(3) 添加所需头文件的路径及库文件中需要用到的宏定义语句：单击左边的 C/C++ Compiler 进入编译选项设置界面，选择 Preprocessor 选项卡，然后在 Additional include

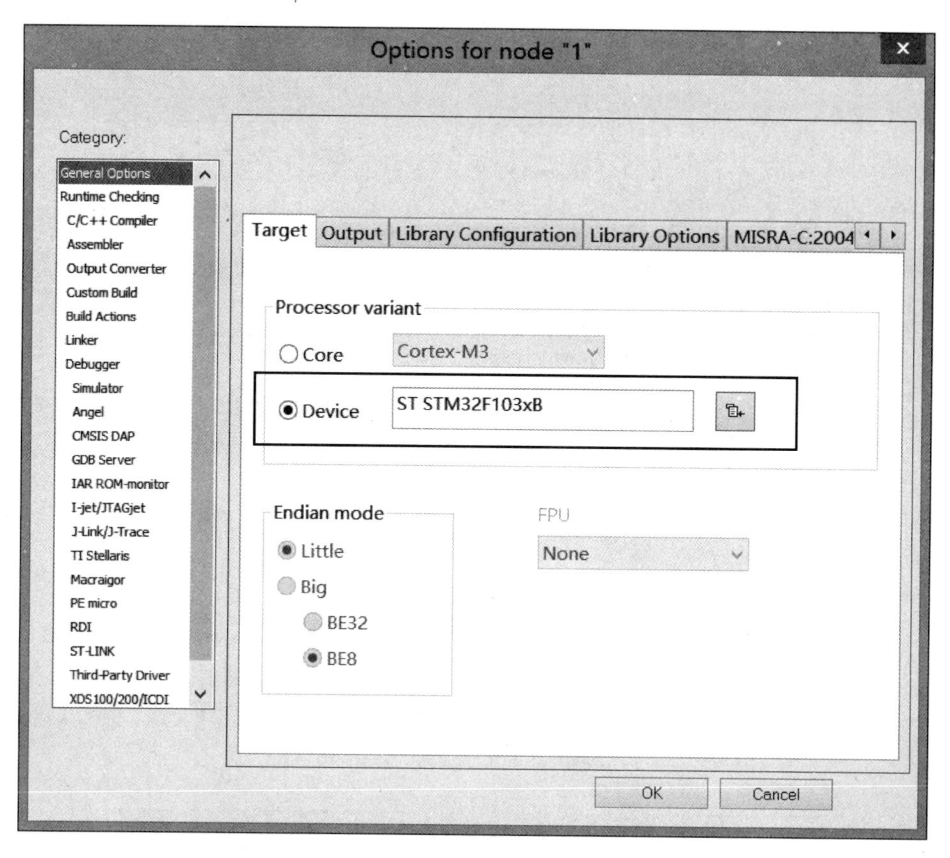

图 1.22 选择芯片型号

directories 栏输入头文件的路径，在 Defined symbols 栏输入工程所需的宏定义。头文件路径如下：

```
$PROJ_DIR$\..\common\hal\include
$PROJ_DIR$\..\common\lib\CMSIS\CM3\CoreSupport
$PROJ_DIR$\..\common\lib\CMSIS\CM3\DeviceSupport\ST\STM32F10x
$PROJ_DIR$\..\common\lib\STM32F10x_StdPeriph_Driver\inc
```

注意：添加过程中，必须坚持一行添加一条头文件的路径，其中“..\”为上一级目录。

添加宏定义：

```
STM32F10X_MD                    //STM32F103 芯片类型
_DLIB_FILE_DESCRIPTOR           //标准文件输入输出声明
USE_STDPERIPH_DRIVER            //使用标准库
```

添加完成后，如图 1.23 所示。

(4) 设置文件输出格式。单击左边的 Output Converter 进入输出格式设置界面，勾选 Generate additional output 复选框，然后在 Output format 下拉列表框中选择 Intel extended，最后勾选 Override default，输入输出格式为 example. hex，如图 1.24 所示。

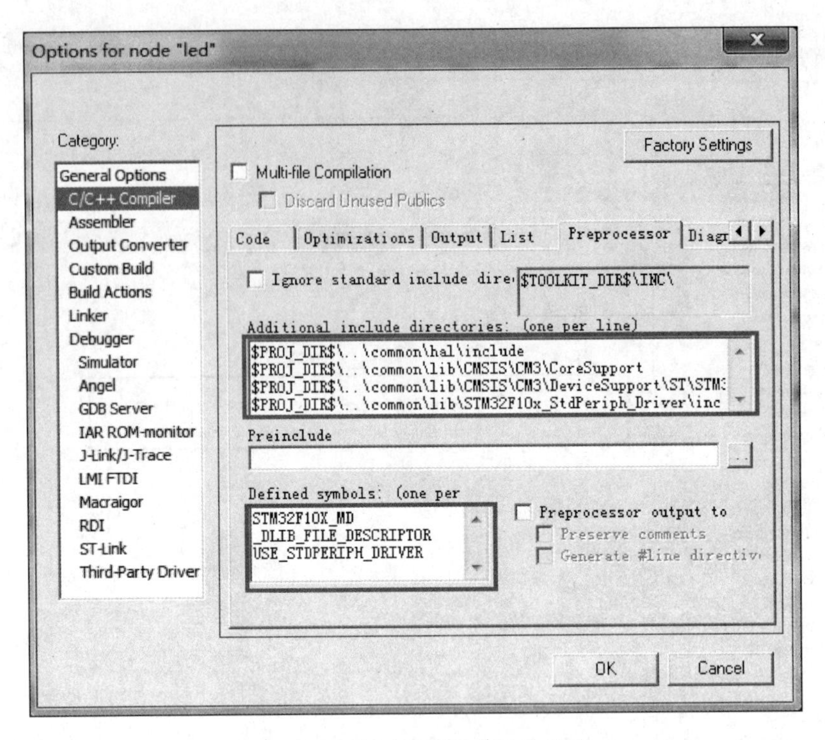

图 1.23 添加头文件路径和宏定义

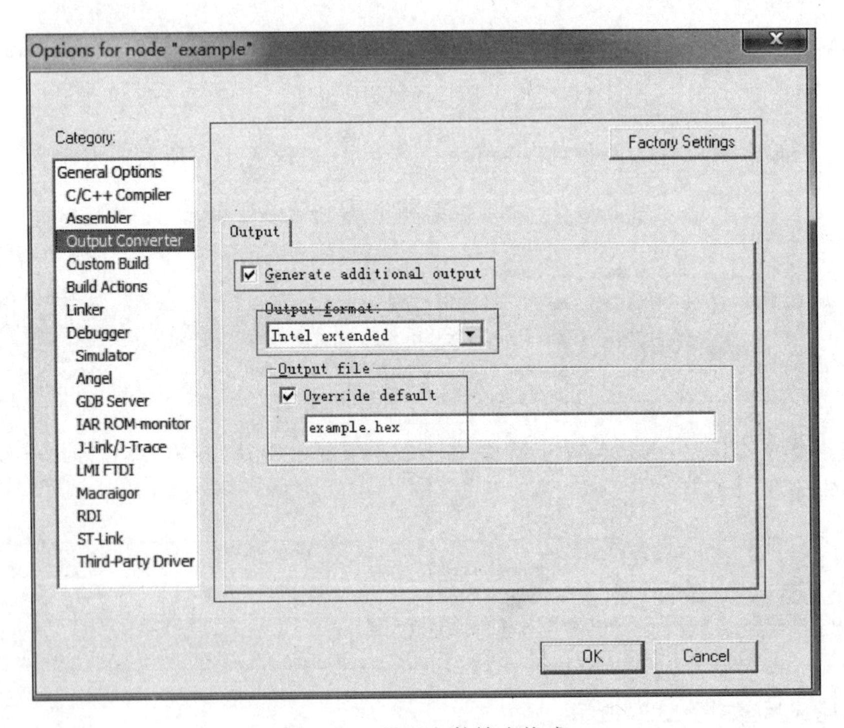

图 1.24 设置文件输出格式

(5) 设置调试选项。单击左边的 Debugger 进入调试设置界面，在 Driver 下拉列表框中选择 J-Link/J-Trace，最后单击 OK 按钮完成工程设置，如图 1.25 所示。

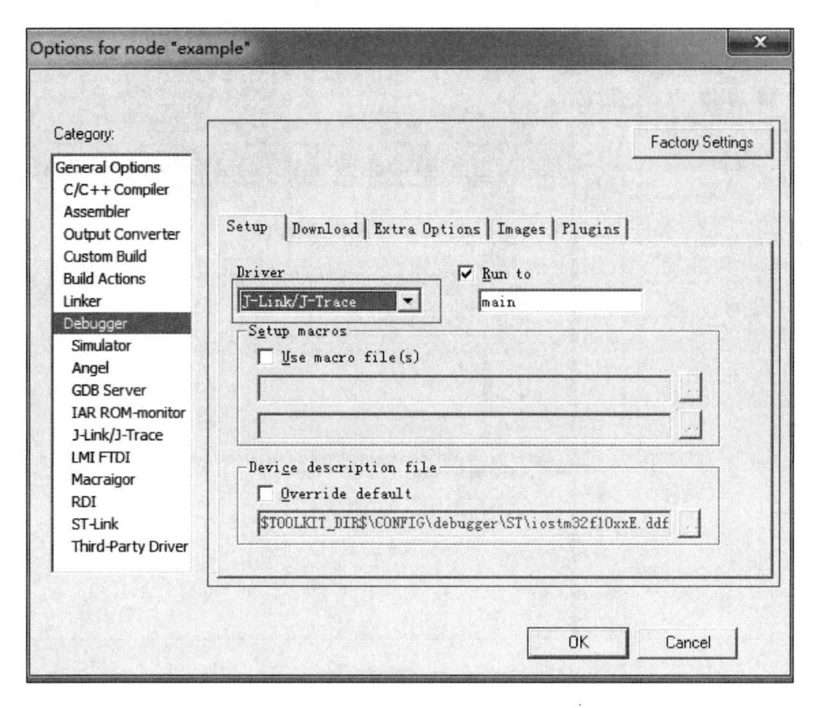

图 1.25　调试选项设置

工程设置好后，就可以进行编译程序、调试程序和下载程序到开发板中了。

1.4.3　程序下载和调试

工程配置完成后，就可以编译下载并调试程序了，下面依次介绍程序的编译、下载、调试等功能。

（1）编译：选择 Project→Rebuild All 或者直接单击工具栏中的 make 按钮。编译成功后会在该工程的 Debug\Exe 目录下生成 example.hex 文件。

（2）下载：按照 1.2 节设置节点板跳线为模式二，参考本书 2.1.5 节开发步骤，正确连接 J-Link 仿真器到 PC 和 ZXBee STM32 开发板，将开发板接上电源，ZXBee 无线节点板电源开关必须拨到 ON，选择 Project→Download and Debug 或者单击工具栏的下载按钮将程序下载到 ZXBee 无线节点板。程序下载成功后 IAR 自动进入调试界面，如图 1.26 所示。

（3）进入到调试界面后，就可以对程序进行调试了。IAR 的调试按钮包括如下选项：重置按钮 Reset、终止按钮 Break、跳过按钮 Step Over、跳入函数按钮 Step Into、跳出函数按钮 Step Out、下一条语句 Next Statement、运行到光标的位置 Run to Cursor、全速运行按钮 Go 和停止调试按钮 Stop Debugging ✕。由于这些调试按钮的使用比较简单，因此本文不再详细描述使用方法，开发者可以自行尝试。

（4）嵌入式开发需要查看寄存器的值，IAR 在调试的过程中也支持寄存器值的查看。打开寄存器窗口的方法如下：在程序调试过程中，选择 View→Register 即可打开。默认情况下，寄存器窗口显示基础寄存器的值，单击寄存器下拉列表框选项可以看到不同设备的寄存器，如图 1.27 所示。

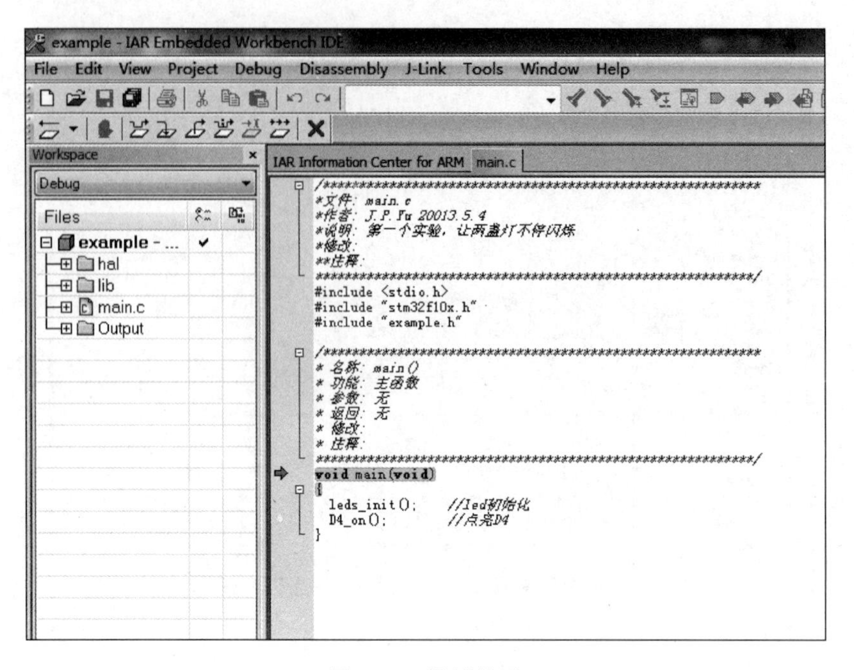

图 1.26　调试界面

(5) 在本任务中,D4 灯用到了 GPIOB 寄存器。下面通过调试观察 GPIOB 寄存器值的变化。在寄存器选项中,选择 GPIOB。通过单步调试,就可以看到寄存器值的变化,如图 1.28 和图 1.29 所示。

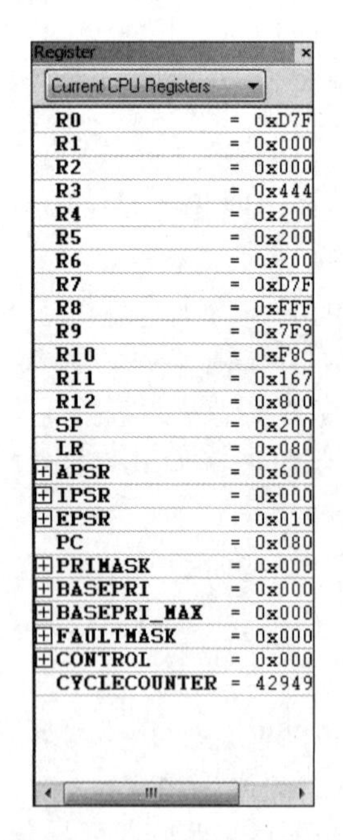

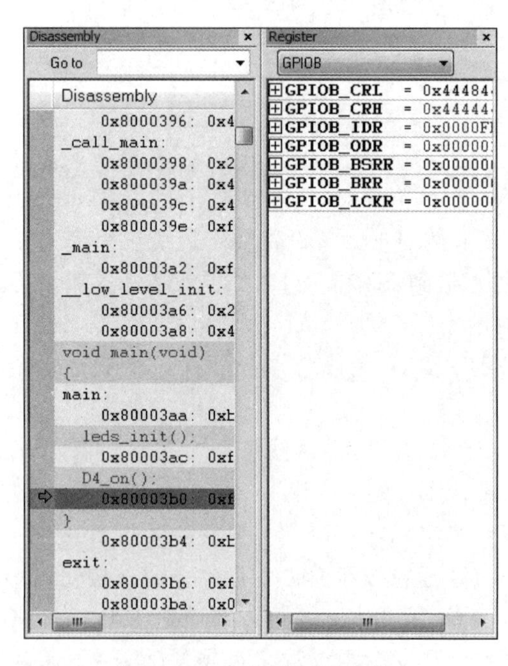

图 1.27　寄存器窗口页面　　　　图 1.28　寄存器窗口调试 1

(6) 调试结束后,单击全速运行按钮,或者将 ZXBee 无线节点板重新上电或者按下复位按钮,就可以观察到 D4 灯的点亮。

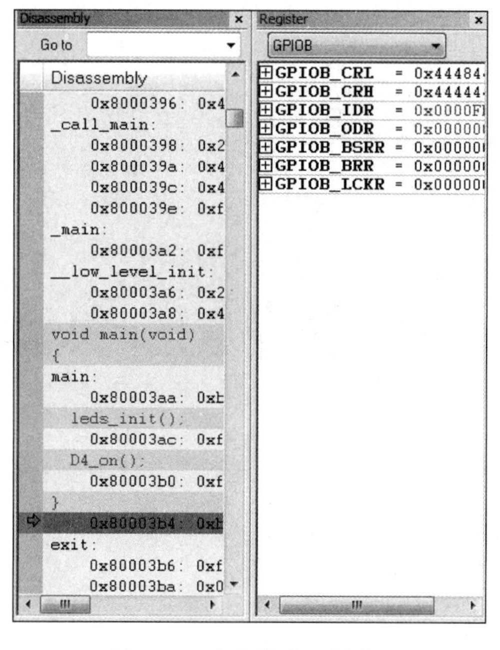

图 1.29 寄存器窗口调试 2

1.4.4 下载 hex 文件

前面利用 IAR 环境烧写程序，但有可能会烧写失败，此时还可以利用程序编译生成的 hex 文件下载到 ZXBee 无线节点板中。下面介绍如何利用 J-Flash 仿真软件将 hex 文件下载到 ZXBee 无线节点板中。

在第一次开发之前，需要在 PC 上安装 J-Link 仿真器的驱动程序，在资源开发包中找到 Setup_J-LinkARM_V426.exe(Resource\04-常用工具)即可安装，安装完成后，在 PC 的“开始”程序列表里面有一个 SEGGER 文件夹。需安装完驱动程序之后进行相应的配置才能将例程正确地烧写到本任务中的 ZXBee 无线节点板中。其配置过程如下。

单击 PC 的“开始”，找到如图 1.30 显示的程序显示列表，并打开名为 J-Flash ARM 的程序。

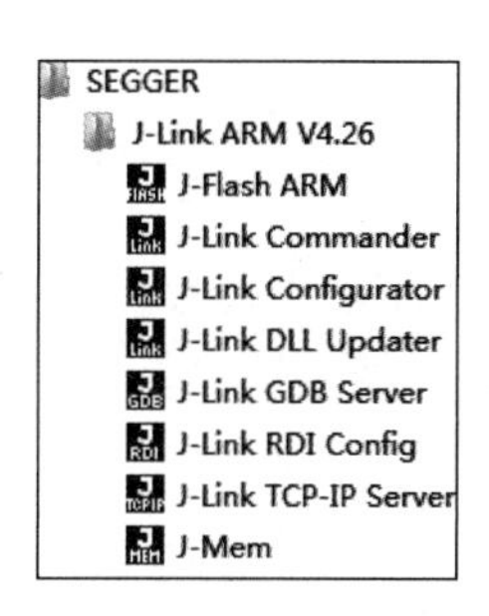

图 1.30 J-Link 驱动程序安装之后的程序显示列表

打开该程序后，进入图 1.31 所示的界面，选择 Options→Project settings，进入设置界面后，在 Target Interface 选项卡的第一个下拉列表框中选择 SWD，然后进入 CPU 的设置界面，在 Device 下拉列表框中选择 ST STM32F103CB，设置完毕后单击 OK 按钮，如图 1.31～图 1.33 所示。

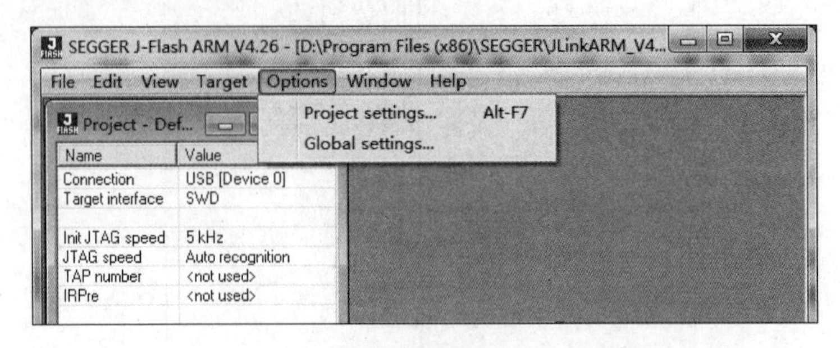

图 1.31　配置过程 1

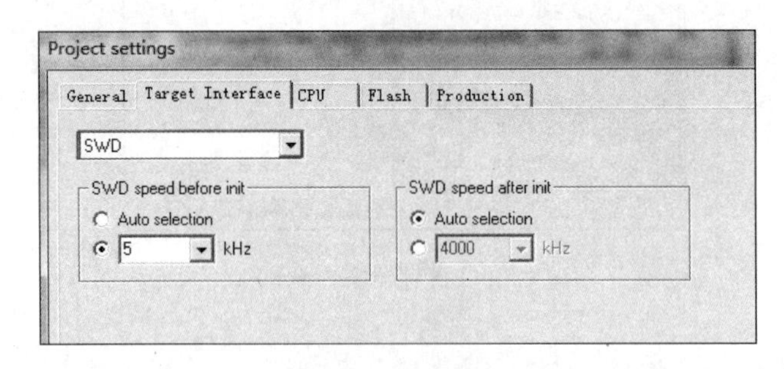

图 1.32　配置过程 2

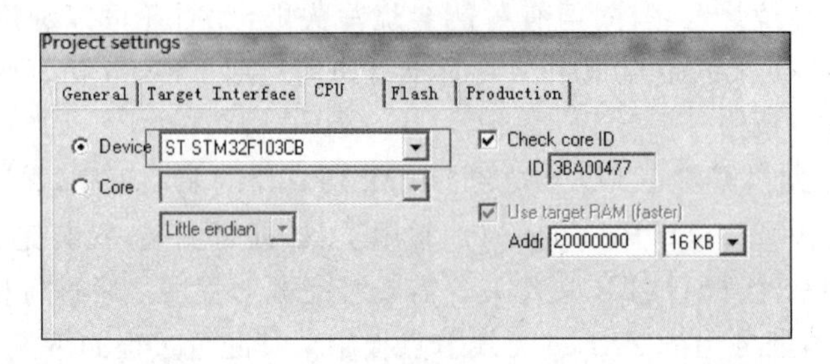

图 1.33　配置过程 3

(1) 正确连接 J-Link 仿真器到 PC 和 ZXBee 无线节点板，将 ZXBee 无线节点板起电，将开关拨到 ON(上电)。

(2) 运行 J-Flash ARM 仿真软件，选择 Target→Connect，如图 1.34 所示。

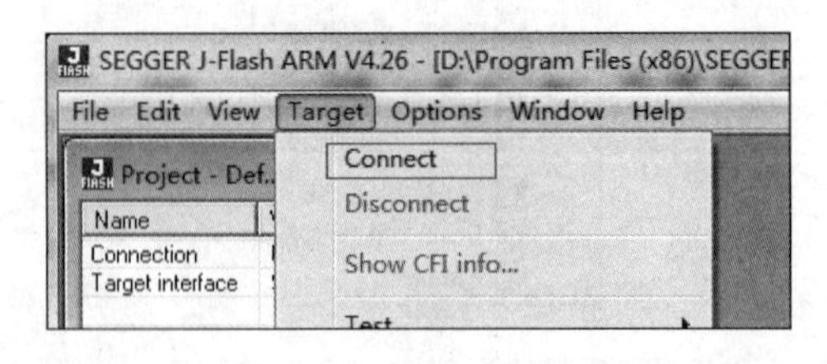

图 1.34　仿真器的软件连接

连接成功后，在该界面下的 LOG 窗口下会显示 Connected successfully，如图 1.35 所示。

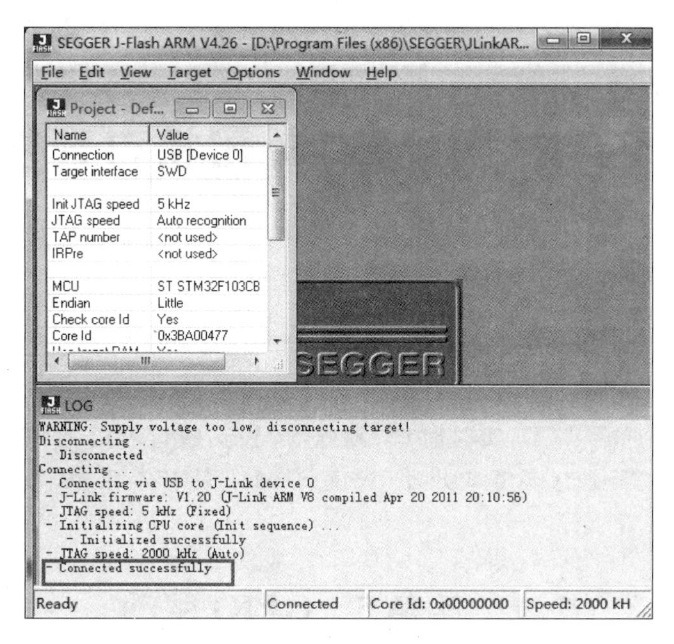

图 1.35　仿真器的软件连接成功

注意：在每次下载程序之前，可能需要将 J-Link 仿真器与 PC 和 ZXBee 无线节点板进行软件连接，若没有连接可能会导致烧写程序失败。

(3) 选择 File→Open data file，打开开发例程目录下 Debug/Exe/example. hex(参考 1.4.2 节工程设置中的"(4)设置文件输出格式"中的自己定义的 hex 文件，由于后续开发例程中并没有对文件输出格式进行勾选设置，因此并不会再开发例程该目录下生成. hex 文件)，如图 1.36 所示。

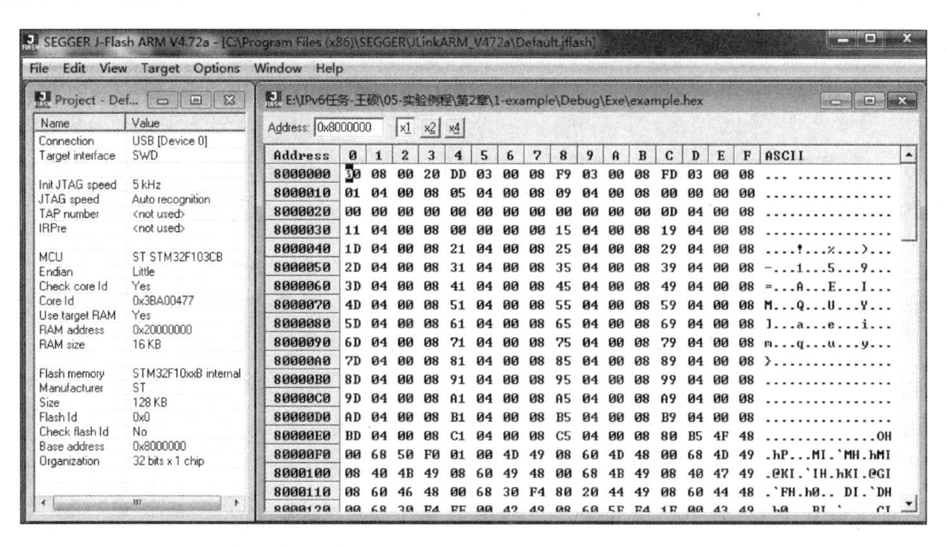

图 1.36　J-Flash 打开文件显示

(4) 选择 Target→Erase chip，最后单击 Program & Verify，显示成功后，就将该程序烧写到了 ZXBee 无线节点板中。

第2章 STM32外围接口开发

本章通过11个案例详细分析STM32的接口驱动，有GPIO驱动、外部中断、串口通信、SYSTICK定时器、LCD、实时时钟、独立看门狗、窗口看门狗、定时器中断、内部温度传感器、DMA等，通过任务式开发，解读STM32的基本原理，并掌握外围接口的驱动方法。

2.1 任务5 GPIO驱动

2.1.1 学习目标

- 通过本次LED开发，了解并掌握如何驱动STM32的GPIO；
- 通过GPIO驱动STM32微处理器的LED。

2.1.2 开发环境

- 硬件：ZXBee无线节点板，J-Link仿真器，调试转接板，PC；
- 软件：Windows XP/7/8/10，IAR集成开发环境，串口调试助手。

2.1.3 原理学习

ZXBee无线节点板上的LED灯是发光二极管。发光二极管由半导体组成，只能单向导通。ZXBee无线节点板提供两个可编程的LED，分别是D4和D5。图2.1是LED驱动电路图（注：本书此类图由Candence软件画出）。

由图2.1可知，D4、D5的右端连接到了VDD33(3.3V电压)，需要在D4、D5的左边引脚(LED1、LED2)给一个低电平，即可将D4、D5两个发光二极管点亮。

接下来就是将D4、D5的LED1、LED2端置为低电平，那么怎么配置LED1和LED2端的引脚呢？通过如图2.2所示的STM32芯片引脚图可知，LED1连接到PB8口，LED2连接到PB9口，要实现D4、D5发光二极管的点亮就需要配置PB8、PB9引脚，若PB8、PB9引脚输出高电平则D4、D5发光二极管熄灭，输出低电平则D4、D5发光二极管点亮。

上面提到了PB8、PB9引脚，这个引脚信息怎么理解呢？首先看一下STM32芯片的引脚图。从图2.2可知，STM32芯片的I/O引脚分别为PAx、PBx、PC、PDx 4组端口，每一组I/O口对应的时钟、可编程的I/O口数量不一样，所以在配置I/O口时，不同的I/O口信息会不尽相同。

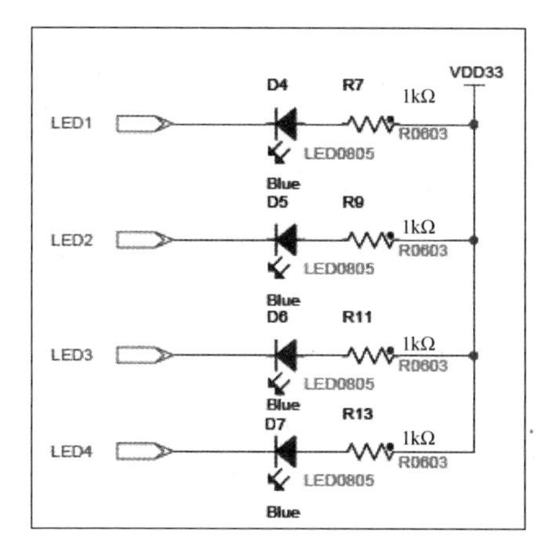

图 2.1　LED 驱动电路图

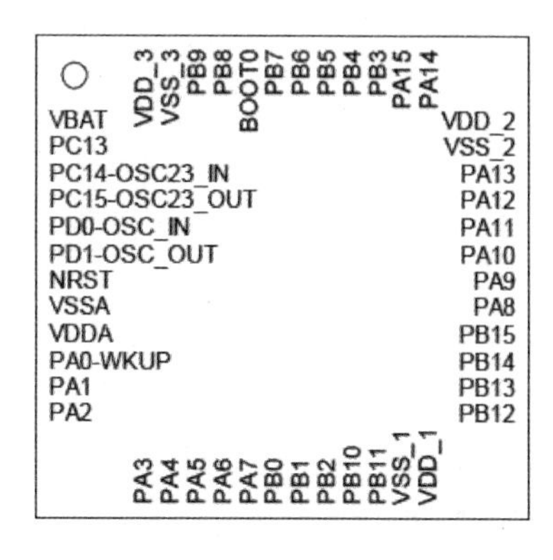

图 2.2　STM32 芯片引脚图

2.1.4　开发内容

通过上述原理学习可知，要实现 D4、D5 的点亮熄灭只需配置 PB8、PB9 I/O 口引脚即可，然后将引脚适当地输出高、低电平则可实现 D4、D5 的控制。通过下面代码来解析利用 STM32 官方库提供的函数来实现 PB8、PB9 初始化等内容。

```
void leds_init(void)
{
  GPIO_InitTypeDef GPIO_InitStructure;                    //定义 GPIO 初始化结构体
  /* 使能 GPIO 时钟 */
  RCC_APB2PeriphClockCmd(D4_GPIO_ACC | D5_GPIO_ACC, ENABLE);
  /* 初始化 D4(PB8)的引脚信息 */
  GPIO_InitStructure.GPIO_Pin = D4_GPIO_PIN;              //选择 D4 的 I/O 引脚
  GPIO_InitStructure.GPIO_Speed = GPIO_Speed_50MHz;       //I/O 引脚速度
  GPIO_InitStructure.GPIO_Mode = GPIO_Mode_Out_PP;        //设置成推挽输出
  GPIO_Init(D4_GPIO_PORT, &GPIO_InitStructure);           //初始化 I/O 口信息
  /* 初始化 D5(PB9)的引脚信息 */
  GPIO_InitStructure.GPIO_Pin = D5_GPIO_PIN;              //选择 D5 的 I/O 引脚
  GPIO_InitStructure.GPIO_Speed = GPIO_Speed_50MHz;
  GPIO_InitStructure.GPIO_Mode = GPIO_Mode_Out_PP;
  GPIO_Init(D5_GPIO_PORT, &GPIO_InitStructure);
  //D4 和 D5 默认关闭
  D4_off();
  D5_off();
}
```

在上述代码中初始化了 D4、D5 的引脚，初始化时为了使读者清晰地理解源代码，将很多资源进行宏定义成了通俗易懂的名称：

```
#define D4_GPIO_PIN GPIO_Pin_8                    //宏定义 D4 所需的 8 号 I/O 口
#define D5_GPIO_PIN GPIO_Pin_9                    //宏定义 D5 所需的 9 号 I/O 口
#define D4_GPIO_PORT GPIOB                        //宏定义 D4 所需的 B 组 I/O 口(GPIOB)
#define D5_GPIO_PORT GPIOB                        //宏定义 D5 所需的 B 组 I/O 口(GPIOB)
#define D4_GPIO_ACC RCC_APB2Periph_GPIOB          //宏定义 D4 引脚的时钟
#define D5_GPIO_ACC RCC_APB2Periph_GPIOB          //宏定义 D5 引脚的时钟
```

完成 I/O 口的初始化后，就需要涉及到如何将相应的 I/O 口引脚置为高低电平了，在工程目录下的 led.c 中可以看到 D4_on()、D4_off()、D4_toggle()等函数，其中 D4_on()函数的功能是将 D4 点亮，D4_off()函数的功能是将 D4 熄灭，D4_toggle()是将 D4 的状态置反，通过分析这几个函数的源代码，可知如下几个函数的功能：

1. GPIO_SetBits(GPIO_TypeDef * GPIOx, uint16_t GPIO_Pin)

功能说明：将某个 I/O 口置为高电平。

参数说明：GPIOx 为 I/O 的端口，如 GPIOA、GPIOB 等；GPIO_Pin 为 I/O 引脚，如 GPIO_Pin_8、GPIO_Pin_9 等。

2. GPIO_ResetBits(GPIO_TypeDef * GPIOx, uint16_t GPIO_Pin)

功能说明：将某个 I/O 口置为低电平。

参数说明：GPIOx 为 I/O 的端口，如 GPIOA、GPIOB 等；GPIO_Pin 为 I/O 引脚，如 GPIO_Pin_8、GPIO_Pin_9 等。

3. GPIO_WriteBit(GPIO_TypeDef * GPIOx, uint16_t GPIO_Pin, BitAction BitVal)

功能说明：将某个 I/O 口的电平写为高或者低。

参数说明：GPIOx 为 I/O 的端口，如 GPIOA、GPIOB 等；GPIO_Pin 为 I/O 引脚，如 GPIO_Pin_8、GPIO_Pin_9 等；BitVal 值为 0 或者 1，即低电平或者高电平。

所以要将 D4、D5 的 I/O 引脚电平进行变化则只需要调用上述方法即可。下面以点亮、熄灭、反转 D4 为例。

```
//将 D4 的引脚置为高电平 - 熄灭
GPIO_SetBits(D4_GPIO_PORT, D4_GPIO_PIN);
//将 D4 的引脚置为低电平 - 点亮
GPIO_ResetBits(D4_GPIO_PORT, D4_GPIO_PIN);
//将 D4 的引脚电平置反
GPIO_WriteBit(D4_GPIO_PORT, D4_GPIO_PIN, !GPIO_ReadOutputDataBit(D4_GPIO_PORT, D4_GPIO_
PIN));
```

其中，GPIO_ReadOutputDataBit()函数的功能是读取 I/O 口的电平并返回。

上述函数可以实现 D4、D5 的点亮与熄灭，现在该如何实现 D4、D5 的轮流闪烁熄灭呢？可以先将 D4 点亮，然后每隔 1s 就改变 D4、D5 的状态即可实现简单的跑马灯程序。在这个过程中关键是如何实现延时 1s，要想达到延时的效果，可以使用很多方法，如软件延时、系统时钟延时、定时器延时等方法，在本任务中采用了系统时钟延时的方法。下面是系统时钟的初始化，以及微秒、毫秒延时的方法的实现源代码：

```
static u8 fac_us = 0;                                          //us 延时倍乘数
static u16 fac_ms = 0;                                         //ms 延时倍乘数
//初始化延迟函数
//SYSTICK 的时钟固定为 HCLK 时钟的 1/8
//SYSCLK:系统时钟
void delay_init(u8 SYSCLK)
{
  //SysTick->CTRL& = 0xfffffffb;                               //bit2 清空,选择外部时钟 HCLK/8
  SysTick_CLKSourceConfig(SysTick_CLKSource_HCLK_Div8);//选择外部时钟 HCLK/8
  fac_us = SYSCLK/8;
  fac_ms = (u16)fac_us * 1000;
}
//延时 nms(注意 nms 的范围)SysTick->LOAD 为 24 位寄存器,所以
//nms<= 0xffffff * 8 * 1000/SYSCLK,SYSCLK 单位为 Hz,nms 单位为 ms
//对 72M 条件下,nms<= 1864
void delay_ms(u16 nms)
{
  u32 temp;
  SysTick->LOAD = (u32)nms * fac_ms;                          //时间加载(SysTick->LOAD 为 24bit)
  SysTick->VAL = 0x00;                                        //清空计数器
  SysTick->CTRL = 0x01 ;                                      //开始倒数
  do {
    temp = SysTick->CTRL;
  } while(temp&0x01&&!(temp&(1<<16)));                        //等待时间到达
  SysTick->CTRL = 0x00;                                       //关闭计数器
  SysTick->VAL = 0X00;                                        //清空计数器
}
//延时 nus,nus 为要延时的 us 数
void delay_us(u32 nus)
{
  u32 temp;
  SysTick->LOAD = nus * fac_us;                               //时间加载
  SysTick->VAL = 0x00;                                        //清空计数器
  SysTick->CTRL = 0x01 ;                                      //开始倒数
  do {
    temp = SysTick->CTRL;
  } while(temp&0x01&&!(temp&(1<<16)));                        //等待时间到达
  SysTick->CTRL = 0x00;                                       //关闭计数器
  SysTick->VAL = 0X00;                                        //清空计数器
}
```

实现了延时函数之后,在 while 循环里面调用 D4、D5 反转、延时方法就可以实现 D4、D5 的状态每隔 1s 翻转一次,从而实现了简单的 LED 驱动。图 2.3 是本任务的流程图。

从图 2.3 可知,实现 D4、D5 的轮流闪烁,会经过系统时钟初始化、系统延时初始化两个过程,其中系统时钟初始化是必需的,STM32 微处理器要经过系统初始化才能正常运行,也就是 SystemInit()方法,该方法在 system_stm32f10x.c 源文件中定义。而在 main.c 中并没有看到调用系统时钟初始化的方法,这是因为 STM32 官方库文件已经将系统时钟初始化的方法的调用过程写进启动文件 startup_stm32f10x_md.s 中了。

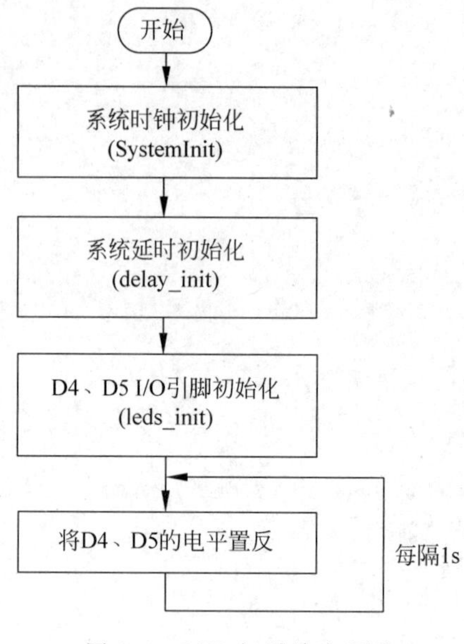

图 2.3 LED 灯设计流程图

2.1.5 开发步骤

(1) 通过调试转接板将 J-Link 仿真器连接到 PC 和 ZXBee 无线节点板，无线节点板设置成模式二；

(2) 用 IAR 软件打开该任务的开发工程，选择 Project→Rebuild All，重新编译；

(3) 将连接好的硬件平台起电，接下来选择 Project→Download and debug，将程序下载到 ZXBee 无线节点板中。在每次下载程序之前，可能需要将 J-Link 仿真器与 PC 和 ZXBee 无线节点板进行软件连接，若没有连接可能会导致烧写程序失败

(4) 下载完毕后选择 Debug→Go，运行程序。

2.1.6 总结与扩展

程序成功运行后，可看到 D4 和 D5 每隔 1s 轮流闪烁。

2.2 任务 6 外部中断

2.2.1 学习目标

- 通过本次按键驱动开发，了解并掌握如何使用 STM32 的外部中断；
- 学会在 STM32 微处理器上开发按键中断程序。

2.2.2 开发环境

- 硬件：ZXBee 无线节点板，J-Link 仿真器，调试转接板，PC；
- 软件：Windows XP/7/8/10，IAR 集成开发环境，串口调试助手。

2.2.3 原理学习

ARM Cortex-M3 内核共有 256 个中断，其中 16 个内部中断、240 个外部中断，256 个中断均可进行中断优先级设置。STM32 支持的中断共 84 个(16 个内部中断和 68 个外部中断)，还有 16 级可编程的中断优先级的设置，仅使用中断优先级设置 8 位中的高 4 位。

STM32 可支持 68 个中断通道，已经固定分配给相应的外部设备，每个中断通道都具备自己的中断优先级控制字节 PRI_n(8 位，但是 STM32 中只使用 4 位，高 4 位有效)，每 4 个通道的 8 位中断优先级控制字构成一个 32 位的优先级寄存器。68 个通道的优先级控制字至少构成 17 个 32 位的优先级寄存器。

4 位的中断优先级可以分成 2 组，从高位看，前面定义的是抢占式优先级，后面是响应优先级。按照这种分组，4 位一共可以分成 5 组，其中，第 0 组：所有 4 位用于指定响应优先级；第 1 组：最高一位用于指定抢占式优先级，后面 3 位用于指定响应优先级；第 2 组：最高 2 位用于指定抢占式优先级，后面 2 位用于指定响应优先级；第 3 组：最高 3 位用于指定抢占式优先级，后面一位用于指定响应优先级；第 4 组：所有 4 位用于指定抢占式优先级。

所谓抢占式优先级和响应优先级，它们之间的关系是：具有高抢占式优先级的中断可以在具有低抢占式优先级的中断处理过程中被响应，即中断嵌套。

当两个中断源的抢占式优先级相同时，这两个中断将没有嵌套关系，当一个中断到来后，如果正在处理另一个中断，这个后到来的中断就要等到前一个中断处理完后才能被处理。如果这两个中断同时到达，则中断控制器根据响应优先级高低来决定先处理哪一个；如果它们的抢占式优先级和响应优先级都相等，则根据它们在中断表中的排位顺序决定先处理哪一个，每一个中断源都必须定义两个优先级。

STM32 中，每一个 GPIO 都可以触发一个外部中断，但是，GPIO 的中断是以组为单位的，同组间的外部中断在同一时间只能使用一个。例如，PA0、PB0、PC0、PD0、PE0、PF0、PG0 为一组，如果使用 PA0 作为外部中断源，那么别的就不能够再使用了，在此情况下，只能使用类似于 PB1、PC2 这种末端序号不同的外部中断源。每一组使用一个中断标志 EXTIx。

EXTI0～EXTI4 这 5 个外部中断有着自己的单独的中断响应函数，EXTI5～EXTI9 共用一个中断响应函数，EXTI10～EXTI15 共用一个中断响应函数。使用外部中断的基本步骤如下：

(1) 设置相应的时钟；

(2) 设置相应的中断；

(3) I/O 口初始化；

(4) 把相应的 I/O 口设置为中断线路(要在设置外部中断之前)并初始化；

(5) 编写中断响应函数。

打开资源开发包 05-文档资料\01-原理图\节点目录下的 STM32_NODE_MB.pdf 文件，查看 ZXBee 无线节点板 K1、K2 按键的电路原理图，如图 2.4 所示。

从图 2.4 中可知，按键的右端连接了 3.3V 的电压，左端连接了 GND，如果 K1、K2 按下，则按键电路就会导通，此时连接在电路上的 KEY1、KEY2 端就会检测到高电平，若 K1、K2 弹起则电路断开，KEY1、KEY2 端就会检测到低电平。通过原理图可知 KEY1 端连接到了微处理器的 PA0 口，KEY2 端连接到了微处理器的 PA1 口，因此只需要将这两个 I/O 口设置成外部中断，然后编写相应的外部中断服务函数即可。

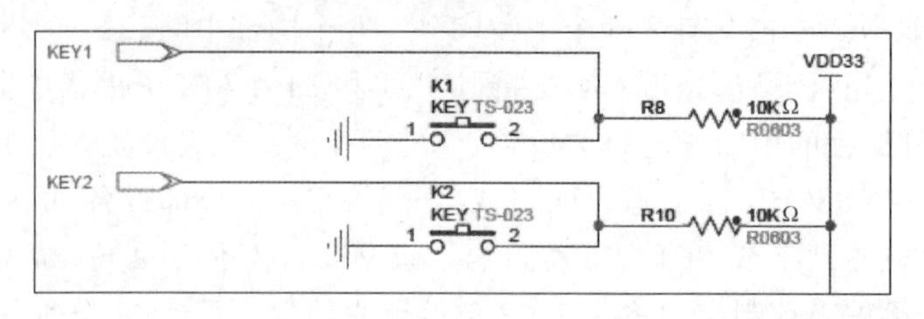

图 2.4　按键电路原理图

2.2.4　开发内容

本任务实现功能如下：当 K1 按下，则反转 D4 的状态；K2 按下，则反转 D5 的状态。下面解析按键中断实现的关键源代码。

```
void exti_init(void){
  EXTI_InitTypeDef EXTI_InitStructure;                    //定义外部中断结构体
  GPIO_InitTypeDef GPIO_InitStructure;                    //定义 GPIO 结构体
  NVIC_InitTypeDef NVIC_InitStructure;                    //定义中断向量表结构体
  /* 初始化 GPIOA 时钟 */
  RCC_APB2PeriphClockCmd(RCC_APB2Periph_GPIOA, ENABLE);
  /* 配置 PA.0 和 PA.1 脚为浮空输入 */
  GPIO_InitStructure.GPIO_Pin = GPIO_Pin_0 | GPIO_Pin_1;
  GPIO_InitStructure.GPIO_Mode = GPIO_Mode_IN_FLOATING;
  GPIO_Init(GPIOA, &GPIO_InitStructure);
  /* 初始化 AFIO 时钟 */
  RCC_APB2PeriphClockCmd(RCC_APB2Periph_AFIO, ENABLE);
  /* 将外部中断 0 连接到 PA.0 pin */
  GPIO_EXTILineConfig(GPIO_PortSourceGPIOA, GPIO_PinSource0);
  /* 配置外部中断 0 连接 */
  EXTI_InitStructure.EXTI_Line = EXTI_Line0;
  EXTI_InitStructure.EXTI_Mode = EXTI_Mode_Interrupt;
  EXTI_InitStructure.EXTI_Trigger = EXTI_Trigger_Rising;        //上升沿触发
  EXTI_InitStructure.EXTI_LineCmd = ENABLE;
  EXTI_Init(&EXTI_InitStructure);
  /* 设置外部中断 0 为最低优先级 */
  NVIC_InitStructure.NVIC_IRQChannel = EXTI0_IRQn;
  NVIC_InitStructure.NVIC_IRQChannelPreemptionPriority = 0x0F;
  NVIC_InitStructure.NVIC_IRQChannelSubPriority = 0x0F;
  NVIC_InitStructure.NVIC_IRQChannelCmd = ENABLE;
  NVIC_Init(&NVIC_InitStructure);
  /* 配置外部中断 1 连接 */
  /* 设置外部中断 1 为最低优先级 */
  GPIO_EXTILineConfig(GPIO_PortSourceGPIOA, GPIO_PinSource1);
  EXTI_InitStructure.EXTI_Line = EXTI_Line1;
  EXTI_Init(&EXTI_InitStructure);
  NVIC_InitStructure.NVIC_IRQChannel = EXTI1_IRQn;
```

```
    NVIC_Init(&NVIC_InitStructure);
}
//外部中断 0 中断处理程序,反转 D4
void EXTI0_IRQHandler(void)
{
    delay_ms(20);
    D4_toggle();
    while(!GPIO_ReadInputDataBit(GPIOA, GPIO_Pin_0));
    EXTI_ClearITPendingBit(EXTI_Line0);
}
//外部中断 1 中断处理程序,反转 D5
void EXTI1_IRQHandler(void)
{
    delay_ms(20);
    D5_toggle();
    while(!GPIO_ReadInputDataBit(GPIOA, GPIO_Pin_1));
    EXTI_ClearITPendingBit(EXTI_Line1);
}
```

通过上述源代码可知,PA0 和 PA1 为外部中断口,外部中断 0 上升沿触发中断,外部中断 1 上升沿触发中断。在中断函数中反转 LED 灯,以标记进入中断函数,按键 K1 按下,进入外部中断 0,跳变 D4 灯;按下按键 K2,进入外部中断 1,D5 跳变。如图 2.5 所示为外部中断设计流程图。

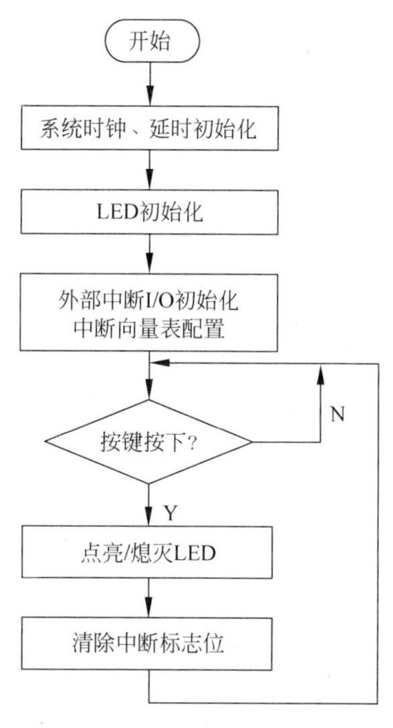

图 2.5　外部中断设计流程图

2.2.5 开发步骤

(1) 正确连接 J-Link 仿真器到 PC 和 ZXBee 无线节点板,无线节点板设置成模式二;

(2) 用 IAR 软件打开该任务的开发工程,选择 Project→Rebuild All,重新编译;

(3) 给连接好的硬件平台起电,将程序下载到 ZXBee 无线节点板中;

(4) 下载完毕后选择 Debug→Go,运行程序。

2.2.6 总结与扩展

程序成功运行后,依次按下 K1、K2 键,可以看到 D4、D5 会点亮或者熄灭。

2.3 任务7 串口通信

2.3.1 学习目标

- 理解 STM32 的串口通信协议;
- 学会在 STM32 微处理器上开发串口通信程序。

2.3.2 开发环境

- 硬件:ZXBee 无线节点板,J-Link 仿真器,调试转接板,USB MINI 线,PC;
- 软件:Windows XP/7/8/10,IAR 集成开发环境,串口调试助手。

2.3.3 原理学习

串口是计算机上一种通用设备通信的协议,大多数计算机包含 2 个基于 RS-232 的串口,串口协议同时也是仪器仪表设备通用的通信协议,串口通信协议也可以用于获取远程采集设备的数据。

串口通信的概念非常简单,串口按位(b)发送和接收。尽管比按字节(B)的并行通信慢,但是串口可以在使用一根线发送数据的同时用另一根线接收数据,能够实现远距离通信。如 IEEE 488 定义并行通行状态时,规定设备线总长不得超过 20m,并且任意两个设备间的长度不得超过 2m;而对于串口而言,长度可达 1200m。

常见的串口协议有 RS-232 和 RS-485,它们都只是对接口的电气特性做出规定,而不涉及接插件、电缆或协议,在此基础上用户可以建立自己的高层通信协议。由于串口通信是异步的,端口能够在一根线上发送数据同时在另一根线上接收数据。串口通信最重要的参数是波特率、数据位、停止位和奇偶校验位。

(1) 波特率:这是一个衡量通信速度的参数。它表示每秒钟传送的位的个数,例如 300 波特表示每秒发送 300b。

(2) 数据位:这是衡量通信中实际数据位的参数。当计算机发送一个信息包,实际的数据不会是 8 位的,标准的值是 5、7 和 8 位。如何设置取决于想传送的信息。例如,标准的 ASCII 码是 0~127(7 位),扩展的 ASCII 码是 0~255(8 位)。如果数据使用简单的文本(标准 ASCII 码),那么每个数据包使用 7 位数据。每个包是指一个字节,包括开始/停止位、数据位和奇偶校验位。实际数据位取决于通信协议。

(3) 停止位：用于表示单个包的最后一位。每一个设备有其自己的时钟，很可能在通信中两台设备间出现了小小的不同步，因此停止位不仅能表示传输结束，还能提供校正时钟同步的机会。

(4) 奇偶校验位：串口通信中的一种简单的检错方式。有4种检错方式：偶、奇、高和低。对于偶和奇校验的情况，串口会设置校验位，用一个值确保传输的数据有偶个或者奇个逻辑高位。例如，如果数据是011，对于偶校验的校验位为0，保证高电平的位数是偶数个；如果是奇校验，校验位为1，这样就有3个逻辑高位。这样使得接收设备能够知道一个位的状态，可以判断是否受噪声干扰或者传输和接收数据是否不同步。

UART (Universal Asynchronous Receiver Transmitter，通用异步收发器)是广泛使用的串口传输协议，UART允许在串行链路上进行全双工的通信。基本的UART通信只需要两条信号线(RXD、TXD)就可以完成数据的相互通信，接收与发送是全双工形式。TXD是UART发送端，RXD是UART接收端。

UART的基本特点是：在信号线上共有两种状态，可分别用逻辑1(高电平)和逻辑0(低电平)来区分，在发送器空闲时，数据线应该保持在逻辑高电平状态。发送器是通过发送起始位而开始一个字符的传送，起始位使数据线处于逻辑0状态，提示接收器数据传输即将开始。

2.3.4 开发内容

ZXBee无线节点板提供两个串口供开发者开发使用，分别是USART1和USART2，在本任务中采用USART1来进行开发。为了让开发者更简单的调用串口通信的方法，在本任务中将C库中的fputc()、fgetc()方法进行了重写，将串口的接收数据方法作为fgetc()方法的执行体，在执行scanf函数时，则可以实现从串口接收字符数据，同时将串口的发送数据方法作为fputc()方法的执行体，这样在执行printf函数时，可以实现向串口发送数据。

从图2.6的ZXBee无线节点板芯片原理图可知，USART1的TX端连接到开发板上的PA9引脚，RX端连接到开发板上的PA10引脚，因此接下来就是配置这两个I/O口，并配置串口的一些参数。

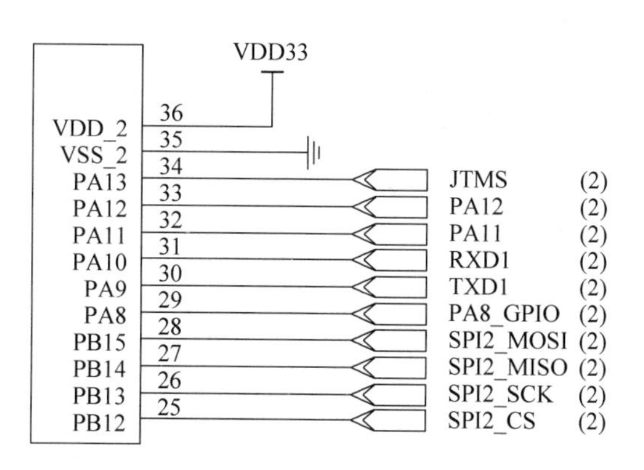

图2.6 ZXBee无线节点板芯片与串口原理图

下面是 USART1 的配置源代码：

```
void uart1_init(){
  USART_InitTypeDef USART_InitStructure;
  GPIO_InitTypeDef GPIO_InitStructure;
  //使能 GPIOA、USART1 时钟
  RCC_APB2PeriphClockCmd(RCC_APB2Periph_GPIOA | RCC_APB2Periph_USART1, ENABLE);
  /*配置串口 1 Tx(PA9)为推挽复用模式*/
  GPIO_InitStructure.GPIO_Pin = GPIO_Pin_9;
  GPIO_InitStructure.GPIO_Speed = GPIO_Speed_50MHz;
  GPIO_InitStructure.GPIO_Mode = GPIO_Mode_AF_PP;
  GPIO_Init(GPIOA, &GPIO_InitStructure);
  /*配置串口 1 Rx(PA10)为浮空输入模式*/
  GPIO_InitStructure.GPIO_Pin = GPIO_Pin_10;
  GPIO_InitStructure.GPIO_Mode = GPIO_Mode_IN_FLOATING;
  GPIO_Init(GPIOA, &GPIO_InitStructure);
  /*配置串口 1 的参数*/
  USART_InitStructure.USART_BaudRate = 115200;                   //波特率
  USART_InitStructure.USART_WordLength = USART_WordLength_8b;//数据位长度
  USART_InitStructure.USART_StopBits = USART_StopBits_1;       //停止位
  USART_InitStructure.USART_Parity = USART_Parity_No;          //奇偶校验
  USART_InitStructure.USART_HardwareFlowControl = USART_HardwareFlowControl_None;
                                                                 //数据流控制
  USART_InitStructure.USART_Mode = USART_Mode_Rx | USART_Mode_Tx;  //串口模式为发送和接收
  USART_Init(USART1, &USART_InitStructure);                      //USART1 初始化
  USART_Cmd(USART1, ENABLE);
}
```

在上述代码中实现了 USART1 的初始化，接下来就是实现串口接收和发送的函数。按照本任务的设计，将串口数据接收、发送的方法分别写进了 fgetc()和 fputc()方法中，从而实现了通过使用 scanf 函数和 printf 函数就可以在串口收发数据。下面是串口数据接收和发送的实现源代码：

```
//注意 IAR 要加上 _DLIB_FILE_DESCRIPTOR 宏定义
#ifdef __GNUC__
#define PUTCHAR_PROTOTYPE int __io_putchar(int ch)
#else
#define PUTCHAR_PROTOTYPE int fputc(int ch, FILE *f)
#endif /*__GNUC__*/
//输出一个字节到串口，这个函数在 iar 中实际上是 putchar 函数(文件开头定义)，实现了 putchar
//函数后，编译器就能够使用 printf 函数
PUTCHAR_PROTOTYPE{
  USART_SendData(USART1, (uint8_t) ch);
  while (USART_GetFlagStatus(USART1, USART_FLAG_TXE) == RESET)     //等待数据发送结束
  {}
  return ch;
}
//从串口接收一个字节，只要实现了这个函数就可以使用 scanf 函数
```

```
int fgetc(FILE * f){
    while (USART_GetFlagStatus(USART1, USART_FLAG_RXNE) == RESET) //等待数据接收完毕
    {}
    return (int)USART_ReceiveData(USART1);
}
```

实现了串口的数据接收、发送方法之后，只需要在 main 函数中调用 scanf、printf 函数即可实现串口的数据接收、发送功能。图 2.7 所示为本任务的流程图。

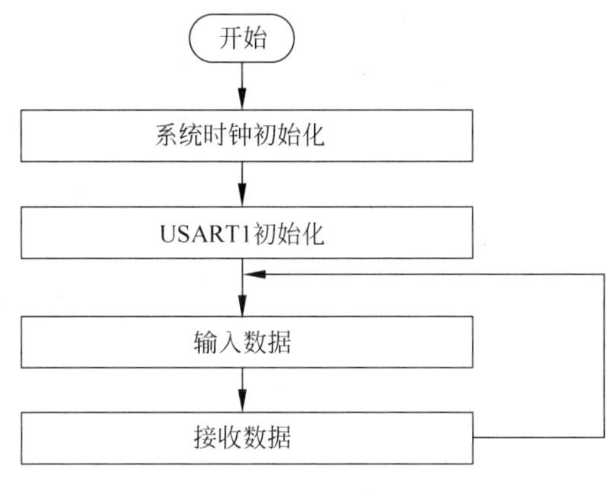

图 2.7　串口设计流程图

2.3.5　开发步骤

(1) 通过调试转接板将 J-Link 仿真器连接到 PC 和 ZXBee 无线节点板，无线节点板设置成模式二；

(2) 用 IAR 软件打开该任务的开发工程，选择 Project→Rebuild All，重新编译；

(3) 给连接好的硬件平台起电，将程序下载到 ZXBee 无线节点板中；

(4) 下载完毕后选择 Debug→Go，运行程序；

(5) 程序成功运行后，在 PC 上打开串口助手或者超级终端，设置接收的波特率为 115 200m/s，数据位为 8，奇偶校验为无，停止位为 1，数据流控制为无。

2.3.6　总结与扩展

打开串口助手或者超级终端，将会在接收区看到如下信息：

```
Stm32 example start !
please enter a charater:
a
```

此时通过串口调试助手发送一个字符，例如 a，它就会回显如下信息：

```
the charater is a
```

2.4 任务8 SYSTICK 定时器

2.4.1 学习目标

- 理解 STM32 定时器的基本工作原理；
- 学会在 STM32 微处理器上开发定时器驱动程序。

2.4.2 开发环境

- 硬件：ZXBee 无线节点板，J-Link 仿真器，调试转接板，USB MINI 线，PC；
- 软件：Windows XP/7/8/10，IAR 集成开发环境，串口调试助手。

2.4.3 原理学习

Cortex-M3 的内核中包含一个 SysTick 时钟，SysTick 是一个 24 位递减计数器，SysTick 设定初值并使能后，每经过一个系统时钟周期，计数值就减 1，计数到 0 时，SysTick 计数器自动重装初值并继续计数，同时内部的 COUNTFLAG 标志会置位，触发中断（如果是在中断使能情况下）。

在 STM32 的应用中，使用 Cortex-M3 内核的 SysTick 作为定时时钟，设定每一毫秒产生一次中断，在中断处理函数中对 TimingDelay 减 1，在 delay_ms 函数中循环检测 TimingDelay 是否为 0，不为 0 则进行循环等待；若为 0 则关闭 SysTick 时钟，退出函数。

2.4.4 开发内容

使用 SysTick 定时器的方法及步骤如下：

1）SysTick 时钟初始化

```
void Init_SysTick()
{
  if(SysTick_Config(SystemCoreClock/1000))  //SystemCoreClock/1000 意为每隔 1ms 中断一次
    while(1);
}
```

在 SysTick 时钟初始化的过程中调用了 SysTick_Config()方法，该方法在 core_cm3.h 中，展开其源代码如下：

```
//初始化、启动 SysTick 定时器、中断
static __INLINE uint32_t SysTick_Config(uint32_t ticks)
{
  if (ticks > SysTick_LOAD_RELOAD_Msk) return (1);                  /* 超出范围 */
  SysTick->LOAD = (ticks & SysTick_LOAD_RELOAD_Msk) - 1;            /* 设置重载寄存器 */
  NVIC_SetPriority (SysTick_IRQn, (1<<__NVIC_PRIO_BITS) - 1);       /* 设置中断优先级 */
```

```
    SysTick->VAL = 0;                                       /* 加载 SysTick 计数器的值 */
    SysTick->CTRL = SysTick_CTRL_CLKSOURCE_Msk |
                    SysTick_CTRL_TICKINT_Msk |
                    SysTick_CTRL_ENABLE_Msk;                /* 使能 SysTick 中断和定时器 */
    return (0);                                             /* 初始化成功 */
}
```

通过 SysTick 初始化实现了 1ms 中断一次，要实现毫秒延时函数就变得很简单，首先定义一个全局变量 TimingDelay，然后定义一个毫秒延时函数，参数为延时的毫秒数，在中断服务函数中将 TimingDelay 递减，也就是每 1ms 中断发生时则将 TimingDelay 的值减一，从而实现了精确的毫秒延时方法。下面是毫秒延时方法和中断服务程序的实现。

2）延时函数，需要延时处调用

```
void delay_ms(__IO uint32_t nTime)
{
    TimingDelay = nTime;
    while(TimingDelay != 0);
}
```

3）中断函数，定时器减至零时调用

```
void SysTick_Handler()
{
    if(TimingDelay != 0x00)
    {
        TimingDelay--;
    }
}
```

在本任务中设计每隔 1s 向串口打印消息，图 2.8 所示为本任务的流程图。

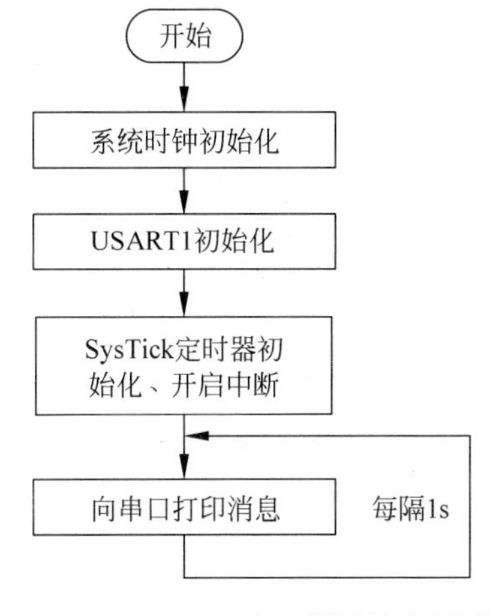

图 2.8　SysTick 定时器设计流程图

2.4.5 开发步骤

（1）通过调试转接板将 J-Link 仿真器连接到 PC 和 ZXBee 无线节点板，无线节点板设置成模式二；

（2）用 IAR 软件打开该任务的开发工程，选择 Project→Rebuild All，重新编译；

（3）给连接好的硬件平台起电，将程序下载到 ZXBee 无线节点板中；

（4）下载完毕后选择 Debug→Go，运行程序；

（5）程序成功运行后，在 PC 上打开串口助手或者超级终端，设置接收的波特率为 115 200b/s，数据位为 8，奇偶校验为无，停止位为 1，数据流控制为无。

2.4.6 总结与扩展

打开串口助手后，将会在接收区看到如下信息：

```
Stm32 example start !
Hello Word !
```

每隔 1s 后接收区会再显示一次"Stm32 example start ！Hello Word!"。

2.5 任务 9 LCD

2.5.1 学习目标

- 通过本任务，掌握 STM32 的 LCD 的使用，理解 LCD 的原理；
- 学会在 STM32 微处理器上开发 LCD 显示的程序。

2.5.2 开发环境

- 硬件：ZXBee 无线节点板，J-Link 仿真器，调试转接板，USB MINI 线，PC；
- 软件：Windows XP/7/8/10，IAR 集成开发环境，串口调试助手。

2.5.3 原理学习

LCD(Liquid Crystal Display，液晶显示器)是将液晶材料封装于上下透明电极之间，然后依次往外是定向膜、偏振片滤光板。通过对电极之间电压的控制，来实现对液晶透光性能的改变，从而显示不同特性的图像，基于液晶的电光效应电场的作用以及 LCD 亮暗之间的变化使得液晶能显示不同的内容。

本任务采用 ST7735S 液晶，ST7735S 是一个用微处理器控制器的 262k 彩色图形 LCD。它由 396 源行和 162 门行驱动电路构成。这个芯片可以直接连接到一个外部处理器，并使用 SPI 通信，具有 8 位、9 位、16 位和 18 位并行接口。显示数据可以存储在 RAM 芯片上显示数据的 132×162×18 位。它可以执行显示数据内存读/写操作，没有外部操作时钟功耗降到最低。此外，由于集成电源电路所需驱动液晶，可以用更少的组件显示系统。

在处理器上开发 ST7735S LCD，有多种方式驱动，一种是通过普通的 GPIO 口连接

ST7735S 的相应引脚来驱动，也可以通过 FSMC(Flexible Static Memory Controller，可变静态存储控制器)来驱动，本任务通过 GPIO 口对 ST7735S 进行驱动。LCD 模块的引脚图如图 2.9 所示。

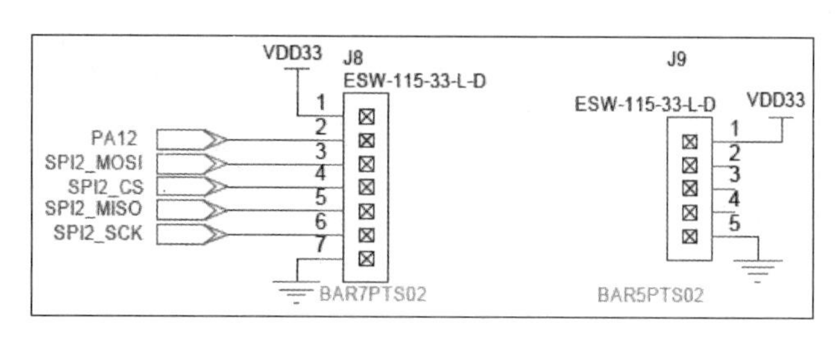

图 2.9　LCD 模块引脚图

通过图 2.9 可知，LCD 模块的通信采用 SPI 总线的方式(PA12 为复位引脚)，查询 STM32 芯片引脚图可知，SPI2_MOSI 端连接到 PB15，SPI2_MISO 端连接到 PB14，SPI2_SCK 端连接到 PB13，SPI2_CS 端连接到 PB12，那么要实现 LCD 的驱动，首先就是将这些 I/O 口进行配置，然后配置 SPI 总线，最后 STM32 通过 SPI 总线向 LCD 模块写命令数据，从而实现 LCD 的驱动、显示内容等功能。

2.5.4　开发内容

本任务实现在 LCD 上显示文字内容。要实现此功能，主要有两个内容：LCD 驱动的实现；LCD 显示内容的实现。下面结合本次开发例程的源代码分别解析 LCD 驱动的实现以及 LCD 显示的实现过程。

1. LCD 驱动的实现

1) SPI 总线引脚资源宏定义

```
/*MISO*/
#define GPIO_REST                      GPIOB
#define RCC_APB2Periph_GPIO_REST       RCC_APB2Periph_GPIOB
#define GPIO_Pin_REST                  GPIO_Pin_14
/*CS*/
#define GPIO_CS                        GPIOB
#define RCC_APB2Periph_GPIO_CS         RCC_APB2Periph_GPIOB
#define GPIO_Pin_CS                    GPIO_Pin_12
/*PA12 复位*/
#define GPIO_RS                        GPIOA
#define RCC_APB2Periph_GPIO_RS         RCC_APB2Periph_GPIOA
#define GPIO_Pin_RS                    GPIO_Pin_12
/*CS 置低电平*/
#define SPI_LCD_CS_LOW()               GPIO_ResetBits(GPIO_CS, GPIO_Pin_CS)
/*CS 置高电平*/
#define SPI_LCD_CS_HIGH()              GPIO_SetBits(GPIO_CS, GPIO_Pin_CS)
/*复位引脚置低*/
#define SPI_LCD_RS_LOW()               GPIO_ResetBits(GPIO_RS, GPIO_Pin_RS)
/*复位引脚置高*/
```

```
#define SPI_LCD_RS_HIGH()                    GPIO_SetBits(GPIO_RS, GPIO_Pin_RS)
/* MISO 引脚置低 */
#define SPI_LCD_REST_LOW()                   GPIO_ResetBits(GPIO_REST, GPIO_Pin_REST)
/* MISO 引脚置高 */
#define SPI_LCD_REST_HIGH()                  GPIO_SetBits(GPIO_REST, GPIO_Pin_REST)
/* SCK 引脚电平写方法 */
#define SPI_LCD_CLK(x)                       GPIO_WriteBit(GPIOB, GPIO_Pin_13, x)
/* MOSI 引脚电平写方法 */
#define SPI_LCD_DAT(x)                       GPIO_WriteBit(GPIOB, GPIO_Pin_15, x)
```

2）SPI 总线初始化

SPI 总线由 SCK、MISO、CS、MOSI 引脚组成。要完成 SPI 总线初始化首先需要实现其相关引脚的 I/O 口初始化，然后再来配置 SPI 总线。本任务中的源代码采用了 STM32 的官方库实现的，下面是 SPI 总线初始化的源代码：

```
void SPI_LCD_Init(void)
{
  SPI_InitTypeDef SPI_InitStructure;
  GPIO_InitTypeDef GPIO_InitStructure;
#if USE_SPI
  /* Enable LCD_SPIx and GPIO clocks */
  RCC_APB1PeriphClockCmd(RCC_APB1Periph_SPI2, ENABLE);//开启 SPI 时钟
#endif
//开启 SPI 总线 I/O 引脚的时钟
  RCC_APB2PeriphClockCmd( RCC_APB2Periph_GPIO_RS |RCC_APB2Periph_GPIO_REST |
                          RCC_APB2Periph_GPIO_CS, ENABLE);
#if USE_SPI
  /* LCD SPI 总线的 SCK, MISO,MOSI 引脚配置 */
  GPIO_InitStructure.GPIO_Pin = GPIO_Pin_15 | GPIO_Pin_13;
  GPIO_InitStructure.GPIO_Mode = GPIO_Mode_AF_PP;
  GPIO_InitStructure.GPIO_Speed = GPIO_Speed_10MHz;
  GPIO_Init(GPIOB, &GPIO_InitStructure);
#else
   /* Configure LCD_SPIx pins: SCK, MISO and MOSI */
  GPIO_InitStructure.GPIO_Pin = GPIO_Pin_15 | GPIO_Pin_13;
  GPIO_InitStructure.GPIO_Mode = GPIO_Mode_Out_PP;
  GPIO_InitStructure.GPIO_Speed = GPIO_Speed_10MHz;
  GPIO_Init(GPIOB, &GPIO_InitStructure);
  SPI_LCD_CLK(1);
#endif

  GPIO_InitStructure.GPIO_Pin = GPIO_Pin_REST;
  GPIO_InitStructure.GPIO_Mode = GPIO_Mode_Out_PP;
  GPIO_Init(GPIO_REST, &GPIO_InitStructure);
  /* RS 引脚配置 */
  GPIO_InitStructure.GPIO_Pin = GPIO_Pin_RS;
  GPIO_InitStructure.GPIO_Mode = GPIO_Mode_Out_PP;
```

```
    GPIO_Init(GPIO_RS, &GPIO_InitStructure);
    /* CS 引脚配置 */
    GPIO_InitStructure.GPIO_Pin = GPIO_Pin_CS;
    GPIO_InitStructure.GPIO_Mode = GPIO_Mode_Out_PP;
    GPIO_Init(GPIO_CS, &GPIO_InitStructure);
    /* 初始状态下,将 CS 引脚置高,选择 LCD Flash */
    SPI_LCD_CS_HIGH();
#if USE_SPI
    /* LCD 的 SPI 总线配置 */
    SPI_InitStructure.SPI_Direction = SPI_Direction_1Line_Tx;
    SPI_InitStructure.SPI_Mode = SPI_Mode_Master;
    SPI_InitStructure.SPI_DataSize = SPI_DataSize_8b;
    SPI_InitStructure.SPI_CPOL = SPI_CPOL_High;
    SPI_InitStructure.SPI_CPHA = SPI_CPHA_2Edge;
    SPI_InitStructure.SPI_NSS = SPI_NSS_Soft;
    SPI_InitStructure.SPI_BaudRatePrescaler = SPI_BaudRatePrescaler_4;
    SPI_InitStructure.SPI_FirstBit = SPI_FirstBit_MSB;
    SPI_InitStructure.SPI_CRCPolynomial = 7;
    SPI_Init(LCD_SPIx, &SPI_InitStructure);
    /* 使能 SPI 总线 */
    SPI_Cmd(LCD_SPIx, ENABLE);
#endif
}
```

3）LCD 模块初始化

SPI 总线驱动实现完成后，就需要对 LCD 模块进行初始化。根据 LCD 模块的数据手册(资源开发包中 05-文档资料\02-数据手册\LCD 目录下的 ST7735S_V1.1.pdf 文件)可知 LCD 模块的初始化需要发送一系列的指令，对于相关指令，开发者可以参考 LCD 的数据手册。下面是 LCD 模块初始化的源代码：

```
void lcd_initial(void)
{
    int i;

    for (i = 0; i < 240; i++)
        SPI_LCD_REST_LOW();
    for (i = 0; i < 240; i++)
        SPI_LCD_REST_HIGH();

    write_command(0x11);

    write_command(0xB1);
    write_data(0x01); write_data(0x2C); write_data(0x2D);
    write_command(0xB2);
    write_data(0x01); write_data(0x2C); write_data(0x2D);
    write_command(0xB3);
    write_data(0x01); write_data(0x2C); write_data(0x2D);
```

```
    write_data(0x01); write_data(0x2C); write_data(0x2D);
    write_command(0xB4);
    write_data(0x07);

    write_command(0xC0);
    write_data(0xA2); write_data(0x02); write_data(0x84);
    write_command(0xC1); write_data(0xC5);
    write_command(0xC2);
    write_data(0x0A); write_data(0x00);
    write_command(0xC3);
    write_data(0x8A); write_data(0x2A);
    write_command(0xC4);
    write_data(0x8A); write_data(0xEE);
    write_command(0xC5);
    write_data(0x0E);
    write_command(0x36);
  #if ROTATION == 90
    write_data(0xa0 | SBIT_RGB);
  #elif ROTATION == 180
    write_data(0xc0 | SBIT_RGB);
  #elif ROTATION == 270
    write_data(0x60 | SBIT_RGB);
  #else
    write_data(0x00 | SBIT_RGB);
  #endif
  #if ROTATION == 90 || ROTATION == 270
    write_command(0x2a);
    write_data(0x00);write_data(0x00);
    write_data(0x00);write_data(0x9f);
    write_command(0x2b);
    write_data(0x00);write_data(0x00);
    write_data(0x00);write_data(0x7f);
  #else
    write_command(0x2a);
    write_data(0x00);write_data(0x00);
    write_data(0x00);write_data(0x7f);
    write_command(0x2b);
    write_data(0x00);write_data(0x00);
    write_data(0x00);write_data(0x9f);
  #endif

    write_command(0xe0);
    write_data(0x0f); write_data(0x1a);
    write_data(0x0f); write_data(0x18);
    write_data(0x2f); write_data(0x28);
    write_data(0x20); write_data(0x22);
    write_data(0x1f); write_data(0x1b);
    write_data(0x23); write_data(0x37);
    write_data(0x00); write_data(0x07);
```

```
    write_data(0x02); write_data(0x10);
    write_command(0xe1);
    write_data(0x0f); write_data(0x1b);
    write_data(0x0f); write_data(0x17);
    write_data(0x33); write_data(0x2c);
    write_data(0x29); write_data(0x2e);
    write_data(0x30); write_data(0x30);
    write_data(0x39); write_data(0x3f);
    write_data(0x00); write_data(0x07);
    write_data(0x03); write_data(0x10);
    write_command(0xF0);
    write_data(0x01);
    write_command(0xF6);
    write_data(0x00);
    write_command(0x3A);
    write_data(0x05);
    write_command(0x29);
}
```

通过上述源代码可知，LCD模块在初始化时通过调用write_command()和write_data()方法来实现STM32向LCD模块发送数据，同时这两个方法是实现LCD内容显示的核心方法，LCD显示内容之前需要先通过write_command()方法向LCD模块发送相关的控制令，然后再调用write_data()方法向LCD模块发送LCD显示的数据内容。下面是这两个方法的源代码：

```
/* 指令写函数 */
void write_command(unsigned char c)
{
    SPI_LCD_RS_LOW();
    SPI_LCD_CS_LOW();
    /* 发送写使能指令 */
#if USE_SPI
    /* Send byte thROTATIONugh the LCD_SPIx peripheral */
    SPI_I2S_SendData(LCD_SPIx, c);
      /* Loop while DR register in not emplty */
    while (SPI_I2S_GetFlagStatus(LCD_SPIx, SPI_I2S_FLAG_TXE) == RESET);
#else
{
      int i;
      for (i = 0; i < 8; i++) {
          SPI_LCD_DAT(0x01&(c >>(7 - i)));
          SPI_LCD_CLK(0);
          SPI_LCD_CLK(1);
      }
}
#endif
```

```
    SPI_LCD_CS_HIGH();
}
/*数据写函数/
void write_data(unsigned char c)
{
    SPI_LCD_RS_HIGH();
    SPI_LCD_CS_LOW();
#if USE_SPI

    SPI_I2S_SendData(LCD_SPIx, c);

    while (SPI_I2S_GetFlagStatus(LCD_SPIx, SPI_I2S_FLAG_TXE) == RESET);
#else
{
      int i;
      for (i = 0; i<8; i++) {
            SPI_LCD_DAT(0x01&(c>>(7 - i)));
            SPI_LCD_CLK(0);
            SPI_LCD_CLK(1);
      }
}
#endif

    SPI_LCD_CS_HIGH();
}
```

2. LCD 显示的实现

实现了 LCD 的驱动之后，只需要编写 LCD 内容显示的方法即可。在本任务中，让 LCD 上分行显示不同颜色的“This is a LCD example”。下面是 LCD 显示的实现源代码：

```
void Display_Desc(void){
    char * p = "LCD example";
    /*将 LCD 顶端的 160*9 的区域清屏成白色*/
    Display_Clear_Rect(0, 0, LCDW, 9, 0xffff);
    /*将 LCD 顶端居中黑色字体显示 p 的内容*/
    Display_ASCII5X8((LCDW - strlen(p) * 6)/2, 1, 0x0000, p);
    /*以不同行、不同颜色显示 This is a LCD example 2013.10.17*/
    Display_ASCII8X16(1,24, 0xf800, "This");
    Display_ASCII8X16(1,36, 0x07e0, "is");
    Display_ASCII8X16(1,48, 0x0f0f0, "a");
    Display_ASCII8X16(1,60, 0xffff, "LCD");
    Display_ASCII8X16(1,72, 0x0000, "example");
    Display_ASCII8X16(1,84, 0x0000, "2013.5.7");
    /*在 LCD 的底部 160*9 的区域清屏成白色*/
    Display_Clear_Rect(0, LCDH - 9, LCDW, 9, 0xffff);
    /*LCD 底部居中黑色字体显示 p 的内容*/
    Display_ASCII5X8((LCDW - strlen(p) * 6)/2, LCDH - 8, 0x0000, p);
}
```

上述内容实现了 LCD 文字的显示，同时也可以看到在实现的过程调用了 Display_ASCII5X8，Display_ASCII8X16 这两个方法，这两个方法的功能就是在 LCD 上的任意位置显示 5×8、8×16 点阵大小的字符，同时可以指定显示字符的颜色。下面是这两个方法的实现源代码：

```
void Display_ASCII5X8(unsigned int x0,unsigned int y0,unsigned int co, char * s){
  unsigned char ch = * s;
  unsigned char dot;
  int i, j;
 #define CWIDTH 6
  while (ch != 0) {
    if (ch < 0x20 || ch > 0x7e) {
      ch = 0x20;
    }
    ch -= 0x20;
    for (i = 0; i < 5; i++) {
      dot = nAsciiDot[ch * 5 + i];
      for (j = 0; j < 8; j++) {
        if (dot&0x80)Output_Pixel(x0 + i, y0 + j, co);
        dot <<= 1;
      }
    }
    x0 += CWIDTH;
    ch = * ++s;
  }
}
/* 8×16 */
void Display_ASCII8X16(unsigned int x0,unsigned int y0, unsigned int co, char * s)
{
  int i,j,k,x,y,xx;
  unsigned char qm;
  long int ulOffset;
  char ywbuf[32]/* ,temp[2] */;
  for(i = 0; i < strlen((char * )s);i++){
    if(((unsigned char)( * (s + i))) >= 161){
      return;
    }
    else {
      qm = * (s + i);
      ulOffset = (long int)(qm) * 16;
      for (j = 0; j < 16; j ++) {
        ywbuf[j] = Zk_ASCII8X16[ulOffset + j];
      }
      for(y = 0;y < 16;y++) {
        for(x = 0;x < 8;x++) {
          k = x % 8;
          if(ywbuf[y]&(0x80 >> k)) {
```

```
                xx = x0 + x + i * 8;
                Output_Pixel(xx,y + y0, co);
            }
          }
        }
      }
    }
  }
```

根据 LCD 的工作原理可知，要在 LCD 上显示 5×8、8×16 点阵的字符，必须要在源代码中生成一个这些点阵大小的字符库，本任务中定义了这两个 5×8，8×16 点阵的字符库，分别是 nAsciiDot[]和 Zk_ASCII8X16[]，开发者可自行查看。图 2.10 所示为本任务的流程图。

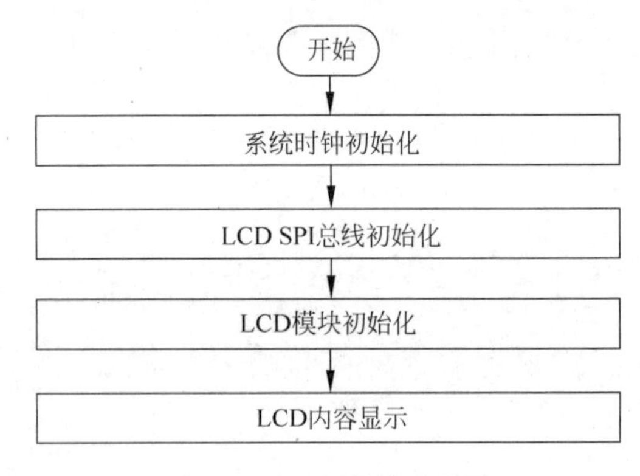

图 2.10　LCD 设计流程图

2.5.5　开发步骤

(1) 正确连接 J-Link 仿真器到 PC 和 ZXBee 无线节点板，无线节点板设置成模式二；

(2) 将 LCD 正确连接到开发板(LCD 的 J8、J9 引脚区分别连接开发板上的 J8、J9 的引脚区)；

(3) 用 IAR 软件打开该任务的开发工程，选择 Project→Rebuild All，重新编译；

(4) 给连接好的硬件平台起电，将程序下载到 ZXBee 无线节点板中；

(5) 下载完毕后选择 Debug→Go，运行程序。

2.5.6　总结与扩展

程序成功运行后，在 LCD 上可以看到类似如图 2.11 所示的内容。

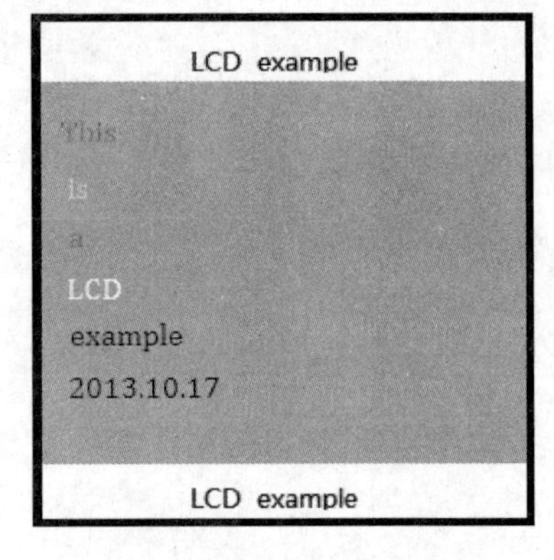

图 2.11　LCD 运行结果

2.6 任务10 实时时钟

2.6.1 学习目标

- 通过本任务，掌握STM32的RTC的时钟的使用，具体内容包括使用库函数来初始化RTC、启动RTC时钟以及读写RTC寄存器；
- 学会在STM32微处理器上开发RTC的程序。

2.6.2 开发环境

- 硬件：ZXBee无线节点板，J-Link仿真器，调试转接板，USB MINI线，PC；
- 软件：Windows XP/7/8/10，IAR集成开发环境，串口调试助手。

2.6.3 原理学习

RTC是一个实时时钟，也是一个独立的定时器。RTC模块拥有一组连续计数的计数器，在相应软件配置下，可以提供时钟、日历的功能。修改计数器的值可以重新设置系统当前的时间和日期。在配置RTC之前需要了解如下几个模块：

BKP：RTC模块和时钟配置系统的寄存器是在后备区域的(即BKP)，通过BKP来存储RTC配置的数据，可以让在系统复位或待机模式下唤醒后RTC中数据保持不变。

PWR：电源的寄存器，需要用到的是电源控制寄存器(PWR_CR)，通过使能PWR_CR的DBP位来取消后备区域BKP的写保护。

RTC：由一组可编程计数器组成，分成两个主要模块。第一个模块是RTC的预分频模块，它可编程产生最长为1s的RTC时间基准TR_CLK。RTC的预分频模块包含了一个20位的可编程分频器(RTC预分频器)。如果在RTC_CR寄存器中设置了相应的允许位，则在每个实时时钟(RTC)TR_CLK周期中RTC产生一个中断(秒中断)。第二个模块是一个32位的可编程计数器，可被初始化为当前的系统时间。系统时间按TR_CLK周期累加并与存储在RTC_ALR寄存器中的可编程时间相比较，如果RTC_CR控制寄存器中设置了相应允许位，比较匹配时将产生一个闹钟中断。

2.6.4 开发内容

根据RTC的工作原理，在RTC工作之前需要进行相应的配置，在本程序中采用STM32官方库提供的库函数来进行配置RTC，下面是整个RTC初始化过程中的源代码：

```
//初始化 RTC,并设置 RTC 中断
void rtc_init(void)
{
  //给后备域提供时钟
  RCC_APB1PeriphClockCmd(RCC_APB1Periph_PWR, ENABLE);
  //使能后备域
  PWR_BackupAccessCmd(ENABLE);
  //打开外部低频晶振 32.768kHz
```

```
    RCC_LSEConfig(RCC_LSE_ON);
    //等待外部低频晶振工作正常
    while(RCC_GetFlagStatus(RCC_FLAG_LSERDY) == RESET);
    //外部低频晶振作为 RTC 晶振源
    RCC_RTCCLKConfig(RCC_RTCCLKSource_LSE);
    //使能 RTC
    RCC_RTCCLKCmd(ENABLE);
    //等待 RTC 寄存器和 APB 时钟同步
    RTC_WaitForSynchro();
    RTC_WaitForLastTask();
    //使能 RTC 秒中断
    RTC_ITConfig(RTC_IT_SEC, ENABLE);
    //等待
    RTC_WaitForLastTask();
    //设置晶振的频率(32.768kHz)/(32767 + 1)
    RTC_SetPrescaler(32767);
    RTC_WaitForLastTask();

    //设置 RTC 中断
    NVIC_InitTypeDef NVIC_InitStructure;
    NVIC_InitStructure.NVIC_IRQChannel = RTC_IRQn;
    NVIC_InitStructure.NVIC_IRQChannelPreemptionPriority = 0;
    NVIC_InitStructure.NVIC_IRQChannelSubPriority = 0;
    NVIC_InitStructure.NVIC_IRQChannelCmd = ENABLE;
    NVIC_Init(&NVIC_InitStructure);
}
```

RTC 初始化结束之后就需要设置 RTC 的初始时间了，下面是设置初始时间的源代码：

```
//设置时间
void set_rtc_time(unsigned char hour,unsigned char min ,unsigned char sec)
{
    unsigned long temp;
    //将日期时间改成秒数
    temp = hour * 3600 + min * 60 + sec;
    RTC_WaitForLastTask();
    //在向 RTC 寄存器写数据之前必须等待上次写寄存器结束
    RTC_SetCounter(temp);

    RTC_WaitForLastTask();
}
```

根据 RTC 的工作原理可知，RTC 每秒钟会产生一次中断，因此在中断服务程序里面读取 RTC 时间（read_rtc_time()方法）。下面是中断服务程序的源代码：

```
void RTC_IRQHandler(void)
{
```

```
    if(RTC_GetITStatus(RTC_IT_SEC)!= RESET)
    {
        RTC_ClearFlag(RTC_IT_SEC);
        read_rtc_time();
    }
}
```

在中断服务程序中调用了 read_rtc_time()方法，下面是该方法的源代码解析：

```
void read_rtc_time(void){
  unsigned long Time_Value;
  unsigned short Day_Value;
  Time_Struct TimeStruct1;
  /* 读取 RTC 的值 */
  Time_Value = RTC_GetCounter();
  /* 将 RTC 的值转化成天数 */
  Day_Value = Time_Value/(24 * 3600) ;
  /* 时分秒 */
  TimeStruct1.Hour = (Time_Value - Day_Value * 24 * 3600)/3600;
  TimeStruct1.Min = (Time_Value - Day_Value * 24 * 3600 - TimeStruct1.Hour * 3600)/60;
  TimeStruct1. Sec = Time _ Value - Day _ Value * 24 * 3600 - TimeStruct1. Hour * 3600 -
TimeStruct1.Min * 60;
  printf(" %dh : %dm : %ds\n\r", TimeStruct1.Hour, TimeStruct1.Min, TimeStruct1.Sec );
}
```

图 2.12 所示为本任务的流程图。

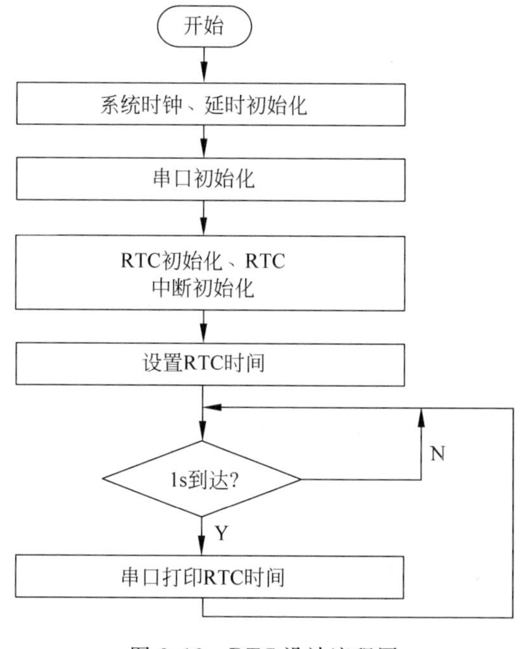

图 2.12　RTC 设计流程图

2.6.5 开发步骤

(1) 通过调试转接板将 J-Link 仿真器连接到 PC 和 ZXBee 无线节点板，无线节点板设置成模式二；

(2) 用 IAR 软件打开该任务的开发工程，选择 Project→Rebuild All，重新编译；

(3) 给连接好的硬件平台起电，将程序下载到 ZXBee 无线节点板中；

(4) 下载完毕后选择 Debug→Go，运行程序；

(5) 程序成功运行后，在 PC 上打开串口助手或者超级终端，设置接收的波特率为 115 200b/s，数据位为 8，奇偶校验为无，停止位为 1，数据流控制为无。

2.6.6 总结与扩展

打开串口助手或者超级终端后，会在接收区看到如下信息：

```
Stm32 example start !
14h : 52m : 0s
14h : 52m : 1s
14h : 52m : 2s
14h : 52m : 3s
…
```

并且每一秒钟都会重新输出一次时间。

2.7 任务 11 独立看门狗

2.7.1 学习目标

- 理解 STM32 独立看门狗工作原理；
- 学会用 STM32 独立看门狗开发简单应用程序。

2.7.2 开发环境

- 硬件：ZXBee 无线节点板，J-Link 仿真器，调试转接板，USB MINI 线，PC；
- 软件：Windows XP/7/8/10，IAR 集成开发环境，串口调试助手。

2.7.3 原理学习

独立看门狗使用了独立于 STM32 主系统之外的时钟振荡器，使用主电源供电，可以在主时钟发生故障时继续有效，能够完全独立工作。独立看门狗如图 2.13 所示。它实际上是一个 12 位减数计数器，它的驱动时钟经过 LSI 振荡器分频得到，LSI 的震荡频率为 30～60kHz，独立看门狗最大溢出时间超过 26s，当发生溢出时会强制 STM32 复位。寄存器中的值减至 0x000 时会产生一个复位信号。为防止看门狗产生复位，在键寄存器中写入 0xAAAA，写入以后，事先配置在重载寄存器中的重装载值会载入看门狗计数寄存器中，完成当前计数值的刷新。

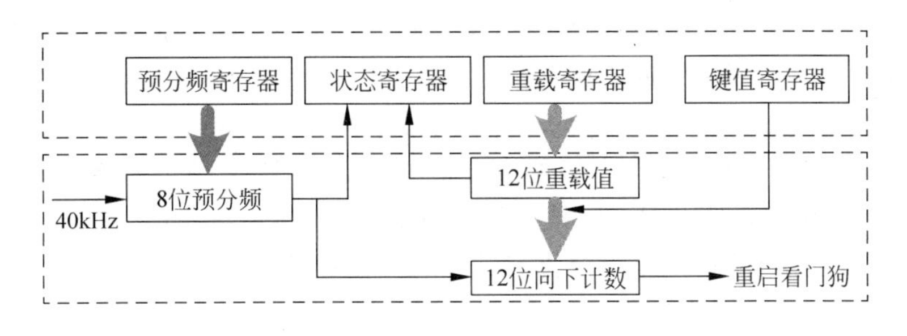

图 2.13　独立看门狗

在系统运行以后，启动了看门狗的计数器，看门狗就开始自动计数；MCU 正常工作时，每隔一段时间输出一个信号到喂狗端，将 WDT 清零；一旦处理器进入死循环状态时，在超过规定的时间内"喂狗"程序不能被执行，看门狗计数器就会溢出，引起看门狗中断，输出一个复位信号到 MCU，使得系统复位。所以在使用看门狗时，要注意适时喂狗，如图 2.14 所示。

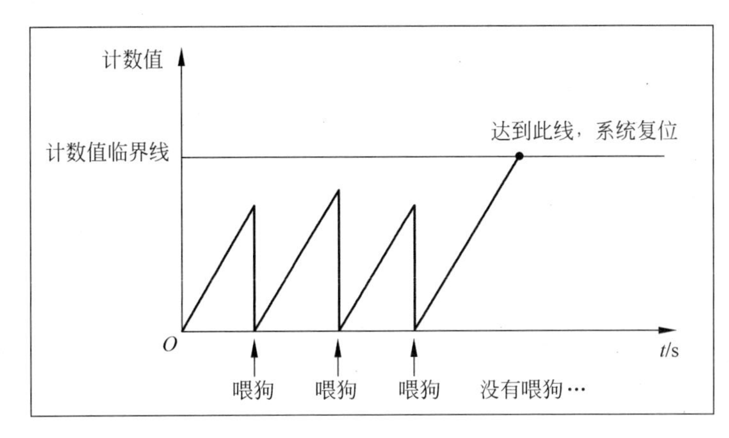

图 2.14　看门狗工作原理图

2.7.4　开发内容

根据 STM32 的数据手册可知，独立看门狗的主要配置过程如下：

```
/* 独立看门狗初始化,设置时间间隔 */
void iwdg_init(void)
{
  //使能写 IWDG_PR 和 IWDG_RLR 寄存器
  IWDG_WriteAccessCmd(IWDG_WriteAccess_Enable);
  //设置分频因子
  IWDG_SetPrescaler(IWDG_Prescaler_32);
  //设定重载值 0x4dc,大约 1s 需要重载一次
  IWDG_SetReload(0x4DC);
  //重载 IWDG
  IWDG_ReloadCounter();
  //使能 IWDG (LSI 时钟自动被硬件使能)
  IWDG_Enable();
}
```

上述过程实现了独立看门狗的初始化，其中最关键的是设置了分频因子和重载值，因为这两个参数和低速时钟频率决定了隔多长时间需要喂狗。喂狗的时间计算公式为

$$T_{out} = 40\text{kHz}/(\text{分频因子} * \text{重载值})$$

STM32 的独立看门狗由内部专门的 40kHz 低速时钟驱动，在本任务中分频因子设置为 32，重载值为 0x4DC，经公式计算，结果值约为 1s，也就是说 STM32 运行大约 1s 后就需要给看门狗重新喂食，否则 STM32 会重启，图 2.15 为本任务的流程图。

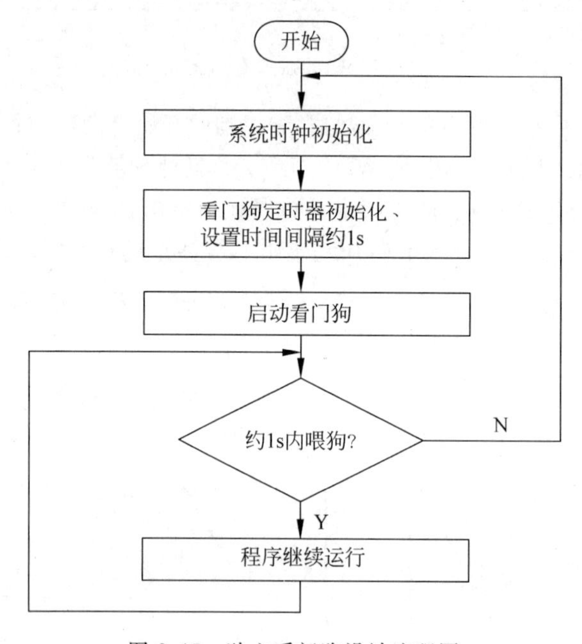

图 2.15　独立看门狗设计流程图

2.7.5　开发步骤

(1) 通过调试转接板将 J-Link 仿真器连接到 PC 和 ZXBee 无线节点板，无线节点板设置成模式二；

(2) 用 IAR 软件打开该任务的开发工程，选择 Project→Rebuild All，重新编译；

(3) 给连接好的硬件平台起电，将程序下载到 ZXBee 无线节点板中；

(4) 下载完毕后选择 Debug→Go，运行程序；

(5) 程序成功运行后，在 PC 上打开串口助手或者超级终端，设置接收的波特率为 115 200b/s，数据位为 8，奇偶校验为无，停止位为 1，数据流控制为无。

2.7.6　总结与扩展

打开串口助手或者超级终端后，将会在接收区看到如下信息：

```
Stm32 example start !
Delay 100ms
Delay 200ms
…
```

当延时 1s 以上时，将来不及喂狗，于是 STM32 将会复位，复位之后会看到 STM32 重新开始运行，又在终端上显示：

```
Stm32 example start !
Delay 100ms
Delay 200ms
```

2.8 任务 12 窗口看门狗

2.8.1 学习目标

- 理解 STM32 的窗口看门狗工作原理；
- 学会 STM32 窗口看门狗基本程序开发。

2.8.2 开发环境

- 硬件：ZXBee 无线节点板，J-Link 仿真器，调试转接板，USB MINI 线，PC；
- 软件：Windows XP/7/8/10，IAR 集成开发环境，串口调试助手。

2.8.3 原理学习

本任务中将介绍窗口看门狗。独立看门狗和窗口看门狗的区别如图 2.16 所示。具体区别如下：

独立看门狗：独立于系统之外，因为有独立时钟，所以可以理解成是不受系统影响的系统故障探测器，主要用于监视硬件错误。

窗口看门狗：是系统内部的故障探测器，时钟与系统相同。如果系统时钟不运行，那么这个窗口看门狗也就失去作用了，它主要用于监视软件错误。

窗口看门狗通常被用来检测由外部干扰或者不可预见的逻辑条件造成的应用程序背离正常的运行行列而产生的软件故障。除非递减计数器的值在 T6 位变成 0 前被刷新，看门狗电路在达到预置的时间周期时，会产生一个 MCU 复位。在递减计数器达到窗口寄存器数值之前，如果 7 位的递减计数器数值(在控制寄存器中)被刷新，那么也将产生一个 MCU 复位。这表明递减计数器需要在一个有限的时间窗口中被刷新。窗口看门狗的主要特性如下：

(1) 可编程的自由运行递减计数器。

(2) 条件复位。当递减计数器的值小于 0x40，若看门狗被启动，则产生复位。当递减计数器在窗口外被重新装载，若看门狗被启动，则产生复位。

(3) 如果启动了看门狗并且允许中断，当递减计数器等于 0x40 时产生早期唤醒中断(EWI)。它可以被用于重载计数器以避免 WWDG 复位。

如果看门狗被启动(WWDG_CR 寄存器中的 WDGA 位被置于 1)，并且当 7 位递减计数器 0x40 翻转到 0x3F 时，则产生一个复位。如果软件在计数器值大于窗口寄存器中的数值时重新装载计算器，将产生一个复位。应用程序在正常运行过程中必须定期地写入

WWDG_CR 寄存器，以防止 MCU 发生复位。只有当计数器的值小于窗口寄存器的值时，才能进行写操作。储存在 WWDG_CR 寄存器中的数值必须为 0xFF～0xC0。

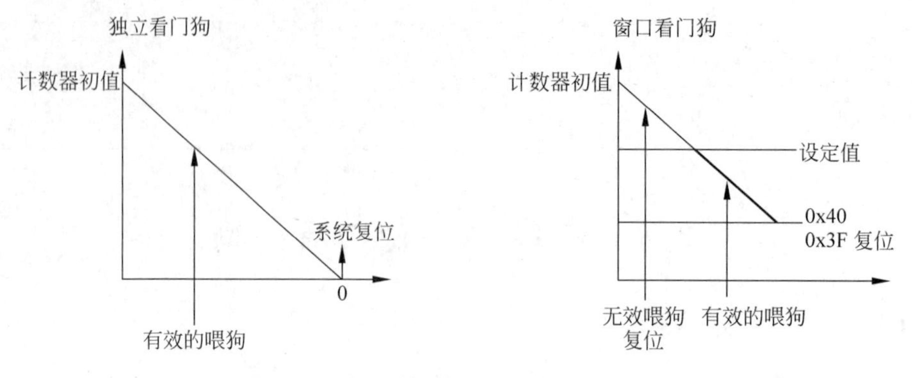

图 2.16　独立看门狗和窗口看门狗的区别

2.8.4　开发内容

本任务采用了 STM32 官方的库函数来实现窗口看门狗的功能，在库函数中采用中断的方式来喂狗，一旦递减计数器等于 0x40 时，就产生中断，此时若不喂狗，则 MCU 会重启。下面是窗口看门狗的初始化源代码以及相关解析：

```
void wwdg_init(void)
{
  //使能 WWDG 时钟
  RCC_APB1PeriphClockCmd(RCC_APB1Periph_WWDG, ENABLE);
  //设置分频因子 WWDG clock counter = (PCLK1/4096)/8 = 244 Hz (～4 ms)
  WWDG_SetPrescaler(WWDG_Prescaler_8);
  //设定窗口值为 65
  WWDG_SetWindowValue(65);
  //使能 WWDG 并设定计数值为 127, WWDG 时间 = ～4 ms * 64 = 262 ms
  WWDG_Enable(127);
  //清 EWI 标志
  WWDG_ClearFlag();
  //使能 EW 中断
  WWDG_EnableIT();

  //配置中断参数
  NVIC_InitTypeDef NVIC_InitStructure;
  NVIC_SetVectorTable(NVIC_VectTab_FLASH, 0x0);
  NVIC_PriorityGroupConfig(NVIC_PriorityGroup_2);
  NVIC_InitStructure.NVIC_IRQChannel = WWDG_IRQn;
  NVIC_InitStructure.NVIC_IRQChannelPreemptionPriority = 0;
  NVIC_InitStructure.NVIC_IRQChannelSubPriority = 0;
  NVIC_InitStructure.NVIC_IRQChannelCmd = ENABLE;
  NVIC_Init(&NVIC_InitStructure);
}
```

窗口看门初始化结束之后，就需要编写窗口看门狗中断服务程序了。可以这样理解：

一旦中断发生，就需要喂狗，如果此时不喂狗，则系统就会重启；若喂狗则继续计数，直到下一个中断发生。下面是窗口看门狗中断服务程序的源代码：

```
//窗口看门狗中断服务程序
void WWDG_IRQHandler(void)
{
  //重载 WWDG 计数器值(喂狗)
  WWDG_SetCounter(0x7F);
  //清 EWI 标志
  WWDG_ClearFlag();
  D4_toggle();                          //D4 反转一次
  printf("wwdg reloaded!\n\r");     //串口打印重载(喂狗)信息
}
```

图 2.17 所示为本任务的流程图。

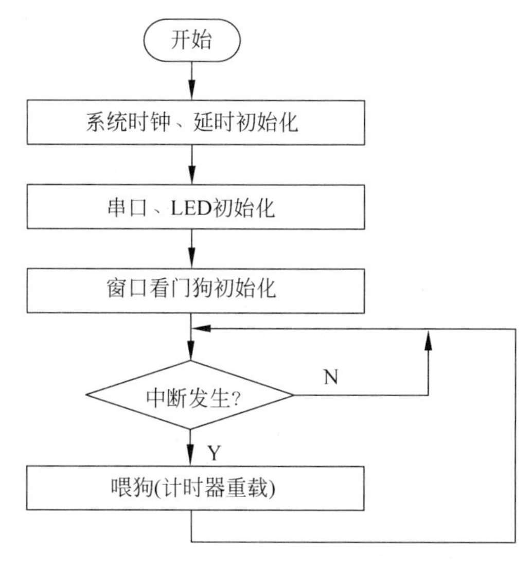

图 2.17　窗口看门狗设计流程图

2.8.5　开发步骤

(1) 通过调试转接板将 J-Link 仿真器连接到 PC 和 ZXBee 无线节点板，无线节点板设置成模式二；

(2) 用 IAR 软件打开该任务的开发工程，选择 Project→Rebuild All，重新编译；

(3) 给连接好的硬件平台起电，将程序下载到 ZXBee 无线节点板中；

(4) 下载完毕后选择 Debug→Go，运行程序；

(5) 程序成功运行后，在 PC 上打开串口助手或者超级终端，设置接收的波特率为 115 200b/s，数据位为 8，奇偶校验为无，停止位为 1，数据流控制为无。

2.8.6　总结与扩展

打开串口助手或者超级终端后，将会在接收区看到如下信息：

```
Stm32 example start !
```

此时,由于窗口关门狗相对于独立看门狗来说所需要的喂狗时间较短,而且可以产生一个中断,此时很快进入到窗口关门狗的中断进行喂狗,打印 wwdg reloaded 的信息, D4 同时反转一次。

可以看到终端里快速地显示 wwdg reloaded,同时开发板上的 D4 快速地闪烁。

2.9 任务 13 定时器中断

2.9.1 学习目标

- 理解 STM32 的定时器的工作原理;
- 学会 STM32 定时器中断开发简单程序。

2.9.2 开发环境

- 硬件: ZXBee 无线节点板,J-Link 仿真器,调试转接板,USB MINI 线,PC;
- 软件: Windows XP/7/8/10,IAR 集成开发环境,串口调试助手。

2.9.3 原理学习

STM32 具有 TIM2～TIM5 4 个通用定时器,2 个高级定时器 TIM1 和 TIM8,2 个基本定时器 TIM6 和 TIM7,每个定时器都是相互独立的,没有共享任何资源。通用定时器是一个通过可编程预分频器驱动的 16 位自动装载计数器构成。这个计数器可以分别向上计数、向下计数,也可以向上向下双向计数,计数器的时钟经预分频器 PSC 分频得到。使用定时器预分频器和 RCC 时钟控制器预分频器,脉冲长度和波形周期可以在几微秒至几毫秒间调整。通用定时器适用于多种场合,包括测量输入信号的脉冲长度(输入捕获)或者产生输出波形(输出比较和 PWM)。通用 TIMx(TIM2、TIM3、TIM4 和 TIM5)定时器的功能包括:

(1) 16 位向上、向下、向上/向下自动装载计数器;

(2) 16 位可编程(可以实时修改)预分频器,计数器时钟频率的分频系数为 1～65 536 的任意数值;

(3) 4 个独立通道: 输入捕获、输出比较、PWM 生成(边缘或中间对齐模式)、单脉冲模式输出;

(4) 使用外部信号控制定时器和定时器互连的同步电路;

(5) 如下事件发生时产生中断/DMA:

① 更新,计数器向上溢出/向下溢出,计数器初始化(通过软件或者内部/外部触发);

② 触发事件(计数器启动、停止、初始化或者由内部/外部触发计数);

③ 输入捕获;

④ 输出比较。

2.9.4 开发内容

在本任务中用到了 TIM2、TIM3 和 TIM4 三个定时器。使用 TIM2 定时器每 500ms 一次溢出中断，TIM3 每 250ms 一次溢出中断，TIM4 每 1000ms 一次溢出中断。定时器寄存器溢出后，能自动重载。进入 TIM2 定时器中断，跳变一次 D4；进入 TIME3 定时器中断，跳变一次 D5；进入 TIM4 定时器中断，输出一次串口消息。下面是定时器的配置源代码以及相关解析：

```
void time_init(void)
  {
    TIM_TimeBaseInitTypeDef TIM_TimeBaseStructure;
    NVIC_InitTypeDef NVIC_InitStructure;
    //打开 TIM2 外设时钟
    RCC_APB1PeriphClockCmd(RCC_APB1Periph_TIM2 , ENABLE);
    //打开 TIM3 外设时钟
    RCC_APB1PeriphClockCmd(RCC_APB1Periph_TIM3, ENABLE);
    //打开 TIM4 外设时钟
    RCC_APB1PeriphClockCmd(RCC_APB1Periph_TIM4, ENABLE);
    //定时器 2 设置: 720 分频,500ms 中断一次,向上计数
    TIM_TimeBaseStructure.TIM_Period = 50000;
    TIM_TimeBaseStructure.TIM_Prescaler = 719;
    TIM_TimeBaseStructure.TIM_ClockDivision = 0;
    TIM_TimeBaseStructure.TIM_CounterMode = TIM_CounterMode_Up;
    TIM_TimeBaseInit(TIM2, &TIM_TimeBaseStructure);              //初始化定时器
    TIM_ITConfig(TIM2, TIM_IT_Update, ENABLE);                   //开定时器中断
    TIM_Cmd(TIM2, ENABLE);                                       //使能定时器
    //定时器 3 设置: 720 分频,250ms 中断一次,向上计数
    TIM_TimeBaseStructure.TIM_Period = 25000;
    TIM_TimeBaseStructure.TIM_Prescaler = 719;
    TIM_TimeBaseStructure.TIM_ClockDivision = 0;
    TIM_TimeBaseStructure.TIM_CounterMode = TIM_CounterMode_Up;
    TIM_TimeBaseInit(TIM3, &TIM_TimeBaseStructure);              //初始化定时器
    TIM_ITConfig(TIM3, TIM_IT_Update, ENABLE);                   //开定时器中断
    TIM_Cmd(TIM3, ENABLE);                                       //使能定时器
    //定时器 4 设置: 1440 分频,1000ms 中断一次,向上计数
    TIM_TimeBaseStructure.TIM_Period = 50000;
    TIM_TimeBaseStructure.TIM_Prescaler = 1439;
    TIM_TimeBaseStructure.TIM_ClockDivision = 0;
    TIM_TimeBaseStructure.TIM_CounterMode = TIM_CounterMode_Up;
    TIM_TimeBaseInit(TIM4, &TIM_TimeBaseStructure);              //初始化定时器
    TIM_ITConfig(TIM4, TIM_IT_Update, ENABLE);                   //开定时器中断
    TIM_Cmd(TIM4, ENABLE);                                       //使能定时器
    //使能 TIM2 中断
    NVIC_InitStructure.NVIC_IRQChannel = TIM2_IRQn;
    NVIC_InitStructure.NVIC_IRQChannelPreemptionPriority = 2;
    NVIC_InitStructure.NVIC_IRQChannelSubPriority = 0;
    NVIC_InitStructure.NVIC_IRQChannelCmd = ENABLE;
```

```
    NVIC_Init(&NVIC_InitStructure);
    //使能 TIM3 中断
    NVIC_InitStructure.NVIC_IRQChannel = TIM3_IRQn;
    NVIC_InitStructure.NVIC_IRQChannelPreemptionPriority = 2;
    NVIC_InitStructure.NVIC_IRQChannelSubPriority = 1;
    NVIC_InitStructure.NVIC_IRQChannelCmd = ENABLE;
    NVIC_Init(&NVIC_InitStructure);
    //使能 TIM4 中断
    NVIC_InitStructure.NVIC_IRQChannel = TIM4_IRQn;
    NVIC_InitStructure.NVIC_IRQChannelPreemptionPriority = 2;
    NVIC_InitStructure.NVIC_IRQChannelSubPriority = 2;
    NVIC_InitStructure.NVIC_IRQChannelCmd = ENABLE;
    NVIC_Init(&NVIC_InitStructure);
}
//定时器 2 中断服务程序,D4 反转
void TIM2_IRQHandler(void)
{
  if (TIM_GetITStatus(TIM2, TIM_IT_Update) != RESET)
  {
    TIM_ClearITPendingBit(TIM2, TIM_IT_Update);
    D4_toggle();
  }
}
//定时器 3 中断服务程序,D5 反转
void TIM3_IRQHandler(void)
{
  if (TIM_GetITStatus(TIM3, TIM_IT_Update) != RESET)
    {
      TIM_ClearITPendingBit(TIM3, TIM_IT_Update);
      D5_toggle();
    }
}
//定时器 4 中断服务程序,串口打印
void TIM4_IRQHandler(void)
{
if (TIM_GetITStatus(TIM4, TIM_IT_Update) != RESET)
   {
     TIM_ClearITPendingBit(TIM4, TIM_IT_Update);
     printf("This is timer test\n");
   }
}
```

在上述定时器的过程中设置了定时器的溢出时间,时间(单位：s)的计算公式为

$$T = \frac{1}{\mathrm{SLK}/(\mathrm{Pr} * \mathrm{Pd})}$$

其中,SLK 为系统时钟频率 72MHz；Pr 为预分频数；Pd 为自动重载寄存器的值。图 2.18 所示为定时器的设计流程图。

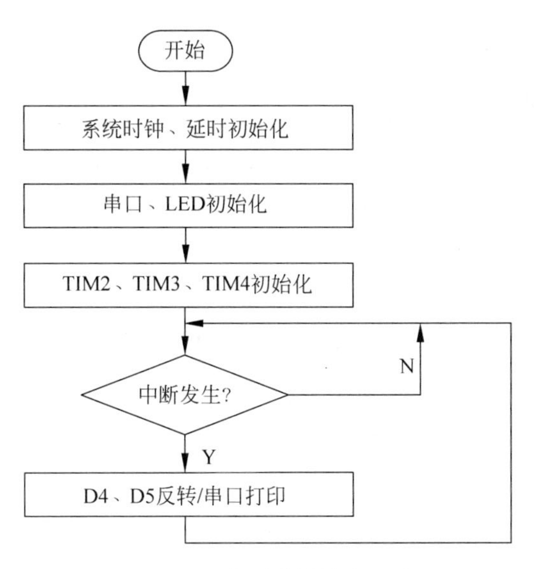

图 2.18　定时器设计流程图

2.9.5　开发步骤

（1）通过调试转接板将 J-Link 仿真器连接到 PC 和 ZXBee 无线节点板，无线节点板设置成模式二；

（2）用 IAR 软件打开该任务的开发工程，选择 Project→Rebuild All，重新编译；

（3）给连接好的硬件平台起电，将程序下载到 ZXBee 无线节点板中；

（4）下载完毕后选择 Debug→Go，运行程序；

（5）程序成功运行后，在 PC 上打开串口助手或者超级终端，设置接收的波特率为 115 200b/s，数据位为 8，奇偶校验为无，停止位为 1，数据流控制为无。

2.9.6　总结与扩展

由于这里开了 3 个定时器，其中定时器 2 的周期是 500ms，定时器 3 的周期是 250ms，定时器 4 的周期是 1000ms，对应的 3 个中断操作分别是：D4 反转，D5 反转，打印“This is timer test!”，所以可以看到开发板上 D4 以 500ms 为周期闪烁，D5 以 250ms 为周期闪烁，打开串口助手或者超级终端，每隔 1s 将会在接收区看到如下信息：

```
Stm32 example start !
This is timer test!
…
```

2.10　任务 14　内部温度传感器

2.10.1　学习目标

- 理解 STM32 内部温度传感器的工作原理；

• 学会开发程序实现 STM32 的温度读取。

2.10.2 开发环境

• 硬件：ZXBee 无线节点板，J-Link 仿真器，调试转接板，USB MINI 线，PC；
• 软件：Windows XP/7/8/10，IAR 集成开发环境，串口调试助手。

2.10.3 原理学习

STM32 的 MCU 有一个内部温度传感器，温度传感器产生一个与器件基材温度成正比的电压，该电压作为一个单端输入提供给 ADC(模/数转换器)的多路开关，当选择温度传感器作为 ADC 的一个输入并且 ADC 启动一次转换后可以经过简单的数学运算将 ADC 的输出结果转换成用度数表示的温度。

根据 STM32 芯片的数据手册可知，内部温度传感器与 ADC 的 16 通道相连，为了使用温度传感器，选择 ADCx_IN16 输入通道，选择采样时间大于 2.2μs，设置 ADC 控制器 2(ADC_CR2)的TSVREFE 位，以唤醒关电模式下的温度传感器；通过设置 ADON 位启动 ADC 转换(或用外部触发)；读 ADC 数据寄存器上的 V_{SENSE} 数据结果。利用下列公式得出温度

$$T = (V_{25} - V_{SENSE})/\text{Avg\_Slope} + 25$$

其中：V_{25} 为温度传感器在 25℃时的输出电压值，典型值为 1.43V；Avg_Slope 为温度传感器输出电压和温度的关联参数，典型值 4.3mV/℃。V_{SENSE} 为温度传感器的当前输出电压。

图 2.19 所示为温度传感器的框图。当没有被使用时，传感器可以置于关电模式。

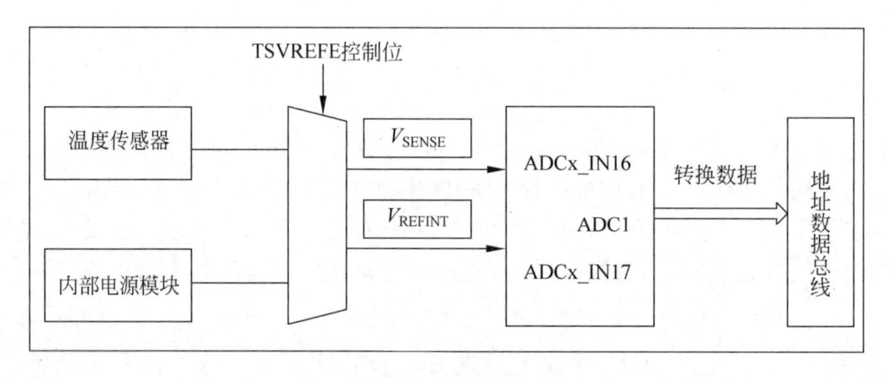

图 2.19 温度传感器的框图

2.10.4 开发内容

在本任务中要读取内部温度传感器的值，要先初始化 ADC，然后读取 ADC 的值，经过温度值计算公式得出正确的温度值。下面是 ADC 初始化、读取 ADC 值的源代码以及相关解析：

```
void temp_init(void)
{
    ADC_InitTypeDef ADC_InitStruct;
    //使能 ADC1 时钟
    RCC_APB2PeriphClockCmd(RCC_APB2Periph_ADC1,ENABLE);
    ADC_DeInit(ADC1);
    //设置 ADC 的工作模式,此处设置为独立工作模式
    ADC_InitStruct.ADC_Mode = ADC_Mode_Independent;
    //ADC 数据右对齐
    ADC_InitStruct.ADC_DataAlign = ADC_DataAlign_Right;
    //设置为 DISABLE,ADC 工作在单次模式.设置为 ENABLE,工作在连续模式
    ADC_InitStruct.ADC_ContinuousConvMode = DISABLE;
    //定义触发方式,此处为软件触发
    ADC_InitStruct.ADC_ExternalTrigConv = ADC_ExternalTrigConv_None;
    //设置进行规则转换的 ADC 通道数目.此处为一个通道
    ADC_InitStruct.ADC_NbrOfChannel = 1;
    //ADC 工作在多通道模式还是单通道模式
    ADC_InitStruct.ADC_ScanConvMode = DISABLE;
    ADC_Init(ADC1, &ADC_InitStruct);
    //设置 ADC 通道、采样时间
    ADC_RegularChannelConfig(ADC1,ADC_Channel_16, 1, ADC_SampleTime_239Cycles5);
    //使能内部温度传感器和内部参考电压通道
    ADC_TempSensorVrefintCmd(ENABLE);
    //使能 ADC1
    ADC_Cmd(ADC1,ENABLE);
    //重置 ADC1 校准寄存器
    ADC_ResetCalibration(ADC1);
    //等待 ADC1 校准寄存器重置结束
    while(ADC_GetResetCalibrationStatus(ADC1));
    //开始校准 ADC1
    ADC_StartCalibration(ADC1);
    //等待 ADC1 校准结束
    while(ADC_GetCalibrationStatus(ADC1));
    //使能 ADC1 的转换启动
    ADC_SoftwareStartConvCmd(ADC1, ENABLE);
}
//功能: 读取 ADC1 的采回来的值
uint16_t read_ADC(void)
{
    ADC_SoftwareStartConvCmd(ADC1, ENABLE);              //启动 ADC1 转换
    while(!ADC_GetFlagStatus(ADC1, ADC_FLAG_EOC));       //等待 ADC 转换完毕
    return ADC_GetConversionValue(ADC1);                 //读取 ADC 数值
}
```

图 2.20 所示为本任务的流程图。

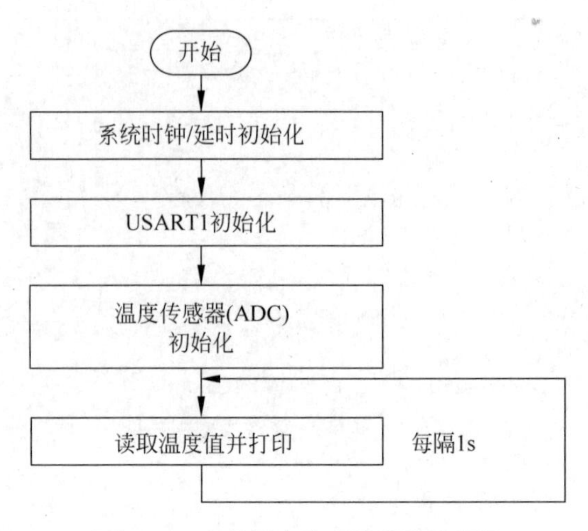

图 2.20　内部温度传感器设计流程图

2.10.5　开发步骤

(1) 通过调试转接板将 J-Link 仿真器连接到 PC 和 ZXBee 无线节点板,无线节点板设置成模式二;

(2) 用 IAR 软件打开该任务的开发工程,选择 Project→Rebuild All,重新编译;

(3) 给连接好的硬件平台起电,将程序下载到 ZXBee 无线节点板中;

(4) 下载完毕后选择 Debug→Go,运行程序;

(5) 程序成功运行后,在 PC 上打开串口助手或者超级终端,设置接收的波特率为 115 200b/s,数据位为 8,奇偶校验为无,停止位为 1,数据流控制为无。

2.10.6　总结与扩展

打开串口助手或者超级终端后,将会在接收区看到如下信息:

```
Stm32 example start !
```

然后会看到终端每隔 1s 显示一次温度(显示的温度与使用环境温度和开发板起电时间均相关),例如:

```
33.8 degree
```

此时用手轻轻触摸 STM32 芯片,可以看到温度值渐渐上升。

2.11　任务 15　DMA

2.11.1　学习目标

- 通过本任务,掌握 STM32 的 DMA 的使用;

• 学会在 STM32 微处理器上开发 DMA 程序。

2.11.2 开发环境

• 硬件：ZXBee 无线节点板，J-Link 仿真器，调试转接板，USB MINI 线，PC；
• 软件：Windows XP/7/8/10，IAR 集成开发环境。

2.11.3 原理学习

DMA(Direct Memory Access，直接存储器访问)的传输方式无须 CPU 直接控制传输，也没有中断处理方式那样保留现场和恢复现场的过程，通过硬件为 RAM 与 I/O 设备开辟一条直接传送数据的通路，能使 CPU 的效率大为提高。STM32F10x 有一个 DMA 控制器，下面就对 DMA 进行介绍。

从外设(TIMx、ADC、SPIX、I2CX 和 USARTX)产生的 DMA 请求，通过逻辑或输入到 DMA 控制器，这就意味着同时只能有一个请求有效。外设的 DMA 请求，可以通过设置相应的外设寄存器中的控制位，被独立地开启或关闭。DMA 各通道信息如表 2.1 所示。

表 2.1　DMA 各通道信息

外设	通道 1	通道 2	通道 3	通道 4	通道 5	通道 6	通道 7
ADC	ADC1						
SPI	SPI1_RX	SPI1_TX	SPI2_RX	SPI2_TX			
USART	USART3_TX	USART3_RX	USART1_TX	USART1_RX	USART2_RX	USART2_TX	
I2C	I2C2_TX	I2C2_RX	I2C1_TX	I2C1_RX			
TIM1	TIM1_CH1	TIM1_CH2	TIM1_TX4 TIM1_TRIG TIM1_COM	TIM1_UP	TIM1_CH3		
TIM2	TIM2_CH3	TIM2_UP	TIM2_CH1	TIM2_CH2 TIM2_CH4			
TIM3	TIM3_CH3	TIM3_CH4 TIM3_UP	TIM3_CH1 TIM3_TRIG				
TIM4	TIM4_CH1	TIM4_CH2	TIM4_CH3	TIM4_UP			

这里解释一下上面说的逻辑或，例如通道 1 的几个 DMA 请求(ADC1、TIM2_CH3、TIM4_CH1)，这几个是通过逻辑或到通道 1，在同一时间，只能使用其中的一个。其他通道也类似。

本任务使用的是串口 1 的 DMA 传送，也就是要用到通道 4，接下来介绍 DMA 设置相关的几个重要寄存器。

(1) DMA 中断状态寄存器(DMA_ISR),该寄存器的各位描述如表 2.2 所示。

表 2.2 DMA 中断状态寄存器(DMA_ISR)

位数	31	30	29	28	27	26	25	24	23	22	21	20	19	18	17	16
内容	保留				TEIF7	HTIF7	TCIF7	GIF7	TEIF6	HTIF6	TCIF6	GIF6	TEIF5	HTIF5	TCIF5	GIF5
位数	15	14	13	12	11	10	9	8	7	6	5	4	3	2	1	0
内容	TEIF4	HTIF4	TCIF4	GIF4	TEIF3	HTIF3	TCIF3	GIF3	TEIF2	HTIF2	TCIF2	GIF2	TEIF1	HTIF1	TCIF1	GIF1

位	描述
位 31:28	保留,始终读为 0
位 27,23,19,15,11,7,3	TEIFx:通道 x 的传输错误标志(x 为 1~7),硬件设置这些位。在 DMA_IFCR 寄存器的相应位写入 1 可以清除这里对应的标志位。0:在通道 x 没有传输错误(TE);1:在通道 x 发生传输错误(TE)
位 26,22,18,14,10,6,2	HTIFx:通道 x 的半传输标志(x 为 1~7),硬件设置这些位。在 DMA_IFCR 寄存器的相应位写入 1 可以清除这里对应的标志位。0:在通道 x 没有半传输事件(HT);1:在通道 x 产生半传输事件(HT)
位 25,21,17,13,9,5,1	TCIFx:通道 x 的传输完成标志(x 为 1~7),硬件设置这些位。在 DMA_IFCR 寄存器的相应位写入 1 可以清除这里对应的标志位。0:在通道 x 没有传输完成事件(TC);1:在通道 x 产生传输完成事件(TC)
位 24,20,16,12,8,4,0	GIFx:通道 x 的全局中断标志(x 为 1~7),硬件设置这些位。在 DMA_IFCR 寄存器的相应位写入 1 可以清除这里对应的标志位为 0:在通道 x 没有 TE、HT 或 TC 事件;1:在通道 x 产生 TE、HT 或 TC 事件

如果开启了 DMA_ISR 中这些中断,在达到条件后就会跳到中断服务函数中去,即使没开启,也可以通过查询这些位来获得当前 DMA 传输的状态。这里常用的是 TCIFx,即通道 DMA 传输完成与否的标志。

注意:此寄存器为只读寄存器,所以在这些位被置位之后,只能通过其他的操作清除。

(2) DMA 中断标志清除寄存器(DMA_IFCR)。该寄存器的各位描述如表 2.3 所示。

表 2.3 DMA 中断标志清除寄存器 DMA_IFCR

位数	31	30	29	28	27	26	25	24	23	22	21	20	19	18	17	16
内容	保留				CTEIF7	CHTIF7	CTCIF7	CGIF7	CTEIF6	CHTIF6	CTCIF6	CGIF6	CTEIF5	CHTIF5	CTCIF5	CGIF5
位数	15	14	13	12	11	10	9	8	7	6	5	4	3	2	1	0
内容	CTEIF4	CHTIF4	CTCIF4	CGIF4	CTEIF3	CHTIF3	CTCIF3	CGIF3	CTEIF2	CHTIF2	CTCIF2	CGIF2	CTEIF1	CHTIF1	CTCIF1	CGIF1

位	描述
位 31:28	保留,始终读为 0
位 27,23,19,15,11,7,3	CTEIFx:清除通道 x 的传输错误标志(x 为 1~7),这些位由软件设置和清除 0:不起作用;1:清除 DMA_ISR 寄存器中的对应 TEIF 标志
位 26,22,18,14,10,6,2	CHTIFx:清除通道 x 的半传输标志(x 为 1~7),这些位由软件设置和清除 0:不起作用;1:清除 DMA_ISR 寄存器中的对应 HTIF 标志。
位 25,21,17,13,9,5,1	CTCIFx:清除通道 x 的传输完成标志(x 为 1~7),这些位由软件设置和清除 0:不起作用;1:清除 DMA_ISR 寄存器中的对应 TCIF 标志。
位 24,20,16,12,8,4,0	CGIFx:清除通道 x 的全局中断标志(x 为 1~7),这些位由软件设置和清除 0:不起作用;1:清除 DMA_ISR 寄存器中的对应的 GIF、TEIF、HTIF 和 TCIF 标志

(3) DMA 通道 x 配置寄存器(DMA_CCRx)(x=1~7,下同)。该寄存器控制着 DMA 的很多相关信息,包括数据宽度、外设及存储器的宽度、通道优先级、增量模式、传输方向、中断允许、使能等都是通过该寄存器来设置的,详细内容如表 2.4 所示。

表 2.4　DMA 通道 x 配置寄存器 DMA_CCRx

位数	32	30	29	28	27	26	25	24	23	22	21	20	19	18	17	16
内容	保留															
位数	15	14	13	12	11	10	9	8	7	6	5	4	3	2	1	0
内容		MEM2、MEM	PL[1:0]		MSIZE[1:0]		PSIZE[1:0]		MINC	PINC	CIRC	DIR	TEIE	HTIE	TCIE	EN

位	说明
位 31:15	保留，始终读为 0
位 14	MEM2、MEM：存储器到存储器模式，该位由软件设置和清除。0：非存储器到存储器模式；1：启动存储器到存储器模式
位 13:12	PL[1:0]：通道优先级，这些位由软件设置和清除。00：低；01：中；10：高；11：最高
位 11:10	MSIZE[1:0]：存储器数据宽度，这些位由软件设置和清除。00：8 位；01：16 位；10：32 位；11：保留
位 9:8	PSIZE[1:0]：外设数据宽度，这些位由软件设置和清除。00：8 位；01：16 位；10：32 位；11：保留
位 7	MINC：存储器地址增量模式，该位由软件设置和清除。0：不执行存储器地址增量操作；1：执行存储器地址增量操作
位 6	PINC：外设地址增量模式，该位由软件设置和清除。0：不执行外设地址增量操作；1：执行外设地址增量操作
位 5	CIRC：循环模式，该位由软件设置和清除。0：不执行循环操作；1：执行循环操作
位 4	DIR：数据传输方向，该位由软件设置和清除。0：从外设读；1：从存储器读
位 3	TEIE：允许传输错误中断，该位由软件设置和清除。0：禁止 TE 中断，1：允许 TE 中断
位 2	HTIE：允许半传输中断，该位由软件设置和清除。0：禁止 HT 中断，1：允许 HT 中断
位 1	TCIE：允许传输完成中断，该位由软件设置和清除。0：禁止 TC 中断，1：允许 TC 中断
位 0	EN：通道开启，该位由软件设置和清除。0：通道不工作，1：通道开启

(4) DMA 通道 x 传输数据量寄存器(DMA_CNDTRx)。这个寄存器控制 DMA 通道 x 的每次传输所要传输的数据量，其设置范围为 0～65 535，并且该寄存器的值会随着传输的进行而减少，当该寄存器的值为 0 的时候就代表此次数据传输已经全部发送完成了，所以可以通过这个寄存器的值知道当前 DMA 传输的进度。其详细内容如表 2.5 所示。

表 2.5　DMA 通道 x 配置寄存器 DMA_CCRx

位数	内　容
位 31:16	保留，始终读为 0
位 15:0	NDT[15:0]：数据传输数量，数据传输数量为 0～65 535。这个寄存器只能在通道不工作(DMA_CCRx 的 EN=0)时写入。通道开启后该寄存器变为只读，指示剩余的待传输的字节数目。寄存器内容在每次 DMA 传输后递减。数据传输结束后，寄存器的内容或者变为 0；当该通道配置为自动重加载模式时，寄存器的内容将被自动重新加载为之前配置时的数值。当寄存器的内容为 0 时，无论通道是否开启，都不会发生任何数据传输

(5) DMA 通道 x 的外设地址寄存器(DMA_CPARx)。该寄存器用来存储 STM32 外设的地址，例如使用串口 1，那么该寄存器必须写入 0x40013804(其实就是 &USART1_DR)。如果使用其他外设，就修改成相应外设的地址就可以。

(6) DMA 通道 x 的存储器地址寄存器(DMA_CMARx)。该寄存器和 DMA_CPARx 差不多，但是是用来放存储器的地址的。例如使用 SendBuf[5200]数组来做存储器，那么在 DMA_CMARx 中写入 &SendBuff 就可以。

2.11.4　开发内容

在本任务中采用 DMA 的方式进行发送串口数据，关键是要进行 3 个过程：配置串口初始化、DMA 初始化、编写 DMA 中断服务函数。下面针对这 3 个过程的源代码进行解析。

1）串口初始化

在此过程配置串口的 I/O 引脚、串口的参数配置、设置串口的 DMA 方式发送等。

```
//定义串口发送缓冲区为"DMA Test\n\r"
uint8_t Uart_Send_Buffer[] = "DMA Test\n\r";
//功能：串口初始化
void uart1_init()
{
  //设置 I/O 口时钟
  RCC_APB2PeriphClockCmd(RCC_APB2Periph_GPIOA | RCC_APB2Periph_AFIO, ENABLE);
  //串口 1 的 I/O 口初始化
  GPIO_InitTypeDef GPIO_InitStructure;
  GPIO_InitStructure.GPIO_Pin = GPIO_Pin_9;                    //引脚 9
  GPIO_InitStructure.GPIO_Speed = GPIO_Speed_2MHz;             //选择 GPIO 响应速度
  GPIO_InitStructure.GPIO_Mode = GPIO_Mode_AF_PP;              //复用推挽输出
  GPIO_Init(GPIOA, &GPIO_InitStructure);                       //TX 初始化
  GPIO_InitStructure.GPIO_Pin = GPIO_Pin_10;                   //引脚 10
  GPIO_InitStructure.GPIO_Speed = GPIO_Speed_2MHz;             //选择 GPIO 响应速度
  GPIO_InitStructure.GPIO_Mode = GPIO_Mode_IN_FLOATING;        //浮空输入
  GPIO_Init(GPIOA, &GPIO_InitStructure);                       //RX 初始化
  //---------------------串口功能配置---------------------
  //打开串口对应的外设时钟
  RCC_APB2PeriphClockCmd(RCC_APB2Periph_USART1 , ENABLE);
  USART_InitTypeDef USART_InitStructure;
  //初始化参数
  //USART_InitStructure.USART_BaudRate = DEFAULT_BAUD;
  USART_InitStructure.USART_WordLength = USART_WordLength_8b;
  USART_InitStructure.USART_StopBits = USART_StopBits_1;
  USART_InitStructure.USART_Parity = USART_Parity_No;
  USART_InitStructure.USART_HardwareFlowControl = USART_HardwareFlowControl_None;
  USART_InitStructure.USART_Mode = USART_Mode_Rx | USART_Mode_Tx;
  USART_InitStructure.USART_BaudRate = 115200;
  //初始化串口
  USART_Init(USART1,&USART_InitStructure);
  //采用 DMA 方式发送
  USART_DMACmd(USART1,USART_DMAReq_Tx,ENABLE);
  //使能串口
  USART_Cmd(USART1, ENABLE);
  }
```

2）DMA 初始化

配置 DMA 中断、通道等各种参数，其中将 DMA 的传输模式设置成 Normal 模式，即完成一次 DMA 传输后需要重新打开 DMA。

```
//功能：DMA 初始化
void dma_init()
{
  //启动 DMA 时钟
```

```
    RCC_AHBPeriphClockCmd(RCC_AHBPeriph_DMA1, ENABLE);
    //DMA 发送中断设置
    NVIC_InitTypeDef NVIC_InitStructure;
    NVIC_InitStructure.NVIC_IRQChannel = DMA1_Channel4_IRQn;
    NVIC_InitStructure.NVIC_IRQChannelPreemptionPriority = 3;
    NVIC_InitStructure.NVIC_IRQChannelSubPriority = 2;
    NVIC_InitStructure.NVIC_IRQChannelCmd = ENABLE;
    NVIC_Init(&NVIC_InitStructure);
    //DMA1 通道 4 配置
    DMA_InitTypeDef DMA_InitStructure;
    DMA_DeInit(DMA1_Channel4);
    //外设地址 - USART1
    DMA_InitStructure.DMA_PeripheralBaseAddr = (u32)(&USART1 - > DR);
    //c 缓冲内存地址
    DMA_InitStructure.DMA_MemoryBaseAddr = (uint32_t)Uart_Send_Buffer;
    //DMA 传输方向: 单向
    DMA_InitStructure.DMA_DIR = DMA_DIR_PeripheralDST;
    //设置 DMA 在传输时缓冲区的长度
    DMA_InitStructure.DMA_BufferSize = 100;
    //设置 DMA 的外设递增模式,一个外设
    DMA_InitStructure.DMA_PeripheralInc = DMA_PeripheralInc_Disable;
    //设置 DMA 的内存递增模式
    DMA_InitStructure.DMA_MemoryInc = DMA_MemoryInc_Enable;
    //外设数据字长
    DMA_InitStructure.DMA_PeripheralDataSize = DMA_PeripheralDataSize_Byte;
    //内存数据字长
    DMA_InitStructure.DMA_MemoryDataSize = DMA_PeripheralDataSize_Byte;
    //设置 DMA 的传输模式,Normal 模式下完成一次 DMA 传输后需要重新打开 DMA
    DMA_InitStructure.DMA_Mode = DMA_Mode_Normal;
    //设置 DMA 的优先级别
    DMA_InitStructure.DMA_Priority = DMA_Priority_High;
    //设置 DMA 的 2 个 memory 中的变量互相访问
    DMA_InitStructure.DMA_M2M = DMA_M2M_Disable;
    //初始化 DMA
    DMA_Init(DMA1_Channel4,&DMA_InitStructure);
    //使能 DMA 中断
    DMA_ITConfig(DMA1_Channel4,DMA_IT_TC,ENABLE);
    //设置 DMA 通道 4 的数据长度: Uart_Send_Buffer 缓冲区的长度为 10
    DMA_SetCurrDataCounter(DMA1_Channel4,10);
    //使能 DMA
    DMA_Cmd(DMA1_Channel4,ENABLE);
}
```

3）编写 DMA 中断服务函数

DMA 每次发送完数据之后就会触发 DMA 中断服务程序，由于将 DMA 的数据传输模式设置成了 Normal 模式，因此需要重新启动 DMA。

```
//串口 1 DMA 方式发送中断服务函数
void DMA1_Channel4_IRQHandler(void)
```

```
{
  //清除标志位
  DMA_ClearFlag(DMA1_FLAG_TC4);
  //关闭 DMA
  DMA_Cmd(DMA1_Channel4,DISABLE);
  //设置 DMA 通道 4 的数据长度: Uart_Send_Buffer 缓冲区的长度为 10
  DMA_SetCurrDataCounter(DMA1_Channel4,10);
  //使能 DMA
  DMA_Cmd(DMA1_Channel4,ENABLE);
  delay_ms(1000);
}
```

图 2.21 所示为本任务的流程图。

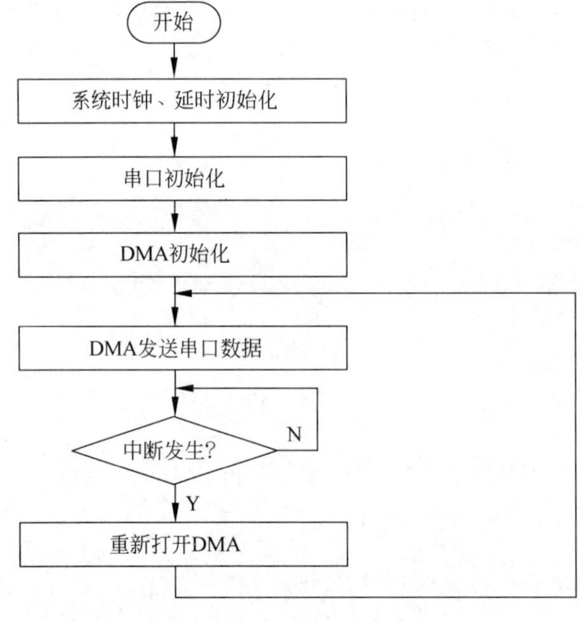

图 2.21　DMA 设计流程图

2.11.5　开发步骤

(1) 通过调试转接板将 J-Link 仿真器连接到 PC 和 ZXBee 无线节点板，无线节点板设置成模式二；

(2) 用 IAR 软件打开该任务的开发工程，选择 Project→Rebuild All，重新编译；

(3) 给连接好的硬件平台起电，将程序下载到 ZXBee 无线节点板中；

(4) 下载完毕后选择 Debug→Go，运行程序；

(5) 程序成功运行后，在 PC 上打开串口助手或者超级终端，设置接收的波特率为 115 200b/s，数据位为 8，奇偶校验为无，停止位为 1，数据流控制为无。

2.11.6 总结与扩展

打开串口助手或者超级终端后，将会在接收区看到如下信息：

```
DMA Test
DMA Test
...
```

第3章 传感器驱动开发

在第2章知识的基础之上，本章主要实现各种传感器的驱动，共有15个案例，有光敏传感器、温湿度传感器、雨滴/凝露传感器、火焰传感器、继电器传感器、霍尔传感器、超声波测距传感器、人体红外传感器、可燃气体/烟雾传感器、酒精传感器、空气质量传感器、三轴加速度传感器、压力传感器、RFID读写和步进电机控制。案例内容非常丰富，带领读者全面掌握常用的传感器原理，通过任务式开发，并掌握常用传感器的驱动方法。

3.1 任务16 光敏传感器

3.1.1 学习目标

- 理解光敏传感器原理；
- 学会在STM32微处理器上开发光敏传感器驱动程序，实现光照检测。

3.1.2 开发环境

- 硬件：ZXBee无线节点板，J-Link仿真器，调试转接板，USB MINI线，PC，光敏传感器；
- 软件：Windows XP/7/8/10，IAR集成开发环境，串口调试工具。

3.1.3 原理学习

光敏传感器是最常见的传感器之一，是利用光敏元件将光信号转换为电信号的传感器。它的敏感波长在可见光波长附近，包括红外线波长和紫外线波长。光敏传感器不只局限于对光的探测，它还可以作为探测元件组成其他传感器，对许多非电量进行检测，只要将这些非电量转换为光信号的变化即可。

本任务采用CDS光敏电阻，要读取光敏传感器的控制信号，经ADC转换在串口显示，光照越强，显示的值越小。光敏传感器与STM32部分接口电路如图3.1所示。

图3.2是ZXBee无线节点板和STM32的接口电路原理图，从图3.2可知，图3.1的ADC引脚连接到了STM32的PB0口，通过此I/O口输出的控制信号，可控制ADC转换得到相应数值。

3.1.4 开发内容

通过原理学习可知，本任务的关键过程是配置ADC，然后读取ADC的值，最后将读取

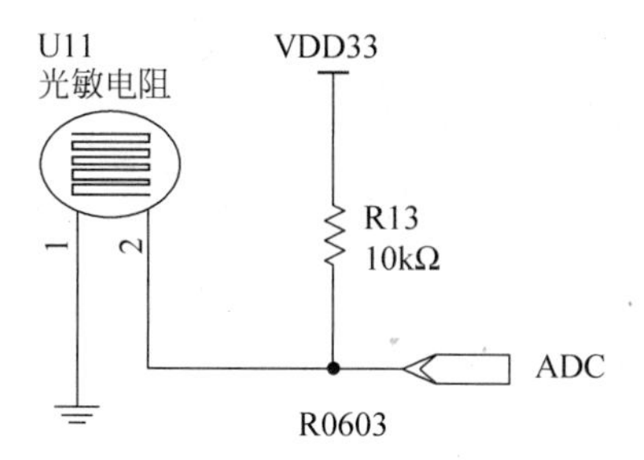

图 3.1 光敏传感器与 STM32 部分接口电路

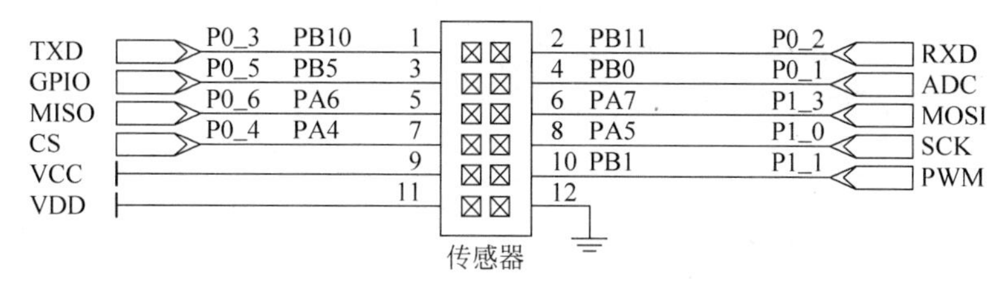

图 3.2 ZXBee 无线节点板的电路原理图

的 ADC 值转换成电压值进行输出。下面是 ADC 的配置过程。

1）ADC1 的时钟及 ADC IO 口时钟配置

```
//功能：ADC 时钟配置程序
void RCC_Configuration(void){
  /* 使能 ADC1、GPIOB 时钟 */
  RCC_APB2PeriphClockCmd(RCC_APB2Periph_ADC1 | RCC_APB2Periph_GPIOB, ENABLE);
}
```

2）GPIO 初始化

```
//功能：STM32 ADC GPIO 配置程序
void GPIO_Configuration(void){
  GPIO_InitTypeDef GPIO_InitStructure;
  /* Configure PB.0 (ADC Channel8) as analog input -------------------------- */
  GPIO_InitStructure.GPIO_Pin = GPIO_Pin_0;
  GPIO_InitStructure.GPIO_Mode = GPIO_Mode_AIN;
  GPIO_Init(GPIOB, &GPIO_InitStructure);
}
```

3）ADC 配置

```
void adc_init(void){
  RCC_Configuration();
  GPIO_Configuration();
  //ADC1 配置
  ADC_InitTypeDef ADC_InitStructure;
  ADC_InitStructure.ADC_Mode = ADC_Mode_Independent;
```

```
ADC_InitStructure.ADC_ScanConvMode = ENABLE;
ADC_InitStructure.ADC_ContinuousConvMode = ENABLE;
ADC_InitStructure.ADC_ExternalTrigConv = ADC_ExternalTrigConv_None;
ADC_InitStructure.ADC_DataAlign = ADC_DataAlign_Right;
ADC_InitStructure.ADC_NbrOfChannel = 1;
ADC_Init(ADC1, &ADC_InitStructure);

/* ADC1 通道、采样配置 */
ADC_RegularChannelConfig(ADC1, ADC_Channel_8, 1, ADC_SampleTime_55Cycles5);
/* 使能 ADC1 */
ADC_Cmd(ADC1, ENABLE);
/* Enable ADC1 reset calibration register */
ADC_ResetCalibration(ADC1);
/* Check the end of ADC1 reset calibration register */
while(ADC_GetResetCalibrationStatus(ADC1));

/* Start ADC1 calibration */
ADC_StartCalibration(ADC1);
/* Check the end of ADC1 calibration */
while(ADC_GetCalibrationStatus(ADC1));
}
```

ADC 的配置结束之后，就需要读取 ADC 的值，下面是读取 ADC 值的方法：

```
//读取 ADC1 输出的 16 位 ADC 采样值
uint16_t read_ADC(void)
{
  ADC_SoftwareStartConvCmd(ADC1, ENABLE);               //启动 ADC1 转换
  while(! ADC_GetFlagStatus(ADC1, ADC_FLAG_EOC));       //等待 ADC 转换完毕
  return ADC_GetConversionValue(ADC1);                  //读取 ADC 数值
}
```

图 3.3 所示为本任务的流程图。

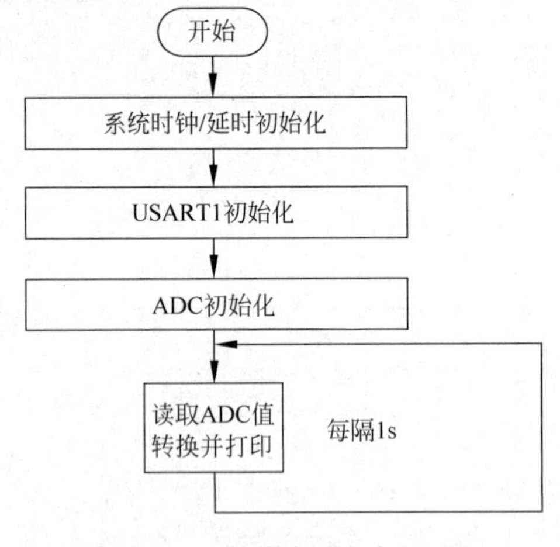

图 3.3　光敏传感器设计流程图

3.1.5 开发步骤

(1) 通过调试转接板将 J-Link 仿真器连接到 PC 和 ZXBee 无线节点板，无线节点板设置成模式二，将光敏传感器正确连接到 ZXBee 无线节点板上；

(2) 用 IAR 软件打开该任务的开发工程，选择 Project→Rebuild All，重新编译；

(3) 给连接好的硬件平台起电，将程序下载到 ZXBee 无线节点板中；

(4) 下载完毕后选择 Debug→Go，运行程序；

(5) 程序成功运行后，在 PC 上打开串口助手或者超级终端，设置接收的波特率为 115 200b/s，数据位为 8，奇偶校验为无，停止位为 1，数据流控制为无；

(6) 观察串口调试工具接收区显示的数据。

3.1.6 总结与扩展

给节点重新上电并打开串口助手后，在接收区看到如下信息(显示的值以开发环境的光照强度有关)：

```
Stm32 Sensors example start !
1.0V
1.1V
```

若此时用手遮挡光敏传感器，可以看到电压值上升，例如：

```
2.5V
2.6V
…
```

结果表明：光照越强，显示的 ADC 转换值越小。

3.2 任务 17 温湿度传感器

3.2.1 学习目标

- 理解 DHT11 温湿度传感器的工作原理；
- 学会在 STM32 微处理器上开发 DHT11 驱动，读取 DHT11 的温湿度数据。

3.2.2 开发环境

- 硬件：ZXBee 无线节点板，J-Link 仿真器，调试转接板，USB MINI 线，PC，温湿度传感器；
- 软件：Windows XP/7/8/10，IAR 集成开发环境，串口调试工具(超级终端)。

3.2.3 原理学习

DHT11 含有已校准数字信号输出的数字温湿度传感器，它用专用的数字模块采集技术和温湿度传感技术，有极高的可靠性和长期稳定性。传感器包括一个电阻式感湿元件和一个 NTC 测温元件，每个 DHT11 传感器都在极为精确的湿度校验室中进行校准。校准系数储存在 OTP 内存中，传感器内部在检测信号的处理过程中要调用这些校准系数。单线制串行接口，使系统集成变得简易快捷，功耗极低，信号传输距离可达 20m 以上，温湿度模块与 STM32 部分接口电路如图 3.4 所示。

DHT11 数字温湿度传感器是一款含有已校准数字信号输出的温湿度复合传感器。DHT11 摄氏温度测量范围：0～ 50℃，摄氏温度测量精度：±(1～2)℃；相对湿度测量范围：20%RH～90%RH，相对湿度测量精度：±(4%～5%)RH。其内部使用数字模块采集技术和温湿度传感技术，具有较高的可靠性与稳定性，满足精密卧式加工中心空调间温湿度检测需求。DHT11 包括一个电阻式感湿元件和一个 NTC 测温元件，并与一个高性能 8 位单片机连接，具有响应迅速、抗干扰能力强、性价比高等优点。温湿度传感器与 STM32 部分接口电路如图 3.4 所示。

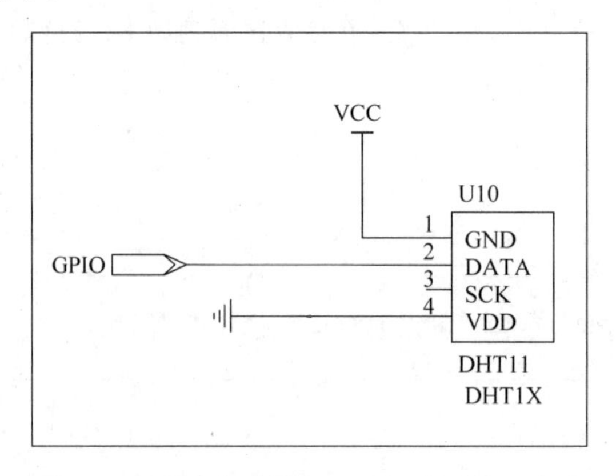

图 3.4　温湿度传感器与 STM32 部分接口电路

由图 3.2 的电路原理图可知，图 3.4 所示的 GPIO 口连接到 STM32 的 PB5 口。下面介绍 DHT11 的获取温湿度值的原理。

通过图 3.3 可知，DHT11 模块的 DATA 引脚连接到了 STM32，温湿度的获取只和这个引脚有关，DATA 用于微处理器与 DHT11 之间的通信和同步，采用单总线数据格式，一次通信时间 4ms 左右，数据分小数部分和整数部分，当前小数部分用于以后扩展，现读出为零。

一次完整的数据传输为 40 位，高位先出。数据格式为：8 位湿度整数数据＋8 位湿度小数数据＋8 位温度整数数据＋8 位温度小数数据＋8 位校验和，其中数据传送正确时校验和数据等于“ 8 位湿度整数数据＋8 位湿度小数数据＋8 位温度整数数据＋8 位温度小数数据”结果的低 8 位。

STM32 发送一次开始信号后，DHT11 从低功耗模式转换到高速模式，等待 STM32 开始信号结束后，DHT11 发送响应信号，送出 40b 的数据，并触发一次信号采集，开发者可选择读取部分数据。在模式下，DHT11 接收到开始信号触发一次温湿度采集，如果没有接收到 STM32 发送开始信号，DHT11 不会主动进行温湿度采集。采集数据后转换到低速模式。通信过程如图 3.5 所示。

总线空闲状态为高电平，主机把总线拉低等待 DHT11 响应，主机把总线拉低必须大于

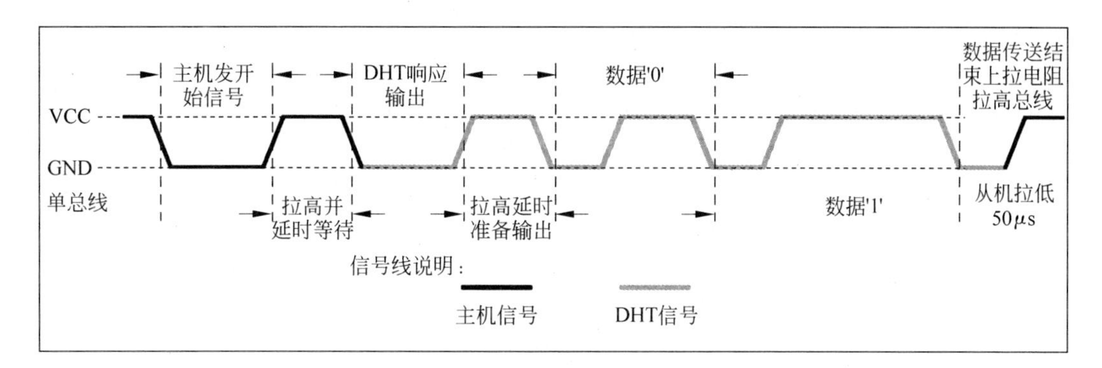

图 3.5　通信过程 1

18ms，保证 DHT11 能检测到起始信号。DHT11 接收到 STM32 的开始信号后，等待 STM32 开始信号结束，然后发送 80μs 低电平响应信号。STM32 发送开始信号结束后，延时等待 20～40μs 后，读取 DHT11 的响应信号，STM32 发送开始信号后，可以切换到输入模式，或者输出高电平均可，总线由上拉电阻拉高。通信过程如图 3.6 所示。

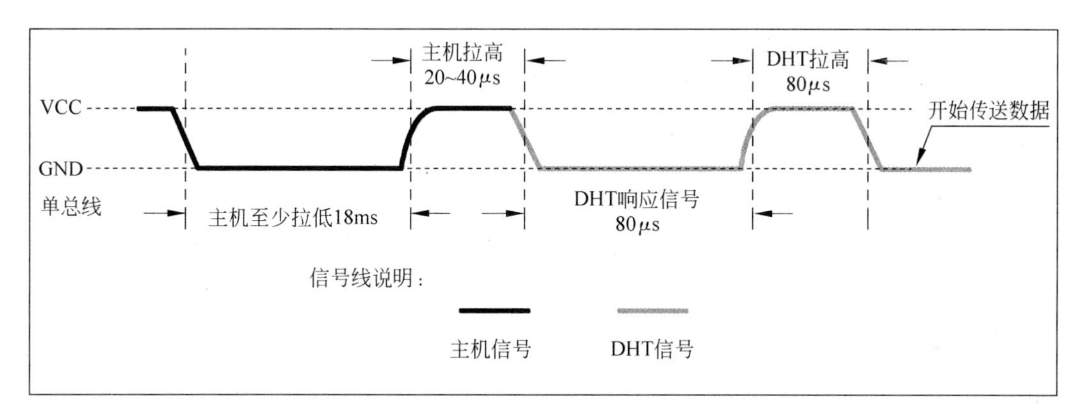

图 3.6　通信过程 2

总线为低电平，说明 DHT11 发送响应信号，DHT11 发送响应信号后，再把总线拉高 80μs，准备发送数据，每一位数据都以 50μs 低电平时隙开始，高电平的长短定了数据位是 0 还是 1。如果读取响应信号为高电平，则 DHT11 没有响应，请检查线路是否连接正常。当最后一位数据传送完毕后，DHT11 拉低总线 50μs，随后总线由上拉电阻拉高进入空闲状态。

数字 0 信号表示方法如图 3.7 所示。

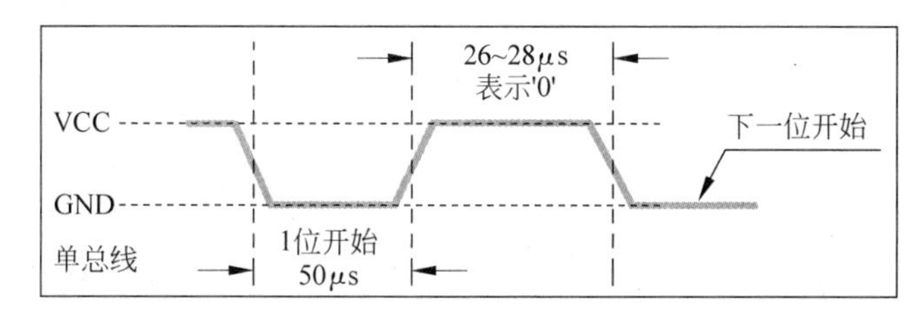

图 3.7　数字 0 信号表示方法

数字 1 信号表示方法如图 3.8 所示。

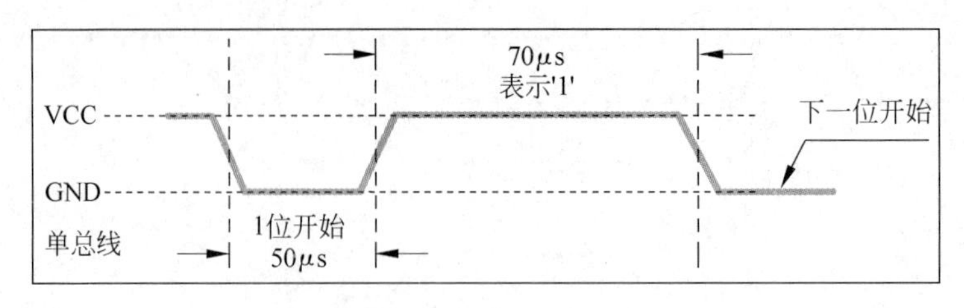

图 3.8 数字 1 信号表示方法

3.2.4 开发内容

本任务 STM32 按照 DHT11 的读取时序，通过 PB5 读取 DHT11 的温湿度数据，读取到温湿度之后通过串口打印出来。根据温湿度传感器 DHT11 的工作原理以及温湿度数据读取时序，通过编程实现温湿度值的采集。下面是源代码实现的解析过程。

1）DHT11 I/O 资源宏定义

```
#define GPIO_CLK RCC_APB2Periph_GPIOB
#define GPIO_PIN GPIO_Pin_5
#define GPIO_PORT
```

2）DHT11 模块 I/O 初始化

```
void DHT11_Init(void)
{
  RCC_APB2PeriphClockCmd(GPIO_CLK, ENABLE);

  GPIO_InitStructure.GPIO_Pin = GPIO_PIN;
  GPIO_InitStructure.GPIO_Speed = GPIO_Speed_2MHz;
  //推挽输出
  GPIO_InitStructure.GPIO_Mode = GPIO_Mode_Out_PP;
  GPIO_Init(GPIO_PORT, &GPIO_InitStructure);
}
```

3）将 DHT11 的 I/O 口设置成上拉输入

```
static void DHT11_IO_IN(void)
{
  GPIO_InitStructure.GPIO_Mode = GPIO_Mode_IPU;
  GPIO_Init(GPIO_PORT, &GPIO_InitStructure);
}
```

4）将 DHT11 的 I/O 口设置成推挽输出

```
static void DHT11_IO_OUT(void)
{
  GPIO_InitStructure.GPIO_Mode = GPIO_Mode_Out_PP;
  GPIO_Init(GPIO_PORT, &GPIO_InitStructure);
}
```

5）I/O 口电平输出

```
static void DHT11_DQ_OUT(uint8_t dat)
{
  GPIO_WriteBit(GPIO_PORT, GPIO_PIN, dat);
}
```

6）读取 I/O 口的电平值

```
static uint8_t DHT11_DQ_IN(void)
{
  return GPIO_ReadInputDataBit(GPIO_PORT, GPIO_PIN);
}
```

7）主机发送起始信号

```
void DHT11_Rst(void)
{
  DHT11_IO_OUT();               //将 I/O 口设置成推挽输出
  DHT11_DQ_OUT(0);              //主机拉低
  delay_ms(20);                 //拉低至少 18ms
  DHT11_DQ_OUT(1);              //主机拉高
  delay_us(30);                 //主机拉高 20～40μs
}
```

8）检查 DHT11 是否发送响应信号

```
u8 DHT11_Check(void)
{
  u8 retry = 0;
  DHT11_IO_IN();                         //将 I/O 口设置成上拉输入
  while (!DHT11_DQ_IN()&&retry < 100)  //DHT11 会拉低 40～80μs
  {
    retry++;
    delay_us(1);
  };
  if(retry >= 100)return 1;
  else retry = 0;
  while (DHT11_DQ_IN()&&retry < 100)   //DHT11 拉低后会再次拉高 40～80μs
```

```
    {
      retry++;
      delay_us(1);
    };
    if(retry>=100)return 1;
    return 0;
}
```

9）读取 DHT11 的一个数据位

```
static u8 DHT11_Read_Bit(void)
{
    u8 retry=0;
    while(DHT11_DQ_IN()&&retry<100)          //等待变为低电平
    {
      retry++;
      delay_us(1);
    }
    retry=0;
    while(!DHT11_DQ_IN()&&retry<100)         //等待变高电平
    {
      retry++;
      delay_us(1);
    }
    delay_us(40);                            //等待 40μs
    if(DHT11_DQ_IN())return 1;
    else return 0;
}
```

10）读取 DHT11 的一个字节的数据

```
static u8 DHT11_Read_Byte(void)
{
    u8 i,dat;
    dat=0;
    for (i=0;i<8;i++) {
      dat<<=1;
      dat|=DHT11_Read_Bit();
    }
    return dat;
}
```

11）读取 DHT11 的温湿度数据并打印

```
int DHT11_Read_Data(void)
{
    u8 buf[5];
```

```
    u8 i;
    static unsigned int t, h;
    //主机发送起始信号
    DHT11_Rst();
    //判断 DHT11 是否发送响应信号
    if(DHT11_Check()) {
      return -1;
    }
    //读取 40 位数据
    for(i=0;i<5;i++)
    {
      buf[i]=DHT11_Read_Byte();
    }
    //数据校验
    if((buf[0]+buf[1]+buf[2]+buf[3])==buf[4])
    {
      h=buf[0];
      t=buf[2];
      if(h&t)
      printf("湿度: %u%% 温度: %u℃ \r\n", h, t);
    }
    return 0;
}
```

图 3.9 为本任务的流程图。

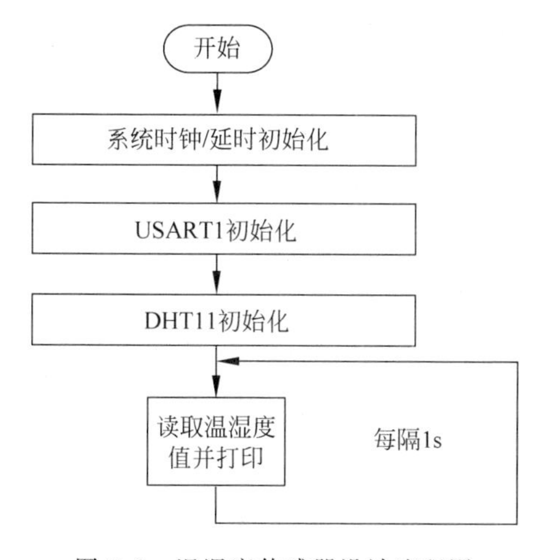

图 3.9 温湿度传感器设计流程图

3.2.5 开发步骤

(1) 通过调试转接板将 J-Link 仿真器连接到 PC 和 ZXBee 无线节点板，无线节点板设置成模式二，将温湿度传感器节点板正确连接到 ZXBee 无线节点板上；

(2) 用 IAR 软件打开该任务的开发工程，选择 Project→Rebuild All，重新编译；

(3) 给连接好的硬件平台起电,将程序下载到 ZXBee 无线节点板中;

(4) 下载完毕后选择 Debug→Go,运行程序;

(5) 程序成功运行后,在 PC 上打开串口助手或者超级终端,设置接收的波特率为 115 200b/s,数据位为 8,奇偶校验为无,停止位为 1,数据流控制为无;

(6) 观察串口调试工具接收区显示的数据。

3.2.6 总结与扩展

给节点重新上电并打开串口助手后,在串口调试工具接收区看到如下信息(测试数据与开发环境的温度湿度有关):

```
湿度: 30 % 温度: 30℃
```

此时用手轻轻触摸传感器或者对传感器换换吹气,会发现温度值和湿度值都上升。

```
湿度: 35 % 温度: 32℃
...
```

3.3 任务 18 雨滴/凝露传感器

3.3.1 学习目标

- 理解雨滴/凝露传感器原理;
- 学会在 STM32 微处理器上开发雨滴/凝露传感器程序,实现对雨滴/凝露的监控。

3.3.2 开发环境

- 硬件:ZXBee 无线节点板,J-Link 仿真器,调试转接板,USB MINI 线,PC,雨滴/凝露传感器;
- 软件:Windows XP/7/8/10,IAR 集成开发环境,串口调试工具。

3.3.3 原理学习

本任务采用雨滴/凝露传感器 HDS10,结构如图 3.10 所示。其为正特性开关型元件,对低湿度不敏感,仅对高湿度敏感,测试范围为 9～100RH;湿度和电阻有关系,当湿度达到 94%以上,其输出电阻从 100kΩ 迅速增大。高湿环境下具有极高敏感性,响应速度快,抗污染能力强,可靠性高,稳定性好。

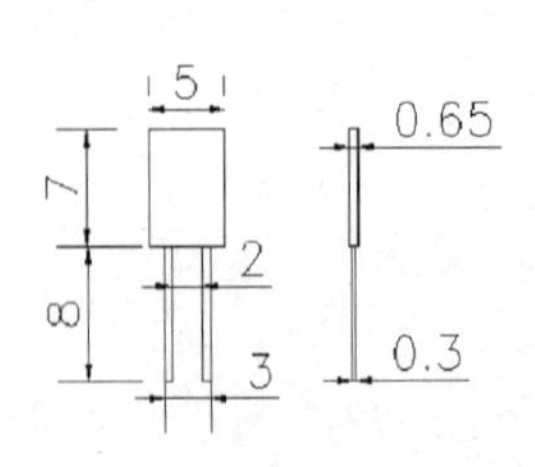

图 3.10 HDS10 结构图

雨滴/凝露传感器又称雨滴检测传感器,用于检测是否下雨及雨量的大小。此任务中用雨滴传感器检测出雨量,并通过 ADC 将检测出的信号进行转换,HDS10 与 STM32 部分接口电路如图 3.11 所示。

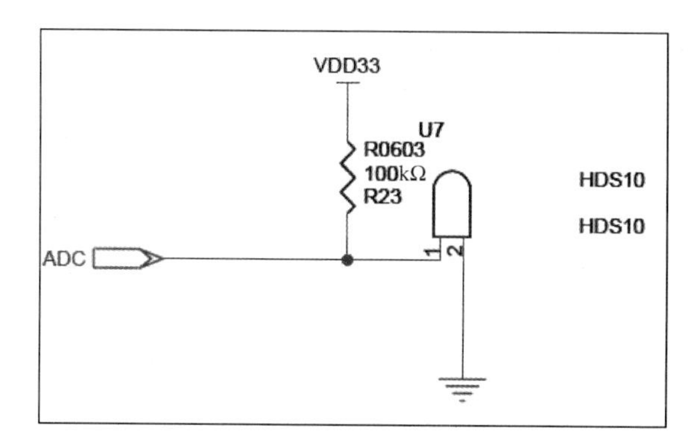

图 3.11　HDS10 与 STM32 部分接口电路

从图 3.2 的电路原理图可知，图 3.1 的 ADC 引脚连接到了 STM32 的 PB0 口，通过此 I/O 口输出的控制信号，可通过 ADC 转换得到相应数值。

3.3.4　开发内容

本任务先对 ADC 进行配置，然后读取 ADC 采集到的值，接着将采集到的值转换成电压值最后打印到串口。

1）设置 ADC1 的时钟及 ADC I/O 时钟

```
//功能：ADC 时钟配置程序
void RCC_Configuration(void){
  /* 使能 ADC1、GPIOB 时钟 */
  RCC_APB2PeriphClockCmd(RCC_APB2Periph_ADC1 | RCC_APB2Periph_GPIOB, ENABLE);
}
```

2）初始化 GPIO

```
//功能：STM32 ADC GPIO 配置程序
void GPIO_Configuration(void){
  GPIO_InitTypeDef GPIO_InitStructure;

  GPIO_InitStructure.GPIO_Pin = GPIO_Pin_0;
  GPIO_InitStructure.GPIO_Mode = GPIO_Mode_AIN;
  GPIO_Init(GPIOB, &GPIO_InitStructure);
}
```

3）配置 ADC

```
void adc_init(void){
  RCC_Configuration();
  GPIO_Configuration();
  //ADC1 配置
  ADC_InitTypeDef ADC_InitStructure;
  ADC_InitStructure.ADC_Mode = ADC_Mode_Independent;
```

```
    ADC_InitStructure.ADC_ScanConvMode = ENABLE;
    ADC_InitStructure.ADC_ContinuousConvMode = ENABLE;
    ADC_InitStructure.ADC_ExternalTrigConv = ADC_ExternalTrigConv_None;
    ADC_InitStructure.ADC_DataAlign = ADC_DataAlign_Right;
    ADC_InitStructure.ADC_NbrOfChannel = 1;
    ADC_Init(ADC1, &ADC_InitStructure);
    /* ADC1 通道、采样配置 */
    ADC_RegularChannelConfig(ADC1, ADC_Channel_8, 1, ADC_SampleTime_55Cycles5);
    /* 使能 ADC1 */
    ADC_Cmd(ADC1, ENABLE);

    ADC_ResetCalibration(ADC1);

    while(ADC_GetResetCalibrationStatus(ADC1));

    ADC_StartCalibration(ADC1);

    while(ADC_GetCalibrationStatus(ADC1));
    }
```

4）读取 ADC 的值

下面是读取 ADC 值的方法

```
//读取 ADC1 输出的 16 位 ADC 采样值
uint16_t read_ADC(void)
{
  ADC_SoftwareStartConvCmd(ADC1, ENABLE);             //启动 ADC1 转换
  while(! ADC_GetFlagStatus(ADC1, ADC_FLAG_EOC));     //等待 ADC 转换完毕
  return ADC_GetConversionValue(ADC1);                //读取 ADC 数值
}
```

图 3.12 所示为本任务的流程图。

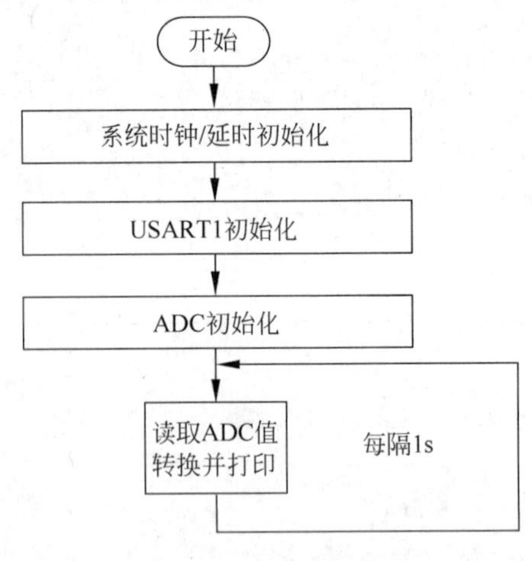

图 3.12　雨滴/凝露传感器设计流程图

3.3.5 开发步骤

(1) 通过调试转接板将 J-Link 仿真器连接到 PC 和 ZXBee 无线节点板，无线节点板设置成模式二，将雨滴/凝露传感器节点板正确连接到 ZXBee 无线节点板上；

(2) 用 IAR 软件打开该任务的开发工程，选择 Project→Rebuild All，重新编译；

(3) 给连接好的硬件平台起电，将程序下载到 ZXBee 无线节点板中；

(4) 下载完毕后选择 Debug→Go，运行程序；

(5) 程序成功运行后，在 PC 上打开串口助手或者超级终端，设置接收的波特率为 115 200b/s，数据位为 8，奇偶校验为无，停止位为 1，数据流控制为无。

(6) 对着雨滴/凝露传感器缓缓吹气，观察串口调试工具接收区显示的数据。

3.3.6 总结与扩展

在串口调试工具接收区看到如下信息：

```
Stm32 Sensors example start !
0.7V
```

若此时用手指轻轻触摸雨露/凝露传感器，或者对雨露/凝露传感器缓缓吹气可以看到电压值上升，例如：

```
1.5V
1.6V
2.3V
…
```

雨量越多，显示的 ADC 转换值越大。

3.4 任务 19 火焰传感器

3.4.1 学习目标

- 理解火焰传感器原理并熟知火焰传感器的使用；
- 学会在 STM32 微处理器上开发火焰传感器程序，实现火焰检测。

3.4.2 开发环境

- 硬件：ZXBee 无线节点板，J-Link 仿真器，调试转接板，USB MINI 线，PC，火焰传感器；
- 软件：Windows XP/7/8/10，IAR 集成开发环境，串口调试工具。

3.4.3 原理学习

火焰的热辐射有离散光谱的气体辐射和连续光谱的固体辐射，不同燃烧物的火焰辐射强度、波长分布有所差异，但总体来说，其对应火焰温度的近红外波长域及紫外光域具有很大的辐射强度，根据这种特性制成火焰传感器。

本任务采用 LM158 温度传感器。LM158 利用了双运算放大器电路来设计，其特性如下：

(1) 低功率消耗；

(2) 一个共模输入电压范围扩展到地和 V_{EE}；

(3) 单一供应或供应分流；

(4) 采用了 MC1558 双运算放大器插脚引线，LM158 系列功耗相当于 LM124 的一半。

放大器有几个明显的优势：在供应电压可以低至 3.0V 或高达 32V，其中静态电流约为 MC1741 的 1/5，共模输入范围包括负供给，从而在许多应用中消除外部偏置组件的必要性，输出电压范围还包括负电源电压。

本任务中的火焰传感器当检测到火焰时输出一个高电平，未检测到火焰时输出一个低电平，火焰传感器与 STM32 部分接口电路如图 3.13 所示。

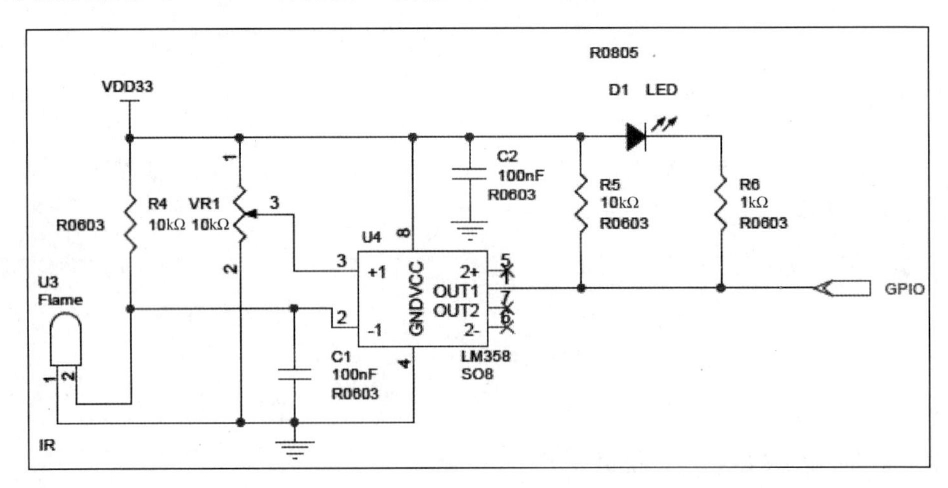

图 3.13　火焰传感器与 STM32 部分接口电路

从图 3.2 的电路原理图可知，图 3.12 中的 GPIO 引脚连接到了 STM32 的 PB5 口，因此通过检测此 I/O 口电平状态的变化，可判断是否检测到火焰。若该 I/O 口为高电平则表示检测到火焰；若为低电平则没有检测到火焰。

3.4.4　开发内容

通过原理学习可知，本任务的关键是配置 PB5 口，将其设置成输入模式来检测火焰传感器输出的电平变化，下面是 PB5 口的配置过程以及火焰检测的判断源代码解析：

```
void main(void)
{
  delay_init(72);
  uart1_init();
  //配置 PB5 口
  //开启 GPIO 时钟
```

```
    RCC_APB2PeriphClockCmd(RCC_APB2Periph_GPIOB, ENABLE);
    GPIO_InitTypeDef GPIO_InitStructure;
    GPIO_InitStructure.GPIO_Pin = GPIO_Pin_5;
    GPIO_InitStructure.GPIO_Speed = GPIO_Speed_2MHz;
    //设置 PB5 引脚为上拉输入模式
    GPIO_InitStructure.GPIO_Mode = GPIO_Mode_IPU;
    GPIO_Init(GPIOB, &GPIO_InitStructure);
    printf("Stm32 Sensors example start !\n\r");
    while(1)
    {
      //检测 PB5 引脚的电平状态
      if(GPIO_ReadInputDataBit(GPIOB, GPIO_Pin_5)){
        //高电平检测到火焰
        printf("Fire detected!\n\r");
      }else{
        //低电平未检测到火焰
        printf("Fire not dected!\n\r");
      }
      delay_ms(500);
    }
}
```

图 3.14 所示为本任务的流程图。

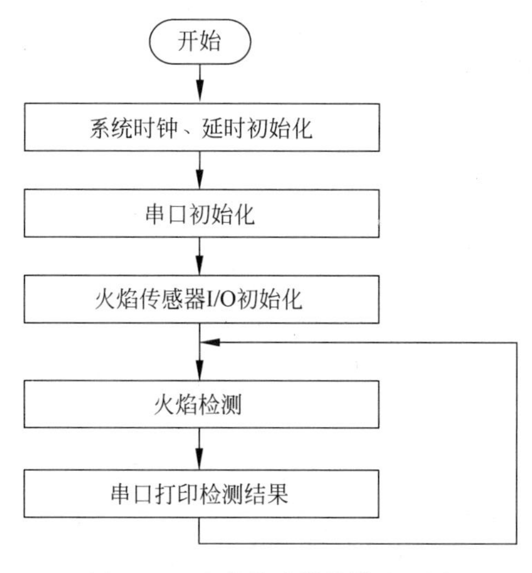

图 3.14　火焰传感器设计流程图

3.4.5　开发步骤

(1) 通过调试转接板将 J-Link 仿真器连接到 PC 和 ZXBee 无线节点板，无线节点板设置成模式二，将火焰传感器节点板正确连接到 ZXBee 无线节点板上；

(2) 用 IAR 软件打开该任务的开发工程，选择 Project→Rebuild All，重新编译；

(3) 给连接好的硬件平台起电，将程序下载到 ZXBee 无线节点板中；

(4) 下载完毕后选择 Debug→Go，运行程序；

(5) 程序成功运行后，在 PC 上打开串口助手或者超级终端，设置接收的波特率为 115 200b/s，数据位为 8，奇偶校验为无，停止位为 1，数据流控制为无。

(6) 观察串口调试工具的接收区的显示结果。

3.4.6 总结与扩展

在串口调试工具的接收区看到如下信息：

```
Stm32 Sensors example start !
Fire not detected !
```

若此时用一个火焰源靠近火焰传感器，可以看到终端显示检测到火焰，例如：

```
Fire detected!
   …
```

3.5 任务 20 继 电 器

3.5.1 学习目标

- 理解继电器的工作原理；
- 学会在 STM32 微处理器上开发继电器驱动程序。

3.5.2 开发环境

- 硬件：ZXBee 无线节点板，J-Link 仿真器，调试转接板，USB MINI 线，PC，继电器；
- 软件：Windows XP/7/8/10，IAR 集成开发环境，串口调试工具。

3.5.3 原理学习

本任务使用的继电器模块是电磁继电器，电磁继电器一般由铁芯、线圈、衔铁、触点簧片等组成的。只要在线圈两端加上一定的电压，线圈中就会流过一定的电流，从而产生电磁效应，衔铁就会在电磁力吸引的作用下克服返回弹簧的拉力吸向铁芯，从而带动衔铁的动触点与静触点(常开触点)吸合。当线圈断电后，电磁的吸力也随之消失，衔铁就会在弹簧的反作用力返回原来的位置，使动触点与原来的静触点(常闭触点)释放。这样吸合、释放，从而达到了在电路中的导通、切断的目的。

常开、常闭触点：继电器线圈未起电时处于断开状态的静触点，称为常开触点；处于接通状态的静触点称为常闭触点。继电器与 STM32 部分接口电路如图 3.15 和图 3.16 所示。

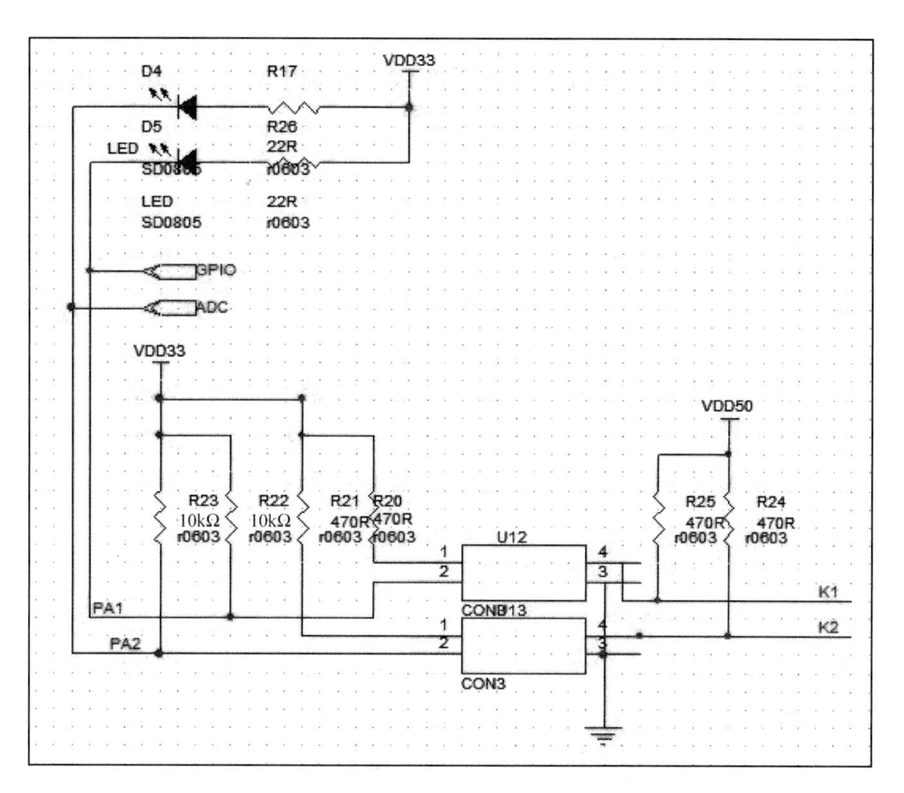

图 3.15　继电器与 STM32 部分接口电路 1

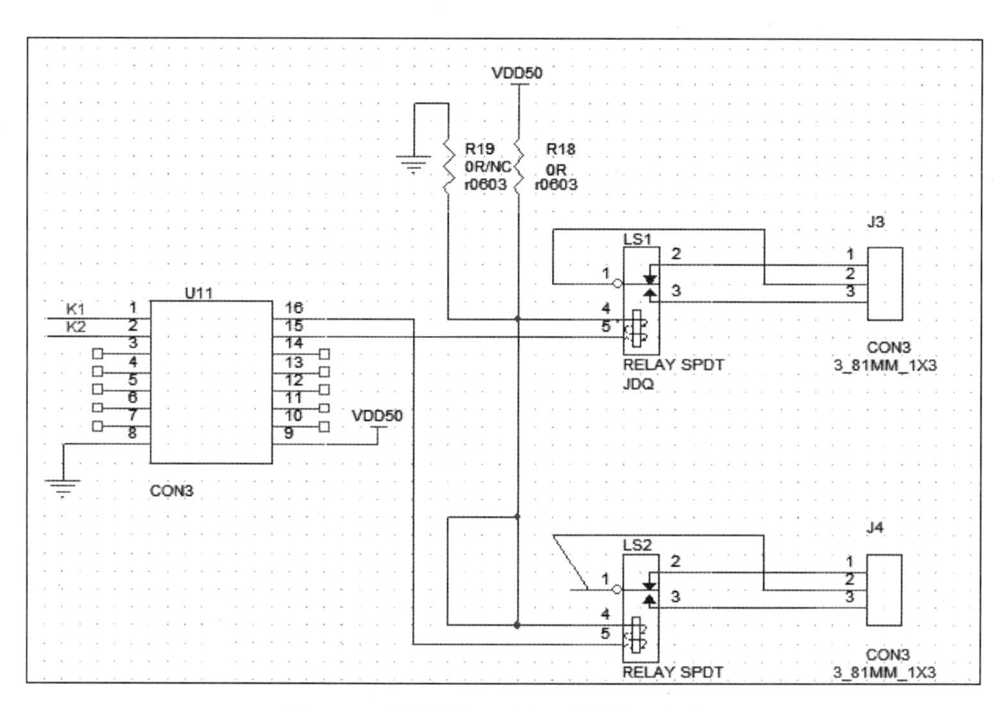

图 3.16　继电器与 STM32 部分接口电路 2

从图 3.2 的电路原理图可知，图 3.16 中的 GPIO 对应 STM32 的 PB5 口，ADC 对应 STM32 的 PB0 口。根据电路知识可知，当 PB5、PB0 口输出高电平时，两个继电器的 1、2 端处于常闭状态，2、3 端处于常开状态；当 PB5、PB0 口输出低电平时，两个继电器的 1、2 端处于常开状态，2、3 端处于常闭状态。

3.5.4 开发内容

根据继电器的原理可知，要让继电器工作，关键是配置 PB0、PB5 引脚，配置成输出引脚。下面是 PB0、PB5 引脚的配置过程以及反转继电器的源代码解析：

```
void main(void)
{
  delay_init(72);                    //系统时钟初始化 72MHz
  uart1_init();
  //开启 GPIOB 时钟
  RCC_APB2PeriphClockCmd(RCC_APB2Periph_GPIOB, ENABLE);
  //配置 PB5、PB0 引脚
  GPIO_InitTypeDef GPIO_InitStructure;
  GPIO_InitStructure.GPIO_Pin = GPIO_Pin_5 | GPIO_Pin_0;
  GPIO_InitStructure.GPIO_Speed = GPIO_Speed_2MHz;
  //推挽输出
  GPIO_InitStructure.GPIO_Mode = GPIO_Mode_Out_PP;
  GPIO_Init(GPIOB, &GPIO_InitStructure);
  while(1)
  {
    //将 PB5 引脚置为相反的电平
    GPIO_WriteBit(GPIOB, GPIO_Pin_5, !GPIO_ReadOutputDataBit(GPIOB, GPIO_Pin_5));
    printf("relay reverse\n\r");
    delay_ms(1000);
    //将 PB0 引脚置为相反的电平
    GPIO_WriteBit(GPIOB, GPIO_Pin_0, !GPIO_ReadOutputDataBit(GPIOB, GPIO_Pin_0));
     delay_ms(500);
  }
}
```

图 3.17 所示为本任务的流程图。

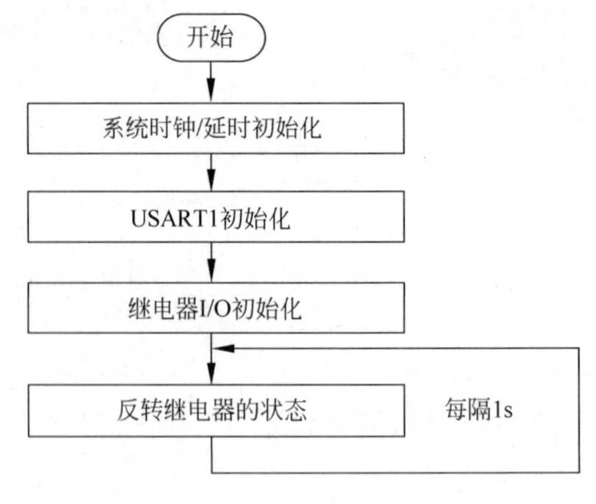

图 3.17　继电器设计流程图

3.5.5 开发步骤

(1) 通过调试转接板将 J-Link 仿真器连接到 PC 和 ZXBee 无线节点板,无线节点板设置成模式二,将继电器传感器节点板正确连接到 ZXBee 无线节点板上;

(2) 用 IAR 软件打开该任务的开发工程,选择 Project→Rebuild All,重新编译;

(3) 给连接好的硬件平台起电,将程序下载到 ZXBee 无线节点板中;

(4) 下载完毕后选择 Debug→Go,运行程序;

(5) 程序成功运行后,在 PC 上打开串口助手或者超级终端,设置接收的波特率为 115 200b/s,数据位为 8,奇偶校验为无,停止位为 1,数据流控制为无。

3.5.6 总结与扩展

在串口调试工具的接收区看到如下信息:

```
Stm32 Sensors example start !
relay reverse
relay reverse
…
```

节点板上的两个 LED 灯相互点亮,同时分别听到两个继电器发出滴答的响声,表明两个继电器分别在工作。

3.6 任务 21 霍尔传感器

3.6.1 学习目标

- 理解霍尔传感器工作原理;
- 学会在 STM32 微处理器上开发霍尔传感器驱动程序,实现对磁场的感应。

3.6.2 开发环境

- 硬件:ZXBee 无线节点板,J-Link 仿真器,调试转接板,USB MINI 线,PC,霍尔传感器;
- 软件:Windows XP/7/8/10,IAR 集成开发环境,串口调试工具。

3.6.3 原理学习

霍尔传感器是基于霍尔效应的一种传感器,霍尔效应最先在金属材料中发现,但因金属材料的霍尔现象太微弱而没有得到发展。半导体技术的迅猛发展和半导体显著的霍尔效应现象,使得霍尔传感器发展极为迅速,霍尔传感器相应产品被广泛用于日常电磁、压力、加速度、振动等方面的测量。霍尔传感器是根据霍尔原理设计,有两种工作方式:直测式和磁平衡式。霍尔传感器一般由原边电路、聚磁环、霍尔器件、次级线圈和放大电路等组成。

直测式:当电流通过一根长导线时,在导线周围将产生一磁场,这一磁场的大小与流过

导线的电流 I_P 成正比，它可以通过磁芯聚集感应到霍尔器件上并使其有一信号 I_C 输出。这一信号经信号放大器放大后直接输出。直测式如图 3.18 所示。

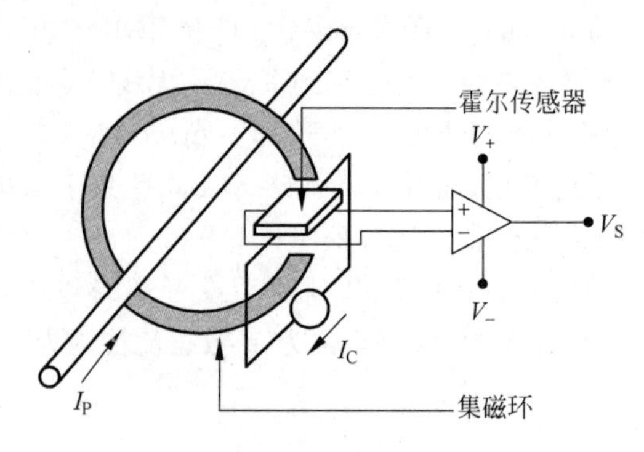

图 3.18　直测式

磁平衡式：霍尔闭环电流传感器，也称补偿式传感器，即主回路被测电流 I_P 在聚磁环处所产生的磁场通过一个次级线圈，电流所产生的磁场进行补偿，从而使霍尔器件处于检测零磁通的工作状态。磁平衡式如图 3.19 所示。

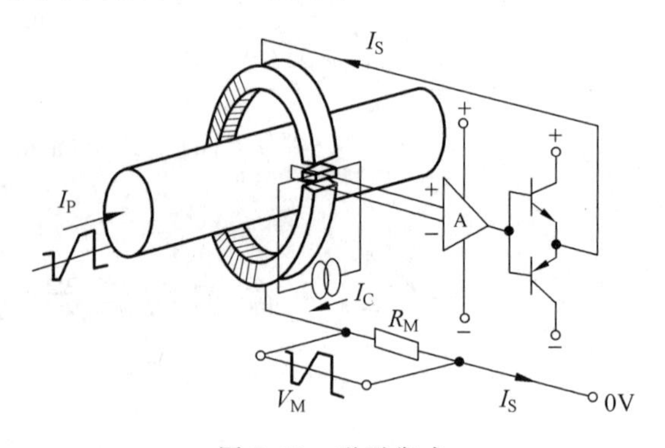

图 3.19　磁平衡式

当主回路有一电流通过时，在导线上产生的磁场被聚磁环聚集并感应到霍尔器件上，所产生的信号输出用于驱动相应的功率管并使其导通，从而获得一个补偿电流 I_S。这一电流再通过多匝绕组产生磁场，该磁场与被测电流产生的磁场正好相反，因而补偿了原来的磁场，使霍尔器件的输出逐渐减小，当 I_P 与匝数相乘所产生的磁场相等时，I_S 不再增加，这时的霍尔器件起指示零磁通的作用，可以通过 I_S 平衡。被测电流的任何变化都会破坏这一平衡。一旦磁场失去平衡，霍尔器件就有信号输出。经功率放大后，立即就有相应的电流流过次级绕组以对失衡的磁场进行补偿。从磁场失衡到再次平衡，所需的时间理论上不到 1μs，这是一个动态平衡的过程。即原边电流 I_P 的任何变化都会破坏这一磁场平衡，一旦磁场失去平衡，霍尔元件就有信号输出，经放大器放大后，立即有相应的电流流过次级线圈对其补偿。

本任务采用的是 3141 霍尔传感器，该传感器采用霍尔开关与加强磁集成电路，有稳定的温度和电源电压的变化，单极开关特性适合检测棒磁铁。3141 原理图如图 3.20 所示。

本任务中的霍尔传感器当检测到磁场时就会输出一个低电平，未检测到磁场时就会输出一个高电平，霍尔传感器与 STM32 部分接口电路如图 3.21 所示。

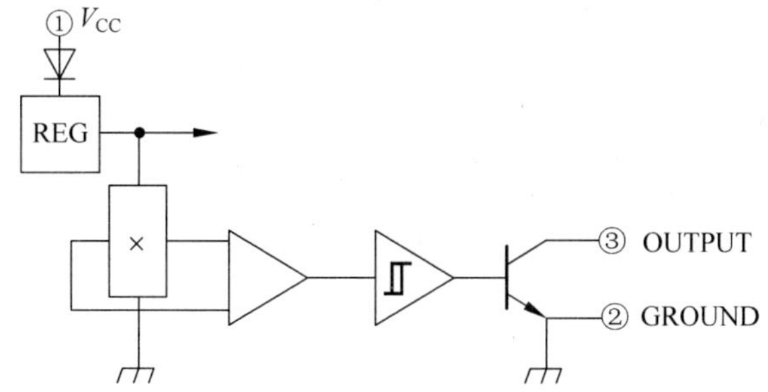

图 3.20　3141 原理图

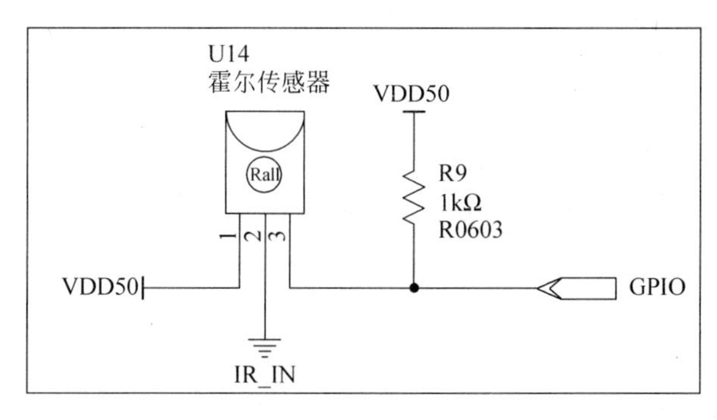

图 3.21　霍尔传感器与 STM32 部分接口电路

根据图 3.2 的电路原理图可知，图 3.21 的 GPIO 引脚连接到了 STM32 的 PB5 口，因此通过检测此 I/O 口电平状态的变化，可判断是否检测到磁铁，若该 I/O 口为高电平则表示未检测到磁场，若为低电平则检测到磁场。

3.6.4　开发内容

通过原理学习可知，本任务的关键就是配置 PB5 口，将其设置成输入模式来检测霍尔传感器输出的电平变化。下面是 PB5 口的配置过程，以及磁场检测的判断源代码解析：

```
void main(void)
{
  delay_init(72);
  uart1_init();
  //PB5 I/O 口配置
  RCC_APB2PeriphClockCmd(RCC_APB2Periph_GPIOB, ENABLE);
  GPIO_InitTypeDef GPIO_InitStructure;
  GPIO_InitStructure.GPIO_Pin = GPIO_Pin_5;
  GPIO_InitStructure.GPIO_Speed = GPIO_Speed_2MHz;
  //设置 PB5 引脚为上拉输入模式
  GPIO_InitStructure.GPIO_Mode = GPIO_Mode_IPU;
  GPIO_Init(GPIOB, &GPIO_InitStructure);
  printf("Stm32 Sensors example start !\n\r");
```

```
    while(1)
    {
      //检测 PB5 引脚输入的电平
      if(GPIO_ReadInputDataBit(GPIOB, GPIO_Pin_5)) {
        //高电平未检测到磁场
        printf("no magnetism!\n\r");
      } else {
        //低电平检测到磁场
        printf("magnetism!\n\r");
      }
      delay_ms(1000);
    }
  }
```

图 3.22 所示为本任务的流程图。

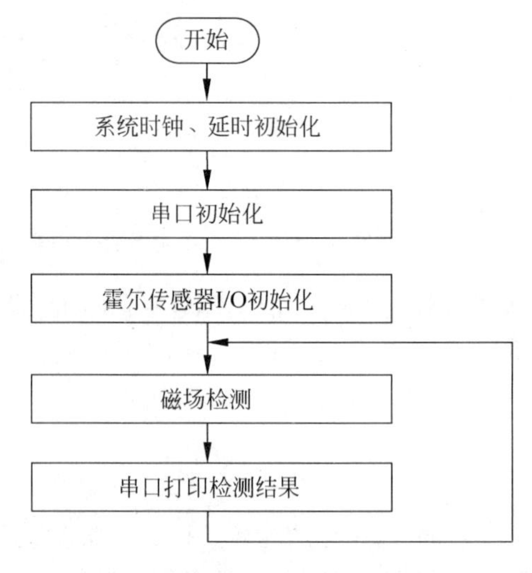

图 3.22　霍尔传感器设计流程图

3.6.5　开发步骤

(1) 通过调试转接板将 J-Link 仿真器连接到 PC 和 ZXBee 无线节点板，无线节点板设置成模式二，将霍尔传感器节点板正确连接到 ZXBee 无线节点板上；

(2) 用 IAR 软件打开该任务的开发工程，选择 Project→Rebuild All，重新编译；

(3) 给连接好的硬件平台起电，将程序下载到 ZXBee 无线节点板中；

(4) 下载完毕后选择 Debug→Go，运行程序；

(5) 程序成功运行后，在 PC 上打开串口助手或者超级终端，设置接收的波特率为 115 200b/s，数据位为 8，奇偶校验为无，停止位为 1，数据流控制为无。

3.6.6　总结与扩展

在串口调试工具的接收区可以看到如下显示结果：

```
Stm32 Sensors example start !
no magnetism !              //表示霍尔传感器周围无磁场
```

若此时用磁铁等带磁性的物体靠近霍尔传感器，可以看到终端显示检测到磁性，例如：

```
magnetism!
magnetism!                  //表示霍尔传感器周围有磁场
…
```

3.7 任务22 超声波测距传感器

3.7.1 学习目标

- 了解超声波测距原理，掌握超声波测距传感器的使用；
- 利用STM32控制SRF05超声波测距模块，进行距离测试。

3.7.2 开发环境

- 硬件：ZXBee无线节点板，J-Link仿真器，调试转接板，USB MINI线，PC，SRF05超声波传感器；
- 软件：Windows XP/7/8/10，IAR集成开发环境，串口调试工具(超级终端)。

3.7.3 原理学习

通常，人们的耳朵能够听到的声波频率范围是2～20kHz，通常把20kHz以上的声波称为超声波(Ultrasonic Wave)。超声波具有波长较短，绕射小，能够成为射线而定向传播。超声波的频率越高，就越与光波的某些特性(如反射、折射)相似。超声波的这些特性使其在检测技术中获得广泛的应用。

超声波发射器向某一方向发射超声波，在发射的同时开始计时。超声波在空气中传播，途中碰到障碍物就立即返回来，超声波接收器收到反射波就立即停止计时。超声波在空气中的传播速度为v=340m/s，根据计时器记录的时间t，就可以计算出发射点距障碍物的距离，即：d=340t/2=170t。超声波时序图如图3.23所示。

SRF05超声波测距模块可以提供2～450cm的非接触式距离感测功能，测距精度可达到3mm；模块包括超声波发射器、接收器与控制电路。

SRF05基本工作原理。采用I/O口TRIG触发测距，给至少10μs的高电平信号，自动发送8个40kHz的方波，自动检测是否有信号返回；有信号返回，通过I/O口ECHO输出一个高电平，用STM32的定时器测量SRF05脉冲输出的宽度，时间为微秒。利用以下公式得出测试距离d(单位为cm)：

$$d = us/58$$

其中：us为SRF05脉冲输出的宽度，时间为微秒。

超声波测距传感器与STM32部分接口电路如图3.24所示。

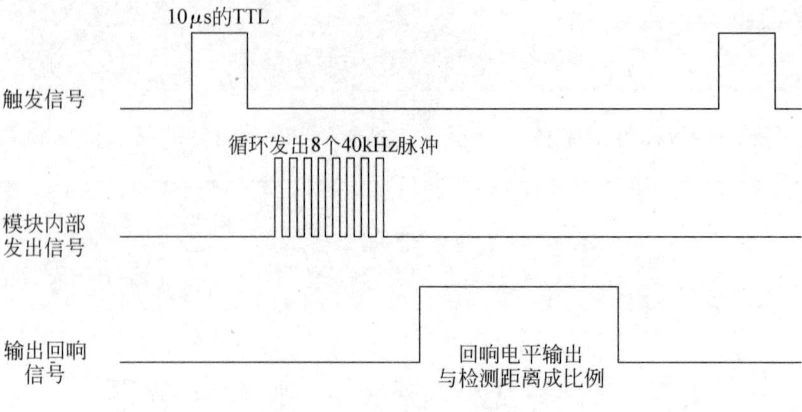

图 3.23　超声波时序图

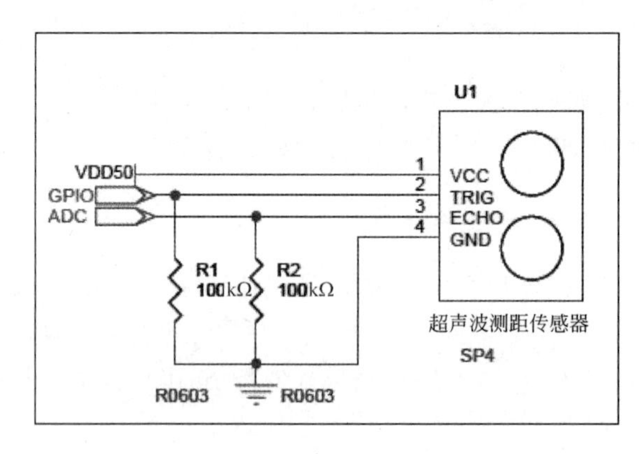

图 3.24　超声波测距传感器与 STM32 部分接口原理图

根据图 3.2 的电路原理图可知，图 3.24 中的 GPIO 连接到 STM32 的 PB5 口，ADC 连接到 STM32 的 PB0 口。其中 PB5 引脚即上文提到的 I/O 口 TRIG，通过此 I/O 口给一个 10μs 的高电平，即可触发模块测距。PB0 引脚即上文提到的 I/O 口 ECHO，通过测得 ECHO 引脚的高电平时间，就可以算出距离值。

3.7.4　开发内容

本任务通过 STM32 控制 SRF05 超声波测距模块测取距离，然后通过串口显示出来。任务中关键的就是配置 PB0、PB5 口，然后利用 PB5 口发送一个 10μs 的高电平信号来触发超声波模块测距，然后测出 PB0 口的高电平的时间，最终计算出所测的距离值。下面是 I/O 口的配置过程以及距离测量的源代码解析：

```
void main(void)
{
  int v;
  int i;
  delay_init(72);                                   //系统延时初始化 72MHz
  uart1_init();
  //PB5、PB0 I/O 口配置
```

```
    RCC_APB2PeriphClockCmd(RCC_APB2Periph_GPIOB, ENABLE);
    GPIO_InitTypeDef GPIO_InitStructure;
    GPIO_InitStructure.GPIO_Pin = GPIO_Pin_5;
    GPIO_InitStructure.GPIO_Speed = GPIO_Speed_2MHz;
    //设置 PB5 为推挽输出
    GPIO_InitStructure.GPIO_Mode = GPIO_Mode_Out_PP;
    GPIO_Init(GPIOB, &GPIO_InitStructure);
    GPIO_InitStructure.GPIO_Pin = GPIO_Pin_0;
    GPIO_InitStructure.GPIO_Speed = GPIO_Speed_2MHz;
    //设置 PB0 为上拉输入
    GPIO_InitStructure.GPIO_Mode = GPIO_Mode_IPU;
    GPIO_Init(GPIOB, &GPIO_InitStructure);
    printf("Stm32 Sensors example start !\n\r");
    while(1) {
      GPIO_SetBits(GPIOB, GPIO_Pin_5);              //将 PB5 引脚置为高电平
      delay_us(20);                                 //系统延时 20μs
      GPIO_ResetBits(GPIOB, GPIO_Pin_5);            //将 PB5 引脚置为低电平
      //等待 PB0 的高电平到来
      for (i = 0; i < 10000 && ((GPIOB -> IDR & GPIO_Pin_0) == 0); i++);
      if (i >= 10000) goto out;                     //未等到 PB0 的高电平,测试失败
      //测量 PB0 高电平的时间,每执行一次 for 循环,大约 1μs
      for (i = 4; i < 30000; i++) {
        if (GPIOB -> IDR & GPIO_Pin_0) {
          v = 4;
          while (v -- );
        } else break;
      }
      if (i < 30000) {                              //判断是否超出范围
        v = i / 58;                                 //距离计算公式
        printf(" %d cm\n\r", v);
      }
    out:
       delay_ms(1000);
    }
  }
```

图 3.25 所示为本任务的流程图。

3.7.5 开发步骤

(1) 通过调试转接板将 J-Link 仿真器连接到 PC 和 ZXBee 无线节点板,无线节点板设置成模式二,将超声波测距传感器节点板正确连接到 ZXBee 无线节点板上;

(2) 用 IAR 软件打开该任务的开发工程,选择 Project→Rebuild All,重新编译;

(3) 给连接好的硬件平台起电,将程序下载到 ZXBee 无线节点板中;

(4) 下载完毕后选择 Debug→Go,运行程序;

(5) 程序成功运行后,在 PC 上打开串口助手或者超级终端,设置接收的波特率为 115 200b/s,数据位为 8,奇偶校验为无,停止位为 1,数据流控制为无。

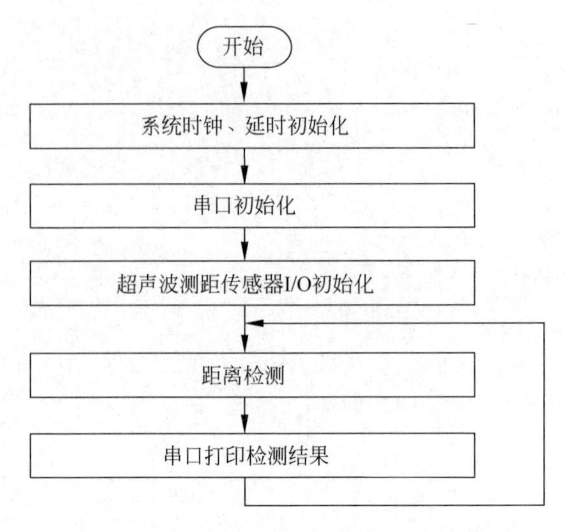

图 3.25　超声波测距传感器设计流程图

3.7.6　总结与扩展

在串口调试工具的接收区看到如下总结与扩展：

```
Stm32 Sensors example start !
50cm
```

注意：超声波测距传感器前方不能有其他障碍物，这时将手放在超声波测距传感器前上下摆动，可以看到测量数值的变化。

```
20cm
25cm
…
```

3.8　任务 23　人体红外传感器

3.8.1　学习目标

- 理解人体红外传感器工作原理；
- 学会在 STM32 微处理器上开发人体红外传感器驱动程序，实现人体检测。

3.8.2　开发环境

- 硬件：ZXBee 无线节点板，J-Link 仿真器，调试转接板，USB MINI 线，PC，人体传感器；
- 软件：Windows XP/7/8/10，IAR 集成开发环境，串口调试工具。

3.8.3 原理学习

普通人体会发射 10μm 左右的特定波长红外线，用人体以外传感器就可以检测这种红外线，当人体红外线照射到传感器上后，因热释电效应将向外释放电荷，电路经检测处理后就能产生控制信号。

本任务使用 HC-SR501 传感器，它基于红外线技术，广泛应用于各类自动感应电器设备，HC-SR501 的核心控制模块采用稳定性好、可靠性强、灵敏度高且超低功耗的 LH1788 探头，LH1788 在红外技术下衍生而来的器件，超低的驱动电压便是该模块的优势所在。

人体红外传感器检测到有人体活动时，其输出的 I/O 值发生变化。当传感器模块检测到有人入侵时，会返回一个高电平信号，无人入侵时，返回一个低电平信号，通过读取 I/O 口的状态判断是否有人体活动。人体红外传感器与 STM32 部分接口电路如图 3.26 所示。

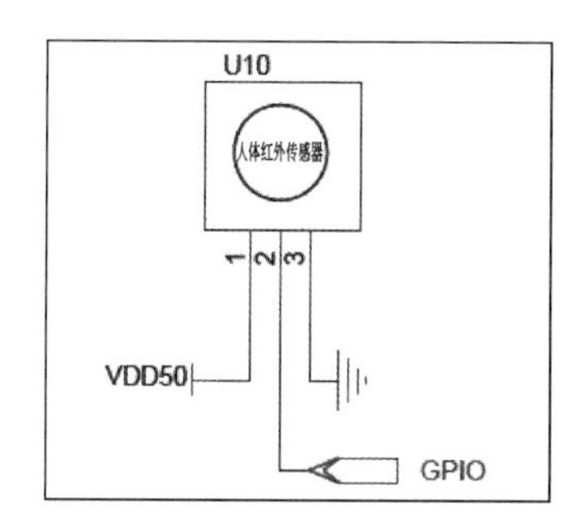

图 3.26 人体红外传感器与 STM32 的接口原理图

从图 3.2 的电路原理图可知，图 3.26 中的 GPIO 连接到 STM32 的 PB5 口，因此通过检测此 I/O 口电平状态的变化，可判断是否检测到周围有人靠近。

3.8.4 开发内容

通过原理学习可知，本任务的关键是配置 PB5 口，将其设置成输入模式检测人体红外传感器输出的电平变化。下面是 PB5 口的配置过程，以及人体检测的判断源代码解析：

```
void main(void){
  //系统延时初始化
  delay_init(72);
  uart1_init();
  RCC_APB2PeriphClockCmd(RCC_APB2Periph_GPIOB, ENABLE);
  GPIO_InitTypeDef GPIO_InitStructure;
  GPIO_InitStructure.GPIO_Pin = GPIO_Pin_5;
  GPIO_InitStructure.GPIO_Speed = GPIO_Speed_2MHz;
  //设置 PB5 引脚为输入模式
  GPIO_InitStructure.GPIO_Mode = GPIO_Mode_IPU;
  GPIO_Init(GPIOB, &GPIO_InitStructure);
  printf("Stm32 Sensors example start !\n\r");
  while(1) {
```

```
        //检测 PB5 引脚输入的电平
        if(GPIO_ReadInputDataBit(GPIOB, GPIO_Pin_5)){
          printf("Human detected!\n\r");
        }else{
          printf("No human detected!\n\r");
        }
        delay_ms(1000);
    }
}
```

图 3.27 所示为本任务的流程图。

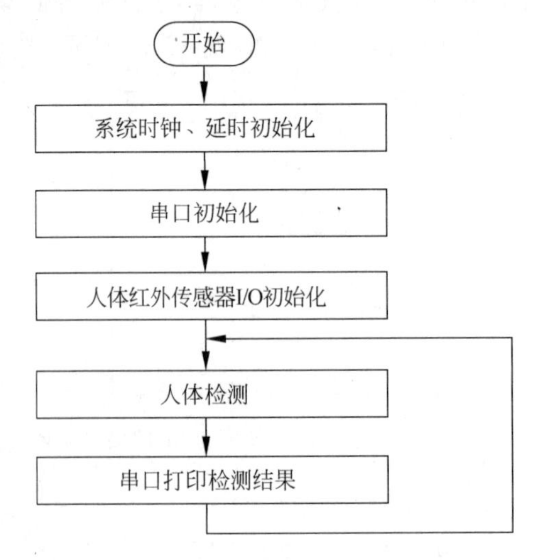

图 3.27　人体红外传感器设计流程图

3.8.5　开发步骤

(1) 通过调试转接板将 J-Link 仿真器连接到 PC 和 ZXBee 无线节点板，无线节点板设置成模式二，将人体红外传感器节点板正确连接到 ZXBee 无线节点板上；

(2) 用 IAR 软件打开该任务的开发工程，选择 Project→Rebuild All，重新编译；

(3) 给连接好的硬件平台起电，将程序下载到 ZXBee 无线节点板中；

(4) 下载完毕后选择 Debug→Go，运行程序；

(5) 程序成功运行后，在 PC 上打开串口助手或者超级终端，设置接收的波特率为 115 200b/s，数据位为 8，奇偶校验为无，停止位为 1，数据流控制为无。

3.8.6　总结与扩展

在串口调试工具的接收区看到如下信息：

```
Stm32 Sensors example start !
No human detected !
```

若此时人体靠近传感器，会看到终端显示，例如：

```
human detected!!
…
```

人体红外传感器有一个 1min 左右的初始化时间，所以程序运行后建议等待 1min 再进行测量。由于这个传感器十分灵敏，因此请尽量保持传感器检测范围内没有人，否则会一直显示检测到人。

另外当检测到人之后，"human detected"的结果会保持一段时间，这段时间可以通过调整人体红外传感器上面的滑动电阻来调整灵敏度。

3.9 任务 24 可燃气体/烟雾传感器

3.9.1 学习目标

- 理解可燃气体/烟雾传感器工作原理；
- 学会在 STM32 微处理器上开发可燃气体/烟雾传感器驱动程序，实现对烟雾的检测。

3.9.2 开发环境

- 硬件：ZXBee 无线节点板，J-Link 仿真器，调试转接板，USB MINI 线，PC，可燃气体/烟雾传感器；
- 软件：Windows XP/7/8/10，IAR 集成开发环境，串口调试工具。

3.9.3 原理学习

本任务采用 MQ-2 型可燃气体/烟雾传感器。MQ 系列气体传感器的敏感材料是活性很高的金属氧化物粉料添加少量的铂催化剂、激活剂及其他添加剂，按一定比例烧结而成的半导体器件。最常见的金属氧化物半导体如 SnO_2 在空中被加热到一定温度时，氧原子被吸附在带负电荷的半导体表面。半导体表面的电子会转移到吸附氧上，氧原子就变成了氧负离子，同时在半导体表面形成一个正的空间电荷层，导致表面势垒升高，从而阻碍电子流动。在工作条件下当传感器遇到还原性气体，氧负离子与还原性气体发生氧化还原反应而导致其表面浓度降低，势垒随之降低，导致传感器的阻值减小。

MQ-2 气体传感器所使用的气敏材料是在清洁空气中电导率较低的二氧化锡(SnO_2)，当传感器所处环境中存在可燃气体时，传感器的电导率随空气中可燃气体浓度的增加而增大。MQ-2 能够有效检测甲烷、一氧化碳、氢气等可燃气体，具有检测范围广、测量灵敏度高、寿命长、驱动电路简单等优点。使用简单的电路即可将电导率的变化转换为与该气体浓度相对应的输出信号。可燃气体/烟雾传感器与 STM32 部分接口电路如图 3.28 所示。

从图 3.2 的电路原理图可知，图 3.28 中的 ADC 口连接到 STM32 的 PB0 口。STM32 通过 ADC 读取可燃气体/烟雾传感器采集的值。

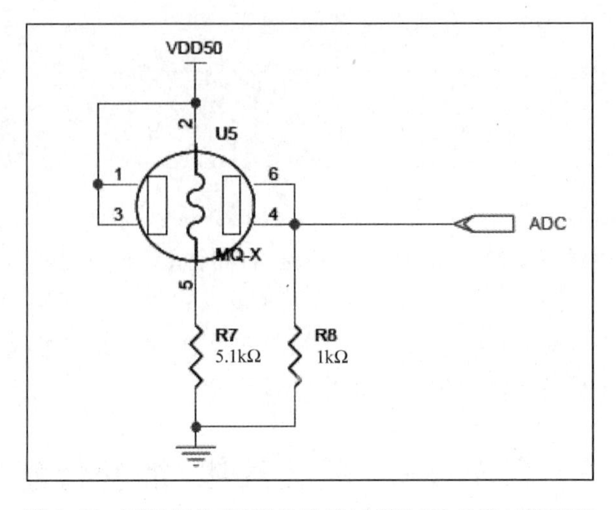

图 3.28　可燃气体/烟雾传感器与 STM32 的接口原理图

3.9.4　开发内容

本任务先配置 ADC,然后读取 ADC 采集到的值,接着将采集到的值转换成电压值并进行判断,最后将判断结果打印到串口。

1）设置 ADC1 的时钟及 ADC I/O 时钟

```
//功能：ADC 时钟配置程序
void RCC_Configuration(void){
  /* 使能 ADC1、GPIOB 时钟 */
  RCC_APB2PeriphClockCmd(RCC_APB2Periph_ADC1 | RCC_APB2Periph_GPIOB, ENABLE);
}
```

2）初始化 GPIO

```
//功能：STM32 ADC GPIO 配置程序
void GPIO_Configuration(void){
  GPIO_InitTypeDef GPIO_InitStructure;
  /* Configure PB.0 (ADC Channel8) as analog input ---------------------------- */
  GPIO_InitStructure.GPIO_Pin = GPIO_Pin_0;
  GPIO_InitStructure.GPIO_Mode = GPIO_Mode_AIN;
  GPIO_Init(GPIOB, &GPIO_InitStructure);
}
```

3）配置 ADC

```
void adc_init(void){
  RCC_Configuration();
  GPIO_Configuration();
  //ADC1 配置
  ADC_InitTypeDef ADC_InitStructure;
```

```
ADC_InitStructure.ADC_Mode = ADC_Mode_Independent;
ADC_InitStructure.ADC_ScanConvMode = ENABLE;
ADC_InitStructure.ADC_ContinuousConvMode = ENABLE;
ADC_InitStructure.ADC_ExternalTrigConv = ADC_ExternalTrigConv_None;
ADC_InitStructure.ADC_DataAlign = ADC_DataAlign_Right;
ADC_InitStructure.ADC_NbrOfChannel = 1;
ADC_Init(ADC1, &ADC_InitStructure);
/* ADC1 通道、采样配置 */
ADC_RegularChannelConfig(ADC1, ADC_Channel_8, 1, ADC_SampleTime_55Cycles5);
/* 使能 ADC1 */
ADC_Cmd(ADC1, ENABLE);
/* Enable ADC1 reset calibration register */
ADC_ResetCalibration(ADC1);
/* Check the end of ADC1 reset calibration register */
while(ADC_GetResetCalibrationStatus(ADC1));

/* Start ADC1 calibration */
ADC_StartCalibration(ADC1);
/* Check the end of ADC1 calibration */
while(ADC_GetCalibrationStatus(ADC1));
}
```

读取 ADC 的值,下面是读取 ADC 值的方法:

```
//读取 ADC1 输出的 16 位 ADC 采样值
uint16_t read_ADC(void)
{
  ADC_SoftwareStartConvCmd(ADC1, ENABLE);            //启动 ADC1 转换
  while(! ADC_GetFlagStatus(ADC1, ADC_FLAG_EOC)); //等待 ADC 转换完毕
  return ADC_GetConversionValue(ADC1);               //读取 ADC 数值
}
```

图 3.29 所示为本任务的流程图。

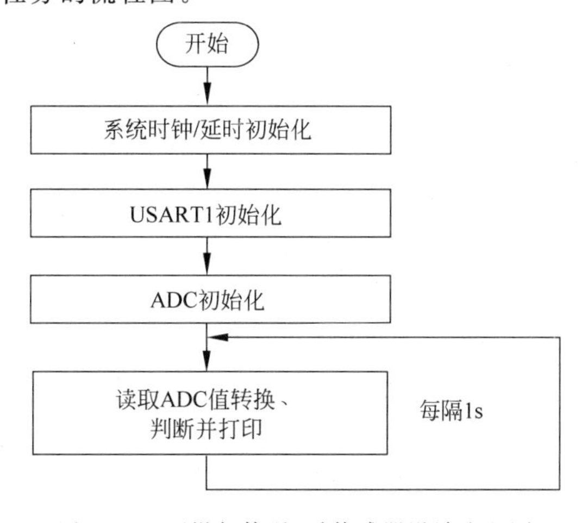

图 3.29 可燃气体/烟雾传感器设计流程图

3.9.5 开发步骤

(1) 通过调试转接板将 J-Link 仿真器连接到 PC 和 ZXBee 无线节点板,无线节点板设置成模式二,将可燃气体/烟雾传感器节点板正确连接到 ZXBee 无线节点板上;

(2) 用 IAR 软件打开该任务的开发工程,选择 Project→Rebuild All,重新编译;

(3) 给连接好的硬件平台起电,将程序下载到 ZXBee 无线节点板中;

(4) 下载完毕后选择 Debug→Go,运行程序;

(5) 程序成功运行后,在 PC 上打开串口助手或者超级终端,设置接收的波特率为 115 200b/s,数据位为 8,奇偶校验为无,停止位为 1,数据流控制为无。

3.9.6 总结与扩展

在串口调试工具的接收区看到如下信息:

```
Stm32 Sensors example start !
0.2V
Safe
```

若此时用打火机对着传感器喷可燃气体,传感器的电压值上升,表示检测到可燃气体并在接收区显示危险:

```
2.2V
2.3V
Dangerous!
…
```

3.10 任务 25 酒精传感器

3.10.1 学习目标

- 理解酒精传感器工作原理;
- 学会在 STM32 微处理器上开发酒精传感器驱动程序,实现对酒精的检测。

3.10.2 开发环境

- 硬件:ZXBee 无线节点板,J-Link 仿真器,调试转接板,USB MINI 线,PC,酒精传感器;
- 软件:Windows XP/7/8/10,IAR 集成开发环境,串口调试工具。

3.10.3 原理学习

本任务使用的酒精传感器是 MQ-3,MQ-3 型还原性气体酒精传感器。它的气敏材料是二氧化锡(SnO_2),在清洁空气中电导率较低。当 MQ-3 酒精传感器所处环境中存在酒精蒸气时，传感器的电导率随空气中酒精气体浓度的增加在加热状态下而迅速增大。酒精浓度超标报警器可将电导率的变化转换为与该气体浓度相对应的电压输出信号。MQ-3 酒精传感器对酒精的灵敏度高，可检测多种浓度酒精。

MQ-3 酒精传感器对乙醇蒸气有很高的灵敏度。酒精传感器一般有 3 个引脚，两侧的是加热电极，中间的一个是检测电极，从中间的电极到任意两个加热电极的电阻都与酒精的浓度有关，因此检测这个电阻的阻值就可以检测酒精的浓度。由于这个检测电极与加热电极之间是电器连通的，因此受加热电极上电压的影响，需要从此电极连接一个检测电阻到任意一个加热电极上，检测电极上的电压即为传感器输出，酒精传感器与 STM32 部分接口电路如图 3.30 所示。

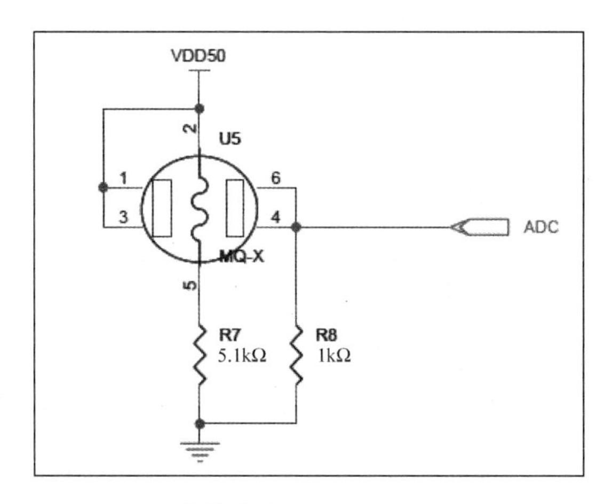

图 3.30　酒精传感器与 STM32 部分接口原理图

从图 3.2 的电路原理图可知，图 3.29 中的 ADC 口连接到 STM32 的 PB0 口，STM32 是通过 ADC 读取酒精传感器的输出的值，当检测到附近有酒精气体时，ADC 转换的值会发生变化。

3.10.4　开发内容

本任务先配置 ADC，然后读取 ADC 采集到的值，再将采集到的值转换成电压值进行判断，最后将判断结果打印到串口。

1）设置 ADC1 的时钟及 ADC I/O 时钟

```
//功能：ADC 时钟配置程序
void RCC_Configuration(void){
  /* 使能 ADC1、GPIOB 时钟 */
  RCC_APB2PeriphClockCmd(RCC_APB2Periph_ADC1 | RCC_APB2Periph_GPIOB, ENABLE);
}
```

2）初始化 GPIO

```
//功能：STM32 ADC GPIO 配置程序
void GPIO_Configuration(void){
```

```
    GPIO_InitTypeDef GPIO_InitStructure;

    GPIO_InitStructure.GPIO_Pin = GPIO_Pin_0;
    GPIO_InitStructure.GPIO_Mode = GPIO_Mode_AIN;
    GPIO_Init(GPIOB, &GPIO_InitStructure);
}
```

3）配置 ADC

```
void adc_init(void){
    RCC_Configuration();
    GPIO_Configuration();
    //ADC1 配置
    ADC_InitTypeDef ADC_InitStructure;
    ADC_InitStructure.ADC_Mode = ADC_Mode_Independent;
    ADC_InitStructure.ADC_ScanConvMode = ENABLE;
    ADC_InitStructure.ADC_ContinuousConvMode = ENABLE;
    ADC_InitStructure.ADC_ExternalTrigConv = ADC_ExternalTrigConv_None;
    ADC_InitStructure.ADC_DataAlign = ADC_DataAlign_Right;
    ADC_InitStructure.ADC_NbrOfChannel = 1;
    ADC_Init(ADC1, &ADC_InitStructure);
    /* ADC1 通道、采样配置 */
    ADC_RegularChannelConfig(ADC1, ADC_Channel_8, 1, ADC_SampleTime_55Cycles5);
    /* 使能 ADC1 */
    ADC_Cmd(ADC1, ENABLE);

    ADC_ResetCalibration(ADC1);

    while(ADC_GetResetCalibrationStatus(ADC1));

    ADC_StartCalibration(ADC1);

    while(ADC_GetCalibrationStatus(ADC1));
    }
```

读取 ADC 的值，下面是读取 ADC 值的方法。

```
//读取 ADC1 输出的 16 位 ADC 采样值
uint16_t read_ADC(void)
{
    ADC_SoftwareStartConvCmd(ADC1, ENABLE);           //启动 ADC1 转换
    while(! ADC_GetFlagStatus(ADC1, ADC_FLAG_EOC)); //等待 ADC 转换完毕
    return ADC_GetConversionValue(ADC1);              //读取 ADC 数值
}
```

图 3.31 所示为本任务的流程图。

3.10.5 开发步骤

(1) 通过调试转接板将 J-Link 仿真器连接到 PC 和 ZXBee 无线节点板，无线节点板设

置成模式二，将酒精传感器节点板正确连接到 ZXBee 无线节点板上；

（2）用 IAR 软件打开该任务的开发工程，选择 Project→Rebuild All，重新编译；

（3）给连接好的硬件平台起电，将程序下载到 ZXBee 无线节点板中；

（4）下载完毕后选择 Debug→Go，运行程序；

（5）程序成功运行后，在 PC 上打开串口助手或者超级终端，设置接收的波特率为 115 200b/s，数据位为 8，奇偶校验为无，停止位为 1，数据流控制为无。

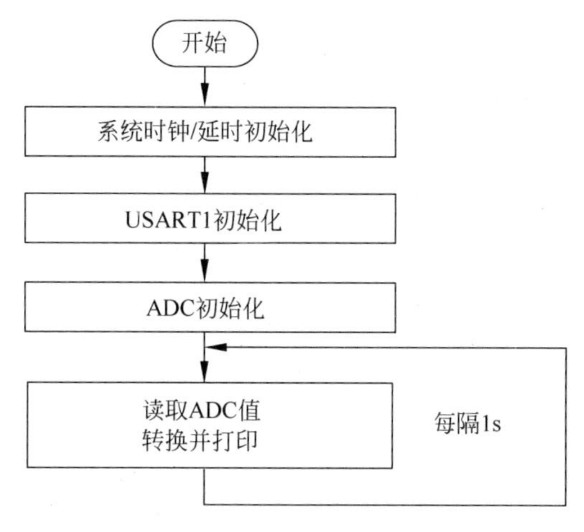

图 3.31　酒精传感器设计流程图

3.10.6　总结与扩展

在串口调试工具的接收区看到如下信息：

```
Stm32 Sensors example start !
0.2V
```

若此时拿一酒精气体（也可以拿一瓶刚开启的酒，把瓶口对着酒精气体传感器）源靠近传感器，可以看到电压值上升，例如：

```
1.2V
1.3V
⋮
```

3.11　任务 26　空气质量传感器

3.11.1　学习目标

- 理解空气质量传感器工作原理；
- 学会在 STM32 微处理器上开发空气质量传感器驱动程序，实现对空气的检测。

3.11.2 开发环境

- 硬件：ZXBee 无线节点板，J-Link 仿真器，调试转接板，USB MINI 线，PC，空气质量传感器；
- 软件：Windows XP/7/8/10，IAR 集成开发环境，串口调试工具。

3.11.3 原理学习

本任务采用 MQ135 传感器来开发，MQ135 空气质量传感器属于敏感元件，由微型 Al2O3 陶瓷管、电导率低的 SnO_2 敏感层、测量电极和加热器构成，固定在不锈钢或塑料制成的腔体内。传感器的工作条件由加热器来完成。封装好的器件有 6 个针状引脚，其中 4 个用于信号输出，另外 2 个提供加热电压。当传感器处在有害气体的环境中时，其电导率就会随空气中有害气体浓度的增加而增加。MQ135 传感器在较大气体浓度范围内对有害气体有着较好的灵敏度，对氨气、硫化物、苯系蒸气的灵敏度高，对烟雾和其他有害气体的监测也很好，可检测多种有害气体。

通过电路设计即可将电导率的变化转换为与该气体浓度相对应的输出信号，空气质量传感器与 STM32 部分接口电路如图 3.32 所示。

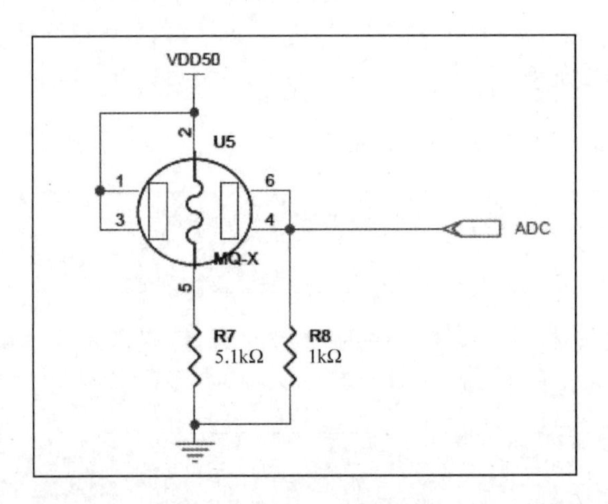

图 3.32　空气质量传感器与 STM32 部分接口原理图

从图 3.2 的电路原理图可知，图 3.32 中的 ADC 口连接到 STM32 的 PB0 口。STM32 是通过 ADC 读取空气质量传感器的输出的值，当检测到空气质量有变化时，ADC 转换的值会发生变化。

3.11.4 开发内容

本任务关键是对 ADC 进行配置，然后读取 ADC 采集到的值，再将采集到的值转换成电压值进行判断，最后将判断结果打印到串口。

1）设置 ADC1 的时钟及 ADC I/O 时钟

```
//功能：ADC 时钟配置程序
void RCC_Configuration(void){
  /* 使能 ADC1、GPIOB 时钟 */
  RCC_APB2PeriphClockCmd(RCC_APB2Periph_ADC1 | RCC_APB2Periph_GPIOB, ENABLE);
}
```

2）初始化 GPIO

```
//功能：STM32 ADC GPIO 配置程序
void GPIO_Configuration(void){
  GPIO_InitTypeDef GPIO_InitStructure;

  GPIO_InitStructure.GPIO_Pin = GPIO_Pin_0;
  GPIO_InitStructure.GPIO_Mode = GPIO_Mode_AIN;
  GPIO_Init(GPIOB, &GPIO_InitStructure);
}
```

3）配置 ADC

```
void adc_init(void){
  RCC_Configuration();
  GPIO_Configuration();
  //ADC1 配置
  ADC_InitTypeDef ADC_InitStructure;
  ADC_InitStructure.ADC_Mode = ADC_Mode_Independent;
  ADC_InitStructure.ADC_ScanConvMode = ENABLE;
  ADC_InitStructure.ADC_ContinuousConvMode = ENABLE;
  ADC_InitStructure.ADC_ExternalTrigConv = ADC_ExternalTrigConv_None;
  ADC_InitStructure.ADC_DataAlign = ADC_DataAlign_Right;
  ADC_InitStructure.ADC_NbrOfChannel = 1;
  ADC_Init(ADC1, &ADC_InitStructure);
  /* ADC1 通道、采样配置 */
  ADC_RegularChannelConfig(ADC1, ADC_Channel_8, 1, ADC_SampleTime_55Cycles5);
  /* 使能 ADC1 */
  ADC_Cmd(ADC1, ENABLE);

  ADC_ResetCalibration(ADC1);

  while(ADC_GetResetCalibrationStatus(ADC1));

  ADC_StartCalibration(ADC1);

  while(ADC_GetCalibrationStatus(ADC1));
  }
```

读取 ADC 的值，下面是读取 ADC 值的方法。

```
//读取 ADC1 输出的 16 位 ADC 采样值
uint16_t read_ADC(void)
{
  ADC_SoftwareStartConvCmd(ADC1, ENABLE);            //启动 ADC1 转换
  while(! ADC_GetFlagStatus(ADC1, ADC_FLAG_EOC));    //等待 ADC 转换完毕
  return ADC_GetConversionValue(ADC1);               //读取 ADC 数值
}
```

图 3.33 所示为本任务的流程图。

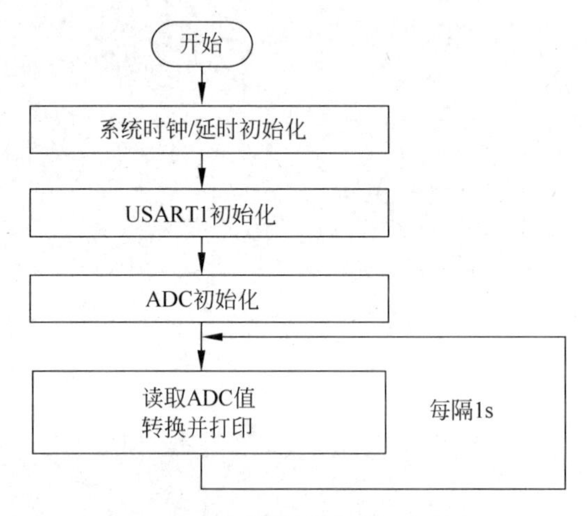

图 3.33　空气质量传感器设计流程图

3.11.5　开发步骤

(1) 通过调试转接板将 J-Link 仿真器连接到 PC 和 ZXBee 无线节点板，无线节点板设置成模式二，将空气质量传感器节点板正确连接到 ZXBee 无线节点板上；

(2) 用 IAR 软件打开该任务的开发工程，选择 Project→Rebuild All，重新编译；

(3) 给连接好的硬件平台起电，将程序下载到 ZXBee 无线节点板中；

(4) 下载完毕后选择 Debug→Go，运行程序；

(5) 程序成功运行后，在 PC 上打开串口助手或者超级终端，设置接收的波特率为 115 200b/s，数据位为 8，奇偶校验为无，停止位为 1，数据流控制为无。

3.11.6　总结与扩展

在串口调试工具的接收区看到如下信息：

```
Stm32 Sensors example start !
0.1V
```

空气质量传感器需要 10s 时间预热，当用手触摸空气质量传感器时，感觉到微微发烫就可以进行测量。若此时拿打火机对着空气质量传感器喷气，可以看到电压值上升，例如：

```
3.0V
3.3V
⋮
```

结果表明，电压值越高说明空气质量越差，受到的空气污染越重。

3.12 任务27 三轴加速度传感器

3.12.1 学习目标

- 理解三轴加速度传感器原理并掌握三轴传感器的使用；
- 学会在STM32微处理器上开发三轴加速度传感器，实现对X、Y、Z三轴方向重力加速度的检测。

3.12.2 开发环境

- 硬件：ZXBee无线节点板，J-Link仿真器，调试转接板，USB MINI线，PC，三轴加速度传感器；
- 软件：Windows XP/7/8/10，IAR集成开发环境，串口调试工具。

3.12.3 原理学习

三轴加速度传感器是一种能够测量加速力的电子设备。加速力是当物体在加速过程中作用在物体上的力，就好像地球引力，也就是重力。加速力可以是个常量，例如g，也可以是变量。加速度计有两种：一种是角加速度计，是由陀螺仪(角速度传感器)改进的；另一种是线加速度计。加速度传感器可分为压阻式、电容式、力平衡式、光纤式、隧道式、压电式和谐振式等类型。目前的三轴加速度传感器大多采用压阻式、压电式和电容式工作原理，产生的加速度正比于电阻、电压和电容的变化，通过相应的放大和滤波电路进行采集。这和普通的加速度传感器是基于同样的原理，三个单轴就可以设计成一个三轴。

本任务使用的是飞思卡尔公司的一款低功耗、紧凑型电容式机械加速度传感器，其具有一个低通滤波器，用于0g和增益误差的补偿。输出6b数据并且可以配置输出的速率。模拟工作电压为2.4～3.6V，数字工作电压为1.71～3.6V，可以进行三轴取向和运动的检测。

MMA7660FC由数据采集单元电路、控制逻辑电路和I/O接口组成。数据采集电路由3组传感器、电容到电压的转换器、放大器以及模数转换器(ADC)构成。芯片的控制接口是I2C数据总线，I2C总线使用一根串行数据线(SDA)、一根串行时钟线(SCL)来进行通信的。STM32每次与从设备(三轴加速度传感器)通信都需要向从设备发送一个开始信号，通信结束之后再向从设备发送一个结束信号。开始和结束条件如下。

开始条件：SDA从高电平拉到低电平，SCL保持低电平；当数据传输结束之后，SDA从低电平拉到高电平，SCL保持高电平。I2C的开始、结束条件的时序图如图3.34所示。

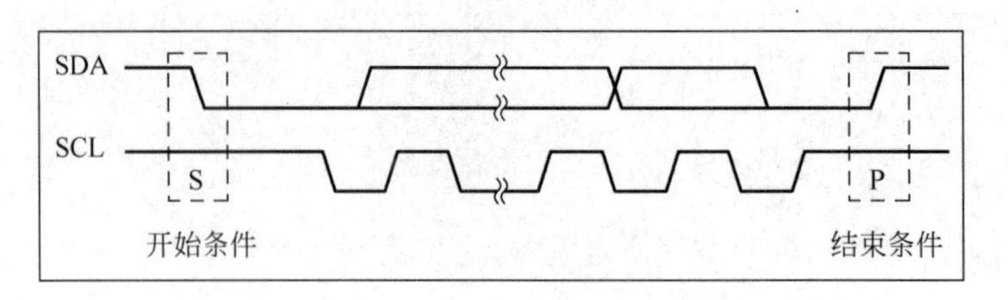

图 3.34 I2C 的开始、结束条件的时序图

应答：I2C 的每个字节的数据传输结束之后有一个应答位，而且当主机充当数据发送者、数据接收者不同角色时，应答信号不一样。图 3.35 所示为应答信号图。

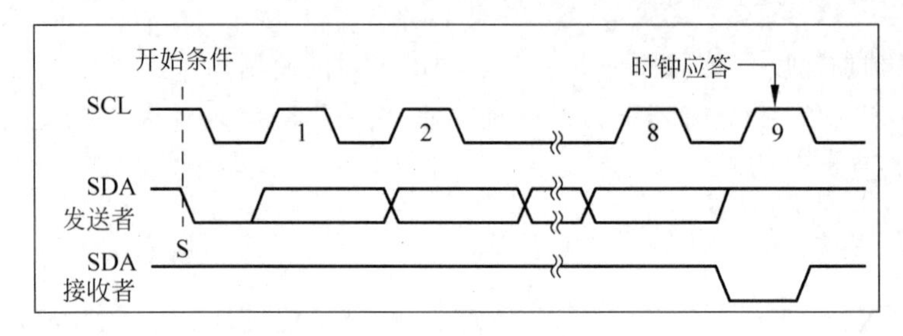

图 3.35 通信应答信号

从图 3.35 可知，当主机为发送者时(BY TRANSMITTER)，发送完 1B 的数据结束之后，主机等待从设备发送应答信号位，等待过程中 SDA 保持高电平，SCL 由低电平拉高到高电平，当检测到 SDA 为低电平时，即从设备应答。当主机为接收者时(BY RECEIVER)，每接收完 1B 的数据之后，主机发送应答信号，将 SDA 置为低电平，SCL 从低电平拉高到高电平。

写数据格式：当主机需要向从设备写数据时，需要向从设备发送主机的写地址(0x98)，然后再发送数据内容。

读数据格式：当主机需要向从设备读数据时，需要向从设备发送主机的读地址(0x99)，然后再开始接收从设备发送过来的数据。

要获取重力加速度的值，通过下面几步就可以实现：

(1) 发送写地址(0x98)，设置传感器的电源模式；

(2) 发送读地址(0x99)，读取传感器采集到的值；

(3) 采集到的值，第一个字节为 X 轴的值 x，第二个字节为 Y 轴的值 y，第三个字节为 Z 轴的值 z；

(4) 通过下列公式计算得出重力加速度的值 g，单位为 m/s^2。

$$g = \frac{\sqrt{x^2 + y^2 + z^2}}{21.33}$$

三轴加速度传感器与 STM32 部分接口电路如图 3.36 所示。

在本任务中没有使用到 STM32 自带的 I2C 模块，而是利用两个普通的 I/O 口来模拟 I2C 时序实现与传感器的通信。

3.12.4 开发内容

根据原理学习可知，本任务的关键点是首先进行传感器的 I/O 口初始化，然后利用 I/O

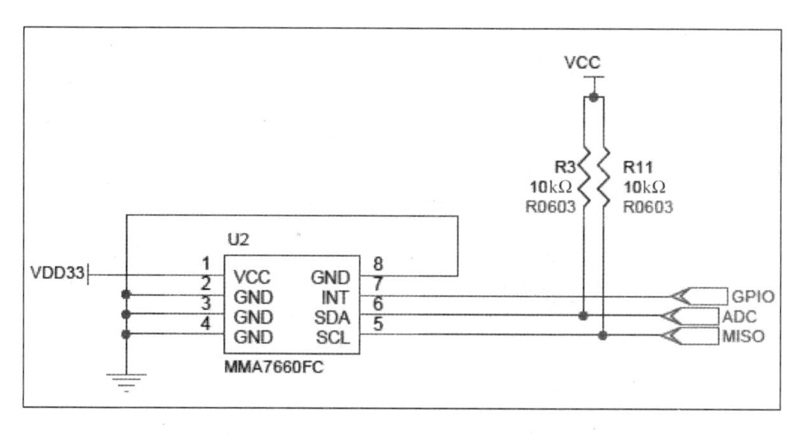

图 3.36　三轴加速度传感器与 STM32 部分接口原理图

口模拟 I2C 通信的时序，最后读取三轴加速度的值，下面将实现过程进行解析。

1）三轴加速度传感器 I/O 口资源高低电平宏定义

```
#define SENSOR_REV01 1          //在此定义传感器的版本号
//传感器 01 版本 I/O 口驱动
#if SENSOR_REV01
#define SCL_H                   GPIOB->BSRR = GPIO_Pin_10
#define SCL_L                   GPIOB->BRR = GPIO_Pin_10
#define SDA_H                   GPIOB->BSRR = GPIO_Pin_11
#define SDA_L                   GPIOB->BRR = GPIO_Pin_11
#define SCL_read                GPIOB->IDR & GPIO_Pin_10
#define SDA_read                GPIOB->IDR & GPIO_Pin_11
#endif
//传感器 02 版本 I/O 口驱动
#if SENSOR_REV02
#define SCL_H                   GPIOA->BSRR = GPIO_Pin_6
#define SCL_L                   GPIOA->BRR = GPIO_Pin_6
#define SDA_H                   GPIOB->BSRR = GPIO_Pin_0
#define SDA_L                   GPIOB->BRR = GPIO_Pin_0
#define SCL_read                GPIOA->IDR & GPIO_Pin_6
#define SDA_read                GPIOB->IDR & GPIO_Pin_0
#endif
```

2）三轴加速度 I/O 口初始化

```
void I2C_GPIO_Config(void)
{
  GPIO_InitTypeDef GPIO_InitStructure;
  RCC_APB2PeriphClockCmd(RCC_APB2Periph_GPIOB | RCC_APB2Periph_GPIOA, ENABLE);

#if SENSOR_REV02
  GPIO_InitStructure.GPIO_Pin = GPIO_Pin_6;
  GPIO_InitStructure.GPIO_Speed = GPIO_Speed_2MHz;
```

```
  GPIO_InitStructure.GPIO_Mode = GPIO_Mode_Out_OD;
  GPIO_Init(GPIOA, &GPIO_InitStructure);
  GPIO_InitStructure.GPIO_Pin = GPIO_Pin_0;
  GPIO_InitStructure.GPIO_Speed = GPIO_Speed_2MHz;
  GPIO_InitStructure.GPIO_Mode = GPIO_Mode_Out_OD;
  GPIO_Init(GPIOB, &GPIO_InitStructure);
#endif
#if SENSOR_REV01
  GPIO_InitStructure.GPIO_Pin = GPIO_Pin_10;
  GPIO_InitStructure.GPIO_Speed = GPIO_Speed_2MHz;
  GPIO_InitStructure.GPIO_Mode = GPIO_Mode_Out_OD;
  GPIO_Init(GPIOB, &GPIO_InitStructure);
  GPIO_InitStructure.GPIO_Pin = GPIO_Pin_11;
  GPIO_InitStructure.GPIO_Speed = GPIO_Speed_2MHz;
  GPIO_InitStructure.GPIO_Mode = GPIO_Mode_Out_OD;
  GPIO_Init(GPIOB, &GPIO_InitStructure);
#endif
}
```

3）I2C 开始条件

```
int I2C_Start(void){
  SDA_H;
  I2C_delay();
  SCL_H;
  I2C_delay();
  SDA_L;
  I2C_delay();
  SCL_L;
  I2C_delay();
  return 0;
}
```

4）I2C 结束条件

```
void I2C_Stop(void){
  SCL_L;
  I2C_delay();
  SDA_L;
  I2C_delay();
  SCL_H;
  I2C_delay();
  SDA_H;
  I2C_delay();
}
```

5）等待从设备发送应答信号

```
int I2C_WaitAck(void) {
  SCL_L; I2C_delay();
  SDA_H; I2C_delay();
  SCL_H; I2C_delay();
  if(SDA_read) {
    SCL_L;
    return 1;
  }
  SCL_L;
  return 0;
}
```

6）主机发送应答信号

```
void I2C_Ack(void)
{
  SCL_L; I2C_delay();
  SDA_L; I2C_delay();
  SCL_H; I2C_delay();
  SCL_L; I2C_delay();
}
```

7）不发送应答信号

```
void I2C_NoAck(void)
{
  SCL_L; I2C_delay();
  SDA_H; I2C_delay();
  SCL_H; I2C_delay();
  SCL_L; I2C_delay();
}
```

8）字节发送函数

```
void I2C_SendByte(u8 SendByte)      //数据从高位到低位
{
  u8 i = 8;
  while(i -- )
  {
    SCL_L; I2C_delay();
    if(SendByte&0x80) {
      SDA_H;
    } else {
      SDA_L;
}
```

```
SendByte <<= 1; I2C_delay();
    SCL_H; I2C_delay();
  }
}
```

9）字节接收函数

```
u8 I2C_ReceiveByte(void)              //数据从高位到低位
{
  u8 i = 8;
  u8 ReceiveByte = 0;
  SDA_H;
  while(i--) {
    ReceiveByte <<= 1;
    SCL_L;
    I2C_delay();
    SCL_H;                            //读数据时 SCL 为高电平
    I2C_delay();
    if(SDA_read) {
      ReceiveByte| = 0x01;
    }
  }
  return ReceiveByte;
}
```

10）读取传感器采集到的值

```
void MMA7660_GetXYZ(char *x, char *y, char *z)
{
  I2C_Start();
  I2C_SendByte(ADDR_W);               //写数据
  I2C_WaitAck();                      //从设备应答
  I2C_SendByte(0x00);                 //待机模式
  I2C_WaitAck();
  I2C_Start();
  I2C_SendByte(ADDR_R);               //读数据
  I2C_WaitAck();
  *x = I2C_ReceiveByte();
  I2C_Ack();                          //主机应答
  *y = I2C_ReceiveByte();
  I2C_Ack();
  *z = I2C_ReceiveByte();
  I2C_NoAck();
  I2C_Stop();
}
```

图 3.37 所示为本任务的流程图。

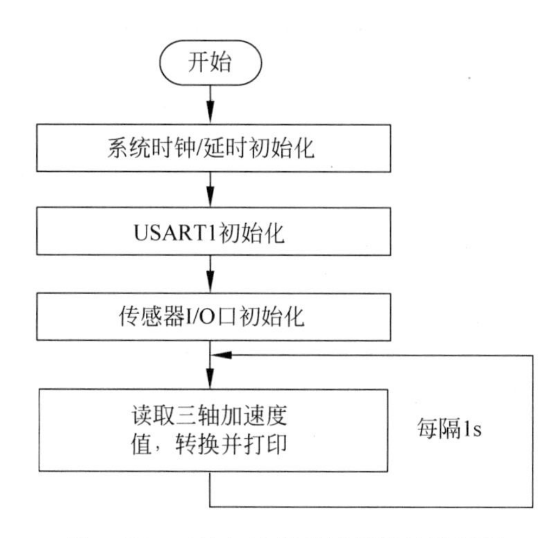

图 3.37　三轴加速度传感器设计流程图

3.12.5　开发步骤

(1) 通过调试转接板将 J-Link 仿真器连接到 PC 和 ZXBee 无线节点板，无线节点板设置成模式二，将三轴加速度传感器节点板正确连接到 ZXBee 无线节点板上；

(2) 用 IAR 软件打开该任务的开发工程，选择 Project→Rebuild All，重新编译；

(3) 给连接好的硬件平台起电，将程序下载到 ZXBee 无线节点板中；

(4) 下载完毕后选择 Debug→Go，运行程序；

(5) 程序成功运行后，在 PC 上打开串口助手或者超级终端，设置接收的波特率为 115 200b/s，数据位为 8，奇偶校验为无，停止位为 1，数据流控制为无。

3.12.6　总结与扩展

在串口调试工具的接收区看到如下信息：

```
Stm32 Sensors example start !
x = 5, y = 2, z = 23
acceleration = 1.1 g
```

通过摆动 MMMA7660 到不同的角度，可以看到不同的 x，y，z 的值，例如：

```
x = 18, y = 63, z = 24
acceleration = 3.3 g
x = 18, y = 3, z = 29
acceleration = 1.6 g
```

3.13 任务 28 压力传感器

3.13.1 学习目标

- 理解压力传感器工作原理；
- 学会在 STM32 微处理器上开发压力传感器，实现对大气压力的检测。

3.13.2 开发环境

- 硬件：ZXBee 无线节点板，J-Link 仿真器，调试转接板，USB MINI 线，PC，压力传感器；
- 软件：Windows XP/7/8/10，IAR 集成开发环境，串口调试工具。

3.13.3 原理学习

BMP085 是德国 BOSCH 公司生产的一款低功耗、高精度的 MEMS 数字气压传感器，BMP085 是由压阻传感器、AD 转换器和 E^2PROM 与 I2C 接口控制单元组成。E^2PROM 中存储了 11 个校准参数，这 11 个校准参数涉及到参考温度下的零点漂移、零点漂移的温度系数以及灵敏度的温度系数等，用于对气压值进行温度补偿。BMP085 的气压测量范围为 300～1100hPa(海拔高度－500～9000m)，温度测量范围为－40℃～＋85℃。在低功耗模式下，BMP085 精度为 0.06hPa(0.5m)；在高精度模式下，其精度可以达到 0.03hPa(0.25m)，转换速率可以达到 128 次/秒。

BMP085 采用标准的 I2C 接口，可以方便地与 STM32 连接通信。BMP085 输出的气压、温度数值是没有进行校准的数值，需要使用 E^2PROM 中的校准数据对 BMP085 输出的气压和温度数值进行校准才能使用。由于 STM32 自带的 I2C 接口不是很稳定，在本任务当中采取普通 I/O 口模拟 I2C 时序实现 I2C 的通信方式。下面介绍获取大气压强值、温度值的过程。

(1) 读/写寄存器地址。每次向从设备写数据时，先向从设备发送写地址(0xEE)，然后再开始写数据；每次读取从设备数据时，先向从设备发送读地址(0xEF)，然后再开始读数据。

(2) 读取校准参数值。由于 BMP085 模块输出的压强值、温度值是没有经过校准的，因此需要 E^2PROM 中的校准参数数据对压强值、温度值进行校准。校准参数一共有 11 个，各参数的获取是通过向寄存器写各参数的寄存器地址而获取的，图 3.38 展示了各参数值的寄存器地址。

若想查询 AC1 校准参数的值，则只需向 BMP085 的寄存器写入 AC1 的寄存器地址 0xAA，然后读取两个字节的数据即可，返回的第一个字节为高位，第二个字节为低位。

注意：*开发者在编程时，在声明校准参数值时，AC4、AC5、AC6 为 16 位无符号类型，其余均为 16 位有符号类型。*

(3) 温度值、压强值的获取。

① 温度值(UT)。向 BMP085 的寄存器写入寄存器地址 0xF4，写入 0x2E，等待

	BMP085寄存器地址	
参数	**MSB**	**LSB**
AC1	0xAA	0xAB
AC2	0xAC	0xAD
AC3	0xAE	0xAF
AC4	0xB0	0xB1
AC5	0xB2	0xB3
AC6	0xB4	0xB5
B1	0xB6	0xB7
B2	0xB8	0xB9
MB	0xBA	0xBB
MC	0xBC	0xBD
MD	0xBE	0xBF

图 3.38　校准参数的寄存器地址

4.5ms，然后写入读取寄存器地址 F6，接收从模块返回的 2B 数据，其中第一个字节为无偿温度值的高位（MSB），第二个字节为无偿温度值的低位（LSB）。计算公式：UT＝MSB<<8＋LSB。

② 无偿压强值（UP）。向 BMP085 的寄存器写入寄存器地址 0xF4，写入 0x34＋0<<6，等待，然后写入读取寄存器地址 F6，接收从模块返回的 3B 数据，其中第一个字节为无偿压强值的 MSB，第二个字节为无偿压强值的 LSB，第三个字节为可选的超高分辨率位 XLSB。UP＝（MSB<<16＋LSB<<8＋XLSB）>>8。

压力传感器与 STM32 部分接口电路如图 3.39 所示。

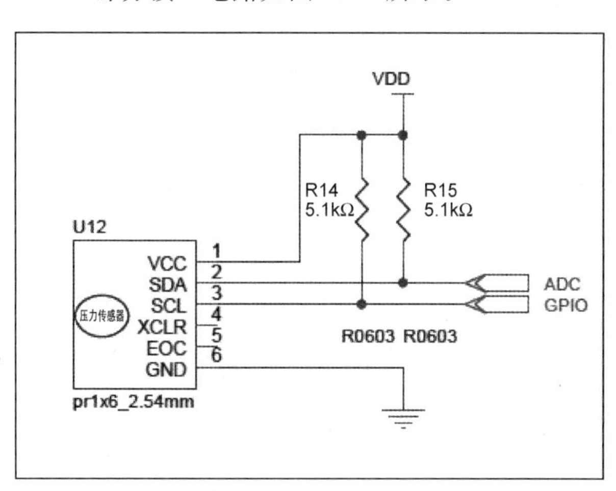

图 3.39　压力传感器与 STM32 的接口原理图

3.13.4　开发内容

根据原理可知，本任务先初始化传感器的 I/O 口，然后利用 I/O 口来模拟 I2C 通信的时序，最后读取压力传感器的值，利用 I/O 模拟 I2C 时序的过程与 3.12 节相同，下面重点解析压力传感器 I/O 初始化、校准参数的获取、压强值、温度值获取的过程。

1）压力传感器初始化、校准参数的获取

```
void Init_BMP085(void){
    //压力传感器 I/O 初始化
    I2C_GPIO_Config();
    //读取校准的参数值
    ac1 = BMP085_Read_2B(0xAA);
    ac2 = BMP085_Read_2B(0xAC);
    ac3 = BMP085_Read_2B(0xAE);
    ac4 = BMP085_Read_2B(0xB0);
    ac5 = BMP085_Read_2B(0xB2);
    ac6 = BMP085_Read_2B(0xB4);
    b1 = BMP085_Read_2B(0xB6);
    b2 = BMP085_Read_2B(0xB8);
    mb = BMP085_Read_2B(0xBA);
    mc = BMP085_Read_2B(0xBC);
    md = BMP085_Read_2B(0xBE);
}
```

2）I2C 总线 I/O 口初始化

```
void I2C_GPIO_Config(void)
{
  GPIO_InitTypeDef GPIO_InitStructure;
  RCC_APB2PeriphClockCmd(RCC_APB2Periph_GPIOB, ENABLE);

#if SENSOR_REV02
  GPIO_InitStructure.GPIO_Pin = GPIO_Pin_5;
  GPIO_InitStructure.GPIO_Speed = GPIO_Speed_2MHz;
  GPIO_InitStructure.GPIO_Mode = GPIO_Mode_Out_OD;
  GPIO_Init(GPIOB, &GPIO_InitStructure);
  GPIO_InitStructure.GPIO_Pin = GPIO_Pin_0;
  GPIO_InitStructure.GPIO_Speed = GPIO_Speed_2MHz;
  GPIO_InitStructure.GPIO_Mode = GPIO_Mode_Out_OD;
  GPIO_Init(GPIOB, &GPIO_InitStructure);
#endif
#if SENSOR_REV01
  GPIO_InitStructure.GPIO_Pin = GPIO_Pin_10;
  GPIO_InitStructure.GPIO_Speed = GPIO_Speed_2MHz;
  GPIO_InitStructure.GPIO_Mode = GPIO_Mode_Out_OD;
  GPIO_Init(GPIOB, &GPIO_InitStructure);
  GPIO_InitStructure.GPIO_Pin = GPIO_Pin_11;
  GPIO_InitStructure.GPIO_Speed = GPIO_Speed_2MHz;
  GPIO_InitStructure.GPIO_Mode = GPIO_Mode_Out_OD;
  GPIO_Init(GPIOB, &GPIO_InitStructure);
#endif
}
```

注意：由于压力传感器有多个版本，不同的版本其 SDA、SCL 连接到 MCU 的引脚不一样，请读者注意查看传感器的版本。

3）读取无偿温度数据

```
int16_t BMP085_Read_TEMP(void)
{
    //先发送写寄存器地址,然后向寄存器地址 0xF4,写入 0x2E
    I2C_Write(BMP085_W_ADDR, 0xF4, 0x2E);
    delay_us(5000);
    //读取寄存器地址 0xF6(温度)2B 数据
    return (int16_t)BMP085_Read_2B(0xF6);
}
```

4）读取无偿压强数据

```
int32_t BMP085_Read_Pressure(void)
{
    //先发送写寄存器地址,然后向寄存器地址 0xF4,写入 0x34 + (OSS << 6))
    I2C_Write(BMP085_W_ADDR, 0xF4, (0x34 + (OSS << 6)));
    delay_us(5000);
    //读取寄存器地址 0xF6(压强)3B 数据
    return ((int32_t)BMP085_Read_3B(0xF6));
}
```

5）温度值、压强值校验

```
void Multiple_Read_BMP085(int32_t * press,int32_t * temp)
{
    int32_t ut;
    int32_t up;
    int32_t x1, x2, b5, b6, x3, b3, p,b7;
    uint32_t b4;
    int32_t pressure;
    int32_t temperature;
    //获取无偿温度值
    ut = BMP085_Read_TEMP();
    //获取无偿压强值
    up = BMP085_Read_Pressure();
    //温度值校准
    x1 = (((int32_t)ut - ac6) * ac5) >> 15;
    x2 = ((int32_t)mc << 11) / (x1 + md);
    b5 = x1 + x2;
    temperature = ((b5 + 8) >> 4);
    //压强值校验
    b6 = b5 - 4000;
    x1 = (b2 * (b6 * b6) >> 12) >> 11;
    x2 = (ac2 * b6) >> 11;
    x3 = x1 + x2;
    b3 = (((((int32_t)ac1) * 4 + x3) << OSS) + 2) >> 2;
```

```
    x1 = (ac3 * b6) >> 13;
    x2 = (b1 * ((b6 * b6) >> 12)) >> 16;
    x3 = ((x1 + x2) + 2) >> 2;
    b4 = (ac4 * (uint32_t)(x3 + 32768)) >> 15;
    b7 = ((uint32_t)up - b3) * (50000 >> OSS);
    if( b7 < 0x80000000)
        p = (b7 * 2) / b4 ;
    else
        p = (b7 / b4) * 2;
    x1 = (p >> 8) * (p >> 8);
    x1 = (x1 * 3038) >> 16;
    x2 = ( - 7357 * p) >> 16;
    pressure = p + ((x1 + x2 + 3791) >> 4);
    * press = pressure;
    * temp = temperature;
}
```

图 3.40 所示为本任务的流程图。

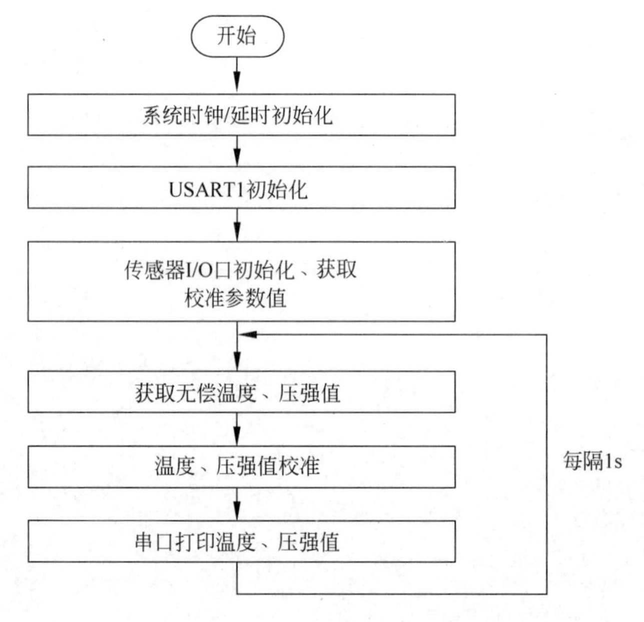

图 3.40 压力传感器设计流程图

3.13.5 开发步骤

(1) 通过调试转接板将 J-Link 仿真器连接到 PC 和 ZXBee 无线节点板，无线节点板设置成模式二，将压力传感器节点板正确连接到 ZXBee 无线节点板上；

(2) 用 IAR 软件打开该任务的开发工程，选择 Project→Rebuild All，重新编译；

(3) 给连接好的硬件平台起电，将程序下载到 ZXBee 无线节点板中；

(4) 下载完毕后选择 Debug→Go，运行程序；

(5) 程序成功运行后，在 PC 上打开串口助手或者超级终端，设置接收的波特率为

115 200b/s，数据位为 8，奇偶校验为无，停止位为 1，数据流控制为无。

3.13.6 总结与扩展

在串口调试工具的接收区看到如下信息：

```
Stm32 Sensors example start !
Pressure = 102338.2 Pa, Temperature = 29.7 C        //用 C 代替摄氏温度单位
Pressure = 102301.5 Pa, Temperature = 29.4 C
```

这时用手轻压气压传感器，会发现压力值跟温度值升高：

```
Pressure = 102601.4 Pa, Temperature = 32.2 C
Pressure = 102603.4 Pa, Temperature = 32.4 C
```

3.14 任务 29 RFID 读写

3.14.1 学习目标

- 理解 RFID 读写工作原理；
- 学会在 STM32 微处理器上开发 RFID 模块驱动程序，实现卡片识别与读写。

3.14.2 开发环境

- 硬件：ZXBee 无线节点板，J-Link 仿真器，调试转接板，USB MINI 线，PC，RFID 传感器；
- 软件：Windows XP/7/8/10，IAR 集成开发环境，串口调试工具。

3.14.3 原理学习

本任务的 RFID 模块采用荷兰恩智浦公司的 Mifare 非接触读卡芯片（MFRC522），MFRC522 具有低电压、低功耗、小尺寸、低成本等优点。它采用 3.3V 统一供电，工作频率为 13.56MHz，兼容 ISO/IEC 14443A 及 MIFARE 模式。MFRC522 主要包括两部分，其中数字部分由状态机、编码解码逻辑等组成；模拟部分由调制器、天线驱动器、接收器和放大器组成。MFRC522 的内部发送器无须外部有源电路即可驱动读写天线，实现与符合 ISO/IEC 14443A 或 MIFARE 标准的卡片的通信。接收器模块提供了一个强健而高效的解调和解码电路，用于接收兼容 ISO/IEC 14443A 和 MIFARE 的卡片信号。数字模块控制全部 ISO/IEC 14443A 帧和错误检测（奇偶和 CRC）功能。模拟接口负责处理模拟信号的调制和解调。非接触式异步收发模块配合主机处理通信协议所需要的协议。FIFO（先进先出）缓存使得主机与非接触式串行收发模块之间的数据传输变得更加快速方便。

MFRC522 支持可直接相连的各种微控制器接口类型，如 SPI、I2C 和串行 UART。在本任务中采用 SPI 总线来进行 MCU 与 RFID 模块之间的通信。SPI 接口可处理高达 10Mb/s 的数据速率。在与主机微控制器通信时，MFRC522 作为从机，接收寄存器设置的

外部微控制器的数据，同时也发送和接收 RF 接口相关的通信数据。SPI 总线由 4 根引线组成，分别是 MISO（主机作为输入端，从模块作为输出端）、MOSI（主机作为输出端，从模块作为输入端）、NSS（片选信号）和 SCK（时钟信号）。SPI 时钟 SCK 由主机产生。数据通过 MOSI 线从主机传输到从机，再通过 MISO 线从 MFRC522 发回到主机。

MOSI 和 MISO 传输每个字节时都是高位在前。MOSI 上的数据在时钟的上升沿保持不变，在时钟的下降沿改变。MISO 也类似，在时钟的下降沿，MISO 上的数据由 MFRC522 提供，在时钟的上升沿数据保持不变。图 3.41 所示为 SPI 总线通信的时序图。

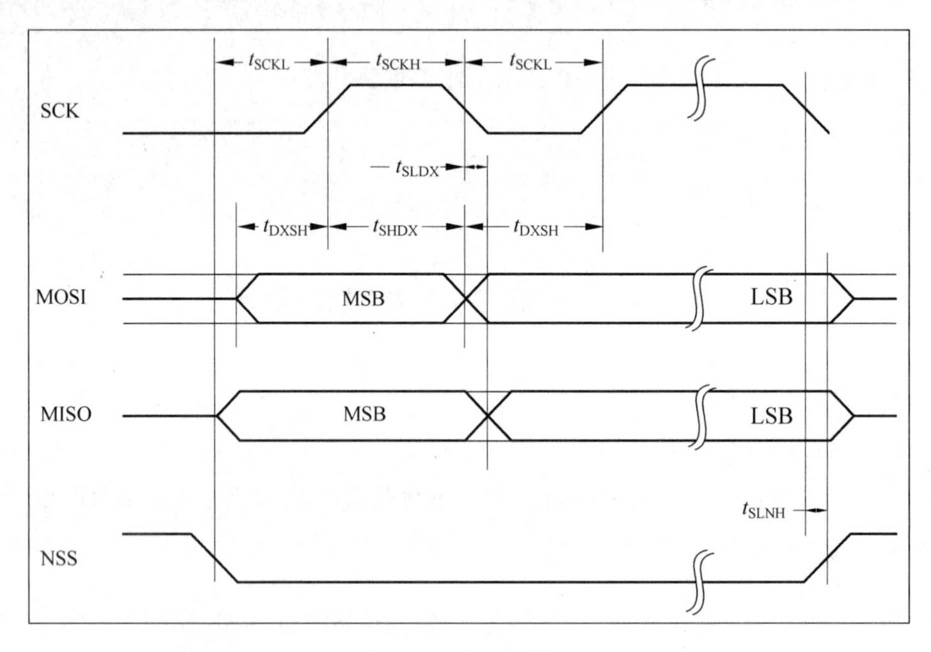

图 3.41 SPI 时序图

读数据，使用下面的数据结通过 SPI 总线读取数据，这样可以读取 n 个字节的数据，发送的第一个字节定义了模式本身和地址，如表 3.1 所示。

表 3.1 MOSI 和 MISO 的字节顺序

字节	字节 0	字节 1	字节 2	字节 3	…	字节 n	字节 $n+1$
MOSI	地址 0	地址 1	地址 2	地址 3	…	地址 n	00
MISO	X	数据 0	数据 1	数据 2	…	数据 $n-1$	数据 n

注意：先发送数据的最高位（MSB）。

写数据，使用下面的数据结构可以通过 SPI 总线写数据，这样对应一个地址可以写入多达 n 个字节的数据，发送的第一个字节定义了模式本身和地址，如表 3.2 所示。

表 3.2 MOSI 和 MISO 的字节顺序

字节	字节 0	字节 1	字节 2	字节 3	…	字节 n	字节 $n+1$
MOSI	地址	数据 0	数据 1	数据 2	…	数据 $n-1$	数据 n
MISO	X	X	X	X	…	X	X

注意：先发送数据的最高位(MSB)。

地址字节按下面的格式传输。第一个字节的 MSB 位设置使用的模式。MSB 位为 1 时，从 MFRC522 读数据；MSB 位为 0 时将数据写入 MFRC522。第一个字节的 6～1 位定义地址，最后一位设置为 0，如表 3.3 所示。

表 3.3　地址字节格式

地址(MOSI)	位 7，MSB	位 6～位 1	位 0
字节 0	1(读)、0(写)	地址	0

向 MFRC522 模块的各种寄存器写入相应的值能够实现 MFRC522 模块的正常工作，包括寻卡、读取卡的相关信息。MFRC522 模块的寄存器列表以及相关的寄存器功能信息如表 3.4～表 3.6 所示。

表 3.4　PAGE0 命令和状态

寄存器名称	寄存器地址	功　　能
RFU	0x00	保留
CommandReg	0x01	启动和停止命令的执行
ComIEnReg	0x02	中断请求传递的使能和禁能控制位
DivlEnReg	0x03	中断请求传递的使能和禁能控制位
ComIrqReg	0x04	包含中断请求标志位
DivIrqReg	0x05	包含中断请求标志位
ErrorReg	0x06	错误标志，指示执行的上个命令的错误状态
Status1Reg	0x07	包含通信的状态标志
Status2Reg	0x08	包含接收器和发送器的状态标志
FIFODataReg	0x09	64 字节 FIFO 缓冲区的输入和输出
FIFOLevelReg	0x0A	指示 FIFO 中存储的字节数
WaterLevelReg	0x0B	定义 FIFO 下溢和上溢报警的 FIFO 深度
ControlReg	0x0C	不同的控制寄存器
BitFramingReg	0x0D	面向位的帧的调节
CollReg	0x0E	RF 接口上检测到的第一个位冲突的位的位置
RFU	0x0F	保留

表 3.5　PAGE1 命令

寄存器名称	寄存器地址	功　　能
RFU	0x10	保留
ModeReg	0x11	定义发送和接收的常用模式
TxModeReg	0x12	定义发送过程的数据传输速率
RxModeReg	0x13	定义接受过程中的数据传输速率
TxControlReg	0x14	控制天线驱动器管脚 TX1 和 TX2 的逻辑特性
TxAutoReg	0x15	控制天线驱动器的设置
TxSelReg	0x16	选择天线驱动器的内部源
RxSelReg	0x17	选择内部的接收器设置
RxThresholdReg	0x18	选择位译码器的阈值

续表

寄存器名称	寄存器地址	功　　能
DemodReg	0x19	定义解调器的设置
RFU	0x1A	保留
RFU	0x1B	保留
MifareReg	0x1C	控制 ISO 14443/MIFAR 模式中 106Kb/s 的通信
RFU	0x1D	保留
RFU	0x1E	保留
SerialSpeedReg	0x1F	选择串行 UART 接口的速率

表 3.6　PAGE2 CFG

寄存器名称	寄存器地址	功　　能
RFU	0x20	保留
CRCResultRegM	0x21	显示 CRC 计算的实际 MSB 值
CRCResultRegL	0x22	显示 CRC 计算的实际 LSB 值
RFU	0x23	保留
ModWidthReg	0x24	控制 ModWidth 的设置
RFU	0x25	保留
RFCfgReg	0x26	配置接收器增益
GsNReg	0x27	选择天线驱动器引脚 TX1 和 TX2 的调制电导
CWGsCfgReg	0x28	选择天线驱动器引脚 TX1 和 TX3 的调制电导
ModGsCfgReg	0x29	选择天线驱动器引脚 TX1 和 TX4 的调制电导
TModeReg	0x2A	定义内部定时器的设置
TPrescalerReg	0x2B	定义内部定时器的设置
TReloadRegH	0x2C	描述 16 位长的定时器重载值高位
TReloadRegL	0x2D	描述 17 位长的定时器重载值低位
TCounterValueRegH	0x2E	显示 16 位长的实际定时器值高位
TCounterValueRegL	0x2F	显示 17 位长的实际定时器值低位

在表 3.4～表 3.6 是各个寄存器的地址以及功能列表，由于篇幅有限，具体的寄存器操作请参考其芯片资料，RFID 传感器 RC522 模块与 MCU 的 SPI 总线接口电路如图 3.42 所示。

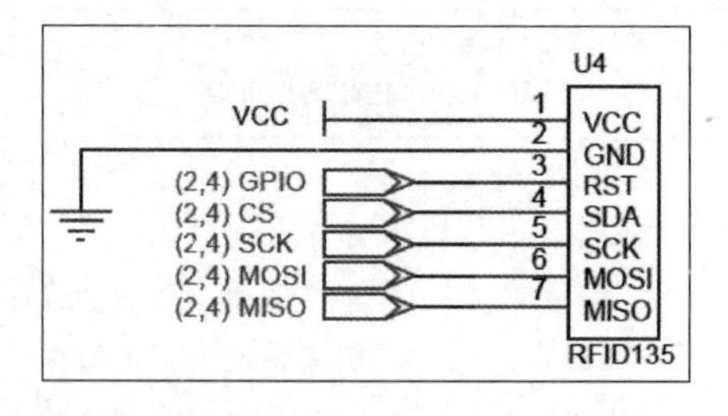

图 3.42　RC522 模块与 MCU 的 SPI 总线接口图

3.14.4　开发内容

本任务需要实现 SPI 总线的驱动、MFRC522 模块与射频卡的通信、寻卡、读卡等内容，下面对部分源代码进行解析。

1）MFRC522 模块的 SPI 总线 I/O 驱动

```
void rc522_init(void)
{
  RCC_APB2PeriphClockCmd(RCC_APB2Periph_GPIOA | RCC_APB2Periph_GPIOB | RCC_APB2Periph_AFIO
  |RCC_APB2Periph_SPI1, ENABLE);
  GPIO_InitTypeDef GPIO_InitStructure;


#ifdef SENSOR_REV02//02 版本 RFID 模块
  //PA5 SCK 引脚  时钟信号  复用推挽输出
  //PA7 MOSI 引脚  复用推挽输出
  GPIO_InitStructure.GPIO_Pin = GPIO_Pin_5 | GPIO_Pin_7;
  GPIO_InitStructure.GPIO_Speed = GPIO_Speed_50MHz;
  GPIO_InitStructure.GPIO_Mode = GPIO_Mode_AF_PP;
  GPIO_Init(GPIOA, &GPIO_InitStructure);
  //PA6 MISO 引脚  浮空输入
  GPIO_InitStructure.GPIO_Pin = GPIO_Pin_6;
  GPIO_InitStructure.GPIO_Speed = GPIO_Speed_50MHz;
  GPIO_InitStructure.GPIO_Mode = GPIO_Mode_IN_FLOATING;
  GPIO_Init(GPIOA, &GPIO_InitStructure);

  //PA4 NSS 引脚  从器件使能信号
  GPIO_InitStructure.GPIO_Pin = GPIO_Pin_4;
  GPIO_InitStructure.GPIO_Speed = GPIO_Speed_50MHz;
  GPIO_InitStructure.GPIO_Mode = GPIO_Mode_Out_PP;
  GPIO_Init(GPIOA, &GPIO_InitStructure);
#endif
#ifdef SENSOR_REV01
  //PB10 SCK 引脚  时钟信号  推挽输出
  GPIO_InitStructure.GPIO_Pin = GPIO_Pin_10;
  GPIO_InitStructure.GPIO_Speed = GPIO_Speed_50MHz;
  GPIO_InitStructure.GPIO_Mode = GPIO_Mode_Out_PP;
  GPIO_Init(GPIOB, &GPIO_InitStructure);
  //PA7 MOSI 引脚  推挽输出
  GPIO_InitStructure.GPIO_Pin = GPIO_Pin_7;
  GPIO_InitStructure.GPIO_Speed = GPIO_Speed_50MHz;
  GPIO_InitStructure.GPIO_Mode = GPIO_Mode_Out_PP;
  GPIO_Init(GPIOA, &GPIO_InitStructure);
  //PA6 MISO 引脚  浮空输入
  GPIO_InitStructure.GPIO_Pin = GPIO_Pin_6;
  GPIO_InitStructure.GPIO_Speed = GPIO_Speed_50MHz;
  GPIO_InitStructure.GPIO_Mode = GPIO_Mode_IN_FLOATING;
  GPIO_Init(GPIOA, &GPIO_InitStructure);
  //PB11 NSS 引脚  从器件使能信号
  GPIO_InitStructure.GPIO_Pin = GPIO_Pin_11;
  GPIO_InitStructure.GPIO_Speed = GPIO_Speed_50MHz;
```

```
    GPIO_InitStructure.GPIO_Mode = GPIO_Mode_Out_PP;
    GPIO_Init(GPIOB, &GPIO_InitStructure);
    #endif
    //PB5 推挽输出
    GPIO_InitStructure.GPIO_Pin = GPIO_Pin_5;
    GPIO_InitStructure.GPIO_Speed = GPIO_Speed_50MHz;
    GPIO_InitStructure.GPIO_Mode = GPIO_Mode_Out_PP;
    GPIO_Init(GPIOB, &GPIO_InitStructure);
#ifdef SENSOR_REV02
    SPI_InitTypeDef SPI_InitStructure;
    //数据模式为全双工
    SPI_InitStructure.SPI_Direction = SPI_Direction_2Lines_FullDuplex;
    //SPI 模式为主模式
    SPI_InitStructure.SPI_Mode = SPI_Mode_Master;
    //数据位为 8 位
    SPI_InitStructure.SPI_DataSize = SPI_DataSize_8b;
    //串行时钟的稳态
    SPI_InitStructure.SPI_CPOL = SPI_CPOL_Low;           //时钟悬空低
    //设置位捕获的时钟活动沿
    SPI_InitStructure.SPI_CPHA = SPI_CPHA_1Edge;         //数据捕获于第一个时钟沿
    SPI_InitStructure.SPI_NSS = SPI_NSS_Soft;
    //定义比特率预分频的值,该值用于设置发送和接收的 SCK 时钟
    SPI_InitStructure.SPI_BaudRatePrescaler = SPI_BaudRatePrescaler_256;
    //指定数据传输从 MSB 位(高)开始
    SPI_InitStructure.SPI_FirstBit = SPI_FirstBit_MSB;
    //用于 CRC 值计算的多项式
    SPI_InitStructure.SPI_CRCPolynomial = 7;
    SPI_Init(SPI1, &SPI_InitStructure);
    /* SPI_CalculateCRC(SPI1, ENABLE); */
    //使能 SPI1
    SPI_Cmd(SPI1, ENABLE);
#endif
    }
```

2）向 MFRC522 模块写数据

```
void WriteRawRC(unsigned char Address, unsigned char value)
{
    unsigned char ucAddr;
    ucAddr = ((Address<<1)&0x7E);
#ifdef SENSOR_REV02
    NSS_L();              //在写数据流之前需将 NSS 片选信号置低电平
    /* SPI_NSSInternalSoftwareConfig(SPI1,SPI_NSSInternalSoft_Reset); */
    while (SPI_I2S_GetFlagStatus(SPI1, SPI_I2S_FLAG_TXE) == RESET);
    SPI_I2S_SendData(SPI1, ucAddr);
    while (SPI_I2S_GetFlagStatus(SPI1, SPI_I2S_FLAG_RXNE) == RESET);
    SPI_I2S_ReceiveData(SPI1);
```

```
    while (SPI_I2S_GetFlagStatus(SPI1, SPI_I2S_FLAG_TXE) == RESET);
    SPI_I2S_SendData(SPI1, value);
    while (SPI_I2S_GetFlagStatus(SPI1, SPI_I2S_FLAG_RXNE) == RESET);
    SPI_I2S_ReceiveData(SPI1);
    /* SPI_NSSInternalSoftwareConfig(SPI1,SPI_NSSInternalSoft_Set); */
    /* while(SPI_SR_BSY); */
    NSS_H();                          //在写数据流之后需将 NSS 片选信号置高电平
  #endif
  #ifdef SENSOR_REV01
    NSS_L();                          //在写数据流之前需将 NSS 片选信号置低电平
    SCK_L();                          //SCK 置低电平
    delay_us(2);
    for(int i = 8;i > 0;i -- ){
      //MOSI 写电平
      GPIO_WriteBit(GPIOA,GPIO_Pin_7,(ucAddr&0x80) == 0x80);
      //SCK 置高电平;
      SCK_H();
      ucAddr <<= 1;
      //SCK 置低电平
      SCK_L();
    }
    for(int i = 8;i > 0;i -- ) {
      //MOSI 写电平
      GPIO_WriteBit(GPIOA,GPIO_Pin_7,(value&0x80) == 0x80);
      //SCK 置高电平
      SCK_H();
      value <<= 1;
      //SCK 置低电平
      SCK_L();
    }
    //NSS 置高电平
    NSS_H();                          //在写数据流之后需将 NSS 片选信号置高电平
    //SCK 置高电平
    SCK_H();
  #endif
  }
```

3）向 MFRC522 模块读数据

```
unsigned char ReadRawRC(unsigned char Address)
{
  unsigned char ucAddr;
  unsigned char ucResult = 0;

  ucAddr = ((Address << 1)&0x7E)|0x80;
#ifdef SENSOR_REV02
  //SCK_L()
```

```
  NSS_L();            //在写数据流之前需将 NSS 片选信号置低电平
  /* SPI_NSSInternalSoftwareConfig(SPI1,SPI_NSSInternalSoft_Reset); */
  while (SPI_I2S_GetFlagStatus(SPI1, SPI_I2S_FLAG_TXE) == RESET);
  SPI_I2S_SendData(SPI1, ucAddr);
  while (SPI_I2S_GetFlagStatus(SPI1, SPI_I2S_FLAG_RXNE) == RESET);
  ucResult = SPI_I2S_ReceiveData(SPI1);

  while (SPI_I2S_GetFlagStatus(SPI1, SPI_I2S_FLAG_TXE) == RESET);
  SPI_I2S_SendData(SPI1, 0);
  while (SPI_I2S_GetFlagStatus(SPI1, SPI_I2S_FLAG_RXNE) == RESET);
  ucResult = SPI_I2S_ReceiveData(SPI1);
  /* SPI_NSSInternalSoftwareConfig(SPI1,SPI_NSSInternalSoft_Set); */
  /* while(SPI_SR_BSY); */
  NSS_H();            //在写数据流之后需将 NSS 片选信号置高电平
#endif

#ifdef SENSOR_REV01
  NSS_L();            //在写数据流之前需将 NSS 片选信号置低电平
  SCK_L();            //SCK 置低电平
  //RFID_DELAY();
  for(int i = 8;i > 0;i--){
    //MOSI 写电平
    GPIO_WriteBit(GPIOA,GPIO_Pin_7,(ucAddr&0x80) == 0x80);
    //SCK 置高电平
    SCK_H();
    ucAddr <<= 1;
    //SCK 置低电平
    SCK_L();
  }

  for(int i = 8;i > 0;i--){
    //SCK 置高电平
    SCK_H();
    ucResult <<= 1;
    ucResult| = (bool)(GPIO_ReadInputDataBit(GPIOA, GPIO_Pin_6));
    //SCK 置低电平
    SCK_L();
  }
  //SCK 置高电平
  SCK_H();
  NSS_H();            //在写数据流之后需将 NSS 片选信号置高电平
#endif
  delay_us(1);
  return ucResult;
}
```

4) MFRC522 模块复位

```
char PcdReset(void)
{
  //硬件复位
  GPIO_SetBits(GPIOB, GPIO_Pin_5);
  delay_us(1);
  GPIO_ResetBits(GPIOB, GPIO_Pin_5);
  delay_us(1);
  GPIO_SetBits(GPIOB, GPIO_Pin_5);
  delay_us(40);
  //给命令寄存器地址写入复位命令
  WriteRawRC(CommandReg,PCD_RESETPHASE);
  delay_us(1);
  //向模式寄存器地址写入发送和接收的模式,CRC 初始值 6363
  WriteRawRC(ModeReg,0x3D);
  //向定时器重载寄存器低 8 位写入 30
  WriteRawRC(TReloadRegL,30);
  //向定时器重载寄存器高 8 位写入 0
  WriteRawRC(TReloadRegH,0);
  //向内部定时器寄存器地址写入 0x8D
  WriteRawRC(TModeReg,0x8D);
  //向内部定时器预分频寄存器地址写入 0x3E
  WriteRawRC(TPrescalerReg,0x3E);
  //向控制天线驱动器的设置寄存器地址写入数据 0x40
  WriteRawRC(TxAutoReg,0x40);
  return MI_OK;
}
```

5) MFRC522 模块开启天线

```
void PcdAntennaOn()
{
  unsigned char i;
  //先读取控制天线驱动器寄存器的状态
  i = ReadRawRC(TxControlReg);
  if (!(i & 0x03))                    //若天线关闭
    //向控制天线驱动寄存器地址的低两位置 1,即开启天线
    SetBitMask(TxControlReg, 0x03);
  }
}
```

6) MFRC522 模块关闭天线

```
void PcdAntennaOff()
{
  //向控制天线驱动寄存器地址的低两位清零,即关闭天线
  ClearBitMask(TxControlReg, 0x03);
}
```

7）RC522 和 Mifare 卡通信的实现源代码

```
char PcdComMF522(unsigned char Command, unsigned char * pInData, unsigned char InLenByte,
unsigned char * pOutData,unsigned int * pOutLenBit)
{
  unsigned char status;
  unsigned char irqEn = 0x00;
  unsigned char waitFor = 0x00;
  unsigned char lastBits;
  unsigned char n;
  unsigned long i;
  switch (Command) {
    case PCD_AUTHENT:          //验证密钥,执行读卡器的 MIFARE 的标准认证
        irqEn = 0x12;
        waitFor = 0x10;
        break;
    case PCD_TRANSCEIVE:       //发送并接收数据
         irqEn = 0x77;
         waitFor = 0x30;
         break;
     default:
     break;
  }
  //中断请求传递寄存器配置
  WriteRawRC(ComIEnReg,irqEn|0x80);
  //中断请求标志寄存器配置
  ClearBitMask(ComIrqReg,0x80);
  //取消当前命令的执行
  WriteRawRC(CommandReg,PCD_IDLE);
  //清除 FIFO 缓冲区
  SetBitMask(FIFOLevelReg,0x80);
  for (i = 0; i < InLenByte; i++) {
    //向 FIFO 缓冲区写入数据
    WriteRawRC(FIFODataReg, pInData[i]);
  }
  //向命令寄存器写入命令
  WriteRawRC(CommandReg, Command);
  if (Command == PCD_TRANSCEIVE){
    //面向位的帧的调节
    SetBitMask(BitFramingReg,0x80);
  }
  i = 10000;                    //根据时钟频率调整,操作 M1 卡最大等待时间 25ms
  do {
    n = ReadRawRC(ComIrqReg); //读取中断标志
    i--;
  }
  while ((i!= 0) && !(n&0x01) && !(n&waitFor));
  ClearBitMask(BitFramingReg,0x80);
```

```
    unsigned char temp;
    if (i!= 0)                                      //在规定时间内操作 M1 卡
    {
      if(!(temp = ReadRawRC(ErrorReg)&0x1B)) {
        status = MI_OK;                             //刷卡成功
        if (n & irqEn & 0x01){
          status = MI_NOTAGERR;
        }
        if (Command == PCD_TRANSCEIVE) {
          n = ReadRawRC(FIFOLevelReg);
          lastBits = ReadRawRC(ControlReg) & 0x07;
          if (lastBits){
            * pOutLenBit = (n - 1) * 8 + lastBits;
          } else{
            * pOutLenBit = n * 8;
          }
          if (n == 0){
            n = 1;
          }
          if (n > MAXRLEN){
            n = MAXRLEN;
          }
          for (i = 0; i < n; i++){
            pOutData[i] = ReadRawRC(FIFODataReg); //缓存卡片返回的数据
          }
        }
      } else {
        status = MI_ERR;                            //失败
      }
    }
    SetBitMask(ControlReg,0x80);                    //定时器停止运行
    WriteRawRC(CommandReg,PCD_IDLE);
    return status;
}
```

8）寻卡

```
char PcdRequest(unsigned char req_code,unsigned char * pTagType)
{
    char status;
    unsigned int unLen;
    unsigned char ucComMF522Buf[MAXRLEN];
    //清除接收器、发送器和数据模式检测器的状态标志
    ClearBitMask(Status2Reg,0x08);
    //面向位的帧的调节
    WriteRawRC(BitFramingReg,0x07);
    //打开天线
```

```
  SetBitMask(TxControlReg,0x03);
  //缓存寻卡方式
  ucComMF522Buf[0] = req_code;
  //RC522 和 Mifare 卡通信
  status = PcdComMF522(PCD_TRANSCEIVE,ucComMF522Buf,1,ucComMF522Buf,&unLen);
  if ((status == MI_OK) && (unLen == 0x10)) {
    * pTagType = ucComMF522Buf[0];                //记录卡的类型
    * (pTagType + 1) = ucComMF522Buf[1];
  } else {
    status = MI_ERR;
  }
  return status;
}
```

9）防冲撞

```
char PcdAnticoll(unsigned char * pSnr)
{
  char status;
  unsigned char i,snr_check = 0;
  unsigned int unLen;
  unsigned char ucComMF522Buf[MAXRLEN];
  ClearBitMask(Status2Reg,0x08);
  WriteRawRC(BitFramingReg,0x00);
  ClearBitMask(CollReg,0x80);
  ucComMF522Buf[0] = PICC_ANTICOLL1;
  ucComMF522Buf[1] = 0x20;
  status = PcdComMF522(PCD_TRANSCEIVE,ucComMF522Buf,2,ucComMF522Buf,&unLen);
  if (status == MI_OK) {
    for (i = 0; i < 4; i++) {
      * (pSnr + i) = ucComMF522Buf[i];            //记录卡的序列号
      snr_check ^ = ucComMF522Buf[i];
    }
    if (snr_check != ucComMF522Buf[i])            //检查是否撞卡
    { status = MI_ERR; }
  }
  SetBitMask(CollReg,0x80);
  return status;
}
```

图 3.43 所示为本任务的流程图。

3.14.5 开发步骤

（1）通过调试转接板将 J-Link 仿真器连接到 PC 和 ZXBee 无线节点板，无线节点板设置成模式二，将 RFID 传感器节点板正确连接到 ZXBee 无线节点板上；

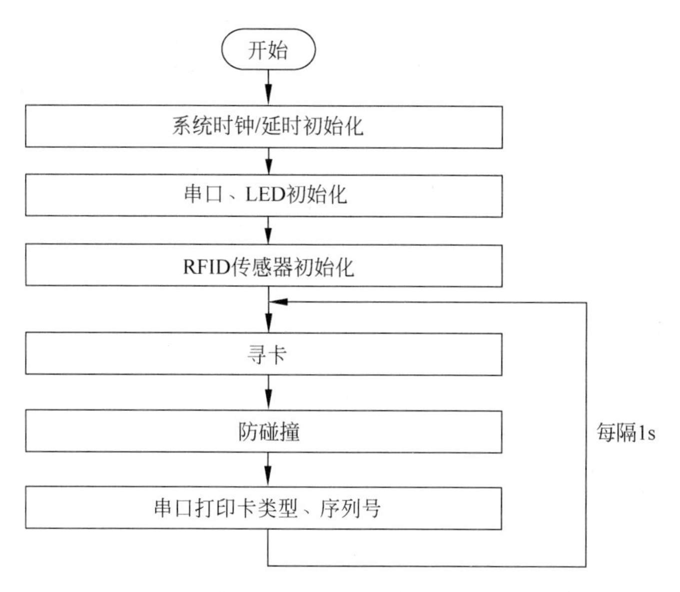

图 3.43 RFID 设计流程图

(2) 用 IAR 软件打开该任务的开发工程,选择 Project→Rebuild All,重新编译;

(3) 给连接好的硬件平台起电,将程序下载到 ZXBee 无线节点板中;

(4) 下载完毕后选择 Debug→Go,运行程序;

(5) 程序成功运行后,在 PC 上打开串口助手或者超级终端,设置接收的波特率为 115 200b/s,数据位为 8,奇偶校验为无,停止位为 1,数据流控制为无。

(6) (每次刷卡前先复位一下 ZXBee 无线节点板)用一张 RFID 卡片靠近 RFID 模块刷卡区域,并观察串口显示情况。

3.14.6 总结与扩展

复位后,未刷卡之前,串口一直显示:

```
type error
id error
…
```

使用 RFID 卡(例如学生饭卡)靠近 RFID 模块刷卡区域后,串口显示卡号序列信息:

```
Type:
M1(s50)
Card ID:
102
234
63
100
```

3.15 任务30 步进电机控制

3.15.1 学习目标

- 理解步进电机的工作原理；
- 学会在 STM32 微处理器上开发步进电机驱动程序,实现各种调速。

3.15.2 开发环境

- 硬件：ZXBee 无线节点板,J-Link 仿真器,调试转接板,USB MINI 线,PC,电机；
- 软件：Windows XP/7/8/10,IAR 集成开发环境,串口调试工具。

3.15.3 原理学习

本任务使用四相步进电机,采用单极性直流电源供电。只要对步进电机的各相绕组按合适的时序起电,就能使步进电机步进转动,图 3.44 所示为该四相反应式步进电机工作原理示意图。

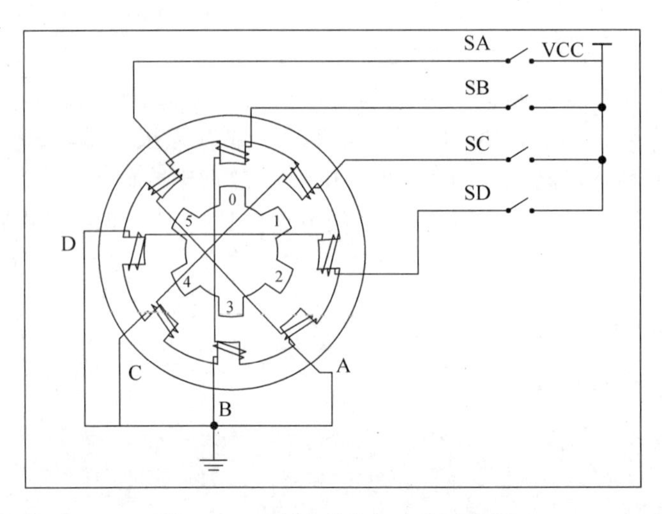

图 3.44 四相步进电机步进示意图

开始时,开关 SB 接起电源,SA、SC、SD 断开,B 相磁极和转子 0、3 号齿对齐,同时,转子的 1、4 号齿就和 C、D 相绕组磁极产生错齿,2、5 号齿就和 D、A 相绕组磁极产生错齿。

当开关 SC 接起电源,SB、SA、SD 断开时,由于 C 相绕组的磁力线和 1、4 号齿之间磁力线的作用,使转子转动,1、4 号齿和 C 相绕组的磁极对齐。而 0、3 号齿和 A、B 相绕组产生错齿,2、5 号齿就和 A、D 相绕组磁极产生错齿。依次类推,A、B、C、D 四相绕组轮流供电,则转子会沿着 A、B、C、D 方向转动,步进电机与 STM32 部分接口电路如图 3.45 所示。

从图 3.2 的电路原理图可知,图 3.44 中的 ADC 口连接到 STM32 的 PB0 口,GPIO 连接到 STM32 的 PB5 口,MISO、MOSI 连接到 STM32 的 PA6、PA7。其中步进电机的 A 相绕组连接到 PB5,B 相绕组连接到 PB0,C 相绕组连接到 PA6,D 相绕组连接到 PA7,要让步进电机工作起来,只要改变 A、B、C、D 的电平变化次序即可。

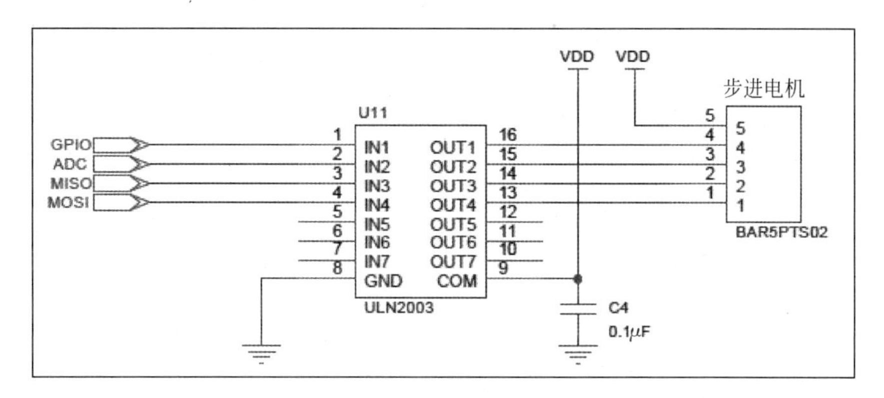

图 3.45　步进电机与 STM32 部分接口原理图

3.15.4　开发内容

通过原理学习可知，实现步进电机工作的关键步骤就是相应 I/O 口的初始化，然后改变 I/O 口电平的次序。由于步进电机可以正反转，在本任务设计过程采用 STM32 的按键 K1 改变步进电机的转向，下面对部分源代码进行解析。

1）步进电机 I/O 口初始化

```
void motor_init(){
  RCC_APB2PeriphClockCmd(RCC_APB2Periph_GPIOB, ENABLE);
  RCC_APB2PeriphClockCmd(RCC_APB2Periph_GPIOA, ENABLE);
  GPIO_InitTypeDef GPIO_InitStructure;
  //设置 PA6、PA7 引脚为推挽输出
  GPIO_InitStructure.GPIO_Pin = GPIO_Pin_6 | GPIO_Pin_7;
  GPIO_InitStructure.GPIO_Speed = GPIO_Speed_2MHz;
  GPIO_InitStructure.GPIO_Mode = GPIO_Mode_Out_PP;
  GPIO_Init(GPIOA, &GPIO_InitStructure);
  //设置 PB0、PB5 引脚为推挽输出
  GPIO_InitStructure.GPIO_Pin = GPIO_Pin_0 | GPIO_Pin_5;
  GPIO_Init(GPIOB, &GPIO_InitStructure);
}
```

2）实现步进电机的正反转

```
void main(void){
  delay_init(72);
  exti_init();                    //外部中断初始化
  motor_init();                   //步进电机 I/O 初始化
  while(1){
    if(Flag == 0)                 //顺时针旋转
    {
      AA_1(); BB_0(); CC_0(); DD_1(); delay_ms(1);
      AA_0(); BB_0(); CC_0(); DD_1(); delay_ms(1);
      AA_0();BB_0();CC_1();DD_1();delay_ms(1);
```

```
        AA_0();BB_0(); CC_1(); DD_0(); delay_ms(1);
        AA_0(); BB_1();CC_1();DD_0(); delay_ms(1);
        AA_0(); BB_1(); CC_0(); DD_0(); delay_ms(1);
        AA_1(); BB_1(); CC_0(); DD_0(); delay_ms(1);
        AA_1(); BB_0(); CC_0(); DD_0();delay_ms(1);
    } else if(Flag == 1) {                          //逆时针旋转
        AA_1(); BB_0(); CC_0(); DD_0();delay_ms(1);
        AA_1(); BB_1(); CC_0(); DD_0(); delay_ms(1);
        AA_0(); BB_1(); CC_0(); DD_0(); delay_ms(1);
        AA_0(); BB_1(); CC_1(); DD_0(); delay_ms(1);
        AA_0();BB_0(); CC_1(); DD_0(); delay_ms(1);
        AA_0(); BB_0(); CC_1(); DD_1(); delay_ms(1);
        AA_0(); BB_0(); CC_0(); DD_1(); delay_ms(1);
        AA_1(); BB_0();CC_0(); DD_1(); delay_ms(1);
    }
  }
}
```

其中 AA_0()、AA_1()为将该 I/O 口分别置为低、高电平。下面是其实现过程：

```
#define AA_1() GPIO_SetBits(GPIOB, GPIO_Pin_5)        //将 PB5 置高电平
#define AA_0() GPIO_ResetBits(GPIOB, GPIO_Pin_5)      //将 PB5 置低电平
#define BB_1() GPIO_SetBits(GPIOB, GPIO_Pin_0)        //将 PB0 置高电平
#define BB_0() GPIO_ResetBits(GPIOB, GPIO_Pin_0)      //将 PB0 置低电平
#define CC_1() GPIO_SetBits(GPIOA, GPIO_Pin_6)        //将 PA6 置高电平
#define CC_0() GPIO_ResetBits(GPIOA, GPIO_Pin_6)      //将 PA6 置低电平
#define DD_1() GPIO_SetBits(GPIOA, GPIO_Pin_7)        //将 PA7 置高电平
#define DD_0() GPIO_ResetBits(GPIOA, GPIO_Pin_7)      //将 PA7 置低电平
```

3）代码实现

编写 K1 按键的 I/O 口初始化源代码，由于与 2.2 节的内容一致，此处不再重复。但是中断服务函数进行了一定的修改，下面是按键 K1 的中断服务函数源代码实现：

```
//按键 K1 中断服务函数
void EXTI0_IRQHandler(void)
{
  delay_ms(20);
  //改变 Flag 的状态
  Flag = (Flag + 1) % 2;
  //清除中断状态标志位
  EXTI_ClearITPendingBit(EXTI_Line0);
}
```

图 3.46 为本任务的流程图。

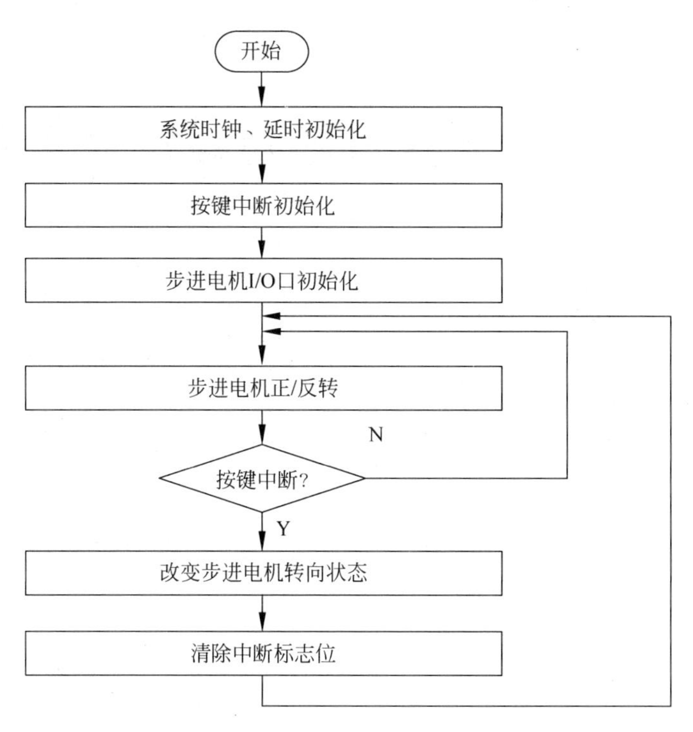

图 3.46　步进电机设计流程图

3.15.5　开发步骤

(1) 通过调试转接板将 J-Link 仿真器连接到 PC 和 ZXBee 无线节点板，无线节点板设置成模式二，将步进电机传感器节点板正确连接到 ZXBee 无线节点板上；

(2) 用 IAR 软件打开该任务的开发工程，选择 Project→Rebuild All，重新编译；

(3) 给连接好的硬件平台起电，将程序下载到 ZXBee 无线节点板中；

(4) 下载完毕后选择 Debug→Go，运行程序；

(5) 程序成功运行后，在 PC 上打开串口助手或者超级终端，设置接收的波特率为 115 200b/s，数据位为 8，奇偶校验为无，停止位为 1，数据流控制为无。

3.15.6　总结与扩展

可以观察到步进电机在转动，此时若按下按键 K1，步进电机则会反转。

第4章 无线传感网络技术开发

本章介绍目前比较常用的无线传感技术，有 IEEE 802.15.4、蓝牙技术、WiFi 等无线通信技术。本章介绍了 3 种无线通信的特点，实现无线传感网络的裸机通信，并在 STM32 处理器上实现每个无线通信模块的简单项目开发。

4.1 任务 31 IEEE 802.15.4 无线网络驱动开发

4.1.1 学习目标

- 理解 IEEE 802.15.4 协议；
- 学会在 STM32 微处理器上开发无线模块射频驱动程序；
- 掌握 STM32 与无线模块通信的 API 指令使用。

4.1.2 开发环境

- 硬件：ZXBee 无线节点板，CC2530 无线模块、STM32W108 无线模块，调试转接板，USB MINI 线，J-Link 仿真器，SmartRF04EB 仿真器，PC；
- 软件：Windows XP/7/8/10，IAR 集成开发环境，SmartRF 烧录软件，J-Flash ARM 仿真软件，串口调试助手。

4.1.3 原理学习

1. IEEE 802.15.4

IEEE 802.15.4 标准提供一种个人无线区域网（WPAN），为无处不在的设备之间的通信提供服务，重点为底层设施附近设备提供低成本、低功耗通信服务。IEEE 802.15.4 在没有牺牲灵活性和通用性的前提下，达到极低的生产和运营成本集成了安全通信、电源管理、链接质量和能量检测等功能。IEEE 802.15.4 使用 3 种频带：868MHz、915MHz 和 2450MHz。

在 IEEE 802.15 工作组内有 4 个任务组（Task Group，TG），分别制定适合不同应用的标准。这些标准在传输速率、功耗和支持的服务等方面存在差异。其中任务组 TG4 的任务是：制定 IEEE 802.15.4 标准，针对低速无线个人区域网络（Low-Rate Wireless Personal Area Network，LR-WPAN）制定标准。该标准把低能量消耗、低速率传输、低成本作为重点目标，旨在为个人或者家庭范围内不同设备之间的低速互连提供统一标准。

任务组 TG4 定义的 LR-WPAN 网络的特征与传感器网络有很多相似之处，很多研究机构把它作为传感器的通信标准。

LR-WPAN 网络是一种结构简单、成本低廉的无线通信网络，它使得在低电能和低吞吐量的应用环境中使用无线连接成为可能。与 WLAN 相比，LR-WPAN 网络只需很少的基础设施，甚至不需要基础设施。IEEE 802.15.4 标准为 LR-WPAN 网络制定了物理层和 MAC 子层协议。IEEE 802.15.4 标准定义的 LR-WPAN 网络具有如下特点：

(1) 在不同的载波频率下实现了 20kb/s、40kb/s 和 250kb/s 3 种不同的传输速率；

(2) 支持星形和点对点两种网络拓扑结构；

(3) 有 16 位和 64 位两种地址格式，其中 64 位地址是全球唯一的扩展地址；

(4) 支持冲突避免的载波多路侦听技术(Carrier Sense Multiple Access with Collision Avoidance，CSMA-CA)；

(5) 支持确认(ACK)机制，保证传输可靠性。

2. SLIP

SLIP(Serial Line Internet Protocol，串行线路网际协议)起源于 20 世纪 90 年代初的 3COM UNET TCP/IP 实现，SLIP 只是一个包组帧协议，仅仅定义了在串行线路上将数据包封装成帧的一系列字符。它没有提供寻址、包类型标识、错误检查/修正或者压缩机制。

SLIP 定义了两个特殊字符：END 和 ESC。END 是八进制 300(十进制 192)，ESC 是八进制 333(十进制 219)。发送分组时，SLIP 主机只是简单地发送分组数据。如果数据中有一个字节与 END 字符的编码相同，就连续传输两个字节 ESC 和八进制 334(十进制 220)。如果与 ESC 字符相同，就连续传输两个字节 ESC 和八进制 335(十进制 221)，当分组的最后一个字节发出后，再传送一个 END 字符，其中 STM32 与无线模块串口通信的帧格式如表 4.1 所示。

表 4.1　STM32 与无线模块串口通信的帧格式

起始符	数据	数据	数据	结束符
END(0xC0)	第一个字节	第二个字节	…	END(0xC0)

当然，无线模块接收到数据之后，也会将数据按照表 4.1 所示的帧格式，通过串口发送给 STM32。在后续的无线通信开发中，无线模块的作用是将数据进行收、发，无线模块可以理解成 STM32 的无线网卡，STM32 与无线模块(STM32W108)是通过串口进行通信的，那么要让无线模块正常地工作，首先需要实现无线模块的驱动，实现无线模块的驱动之后，STM32 才能与无线模块进行通信。既然涉及到通信，就会涉及通信协议，为了方便 STM32 来设置无线模块的一些网络参数，以及接收、发送数据，定义了一套简单的无线模块串口 API 指令来实现 STM32 对无线模块的操控。表 4.2 为 STM32 与无线模块通信的 API 指令。

表 4.2　STM32 与无线模块通信的 API 指令

指令	功　能	响　应	参　数
?M	STM32 查询无线模块 MAC 地址	无线模块向串口发送!M+MAC 地址信息	无
!M	无线模块返回其 MAC 地址	无	MAC 地址
!P	STM32 设置无线模块 PANID	无线模块向串口发送!P+PANID 信息	PANID

续表

指令	功能	响应	参数
!C	STM32 设置无线模块 CHANNEL	无线模块向串口发送!C+CHANNEL 信息	CHANNEL
!S	STM32 向无线模块发送数据	无	发送的字符
!R	无线模块向串口发送接收的数据	无	接收的字符

指令说明：在上述指令中，STM32 向无线模块只能发送“?M”“!P”“!C”和“!S”4 个指令，无线模块向 STM32 可以发送“!M”“!P”“!C”和“!R”4 个指令。

在表 4.2 中是 STM32 与无线模块通信的 API 指令，如果开发者直接在串口发送这些指令给无线模块，则无线模块不会响应，因为 IEEE 802.15.4 无线模块在处理串口的数据时，是以 SLIP 的数据帧格式来处理的，所以开发者发送这些 API 指令时，需要遵循 SLIP 协议的通信规范。表 4.3 为用“?M”指令来查询无线模块 MAC 地址的使用示例。

表 4.3 “?M”指令发送帧格式

0xC0(END)	?	M	0xC0(END)

注意：发送时，先以十六进制的形式发送 0xC0，然后再以字符的形式发送“?M”，最后再以十六进制的形式发送 0xC0。显然，这样测试不是很方便，为了方便开发者测试 API 指令，建议开发者将所有的数据以十六进制的形式发送，“?”对应的十六进制为 0x3F，“M”对应的十六进制为 0x4D。表 4.4 所示为“?M”指令发送的十六进制帧格式。

表 4.4 “?M”指令十六进制发送帧格式

0xC0(END)	0x3F	0x4D	0xC0(END)

将串口设置成以十六进制的形式接收数据，当“?M”指令数据发送完成后，无线模块会返回它的 MAC 地址信息，返回的数据格式也遵循 SLIP 协议的通信规范。表 4.5 所示为返回的数据帧格式示例。

表 4.5 无线模块返回的 MAC 地址信息

起始符	数据的第 1～2 字节，十六进制显示“!M”	数据的第 3～10 字节，为十六进制的 MAC 地址信息	结束符
C0	21 4D	00 12 4B 00 03 D4 43 82	C0

4.1.4 开发内容

由于本任务以及后续的开发中可以采用 STM32W108 模块作为 IEEE 802.15.4 无线通信模块，下面对 STM32W108 的无线驱动进行解析。打开本节工程 w108-uart-radio.eww，下面是 main 函数的源代码及解析：

```
void main(void)
{
  u32 seed;
```

```
    StStatus status = ST_SUCCESS;
    boolean batteryOperated = FALSE;
    //硬件初始化
    halInit();
    //设置随机数
    ST_RadioGetRandomNumbers((u16 * )&seed, 2);
    halCommonSeedRandom(seed);
    //串口初始化
    uartInit(115200, 8, PARITY_NONE, 1);
    //开启无线模块所有中断
    INTERRUPTS_ON();
    //初始化无线功能,开启无线接收功能
    status = ST_RadioInit(ST_RADIO_POWER_MODE_RX_ON);
    assert(status == ST_SUCCESS);
    //设置信道
    ST_RadioSetChannel(16);
    //读取 MAC 地址
    char eui[8];
    halCommonGetMfgToken(&eui, TOKEN_MFG_ST_EUI_64);
    //设置无线短地址
    ST_RadioSetNodeId((eui[1]<<8) | eui[0]);
    //设置 PANID
    ST_RadioSetPanId(2013);
    //开启地址过滤
    ST_RadioEnableAddressFiltering(TRUE);
    //使能自动应答
    ST_RadioEnableAutoAck(TRUE);
    printf("\r\nSimpleMAC ( % s) Talk Application\r\n",SIMPLEMAC_VERSION_STRING);
    while(1) {
      //处理串口输入的数据
      processInput();
      //处理无线接收的数据
      processReceivedPackets();
      //周期维护系统任务
      periodicMaintenanceEvents();
    }
}
```

在上述代码中,硬件初始化之后,设置无线模块的网络参数,开启无线模块的中断等后开始处理串口输入的数据、处理无线接收的数据以及定期维护系统任务。其中比较关键的则是 processInput()和 processReceivedPackets()函数,实现了这两个函数之后则可实现无线模块的数据发送/接收。下面针对这两个函数实现的源代码进行解析。

(1) processInput():串口数据处理函数,处理结束之后便将有效数据通过无线发送出去。

```
void processInput(void)
{
```

```
    int rlen, i;  StStatus st = -1;
    if (txComplete != 0 )return;
    rlen = slipdev_poll(txPacket, sizeof(txPacket));
    if (rlen <= 0) return;
    //若接收指令是"!S",则发送数据
    if (txPacket[0] == '!' && txPacket[1] == 'S') {
      txPacket[0] = CHECKSUM_LEN + rlen - 2;          //!S
      memcpy(txPacket + 1, txPacket + 2, rlen - 2);
      if (txPacket[1] & 0x20) txComplete = 1;         //请求确认
      for (i = 0; i<5 && st != ST_SUCCESS; i++) {
        //无线发送数据
        st = ST_RadioTransmit(txPacket);
      }
      if (st != ST_SUCCESS) {                          //发送错误
        txComplete = 0;
        return;
      }
    }
    //若接收指令是"?M",则串口返回无线模块的 MAC 地址
    else if (txPacket[0] == '?' && txPacket[1] == 'M') {
      txPacket[0] = '!';
      char eui[8];
      halCommonGetMfgToken( eui, TOKEN_MFG_ST_EUI_64 );
      for (int i = 0; i<8; i++)txPacket[i + 2] = eui[7 - i];
      slipdev_send(txPacket, 10);
    }
    //若接收指令是"!C",则设置无线模块的信道,同时串口返回信道信息
    else if (txPacket[0] == '!' && txPacket[1] == 'C') {
      ST_RadioSetChannel(txPacket[2]);
      ST_RadioCalibrateCurrentChannel();
      slipdev_send(txPacket, 3);
    }
    //若接收指令是"!P",则设置无线模块的 PANID,同时串口返回 PANID 信息
    else if (txPacket[0] == '!' && txPacket[1] == 'P') {
      unsigned short panid = (txPacket[2]<<8) | txPacket[3];
      ST_RadioSetPanId(panid);
      slipdev_send(txPacket, 4);
    }
    }
```

(2) processReceivedPackets():无线接收数据处理函数,无线模块接收到数据之后,将数据以 SLIP 协议的通信方式写入串口。

```
void processReceivedPackets(void)
{
  int i;
  i = get_ridx();
```

```
    if(i < 0) return;
    packet_t * pkg = &packets[i];
    if (pkg -> data[0] == 3) {
    } else {
      //将无线接收到的数据以 SLIP 协议的通信方式写入串口
      int dlen = pkg -> data[0];
      slipdev_char_put(0300);
      slipdev_char_put('!');
      slipdev_char_put('R');
      slipdev_send_ex(&(pkg -> data[1]), dlen);
      slipdev_char_put(0300);
    }
    put_ridx();
  }
```

编译工程即可生成 hex 镜像文件，该文件将会在 4.2 节以及第 6 章、第 7 章用到，关于 STM32W108 无线模块射频驱动程序的烧写，开发者可以参考 4.2 节的开发步骤。

4.1.5 开发步骤

（1）双击打开第 4 章\4.1-802_15_4\w108-driver\simplemac\demos 目录下的 w108-uart-radio.eww 工程文件，选择 Project→Rebuild All，重新编译，编译完成后，在工程根目录下的 STM32W108\Exe 目录下生成 slip-radio.zxw108-rf-uart.hex 文件。

（2）参考附录 A.3 的 STM32W108 IPv6 radio 镜像固化步骤，将编译生成的 hex 文件烧写到 STM32W108 无线模块中。

（3）测试 API 指令。

① 无线模块的射频驱动程序烧写完毕后，选择 STM32W108 无线模块连接到 ZXBee 无线节点板（按照 1.2 节的无线节点跳线设置说明设置成模式二）。

② 正确地通过调试转接板和 USB MINI 线，连接 PC 和 ZXBee 无线节点板。

③ 将连接好的硬件平台起电，在 PC 上打开串口助手或者超级终端，设置接收的波特率为 115 200b/s，数据位为 8，奇偶校验为无，停止位为 1，数据流控制为无，数据以十六进制形式发送、接收。

④ 在串口发送区发送查询无线模块 MAC 地址的指令帧格式内容（在串口发送区输入 C0 3F 4D C0），单击“发送”按钮，发送成功后，无线模块会返回其 MAC 地址信息，在串口接收区会看到如下数据帧内容：

```
C0 21 4D 00 12 4B 00 03 D4 43 82 C0
```

其中：第 1 字节为起始符；第 2、3 字节为“!M”的十六进制表示形式；第 4～11 字节为无线模块的 MAC 地址；最后一字节为结束符。

其他指令的发送方式与此类似，本文不再重复，开发者可以查看 4.2 节的开发程序，该项目用到设置信道（CHANNEL）、PANID 的 API。

4.2 任务 32 IEEE 802.15.4 点对点通信开发

4.2.1 学习目标

- 掌握 IEEE 802.15.4 协议；
- 利用 IEEE 802.15.4、SLIP 协议，学会在 STM32 无线节点开发程序，实现点对点通信。

4.2.2 开发环境

- 硬件：ZXBee 无线节点板两块、STM32W108 无线模块两块、调试转接板，USB MINI 线，J-Link 仿真器，PC；
- 软件：Windows XP/7/8/10，IAR 集成开发环境，串口调试助手。

4.2.3 原理学习

在任务 31 中实现了 IEEE 802.15.4 无线模块驱动，介绍了 IEEE 802.15.4 协议、SLIP 以及自定义的一套 STM32 与无线模块之间通信协议，IEEE 802.15.4 协议通信帧格式如表 4.6 所示。在本任务中主要是在 4.1 节的基础上编写一个上层的点对点通信的开发例程，相关原理知识介绍开发者可以参考 4.1 节。

表 4.6 IEEE 802.15.4 协议通信的帧格式

2B 的帧控制位	1B 的序列号	2B 的 PANID	8B 的目标地址	8B 的源地址	发送的数据

数据结构为：

```
struct ieee_data{
  uint8_t frame_control[2];            //帧控制位
  uint8_t sequence_number;             //序列号
  uint16_t panid;                      //个域网标识符
  uint8_t dest_addr[8];                //目标地址
  uint8_t src_addr[8];                 //源地址
  char message[SLIP_BUFSIZE];          //数据缓冲区
};
```

开发者只要按照表 4.6 的帧格式向无线模块的串口发送数据即可实现点对点的通信，发送过程中需要遵循 SLIP 协议通信规范，以及自定义的 STM32 与无线模块之间的通信协议。

4.2.4 开发内容

1. IEEE 802.15.4 无线模块点对点通信原理(STM32W108 模块)

IEEE 802.15.4 无线模块点对点通信由两块 IEEE 802.15.4 无线节点完成，一块作为发送端，一块作为接收端。IEEE 802.15.4 无线节点启动后，首先进行串口初始化系列操作，接着 STM32 核心板通过串口向 STM32W108 无线模块发送“?M”指令来获取

STM32W108 无线模块的 MAC 地址，并通过串口向 STM32W108 无线模块发送“!P”指令设置 IEEE 802.15.4 网络的 PANID，通过串口向 STM32W108 无线模块发送“!C”指令设置 IEEE 802.15.4 网络的信道；完成上述准备工作之后，需要在发送端指定接收端 STM32W108 无线模块的 MAC 地址，完成这些步骤后，两个无线模块之间便可以进行点对点通信。发送端通过该地址向接收端发送 hello 消息，接收端收到消息后在串口打印接收到的消息，如图 4.1 所示。

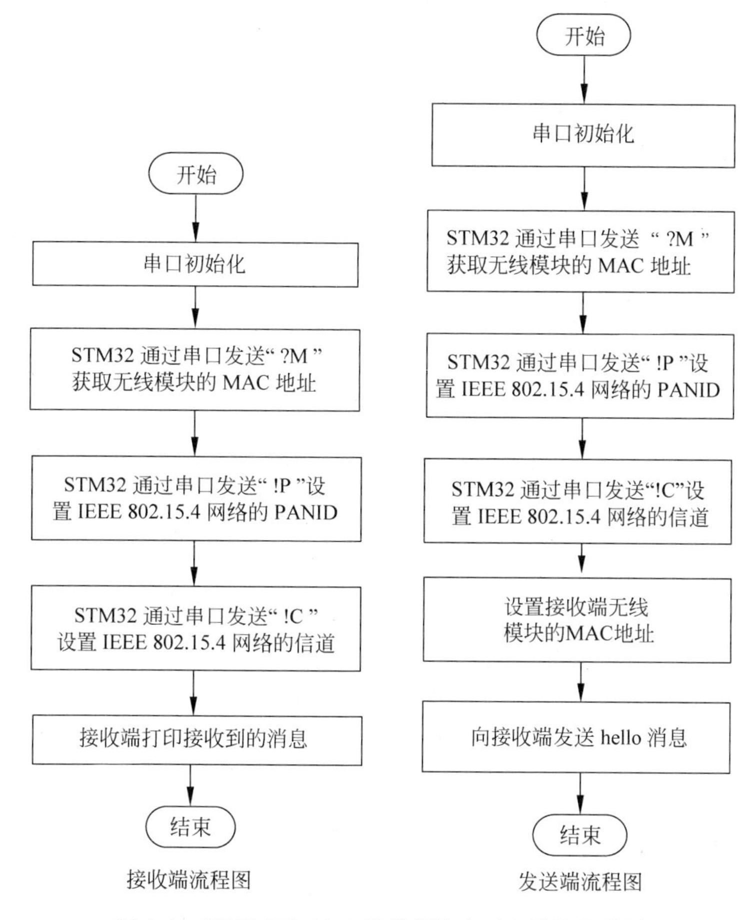

图 4.1 IEEE 802.15.4 无线模块点对点通信流程图

2. IEEE 802.15.4 无线模块点对点通信功能实现

main.c 实现了 IEEE 802.15.4 无线模块点对点通信过程中串口初始化、无线模块 MAC 地址的获取、IEEE 802.15.4 网络 PANID 和信道的设置、发送端的消息发送以及接收端的消息介绍处理等。其核心源代码实现如下所示。

```
/*********************************************************************
* 名称: uart_rf_slip_write()
* 功能: 向串口发送数据
* 参数: 发送的字符串,字符串长度
* 返回: 字符串长度
*********************************************************************/
```

```
int uart_rf_slip_write(const void * _ptr, int len)
{
  const uint8_t * ptr = _ptr;
  uint16_t i;
  uint8_t c;

uart2_putc(SLIP_END);

  for(i = 0; i < len; ++i) {
    c = * ptr++;
    if(c == SLIP_END) {
      uart2_putc(SLIP_ESC);
      c = SLIP_ESC_END;
    } else if(c == SLIP_ESC) {
      uart2_putc(SLIP_ESC);
      c = SLIP_ESC_ESC;
    }
    uart2_putc(c);
  }
  uart2_putc(SLIP_END);
  return len;
}

/**************************************************************
 * 名称: main()
 * 功能: 主函数
**************************************************************/
void main(void)
{
  uart1_init();                         //串口 1 初始化
  delay_init(72);                       //初始化系统时钟 72MHz
  uart2_init(115200);                   //串口 2 初始化
  uart2_set_input(_uart_input_byte); //串口 2 输入设置
  delay_ms(1000);
  delay_ms(1000);
  delay_ms(1000);
  /* 当接收的信息为 MAC 地址,并且地址为空时,利用串口向无线模块发送"?M"指令来获取 MAC 地
址 */
  while (addr_cmp((addr * )&rxbuf[2], &addr_null))
  {
      printf("send rime addr request!\r\n");
      uart_rf_slip_write("?M", 2);
      delay_ms(1000);
      printf(" %c %c\n\r",rxbuf[0],rxbuf[1]);
    if((rxbuf[0]!= '!')&&(rxbuf[1]!= 'M'))
    {
      uart_rf_slip_write("?M", 2);
    }
  }
```

```
    memcpy(&802_15_4_addr, &rxbuf[2], 8);      //将接收到的 MAC 地址传递给 802_15_4_addr
    PRINT6ADDR(&802_15_4_addr);                //打印本地 MAC 地址
    printf("\n\r");
    memset((void *)rxbuf, 0, SLIP_BUFSIZE);   //将接收缓冲区清 0
    //设置 PANID
    while (radio_panid != (IEEE 802154_CONF_PANID)) {
      char cmd[] = {'!', 'P', (IEEE 802154_CONF_PANID>>8), IEEE 802154_CONF_PANID&0xff};
      uart_rf_slip_write(cmd, 4);              //利用串口向无线模块发送"!P"指令来设置 PANID
      delay_ms(1000);
      delay_ms(1000);
      if(rxbuf[0] == '!' && rxbuf[1] == 'P')
        radio_panid = rxbuf[2] << 8 | rxbuf[3];
    }
  printf("PANID: %d\n\r", radio_panid);
    while (radio_channel != RF_CONF_CHANNEL)   //设置信道
    {
      //利用串口向无线模块发送"!C"命令来设置信道
      char cmd[] = {'!', 'C', RF_CONF_CHANNEL};
      memset((void *)rxbuf, 0, SLIP_BUFSIZE);
      uart_rf_slip_write(cmd, 3);
      delay_ms(1000);
      if(!strncmp("!C",rxbuf,2))
        radio_channel = *(unsigned short *)&rxbuf[2];
    }
    printf("CHANNEL: %d\n\r", RF_CONF_CHANNEL);
    while(1) {
  #ifdef SENDER                               //发送端消息处理
      packetbuf.frame_control[0] = 0x61;
      packetbuf.frame_control[1] = 0xcc;
      //设置接收方的的 MAC 地址,将 MAC 地址的低位填入到 dest_addr 的高位
      packetbuf.dest_addr[7] = 0x00;
      packetbuf.dest_addr[6] = 0x80;
      packetbuf.dest_addr[5] = 0xE1;
      packetbuf.dest_addr[4] = 0x02;
      packetbuf.dest_addr[3] = 0x00;
      packetbuf.dest_addr[2] = 0x1D;
      packetbuf.dest_addr[1] = 0x57;
      packetbuf.dest_addr[0] = 0xFD;
      //设置发送方的 MAC 地址
      packetbuf.src_addr[7] = 802_15_4_addr.u8[0];
      packetbuf.src_addr[6] = 802_15_4_addr.u8[1];
      packetbuf.src_addr[5] = 802_15_4_addr.u8[2];
      packetbuf.src_addr[4] = 802_15_4_addr.u8[3];
      packetbuf.src_addr[3] = 802_15_4_addr.u8[4];
      packetbuf.src_addr[2] = 802_15_4_addr.u8[5];
      packetbuf.src_addr[1] = 802_15_4_addr.u8[6];
      packetbuf.src_addr[0] = 802_15_4_addr.u8[7];
      packetbuf.sequence_number++;
      packetbuf.panid = radio_panid;
```

```
    strcpy(packetbuf.message, "hello");
    txbuf[0] = '!';
    txbuf[1] = 'S';
    //将发送方的数据信息赋值给 txbuf[2]以后的空间
    memcpy(&txbuf[2], &packetbuf, sizeof(packetbuf));
    while(1) {
      delay_ms(1000);
      //向串口发送包括发送指令、packetbuf 的 28B 的数据信息
      uart_rf_slip_write(txbuf, 28);
    }
#else //接收发送端发来的数据
    while(1) {
      delay_ms(1000);
      if(!strncmp("!R",rxbuf,2))
      {
        //将接收缓冲区第 2 字节以后的 26B 数据复制给 packetbuf
        memcpy(&packetbuf, (struct ieee_addr * )&rxbuf[2], 26);
        //打印出发送端发来的信息
        printf("%s\n\r", packetbuf.message);
      }
      //将接收缓冲区清 0
      memset((void * )rxbuf, 0, SLIP_BUFSIZE);
    }
#endif
  }
}
```

4.2.5 开发步骤

1. 开发过程

对于编译固化 STM32 核心板程序，以 STM32W108 无线模块为例进行介绍，开发者也可参考以下开发步骤自行完成 STM32W108 无线模块点对点通信开发。

(1) 将烧写好射频驱动程序的 STM32W108 无线模块正确连接到 ZXBee 无线节点板(参考无线节点跳线设置将跳线设置成模式二)，正确连接 J-Link 仿真器到 PC 和 ZXBee 无线节点板。

(2) 打开本任务工程，在 main.c 文件找到如下代码。其中：dest_addr 表示目的地址；src_addr 表示源地址。发送端的 MAC 地址已经通过 STM32 核心板向 STM32W108 模块(CC2530 无线模块)发送“?M”指令获取得到，故只需要修改接收端 STM32W108 模块(CC2530 无线模块)的 MAC 地址。

```
//设置接收方的 MAC 地址(手动设置)
packetbuf.dest_addr[7] = 0x00;
packetbuf.dest_addr[6] = 0x12;
packetbuf.dest_addr[5] = 0x4B;
packetbuf.dest_addr[4] = 0x00;
```

```
packetbuf.dest_addr[3] = 0x02;
packetbuf.dest_addr[2] = 0x63;
packetbuf.dest_addr[1] = 0x3E;
packetbuf.dest_addr[0] = 0xBA;
//设置发送方的 MAC 地址(自动获取)
packetbuf.src_addr[7] = cc2530_addr.u8[0];
packetbuf.src_addr[6] = cc2530_addr.u8[1];
packetbuf.src_addr[5] = cc2530_addr.u8[2];
packetbuf.src_addr[4] = cc2530_addr.u8[3];
packetbuf.src_addr[3] = cc2530_addr.u8[4];
packetbuf.src_addr[2] = cc2530_addr.u8[5];
packetbuf.src_addr[1] = cc2530_addr.u8[6];
packetbuf.src_addr[0] = cc2530_addr.u8[7];
```

（3）修改目的地址。读取到接收端节点 STM32W108 无线模块的 MAC 地址（STM32W108 无线模块的 MAC 地址请参考附录 A.1），此处以“00:80:e1:02:00:2c:ff:a3”为例，该 MAC 地址为目的地址，则将 main.c 中的代码做如下顺序修改：

```
packetbuf.dest_addr[7] = 0x00;
packetbuf.dest_addr[6] = 0x80;
packetbuf.dest_addr[5] = 0xe1;
packetbuf.dest_addr[4] = 0x02;
packetbuf.dest_addr[3] = 0x00;
packetbuf.dest_addr[2] = 0x2c;
packetbuf.dest_addr[1] = 0xff;
packetbuf.dest_addr[0] = 0xa3;
```

注意：修改目的 MAC 地址时，将无线模块的 MAC 地址从 dest_addr 的高位开始填写。

（4）修改 IEEE 802.15.4 网络 PANID 和 Channel。修改文件 main.c，将 IEEE802154_CONF_PANID 修改为个人身份证号的后 4 位，RF_CONF_CHANNEL 可以不修改。

```
#define IEEE802154_CONF_PANID   2013   //后 3 位修改为身份证号的后 4 位,如 2008
#define RF_CONF_CHANNEL         16     //根据需要酌情修改,取值范围为 11~26
```

（5）在 Workspace 下拉列表框中选择 sender 模式，重新编译源代码，编译成功后执行下一步。

（6）STM32W108 无线节点按照 1.2 节的无线节点跳线设置成模式二，通给发送端 STM32W108 无线节点起电，然后打开 J-Flash ARM 软件，选择 Target→Connect，让仿真器与发送端 STM32W108 无线节点进行连接，连接成功后，J-Flash ARM 软件 LOG 窗口会提示 Connected Successfully，选择 Project→Download and debug，将程序烧写到发送端 STM32W108 无线节点（注意：当 ZXBee 无线节点板插上 STM32W108 无线模块，简称 STM32W108 无线节点）。

（7）下载完毕后选择 Debug→Go，程序全速运行；也可以将发送端 STM32W108 无线节点重新上电让下载的程序重新运行。

(8) 同理,在 Workspace 下拉列表框中选择 receiver 模式并编译,将该模式下的工程烧写到接收端 STM32W108 无线节点(或者 CC2530 无线节点)中。

2. 测试过程

(1) 通过 USB MINI 线和调试转接板连接 PC 与接收端 STM32W108 无线节点,在 PC 上打开串口助手来监听接收端 STM32W108 无线节点串口接收的数据情况,设置接收的波特率为 115 200b/s,数据位为 8,奇偶校验为无,停止位为 1,数据流控制为无。

(2) 将接收端 STM32W108 无线节点复位运行,观察串口调试工具,接收区显示如下数据。

```
end rime addr request!
send rime addr request!
send rime addr request!
send rime addr request!
send rime addr request!
6c69:7020:5261:6469
PANID: 2013
CHANNEL:16
hello
hello
…
```

通过串口的显示数据,可以观察到接收端从发送端不断地接收 hello 数据,从而验证了此次 IEEE 802.15.4 无线模块的通信过程。

4.3 任务 33 蓝牙无线网络开发

4.3.1 学习目标

- 理解蓝牙工作原理;
- 熟悉 HC-05 通信协议;
- 学会在 STM32 微处理器开发程序,实现蓝牙模块之间的通信。

4.3.2 开发环境

- 硬件:ZXBee 无线节点板,蓝牙无线模块,USB 蓝牙无线通信模块、调试转接板,USB MINI 线,J-Link 仿真器,PC;
- 软件:Windows XP/7/8/10,IAR 集成开发环境,串口调试助手。

4.3.3 原理学习

1. 蓝牙技术简介

以爱立信为首,由爱立信、东芝、IBM、英特尔和诺基亚于 1998 年 5 月共同提出了一种近距离无线数字通信的技术标准,旨在创立一项软硬件结合的公开规范,为所有不同设备提供具备互操作性、可交叉开发的工具,这个工具便是蓝牙技术(Bluetooth)。此后,微软、

3Com、朗讯(Lucent)和摩托罗拉加入进来，成为“蓝牙特殊利益集团”(Special Interest Group,SIG)的9个领导成员。

蓝牙虽然在很大程度上解决了近距离无线连接以及资源共享，但耗电量大一直是蓝牙在应用中的欠缺之处。为了解决这个问题，SIG联盟于2010年7月提出了低功耗蓝牙协议，拓宽了蓝牙的进一步应用。

2. 蓝牙协议的低功耗原理

低功耗作为蓝牙的核心以及关键，主要体现在以下4个方面：快速连接、待机功耗减少、较小的峰值功率以及支持短数据包。

1) 快速连接

传统蓝牙协议规定：蓝牙规范允许设备在进行广播操作的同时对其他连接进行响应，通过改善连接机制十分有效地避免了重复扫描，使得蓝牙设备能在3ms内完成连接过程。和早期蓝牙连接时间相比，蓝牙协议大幅度减少了连接时间，在真正意义上实现了快速连接。

2) 待机功耗减少

待机耗电量较大作为传统蓝牙设备的最大缺陷，该问题主要是由传统蓝牙采用较多个频道个广播导致的。蓝牙4.0协议规范规定的广播通道仅为3个，并且广播状态阶段射频工作时间由原来的22.5ms降至0.6～1.2ms，使得蓝牙4.0中待机功耗大幅度减小。

另外，蓝牙采用深度睡眠机制以代替之前蓝牙版本中的空闲状态，主机可以进入深度睡眠，相比于工作状态其功率消耗非常低，需要工作时由控制器唤醒。

3) 较小的峰值功率以及支持短数据包

蓝牙协议4.0更加严格地规定了数据包的长度，引入超短数据封包机制并通过调制索引的增加以及随机射频参数的使用等措施以达到降低数据收发复杂性的目的。

3. HC-05嵌入式蓝牙

本任务采用HC-05嵌入式蓝牙模块，该模块是一款高性能主从一体蓝牙串口模块，可以同各种带蓝牙功能的计算机、蓝牙主机、手机等智能终端配对。HC-05具有两种工作模式：命令响应工作模式和自动连接工作模式。在自动连接工作模式下HC-05又可分为主(Master)、从(Slave)和回环(Loopback)3种工作角色。当HC-05处于自动连接工作模式时，将自动根据事先设定的方式连接的数据传输；当模块处于命令响应工作模式时能执行蓝牙AT命令，可向蓝牙模块发送各种AT指令，设定控制参数或发布控制命令，通过控制模块外部引脚(PIO11)输入电平，实现模块工作状态的动态转换。其中HC-05的通信协议如表4.7所示。

表4.7 HC-05通信协议

指令	响应	参数	功能
AT	OK	无	测试指令
AT+NAME?	1. +NAME：<Param> OK—成功 2. FAIL—失败	Param：蓝牙设备名称 默认名称：HC-05	查询设备
AT+VERSION	+VERSION： <Param>OK	Param:软件版本号	获取软件版本号

续表

指　　令	响　　应	参　　数	功　　能
AT+UART=< Param1 >,< Param2 >,< Param3 >	OK	Param1：波特率(b/s) 取值(十进制)如下：4800,9600,19200,38400,57600,115200,234000,460800,921600 1382400 Param2：停止位 0,1 位；1,2 位 Param3：校验位 0，None；1，Odd；2,Even 默认设置：9600,0,0	设置串口参数
AT+ADDR?	+ADDR:< Param > OK	Param:模块蓝牙地址	获取模块蓝牙地址
AT+CMODE=< Param >	OK	Param：0,指定蓝牙地址连接模式(指定蓝牙地址由绑定指令设置)；1,任意蓝牙地址连接模式(不受绑定指令设置地址的约束)；2，回环角色(Slave-Loop) 默认连接模式：0	设置连接模式
AT+ROLE=< Param >	OK	Param：0，从角色(Slave)；1，从主角(Master)；2,回环(Slave-Loop) Slave(从角色)——被动连接；Slave-Loop(回环角色)——被动连接,接收远程蓝牙主设备数据并将数据原样返回给远程蓝牙设备；Master(主角色)——查询周围 SPP 蓝牙从设备,并主动发起连接,从而建立主、从蓝牙设备间的透明数据传输通道；Slave-Loop(回环角色)——被动连接,接收远程蓝牙设备数据并将数据原样返回给远程蓝牙设备	设置模块角色
AT+ROLE?	+ROLE:< Param > OK		查询模块角色
AT+IAC=< Param >	1. OK—成功 2. FAIL—失败	Param：查询访问码 默认值：9e8b33	设置查询访问码
AT+CLASS=< Param >	OK	Param：设备类 蓝牙设备类实际上是一个 32 位的参数,该参数用于指出设备类型,以及所支持的服务类型。默认值：0	设置设备类型
AT+INQM=< Param1 >,< Param2 >,< Param3 >	1. OK—成功 2. FAIL—失败	Param1：查询模式 0,inquiry_mode_standard；1,inquiry_mode_rssi Param2：最多蓝牙设备响应数； Param3:最大查询超时	设置查询访问模式
AT+INQ	+INQ：< Param1 >,< Param2 >,< Param3 >,—OK	Param1：蓝牙地址；Param2：设备类；Param3：RSSI 信号强度	查询周边蓝牙设备

下面举例说明与远程蓝牙设备 12:34:56:ab:cd:ef 建立连接。

```
at + fsad = 1234,56,abcdef\r\n      //查询蓝牙设备 12:34:56:ab:cd:ef 是否在配对列表中
at + link = 1234,56,abcdef\r\n      //查询蓝牙设备 12:34:56:ab:cd:ef 在配对列表中,不需查询
                                    //可直接连接
```

由于篇幅有限,剩余的 AT 指令请查询蓝牙相关芯片资料。

4.3.4 开发内容

在本任务中,开发平台采用 ZXBee 无线节点板与蓝牙无线模块组合成蓝牙无线节点作为 Slave 从模式节点、将 USB 蓝牙无线通信模块连接 PC 作为 Master 主模式节点。开发过程中,PC 端 Master 蓝牙模块搜寻周围的 Slave 从模块设备,搜到蓝牙设备之后,输入设备的配对码,配对连接成功后,通过串口连接 PC 端 Master 蓝牙模块串口设备,向蓝牙无线节点端 Slave 从模块发送数据,从模块接收到数据后通过串口将其显示出来,本次任务主从模块的设计流程图如图 4.2 所示。

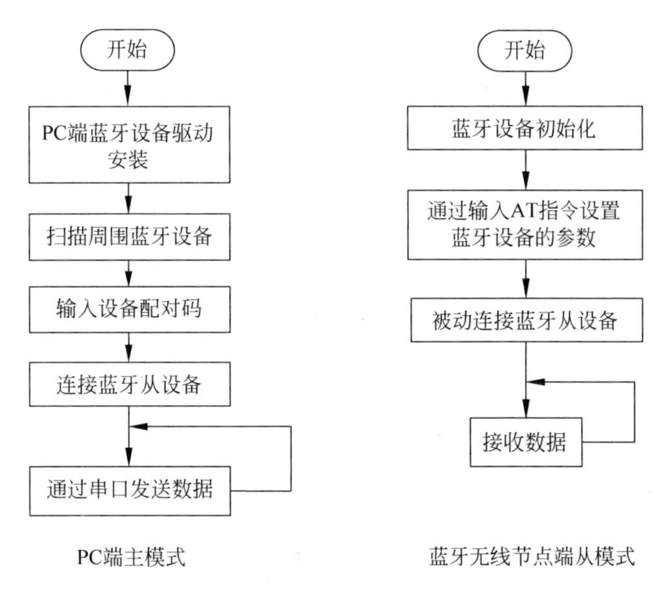

图 4.2 主从模块设计流程图

main.c 实现了串口初始化、蓝牙模块初始化操作,核心源代码如下所示(Resource\01-开发例程\第 4 章\4.3-bluetooth\main.c)。

```
/*********************************************************************
 * 名称: main()
 * 功能: 主函数
 *********************************************************************/
void main(void)
{
```

```
  char ch;
  uart1_init();                    //串口1初始化,实现串口的打印和输入
  delay_init(72);                  //系统延时初始化72MHz
  hc05_init();                     //蓝牙节点初始化
  while(1)
  {
#ifndef BT_SLAVE
    printf("Enter some characters:\n\r");
    while(1)
    {
      scanf("%c", &ch);
      uart2_putc(ch);
    }
#else
    printf("receive :\n\r");
    while(1)
    {
      printf("%s\n\r",_recv_buf);
      memset(_recv_buf, 0, 320);
     //_recv_buf[0] = '\0';
      delay_ms(1000);
    }
#endif
  }
}
```

hc05_init()函数实现了蓝牙模块的初始化,其核心源代码如下所示(Resource\01-开发例程\第4章\4.3-bluetooth\ bt-hc05.c)。

```
/*********************************************************************
* 名称: hc05_init()
* 功能: 蓝牙模块初始化
*********************************************************************/
void hc05_init(void)
{
    uart2_init(38400);
    uart2_set_input(uart_recv_call);

    hc05_gpio_init();
    hc05_enter_at();
    delay_ms(1000);
    //测试指令
    while(hc05_command_response("AT\r\n", 1));
    printf("AT command : %s\n\r", _recv_buf);
    //查询设备名称
    while(hc05_command_response("AT+NAME?\r\n", 2));
    printf("AT NAME : %s\n\r", _recv_buf);
```

```
    //获取软件版本号
    while(hc05_command_response("AT+VERSION?\r\n", 2));
    printf("AT VERSION : %s\n\r", _recv_buf);
    //设置 LED 指示驱动及连接状态输出极性
    //第一个参数 0: PI08 输出低电平点亮 LED
    //第二个参数 0: PI09 输出低电平指示连接成功
    while(hc05_command_response("AT+POLAR=0,0\r\n", 1));
    //查询 LED 指示驱动及连接状态输出极性
    while(hc05_command_response("AT+POLAR?\r\n", 2));
    printf("AT POLAR : %s\n\r", _recv_buf);
    //获取模块蓝牙地址
    while(hc05_command_response("AT+ADDR?\r\n", 2));
    printf("AT ADDR : %s\n\r", _recv_buf);

#ifdef BT_SLAVE
    //设置模块为从角色
    while(hc05_command_response("AT+ROLE=0\r\n", 1));
printf("SET ROLE SLAVE %s\n\r", _recv_buf);
………… 省略 …………
```

4.3.5 开发步骤

1. 编译固化节点程序到蓝牙无线节点

(1) 将蓝牙无线模块正确连接到 ZXBee 无线节点板上，并通过调试转接板正确连接 J-Link 仿真器到 PC 和 ZXBee 无线节点板，同时调试转接板通过 USB MINI 线连接到 PC；

(2) 在 IAR 开发环境下打开开发例程，选择 Project→Rebuild All，重新编译；

(3) 给 ZXBee 无线节点板起电，然后打开 J-Flash ARM 软件，选择 Target→Connect，让仿真器与 ZXBee 无线节点板进行连接，连接成功后，J-Flash ARM 软件 LOG 窗口会提示 Connected Successfully，选择 Project→Download and debug，将程序烧写到 ZXBee 无线节点板中；

(4) 下载完毕后选择 Debug→Go，运行程序。

2. PC 端蓝牙模块驱动安装与配置

(1) 将 USB 蓝牙无线通信模块(默认是集成在主开发平台的蓝牙 USB 插槽上)插到计算机的 USB 接口上，第一次使用会提示安装蓝牙驱动(Windows X7)，计算机联网会自动安装驱动，安装完成后在计算机的右下角显示蓝牙图标，在计算机设备管理器显示蓝牙设备，如图 4.3 和图 4.4 所示。

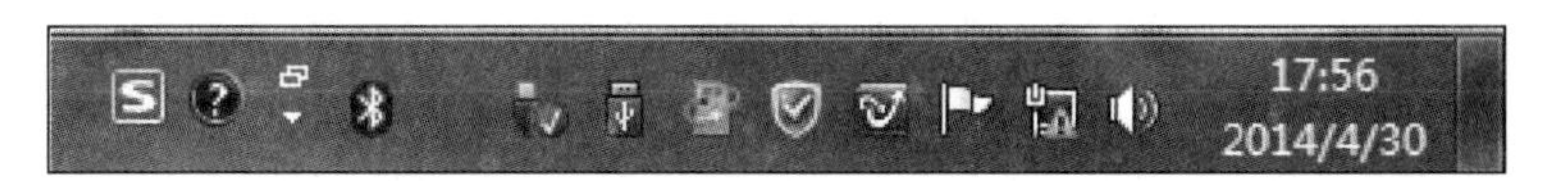

图 4.3　蓝牙图标

(2) 右击计算机桌面右下角的蓝牙设备图标，在弹出的快捷菜单中选择“添加设备(A)”，如图 4.5 所示。

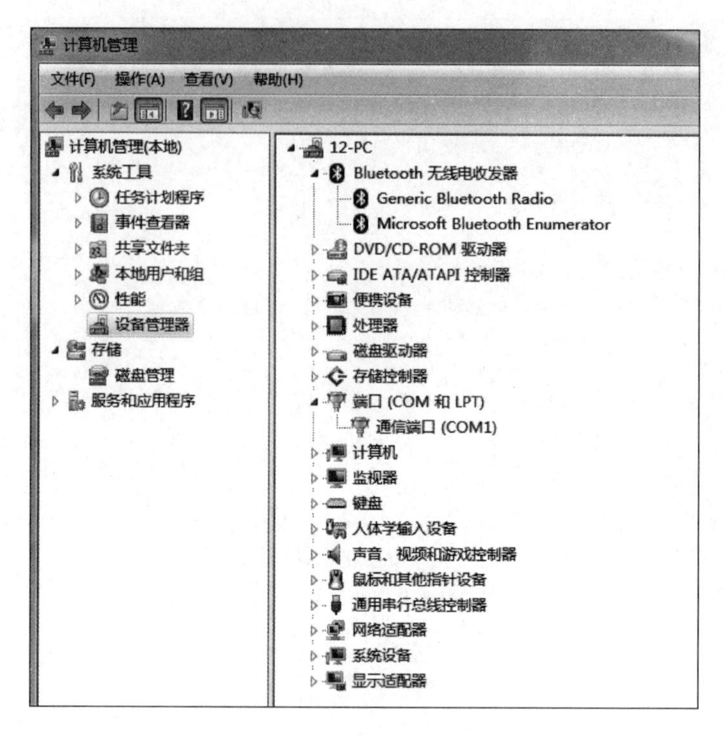

图 4.4　安装驱动后的蓝牙设备

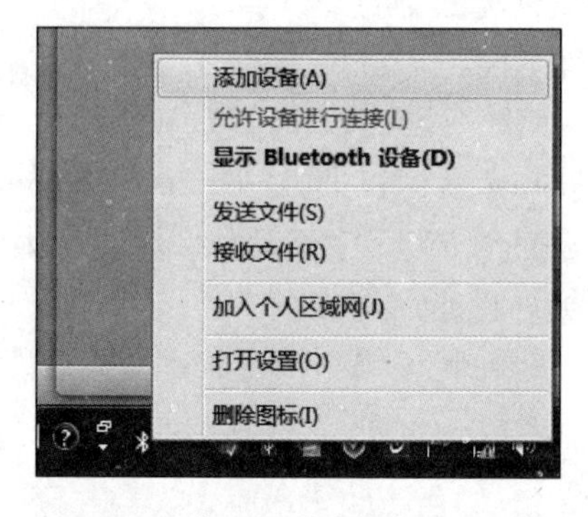

图 4.5　右击蓝牙设备图标添加设备

(3) USB 蓝牙适配器已经扫描到的设备(该设备为正在以 Slave 模式运行的蓝牙无线节点),如图 4.6 所示,选中扫描到的蓝牙设备,然后单击“下一步”按钮。

(4) 在弹出的“添加设备”对话框的“选择配对选项”中选择“输入设备的配对码(E)”,单击“下一步”按钮,或者直接单击“输入设备的配对码(E)”选项,如图 4.7 所示。

(5) 在弹出的对话框中输入设备的配对代码 1234,单击“下一步”按钮,如图 4.8 所示。

(6) 成功添加设备后,单击右下角的“关闭”按钮,如图 4.9 所示。

(7) 右击桌面的计算机图标,在弹出的快捷菜单中选择“管理”,在弹出的界面中选择左栏中的“设备管理器”,展开中间一栏中的“端口(COM 和 LPT)”,可以看到多了两个 Bluetooth 链接上的标准串行 COM 口,如图 4.10 所示。

(8) 如图 4.10 所示,配对成功后“端口(COM 和 LPT)”显示两个 Bluetooth 串口,分别

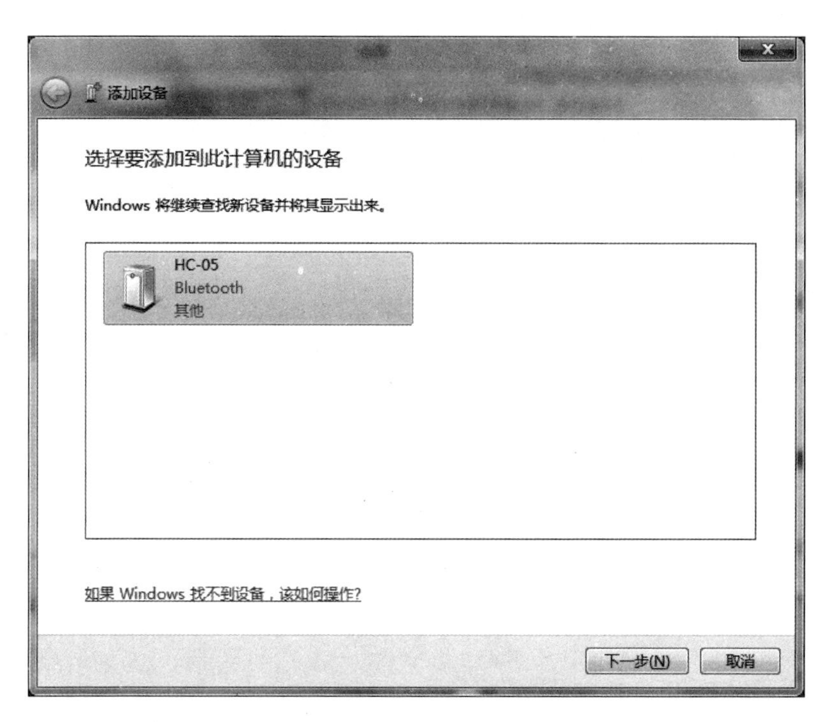

图 4.6　USB 蓝牙 Master 设备扫描到的从设备

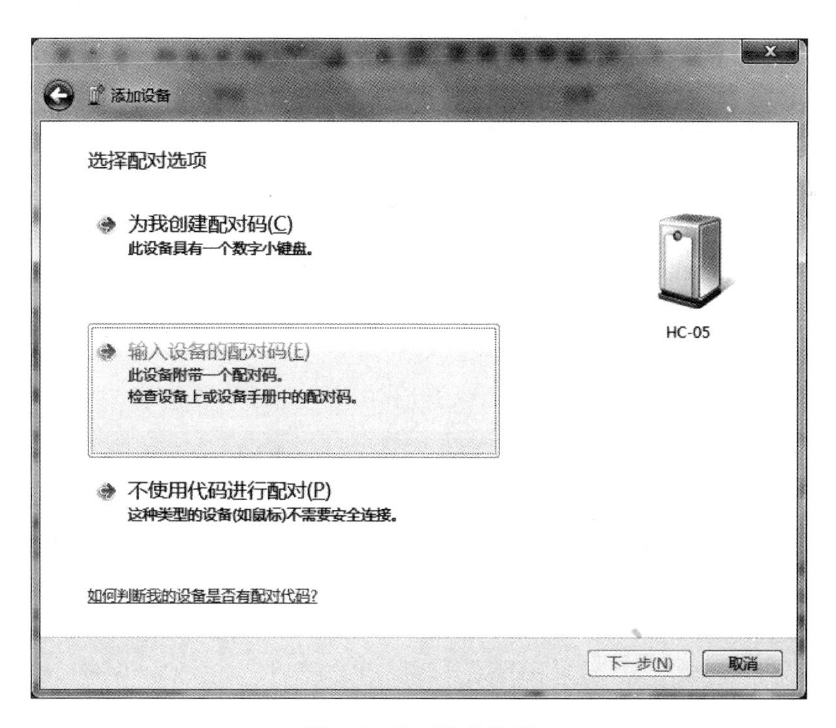

图 4.7　配对设备选项

为 PC 端 USB 蓝牙模块串口、蓝牙无线节点模块串口，在 PC 上打开串口助手或者超级终端，串口号选择“PC 端 USB 蓝牙模块串口”(即 Blooth 链接上的标准串行 COM11)，设置波特率为 115 200。

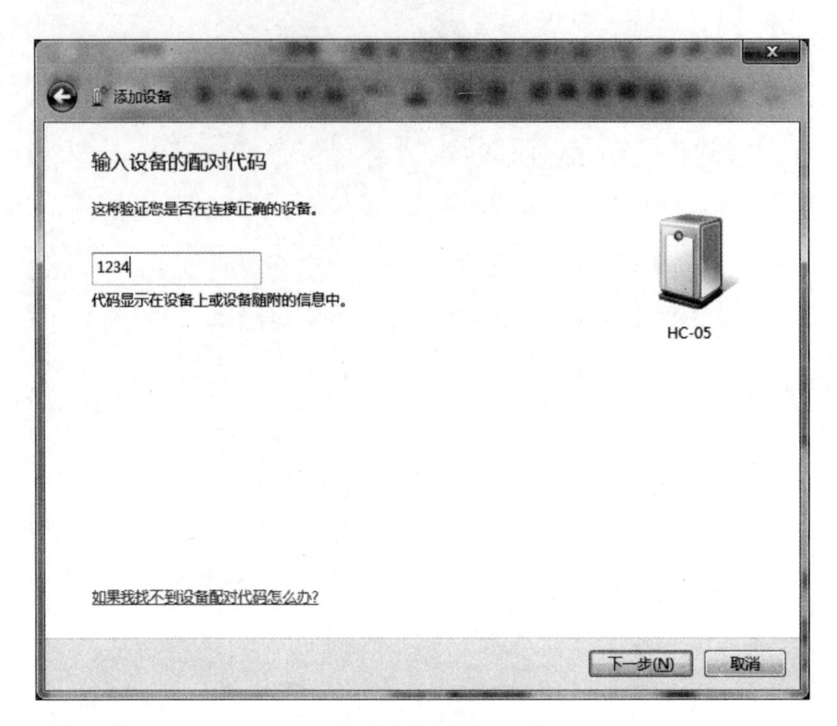

图 4.8 输入配对代码

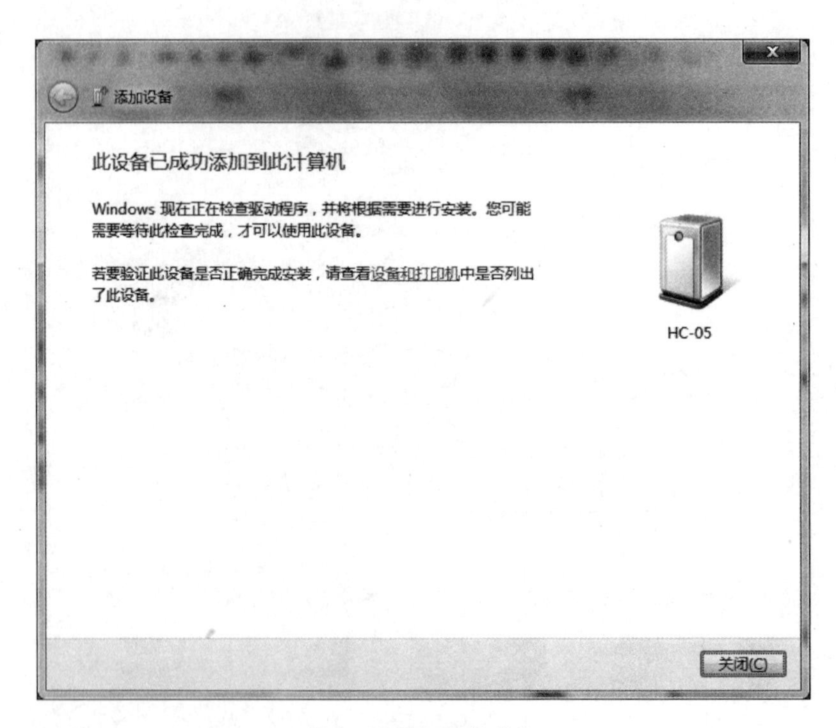

图 4.9 添加设备成功

(9) 用串口线连接蓝牙无线节点(从模式)与 PC,在 PC 上打开串口助手或者超级终端,串口选择已经连接的串口号,设置波特率为 115 200,通过 PC 端 USB 蓝牙设备(主模式)给蓝牙无线模块(从模式)发送数据,如图 4.11 所示。

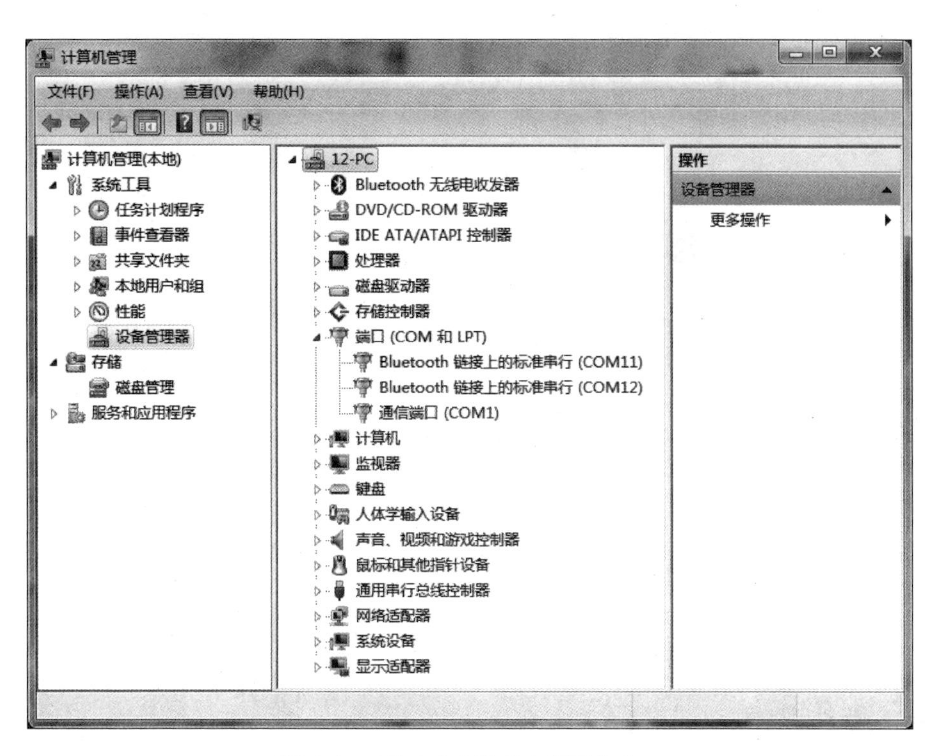

图 4.10　配对成功后多出的两个串口

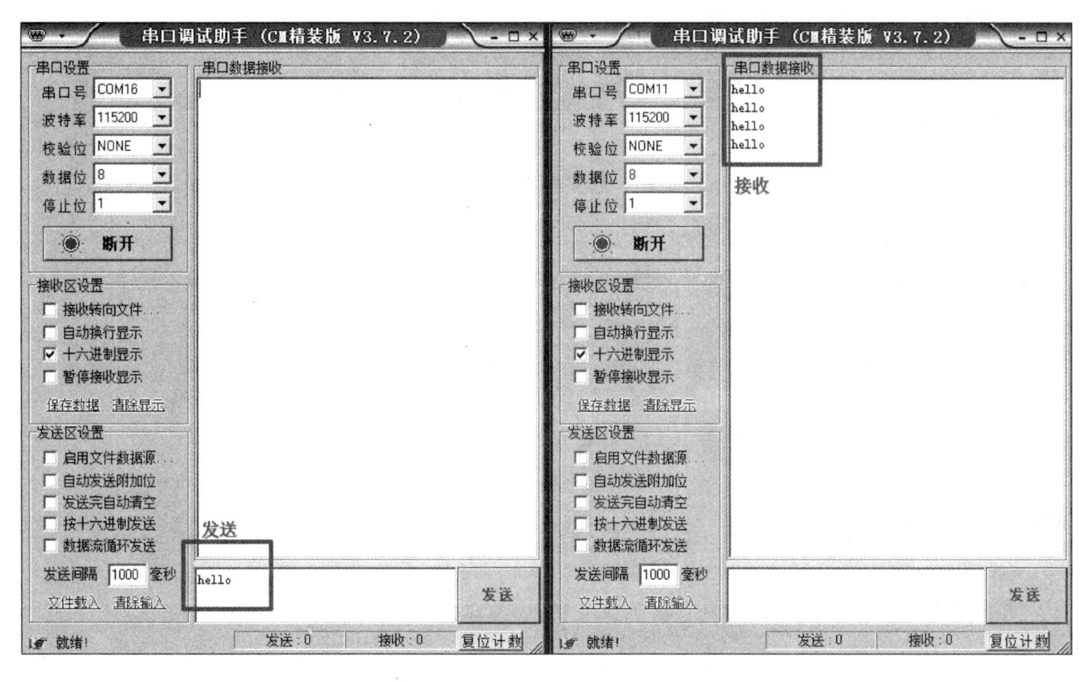

图 4.11　数据发送和接收

(10) 任务完成后应及时删除蓝牙设备，右击任务栏的蓝牙设备图标，显示出 Bluetooth 设备，右击 HC-05 图标，在弹出的快捷菜单中选择“删除设备(V)”，最后拔掉 USB 蓝牙

Master 设备，如图 4.12 所示。

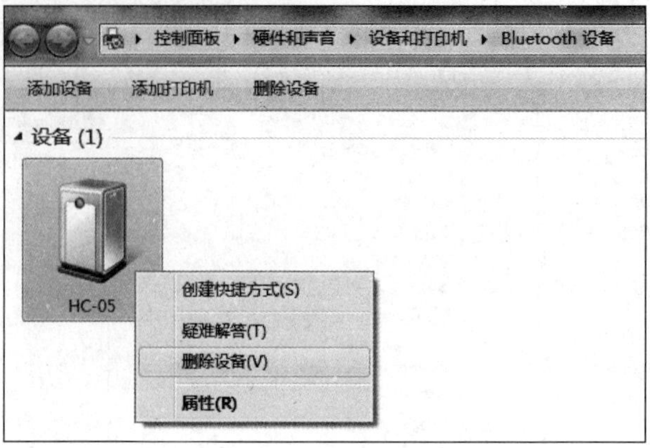

图 4.12　删除蓝牙设备

4.4　任务 34　WiFi 无线网络开发

4.4.1　学习目标

- 理解 WiFi 模块的工作原理；
- 熟悉 HF-LPA WiFi 通信协议 AT 指令；
- 学会在 STM32 微处理器开发程序，实现 WiFi 模块之间的通信。

4.4.2　开发环境

- 硬件：ZXBee 无线节点板，WiFi 无线模块，调试扩展板 STM32_DEBUG_EX，ARM J-Link 仿真器，调试转接板，USB MINI 线，J-Link 仿真器，PC；
- 软件：Windows XP/7/8/10、IAR 集成开发环境、串口调试助手。

4.4.3　原理学习

1. WiFi

WiFi 是一种短程无线传输技术，能够在数 10m 范围内支持互联网接入的无线电信号。它的最大优点是传输速度较高，在信号较弱或有干扰的情况下，带宽可调整，有效地保障了网络的稳定性和可靠性。另外它的传输有效距离也很长，在开放性区域，通信距离可达 305m，使用特殊的天线技术可以达到 1000m 左右，在封闭性区域，通信距离为 76～122m，加入功率放大电路可以增加其传输距离。

2. WiFi 的技术优势

WiFi 的技术优势主要体现在：

1）建设便捷

因为 WiFi 是无线技术，所以组建网络时免去了布线工作，只需一个或多个无线 AP，就可以满足一定范围的上网需求，节省了安装成本，缩短了安装时间。ADSL、光纤等有线网络到户后，只需连接到无线 AP，再在计算机中安装一块无线网卡即可。一般家庭只需一个 AP，如果用户的邻居得到授权，也可以通过同一个无线 AP 上网。

2）无线电波覆盖范围广

最新的 WiFi 半径可达 900ft(1ft＝0.3048m)左右，约 300m，而蓝牙的电波半径只有 50ft 左右，约 15m，差距非常大。

3）投资经济

缺乏灵活性是有线网络的固有缺点。在规划有线网络时，需要提前考虑到以后的发展需求，这就会导致大量的超前投资，进而出现线路利用率低的情况。而 WiFi 网络可以随着用户数的增加而逐步扩展。一旦用户数量增加，只需增加无线 AP，不需要重新布线，与有线网络相比节约了很多网络建设成本。

4）传输速度快

可达到 37.5Mb/s，能够满足绝大多数个人和社会信息化的需求。

5）较低的厂商进入门槛

在机场、长途客运站、酒店、图书馆等人员较密集的地方设置无线网络“热点”，并与高速互联网连接。只要用户的无线上网设备处于“热点”所覆盖的区域内，即可高速接入因特网。

3. HF-LPA WiFi

HF-LPA 低功耗嵌入式 WiFi 模组可以实现通过串口将设备连接到无线网络，用户设备只需通过串口向模块发送和接收数据即可。该无线通信模块完成由串口通信到无线通信的转换工作，在模块内部集成了无线通信所必需的 MAC 地址、射频电路以及功率放大器等，同时模块内部也集成了无线通信所必需的 TCP/IP 协议栈等固件。HF-LPA 无线通信模块是一款完整的无线通信解决方案，用户只需简单地搭建电路就可以完成在自己系统中增加无线通信的功能，完全可以把该模块当作透明串口来看待。

HF-LPA 是针对数据通信信息量较少且数据的传输频率不高的情况设计的。相对那些频繁地进行较多数据通信的无线通信而言，这类无线通信对无线通信模块的功耗和快速唤醒有较高的要求。HF-LPA 是一体化 WiFi 的低功耗解决方案，通过 HF-LPA 模组，传统的低端串口设备或 MCU 控制的设备均很方便接入 WiFi 无线网络，从而实现物联网络控制与管理。

本任务采用 HF-LPA 低功耗嵌入式 WiFi 模组，支持 IEEE 802.11b/g/n 无线标准，其中组网方式为图 4.13 所示。

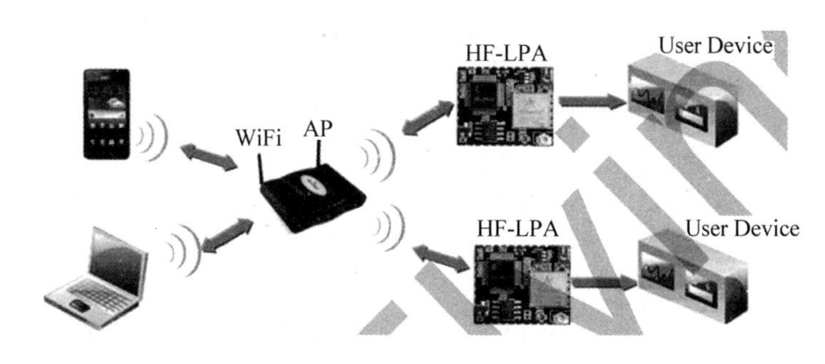

图 4.13　HF-LPA 无线组网结构

4. HF-LPA WiFi 原理

1）AT通信协议

HF-LPA WiFi有一套AT通信协议指令，用于实现通信功能，可以通过串口向模块发送，然后模块再通过串口回应数据。表4.8为其指令介绍。

表4.8 HF-LPA WiFi AT通信协议指令

指令	功能	格式	参数说明
AT+E	打开/关闭回显功能	AT+E<CR> +OK<CR><LF><CR><LF>	无
AT+VER	查询软件版本号	AT+VER<CR> +OK=<ver><CR><LF><CR><LF>	ver：模块的软件版本号
AT+MID	查询模块ID	AT+MID<CR> +OK=<module_id><CR><LF><CR><LF>	module_id：模块ID
AT+TXPWR	设置/查询无线发射功率	查询：AT+TXPWR<CR> +OK=<val><CR><LF><CR><LF> 设置：AT+TXPWR=<val><CR> +OK<CR><LF><CR><LF>	val：发射功率。取值范围为0～18；默认值为18
AT+WMAC	查询WiFi接口的MAC地址	AT+WMAC<CR> +OK=<wmac><CR><LF><CR><LF>	wmac：查询WiFi接口MAC地址
AT+UART	设置或查询串口操作	查询：AT+UART<CR> +OK=<baudrate,data_bits,stop_bit,parity> <CR><LF><CR><LF> 设置：AT+UART=<baudrate,data_bits,stop_bit,parity><CR>+OK<CR><LF><CR><LF>	baudrate：波特率，取值为300、600、1200、1800、2400、4800、9600、19 200、38 400、57 600、115 200、230 400、380 400 data_bits：数据位，8 stop_bit：停止位，为1、2 parity：检验位，为NONE、EVEN、ODD
AT+WMODE	设置/查询WiFi操作模式（AP或者STA）	查询：AT+WMODE<CR> +OK=<mode><CR><LF><CR><LF> 设置：AT+WMODE=<mode><CR> +OK<CR><LF><CR><LF>	mode：WiFi工作模式 ADHOC STA
AT+NETP	设置/查询网络协议参数	查询：AT+NETP<CR> +OK=<protocol,CS,port,IP><CR><LF><CR><LF> 设置：AT+NETP=<protocol,CS,port,IP><CR> +OK<CR><LF><CR><LF>	protocol：协议类型，包括TCP、UDP CS：网络模式 Port：协议端口，十进制数，小于65 535 IP：当模块被设置为CLIENT时，服务器的IP地址
AT+WAP	设置/查询WiFi AP模式下的参数	查询：AT+WAP<CR> +OK=<WiFi_mode,ssid,country><CR><LF><CR><LF> 设置：AT+WAP=<WiFi_mode,ssid,country><CR> +OK<CR><LF><CR><LF>	WiFi_mode：WiFi模式，包括11B、11BG、11BGN（默认） ssid：AP模式时的SSID country：国家代码，包括C1代表美国，信道范围为1～11；C2代表中国、欧洲、非洲、中东等，信道范围为1～13（默认）；C3代表日本，信道范围为1～14

续表

指令	功能	格式	参数说明
AT+LANN	设置/查询 ADHOC 模式下的 IP 地址	查询 AT+LANN<CR> +OK=<ipaddress,mask><CR><LF><CR><LF> 设置 AT+LANN=<ipaddress,mask><CR> +OK<CR><LF><CR><LF>	ipaddress：ADHOC 模式下的 IP 地址 mask：ADHOC 模式下的子网掩码
AT+DHCP	设置/查询 DHCP Server 状态（只在 AP 模式下有效）	查询 AT+DHCP<CR> +OK=<sta><CR><LF><CR><LF> 设置 AT+DHCP=<on/off><CR> +OK<CR><LF><CR><LF>	查询时，sta 返回 DHCP Server 的状态，如 on 表示为打开状态，off 表示为关闭状态 设置时，on 开启模块的 DHCP Server，off 关闭模块的 DHCP Server，设置重启生效
AT+TCPDIS	链接/断开 TCP（只在 TCP Client 时有效）	查询 AT+TCPDIS<CR> +OK=<sta><CR><LF><CR><LF> 设置 AT+TCPDIS=<on/off><CR> +OK<CR><LF><CR><LF>	查询时，sta 返回 TCP Client 是否为可链接状态，如 on 可链接，off 不可链接
AT+WSSSID	设置/查询 WiFi STA 模式下的 AP SSID	查询 AT+WSSSID<CR>+OK=<ap's ssid><CR><LF><CR><LF> 设置 AT+WSSSID=<ap's ssid><CR> +OK<CR><LF><CR><LF>	ap's ssid：AP 的 SSID（20 个字符内）
AT+WSKEY	设置/查询 WiFi STA 模式下的加密参数	查询 AT+WSKEY<CR> +OK=<auth, encry, key><CR><LF><CR><LF> 设置 AT+WSKEY=<auth,encry,key><CR> +OK<CR><LF><CR><LF>	auth：认证模式，包括 OPEN、SHARED、WPAPSK、WPA2PSK encry：加密算法。包括：NONE，"auth=OPEN"时有效；WEP，"auth=OPEN"或"SHARED"时有效，TKIP，"auth=WPAPSK 或 WPA2PSK"时有效，AES，"auth=WPAPSK"或"WPA2PSK"时有效 key：密码，ASCII 码，小于 64 位，大于 8 位
AT+WSLK	查询 STA 连接状态	AT+WSLK<CR> +OK=<ret><CR><LF><CR><LF>	ret：如果没连接，返回 Disconnected；如果有连接，返回"AP 的 SSID（AP 的 MAC）"；如果无线没有开启，返回"RF Off"
AT+WANN	设置/查询 WAN 设置	查询 AT+WANN<CR>+OK=<mode, address, mask, gateway><CR><LF><CR><LF> 设置 AT+WANN=<mode, address, mask, gateway><CR><LF><CR><LF>	模式：WAN 口 IP 模式 static：静态 IP DHCP：动态 IP 地址：WAN 口 IP 地址 子网掩码：WAN 口子网掩码 网关：WAN 口网关地址

续表

指　令	功　能	格　式	参数说明
AT+TCPLK	查询 TCP 连是否已建立连接	AT+TCPLK<CR> +OK=<sta><CR><LF><CR><LF>	sta on：TCP 已连接 off：TCP 未连接
AT+PING	网络 Ping 指令	AT+PING=<IP_address><CR> +OK=<sta><CR><LF><CR><LF>	sta：返回值 Success、Timeout、Unknown host

由于篇幅有限，剩余的 AT 指令请参考《HF-LPA 低功耗嵌入式 WiFi 模组用户手册》。

2）组网方式

本书任务开发基于 AP 的无线组网方式，该方式有一个 AP 和许多 STA 组成，AP 处于中心地位，STA 之间的相互通信都通过 AP 转发完成。

3）网络协议

HF-LPA 模块支持 IPv4 和 IPv6，支持 TCP/UDP。

4.4.4 开发内容

WiFi 无线模块通信核心实现本任务中 AP、STA 模块的设计流程图如图 4.14 所示。

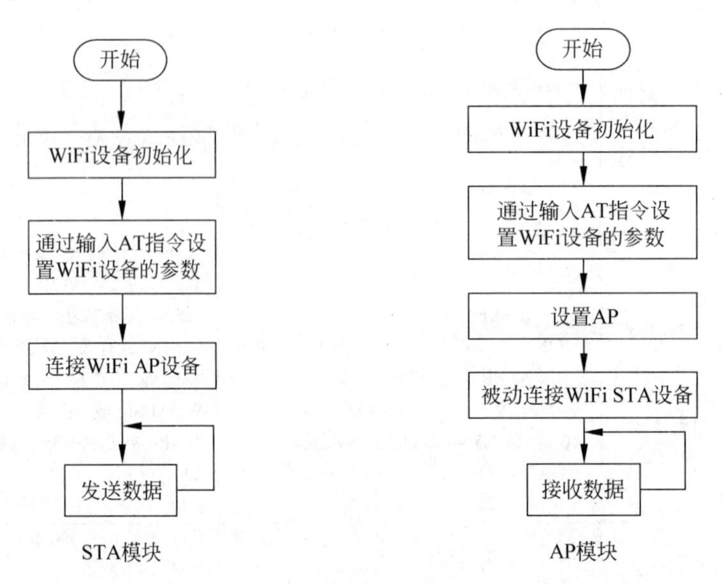

图 4.14　STA、AP 模块设计流程图

main.c 实现了 WiFi 设备的初始化、通过输入 AT 指令设置 WiFi 设备的参数、WiFi AP 模块的数据处理和 WiFi STA 模块的数据处理。

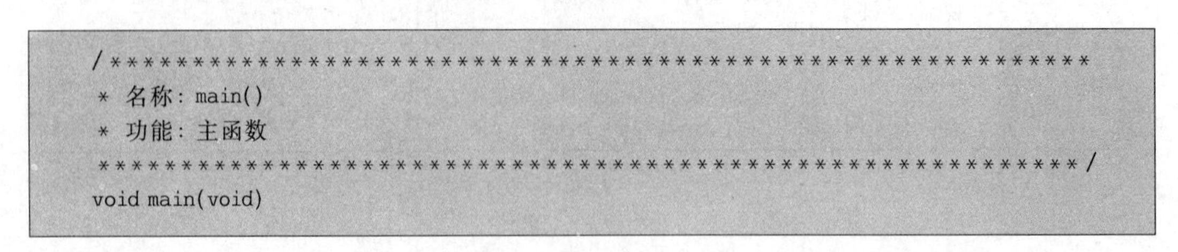

```
/*****************************************************************
* 名称：main()
* 功能：主函数
*****************************************************************/
void main(void)
```

```
{
  char ch;
  unsigned t, p;
  uart1_init();
  delay_init(72);
  WIFI_lpa_init();
  while(1)
  {
#ifndef WIFI_AP                              //WiFi AP 模块数据处理
    printf("Enter a charater\n\r");
    while(1)
    {
      //向 AP 模块发送数据
      scanf("%c", &ch);

      uart2_putc(ch);
    }
#else                                        //WiFi STA 模块数据处理

    printf("receive :\n\r");
    while(1)
    {
      //接收 sta 发来的数据
      printf("%s\n\r",_recv_buf);
      memset(_recv_buf, 0, 64);
      delay_ms(1000);
    }
#endif
  }
}
```

4.4.5 开发步骤

在本任务中需要用到两个串口，但是每台计算机只有一个串口，因此需要使用两台计算机，一台利用串口线、ZXBee 无线节点板和 WiFi 模块组建 wifi-ap 模式，另外一台利用串口线、ZXBee 无线节点板和 WiFi 模块组建成 wifi-sta 模式。

(1) 将 WiFi 无线模块正确连接到 ZXBee 无线节点板上，并通过调试转接板正确连接 J-Link 仿真器到 PC 和 ZXBee 无线节点板，同时调试转接板通过 USB MINI 线连接到 PC。

(2) 修改 WiFi 网络的 SSID。在 IAR 开发环境下双击打开开发例程 wifi-ap-sta.eww (Resource\01-开发例程\第 4 章\4.4-wifi-ap-sta\wifi-ap-sta.eww)，修改文件 wifi-lpa.c 将 CFG_SSID 修改为"test+个人身份证号的后四位"，如图 4.15 所示。

```
#define CFG_SSID     "test_1001"//后四位修改为身份证的后四位,例如 1001
```

在 IAR 开发环境菜单栏依次选择 Project→Rebuild All，重新编译。

(3) 在 IAR 开发环境的 Workspace 下拉列表框中选择 wifi-sta 模式，重新编译源代码，

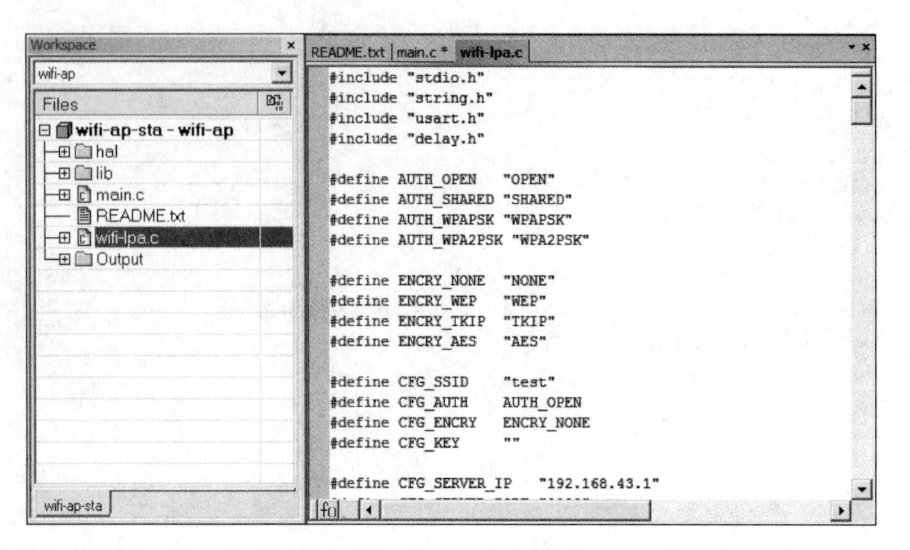

图 4.15　修改 WiFi 网络的 SSID

编译成功后执行下一步。

(4) 给 ZXBee 无线节点板起电,然后打开 J-Flash ARM 软件,选择 Target→ Connect,让仿真器与 ZXBee 无线节点板进行连接,连接成功后,J-Flash ARM 软件 LOG 窗口会提示"Connected Successfully",选择 Project→Download and debug,将程序烧写进一个 ZXBee 无线节点板中。

(5) 下载完毕后选择 Debug→Go,运行程序。

(6) 同理,参照第(1)~(5)步选择 wifi-sta 模式选择 Project→Download and debug,将程序烧写到另外一个 ZXBee 无线节点板中,并将 ZXBee 无线节点板重新上电运行。

注意:最好先让 AP 模块运行,再让 STA 模块运行,这样 STA 模块更容易连接到 AP 模块。

(7) 程序成功运行后,在 PC 上打开串口助手或者超级终端分别来监听两个串口发送的数据情况,设置接收的波特率为 115 200b/s。

(8) 观察串口调试工具接收区显示的数据。串口调试工具 1 监测 wifi-ap 的显示结果如下:

```
WIFI lpa init
enter at mode: a + ok
WIFI disable echo: + ok
WIFI version : + ok = HF - LPA v3.0.0
WIFI MID : + ok = HF - LPA
WIFI TXPWR : + ok = 18
WIFI AT + WMAC : + ok = AC:CF:23:20:67:34
WIFI uart : + ok = 115200,8,1,None
WIFI WMODE: + ok = AP
WIFI NETP: + ok = TCP,Server,8899,192.168.0.1
WIFI WAP: + ok = 11BGN,test,C2
WIFI LANN: + ok = 192.168.0.1,255.255.255.0
WIFI DHCP: + ok = on
WIFI lpa init exit
receive :
```

串口调试工具 2 监测 wifi-sta 的显示结果如下：

```
WIFI lpa init
enter at mode: a + ok
WIFI disable echo: + ok
WIFI version : + ok = HF - LPA v3.0.0
WIFI MID : + ok = HF - LPA
WIFI TXPWR : + ok = 18
WIFI AT + WMAC : + ok = AC:CF:23:20:67:3E
WIFI uart : + ok = 115200,8,1,None
WIFI WMODE: + ok = STA
WIFI TCPDIS : + ok = on
WIFI DHCP : + ok = on
WIFI WSSID : + ok = test
WIFI WSKEY : + ok = OPEN,NONE
WIFI NETP: + ok = TCP,Client,8899,192.168.0.1
WIFI WSLK : + ok = test
WIFI WANN : + ok = static,192.168.0.101,255.255.255.0,192.168.0.1
WIFI TCPLK : + ok = off
WIFI PING : + ok = Success
WIFI PING : + ok = Success
WIFI lpa init exit
Enter a charater
hello
```

上面的显示表明 WiFi 的 AP 模块与 STA 从模块连接成功，串口调试助手 2 的显示区提示开发者输入通信的字符串，输入 hello 后，监测 AP 模块的串口调试工具有如下显示：

```
receive:
hello
…
```

表明 WiFi 的 AP 模块与 WiFi 的 STA 模块通信成功。

第5章 基于Contiki操作系统的基础项目开发

本章介绍Contiki操作系统的基本知识，先分析Contiki操作系统的特点和源代码结构，介绍操作系统的主要数据结构，有进程、事件和etimer机制，并分析三者之间的关系，然后将操作系统通过移植到STM32，并通过任务式开完成了对GPIO控制、多线程、进程间通信、定时器的驱动，最后实现了对LCD的驱动。

5.1 任务35 认识Contiki操作系统

5.1.1 学习目标

- 初步了解Contiki操作系统基本特点；
- 理解Contiki事件驱动和protothread机制。

5.1.2 原理学习

5.1.2.1 Contiki操作系统

Contiki是一个开源的、高度可移植的多任务操作系统，适用于联网嵌入式系统和无线传感器网络，由瑞典计算机科学学院(Swedish Institute of Computer Science)的Adam Dunkels和他的团队开发。Contiki完全采用C语言开发，可移植性非常好，对硬件的要求极低，能够运行在各种类型的微处理器及计算机上。

Contiki适用于存储器资源十分受限的嵌入式单片机系统，是一种开源的操作系统，适用于BSD协议，即可以任意修改和发布，已经应用在许多项目中。Contiki操作系统是基于事件驱动(Event-driven)内核的操作系统，在此内核上，应用程序可以在运行时动态加载，非常灵活。在事件驱动内核基础上，Contiki实现了一种轻量级的名为protothread的线程模型，实现线性的、类似于线程的编程风格。该模型类似于Linux和Windows中线程的概念，多个线程共享同一个任务栈，从而减少RAM占用。

Contiki系统内部集成了两种类型的无线传感器网络协议栈：uIP和Rime。uIP是一个小型的符合RFC规范的TCP/IP协议栈，可以直接与Internet通信，uIP包含了IPv4和IPv6两种协议栈，支持TCP、UDP、ICMP等协议；Rime是一个轻量级、为低功耗无线传感器网络设计的协议栈，提供了大量的通信原语，能够实现从简单的一跳广播通信，到复杂的可靠多跳数据传输等通信功能。

5.1.2.2 Contiki的特点

Contiki操作系统也是一种嵌入式的多任务操作系统，是专为内存资源严重受限的嵌入式设备开发设计的。通常一个典型的 Contiki 系统只需占用 2KB RAM 和 40KB ROM。Contiki 有如下突出的特点：

(1) Contiki 系统开发使用纯 C 语言，采用 C 编译器，如 GCC、IAR 等，开发调试简单。

(2) Contiki 兼容性好，可在 8 位、16 位、32 位几乎所有类型的处理器上移植。

(3) Contiki 采用模块化松耦合的结构方式，支持选择性的可抢占式多任务。

(4) 低功率无线电通信。Contiki 同时提供完整的 IP 网络和低功率无线电通信机制。对于无线传感器网络内部通信，Contiki 使用低功率无线电网络栈。

(5) 网络交互。可以通过多种方式完成与使用 Contiki 的传感器网络的交互，如 Web 浏览器、基于文本的命令行接口，或者存储和显示传感器数据的专用软件等，为传感器网络的交互与感知提供了一些特殊的命令。

(6) 能量效率。为了延长传感器网络的生命周期，控制和减少传感器节点的功耗很重要。Contiki 提供了一种基于软件的能量分析机制，记录每个传感器节点的能量消耗，这种机制不需要额外的硬件就能完成网络级别的能量分析。

5.1.2.3 Contiki 事件驱动和 protothread 机制

Contiki 有两个主要机制：事件驱动和 protothread 机制，前者是为了降低功耗，后者是为了节省内存。

1. 事件驱动

嵌入式系统常常被设计成响应周围环境的变化，而这些变化可以看成一个个事件。事件来了，操作系统处理之；没有事件到来，就去休眠(降低功耗)。这就是所谓的事件驱动，类似于中断。

在 Contiki 系统中，事件被分为以下 3 种类型：

1) 定时器事件(timer event)

进程可以设置一个定时器，在给定的时间完成之后生成一个事件，进程一直阻塞直到定时器终止，才继续执行。定时器事件对于周期性的操作很有帮助，如一些网络协议等。

2) 外部事件(external event)

外围设备连接到具有中断功能的微处理器 I/O 引脚，触发中断时可能生成事件。最常见的如按键中断，可以生成此类事件。这类事件发生后，相应的进程就会响应。

3) 内部事件(internal event)

任何进程都可以为自身或其他进程指定事件。这类事件对进程间的通信很有作用，例如通知某一个进程，数据已经准备好可以进行计算。

对事件的操作被称为投递(posted)。当一个进程执行时，中断服务程序将投递一个事件给进程。事件具有如下信息。

process：进程被事件寻址，它可以使特定的进程或者所有注册的进程。

event type：事件类型。开发者可以为进程定义一些事件类型用来区分它们，例如一个类型为收到数据包，另一个为发送数据包。

data：数据可以和事件一起提供给进程。

Contiki 操作系统的主要原理：事件投递给进程，进程触发后开始执行直到阻塞，然后等待下一个事件。

2. protothread 机制

传统的操作系统使用栈保存进程上下文，每个进程需要一个栈，这对于内存极度受限的传感器设备将难以忍受。protothread 机制解决了这个问题，通过保存进程被阻塞处的行数，从而实现进程切换，当该进程下一次被调度时，通过 switch(__LINE__)跳转到刚才保存的点，恢复执行。整个 Contiki 只用一个栈，当进程切换时清空，大大节省内存。

在 Contiki 中，protothread 的切换，实质是函数调用，通过 call_process()函数调用 protothread 函数体的函数指针切换 protothread，即“ret = p-> thread(&p-> pt, ev, data);”。这里的 p-> thread 指向的就是定义 protothread 的函数。而由于此函数中代码基本都是在 PT_BEGIN 和 PT_END 之间(宏展开后是一个完整的 switch 语句)，因此处于保存状态的就是在本函数中运行的位置，通过__LINE__保存上一次运行到哪里，然后当再次调用这个 protothread 时，就可以通过 switch 跳到上一次执行的地方继续执行。

5.1.2.4 Contiki 操作系统源代码结构分析

Contiki 是一个高度可移植的操作系统，其设计目的是获得良好的可移植性，因此源代码的组织很有特点。打开 Contiki 源文件目录，可以看到主要有 apps、core、cpu、doc、examples、platform、tools 等目录模块，如图 5.1 所示。下面对部分模块进行介绍。

apps	2016/12/23 14:41	文件夹	
core	2016/12/23 14:41	文件夹	
cpu	2016/12/23 14:41	文件夹	
doc	2016/12/23 14:41	文件夹	
examples	2015/3/16 20:59	文件夹	
platform	2016/12/23 14:41	文件夹	
tools	2016/12/23 14:41	文件夹	
zonesion	2016/12/23 14:41	文件夹	
.gitignore	2013/7/10 23:24	GITIGNORE 文件	1 KB
Makefile.include	2013/6/19 22:32	INCLUDE 文件	8 KB
pax_global_header	2013/6/19 22:32	文件	1 KB
README	2013/6/19 22:32	文件	1 KB
README.md	2013/6/19 22:32	MD 文件	1 KB
README-BUILDING	2013/6/19 22:32	文件	5 KB
README-EXAMPLES	2013/6/19 22:32	文件	7 KB

图 5.1 Contiki 源代码目录模块

1. apps 模块

apps 目录下是一些应用程序，例如 telnet、shell、webbrowser 等，在项目程序开发过程中可以直接使用。

2. core 模块

core 目录下是 Contiki 的核心源代码，包括网络、文件系统、外部设备、链接库等，并且包含了时钟、I/O、ELF 装载器、网络驱动等的抽象。

3. cpu 模块

cpu 目录下是 Contiki 目前支持的微处理器，例如 arm、stm32w108、cc253x 等。

4. platform 模块

platform 目录下是 Contiki 支持的硬件平台，例如 stm32f10x、cc2530dk 和 Win32 等。Contiki 的平台移植主要在这个目录下完成，该部分的代码与相应的硬件平台相关。

5. tools 模块

tools 目录下是开发过程中常用的一些工具，例如 CFS 相关的 makefsdata、网络相关的 tunslip、模拟器 cooja 和 mspsim 等。

为了获得良好的可移植性，除了 cpu 和 platform 中的源代码与硬件平台相关以外，其他目录中的源代码都尽可能与硬件无关。

5.2 任务 36 认识 Contiki 操作系统的数据结构

5.2.1 学习目标

熟悉 Contiki 操作系统常用的数据结构。

5.2.2 原理学习

5.2.2.1 进程的数据结构分析

进程结构体源代码如下：

```
struct process
{
    struct process *next;                    //指向下一个进程
    /*进程名称*/
    #if PROCESS_CONF_NO_PROCESS_NAMES
      #define PROCESS_NAME_STRING(process) ""
    #else
      const char *name;
      #define PROCESS_NAME_STRING(process) (process)->name
    #endif
    /*进程主体*/
    PT_THREAD((*thread)(struct pt *, process_event_t, process_data_t));
    struct pt pt;                            //保存进程中断行数的结构体
    unsigned char state;                     //进程执行状态
    unsigned char needspoll;                 //进程优先级
};
```

下面针对进程结构体的源代码进行解析。

1. 进程名称

运用 C 语言预编译指令，可以配置进程名称，宏 PROCESS_NAME_STRING(process) 用于返回进程 process 名称，若系统无配置进程名称，则返回空字符串。

2. PT_THREAD 宏

PT_THREAD 宏定义如下：

```
#define PT_THREAD(name_args) char name_args
```

故该语句展开如下：

```
char ( * thread)(struct pt * , process_event_t, process_data_t);
```


该语句声明一个函数指针 thread，指向的是一个含有 3 个参数，返回值为 char 类型的函数。这是进程的主体，当进程执行时，主要是执行这个函数的内容。

3. pt 结构体

pt 结构体展开如下：

```
struct pt{
  lc_t lc;
};
typedef unsigned short lc_t;
```

lc(local continuations)用于保存程序被中断的行数，当该进程再次被调度时，程序会调到保存的行数继续执行。

4. 进程状态

进程共 3 个状态，宏定义如下：

```
#define PROCESS_STATE_NONE 0
/* 类似于 Linux 系统的僵尸状态,进程已退出,只是还没从进程链表删除 */
#define PROCESS_STATE_RUNNING 1  /* 进程正在执行 */
#define PROCESS_STATE_CALLED 2   /* 实际上是返回,并保存 lc 值 */
```

5. needspoll

needspoll 为进程的优先级，needspoll 为 1 的进程有更高的优先级。具体表现为：当系统调用 process_run()函数时，把所有 needspoll 标志为 1 的进程投入运行，然后才从事件队列取出下一个事件传递给相应的监听进程。

与 needspoll 相关的另一个变量 poll_requested，用于标识系统是否存在高优先级进程，即标记系统是否有进程的 needspoll 为 1。

```
static volatile unsigned char poll_requested;
```

将代码展开或简化，得到如表 5.1 所示的进程链表信息。

表 5.1 Contiki 进程链表信息

const char * name
char (* thread)(lc,ev,data)
struct pt pt
unsigned char state
unsigned char needspoll
struct process * next

5.2.2.2 事件的数据结构分析

1. 事件结构体源代码

```
struct event_data
{
  process_event_t ev;
  process_data_t data;
  struct process * p;
};
typedef unsigned char process_event_t;
typedef void * process_data_t;
```

各成员变量含义如下：ev，标识所产生事件；data，保存事件产生时获得的相关信息，即事件产生后可以给进程传递的数据；p，指向监听该事件的进程。

2. 事件分类

事件可以被分为3类：定时器事件(timer event)、外部事件和内部事件。Contiki核心数据结构就只有进程和事件。

3. 系统定义的事件

1）系统事件

系统定义了10个事件，源代码和注释如下：

```
/* 配置系统最大事件数 */
#ifndef PROCESS_CONF_NUMEVENTS
#define PROCESS_CONF_NUMEVENTS 32
#endif
#define PROCESS_EVENT_NONE      0x80  //函数 dhcpc_request 调用
handle_dhcp(PROCESS_EVENT_NONE,NULL)
#define PROCESS_EVENT_INIT      0x81  //启动一个进程 process_start,通过传递该事件
#define PROCESS_EVENT_POLL      0x82  //在 PROCESS_THREAD(etimer_process, ev, data)使用到
#define PROCESS_EVENT_EXIT      0x83  //进程退出,传递该事件给进程主体函数 thread
#define PROCESS_EVENT_SERVICE_REMOVED     0x84
#define PROCESS_EVENT_CONTINUE0x85  //PROCESS_PAUSE 宏用到这个事件
#define PROCESS_EVENT_MSG       0x86
#define PROCESS_EVENT_EXITED    0x87  //进程退出,传递该事件给其他进程
#define PROCESS_EVENT_TIMER     0x88  //etimer 到期时,传递该事件
#define PROCESS_EVENT_COM       0x89
/* 进程初始化时,让 lastevent = PROCESS_EVENT_MAX,即新产生的事件从 0x8b 开始 */
/* 函数 process_alloc_event 用于分配一个新的事件 */
#define PROCESS_EVENT_MAX       0x8a
```

PROCESS_EVENT_EXIT与PROCESS_EVENT_EXITED的区别：事件PROCESS_EVENT_EXIT用于传递给进程的主体函数thread，如在exit_process函数中的p->thread(&p->pt，PROCESS_EVENT_EXIT，NULL)。而PROCESS_EVENT_EXITED用于传递给进程，如call_process(q，PROCESS_EVENT_EXITED，(process_data_t)p)(注：EXITED是完成式，发给进程，让整个进程结束。而一般式EXIT，发给进程主体thread，只

是使其退出 thread)。

2) 一个特殊事件

如果事件结构体 event_data 的成员变量 p 指向 PROCESS_BROADCAST,则该事件是一个广播事件;在 do_event 函数中,若事件的 p 指向的是 PROCESS_BROADCAST,则让进程链表 process_list 所有进程投入运行。部分源代码如下:

```
#define PROCESS_BROADCAST NULL          //广播进程
/*保存待处理事件的成员变量*/
ev = events[fevent].ev;
data = events[fevent].data;
receiver = events[fevent].p;
if (receiver == PROCESS_BROADCAST){
  for (p = process_list; p != NULL; p = p->next) {
    if (poll_requested) {
      do_poll();
    }
    call_process(p, ev, data);
  }
}
```

5.2.2.3 etimer 的数据结构分析

由于 etimer 是定时器中的一种,讲解 etimer 定时器之前先介绍 Contiki 系统中的几个定时器。

1. Contiki 系统的定时器

Contiki 包含一个时钟模型和 5 个定时器模型(timer, stimer, ctimer, etimer,rtimer)。5 种定时器简述如下。

timer,stimer:提供了最简单的时钟操作,即检查时钟周期是否已经结束。应用程序需要从 timer 中读出状态,判断时钟是否过期。两种时钟最大的不同在于,tmier 使用的是系统时钟的 tick,而 stimer 使用的是秒,也就是 stimer 的一个时钟周期要长一些。和其他的时钟不同,这两个时钟能够在中断中安全使用,可以用到低层的驱动代码上。

ctimer:回调定时器,驱动某一个回调函数。

etimer:事件定时器,驱动某一个事件。

rtimer:实时时钟。

2. etimer 结构体

etimer 提供一种 timer 机制产生定时器事件,可以理解成 etimer 是 Contiki 特殊的一种事件。当 etimer 到期时,会给相应的进程传递事件 PROCESS_EVENT_TIMER,从而使该进程启动。

timer 仅包含起始时刻和间隔时间,所以 timer 只记录到期时间,通过比较到到期时间和新的当前时钟,从而判断该定时器是不是到期。

3. 定时器的产生及处理

通过 add_timer 函数将 etimer 加入 timerlist,etimer 处理由系统进程 etimer_process 负责。

5.3 任务 37 Contiki 操作系统移植

5.3.1 学习目标

- 理解 Contiki 的基本工作原理；
- 学会在 STM32 平台上进行 Contiki 操作系统移植。

5.3.2 开发环境

- 硬件：ZXBee 无线节点板，调试转接板，USB MINI 线，J-Link 仿真器，PC；
- 软件：Windows XP/7/8/10，IAR 集成开发环境，串口调试工具。

5.3.3 原理学习

Contiki 采用事件驱动机制，怎样才能够产生事件呢？阅读 5.1 节的内容就很容易知道怎样才能够产生事件，如：通过时钟定时，定时事件到就产生一个事件；通过某种中断，某个中断发生，就产生某个事件，例如外部中断。那么移植 Contiki 到底要做哪些工作呢？首先时钟一定是必要的，所以移植 Contiki 系统的重点在于系统时钟。

5.3.4 开发内容

理解 Contiki 系统的移植原理之后，再进行系统的移植将会变得很容易，下面详细介绍 Contiki 系统移植的整个过程。

1）下载源代码

开发者可以从官网获取源代码，Contiki 官网下载系统源代码地址：http://sourceforge.net/projects/contiki/files/Contiki/Contiki%202.6/。

2）创建工程

将 contiki-2.6 整个文件夹复制到 PC 任意目录下，进入 Contiki 系统源代码的 contiki-2.6\zonesion\example\iar 目录下，创建 5.3-testSample 目录，然后在 5.3-testSample 目录下创建一个 IAR 工程，工程名称以及工作空间的名称为 testSample，过程如下：

（1）创建一个一个空的 arm 工程，命名为 testSample。

选择 Project→Create New Project，创建工程，如图 5.2 所示。

在 Tool chain（工具链）下拉列表框中选择 ARM，并选择 Empty project，如图 5.3 所示。

单击 OK 按钮后，就会提示工程的保存路径，并填写工程名，此处填写为 testSample，如图 5.4 所示。

（2）保存工作空间并命名为 testSample，选择 File→Save Workspace，保存工程，如图 5.5 所示。

（3）创建完工程后，在工程目录下即可看到新增了几个文件，如图 5.6 所示。

3）给工程添加组目录

方法：在工程名上右击，在弹出的快捷菜单中选择 Add→Add Group，然后填写组名称即可，如图 5.7 所示。

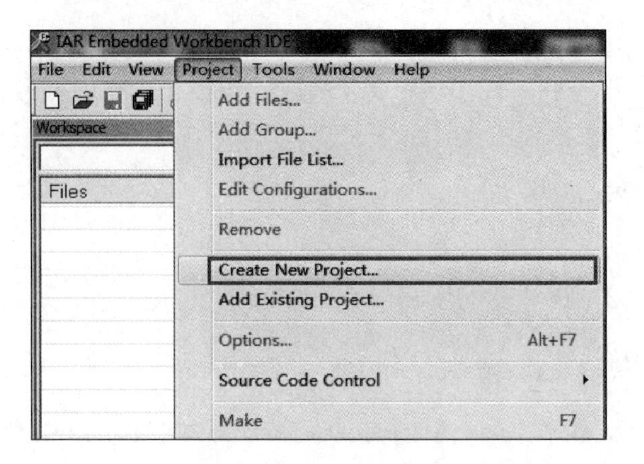

图 5.2　创建工程 1

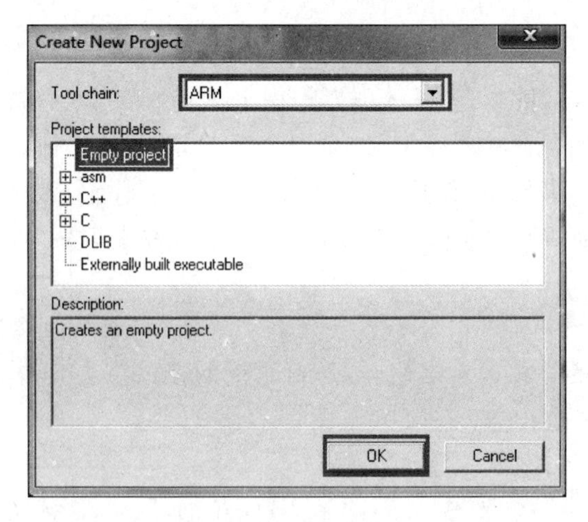

图 5.3　创建工程 2

图 5.4　保存工程并命名

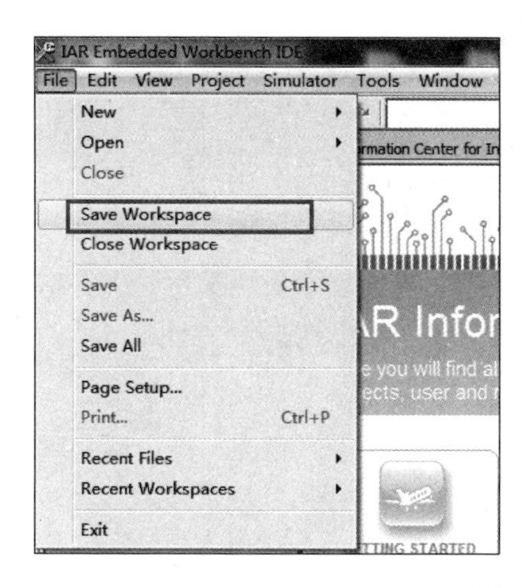

图 5.5 保存工作空间

settings
testSample.dep
testSample.ewd
testSample.ewp
testSample.eww

图 5.6 工程文件

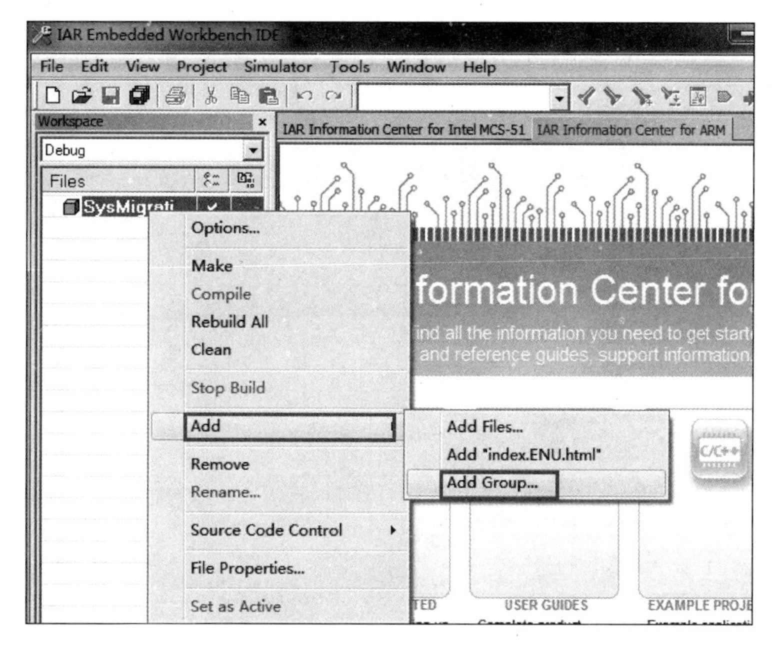

图 5.7 添加组

按照添加组的方法，依次添加如图 5.8 所示的组目录结构。

以 core 目录下的子目录 sys 目录为例，只要在 core 文件夹上右击，在弹出的快捷菜单中选择 Add→Group 即可添加子目录。

4）添加完组目录之后，往组里面添加.c 等文件

（1）添加 Contiki 系统文件。在工程 sys 目录名上右击，在弹出的快捷菜单中选择Add→Add Files，如图 5.9 所示。

在工程的 sys 组目录下添加 Contiki 的系统文件：autostart.c、ctimer.c、etimer.c、process.c、timer.c，这几个文件在 Contiki 系统源代码的 contiki-2.6\core\sys 目录下，如图 5.10 所示。

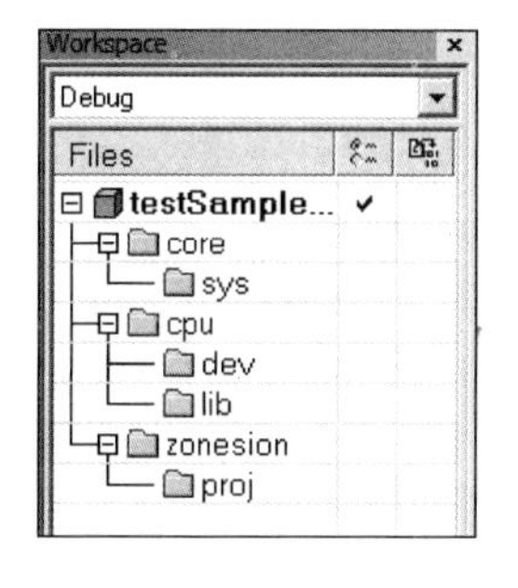

图 5.8 工程组目录

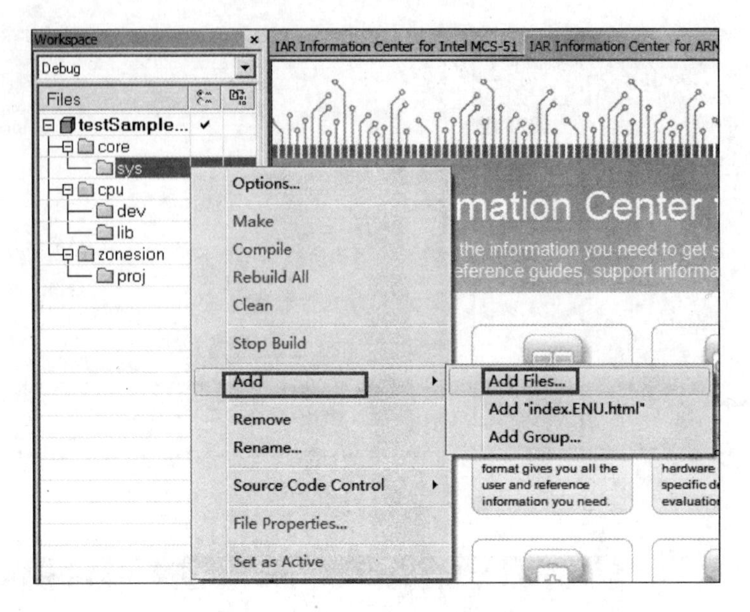

图 5.9　添加 Contiki 系统文件 1

图 5.10　添加 Contiki 系统文件 2

(2) 添加 STM32 官方库文件。将 STM32F10x_StdPeriph_Lib_V3.5.0(ST 公司提供的 STM32 标准库文件，3.5 版本)放在 Contiki 系统源代码的 contiki-2.6\cpu\arm\stm32f10x 目录下。在工程的 cpu\lib 组目录下添加 STM32 的库文件到工程中，添加的文件为：system_stm32f10x.c、startup_stm32f10x_md.s、misc.c、stm32f10x_exti.c、stm32f10x_gpio.c、stm32f10x_rcc.c、stm32f10x_usart.c。

文件所在目录说明：

- system_stm32f10x.c 文件所在目录为 STM32F10x_StdPeriph_Lib_V3.5.0\Libraries\CMSIS\CM3\DeviceSupport\ST\STM32F10x。

• startup_stm32f10x_md. s 文件所在目录为 STM32F10x_StdPeriph_Lib_V3. 5. 0\Libraries\CMSIS\CM3\DeviceSupport\ST\STM32F10x\startup\iar。

• 其余 5 个文件所在目录均为 STM32F10x_StdPeriph_Lib_V3. 5. 0\Libraries\STM32F10x_StdPeriph_Driver\src。

(3) 在工程的 cpu 组目录下添加 Contiki 系统时钟 clock. c 文件，该文件所在目录为 contiki-2. 6\cpu\arm\stm32f10x。

5) 创建 contiki-main. c 文件

通过上述步骤，移植 Contiki 系统所需要的 Contiki 系统文件、STM32 官方库所需文件都添加完毕，若想让程序执行就必须有 main 函数，上面添加的都是相应的支持文件，下面在工程的 zonesion\proj 组目录下新建一个 contiki-main. c 文件。创建方法如下：

选择 File→New→File 或者直接单击 File 下面的 New Document 按钮创建一个空白文件，如图 5. 11 所示。

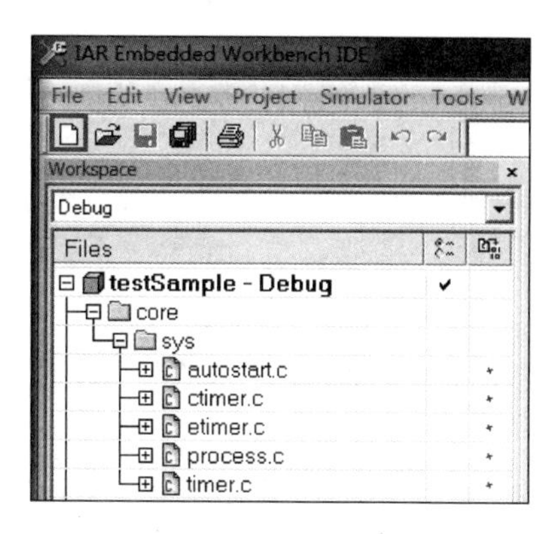

图 5. 11 创建 contiki-main. c 文件 1

按下 Ctrl+S 键保存文件，保存路径选择当前工程 testSample 的根目录下，保存文件名为 contiki-main. c，如图 5. 12 所示。

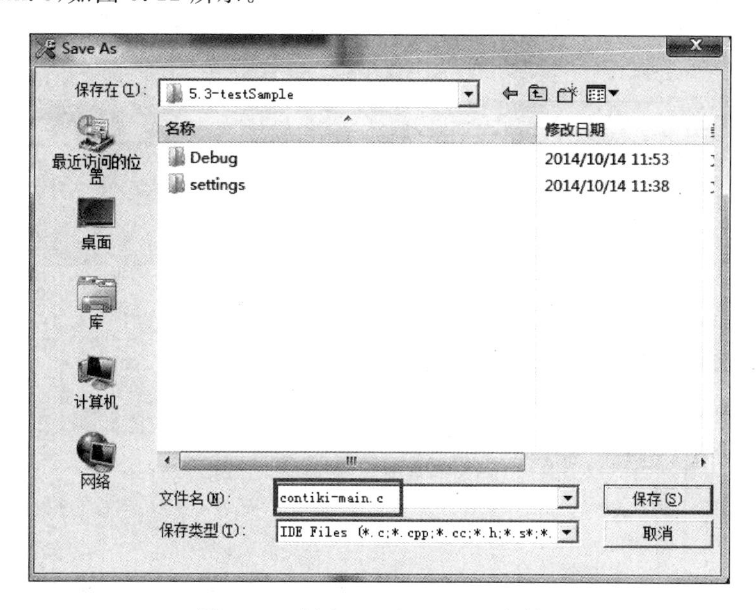

图 5.12 创建 contiki-main. c 文件 2

然后，再将已创建的 contiki-main. c 文件添加到工程的 zonesion\proj 组目录下。

添加完成后整个工程目录结构如图 5. 13 所示。

6) 配置工程

添加完. c 文件后，就需要配置工程，如硬件芯片的型号选择、头文件的路径等。配置方法及步骤如下：

(1) 在工程名上右击,在弹出的快捷菜单中选择 Options,如图 5.14 所示。

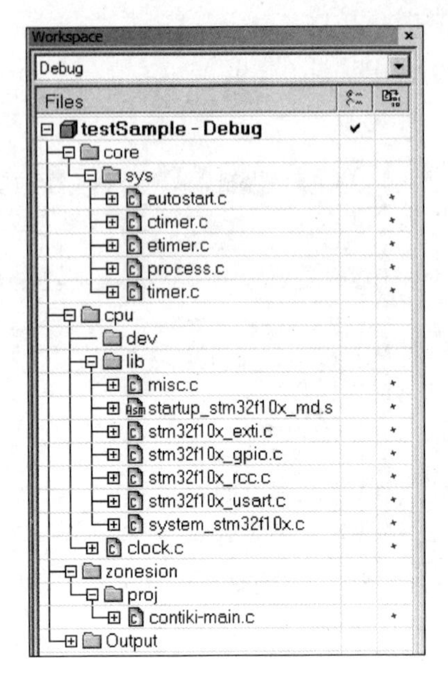

图 5.13　工程目录

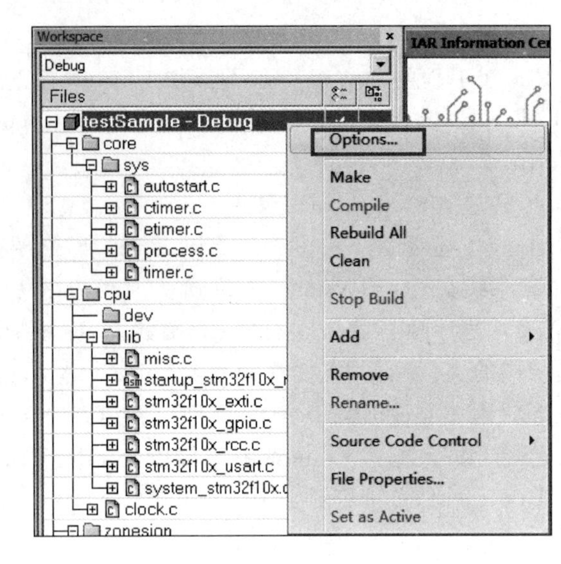

图 5.14　工程配置

(2) 在 General Options 配置页面,选中 Device 单选按钮,然后选择 STM32F10xxB,如图 5.15 所示。

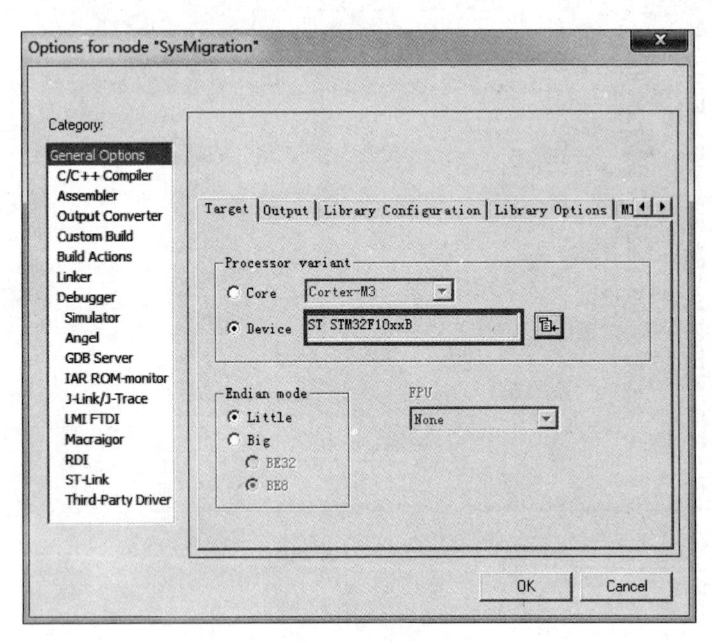

图 5.15　芯片型号选择

(3) 在 Debugger 配置页面,将 Driver 选项设置成 J-Link/J-Trace,如图 5.16 所示。

(4) 添加头文件的路径和宏定义。

配置完工程选项后,需要在工程配置选项里面添加头文件的路径,否则在编译 .c 文件

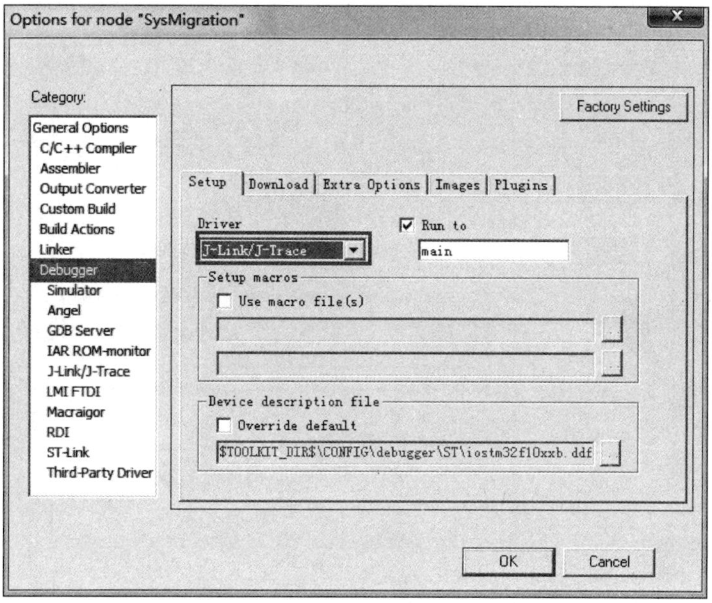

图 5.16　Debugger 选项配置

时会因找不到相应的头文件而出现编译错误。

```
$PROJ_DIR$\..\..\..\..\core
$PROJ_DIR$\..\..\..\..\core\lib
$PROJ_DIR$\..\..\..\..\core\sys
$PROJ_DIR$\..\..\..\..\zonesion\example
$PROJ_DIR$\..\..\..\..\cpu\arm\stm32f10x
$PROJ_DIR$\..\..\..\..\cpu\arm\stm32f10x\STM32F10x_StdPeriph_Lib_V3.5.0\Libraries\
STM32F10x_StdPeriph_Driver\inc
$PROJ_DIR$\..\..\..\..\cpu\arm\stm32f10x\STM32F10x_StdPeriph_Lib_V3.5.0\Libraries\
CMSIS\CM3\DeviceSupport\ST\STM32F10x
$PROJ_DIR$\..\..\..\..\cpu\arm\stm32f10x\STM32F10x_StdPeriph_Lib_V3.5.0\Libraries\
CMSIS\CM3\CoreSupport\
```

添加宏定义：

```
STM32F10X_MD
USE_STDPERIPH_DRIVER
_DLIB_FILE_DESCRIPTOR
MCK = 72000000
```

宏定义说明：STM32F10X_MD，中容量型号的 cpu；USE_STDPERIPH_DRIVER，使用官方提供的标准库；MCK = 72000000，MCU 的主频为 72MHz；_DLIB_FILE_DESCRIPTOR，文件描述符。

头文件及宏定义的添加方法：将头文件路径复制到 C/C++ Compiler 配置选项中的 Additionnal include derectories 列表框中；将宏定义添加到 Defined symbols 列表框中。添加完成后如图 5.17 所示。

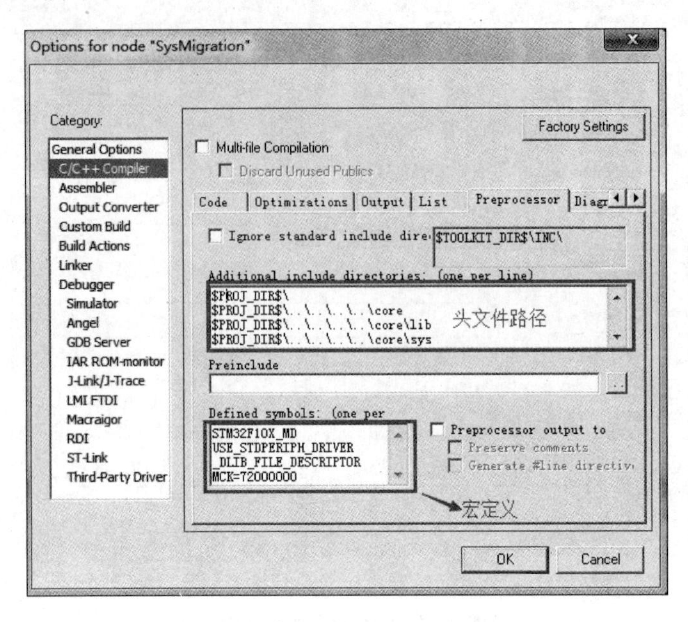

图 5.17 添加头文件路径和宏定义

7）系统时钟

接下来介绍整个系统移植的重点，也就是系统时钟。没有系统时钟，系统就跑不起来。在本次移植过程中，并不需要修改 clock.c 文件，因为该 clock.c 文件已经修改好了，直接拿过来使用即可。下面对 clock.c 里面的源代码进行相应的解析。

（1）系统时钟初始化。

系统时钟初始化是整个 STM32 工作的核心，根据 STM32 的主频，以及 CLOCK_SENCOND 的参数，可以设置系统时钟中断的时间。

```
void clock_init()
{
  NVIC_SET_SYSTICK_PRI(8);
  SysTick->LOAD = MCK/8/CLOCK_SECOND;
  SysTick->CTRL = SysTick_CTRL_ENABLE | SysTick_CTRL_TICKINT;
}
```

（2）系统时钟中断处理函数。

要让 Contiki 操作系统运行起来，关键部分是启动系统时钟，对应到 Contiki 系统的进程就是启动 etimer 进程。etimer_process 由 Contiki 系统提供，这里只需对系统时钟进行初始化并定时更新系统时钟（开发者自定义 current_clock），并判断 etimer 的下一个定时时刻是否已到（通过比较 current_clock 与 etimer 的定时时刻判定）如果时钟等待序列中有等待时钟的进程，那么就调用 etimer 进程执行，通过其唤醒相关进程。

```
void Systick_handler(void)
{
```

```
    (void)SysTick->CTRL;
    SCB->ICSR = SCB_ICSR_PENDSTCLR;
    current_clock++;

    if(etimer_pending() && etimer_next_expiration_time() <= current_clock) {
      etimer_request_poll();
      /* printf("etimer: %d, %d\n", clock_time(),etimer_next_expiration_time()); */
    }
    if (--second_countdown == 0) {
      current_seconds++;
      second_countdown = CLOCK_SECOND;
    }
}
```

Contiki 系统移植需要修改的源代码就是更改系统时钟初始化以及中断服务函数。上述步骤完成后，系统的移植工作基本完成了，接下来验证系统是否移植成功。

要验证系统是否移植成功，需写一段代码测试。在 contiki-main. c 里面添加如下内容：

```
#include <stm32f10x_map.h>
#include <stm32f10x_dma.h>
#include <gpio.h>
//省略头文件

unsigned int idle_count = 0;
int main()
{
  clock_init();
  process_init();
  process_start(&etimer_process, NULL);
  printf("HelloWorld!\r\n");
  while(1) {
    do {
    } while(process_run() > 0);
    idle_count++;
  }
  return 0;
}
/*参数校验函数,此处为空,官方库函数需要调用*/
void assert_param(int b)
{
}
```

添加完成后，将程序烧写到 ZXBee 无线节点板中，Contiki 系统可以运行起来了，但是要想看到直观的效果，可以尝试在 main 函数中添加串口打印的方法：在 Contiki 系统源代码目录 contiki-2.6\cpu\arm\stm32f10x\dev 目录下已经有了串口驱动的程序（uart1. c、uart2. c），在这里直接拿过来用即可，在工程的 cpu\dev 组目录下打开 uart1. c 文件，然后再在工程配置选项添加 uart1. h 头文件的路径：

```
$PROJ_DIR$\..\..\cpu\arm\stm32f10x\dev\
```

最后在 main 中添加串口初始化，以及串口打印消息的方法即可。

最终的 contiki-main.c 文件源代码如下：

```
#include <stm32f10x_map.h>
//头文件省略
unsigned int idle_count = 0;

int main()
{
  clock_init();
  uart1_init(115200);
  process_init();
  process_start(&etimer_process, NULL);
  printf("HelloWorld!\r\n");
  while(1) {
    do {
    } while(process_run() > 0);
    idle_count++;
  }
  return 0;
}

/*参数校验函数,此处为空,官方库函数需要调用*/
void assert_param(int b)
{
}
```

5.3.5 开发步骤

(1) 通过调试转接板将 J-Link 仿真器连接到 PC 和 ZXBee 无线节点板，在 PC 上打开串口助手或者超级终端，设置接收的波特率为 115 200b/s；

(2) 参考 5.3.4 节的系统移植过程，并打开移植成功的工程文件（双击 testSample.eww 文件）；

(3) 给连接好的硬件平台起电，将程序下载到 ZXBee 无线节点板中；

(4) 下载完毕后选择 Debug→Go，运行程序；

(5) 程序成功运行后，在 PC 上打开串口助手或者超级终端，设置接收的波特率为 115 200b/s，数据位为 8，奇偶校验为无，停止位为 1，数据流控制为无。

5.3.6 总结与扩展

程序成功运行后，在串口显示区显示：

```
HelloWorld!
```

上面的显示即可表明 Contiki 系统已经成功移植到 ZXBee 无线 STM32 处理器。

5.4 任务 38 Contiki 操作系统的进程开发

5.4.1 学习目标

- 理解 Contiki 进程的工作流程；
- 学会编写简单的进程开发程序。

5.4.2 开发环境

- 硬件：ZXBee 无线节点板，调试转接板，USB MINI 线，J-Link 仿真器，PC；
- 软件：Windows XP/7/8/10，IAR 集成开发环境，串口调试工具。

5.4.3 原理学习

本任务介绍 Contiki 系统中进程的使用方法以及相关原理，定义了一个 blink_process 进程，驱动 ZXBee 无线节点板上的 D4、D5 灯进行闪烁，blink_process 进程定义在工程根目录下的 blink.c 文件中，源代码如下：

```
#include "contiki.h"
#include "dev/leds.h"
#include <stdio.h>
static struct etimer et_blink;
static uint8_t blinks;
//定义 blink_process 进程
PROCESS(blink_process, "blink led process");
//将 blink_process 进程定义成自启动
AUTOSTART_PROCESSES(&blink_process);
PROCESS_THREAD(blink_process, ev, data)
{

  PROCESS_BEGIN();                          //进程开始
  blinks = 0;
  while(1) {
    etimer_set(&et_blink, CLOCK_SECOND);    //设置定时器 1s
    PROCESS_WAIT_EVENT_UNTIL(ev == PROCESS_EVENT_TIMER);
    leds_off(LEDS_ALL);                     //关灯
    leds_on(blinks & LEDS_ALL);             //开灯
    blinks++;
    printf("Blink… (state %0.2X)\n\r", leds_get());
  }
  PROCESS_END();                            //进程结束
}
```

在上述代码当中，leds_on(blinks&LEDS_ALL)函数实现了两个 LED 点亮的不同方式，其中函数的参数功能是选择点亮哪一个 LED。在本任务中，LED 的显示一共有 3 种状态：①D4 点亮；②D5 点亮；③D4 和 D5 同时点亮。下面根据 blink_process 进程进行详细的解析。

1. PROCESS 宏

PROCESS 宏通过声明一个函数定义进程，该函数是进程的执行体，源代码展开如下：

```
PROCESS(blink_process, "blink led process ");
#define PROCESS(name, strname) PROCESS_THREAD(name, ev, data);
struct process name = { NULL, strname, process_thread_##name }
```

将宏展开为：

```
#define PROCESS((blink_process, " blink led process ")
PROCESS_THREAD(blink_process, ev, data);
struct processblink_process = { NULL, "blink led process ", process_thread_blink_process };
```

1) PROCESS_THREAD 宏

PROCESS_THREAD 宏用于定义进程的执行主体，宏展开如下：

```
#define PROCESS_THREAD(name, ev, data) \
static PT_THREAD(process_thread_##name(struct pt *process_pt, process_event_t ev,
process_data_t data))
```

进一步展开为：

```
//PROCESS_THREAD(blink_process, ev, data);
static PT_THREAD(process_thread_blink_process(struct pt *process_pt, process_event_t ev,
process_data_t data));
```

2) PT_THREAD 宏

PT_THREAD 宏用于声明一个 protothread，即进程的执行主体，宏展开如下：

```
#define PT_THREAD(name_args) char name_args
```

进一步展开为：

```
//static PT_THREAD(process_thread_blink_process(struct pt *process_pt, process_event_t
ev, process_data_t data));
static char process_thread_blink_process(struct pt *process_pt, process_event_t ev,
process_data_t data);
```

上面的宏定义其实就是声明一个静态的函数 process_thread_blink_process，返回值是 char 类型。

3）定义一个进程

PROCESS宏展开的第二句，定义一个进程blink_process，源代码如下：

```
struct processblink_process = { NULL, " Blink led process ", process_thread_blink_process };
```

结构体process定义如下：

```
struct process
{
    struct process * next;
    const char * name;       /* 此处略做简化，源代码包含了预编译#if，可以通过配置，使得进
                             程名称可有可无 */
    PT_THREAD(( * thread)(struct pt * , process_event_t, process_data_t));
    struct pt pt;
    unsigned char state, needspoll;
};
```

进程blink_process的lc、state、needspoll都默认置为0。关于process结构体请参见5.2节内容。

2. AUTOSTART_PROCESSES宏

AUTOSTART_PROCESSES宏实际上是定义一个指针数组，存放Contiki系统运行时需自动启动的进程，宏展开如下：

```
//AUTOSTART_PROCESSES(&blink_process);
#define AUTOSTART_PROCESSES(…) \ struct process * const autostart_processes[] = {__VA_
ARGS__, NULL}
```

这里用到C99支持可变参数宏的特性，如#define debug(…) printf(__VA_ARGS__)，缺省号代表一个可以变化的参数表，宏展开时，实际的参数就传递给printf()了。例如“debug("Y=%d\n", y);”被替换成“printf("Y=%d\n", y); ”，那么，“AUTOSTART_PROCESSES(&blink_process);”实际上被替换成：

```
struct process * const autostart_processes[] = {&blink_process, NULL};
```

这样就知道如何让多个进程自启动了，直接在宏AUTOSTART_PROCESSES()加入需自启动的进程地址，如让hello_process和world_process这两个进程自启动，源代码如下：

```
AUTOSTART_PROCESSES(&hello_process,&world_process);
```

最后一个进程指针设成NULL，则是一种编程技巧，设置一个“哨兵”（提高算法效率的一个手段），以提高遍历整个数组的效率。

3. PROCESS_THREAD 宏

"PROCESS(blink_process, "Blink led process");"展开成两句，其中有一句是"PROCESS_THREAD(blink_process, ev, data);"。这里要注意到分号，它是一个函数声明。而 PROCESS_THREAD(blink_process, ev, data)没有分号，而是紧跟着"{}"，是上述声明函数的实现。关于 PROCESS_THREAD 宏的分析，最后展开如下：

```
static char process_thread_blink_process(struct pt * process_pt, process_event_t ev,
process_data_t data);
```

注意：在阅读 Contiki 源代码、手动展开宏时，要特别注意分号。

4. PROCESS_BEGIN 宏和 PROCESS_END 宏

原则上，所有的执行代码都要放在 PROCESS_BEGIN 宏和 PROCESS_END 宏之间(如果程序全部使用静态局部变量，这样做总是对的。倘若使用局部变量，情况比较复杂。当然，不建议这样做)。

1) PROCESS_BEGIN 宏

PROCESS_BEGIN 宏一步步展开如下：

```
#define PROCESS_BEGIN() PT_BEGIN(process_pt)
```

process_pt 是 struct pt * 类型，在函数头传递过来的参数(参见 3 的宏定义展开)，直接理解成 lc，用于保存当前被中断的地方，以便下次恢复执行。继续展开如下：

```
#define PT_BEGIN(pt) { char PT_YIELD_FLAG = 1; LC_RESUME((pt) -> lc)
#define LC_RESUME(s) switch(s) { case 0:
```

替换参数，结果如下：

```
{
    char PT_YIELD_FLAG = 1;        /* 将 PT_YIELD_FLAG 置 1,类似于关中断 */
    switch(process_pt -> lc)      /* 程序根据 lc 的值进行跳转,lc 用于保存程序断点 */
    {
        case 0:                    /* 第一次执行从这里开始,可以放一些初始化的内容 */
        ;
```

PROCESS_BEGIN 宏展开并不是完整的语句，可以通过下面的 PROCESS_END 宏定义查看 Contiki 是如何设计的。

2) PROCESS_END 宏

PROCESS_END 宏一步步展开如下：

```
#define PROCESS_END() PT_END(process_pt)
#define PT_END(pt) LC_END((pt) -> lc); PT_YIELD_FLAG = 0; \ PT_INIT(pt); return PT_ENDED; }
#define LC_END(s) }
```

```
#define PT_INIT(pt) LC_INIT((pt)->lc)
#define LC_INIT(s) s = 0;
#define PT_ENDED 3
```

得到 PROCESS_END 宏源代码如下：

```
    }
    PT_YIELD_FLAG = 0;
    (process_pt)->pt = 0;
    return 3;
}
```

综合来看容易理解 PROCESS_BEGIN 宏和 PROCESS_END 宏的作用。

5. 宏展开和总结

1）宏全部展开

根据上述分析，该实例全部展开的代码如下：

```
#include "contiki.h"
#include <stdio.h>

static char process_thread_blink_process(struct pt * process_pt, process_event_t ev,
process_data_t data);

struct process blink_process = { ((void * )0), "Blink led process", process_thread_blink_
process};
struct process * const autostart_processes[] = {&blink_process, ((void * )0)};

char process_thread_blink_process(struct pt * process_pt, process_event_t ev, process_data_
t data)
{
    {
        char PT_YIELD_FLAG = 1;
        switch((process_pt)->lc)
        {
            case 0:
            blinks = 0;
            while(1) {
            etimer_set(&et_blink, CLOCK_SECOND);          //设置定时器 1s
            PROCESS_WAIT_EVENT_UNTIL(ev == PROCESS_EVENT_TIMER);
            leds_off(LEDS_ALL);                           //关灯
            leds_on(blinks & LEDS_ALL);                   //开灯
            blinks++;
            printf("Blink… (state %0.2X)\n\r", leds_get());
        }

    };
}
```

```
    PT_YIELD_FLAG = 0;
    (process_pt) -> lc = 0;
    return 3;
}
```

2）宏总结

本实例用到的宏总结如下，以后就直接把宏当 API 用。声明进程 name 的主体函数 process_thread_##name（进程的 thread 函数指针所指的函数），并定义一个进程 name。

```
PROCESS(name, strname)
```

定义一个进程指针数组 autostart_processes：

```
AUTOSTART_PROCESSES(...)
```

进程 name 的定义或声明，取决于宏后面是“;”还是“{}”：

```
PROCESS_THREAD(name, ev, data)
```

进程的主体函数开始标志：

```
PROCESS_BEGIN()
```

进程的主体函数结束标志：

```
PROCESS_END()
```

进程的主体函数从这里结束。

3）编程模型

本实例给出了定义一个进程的模型（以 Hello world 为例），实际编程过程中，只需要将“printf("Hello world! \n\r");”换成自己需要实现的代码即可。

```
//假设进程名称为 Hello world
#include "contiki.h"
#include <stdio.h>

PROCESS(blink_process, "Hello world");              //PROCESS(name, strname)
AUTOSTART_PROCESSES(&blink_process);                //AUTOSTART_PROCESS(...)

PROCESS_THREAD(blink_process, ev, data)             //PROCESS_THREAD(name, ev, data)
{
    PROCESS_BEGIN();
    /***这里填入执行代码***/
    PROCESS_END();
}
```

注意：声明变量最好不要放在 PROCESS_BEGIN 之前，因为进程再次被调度，总是从头开始执行，直到 PROCESS_BEGIN 宏中的 switch 判断才跳转到断点 case __LINE__。也就是说，进程被调度总是会执行 PROCESS_BEGIN 之前的代码。

上述内容主要是结合 LED 示例进程源代码分析了进程在定义、执行时的原理，并没有讲到 LED 的驱动程序与 Contiki 系统之间的关联，那么 Contiki 系统是如何实现对 LED 灯的控制呢？

通过 LED 的显示进程，可以看到 LED 的控制调用了 leds_off()、leds_on()这两个方法，这两个方法的区别就是对 LED 灯的 I/O 引脚的电平分别置为高电平、低电平。以 leds_on()方法为例，通过分析源代码，Contiki 系统对 LED 灯的控制过程调用的方法流程如图 5.18 所示。

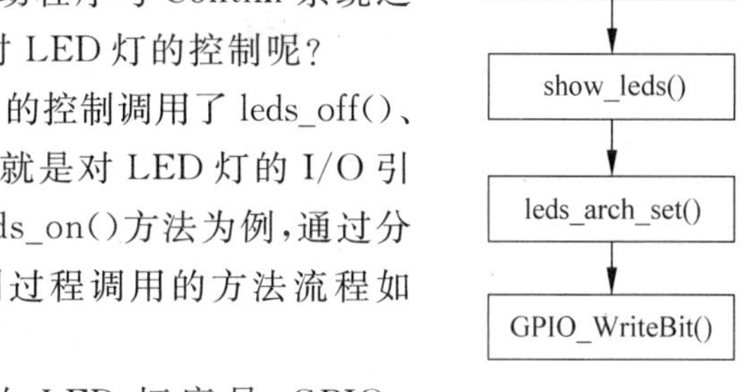

图 5.18　LED 灯控制调用的方法过程

shao_leds()方法是确定要点亮的 LED 灯序号，GPIO_WriteBit()方法就是给 LED 灯的 I/O 引脚置为高或低电平，从而达到控制 LED 的功能。

5.4.4　开发步骤

(1) 通过调试转接板将 J-Link 仿真器连接到 PC 和 ZXBee 无线节点板，在 PC 上打开串口助手或者超级终端，设置接收的波特率为 115 200b/s；

(2) 打开例程，将本任务开发例程整个文件夹复制到源代码目录的\zonesion\example\iar 文件夹下，打开任务工程；

(3) 给连接好的硬件平台起电，将程序下载到 ZXBee 无线节点板中；

(4) 下载完毕后选择 Debug→Go，运行程序；

(5) 程序成功运行后，在 PC 上打开串口助手或者超级终端，设置接收的波特率为 115 200b/s，数据位为 8，奇偶校验为无，停止位为 1，数据流控制为无。

5.4.5　总结与扩展

程序成功运行后，此时在 ZXBee 无线节点板可观察到 D4 和 D5 进行有规则的点亮，同时在串口显示区有如下显示：

```
Starting Contiki 2.6 on STM32F10x
autostart_start: starting process 'blink led process'
Blink… (state 00)
Blink… (state 01)
Blink… (state 02)
Blink… (state 03)
```

串口显示区的“Starting Contiki 2.6 on STM32F10x”表明 Contiki 操作系统成功移植到 ZXBee 无线节点板中，Blink…(state 00)表示 D4 亮，Blink…(state 01)表示 D5 亮，Blink…(state 03)表示 D4 和 D5 同时亮。

5.5 任务 39 Contiki 多进程开发

5.5.1 学习目标

- 理解 Contiki 多线程工作流程；
- 学会 Contiki 多线程程序开发。

5.5.2 开发环境

- 硬件：ZXBee 无线节点板、调试转接板，USB MINI 线，J-Link 仿真器，PC；
- 软件：Windows XP/7/8/10，IAR 集成开发环境，串口调试工具。

5.5.3 原理学习

在本任务当中定义了两个进程，一个是显示 Hello world 的进程，另一个是 LED 的闪烁进程。定义过程如下：

1）定义 Hello world 进程

```
PROCESS(hello_world_process, "Hello world process");
```

2）定义 LED 闪烁进程

```
PROCESS(blink_process, "LED blink process");
```

3）两个进程定义结束之后在自动启动进程的参数列表里面加上两个进程名

```
AUTOSTART_PROCESSES(&hello_world_process, &blink_process);
```

4）编写 hello_world_process 进程和 blink_process 进程的执行体

```
//hello_world 打印进程
PROCESS_THREAD(hello_world_process, ev, data)
{
  PROCESS_BEGIN();
  etimer_set(&et_hello, CLOCK_SECOND * 4);                    //设置定时器 4s
  while(1) {
    PROCESS_WAIT_EVENT();
    if(ev == PROCESS_EVENT_TIMER) {
      printf("Hello world!\n\r");
      etimer_reset(&et_hello);
    }
  }
  PROCESS_END();
}
```

```
//LED 灯闪烁进程
PROCESS_THREAD(blink_process, ev, data)
{
  PROCESS_BEGIN();
  blinks = 0;
  while(1) {
    etimer_set(&et_blink, CLOCK_SECOND);          //设置定时器 1s
    PROCESS_WAIT_EVENT_UNTIL(ev == PROCESS_EVENT_TIMER);
    leds_off(LEDS_ALL);
    leds_on(blinks & LEDS_ALL);
    blinks++;
    printf("Blink… (state %0.2X)\n\r", leds_get());
  }
  PROCESS_END();
}
```

两个进程的执行体分别添加打印 Hello world 和控制 LED 闪烁的代码，然后在 Contiki 的 main 函数中调用这两个进程即可实现多线程的运行。

在本任务中，Hello world 进程设置成 4s 执行一次，blink 进程设置成一秒执行一次，blink 进程中 LED 的闪烁分成 3 个状态：状态 01 表示 D4 亮；状态 02 表示 D5 亮；状态 03 表示 D4 和 D5 同时亮。

5.5.4 开发步骤

(1) 通过调试转接板将 J-Link 仿真器连接到 PC 和 ZXBee 无线节点板，在 PC 上打开串口助手或者超级终端，设置接收的波特率为 115 200b/s；

(2) 打开例程，将本任务开发例程整个文件夹复制到源代码目录的"\zonesion\example\iar"文件夹下，打开任务工程；

(3) 给连接好的硬件平台起电，将程序下载到 ZXBee 无线节点板中；

(4) 下载完毕后选择 Debug→Go，运行程序；

(5) 在 PC 上打开串口助手或者超级终端，设置接收的波特率为 115 200b/s，数据位为 8，奇偶校验为无，停止位为 1，数据流控制为无。

5.5.5 总结与扩展

程序成功运行后，在串口显示区显示：

```
Starting Contiki 2.6 on STM32F10x
autostart_start: starting process 'Blink led process'
autostart_start: starting process 'LED blink process'
Blink… (state 01)
Blink… (state 02)
Blink… (state 03)
Hello world!
Blink… (state 00)
```

```
Blink… (state 01)
Blink… (state 02)
Blink… (state 03)
Hello world!
…
```

上面显示的信息表示两个进程开始运行，串口显示区显示 Blink…(state 01)时，可以看到 ZXBee 无线节点板上的 D4 亮；显示 Blink…(state 02)时，可以看到 D5 亮；显示 Blink…(state 03)时，可看到 D4 和 D5 同时亮。显示 Hello world 时表明 Hello world 进程开始执行，并在串口显示区打印"Hello world!"。

5.6 任务 40 Contiki 进程通信基础开发

5.6.1 学习目标

- 理解 Contiki 进程共享内存的通信原理；
- 学会在 STM32 微处理器上编写开发程序，实现多进程通信。

5.6.2 开发环境

- 硬件：ZXBee 无线节点板，调试转接板，USB MINI 线，J-Link 仿真器，PC；
- 软件：Windows XP/7/8/10，IAR 集成开发环境，串口调试工具。

5.6.3 原理学习

进程通信的方式有多种，本任务使用的是共享内存的方式，共享内存允许两个或多个进程共享一给定的存储区，因为数据不需要来回复制，所以它是最快的一种进程间通信机制。

在本任务中，定义了两个进程，一个是 count_process 进程，另一个是 print_process 进程。在 count_process 进程中，添加 LED 翻转的效果，以便达到观看 count_process 进程是否执行，同时设置一个静态变量 count，只要 count 的值发生变化，print_process 进程可以即时看到 count 数值的变化，并将其显示出来。

下面是两个进程的实现源代码：

```
static process_event_t event_data_ready;
/* 定义 count 和 print 进程 */
PROCESS(count_process, "count process");
PROCESS(print_process, "print process");
/* 将两个进程设置成自启动 */
AUTOSTART_PROCESSES(&count_process, &print_process);

PROCESS_THREAD(count_process, ev, data)                //count 进程执行体
{
    static struct etimer count_timer;
```

```
        static int count = 0;
        PROCESS_BEGIN();

        event_data_ready = process_alloc_event();
        etimer_set(&count_timer, CLOCK_SECOND / 2);        //设置定时器 2s
        leds_init();                                       //led 初始化
        leds_on(1);                                        //点亮 led1
        while(1)
        {
            PROCESS_WAIT_EVENT_UNTIL(ev == PROCESS_EVENT_TIMER);   //2s 结束后
            leds_toggle(LEDS_ALL);                         //led 反转
            count ++;
            //将 event_data_ready 事件、count 数据传递给 print 进程
            process_post(&print_process, event_data_ready, &count);
            etimer_reset(&count_timer);                    //复位 count_timer,相当于继续延时 2s
        }

        PROCESS_END();
    }

    PROCESS_THREAD(print_process, ev, data)                //打印进程执行体
    {
        PROCESS_BEGIN();
        while(1)
        {
            PROCESS_WAIT_EVENT_UNTIL(ev == event_data_ready);
            printf("counter is %d\n\r", (*(int *)data));
        }
        PROCESS_END();
    }
```

count_process 与 print_process 是如何交互的呢？进程 count_process 一直执行到 PROCESS_WAIT_EVENT_UNTIL(ev==PROCESS_EVENT_TIMER)，此时 etimer 还没到期，进程被挂起。转去执行 print_process，待执行到 PROCESS_WAIT_EVENT_UNTIL(ev==event_data_ready)被挂起（因为 count_process 还没 post 事件）。而后再转去执行系统进程 etimer_process，若检测到 etimer 到期，则继续执行 count_process、count++，并传递事件 event_data_ready 给 print_process，初始化 timer，待执行到 PROCESS_WAIT_EVENT_UNTIL(while 死循环)，再次被挂起。转去执行 print_process，打印 count 的数值，待执行到 PROCESS_WAIT_EVENT_UNTIL(ev==event_data_ready)又被挂起。再次执行系统进程 etimer_process，如此反复执行。

5.6.4 开发步骤

(1) 通过调试转接板将 J-Link 仿真器连接到 PC 和 ZXBee 无线节点板；

(2) 打开例程，将本任务开发例程整个文件夹复制到源代码目录的“\zonesion\example\iar”文件夹下，打开任务工程；

(3) 给连接好的硬件平台起电,将程序下载到 ZXBee 无线节点板中;

(4) 下载完毕后选择 Debug→Go,运行程序;

(5) 在 PC 上打开串口助手或者超级终端,设置接收的波特率为 115 200b/s,数据位为 8,奇偶校验为无,停止位为 1,数据流控制为无。

5.6.5 总结与扩展

程序成功运行后,在串口显示区有如下显示:

```
Starting Contiki 2.6 on STM32F10x
autostart_start: starting process 'count process'
autostart_start: starting process 'print process'
counter is 1
counter is 2
counter is 3
counter is 4
counter is 5
counter is 6
counter is 7
…
```

上面程序的第一行表示 Contiki 操作系统成功移植到 ZXBee 无线节点板中,并成功运行。从第二行开始每看到 ZXBee 无线节点板上的 LED 亮一次,就会看到串口显示区的 counter 数值在增加,表明两个进程都在运行,且实现了进程之间的通信。

5.7 任务 41 Contiki 进程通信高级开发

5.7.1 学习目标

用进程通信实现对硬件驱动与控制。

5.7.2 开发环境

- 硬件:ZXBee 无线节点板,调试转接板,USB MINI 线,J-Link 仿真器,PC;
- 软件:Windows XP/7/8/10,IAR 集成开发环境,串口调试工具。

5.7.3 开发内容

在本任务当中,通过两个进程的共享,实现对开发硬件的驱动。

定义了 buttons_test_process 进程,只需要在 buttons_test_process 的执行体中实现按键位的操作即可。如下为 buttons_test_process 进程的定义:

```
PROCESS(buttons_test_process, "Button Test Process");
```

将 button_test_process 进程设置成自启动:

```
AUTOSTART_PROCESSES(&buttons_test_process);
```

在 PROCESS_BEGIN()与 PROCESS_END()之间编写实现按键位操作的源代码：

```
PROCESS_BEGIN();
while(1) {
    PROCESS_WAIT_EVENT_UNTIL(ev == sensors_event);
                                            //在 sensors_event 到来之前将此进程挂起
    sensor = (struct sensors_sensor * )data;
    if(sensor == &button_1_sensor) {        //如果检测到按钮 1
      PRINTF("Button 1 Press\n\r");
      leds_toggle(LEDS_1) ;                 //翻转 D4
    }
    if(sensor == &button_2_sensor) {        //如果检测到按钮 2
      PRINTF("Button 2 Press\n\r");
      leds_toggle(LEDS_2);                  //翻转 D5
    }
}
PROCESS_END();
```

buttons_test_process 进程的执行关键就是等待 sensors_event 事件的发生，这个事件一旦发生就将按钮的相关参数传递给 buttons_test_process 进程，该进程在执行时就会判断具体是哪一个按键，从而执行相应的操作。这样分析下来，就要剖析 sensors_event 事件，理解该事件是如何产生的，以及怎样将该事件传递给 buttons_test_process 进程，这个过程的时间是由 sensor.c 文件中的 sensor_process 进程实现的，那么该进程又是如何启动的呢？

从 2.2 节的开发中可知，按下 K1 或者 K2 就会触发一个按键中断服务程序，其实也是一样的，因为按键中断服务程序是最底层的程序，在 Contiki 系统中要实现按键驱动，也脱离不开最底层的按键中断服务程序。在 Contiki 系统中，没有中断的说法，而是各种各样的事件，当某一事件来临，就会执行相应的进程代码。那么底层的按键中断是如何与 sensor_event 事件关联在一起呢？通过分析按键中断服务程序的源代码就可以理解。

```
//按键 1 服务中断程序
void EXTI0_IRQHandler(void)
{
    if(EXTI_GetITStatus(EXTI_Line0) != RESET)
  {
     if (Bit_RESET == GPIO_ReadInputDataBit(GPIOA, GPIO_Pin_0)) {
      timer_set(&debouncetimer, CLOCK_SECOND / 20);
    } else if(timer_expired(&debouncetimer)) {
        //bv = 1;
        sensors_changed(&button_1_sensor);  //将按键 1 的信息传递给 sensors_changed 函数
    }
    / * Clear the EXTI line 0 pending bit * /
```

```
        EXTI_ClearITPendingBit(EXTI_Line0);
    }
}
//按键 2 服务中断程序
void EXTI1_IRQHandler(void)
{
    if(EXTI_GetITStatus(EXTI_Line1) != RESET) {
    if (Bit_RESET == GPIO_ReadInputDataBit(GPIOA, GPIO_Pin_1)) {
      timer_set(&debouncetimer, CLOCK_SECOND / 20);
    } else if(timer_expired(&debouncetimer)) {
        //bv = 2;
        sensors_changed(&button_2_sensor); //将按键 2 的信息传递给 sensors_changed 函数
    }
    /* Clear the EXTI line 0 pending bit */
    EXTI_ClearITPendingBit(EXTI_Line1);
  }
}
```

通过上述代码可知，中断服务程序与 2.2 节的中断服务程序大同小异，只不过是在其中调用了 sensors_changed 函数，那么关键点就是这个函数，继续剖析，将 sensors_changed 函数源代码展开：

```
void
sensors_changed(const struct sensors_sensor * s)
{
  sensors_flags[get_sensor_index(s)] |= FLAG_CHANGED;     //标记改变的状态
  process_poll(&sensors_process);                    //更改 sensors_process 进程的优先级为 1
}
```

在上述代码中将 sensors_process 进程的优先级进行了修改，其实就是相当于启动了该进程：

```
PROCESS_THREAD(sensors_process, ev, data)
{
  static int i;
  static int events;
  PROCESS_BEGIN();
  sensors_event = process_alloc_event();
  for(i = 0; sensors[i] != NULL; ++i) {        //初始化状态
    sensors_flags[i] = 0;
    sensors[i]->configure(SENSORS_HW_INIT, 0);
  }
  num_sensors = i;
  while(1) {
    PROCESS_WAIT_EVENT();
```

```
    do {
      events = 0;
      for(i = 0; i < num_sensors; ++i) {
    if(sensors_flags[i] & FLAG_CHANGED) {//如果状态进行了改变
    //将 sensor_event 事件广播给所有进程,并传递 sensor[i]的数据给所有进程
      if(process_post(PROCESS_BROADCAST, sensors_event, (void * )sensors[i]) == PROCESS_
ERR_OK) {
        PROCESS_WAIT_EVENT_UNTIL(ev == sensors_event);
      }
      sensors_flags[i] &= ~FLAG_CHANGED;
      events++;
    }
      }
    } while(events);
  }

  PROCESS_END();
}
```

按键位进程工作的部分流程如图 5.19 所示。

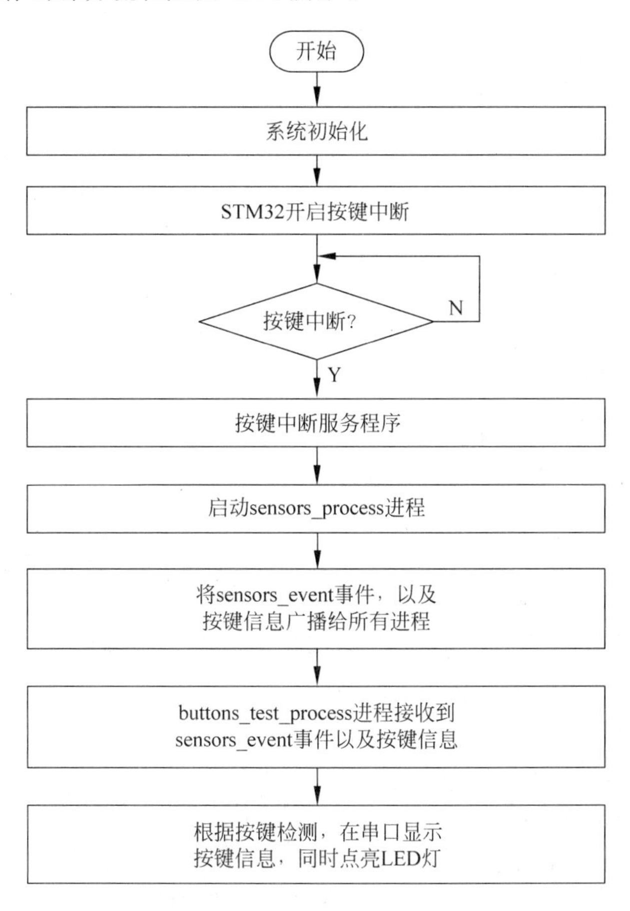

图 5.19　按键位进程工作的部分流程图

5.7.4 开发步骤

(1) 通过调试转接板将 J-Link 仿真器连接到 PC 和 ZXBee 无线节点板;

(2) 打开例程,将本任务开发例程整个文件夹复制到源代码目录的"\zonesion\example\iar"文件夹下,打开任务工程;

(3) 给连接好的硬件平台起电,将程序下载到 ZXBee 无线节点板中;

(4) 下载完毕后选择 Debug→Go,运行程序;

(5) 在 PC 上打开串口助手或者超级终端,设置接收的波特率为 115 200b/s,数据位为 8,奇偶校验为无,停止位为 1,数据流控制为无。

5.7.5 总结与扩展

程序成功运行后,此时在 ZXBee 无线节点板上按下 K1 和 K2,可观察到 D4 和 D5 灯点亮,同时在串口显示区有如下显示:

```
Starting Contiki 2.6 on STM32F10x
autostart_start: starting process 'Button Test Process'
Button 1 Press
Button 2 Press
```

串口显示区的 Starting Contiki 2.6 on STM32F10x 表明 Contiki 操作系统成功移植到 ZXBee 无线节点板中,Button 1 Press 表明 button_test_process 进程成功被调用,并执行相应按键检测操作。

5.8 任务 42 定时器驱动开发

5.8.1 学习目标

- 理解 Contiki 操作系统的定时器基本工作原理;
- 掌握将进程和定时器结合开发项目。

5.8.2 开发环境

- 硬件:ZXBee 无线节点板,调试转接板,USB MINI 线,J-Link 仿真器,PC;
- 软件:Windows XP/7/8/10,IAR 集成开发环境,串口调试工具。

5.8.3 原理学习

Contiki 系统提供一组 timer 库,除了用于 Contiki 系统本身,也可以用于应用程序。timer 库包含一些实用功能,例如检查一个时间周期是否过去了、在预定时间将系统从低功耗模式唤醒,以及实时任务的调度。定时器也可在应用程序中使用,以使系统与其他任务协调工作,或使系统在恢复运行前的一段时间内进入低功耗模式。

Contiki 有一个时钟模块和一组定时器模块:timer、stimer、ctimer、etimer、rtimer。本

任务中应用到的是 etimer 定时器模块，etimer 库主要用于调度事件按预定时间周期来触发 Contiki 系统的进程，可使得进程等待一段时间，以便于系统的其他功能运行，或这段时间让系统进入低功耗模式。

etimer 提供时间事件，当 etimer 时间到期，会给相应的进程传递 PROCEE_EVENT_TIMER 事件，从而使该进程运行。

```
struct etimer{
struct timer timer;      //timer 包含起始时刻和间隔时间,故此 timer 只记录到期时间
                         //通过比较到到期时间和新的当前时钟,从而判断是否到期
struct etimer * next;
struct process * p;
};
```

Contiki 系统有一个全局静态变量 timerlist，保存 etimer 链表，从第一个 etimer 到最后 NULL。

在本任务中，定义了 clock_test_process，只需要在 clock_test_process 的执行体中实现定时器的操作即可。clock_test_process 进程的定义如下：

```
PROCESS(clock_test_process, "Clock test process");
```

将 clock_test_process 进程设置成自启动：

```
AUTOSTART_PROCESSES(&clock_test_process);
```

在 PROCESS_BEGIN()与 PROCESS_END()之间编写实现定时器操作的源代码：

```
PROCESS_BEGIN();
etimer_set(&et, 2 * CLOCK_SECOND);
PROCESS_YIELD();
printf("Clock tick and etimer test, 1 sec ( %u clock ticks):\n\r", CLOCK_SECOND);
i = 0;
while(i < 10) {
    etimer_set(&et, CLOCK_SECOND);
    PROCESS_WAIT_EVENT_UNTIL(etimer_expired(&et));
    etimer_reset(&et);
    count = clock_time();
    printf(" %u ticks\n\r", count);
    leds_toggle(LEDS_RED);
    i++;
}
printf("Clock seconds test (5s):\n\r");
i = 0;
while(i < 10) {
    etimer_set(&et, 5 * CLOCK_SECOND);
    PROCESS_WAIT_EVENT_UNTIL(etimer_expired(&et));
```

```
        etimer_reset(&et);
        sec = clock_seconds();
        printf(" %lu seconds\n\r", sec);
        leds_toggle(LEDS_GREEN);
        i++;
    }
    printf("Done!\n\r");
    PROCESS_END();
```

5.8.4 开发步骤

(1) 通过调试转接板将 J-Link 仿真器连接到 PC 和 ZXBee 无线节点板；

(2) 打开例程，将本任务开发例程整个文件夹复制到源代码目录的"\zonesion\example\iar"文件夹下，打开任务工程；

(3) 给连接好的硬件平台起电，将程序下载到 ZXBee 无线节点板中；

(4) 下载完毕后选择 Debug→Go，运行程序；

(5) 在 PC 上打开串口助手或者超级终端，设置接收的波特率为 115 200b/s，数据位为 8，奇偶校验为无，停止位为 1，数据流控制为无。

5.8.5 总结与扩展

程序成功运行后，此时在串口显示区有如下显示：

```
Starting Contiki 2.6 on STM32F10x
autostart_start: starting process 'Clock test process'
Clock tick and etimer test, 1 sec (100 clock ticks):
300 ticks
400 ticks
500 ticks
600 ticks
700 ticks
800 ticks
900 ticks
1000 ticks
1100 ticks
1200 ticks
Clock seconds test (5s):
17 seconds
22 seconds
27 seconds
32 seconds
37 seconds
42 seconds
47 seconds
52 seconds
```

```
57 seconds
62 seconds
Done!
```

5.9 任务43 基于Contiki的LCD驱动开发

5.9.1 学习目标

- 理解LCD的工作原理；
- 学会基于Contiki操作系统的LCD的驱动开发。

5.9.2 开发环境

- 硬件：ZXBee无线节点板，调试转接板，USB MINI线，J-Link仿真器，PC；
- 软件：Windows XP/7/8/10，IAR集成开发环境，串口调试工具。

5.9.3 原理学习

本任务实现基于Contiki系统的LCD显示。要在Contiki系统上实现LCD的显示，主要分成两个内容：LCD驱动的实现；LCD显示进程的实现。下面结合本次开发例程的源代码分别解析LCD驱动的实现以及LCD显示进程的实现过程。

1. LCD驱动的实现

ZXBee无线节点板利用SPI总线与LCD进行通信，驱动LCD需要STM32通过SPI总线向其发送相关初始化指令，因此LCD驱动的实现分为两个步骤：SPI总线初始化，LCD模块初始化。

1) SPI总线初始化

SPI总线由SCK、MISO和MOSI等引脚组成，要完成SPI总线初始化首先需要实现其相关引脚的I/O口初始化，然后再配置SPI总线。本任务中的源代码采用STM32的官方库实现，下面是SPI总线初始化的源代码：

```
void SPI_LCD_Init(void)
{
  SPI_InitTypeDef SPI_InitStructure;
  GPIO_InitTypeDef GPIO_InitStructure;
#if USE_SPI

  RCC_APB1PeriphClockCmd(RCC_APB1Periph_SPI2, ENABLE);  //开启 SPI 时钟
#endif
//开启 SQI 总线 I/O 引脚的时钟
  RCC_APB2PeriphClockCmd( RCC_APB2Periph_GPIO_RS |RCC_APB2Periph_GPIO_REST |
                        RCC_APB2Periph_GPIO_CS, ENABLE);
#if USE_SPI
```

```
    /* LCD SPI 总线的 SCK, MISO 及 MOSI 引脚配置 */
    GPIO_InitStructure.GPIO_Pin = GPIO_Pin_15 | GPIO_Pin_13;
    GPIO_InitStructure.GPIO_Mode = GPIO_Mode_AF_PP;
    GPIO_InitStructure.GPIO_Speed = GPIO_Speed_10MHz;
    GPIO_Init(GPIOB, &GPIO_InitStructure);
  #else

    GPIO_InitStructure.GPIO_Pin = GPIO_Pin_15 | GPIO_Pin_13;
    GPIO_InitStructure.GPIO_Mode = GPIO_Mode_Out_PP;
    GPIO_InitStructure.GPIO_Speed = GPIO_Speed_10MHz;
    GPIO_Init(GPIOB, &GPIO_InitStructure);
    SPI_LCD_CLK(1);

  #endif

    GPIO_InitStructure.GPIO_Pin = GPIO_Pin_REST;
    GPIO_InitStructure.GPIO_Mode = GPIO_Mode_Out_PP;
    GPIO_Init(GPIO_REST, &GPIO_InitStructure);

    GPIO_InitStructure.GPIO_Pin = GPIO_Pin_RS;
    GPIO_InitStructure.GPIO_Mode = GPIO_Mode_Out_PP;
    GPIO_Init(GPIO_RS, &GPIO_InitStructure);

    /* Configure I/O for Flash Chip select */
    GPIO_InitStructure.GPIO_Pin = GPIO_Pin_CS;
    GPIO_InitStructure.GPIO_Mode = GPIO_Mode_Out_PP;
    GPIO_Init(GPIO_CS, &GPIO_InitStructure);

    SPI_LCD_CS_HIGH();
  #if USE_SPI
    /* LCD 的 SPI 总线配置 */
    SPI_InitStructure.SPI_Direction = SPI_Direction_1Line_Tx;
    SPI_InitStructure.SPI_Mode = SPI_Mode_Master;
    SPI_InitStructure.SPI_DataSize = SPI_DataSize_8b;
    SPI_InitStructure.SPI_CPOL = SPI_CPOL_High;
    SPI_InitStructure.SPI_CPHA = SPI_CPHA_2Edge;
    SPI_InitStructure.SPI_NSS = SPI_NSS_Soft;
    SPI_InitStructure.SPI_BaudRatePrescaler = SPI_BaudRatePrescaler_4;
    SPI_InitStructure.SPI_FirstBit = SPI_FirstBit_MSB;
    SPI_InitStructure.SPI_CRCPolynomial = 7;
    SPI_Init(LCD_SPIx, &SPI_InitStructure);
    /* 使能 SPI 总线 */
    SPI_Cmd(LCD_SPIx, ENABLE);
  #endif
  }
```

2）LCD 模块初始化

SPI 总线驱动实现完成后，就需要对 LCD 模块的初始化。要完成对 LCD 模块的初始化，只需要向其发送相关的初始化指令即可。下面便是 LCD 模块初始化的源代码：

```
void lcd_initial()
{
    int i;
    SPI_LCD_REST_HIGH();
    delay_ms(10);
    SPI_LCD_REST_LOW();
    delay_ms(10);
    SPI_LCD_REST_HIGH();
    delay_ms(10);

    write_command(0x11);
    delay_ms(10);
    //ST7735R Frame Rate
    write_command(0xB1);
    write_data(0x01); write_data(0x2C); write_data(0x2D);
    write_command(0xB2);
    write_data(0x01); write_data(0x2C); write_data(0x2D);
    write_command(0xB3);
    write_data(0x01); write_data(0x2C); write_data(0x2D);
    write_data(0x01); write_data(0x2C); write_data(0x2D);
    write_command(0xB4);
    write_data(0x07);

    //ST7735R Power Sequence
    write_command(0xC0);
    write_data(0xA2); write_data(0x02); write_data(0x84);
    write_command(0xC1); write_data(0xC5);
    write_command(0xC2);
    write_data(0x0A); write_data(0x00);
    write_command(0xC3);
    write_data(0x8A); write_data(0x2A);
    write_command(0xC4);
    write_data(0x8A); write_data(0xEE);
    write_command(0xC5);
    write_data(0x0E);
    write_command(0x36);
    #if ROTATION == 90
        write_data(0xa0 | SBIT_RGB);
    #elif ROTATION == 180
        write_data(0xc0 | SBIT_RGB);
    #elif ROTATION == 270
        write_data(0x60 | SBIT_RGB);
    #else
        write_data(0x00 | SBIT_RGB);
    #endif
    #if ROTATION == 90 || ROTATION == 270
      write_command(0x2a);
      write_data(0x00);write_data(0x00);
      write_data(0x00);write_data(0x9f);
      write_command(0x2b);
```

```
        write_data(0x00);write_data(0x00);
        write_data(0x00);write_data(0x7f);
      #else
        write_command(0x2a);
        write_data(0x00);write_data(0x00);
        write_data(0x00);write_data(0x7f);
        write_command(0x2b);
        write_data(0x00);write_data(0x00);
        write_data(0x00);write_data(0x9f);
      #endif

        write_command(0xe0);
        write_data(0x0f); write_data(0x1a);
        write_data(0x0f); write_data(0x18);
        write_data(0x2f); write_data(0x28);
        write_data(0x20); write_data(0x22);
        write_data(0x1f); write_data(0x1b);
        write_data(0x23); write_data(0x37);
        write_data(0x00); write_data(0x07);
        write_data(0x02); write_data(0x10);
        write_command(0xe1);
        write_data(0x0f); write_data(0x1b);
        write_data(0x0f); write_data(0x17);
        write_data(0x33); write_data(0x2c);
        write_data(0x29); write_data(0x2e);
        write_data(0x30); write_data(0x30);
        write_data(0x39); write_data(0x3f);
        write_data(0x00); write_data(0x07);
        write_data(0x03); write_data(0x10);
        write_command(0xF0);
        write_data(0x01);
        write_command(0xF6);
        write_data(0x00);
        write_command(0x3A);
        write_data(0x05);
        write_command(0x29);
  }
```

通过上述源代码可知，LCD 模块在初始化时通过调用 write_command()和 write_data()两个方法实现 STM32 向 LCD 模块发送数据，同时这两个方法是实现 LCD 内容显示的核心方法，LCD 显示内容之前，需要先通过 write_command()方法向 LCD 模块发送相关的指令，然后再调用 write_data()方法向 LCD 模块发送 LCD 显示的数据内容。下面是这两个方法的源代码：

```
/* 指令写函数 */
void write_command(unsigned char c)
{
  SPI_LCD_RS_LOW();
  SPI_LCD_CS_LOW();
  /* 发送写使能指令 */
#if USE_SPI

  SPI_I2S_SendData(LCD_SPIx, c);

  while (SPI_I2S_GetFlagStatus(LCD_SPIx, SPI_I2S_FLAG_TXE) == RESET);
#else
{
    int i;
    for (i = 0; i<8; i++) {
        SPI_LCD_DAT(0x01&(c>>(7 - i)));
        SPI_LCD_CLK(0);
        SPI_LCD_CLK(1);
    }
}
#endif

  SPI_LCD_CS_HIGH();
}
/* 数据写函数 */
void write_data(unsigned char c)
{
  SPI_LCD_RS_HIGH();
  SPI_LCD_CS_LOW();
#if USE_SPI

  SPI_I2S_SendData(LCD_SPIx, c);

  while (SPI_I2S_GetFlagStatus(LCD_SPIx, SPI_I2S_FLAG_TXE) == RESET);
#else
{
    int i;
    for (i = 0; i<8; i++) {
        SPI_LCD_DAT(0x01&(c>>(7 - i)));
        SPI_LCD_CLK(0);
        SPI_LCD_CLK(1);
    }
}
#endif

  SPI_LCD_CS_HIGH();
}
```

2. LCD 显示进程

实现了 LCD 的驱动之后，就需要实现 LCD 显示的进程。在本任务中，让 LCD 上分行显示不同颜色的“This is a LCD example 2013. 10. 17”，下面是 LCD 显示进程的实现源代码：

```
PROCESS(lcd_process, "lcd process");                  //定义 LCD 显示进程
AUTOSTART_PROCESSES(&lcd_process);                    //将 LCD 显示进程设置成自动启动
PROCESS_THREAD(lcd_process, ev, data)                 //进程执行体
{
  PROCESS_BEGIN();
  char * tail = "LCD process example";
  char * head = "Contiki 2.6";
  Display_Clear_Rect(0, 0, LCDW, 12, 0xffff);        //将 LCD 顶端的 160 * 12 的区域清屏成白色
  Display_ASCII6X12((LCDW - strlen(head) * 6)/2, 1, 0x0000, head);
                                                      //将 LCD 顶端居中显示 head 的内容
  //以不同行、不同颜色显示 This is a LCD example 2013.10.17
  Display_ASCII6X12(1,24, 0xf800, "This");
  Display_ASCII6X12(1,36, 0x07e0, "is");
  Display_ASCII6X12(1,48, 0x0f0f0, "a");
  Display_ASCII6X12(1,60, 0xffff, "LCD");
  Display_ASCII6X12(1,72, 0x0000, "example");
  Display_ASCII6X12(1,84, 0x0000, "2013.10.17");
  //在 LCD 的底部 160 * 12 的区域清屏成白色
  Display_Clear_Rect(0, LCDH - 12, LCDW, 12, 0xffff);
  //LCD 底部居中黑色字体显示 LCD process example
  Display_ASCII6X12((LCDW - strlen(tail) * 6)/2, LCDH - 12, 0x0000, tail);
  PROCESS_END();
}
```

上述内容中实现了 LCD 显示进程，同时也可以看到在实现的过程调用了 Display_ASCII6X12 方法，这个方法的功能就是在 LCD 上的任意位置显示 6×12 点阵的字符，同时可以指定显示字符的颜色，下面便是这个方法的实现源代码：

```
void Display_ASCII6X12(unsigned int x0,unsigned int y0,unsigned int co, char * s)
{
    unsigned char ch = * s;
    unsigned char dot;
    int i, j;
#define CWIDTH 6
    while (ch != 0) {
        if (ch < 0x20 || ch > 0x7e) {
          ch = 0x20;
        }
        ch -= 0x20;
        for (i = 0; i < 12; i++) {
            dot = nAsciiDot6x12[ch * 12 + i];
            for (j = 0; j < 6; j++) {
```

```
            if (dot&0x80)Output_Pixel(x0 + j, y0 + i, co);
            dot <<= 1;
        }
    }
    x0 += CWIDTH;
    ch = * ++s;
  }
}
```

根据 LCD 的工作原理可知，要在 LCD 上显示 6×12 点阵的字符，必须要在源代码中生成一个 6×12 点阵的字符库，否则将不能在 LCD 上显示正确的字符信息，下面是 6×12 点阵的部分 ASCII 字符库：

```
//------------------- ASCII 字模的数据表 -------------------------//
//码表从 0x20～0x7e                                                //
//---------------------------------------------------------------//
const unsigned char nAsciiDot6x12[] =                            //ASCII
{
    0x00,0x00,0x00,0x00,0x00,0x00,0x00,0x00,                     //- -
    0x00,0x00,0x00,0x00,
    0x00,0x10,0x10,0x10,0x10,0x10,0x00,0x00,                     //-!-
    0x10,0x00,0x00,0x00,
    0x00,0x6C,0x48,0x48,0x00,0x00,0x00,0x00,                     //-"-
    0x00,0x00,0x00,0x00,
    …
    0x00,0x38,0x44,0x44,0x44,0x44,0x44,0x44,                     //-0-
    0x38,0x00,0x00,0x00,
    0x00,0x30,0x10,0x10,0x10,0x10,0x10,0x10,                     //-1-
    0x7C,0x00,0x00,0x00,
    …
    0x00,0x30,0x10,0x28,0x28,0x28,0x7C,0x44,                     //-A-
    0xEC,0x00,0x00,0x00,
    0x00,0xF8,0x44,0x44,0x78,0x44,0x44,0x44,                     //-B-
    0xF8,0x00,0x00,0x00,
    0x00,0x3C,0x44,0x40,0x40,0x40,0x40,0x44,                     //-C-
    …
};
```

5.9.4 开发步骤

(1) 正确地通过调试转接板将 J-Link 仿真器连接到 PC 和 ZXBee 无线节点板，将 LCD 正确插到 ZXBee 无线节点板上；

(2) 打开例程，将本任务开发例程整个文件夹复制到源代码目录的"\zonesion\example\iar"文件夹下，打开任务工程；

(3) 给连接好的硬件平台起电，将程序下载到 ZXBee 无线节点板中；

(4) 下载完毕后选择 Debug→Go，运行程序；

5.9.5 总结与扩展

程序成功运行后，可观察到在 ZXBee 无线节点板上的 LCD 显示如图 5.20 所示的内容。

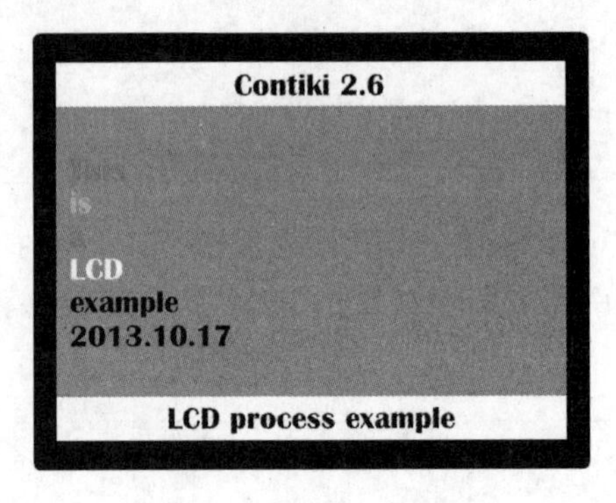

图 5.20 LCD 屏显示

第 6 章 基于 Contiki 操作系统的无线网络项目开发

本章主要是 Contiki 的无线网络的项目开发，涉及的无线模块有 IEEE 802.15.4 节点、WiFi、蓝牙等，运用 IPv6、UDP 和 TCP 等原理，实现节点间的通信以及节点与 PC 之间的通信等开发。

本章学习 Contiki 操作系统的基本知识，先分析 Contiki 操作系统的特点和源代码结构，学习操作系统的主要数据结构：进程、事件和 etimer 机制，并分析三者之间的关系，然后将操作系统移植到 STM32，并通过任务式开发完成 GPIO 控制、多线程、进程间通信、定时器的驱动，最后实现对 LCD 的驱动。

6.1 任务 44 Contiki 网络工程开发

6.1.1 学习目标

- 熟悉 Contiki 网络工程的目录功能结构；
- 掌握 Contiki 网络工程的工作流程。

6.1.2 开发环境

- 硬件：ZXBee 无线节点板，调试转接板，USB MINI 线，J-Link 仿真器，PC；
- 软件：Windows XP/7/8/10，IAR 集成开发环境，串口调试工具。

6.1.3 开发内容

在本章的后续章节内容以及第 7 章的开发内容中，将会涉及到多个节点进行 RPL 组网、WiFi 组网、蓝牙组网、节点之间的通信、CoAP 等通信开发，而这些开发工程的创建都是根据本任务的模板工程更改而来的，所以在学习多种网络的组网通信之前，先解析模板工程，了解工程的目录结构以及相应的功能。

1. Contiki 网络工程目录结构

先将开发资源包中 03-系统代码目录下的 Contiki-2.6 系统源代码复制到计算机桌面上，然后打开工程，将开发资源包中的例程“01-开发例程\第 6 章\ 6.1-template”整个文件夹复制到 Contiki 系统源代码的目录“contiki-2.6\zonesion\example\iar”文件夹下，双击“contiki-2.6\zonesion\example\iar\6.1-template”目录下的 zx103.eww 文件，就可以打开模板工程。打开工程后，在 IAR 左边窗口 Workspace 的下拉列表框中可以看到如图 6.1 所示的几个子工程，选择不同的子工程，工程的配置、源文件的编译都会有所不同。

下面分别介绍 rpl、normal-bt、normal-wifi 等子工程的功能。

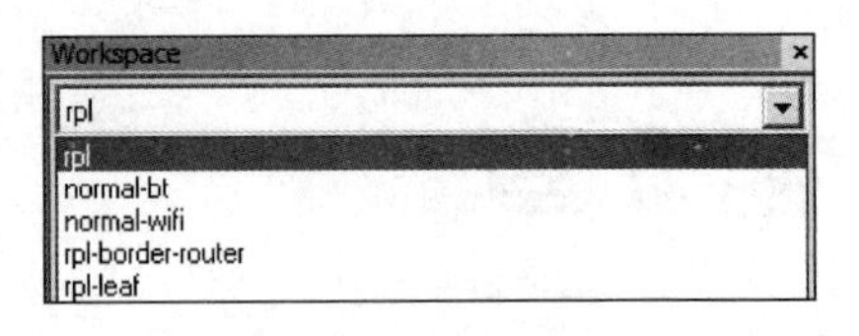

图 6.1　子工程选项

rpl：IEEE 802.15.4 节点工程，该工程是基于 IEE 802.15.4 的 IPv6 节点组网工程，实现对多种传感器的数据采集，并上报给 IEEE 802.15.4 边界路由器处理。在这种组网的模式下，无线节点既可以充当终端节点的功能，也可以充当路由的功能。

rpl-border-router：IEEE 802.15.4 边界路由器工程，负责收集并转发 IEEE 802.15.4 节点上传的数据。

normal-bt：蓝牙节点工程，该工程是基于蓝牙的 IPv6 节点组网工程，实现对多种传感器的数据采集，并上报给蓝牙网关处理。

normal-wifi：WiFi 节点工程，该工程是基于 WiFi 的 IPv6 节点组网工程，实现对多种传感器的数据采集，并上报给 WiFi 网关处理。

rpl-leaf：叶子节点工程，该工程是基于 IEEE 802.15.4 的 IPv6 节点组网工程，实现对多种传感器的数据采集，并上报给 IEEE 802.15.4 边界路由器处理。在这种组网的模式下，无线节点只充当终端节点的功能。

每个子工程的目录结构都是一致的，选择不同的子工程后都可以看到如图 6.2 所示的工程目录结构。

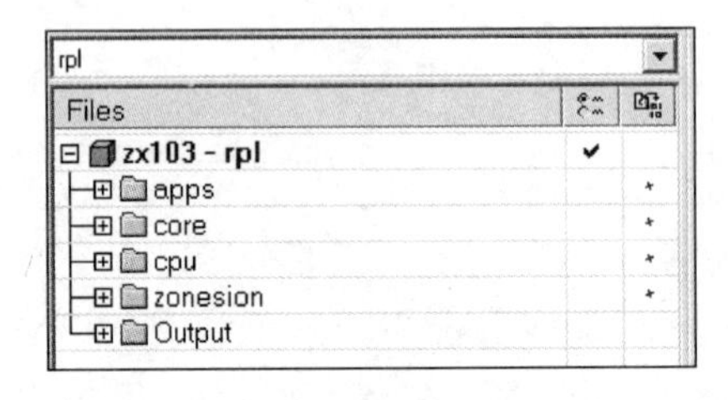

图 6.2　工程目录结构

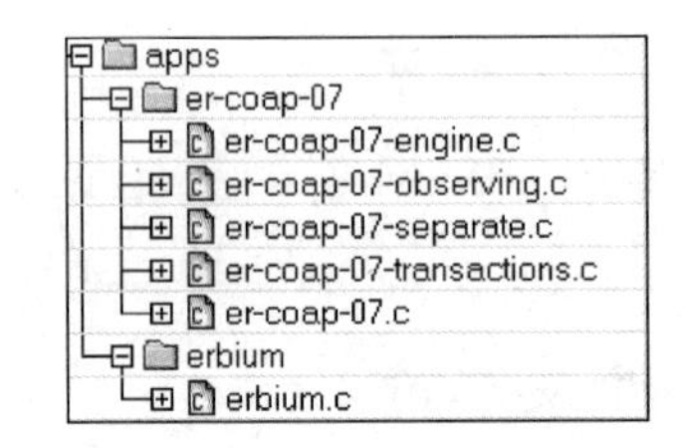

图 6.3　apps 目录结构

1）apps

将这个目录展开之后可以看到几个子目录结构，如图 6.3 所示。

这个目录主要是 CoAP 应用层协议的 API，由于 7.3、7.4 节的项目均用到了 CoAP，因此在应用层编码时就用到了 CoAP 的相关 API。

2）core

这个目录是 Contiki 系统的核心源代码，Contiki 系统需要这些核心文件才能运行。将这个目录展开后，可以看到子目录结构，如图 6.4 所示。

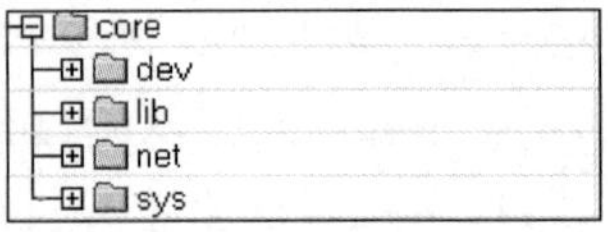

图 6.4　core 目录结构

在这个目录中分成了 dev、lib、net、sys 共 4 个子目录，其内容分别为如下。

dev：该目录中是 Contiki 系统自带的外部设备接口 API，例如 LED 点亮、熄灭的

API 等。

lib：该目录中是 Contiki 系统自带的一些基本的常用 API 的库文件，例如 CRC 校验、随机数等。

net：该目录中是关于 Contiki 系统网络的文件，如 RPL 协议、RIME 协议、6LowPAN 协议、UIP 协议栈等网络协议的实现。

sys：该目录中是 Contiki 系统的系统文件，包括 Contiki 系统的进程、事件驱动、Protothread 机制、系统定时器等系统功能的实现。

3）cpu

cpu 目录是 Contiki 系统运行的 CPU 平台相关的文件。不同厂商的 CPU 上运行 Contiki 系统，此目录下的文件就会不同。将该目录展开后会显示如图 6.5 所示的目录结构。

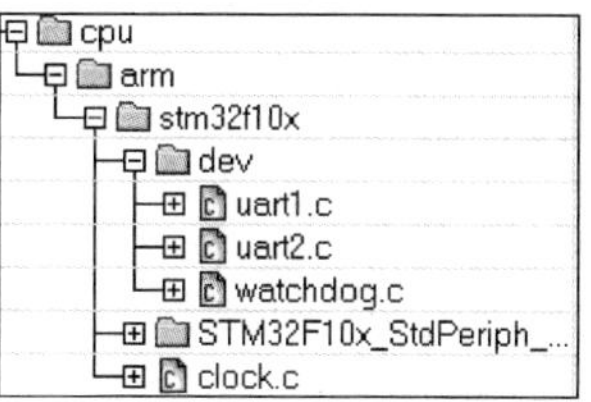

图 6.5　cpu 目录结构

从图 6.5 的目录结构可知，在本任务中的 Contiki 系统是运行在 ARM 芯片上的，芯片型号为 STM32F10x 系列，在 stm32f10x 目录下有 dev、STM32F10x_StdPeriph_Lib 两个子目录和 clock.c 文件，下面对这 2 个目录和文件进行简要讲解。

dev：该目录中是基于 STM32 芯片外部设备的驱动程序。

STM32F10x_StdPeriph_Lib：该目录是 ST 公司提供的 STM32 芯片的官方库文件。

clock.c：该文件是 Contiki 系统在 CPU 芯片上运行的时钟配置程序，Contiki 系统的移植关键就是修改这个文件。

4）zonesion

该目录主要是工程中自定义的一些进程文件、硬件设备驱动文件及 main 文件，开发者若要修改成自定义的工程，只要更改此目录下的某些文件就行了。将这个目录展开后能够看到如 6.6 图所示的目录结构。

从图 6.6 中可知，zonesion 目录下有 proj、vendor 两个子目录，下面分别对这两个子目录进行简要讲解。

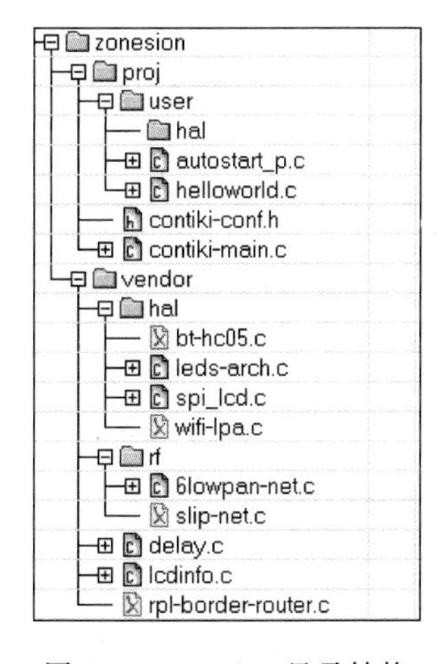

图 6.6　zonesion 目录结构

proj：该目录与工程有关，主要存放开发者自定义的进程文件（如 helloworld.c）、开发者自定义的硬件驱动程序（hal 文件夹）、程序入口文件（contiki-main.c）等。

vendor：该目录下的文件主要是蓝牙、WiFi、IEEE 802.15.4 网络设备（如 hal 目录下的 bt-hc05.c、wifi-lpa.c 等），LCD 显示模块（spi_lcd.c）等公用设备的驱动程序的实现。其中，rf 文件夹下 6lowpan-net.c 的作用是实现将网络层的数据包发送给 IEEE 802.15.4 网络设备，而 slip-net.c 的作用是将网络层的数据包发送给蓝牙、WiFi 网络设备；delay.c 是自定义实现的延时函数；lcdinfo.c 是实现 LCD 显示的进程文件；rpl-border-router.c 是 IEEE 802.15.4 网关（也称边界路由器）实现的源程序。

2. 工程配置解析

1）头文件的路径配置

在这个工程模板中用到 Contiki 系统的网络、库函数、系统接口、CoAP 应用、STM32 库文件、开发者自定义的驱动等文件，在编译时需要找到相应的头文件，因此在配置工程时需要记录这些头文件的路径，下面是头文件的路径配置。

```
$TOOLKIT_DIR$\arm\inc
$PROJ_DIR$\..\..\..\..\core
$PROJ_DIR$\..\..\..\..\core\sys
$PROJ_DIR$\..\..\..\..\core\lib
$PROJ_DIR$\..\..\..\..\core\net
$PROJ_DIR$\..\..\..\..\core\net\rpl
$PROJ_DIR$\..\..\..\..\apps\erbium
$PROJ_DIR$\..\..\..\..\apps\er-coap-07
$PROJ_DIR$\..\..\..\..\cpu\arm\stm32f10x
$PROJ_DIR$\..\..\..\..\cpu\arm\stm32f10x\STM32F10x_StdPeriph_Lib_V3.5.0\Libraries\
CMSIS\CM3\DeviceSupport\ST\STM32F10x
$PROJ_DIR$\..\..\..\..\cpu\arm\stm32f10x\STM32F10x_StdPeriph_Lib_V3.5.0\Libraries\
CMSIS\CM3\CoreSupport
$PROJ_DIR$\..\..\..\..\cpu\arm\stm32f10x\STM32F10x_StdPeriph_Lib_V3.5.0\Libraries\
STM32F10x_StdPeriph_Driver\inc
$PROJ_DIR$\..\..\..\..\
$PROJ_DIR$\..\..\..\
$PROJ_DIR$\..\..\
$PROJ_DIR$\..\
$PROJ_DIR$\
$PROJ_DIR$\..\..\..\vendor
$PROJ_DIR$\..\..\..\vendor\rf
$PROJ_DIR$\..\..\..\vendor\hal
```

2）宏定义的配置

由于在本工程模板中涵盖了 WiFi、蓝牙、IEEE 802.15.4 节点组网等功能的所有源代码，而在实际编译烧写过程中，只会选择编译其中的一部分，宏定义是实现选择编译的一个好方法，所以必须要配置宏定义。下面是本工程模板的宏定义配置：

```
STM32F10X_MD
MCK=72000000
WITH_IPV6
xWITH_SLIP_NET
WITH_II_802154
WITH_COAP=7
REST=coap_rest_implementation
xWITH_CTK=1
WITH_RPL
xRPL_LEAFONLY
WITH_LCD
```

3. contiki-main. c 文件解析

后面的项目开发基于本任务的工程模板修改而来，在后面章节的项目设计中，统一用到了 contiki-main. c 文件，而该文件是唯一的。为了实现 WiFi、蓝牙、IEEE 802. 15. 4 组网等功能，contiki-main. c 中对这些项目中所有的功能调用都实现了，然而不同功能调用的源代码前后添加了条件编译，这样就确保根据设置不同的宏定义或者选择不同的子工程，编译相应的功能。下面逐条解析 contiki-main. c 文件中的 main 函数。

1）系统时钟、串口、LED 初始化

```
clock_init();
uart1_init(115200);
/*串口打印 Contiki 系统信息*/
printf("\r\nStarting ");
printf(CONTIKI_VERSION_STRING);
printf(" on STM32F10x\r\n");
uart2_init(115200);
leds_init();
leds_on(1);
```

2）根据 WiFi、蓝牙和 IEEE 802. 15. 4 的宏定义选择在 LCD 上显示不同的功能

```
#ifdef WITH_LCD                                    //判断是否开启 LCD 显示
  SPI_LCD_Init();                                  //LCD SPI 总线驱动实现
  lcd_initial();                                   //LCD 模块初始化
  Display_Clear(0x001f);                           //LCD 清屏 - 蓝色
/*根据不同的宏定义在 LCD 上显示不同的标题*/
#if defined(WITH_BT_NET)                           //蓝牙组网
  lcd_title_bar("ipv6 node for bluetooth");
#elif defined(WITH_WIFI_NET)                       //WiFi 组网
  lcd_title_bar("ipv6 node for WIFI");
#elif defined(WITH_RPL)                            //IEEE 802.15.4 组网
/*IEEE 802.15.4 组网根据不同的节点类型,显示不同的标题*/
#if defined(WITH_RPL_BORDER_ROUTER)                //是否是路由节点
  lcd_title_bar("ipv6 node for rpl border - router");
#elif RPL_LEAFONLY                                 //是否是叶子节点
  lcd_title_bar("ipv6 node for rpl leaf");
#else
  lcd_title_bar("ipv6 node for rpl");              //普通 rpl 节点
#endif
#endif
  lcd_status_bar("www.zonesion.com.cn");           //LCD 底部显示
#endif
```

3）蓝牙模块初始化

```
#ifdef WITH_BT_NET
  {
    void hc05_init(void);
    hc05_init();
  }
#endif
```

4）WiFi 模块初始化

```
#ifdef WITH_WIFI_NET
  WIFI_lpa_init();
#endif
```

5）IEEE 802.15.4 初始化

```
#ifdef WITH_II_802154
  netstack_init();
#endif
```

6）进程初始化、事件定时器开启、ctimer 定时初始化

```
process_init();
process_start(&etimer_process, NULL);
ctimer_init();
```

7）设置并串口打印无线模块（WiFi、蓝牙和 IEEE 802.15.4 模块）的 MAC 地址

```
set_rime_addr(get_arch_rime_addr());
```

8）初始化 SLIP 串行连接（蓝牙、WiFi 模块需要这个功能）

```
#ifdef WITH_SLIP_NET
  {
    void slipnet_init(void);
    slipnet_init();
  }
#elif WITH_SERIAL_LINE_INPUT
  uart1_set_input(serial_line_input_byte);
  serial_line_init();
#endif
```

9）IPv6 数据队列缓冲区初始化，启动 TCP/IP 网络进程

```
#if UIP_CONF_IPV6
  queuebuf_init();
  process_start(&tcpip_process, NULL);
#endif /* UIP_CONF_IPV6 */
```

10）串口打印无线模块的 IPv6 链接地址

```
#if UIP_CONF_IPV6
{
    uip_ds6_addr_t *lladdr;
    int i;
    printf("Tentative link-local IPv6 address ");
    lladdr = uip_ds6_get_link_local(-1);

    for(i = 0; i < 7; ++i) {
      printf("%02x%02x:", lladdr->ipaddr.u8[i * 2], lladdr->ipaddr.u8[i * 2 + 1]);
    }
    printf("%02x%02x\n", lladdr->ipaddr.u8[14], lladdr->ipaddr.u8[15]);
}
#endif        //UIP_CONF_IPV6
```

11）启动 LCD 显示进程

```
#ifdef WITH_LCD
  PROCESS_NAME(lcdinfo_app);
  process_start(&lcdinfo_app, NULL);
#endif
```

12）条件编译启动 IEEE 802.15.4 边界路由器进程或者设置自启动的进程

```
#ifdef WITH_RPL_BORDER_ROUTER
    PROCESS_NAME(border_router_process);
    process_start(&border_router_process, NULL);
#else
#if AUTOSTART_ENABLE
  autostart_start(autostart_processes);
#endif
#endif
```

13）等待执行完所有的进程

```
while(1) {
    do {
    } while(process_run() > 0);
    idle_count++;
  }
```

以上便是整个 Contiki 系统网络工程模板的解析，本任务的最终目的是让开发者了解 Contiki 网络工程的整个工程目录结构，这部分内容也是理解后续章节开发的基础。最后本任务的内容是选择 IEEE 802.15.4 模块（STM32W108）无线模块（开发者也可以选择 WiFi、蓝牙模块进行开发）插到 ZXBee 无线节点板上，通过 LCD 进程在 LCD 幕上显示无线模块的 MAC 地址等信息，同时添加一个 helloword 串口打印进程，在串口显示打印“Hello World!”。

6.1.4 开发步骤

（1）将烧写好射频驱动程序的 STM32W108 模块（烧写过程开发者可以参考附录 A.3）正确连接到 ZXBee 无线节点板，LCD 正确插到 ZXBee 无线节点板上。通过调试转接板将 J-Link 仿真器连接到 PC 和 ZXBee 无线节点板。

（2）打开例程，将本任务开发例程整个文件夹复制到源代码目录的\zonesion\example\iar 文件夹下，打开任务工程。

（3）将连接好的硬件平台起电，然后将 J-Flash ARM 仿真软件与开发板进行软连接，连接方法请读者参考 2.1 节的开发步骤中的第（3）步。接下来，在 Workspace 下拉列表框中选择 rpl 子工程，然后选择 Project→Download and debug，将程序下载到 ZXBee 无线节点板中。

（4）下载完毕后选择 Debug→Go，运行程序。

（5）在 PC 上打开串口助手或者超级终端，设置接收的波特率为 115 200b/s，数据位为 8，奇偶校验为无，停止位为 1，数据流控制为无。

6.1.5 总结与扩展

此时在 ZXBee 无线节点板 LCD 上显示与 IEEE 802.15.4 节点相关的信息，如 Contiki 系统信息、模块的 MAC 地址信息等，如图 6.7 所示。

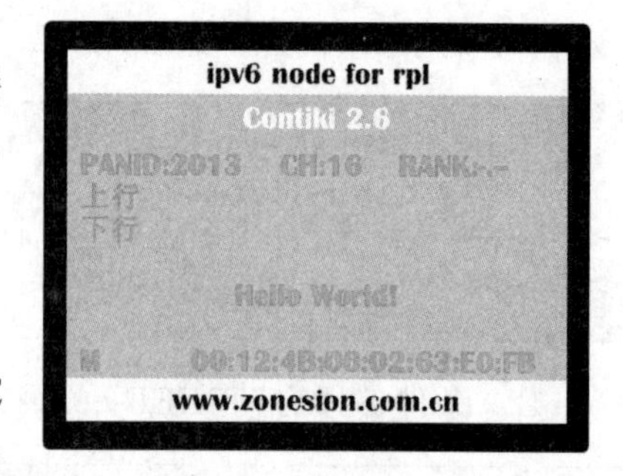

图 6.7 LCD 显示信息

同时在串口终端可以看到如下显示内容：

```
Starting Contiki 2.6 on STM32F10x
send rime addr request!
Rime set with address 0.18.75.0.2.96.224.251
Tentative link - local IPv6 address fe80:0000:0000:0000:0212:4b00:0260:e0fb
Hello wrold!
autostart_start: starting process 'helloworld'
```

通过串口终端的显示可以看到 IEEE 802.15.4 模块的 MAC 地址，以及 IPv6 的链接地址，同时启动了 helloworld 进程，打印了“Hello World!”。

6.2 任务45 IPv6网关实现

6.2.1 学习目标

- 理解 TUN/TAP 虚拟网络设备工作原理；
- 掌握 Tunslip6 服务关于 IPv6 数据包与 SLIP 数据包相互转换的实现；
- 理解智能网关 IEEE 802.15.4 IPv6 网络实现原理、蓝牙 IPv6 网络实现原理、WiFi IPv6 网络实现原理；
- 掌握多网融合 IPv6 网关实现过程。

6.2.2 开发环境

- 硬件：s210 系列网关(包含 STM32W108 无线协调器、蓝牙模块、WiFi 模块)，调试转接板，USB MINI 线，J-Link 仿真器，PC；
- 软件：Windows XP/7/8/10，IAR 集成开发环境，串口调试工具。

6.2.3 原理学习

本任务主要基于 Contiki 系统下实现网关与节点之间的通信，由于不同的节点模块以不同的方式与网关进行通信，故网关将所有不同的通信渠道统一中转到 TUN/TAP 虚拟网络设备进行处理；由于 TUN/TAP 虚拟网络设备处理的是 IPv6 数据包，而网关驱动接收的是 SLIP 数据包，故需要使用 Tunslip6 服务进行 SLIP 数据包与 IPv6 数据包的转换(Tunslip6 服务将在 6.2.4 节详细介绍)。本任务涉及的主要原理是 IEEE 802.15.4 协议、TUN/TAP 虚拟网络设备工作原理，SLIP 数据包的格式和 IEEE 802.15.4 协议的详细内容可以参考 4.1 节 IEEE 802.15.4 无线网络驱动开发的内容。

在计算机网络中，TUN 与 TAP 是操作系统内核中的虚拟网络设备。不同于普通靠硬件网路板卡实现的设备，这些虚拟的网络设备全部用软件实现，并向运行于操作系统上的软件提供与硬件的网络设备完全相同的功能。TUN 模拟了网络层设备，操作第三层数据包如 IP 数据封包。TAP 等同于一个以太网设备，它操作第二层数据包如以太网数据帧。

操作系统通过 TUN/TAP 设备向绑定该设备的用户空间的程序发送数据，反之，用户空间的程序也可以像操作硬件网络设备那样，通过 TUN/TAP 设备发送数据。在后种情况下，TUN/TAP 设备向操作系统的网络栈投递(或“注入”)数据包，从而模拟从外部接收数据的过程。

TUN/TAP 本身是作为驱动模块运行在操作系统内核模式下。其中，TUN 模拟了点对点的网络设备，封装对象是第三层数据包；TAP 等同于以太网设备，封装对象是第二层数据包。TUN/TAP 驱动包括网卡驱动和字符驱动两部分。网卡驱动与 TCP/IP 协议栈对接，提供以 Socket 方式访问 TUN/TAP 设备的通道；字符驱动提供以普通文件方式访问 TUN/TAP 设备的通道；两者在 TUN/TAP 内部完成交互。这样就在 Socket 接口与普通文件读写接口之间建立起一座桥梁，实现了数据的双向流通。从使用者角度看，TUN/TAP 既可当作普通网卡访问，也可当作普通文件访问，其工作原理如图 6.8 所示。

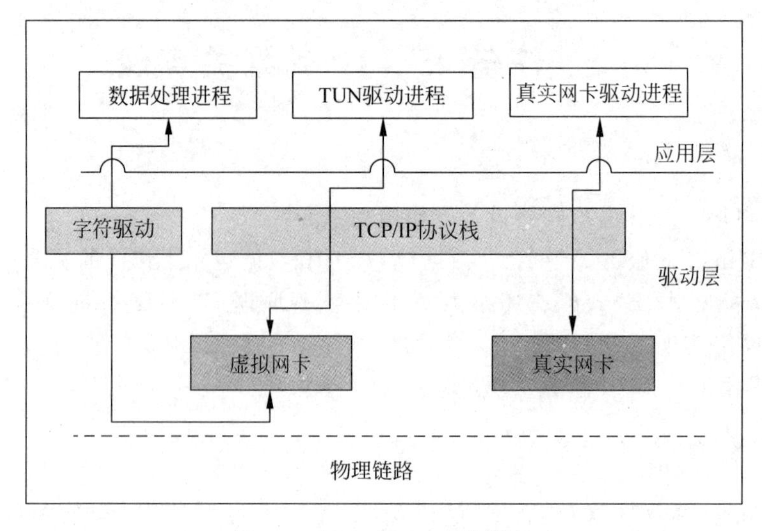

图 6.8 TUN/TAP 工作原理

IPv6 网关集成了三种网络，包括 IEEE 802.15.4 网络、蓝牙网络、WiFi 网络。

6.2.4 开发内容

1. IPv6 网关架构解析

1）IPv6 网关架构图

如图 6.9 所示，三种不同的节点模块以不同的方式与网关进行通信。例如：IEEE 802.15.4 模块通过串口连接与网关通信，蓝牙模块通过 USB 连接以蓝牙网络与网关进行通信，WiFi 模块通过 USB 连接以 WiFi 网络与网关进行通信；为了实现了多网融合通信，IPv6 网关将三种不同的通信渠道统一中转到进行 TUN/TAP 虚拟网络设备处理，保证 IEEE 802.15.4 子网、蓝牙子网、WiFi 子网同时在 IPv6 网关上正常通信，如图 6.9 所示。

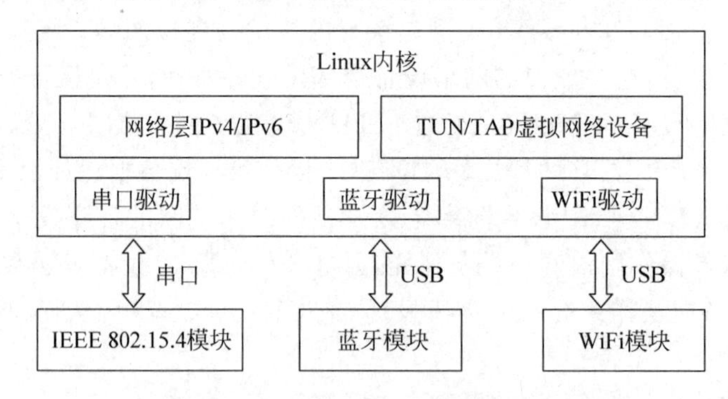

图 6.9 IPv6 网关框架结构图

2）IPv6 网关通信原理

IEEE 802.15.4 模块通过串口驱动发送 SLIP 数据包到 Tunslip6 服务，通过 Tunslip6 服务转换成 IPv6 数据包，并转发到 TUN/TAP 虚拟网络设备进行统一中转；蓝牙模块/WiFi 模块通过分别通过蓝牙驱动/WiFi 驱动发送 SLIP 数据包到指定的服务程序，该服务通过指定端口将 SLIP 数据包转发给 tunslip6.c 实现的 Tunslip6 服务，Tunslip6 服务将根据端口号生成Socket处理将发送过来的SLIP数据包转换成IPv6数据包，转发到TUN/TAP虚拟网络设备进行统一中转。

3）Tunslip6服务实现原理

Tunslip6模块实现了的功能有：

(1) 读取串口的SLIP数据包并转发到TUN/TAP虚拟网络设备；

(2) 同时实现了读取TUN/TAP虚拟网络设备的SLIP数据包并转发到串口；

(3) 根据端口号生成Socket，将发送过来的SLIP数据包转换成IPv6数据包。详细函数列表如表6.1所示。

表6.1 Tunslip6模块的函数接口

函数名	说明
void slip_send(int fd, unsigned char c);	将数据打包成SLIP数据包
void write_to_serial(int outfd, void * inbuf, int len);	向串口写入指定长度的数据
int tun_to_serial(int infd, int outfd);	读取TUN虚拟网络设备的SLIP数据包并转发到串口
void serial_to_tun(FILE * inslip, int outfd);	读取串口的SLIP数据包并转发到TUN虚拟网络设备

Tunslip6模块(contiki-2.6\tools\tunslip6.c)实现了读取串口数据并转发到TUN虚拟设备，同时实现了读取TUN虚拟设备数据并转发到串口，详细实现如下：

```
/* 读取串口数据转发到TUN虚拟设备 */
void
serial_to_tun(FILE * inslip, int outfd)
{
  static union {
    unsigned char inbuf[2000];
  } uip;
  static int inbufptr = 0;
  int ret, i;
  unsigned char c;
#ifdef linux
  ret = fread(&c, 1, 1, inslip);
  if(ret == -1 || ret == 0) err(1, "serial_to_tun: read");
  goto after_fread;
#endif
 read_more:
  if(inbufptr >= sizeof(uip.inbuf)) {
     if(timestamp) stamptime();
     fprintf(stderr, "*** dropping large %d byte packet\n", inbufptr);
     inbufptr = 0;
  }
  ret = fread(&c, 1, 1, inslip);
#ifdef linux
  after_fread:
```

```
#endif
  if(ret == -1) {
    err(1, "serial_to_tun: read");
  }
  if(ret == 0) {
    clearerr(inslip);
    return;
  }
  /* fprintf(stderr, "."); */
  switch(c) {
  case SLIP_END:
    if(inbufptr > 0) {
      if(uip.inbuf[0] == '!') {
    if(uip.inbuf[1] == 'M') {

      char macs[24];
      int i, pos;
      for(i = 0, pos = 0; i < 16; i++) {
        macs[pos++] = uip.inbuf[2 + i];
        if((i & 1) == 1 && i < 14) {
          macs[pos++] = ':';
        }
      }
          if(timestamp) stamptime();
      macs[pos] = '\0';
      //printf("*** Gateway's MAC address: %s\n", macs);
      fprintf(stderr,"*** Gateway's MAC address: %s\n", macs);
          if (timestamp) stamptime();
      ssystem("ifconfig %s down", tundev);
          if (timestamp) stamptime();
      ssystem("ifconfig %s hw ether %s", tundev, &macs[6]);
          if (timestamp) stamptime();
      ssystem("ifconfig %s up", tundev);
    }
    } else if(uip.inbuf[0] == '?') {
    if(uip.inbuf[1] == 'P') {

          struct in6_addr addr;
      int i;
      char *s = strchr(ipaddr, '/');
      if(s != NULL) {
        *s = '\0';
      }
          inet_pton(AF_INET6, ipaddr, &addr);
          if(timestamp) stamptime();
          fprintf(stderr,"*** Address: %s => %02x%02x: %02x%02x: %02x%02x: %02x%
02x\n",
          //printf("*** Address: %s => %02x%02x: %02x%02x: %02x%02x: %02x%02x\n",
          ipaddr,
```

```
          addr.s6_addr[0], addr.s6_addr[1],
          addr.s6_addr[2], addr.s6_addr[3],
          addr.s6_addr[4], addr.s6_addr[5],
          addr.s6_addr[6], addr.s6_addr[7]);
      slip_send(slipfd, '!');
      slip_send(slipfd, 'P');
      for(i = 0; i < 8; i++) {

        slip_send_char(slipfd, addr.s6_addr[i]);
      }
      slip_send(slipfd, SLIP_END);
        }
#define DEBUG_LINE_MARKER '\r'
      } else if(uip.inbuf[0] == DEBUG_LINE_MARKER) {
    fwrite(uip.inbuf + 1, inbufptr - 1, 1, stdout);
      } else if(is_sensible_string(uip.inbuf, inbufptr)) {
        if(verbose == 1) {
          if (timestamp) stamptime();
          fwrite(uip.inbuf, inbufptr, 1, stdout);
        }
      } else {
        if(verbose > 2) {
          if (timestamp) stamptime();
          printf("Packet from SLIP of length %d - write TUN\n", inbufptr);
          if (verbose > 4) {
#if WIRESHARK_IMPORT_FORMAT
            printf("0000");
            for(i = 0; i < inbufptr; i++) printf(" %02x",uip.inbuf[i]);
#else
            printf("          ");
            for(i = 0; i < inbufptr; i++) {
              printf(" %02x", uip.inbuf[i]);
              if((i & 3) == 3) printf(" ");
              if((i & 15) == 15) printf("\n          ");
            }
#endif
            printf("\n");
          }
        }
    if(write(outfd, uip.inbuf, inbufptr) != inbufptr) {
      err(1, "serial_to_tun: write");
    }
    }
    inbufptr = 0;
    }
    break;

  case SLIP_ESC:
    if(fread(&c, 1, 1, inslip) != 1) {
```

```
        clearerr(inslip);

        ungetc(SLIP_ESC, inslip);
        return;
      }
      switch(c) {
      case SLIP_ESC_END:
        c = SLIP_END;
        break;
      case SLIP_ESC_ESC:
        c = SLIP_ESC;
        break;
      }

    default:
      uip.inbuf[inbufptr++] = c;


      if((verbose == 2) || (verbose == 3) || (verbose > 4)) {
        if(c == '\n') {
          if(is_sensible_string(uip.inbuf, inbufptr)) {
            if (timestamp) stamptime();
            fwrite(uip.inbuf, inbufptr, 1, stdout);
            inbufptr = 0;
          }
        }
      } else if(verbose == 4) {
        if(c == 0 || c == '\r' || c == '\n' || c == '\t' || (c >= ' ' && c <= '~')) {
      fwrite(&c, 1, 1, stdout);
          if(c == '\n') if(timestamp) stamptime();
        }
      }

      break;
    }
    goto read_more;
}
/* 读取 TUN 虚拟设备数据到串口 */
int
tun_to_serial(int infd, int outfd)
{
  struct {
    unsigned char inbuf[2000];
  } uip;
  int size;

  if((size = read(infd, uip.inbuf, 2000)) == -1) err(1, "tun_to_serial: read");

  write_to_serial(outfd, uip.inbuf, size);
  return size;
}
```

4）无线模块网络地址实现与计算

uip_ds6_set_addr_iid(uip_ipaddr_t * ipaddr, uip_lladdr_t * lladdr)方法实现了IEEE 802.15.4无线模块、蓝牙模块、WiFi模块的网络地址生成。

当UIP_LLADDR_LEN(无线模块的MAC地址长度)为8时，表示该地址是IEEE 802.15.4无线模块MAC地址，此时IEEE 802.15.4无线模块网络地址生成如下：IEEE 802.15.4网关网络地址+IEEE 802.15.4无线模块MAC地址第1个字节与0x02取异或+IEEE 802.15.4无线模块MAC地址第2～8字节，如图6.10所示。

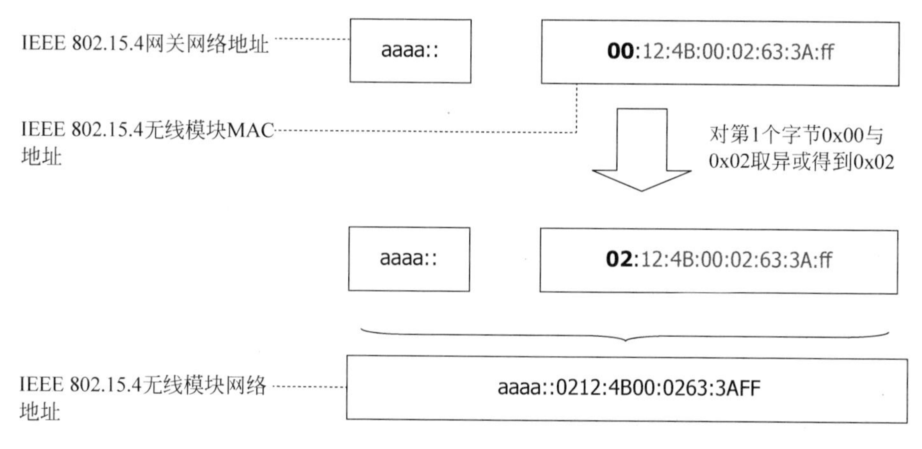

图6.10　IEEE 802.15.4无线模块网络地址计算图

当UIP_LLADDR_LEN(无线模块的MAC地址长度)为6时，表示该地址是蓝牙/WiFi无线模块MAC地址，此时蓝牙/WiFi无线模块网络地址生成如下：蓝牙/WiFi网关网络地址+0x02+0xfe+蓝牙/WiFi无线模块MAC地址第1～6字节，如图6.11、图6.12所示。

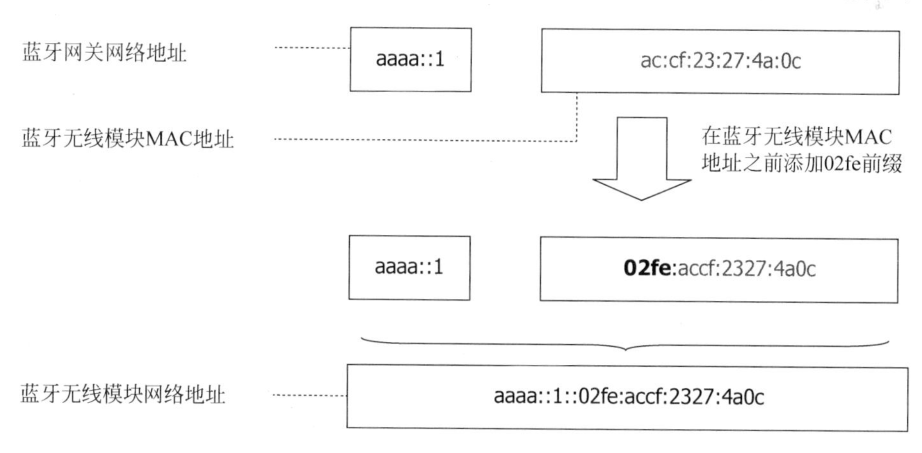

图6.11　蓝牙无线模块网络地址计算图

无线模块网络地址生成实现方法的详细实现如下(contiki-2.6\core\net\uip-ds6.c)：

```
Void uip_ds6_set_addr_iid(uip_ipaddr_t * ipaddr, uip_lladdr_t * lladdr)
{
```

```
#if (UIP_LLADDR_LEN == 8)
  memcpy(ipaddr->u8 + 8, lladdr, UIP_LLADDR_LEN);
  ipaddr->u8[8] ^= 0x02;
#elif (UIP_LLADDR_LEN == 6)
#if 0
  memcpy(ipaddr->u8 + 8, lladdr, 3);
  ipaddr->u8[11] = 0xff;
  ipaddr->u8[12] = 0xfe;
  memcpy(ipaddr->u8 + 13, (uint8_t *)lladdr + 3, 3);
#else
  memcpy(ipaddr->u8 + 10, (uint8_t *)lladdr, 6);
  #endif
  ipaddr->u8[9] = 0xfe;
  ipaddr->u8[8] = 0x02;
#else
#error uip-ds6.c cannot build interface address when UIP_LLADDR_LEN is not 6 or 8
#endif
}
```

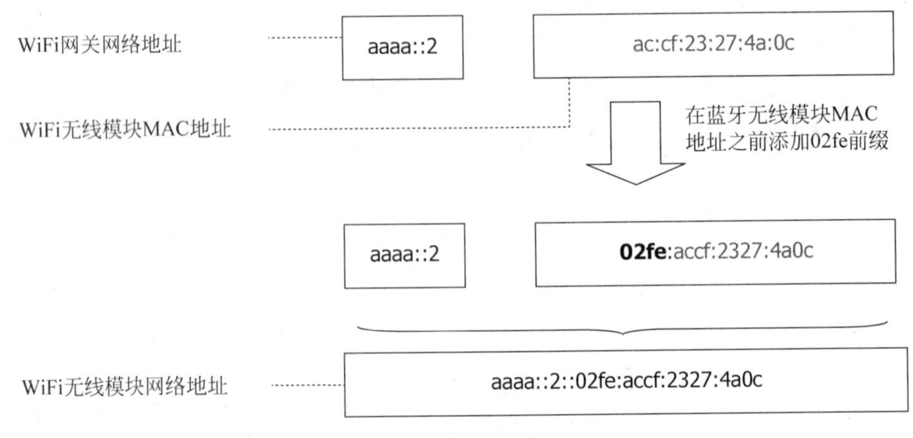

图 6.12　WiFi 无线模块网络地址计算图

2. 智能网关 IEEE 802.15.4 IPv6 网络实现

1) IEEE 802.15.4 边界路由器与网关通信原理

IEEE 802.15.4 边界路由器通过串口驱动将 SLIP 数据包发送给 Tunslip6 服务，Tunslip6 服务将其转换为 IPv6 数据包后转发给 TUN 虚拟设备，TUN 虚拟设备将 IPv6 数据包上报到 Linux 内核的 IPv6 层，经过 TCP/UDP 协议层后发送给开发者 APP 进行处理。

反之，开发者 APP 将 IPv6 数据包请求发送给 TUN 虚拟设备，Tunslip6 服务将 TUN 虚拟设备发过来的 IPv6 数据包转换成 SLIP 数据包后通过串口驱动发送给 IEEE 802.15.4 边界路由器，继而通过 IEEE 802.15.4 模块将 SLIP 数据包转发给网络上其他的 IEEE 802.15.4 模块。IEEE 802.15.4 边界路由器与网关通信原理如图 6.13 所示。

2) IEEE 802.15.4 边界路由器与网关通信实现

称智能网关上 IEEE 802.15.4 的节点为边界路由器(border-router)，它通过串口和网

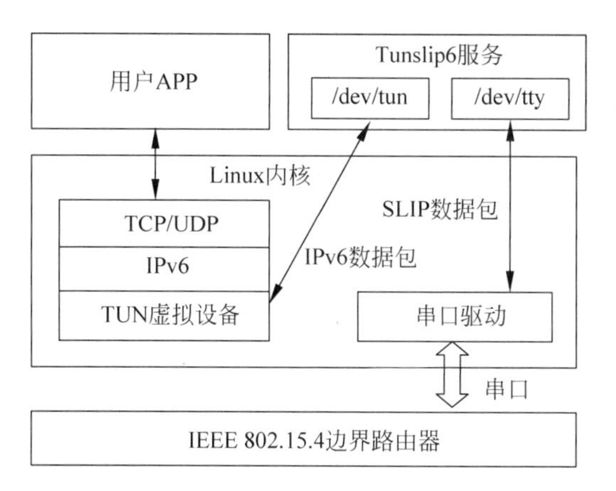

图 6.13　IEEE 802.15.4 边界路由器与网关通信原理图

关相连。边界路由器与其他的 IEEE 802.15.14 节点有点不同，它会创建一个 DODAG，然后其他节点可以加入这个 DODAG 中。

边界路由器通过 set_prefix_64()方法实现了创建一个 DODAG。该方法具体实现过程如下：边界路由器通过串口 SLIP 获取到网络地址后，先通过 uip_ds6_set_addr_lld()和 uip_ds6_addr_add()给自身配置一个 IPv6 的地址，然后通过 rpl_set_root 创建一个新的 DODAG。set_prefix_64()的详细功能实现如下：

```
void set_prefix_64(uip_ipaddr_t * prefix_64) {
  rpl_dag_t * dag;
  uip_ipaddr_t ipaddr;
  memcpy(&ipaddr, prefix_64, 16);
  prefix_set = 1;
  uip_ds6_set_addr_iid(&ipaddr, &uip_lladdr);
  uip_ds6_addr_add(&ipaddr, 0, ADDR_AUTOCONF);

  dag = rpl_set_root(RPL_DEFAULT_INSTANCE, &ipaddr);
  if(dag != NULL) {
    rpl_set_prefix(dag, &ipaddr, 64);
    PRINTF("Created a new RPL dag with ID: ");
    PRINT6ADDR(&dag - > dag_id);
    PRINTF("\n");
  }
}
```

3) IEEE 802.15.4 网关服务配置

启动 s210 网关时，Android 系统读取 Linux 文件管理系统根路径下的 init.smdv210.rc 文件，并加载其中配置的服务，故在该文件中添加 tunslip6_802154 服务(默认网关 Linux 系统已经配置)。该服务的作用是：启用 TUN 设备到串口/dev/s3c2410_serial2 的转发，并指定 tun0 的网络地址为 aaaa::1/64。tunslip6_802154 服务详细配置信息如下：

```
service tunslip6_802154 /system/bin/tunslip6 - ttun0 - s/dev/s3c2410_serial2 - B115200
aaaa::1/64
    user root
    group system root
disabled
```

3. 智能网关蓝牙 IPv6 网络实现

1）蓝牙模块与网关通信原理

Tunslip6 服务一方面将 TUN 虚拟设备发过来的 IPv6 数据包转换成 SLIP 数据包后转发给串口(IEEE 802.15.4 模块与网关通信核心原理)，另一方面将 TUN 虚拟设备发过来的 IPv6 数据包转换成 SLIP 数据包后转发到指定的服务程序，通过指定服务程序所在的 IP 地址和端口将 SLIP 数据包转发给 BT 驱动/WiFi 驱动(蓝牙/WiFi 模块与网关通信核心原理)。蓝牙设备通信采用后者的通信方式，用户 APP 将 IPv6 数据包请求发送给 TUN 虚拟设备，Tunslip6 服务将 TUN 虚拟设备发过来的 IPv6 数据包转换成 SLIP 数据包，Tunslip6 服务与 BT Server 服务建立 TCP 连接后，通过 60001 端口转发给 BT Server，BT Server 通过该端口号将 SLIP 数据包转发给网关底层的 BT 驱动，继而通过蓝牙模块将 SLIP 数据包转发给网络上其他的蓝牙模块节点。蓝牙模块与网关通信的原理如图 6.14 所示。

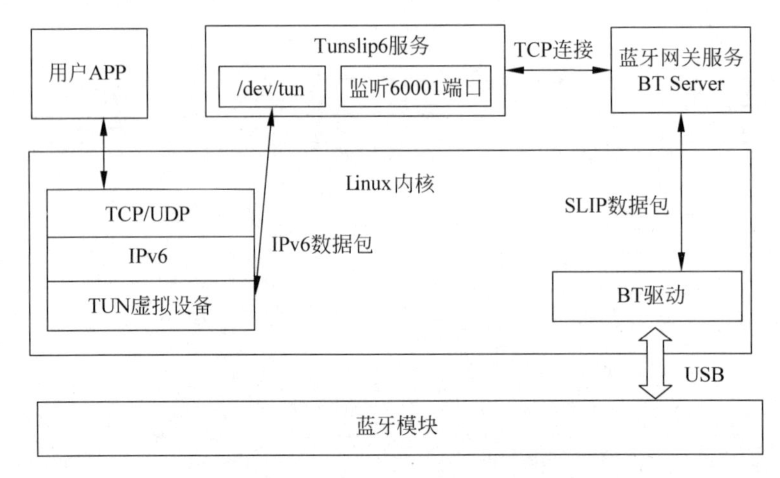

图 6.14　蓝牙模块与网关通信原理图

2）蓝牙网关服务配置

启动网关时，Android 系统会读取 Linux 文件管理系统根路径下的 init.smdv210.rc 文件，并加载其中配置的服务，故在该文件中添加 tunslip6_bt 服务(默认网关 Linux 系统已经配置)，该服务指定了蓝牙子网的网关名为 tun1，网关的网络地址为 aaaa:1::1/64(即 aaaa:1::1 的前 64 位)。tunslip6_bt 服务具体配置信息如下：

```
service tunslip6_bt /system/bin/tunslip6 - ttun1   - a127.0.0.1 - p60001 aaaa:1::1/64
    user root
    group system root
    disabled
```

4. 智能网关 WiFi IPv6 网络实现

1）WiFi 模块与网关通信原理

WiFi 无线模块，可以工作在 AP 模式和 STA 模式下，AP 是网络的中心节点，STA 是连接到网络的终端。在 IPv6 组网情况下的 WiFi 无线节点是工作在 STA 模式下的，智能网关的 WiFi 工作在 AP 模式下，可以将多个无线节点组成一个网络。

智能网关上 WiFi 网络的工作流程与蓝牙网络是类似。开发者 APP 将 IPv6 数据包请求发送给 TUN 虚拟设备，Tunslip6 服务将 TUN 虚拟设备发过来的 IPv6 数据包转换成 SLIP 数据包，Tunslip6 服务与 WiFi Server 服务建立 TCP 连接后，通过 8899 端口转发给 WiFi Server，WiFi Server 通过该端口号将 SLIP 数据包转发给网关底层的 WiFi 驱动，继而通过 WiFi 模块将 SLIP 数据包转发给网络上其他 WiFi 模块节点。WiFi 模块与网关通信原理如图 6.15 所示。

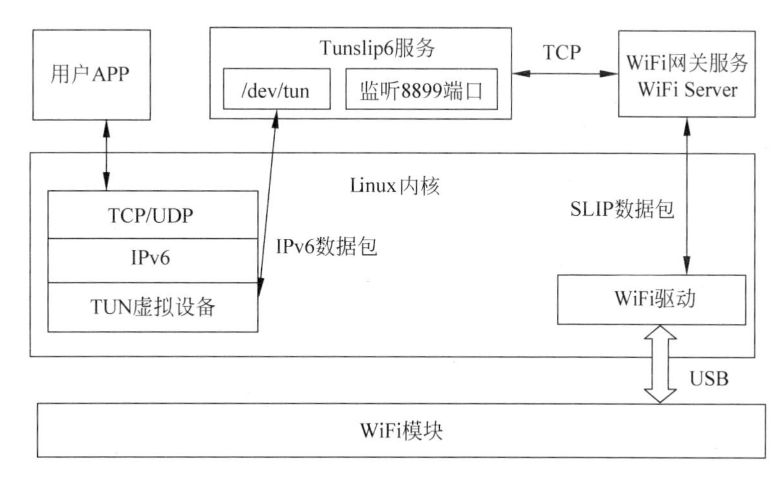

图 6.15 WiFi 模块与网关通信原理

2）WiFi 网关服务配置

启动 s210 网关时，Android 系统会读取 Linux 文件管理系统根路径下的 init.smdv210.rc 文件，并加载其中配置的服务，故需在该文件中添加 tunslip6_bt 服务（默认网关 Linux 系统已经配置），该服务指定了 WiFi 子网的网关名为 tun2，网关的网络地址为 aaaa:2::1/64（即 aaaa:1::1 的前 64 位）。

tunslip6_WiFi 服务具体配置信息如下：

```
service tunslip6_WIFI /system/bin/tunslip6 - ttun2   - a127.0.0.1 - p8899 aaaa:2::1/64
    user root
    group system root
    disabled
```

6.2.5 开发步骤

1. 准备工作

（1）准备一个 ZW-s210m4in1 开发平台，确保网关已经安装最新的 Android 操作系统。

(2) 检查工具,调试转接板,J-Link ARM 仿真器。

(3) ZW-s210m4in1 开发平台默认提供 IEEE 802.15.4 边界路由模组(STM32W108 无线协调器),无线协调器板跳线说明设置成模式三。

(4) 确认安装了 IAR for ARM 工具及 J-Link 的烧写工具 J-Flash ARM。

2. IEEE 802.15.4 网络 PANID 和 Channel 信息修改

(1) 准备 Contiki IPv6 源代码包,将 Resource\03-系统代码\contiki-2.6 复制到工作目录。

(2) 将 6.1-template 开发例程源代码包(Resource\01-开发例程\第 6 章\6.1-template)复制到 Contiki 目录 contiki-2.6\zonesion\example\iar\下。

(3) 打开工程文件 zx103.eww(H:\contiki-2.6\zonesion\example\iar\6.1-template\zx103.eww),在 Workspace 下拉列表框中选择 rpl-border-router 工程,如图 6.16 所示。

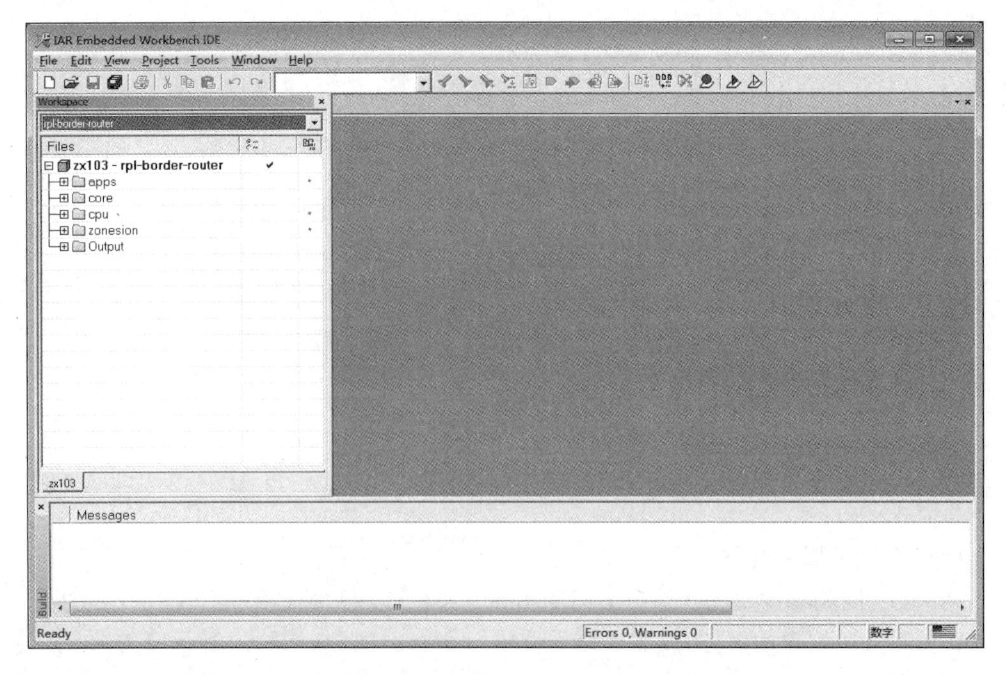

图 6.16 打开 zx103.eww 工程

(4) 修改 IEEE 802.15.4 网络 PANID 和 Channel:修改文件 contiki-conf.h(工程 zx103\rpl-border-router\zonesion\proj \contiki-conf.h),如图 6.17 所示,将 IEEE802154_CONF_PANID 修改为个人身份证号的后 4 位,RF_CONF_CHANNEL 可以不修改:

```
#define IEEE802154_CONF_PANID      2013     //后 4 位修改为身份证号,如 2008
#define RF_CONF_CHANNEL            16       //根据需要酌情修改,取值范围为 11~26
```

3. 编译固化 IEEE 802.15.4 网关工程

(1) 正确连接 J-Link 仿真器到 PC 和 STM32W108 无线协调器。

(2) 打开工程文件 zx103.eww(H:\contiki-2.6\zonesion\example\iar\6.1-template\zx103.eww),在 Workspace 下拉列表框中选择 rpl-border-router。

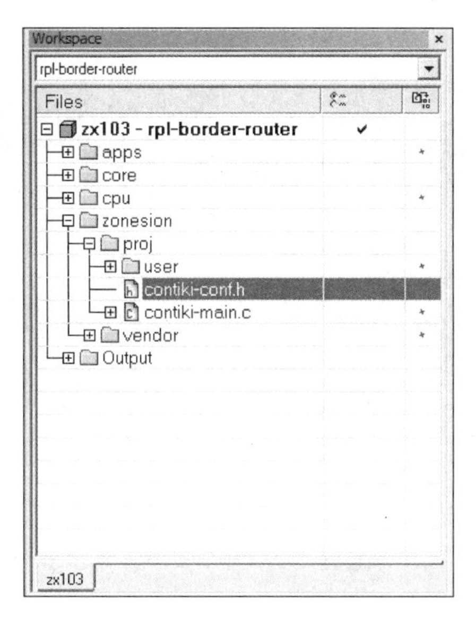

图 6.17　修改 PAN ID

(3) 在 IAR 环境菜单栏选择 Project→Rebuild All，重新编译源代码，编译成功后执行下一步。

(4) 给 STM32W108 无线协调器起电，然后打开 J-Flash ARM 软件，选择 Target→Connect，让仿真器与 STM32W108 无线协调器进行连接，连接成功后，J-Flash ARM 软件 LOG 窗口会提示 Connected Successfully，接下来通过 IAR 选择 Project→Download and debug，将程序下载到 STM32W108 无线协调器中。

4. 网络配置准备工作

(1) 启动 s210 网关的 Android 操作系统，选择设置→无线和网络→蓝牙，将蓝牙打开。

(2) 选择设置→以太网络→打开网络，将以太网打开，如图 6.18 所示。

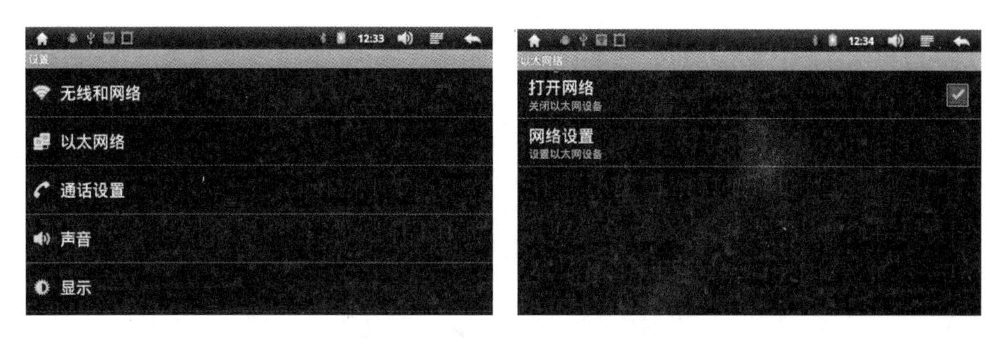

图 6.18　打开以太网

(3) 运行"网关设置"应用程序，将后 3 项服务选项都勾选上，如图 6.19 所示。设置完成后在通知栏会出现 WiFi 热点和蓝牙图标，退出程序。

(4) 用网线连接 PC 端与 s210 网关，当 PC 端网线插槽与 s210 网线插槽处灯不停闪烁，表示 PC 与 s210 网关已连接到同一个局域网内。

图 6.19　启动 IPv6 网关服务

5. 网关端 IPv6 网络配置

查看 IPv6 网关以太网口 eth0 配置信息，串口终端输出如下信息表示网关端 IPv6 网络配置正确：

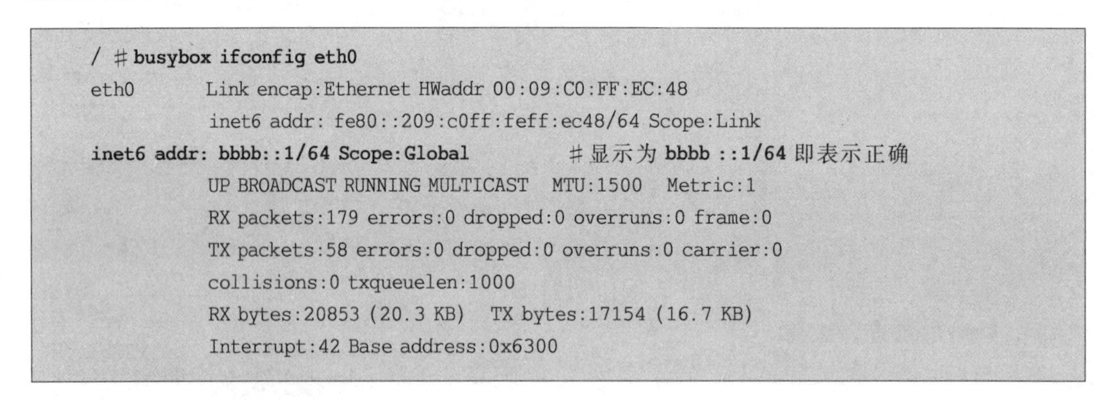

```
/ # busybox ifconfig eth0
eth0      Link encap:Ethernet HWaddr 00:09:C0:FF:EC:48
          inet6 addr: fe80::209:c0ff:feff:ec48/64 Scope:Link
inet6 addr: bbbb::1/64 Scope:Global          # 显示为 bbbb ::1/64 即表示正确
          UP BROADCAST RUNNING MULTICAST  MTU:1500  Metric:1
          RX packets:179 errors:0 dropped:0 overruns:0 frame:0
          TX packets:58 errors:0 dropped:0 overruns:0 carrier:0
          collisions:0 txqueuelen:1000
          RX bytes:20853 (20.3 KB)  TX bytes:17154 (16.7 KB)
          Interrupt:42 Base address:0x6300
```

6. PC 端 IPv6 网络配置

(1) 在 PC 端选择“开始”→“运行”，输入 cmd，打开命令行终端，输入如下命令配置 PC 端 IPv6 地址：

```
C:\Users\Administrator > netsh interface IPv6 add address "本地连接" bbbb::2
```

(2) 查看“本地连接”对应的接口号，如下所示为查看命令和当前 PC 端的本地连接对应的接口号(为 12)：

```
C:\Users\Administrator > netsh interface IPv6 show interface
Idx  Met   MTU          状态          名称
--  ----  ----------  -----------  ------------------------------
  1  50    4294967295   connected     Loopback Pseudo - Interface 1
11   25    1500         connected     无线网络连接
15   50    1280         connected     Teredo Tunneling Pseudo - Interface
12   5     1500         disconnected  本地连接
19   50    1280         disconnected  isatap.{C81BD540 - 3F34 - 4559 - A853 - FD7F67EEB1FF}
18   50    1280         disconnected  isatap.{AEFE7937 - 8542 - 4638 - 83A4 - 1C35B2FED81A}
```

(3) 在PC端命令行终端为“本地连接”接口号12配置路由，每台PC的“本地连接”接口号都不一样，输入命令时需根据接口号做相应修改，详细命令如下所示。本地PC只需要配置一次，重启PC后不需要再次配置。

```
C:\Users\Administrator>netsh interface IPv6  add route aaaa::/16 12 bbbb::1
```

(4) 查看PC端以太网口“本地连接”的配置信息，命令行终端输出如下信息表示网关端IPv6网络配置正确：

```
C:\Users\Administrator>ipconfig
Windows IP 配置 以太网适配器 本地连接:
    连接特定的 DNS 后缀 . . . . . . . :
    IPv6 地址 . . . . . . . . . . . . :bbbb::2
    本地链接 IPv6 地址. . . . . . . . . fe80::293b:7512:ce68:d9f3%12
    自动配置 IPv4 地址. . . . . . . . :169.254.217.243
    子网掩码. . . . . . . . . . . . . : 255.255.0.0
    默认网关. . . . . . . . . . . . . :
```

(5) 输入ping命令测试PC端与网关端IPv6配置是否成功，命令行终端输出如下信息表示PC端连接网关端成功：

```
C:\Users\Administrator>ping bbbb::1
正在 Ping bbbb::1 具有 32 字节的数据:
来自 bbbb::1 的回复: 时间<1ms
来自 bbbb::1 的回复: 时间<1ms
来自 bbbb::1 的回复: 时间<1ms
来自 bbbb::1 的回复: 时间<1ms
bbbb::1 的 Ping 统计信息:
    数据包: 已发送 = 4,已接收 = 4,丢失 = 0 (0% 丢失),
往返行程的估计时间(以毫秒为单位):
    最短 = 0ms,最长 = 0ms,平均 = 0ms
```

7. 计算IEEE 802.15.4边界路由器网络地址

编译固化IEEE 802.15.4网关工程成功后，通过STM32W108无线协调器屏幕显示可查看到IEEE 802.15.边界路由器的MAC地址是00:80:E1:02:00:1D:46:38，如图6.20所示。按照无线模块网络节点的计算方法计算得到IEEE 802.15.4边界路由器网络地址是aaaa::0280:E102:001D:4638。

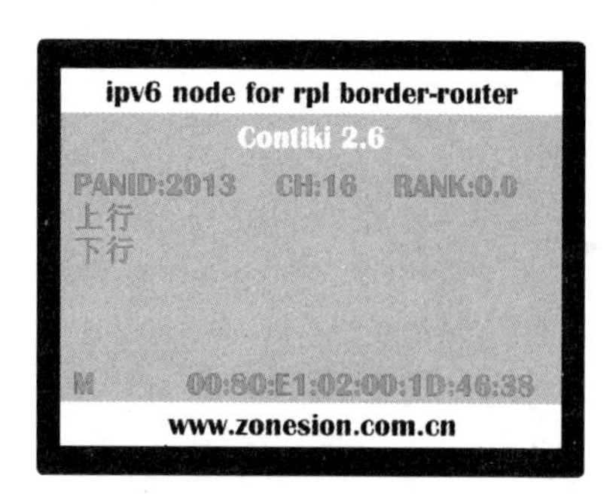

图6.20 STM32W108无线协调器屏幕显示信息

8. 测试PC端与IPv6网关通信

1) 测试PC端与IEEE 802.15.4子网通信

IEEE 802.15.4子网网关地址为aaaa::1，输入

ping 命令测试 PC 端与 IEEE 802.15.4 网关是否正常通信，命令行终端输出如下信息表示 PC 端连接 IEEE 802.15.4 子网网关成功：

```
C:\Users\Administrator>ping aaaa::1
正在 Ping aaaa::1 具有 32 字节的数据:
来自 aaaa::1 的回复: 时间<1ms
来自 aaaa::1 的回复: 时间<1ms
来自 aaaa::1 的回复: 时间<1ms
来自 aaaa::1 的回复: 时间<1ms
aaaa::1 的 Ping 统计信息:
    数据包: 已发送 = 4,已接收 = 4,丢失 = 0 (0% 丢失),
往返行程的估计时间(以毫秒为单位):
    最短 = 0ms,最长 = 0ms,平均 = 0ms
```

在"7.计算 IEEE 802.15.4 边界路由器网络地址"中计算得到 IEEE 802.15.4 边界路由器网络地址是 aaaa::0280:E102:001D:4638，输入 ping 命令测试 PC 端连接 IEEE 802.15.4 边界路由器是否成功，命令行终端输出如下信息表示 PC 端连接 IEEE 802.15.4 边界路由器成功：

```
C:\Users\Administrator>ping aaaa::0280:E102:001D:4638
正在 Ping aaaa::280:e102:1d:4638 具有 32 字节的数据:
来自 aaaa::280:e102:1d:4638 的回复: 时间=17ms
来自 aaaa::280:e102:1d:4638 的回复: 时间=219ms
来自 aaaa::280:e102:1d:4638 的回复: 时间=14ms
来自 aaaa::280:e102:1d:4638 的回复: 时间=15ms
aaaa::280:e102:1d:4638 的 Ping 统计信息:
    数据包: 已发送 = 4,已接收 = 4,丢失 = 0 (0% 丢失),
往返行程的估计时间(以毫秒为单位):
    最短 = 14ms,最长 = 219ms,平均 = 66ms
```

2）测试 PC 端与蓝牙子网通信

蓝牙子网网关地址为 aaaa:1::1，输入 ping 命令测试 PC 端与蓝牙子网网关是否正常通信，命令行终端输出如下信息表示 PC 端连接蓝牙子网网关成功：

```
C:\Users\Administrator>ping aaaa:1::1
正在 Ping aaaa:1::1 具有 32 字节的数据:
来自 aaaa:1::1 的回复: 时间<1ms
来自 aaaa:1::1 的回复: 时间<1ms
来自 aaaa:1::1 的回复: 时间<1ms
来自 aaaa:1::1 的回复: 时间<1ms
aaaa:1::1 的 Ping 统计信息:
    数据包: 已发送 = 4,已接收 = 4,丢失 = 0 (0% 丢失),
往返行程的估计时间(以毫秒为单位):
    最短 = 0ms,最长 = 0ms,平均 = 0ms
```

3）测试 PC 端与 WiFi 子网通信

WiFi 子网网关地址为 aaaa:2::1，输入 ping 命令测试 PC 端与 WiFi 子网网关是否正常通信，命令行终端输出如下信息表示 PC 端连接 WiFi 子网网关成功：

```
C:\Users\Administrator>ping aaaa:2::1
正在 Ping aaaa:2::1 具有 32 字节的数据:
来自 aaaa:2::1 的回复: 时间<1ms
来自 aaaa:2::1 的回复: 时间<1ms
来自 aaaa:2::1 的回复: 时间<1ms
来自 aaaa:2::1 的回复: 时间<1ms
aaaa:2::1 的 Ping 统计信息:
    数据包: 已发送 = 4,已接收 = 4,丢失 = 0 (0% 丢失),
往返行程的估计时间(以毫秒为单位):
    最短 = 0ms,最长 = 0ms,平均 = 0ms
```

6.3 任务 46 IEEE 802.15.4 节点 RPL 组网开发

6.3.1 学习目标

- 理解 IEEE 802.15.4 无线模块通信原理；
- 掌握 Contiki 的 RPL 组网实现过程和 Contiki 的 6LOWPAN 协议实现过程；
- 掌握 Contiki 系统无线模块驱动接口实现过程、IEEE 802.15.4 无线模块驱动实现过程。

6.3.2 开发环境

- 硬件：s210 系列网关（包含 STM32W108 无线协调器、蓝牙模块、WiFi 模块），调试转接板，STM32W108 无线节点，USB MINI 线，J-Link 仿真器，PC；
- 软件：Windows XP/7/8/10，IAR 集成开发环境，串口调试工具。

6.3.3 原理学习

本任务主要是基于 Contiki 系统下的 IEEE 802.15.4 节点 RPL 组网通信，涉及 RPL 协议和 6LoWPAN 协议栈，其中宋菲等人在论文《浅析智能物件网络中的 RPL 路由技术》中详细介绍了 RPL 技术。

1. RPL 协议

本任务中主要涉及到 RPL 协议，针对低功耗有损网络中的路由问题，IETF 的 ROLL 工作组定义了 RPL(Routing Protocol for LLN)协议，RPL 协议是一个距离向量协议，它创建一个 DODAG，其中路径从网络中的每个节点到 DODAG 根。使用距离向量路由协议而不是链路状态协议，这是有很多原因的，其主要原因是低功耗有损网络中节点资源受限的性质。

1) RPL 术语

RPL 相关技术术语如表 6.2 所示。

表 6.2 RPL 相关技术术语

术 语	说 明
DAG(Directed Acyclic Graph)	有向非循环图。一个所有边缘以没有循环存在的方式的有向图
DAG Root(DAG 根节点)	DAG 内没有外出边缘的节点。因为图是非循环的,按照定义所有的 DAG 必须有至少一个 DAG 根,并且所有路径终止于一个根节点
DODAG(Destination Oriented DAG)	面向目的地的有向非循环图。以单独一个目的地生根的 DAG
DODAG Root	DODAG 的 DAG 根节点,它可能会在 DODAG 内部担当一个边界路由器,尤其是可能在 DODAG 内部聚合路由,并重新分配 DODAG 路由到其他路由协议内
Rank(等级)	一个节点的等级,定义了该节点相对于其他节点关于一个 DODAG 根节点的唯一位置
OF(Objective Function)	目标函数。定义了路由度量、最佳目的,以及相关函数如何被用来计算 Rank 值。此外,OF 指出了在 DODAG 内如何选择父节点从而形成 DODAG
RPLInstanceID	网络的唯一标识,具有相同 RPLInstanceID 的 DODAG 共享相同的 OF
RPL Instance(RPL 实例)	共享同一个 RPLInstanceID 的一个或者多个 DODAG 的一个集合

2) 拓扑结构

RPL 中规定,一个 DODAG 是一系列由有向边连接的顶点,之间没有直接的环路。RPL 通过构造从每个叶节点到 DODAG 根的路径集合来创建 DODAG。与树形拓扑相比,DODAG 提供了多余的路径。在使用 RPL 协议的网络中,可以包含一个或多个 RPL Instance。在每个 RPL Instance 中会存在多个 DODAG,每个 DODAG 都有一个不同的根节点。一个节点可以加入不同的 RPL Instanace,但是在一个 Instance 内只能属于一个 DODAG。

RPL 规定了三种消息,即 DODAG 信息对象(DIO),DODAG 目的地通告对象(DAO),DODAG 信息请求(DIS)。DIO 消息是由 RPL 节点发送的,通告 DODAG 和它的特征,因此 DIO 用于 DODAG 发现、构成和维护。DIO 通过增加选项携带了一些命令性的信息。DAO 消息用于在 DODAG 中向上传播目的地消息,以填充祖先节点的路由表支持 P2MP 和 P2P 流量。DIS 消息与 IPv6 路由请求消息相似,用于发现附近的 DODAG 和从附近的 RPL 节点请求 DIO 消息。DIS 消息没有附加的消息体。

3) 路由建立

当一个节点发现多个 DODAG 邻居时(可能是父节点或兄弟节点),它会使用多种规则决定是否加入该 DODAG。一旦一个节点加入到一个 DODAG 中,它就会拥有到 DODAG 根的路由。

在 DODAG 中,数据路由传输分为向上路由和向下路由。向上路由指的是数据从叶子节点传送到根节点;向下路由指的是数据从根节点传送到叶子节点,可以支持点到多点、点到点的传输。每个已经加入到 DAG 的节点会定时地发送多播地址的 DIO 消息,DIO 中包含了 DAG 的基本信息。新节点加入 DAG 时，会收到邻居节点发送的 DIO 消息，节点根据每个 DIO 中的 Rank 值，选择一个邻居节点作为最佳父节点，然后根据 OF 计算出自己在 DAG 中的 Rank 值。节点加入到 DAG 后，也会定时地发送 DIO 消息。另外，节点也可以通过发送 DIS 消息，让其他节点回应 DIO 消息。向下路由建立通过 DAO 和 DAO-ACK 消息完成。DAG 中的节点会定时向父节点发送 DAO 消息，里面包含了该节点使用的前缀信息。父节点收到 DAO 消息后，会缓存子节点的前缀信息，并回应 DAO-ACK。这样在进行路由时，通过前缀匹配就可以把数据包路由发送到目的地。

4）RPL 组网过程

RPL 组网关键词如表 6.3 所示。

表 6.3 RPL 组网关键词

关键词	含　义
DIO(DODAG Information Object)	包含节点自身信息，如 Rank、MAC 地址，邻居接收到了 DIO 以后才确定是否能给它
DAO(Destination Advertisement Object)	广告目标对象，父节点向子节点下传数据时使用的对象，子节点传给父节点报告其距离等消息
DIS(DODAG Information Solicitation)	征集 DIO 包时使用的对象

RPL 组网过程如下：

(1) 节点复位完成，首先发送 DIS 包，征集邻居节点信息。

(2) 邻居点接收到 DIS 开始发送 DIO 包。

(3) 收到 DIO 包的节点更新自身邻居表，并选择合适的节点发送数据包。

(4) 同时，节点会向选中的父节点发送 DAO 包，告知其是子节点。

(5) 父节点更新了自身的路由表后，再向父节点的父节点发 DAO，最后到达 sink 点后双向链路最终形成。

2. 6LoWPAN

LoWPAN(Low Power Wireless Personal Area Network)指低功耗无线个域网。随着不断发展，LoWPAN 所涵盖的范围已远超出个域网的范畴，包括了所有的无线低功耗网络，传感网即是其中最典型的一种 LoWPAN 网络。而 6LoWPAN(IPv6 over LoWPAN)技术是旨在将 LoWPAN 中的微小设备用 IPv6 技术连接起来，形成一个比互联网覆盖范围更广的物联网世界。

6LoWPAN 技术的主要思想是在 IPv6 网络层和 MAC 层之间加入一个适配层，以提供对 IPv6 必要的支持。6LoWPAN 组织之所以极力推崇在 IEEE 802.15.4 上使用 IPv6 技术，是因为 IPv6 技术相对于 ZigBee、IEEE 1451 等其他技术而言，具有如下优势。

(1) 适用性：IP 网络协议栈架构受到广泛的认可，LR-WPAN 网络完全可以基于此架构进行简单、有效的开发。

(2) 开放性：IP 协议是开放性协议，不牵扯复杂的产权问题，这是 6LoWPAN 技术相对于 ZigBee 技术的优势。

(3) 更多地址空间：IPv6 应用于 LR-WPAN 最大的亮点就是庞大的地址空间，恰恰满足了部署大规模、高密度 LR-WPAN 网络设备的需要。

(4) 支持无状态自动地址配置：IPv6 中当节点启动时，可以自动读取 MAC 地址，并根据相关规则配置好所需 IPv6 地址。这个特性对 LR-WPAN 网络来说，非常具有吸引力，因为在大多数情况下，不可能对 LR-WPAN 节点配置用户界面，节点必须具备自动配置功能。

(5) 易开发：目前基于 IPv6 的许多技术已比较成熟，并被广泛接受，针对 LR-WPAN 的特性对这些技术进行适当的精简和取舍，简化了协议开发的过程。由此可见，IPv6 技术在 LR-WPAN 上的应用具有广阔发展的空间，而将 LR-WPAN 接入互联网也将大大扩展其应用，使得大规模 LR-WPAN 的实现成为可能。由于 6LoWPAN 技术支持 IPv6 技术和无线传感器网络间的无缝连接，特别适合应用于嵌入式 IPv6 这一领域，它使大量电子产品不仅可以在彼此之间组网，还可以通过 IPv6 协议接入下一代互联网。

3. 6LoWPAN 协议栈体系结构

李士宁在《传感网原理与技术》中分析了 6LoWPAN 协议栈结构，它与传统 IP 协议栈类似，互联网主机上的应用层程序只需知道感知节点的 IP 地址即可与它进行端到端的通信，而不需要知道网关和汇聚节点的存在，从而极大地简化了传感网系统的网络编程模型。6LoWPAN 协议栈的传感网系统结构如图 6.21 所示。

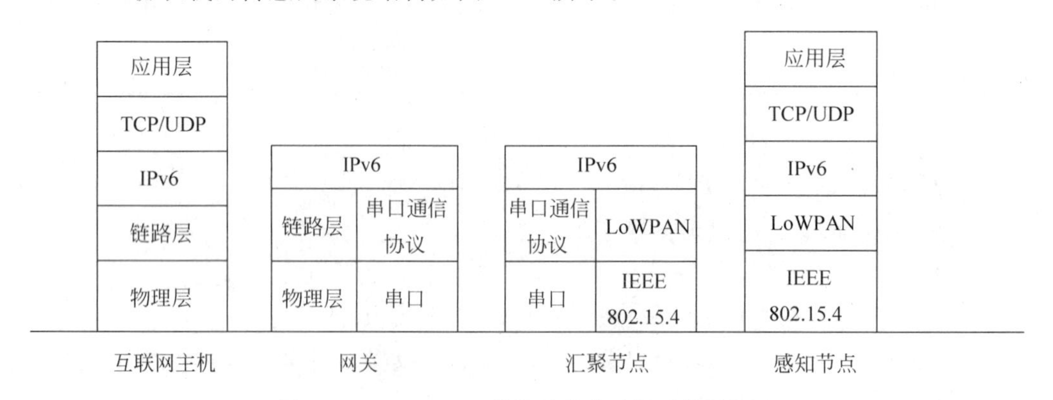

图 6.21 6LoWPAN 协议栈的传感网系统结构图

6.3.4 开发内容

为了清晰透彻地理解 IEEE 802.15.4 节点 RPL 组网的全部过程，将通过以下 4 个步骤去阐述：

(1) 通过 IEEE 802.15.4 无线模块的通信原理，理解 IEEE 802.15.4 节点 RPL 组网的完整过程。

(2) 通过 RPL 组网实现和配置 Contiki 的 RPL 支持，理解 RPL 组网过程实现。

(3) 通过 6LoWPAN 协议实现和配置 Contiki 的 6LoWPAN 协议支持，理解 6LoWPAN 协议对 RPL 数据包的压缩实现。

(4) 通过 Contiki 系统无线模块驱动接口和 IEEE 802.15.4 无线模块驱动实现，理解 Contiki 系统的数据如何通过串口发送到 IEEE 802.15.4 模块。

1. IEEE 802.15.4 无线模块通信原理

IEEE 802.15.4 节点接收到传感器模块采集的数据之后，通过 TCP/UDP 协议层后，将数据发送到 IPv6 层，在 IPv6 层通过 RPL 路由协议将 IP 数据包封装成具有路由功能的

RPL 数据包，同时通过 6LoWPAN 协议将 RPL 数据包进行压缩处理，并通过 IEEE 802.15.4 无线模块进行发送给网关的 IEEE 802.15.4 无线模块，如图 6.22 所示。

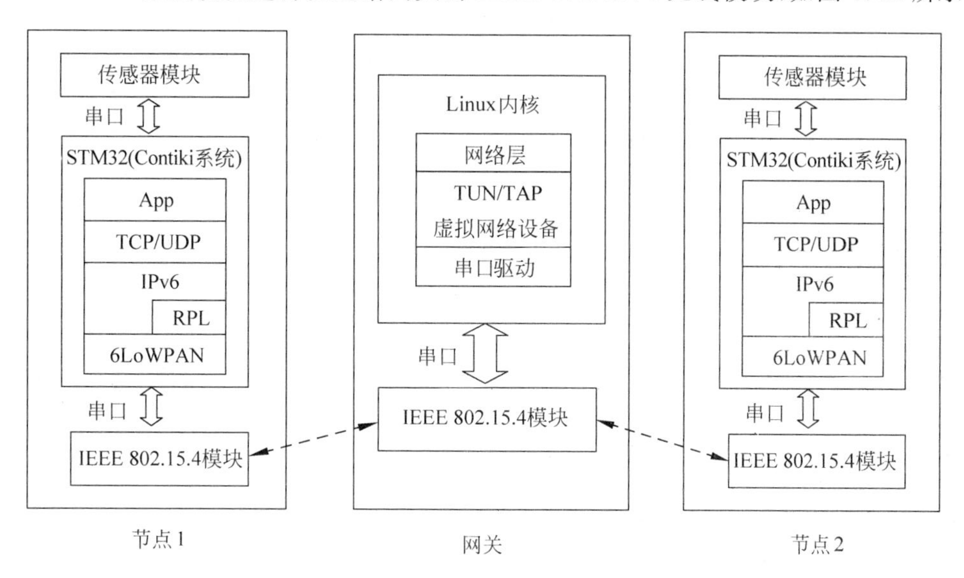

图 6.22　IEEE 802.15.4 节点 IPv6 组网原理图

完成 IEEE 802.15.4 节点 RPL 组网需要配置 Contiki 的 RPL 协议支持，同时配置 Contiki 的 6LoWPAN 协议对 RPL 数据包进行数据压缩处理，上述配置之后还需完成 IEEE 802.15.4 无线模块驱动的实现。

2. Contiki 的 RPL 组网

参照 6.3.3 节的 RPL 组网过程，查看 RPL 组网的详细过程，打开项目工程 rpl(zx103-rpl-border-router/core/net/rpl)，查看完整的 RPL 组网实现完整源代码，该部分实现了 RPL 的组网，如图 6.23 所示。

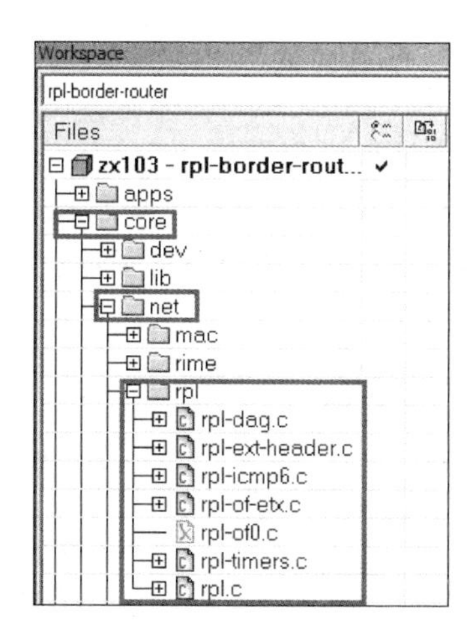

图 6.23　RPL 组网实现目录架构

3. 配置 Contiki 的 RPL 支持

Contiki 提供了对 RPL 的支持，在 Contiki 配置文件 contiki-conf.h 中增加对 RPL 的配

置(默认已经配置),详细配置如下所示(contiki-2.6\zonesion\example\contiki-conf.h)。

```
//#ifdef WITH_RPL
#define UIP_CONF_IPV6_RPL                 1
#define UIP_CONF_ROUTER                   1
#ifdef RPL_LEAFONLY
#define RPL_CONF_LEAF_ONLY                1
#endif
#define RPL_CONF_DAO_ACK                  1
#define RPL_CONF_STATS                    0
#define RPL_CONF_MAX_DAG_ENTRIES          1
#ifndef RPL_CONF_OF
#define RPL_CONF_OF rpl_of_etx
#ifdef WITH_RPL_BORDER_ROUTER
#define UIP_FALLBACK_INTERFACE        slip_interface
#endif //WITH_RPL_BORDER_ROUTER
```

4. Contiki 的 6LoWPAN 协议实现

sicslowpan.c(contiki-2.6\core\net\sicslowpan.c)实现了将 RPL 数据包进行报文压缩和 6LoWPAN 报文压缩后的报文解压缩,具体由下面两个方法实现:

(1) static uint8_t output()模块实现将 RPL 数据包进行数据压缩处理。

(2) static void input()实现将经过 6LoWPAN 协议压缩处理的 RPL 数据包解压缩。

5. 配置 Contiki 的 6LoWPAN 协议支持

对于 6LoWPAN 协议 Contiki 中的实现对应 core/net 目录下的 sicslowpan.c 文件,在 contiki-conf.h 文件中增加如下配置使 UIP 的底层接口使用 sicslowpan 模块:

```
#define NETSTACK_CONF_NETWORK          sicslowpan_driver
```

6. Contiki 系统无线模块驱动接口

完成 contiki-conf.h 相关 RPL 和 6LoWPAN 的配置后,接下来就要实现无线模块的驱动,IEEE 802.15.4 无线模块是通过串口与系统通信,先将 IEEE 802.15.4 模块在 Contiki 系统中驱动起来,下面介绍 Contiki 系统中无线模块驱动接口。

Contiki 系统无线模块驱动接口主要由结构体 struct radio_driver 表示,struct radio_driver 定义如下:

```
struct radio_driver {
  int (* init)(void);                        //驱动模块初始化函数

  int (* prepare)(const void * payload, unsigned short payload_len);
                                             //将待发送的数据写入发送缓存

  int (* transmit)(unsigned short transmit_len);  //启动发送,将发送缓存中的数据发送出去

  int (* send)(const void * payload, unsigned short payload_len);
```

```
    int ( * read)(void * buf, unsigned short buf_len);//从接收缓存读取数据到 buf 中

    int ( * channel_clear)(void);

    int ( * receiving_packet)(void);                //检测无线模块当前是否正在接收数据

    int ( * pending_packet)(void);                  //检查接收缓存是否有数据需要读取

    int ( * on)(void);                              //打开无线模块电源

    int ( * off)(void);                             //关闭无线模块电源
};
```

7. IEEE 802.15.4 无线模块驱动实现

实现了 Contiki 的无线模块驱动接口，接下来完成 IEEE 802.15.4 无线模块驱动，具体可参考 6lowpan-net.c(contiki-2.6\zonesion\vendor\rf\6lowpan-net.c)文件。

(1) uart_rf_slip_process 线程主要监听串口，处理 IEEE 802.15.4 模块接收到的数据包，如果成功接收到数据包就通过“NETSTACK_RDC.input();”函数通知上层模块，核心源代码如下：

```
PROCESS_THREAD(uart_rf_slip_process, ev, data)
{
  int len;
  PROCESS_BEGIN();
  _radio_active = 1;
  while(1) {
    PROCESS_YIELD_UNTIL(ev == PROCESS_EVENT_POLL);
    leds_on(2);
    if (_radio_pending_pkg) {
      _radio_pending_pkg = 0;

      packetbuf_clear();
      len = uart_rf_slip_poll_handler(packetbuf_dataptr(), PACKETBUF_SIZE);
      if(len > 0) {
        packetbuf_set_datalen(len);
        NETSTACK_RDC.input();
      }
    } else {
      uip_len = uart_rf_slip_poll_handler(&uip_buf[UIP_LLH_LEN],
        UIP_BUFSIZE - UIP_LLH_LEN);

      uip_len = 0;
    }
```

```
        leds_off(2);
    }
    PROCESS_END();
}
```

(2) prepare 函数将上层需要发送的数据打包成 IEEE 802.15.4 模块的发送数据指令格式,然后放在发送缓存。transmit 函数启动发送程序,直接将发送缓存中的数据通过串口发送给 IEEE 802.15.4 模块,然后数据包由 IEEE 802.15.4 模块发送给目标节点,核心源代码如下:

```
static intprepare(const void * payload, unsigned short payload_len)
{
  int pkg_len;
  uip_buf[0] = '!';
  uip_buf[1] = 'S';
  pkg_len = 0;
  pkg_len += 2;
  memcpy(&uip_buf[pkg_len], payload, payload_len);
  uip_len = pkg_len + payload_len;
  return 1;
}
/* ---------------------------------------------------------------------- */
static inttransmit(unsigned short transmit_len)
{
  uart_rf_slip_write(uip_buf, uip_len);
  uip_len = 0;
  return RADIO_TX_OK;
}
```

(3) 无线模块初始化函数,首先通过 uart2_init 初始化通信串口,然后发送"?M"指令从无线模块读取模块的 MAC 地址,并设置模块的 PANID 和 Channel,最后启动 uart_rf_slip_process 监听线程,核心源代码如下:

```
static int init(void)
{
  struct timer tm;
  //int f = 0;
    printf("uartradio init()\r\n");
  uart2_init(115200);
  uart2_set_input(_uart_input_byte);
    while (rimeaddr_cmp(&arch_rime_addr, &rimeaddr_null)) {
    printf("send rime addr request!\r\n");
    //if (f) {leds_on(2); f = 0;}
    //else {leds_off(2); f = 1;}
    uart_rf_slip_write("?M", 2);
    timer_set(&tm, CLOCK_SECOND * 2);
    while (!timer_expired(&tm));
  }
```

```
    while (radio_panid != IEEE 802154_CONF_PANID) {
    char cmd[] = {'!', 'P', (IEEE 802154_CONF_PANID>>8), IEEE 802154_CONF_PANID&0xff};
      //if (f) {leds_on(2); f = 0;}
      //else {leds_off(2); f = 1;}
      uart_rf_slip_write(cmd, 4);
      timer_set(&tm, CLOCK_SECOND);
      while (!timer_expired(&tm));
  }
  while (radio_channel != RF_CONF_CHANNEL) {
    char cmd[] = {'!', 'C', RF_CONF_CHANNEL};
      //if (f) {leds_on(2); f = 0;}
      //else {leds_off(2); f = 1;}
      uart_rf_slip_write(cmd, 3);
      timer_set(&tm, CLOCK_SECOND);
      while (!timer_expired(&tm));
  }
  process_start(&uart_rf_slip_process, NULL);
  return 0;
}
```

6.3.5 开发步骤

接下来将完成 IEEE 802.15.4 节点 RPL 组网，通过测试 PC 端访问 STM32W108 无线节点成功与否判断 STM32W108 无线节点 RPL 组网是否成功，步骤如下：

1. 部署 IEEE 802.15.4 子网网关环境

确保完成 6.2 节 IPv6 网关项目开发，保证 PC 端能与 IEEE 802.15.4 子网网关以及 IEEE 802.15.4 边界路由器进行正常通信。

2. 编译固化无线节点 rpl 工程

(1) 参考 1.2.4 节跳线设置及硬件连接与调试的内容，将 STM32W108 无线节点的跳线设置成模式二，并确保 STM32W108 无线模块已固化无线射频驱动程序。

(2) 通过调试转接板将 J-Link 仿真器连接到 PC 和 ZXBee 无线节点板。在 PC 上打开串口助手或者超级终端，设置接收的波特率为 115 200b/s。

(3) 准备 Contiki IPv6 源代码包，将 Resource\03-系统代码\contiki-2.6 复制到工作目录。

(4) 将 6.1-template 开发例程源代码包(Resource\01-开发例程\第 6 章\6.1-template)复制到 Contiki 目录下：contiki-2.6\zonesion\example\iar\。

(5) 打开工程文件 zx103.eww，在 IAR 的 Workspace 下拉列表框中选择 rpl 工程，修改 PANID 和 Channel，并保持与 STM32W108 无线协调器一致，重新编译源代码，编译成功后执行下一步。

(6) 给 STM32W108 无线节点起电，然后打开 J-Flash ARM 软件，选择 Target→Connect，让仿真器与 STM32W108 无线节点进行连接，连接成功后，将程序烧写到 STM32W108 无线节点中。

(7) 下载完后可以选择 Debug→Go，运行程序，也可以将 STM32W108 无线节点重新上电或者按下复位按钮让刚才下载的程序重新运行。

3. IEEE 802.15.4 节点 RPL 组网信息

(1) STM32W108 无线节点重新上电后，通过 STM32W108 无线节点屏幕显示可查看到 STM32W108 无线节点的 MAC 地址是 00:80:E1:02:00:1D:57:FD，如图 6.24 所示。按照无线模块网络节点的计算方法得到 STM32W108 无线节点的网络地址是 aaaa::0280:e102:001D:57FD。

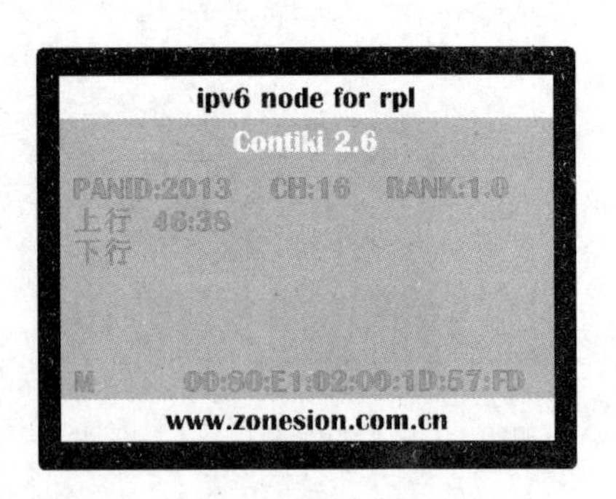

图 6.24 STM32W108 无线节点屏幕显示信息

(2) 上一步计算得到 STM32W108 无线节点的网络地址是 aaaa::0280:e102:001D:57FD，输入 ping 命令测试 PC 端连接 STM32W108 无线节点是否成功，命令行终端输出如下信息表示 PC 端连接 STM32W108 无线节点成功，测试表明 STM32W108 无线节点 RPL 组网成功：

```
C:\Users\Administrator>ping aaaa::0280:e102:001D:57FD
正在 Ping aaaa::280:e102:1d:57fd 具有 32 字节的数据:
来自 aaaa::280:e102:1d:57fd 的回复: 时间 = 57ms
来自 aaaa::280:e102:1d:57fd 的回复: 时间 = 54ms
来自 aaaa::280:e102:1d:57fd 的回复: 时间 = 266ms
来自 aaaa::280:e102:1d:57fd 的回复: 时间 = 53ms
aaaa::280:e102:1d:57fd 的 Ping 统计信息:
    数据包: 已发送 = 4,已接收 = 4,丢失 = 0 (0% 丢失),
往返行程的估计时间(以毫秒为单位):
    最短 = 53ms,最长 = 266ms,平均 = 107ms
```

6.4 任务 47 蓝牙节点 IPv6 组网开发

6.4.1 学习目标

- 理解蓝牙无线模块 IPv6 组网原理；
- 掌握蓝牙无线模块通信实现过程。

6.4.2 开发环境

- 硬件：s210 系列网关(包含 STM32W108 无线协调器、蓝牙模块、WiFi 模块)，调试转接板，蓝牙无线节点、USB MINI 线，J-Link 仿真器，PC；
- 软件：Windows XP/7/8/10，IAR 集成开发环境，串口调试工具。

6.4.3 原理学习

对于蓝牙的相关原理知识介绍请读者参考 4.3 节，此处不再重复。

6.4.4 开发内容

1. 蓝牙无线模块通信原理

节点接收到传感器模块采集的数据之后，将数据通过串口发送到 Contiki 系统的 IPv6 层，继而将 IPv6 层的 IP 数据包封装成 SLIP 数据包，并通过串口发送给节点蓝牙模块，节点蓝牙模块以透传的方式将 SLIP 数据包传输给网关蓝牙模块；同时，节点的蓝牙模块可以接收网关蓝牙模块发过来的 SLIP 数据包，并通过串口发送给 Contiki 系统的 IPv6 层处理，如图 6.25 所示。

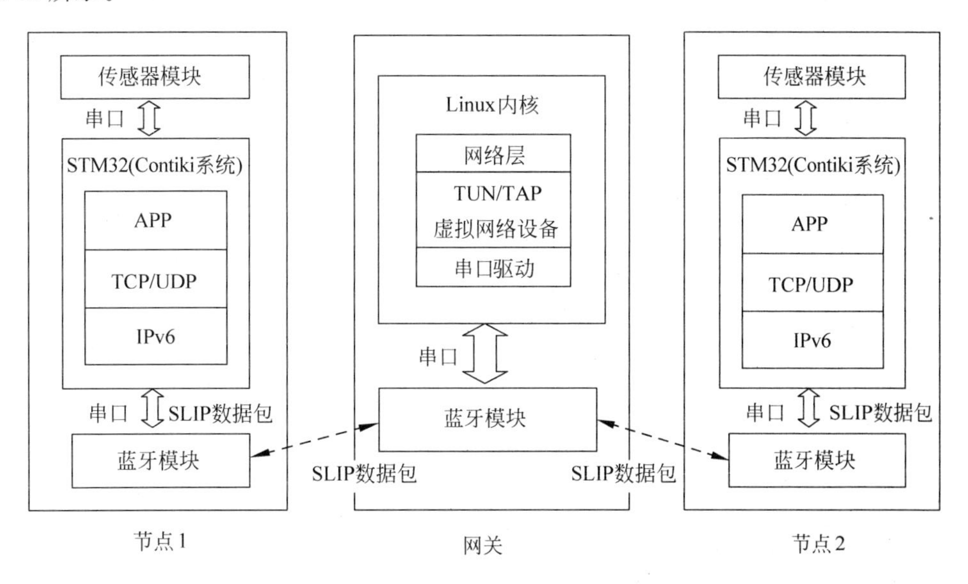

图 6.25 蓝牙节点 IPv6 组网原理图

2. 蓝牙无线模块通信

蓝牙无线模块通信实现的详细代码具体可以参考 bt-hc05.c 文件和 slip-net-normal.c 文件。bt-hc05.c 主要实现蓝牙模块驱动接口，初始化蓝牙模块，读取模块 MAC 地址；而 slip-net-normal.c 文件完成蓝牙模块与 IP 网络层的交互处理，实现 IP 数据包与 SLIP 数据包的相互转换。

1）蓝牙模块初始化实现

hc05_init 函数是蓝牙模块初始化函数，该函数主要功能是：配置蓝牙工作模式、读取蓝牙 MAC 地址，源代码如下（contiki-2.6\zonesion\vendor\hal\bt-hc05.c）：

```
void hc05_init(void)
{
  int ret = -1, i;
  uart2_init(38400);                          //与蓝牙模块交互的串口初始化
  uart2_set_input(uart_recv_call);

  hc05_gpio_init();                           //配置蓝牙模块控制 I/O 口
  hc05_enter_at();                            //使蓝牙模块进入 AT 配置模式
```

```
    delay(1000);
    for (i = 0; ret!= 0 && i < 10; i++) {                     //检测蓝牙模块是否进入 AT 模式
      ret = hc05_command_response("AT\r\n", "OK\r\n");
    }
    if (ret != 0) {
      printf("error enter at command.\r\n");
      goto _out;
    }
    ret = -1;
    for (i = 0; ret!= 0 && i < 10; i++) {                     //设置蓝牙模块 LED 极性
      ret = hc05_command_response("AT + POLAR = 0,0\r\n", "OK\r\n");
    }
    if (ret != 0) {
      printf("error at + polar = 0,.\r\n");
      goto _out;
    }
    ret = -1;
    for (i = 0; ret!= 0 && i < 10; i++) {                     //配置蓝牙模块透传通信速率
      ret = hc05_command_response("AT + UART = 115200,0,0\r\n", "OK\r\n");
    }
    if (ret != 0) {
      printf("error at + uart = 115200,0,0.\r\n");
      goto _out;
    }
    ret = -1;
    for (i = 0; ret!= 0 && i < 10; i++) {                     //设置蓝牙工作在从模式
      ret = hc05_command_response("AT + ROLE = 0\r\n", "OK\r\n");
    }
    if (ret != 0) {
      printf("error at + pole = 0.\r\n");
      goto _out;
    }
    hc05_command("AT + UART?\r\n");
    recv_line(500000);
    printf("uart : %s", _recv_buf);
    for (i = 0; i < 10; i++) {
      hc05_command("AT + ADDR?\r\n");                         //读取蓝牙模块 MAC 地址
      ret = recv_line(500000);
      if (ret != 0 && strncmp(_recv_buf, " + ADDR:", 6) == 0) break;
    }
    printf(_recv_buf);
    if (i < 10) {

  #if 0
      _hc05_mac_addr[0] = c2h(_recv_buf[6]) << 4 | c2h(_recv_buf[7]);
      _hc05_mac_addr[1] = c2h(_recv_buf[8]) << 4 | c2h(_recv_buf[9]);
      int off = 0;
      if (_recv_buf[12] == ':') {
        _hc05_mac_addr[2] = c2h(_recv_buf[11]);
```

```
        off = -1;
    } else {
        _hc05_mac_addr[2] = c2h(_recv_buf[11]) << 4 | c2h(_recv_buf[12] );
    }
    _hc05_mac_addr[3] = c2h(_recv_buf[14 + off]) << 4 | c2h(_recv_buf[15 + off]);
    _hc05_mac_addr[4] = c2h(_recv_buf[16 + off]) << 4 | c2h(_recv_buf[17 + off]);
    _hc05_mac_addr[5] = c2h(_recv_buf[18 + off]) << 4 | c2h(_recv_buf[19 + off]);
#else
    memset(_hc05_mac_addr, 0, 8);
    unsigned char volatile *p = _recv_buf + 6;
    unsigned char volatile *e = p;
    while (*e!= ':') ++e;
    int i = e - p;
    if (i == 1) _hc05_mac_addr[1] = c2h(p[0]);
    if (i == 2) _hc05_mac_addr[1] = c2h(p[0])<< 4 | c2h(p[1]);
    if (i == 3) {
        _hc05_mac_addr[0] = c2h(p[0]);
        _hc05_mac_addr[1] = c2h(p[1])<< 4 | c2h(p[2]);
    }
    if (i == 4) {
          _hc05_mac_addr[0] = c2h(p[0])<< 4 | c2h(p[1]);
        _hc05_mac_addr[1] = c2h(p[2])<< 4 | c2h(p[3]);
    }
    ++e;
    p = e;
    while (*e!= ':') ++e;
    i = e - p;
    if (i == 1) _hc05_mac_addr[2] = c2h(p[0]);
    if (i == 2) _hc05_mac_addr[2] = c2h(p[0])<< 4 | c2h(p[1]);
/* if (i == 3) {
        _hc05_mac_addr[2] = c2h(p[0]);
        _hc05_mac_addr[3] = c2h(p[1])<< 4 | c2h(p[2]);
    }
    if (i == 4) {
          _hc05_mac_addr[2] = c2h(p[0])<< 4 | c2h(p[1]);
        _hc05_mac_addr[3] = c2h(p[2])<< 4 | c2h(p[3]);
    }*/
     ++e;
    p = e;
    while (!(*e == '\r' || *e == '\n')) e++;
     *e = 0;
    i = e - p;
    if (i == 1) _hc05_mac_addr[5] = c2h(p[0]);
    if (i == 2) _hc05_mac_addr[5] = c2h(p[0])<< 4 | c2h(p[1]);
     if (i == 3) {
        _hc05_mac_addr[4] = c2h(p[0]);
        _hc05_mac_addr[5] = c2h(p[1])<< 4 | c2h(p[2]);
    }
    if (i == 4) {
```

```
        _hc05_mac_addr[4] = c2h(p[0])<<4 | c2h(p[1]);
      _hc05_mac_addr[5] = c2h(p[2])<<4 | c2h(p[3]);
    }
    if (i == 5) {
      _hc05_mac_addr[3] = c2h(p[0]);
      _hc05_mac_addr[4] = c2h(p[1])<<4 | c2h(p[2]);
      _hc05_mac_addr[5] = c2h(p[3])<<4 | c2h(p[4]);
    }
    if (i == 6) {
        _hc05_mac_addr[3] = c2h(p[0])<<4 | c2h(p[1]);
        _hc05_mac_addr[4] = c2h(p[2])<<4 | c2h(p[3]);
        _hc05_mac_addr[5] = c2h(p[4])<<4 | c2h(p[5]);
    }
#endif
  }
_out:
  hc05_exit_at();          //配置好后蓝牙模块退出 AT 模式,进入透传模式,以后发送给蓝牙
                           //模块的数据都直接交付给蓝牙网关处理
  uart2_set_input(NULL);   //重新配置通信串口
  uart2_init(115200);
}
```

2）IPv6 层 IP 数据包与 SLIP 数据包的相互转换

tip_output 函数是一个 IP 网络层接口函数，该函数的主要功能是：将 IP 数据包通过 SLIP 协议打包，通过 STM32 串口发送蓝牙模块，详细源代码如下（contiki-2.6\zonesion\vendor\rf\slip-net.c）：

```
static uint8_ttip_output(uip_lladdr_t * localdest)
{
  uint16_t i;
  uint8_t * ptr;
  uint8_t c;
  //PRINTF("slipnet tip output: len %d\n", uip_len);
  if(localdest == NULL) {
    //rimeaddr_copy(&dest, &rimeaddr_null);
  } else {
    //rimeaddr_copy(&dest, (const rimeaddr_t * )localdest);
  }
  //PRINTF(" slip >>> %u\r\n", uip_len);
  //for (i = 0; i < uip_len; i++) PRINTF(" %02X ", uip_buf[i]);
  return slip_send();
}
void
slipnet_init(void)
{
  tcpip_set_outputfunc(tip_output);             //设置 IP 网络层数据出口函数为 tip_output
```

```
    slip_set_input_callback(slip_input_call);
                                              //设置 SLIP 解析到数据包后的处理函数 slip_input_call
    //slip_arch_init(115200);
    uart2_set_input(slip_input_byte);  //设置串口收到数据后的处理函数为 slip_input_byte
    process_start(&slip_process, NULL);        //启动 SLIP 模块
    process_start(&req_perfix_process, NULL);//启动网络地址请求线程
}
```

6.4.5 开发步骤

本任务主要实现蓝牙节点 IPv6 组网，通过测试 PC 端访问蓝牙无线节点成功与否判断蓝牙无线节点 IPv6 组网是否成功，步骤如下：

1. 蓝牙子网网关环境部署

确保完成 6.2 节 IPv6 网关项目开发，保证 PC 端能与蓝牙子网网关进行正常通信；

2. 编译固化无线节点 nomal-bt 工程源代码

(1) 参考 1.2.4 节硬件连接与调试的内容将蓝牙无线节点的跳线设置成模式二。

(2) 通过调试转接板将 J-Link 仿真器连接到 PC 和 ZXBee 无线节点板。在 PC 上打开串口助手或者超级终端，设置接收的波特率为 115 200b/s。

(3) 准备 Contiki IPv6 源代码包，将 Resource\03-系统代码\contiki-2.6 复制到工作目录。

(4) 将 6.1-template 开发例程源代码包(Resource\01-开发例程\第 6 章\6.1-template)复制到 Contiki 目录下：contiki-2.6\zonesion\ example\iar\。

(5) 打开工程文件 zx103.eww(H:\contiki-2.6\zonesion\example\iar\6.1-template\zx103.eww)，在 IAR 的 Workspace 下拉列表框中选择 normal-bt 工程，选择 Project→Rebuild All，重新编译源代码，编译成功后执行下一步。

(6) 给蓝牙无线节点起电，然后打开 J-Flash ARM 软件，选择 Target→Connect，让仿真器与蓝牙无线节点进行连接，连接成功后，将程序烧写到蓝牙无线节点中。

3. 蓝牙节点 IPv6 组网信息查看

(1) 蓝牙无线节点重新上电后，通过蓝牙无线节点屏幕显示可查看到蓝牙无线节点的 MAC 地址是 00:13:04:07:00:70，如图 6.26 所示。按照无线模块网络节点的计算方法得到蓝牙无线节点的网络地址是 aaaa:1::02fe:0013:0407:0070。

(2) 从蓝牙无线节点屏幕显示 LINK:0ff 信息表明目前蓝牙无线节点没有成功组网，此时蓝牙模块 D4 红灯一直在闪烁，D3 蓝灯熄灭也表明蓝牙无线节点没有成功组网。

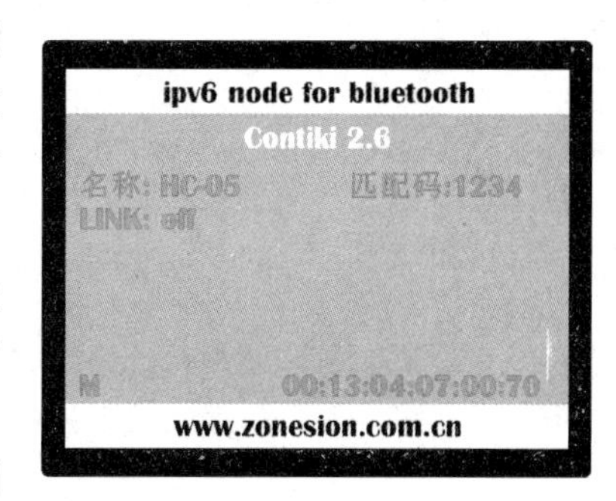

图 6.26 蓝牙无线节点屏幕显示信息

(3) 在 s210 网关 Android 操作系统上运行“网关设置”应用程序，选择“配置蓝牙网络”选项，如图 6.27 所示。

(4) 单击“搜索设备”按钮，在搜索到的蓝牙设备列表中显示 MAC 地址为“00:13:04:07:00:70”，弹出“蓝

图 6.27　配置蓝牙网络图

牙配对请求”对话框后，输入蓝牙无线节点屏幕上显示的匹配码 1234，如图 6.28 所示，单击“确定”按钮。匹配成功后，蓝牙无线节点屏幕显示 LINK：on，蓝牙模块 D5 LED 长亮（参考附录 A.4 蓝牙无线节点设置查看完整过程）。

单击“搜索设备”按钮

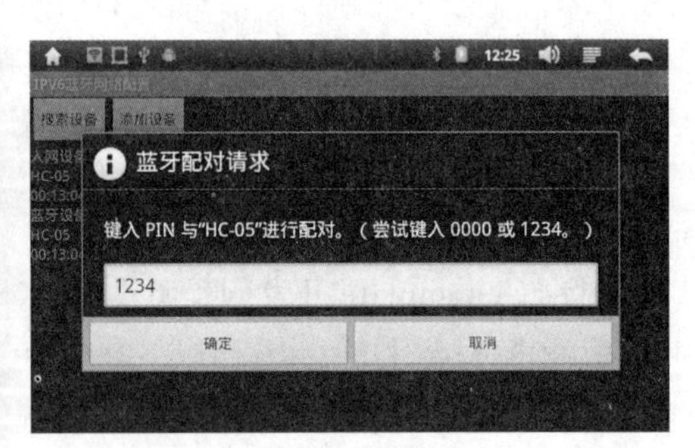

输入匹配码

图 6.28　配置蓝牙网络图

（5）测试网络从第（1）步获得了蓝牙无线节点地址为 aaaa：1：：02fe：0013：0407：0070，利用 ping 测试 PC 端连接蓝牙无线节点连接情况，命令行终端输出如下信息表示 PC 端连接蓝牙无线节点成功，测试表明蓝牙无线节点 IPv6 组网成功：

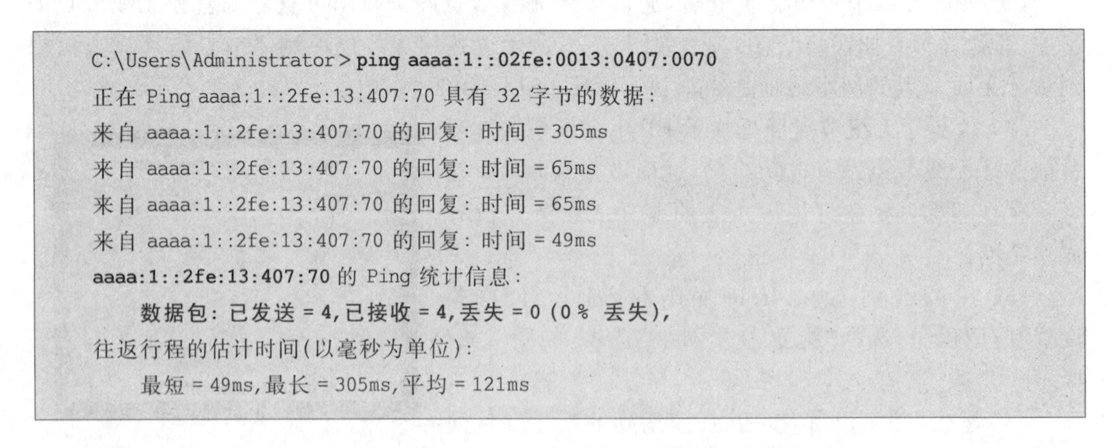

```
C:\Users\Administrator>ping aaaa:1::02fe:0013:0407:0070
正在 Ping aaaa:1::2fe:13:407:70 具有 32 字节的数据:
来自 aaaa:1::2fe:13:407:70 的回复: 时间 = 305ms
来自 aaaa:1::2fe:13:407:70 的回复: 时间 = 65ms
来自 aaaa:1::2fe:13:407:70 的回复: 时间 = 65ms
来自 aaaa:1::2fe:13:407:70 的回复: 时间 = 49ms
aaaa:1::2fe:13:407:70 的 Ping 统计信息:
    数据包: 已发送 = 4,已接收 = 4,丢失 = 0 (0% 丢失),
往返行程的估计时间(以毫秒为单位):
    最短 = 49ms,最长 = 305ms,平均 = 121ms
```

6.5 任务48 WiFi节点IPv6组网开发

6.5.1 学习目标

- 理解WiFi无线模块IPv6组网原理；
- 掌握WiFi无线模块通信实现过程。

6.5.2 开发环境

- 硬件：s210系列网关(包含STM32W108无线协调器、蓝牙模块、WiFi模块)，调试转接板，WiFi无线节点、USB MINI线，J-Link仿真器，PC；
- 软件：Windows XP/7/8/10，IAR集成开发环境，串口调试工具。

6.5.3 原理学习

关于WiFi的相关原理知识介绍请读者参考4.4节内容，本节不再重复介绍。

6.5.4 开发内容

1. WiFi无线模块通信原理

节点接收到传感器模块采集的数据之后，将数据通过串口发送到Contiki系统的IPv6层，继而将IPv6层的IP数据包封装成SLIP数据包，并通过串口发送给节点的WiFi模块，节点WiFi模块以透传的方式将SLIP数据包传输给网关的WiFi模块；同时，节点的WiFi无线模块可以接收网关WiFi模块发过来的SLIP数据包，并通过串口发送给Contiki系统的IPv6层处理，如图6.29所示。

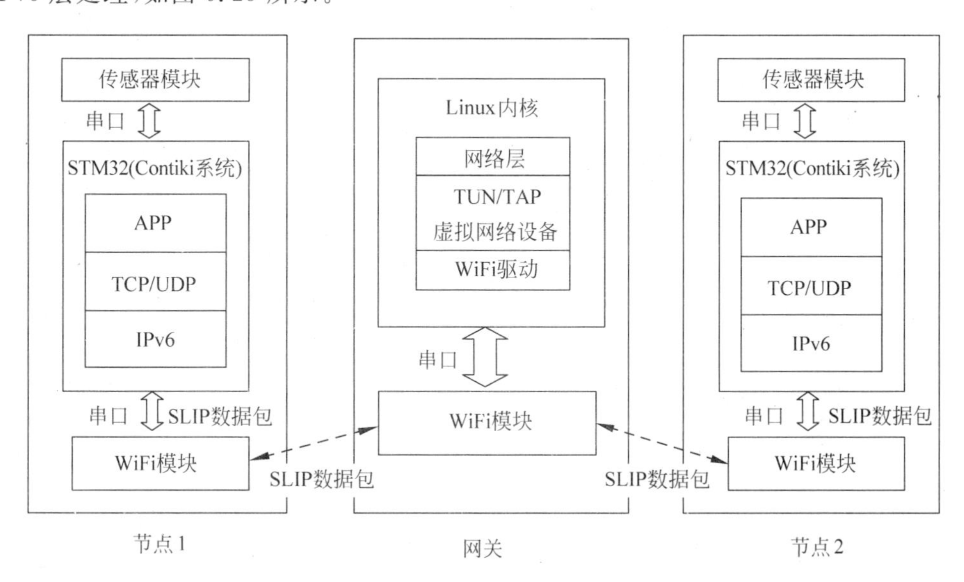

图6.29 WiFi节点IPv6组网原理图

2. WiFi 无线模块通信实现过程

节点 WiFi 模块通信实现的详细代码具体可以参考 wifi-lap. c 和 slip-net-normal. c。wifi-lap. c 主要实现 WiFi 模块的初始化过程，而 slip-net-normal. c 文件完成 WiFi 模块与 IPv6 网络层的交互处理，即实现 IP 数据包与 SLIP 数据包的相互转换。

在工程配置上也可以看出 WiFi 节点和蓝牙节点使用了同一接口文件 slip-net-normal. c，关于 IP 数据包与 SLIP 数据包的相互转换请参考 6.2.4 节蓝牙无线模块通信代码实现详解部分。下面主要解析 WiFi 驱动文件 wifi-lpa. c(contiki-2. 6\zonesion\vendor\hal\wifi-lpa. c)的 WiFi 模块初始化过程，详细源代码如下：

```
void WIFI_lpa_init(void)
{
    char buf[128];
    int ret;
    uart2_init(115200);
    uart2_set_input(uart_recv_call);
    printf("WIFI lpa init\r\n");
    if (WIFI_lpa_enter_at() < 0)                          //使模块进入 AT 模式
    {
        printf("error enter at mode!\r\n");
    }
    if (WIFI_lpa_disable_echo() < 0) printf("WIFI disable echo error\n");
                                                          //禁止 AT 回显功能
    delay_ms(100);
    if (WIFI_lap_command_response("AT + WMODE = STA\r\n", " + ok") < 0)
                                                          //设置 WiFi 模块工作在 STA 模式下
    {
        printf("WIFI set wmode sta error!\n");
    }
    delay_ms(500);

    printf("set ssid : AT + WSSSID = "CFG_SSID"\r\n");
    if (WIFI_lap_command_response("AT + WSSSID = "CFG_SSID"\r\n", " + ok") < 0)
                                                          //配置 WiFi 模块连接到 AP 的名称
    {
        printf("err:""AT + WSSSID = "CFG_SSID"\r\n%s", _recv_buf);
    }
    delay_ms(500);

    sprintf(buf, "AT + WSKEY = %s, %s", CFG_AUTH, CFG_ENCRY);
    if (strlen(CFG_KEY) > 0) sprintf(&buf[strlen(buf)], ", %s", CFG_KEY);
                                                          //配置网络密码
    strcat(buf, "\r\n");
    printf("set key: %s", buf);
    if (WIFI_lap_command_response(buf, " + ok") < 0)
    {
        printf("err: %s, %s\r\n", buf, _recv_buf);
    }
```

```
    delay_ms(500);
    printf("set server: ""AT + NETP = TCP,CLIENT,"CFG_SERVER_PORT","CFG_SERVER_IP"\r\n");
    if (WIFI_lap_command_response("AT + NETP = TCP,CLIENT,"CFG_SERVER_PORT","CFG_SERVER_
IP"\r\n","+ ok") < 0)                              //配置需要连接到的服务器地址和端口
    {
        printf("err: %s, %s\r\n", "AT + NETP = TCP,CLIENT,"CFG_SERVER_PORT",
"CFG_SERVER_IP, _recv_buf);
    }
    delay_ms(500);
    ret = -1;
    for (int i = 0; ret < 0 && i < 10; i++) {
        ret = WIFI_lpa_load_mac();                 //读取 WiFi 模块 MAC 地址
        delay_ms(300);
    }
    delay_ms(100);

    uart_send("AT + Z\r\n");                       //重启 WiFi 模块
    printf("WIFI lpa init exit \r\n");
}
```

6.5.5 开发步骤

本章将完成 WiFi 节点 IPv6 组网开发，该任务通过测试 PC 端访问 WiFi 无线节点成功与否判断 WiFi 无线节点 IPv6 组网是否成功。

1. WiFi 子网网关环境部署

确保完成 6.2 节 IPv6 网关项目开发，保证 PC 端能与 WiFi 子网网关进行正常通信。

2. 编译固化无线节点 wifi-bt 工程源代码

(1) 将 WiFi 无线节点的跳线设置成模式二。

(2) 通过调试转接板将 J-Link 仿真器连接到 PC 和 ZXBee 无线节点板。在 PC 上打开串口助手或者超级终端，设置接收的波特率为 115 200b/s。

(3) 准备 Contiki IPv6 源代码包 esource\03-系统代码\contiki-2.6 复制到工作目录。

(4) 将 6.1-template 开发例程源代码包(Resource\01-开发例程\第 6 章\6.1-template)复制到 Contiki 目录下：contiki-2.6\zonesion\ example\iar\。

(5) 打开工程文件 zx103.eww(H:\contiki-2.6\zonesion\example\iar\6.1-template\zx103.eww)，在 Workspace 下拉列表框中选择 normal-wifi 工程。

(6) 修改 WiFi AP 属性(避免多台开发平台开发时造成的网络冲突)：修改文件 wifi-lpa.c(zx103-normal-wifi/zonesion/vendor/hal/wifi-lpa.c)，如图 6.30 所示。将 CFG_SSID 的名称定义后面增加 3 位数字，其他相关密钥安全信息的宏定义也可根据需要修改，相关源代码如下：

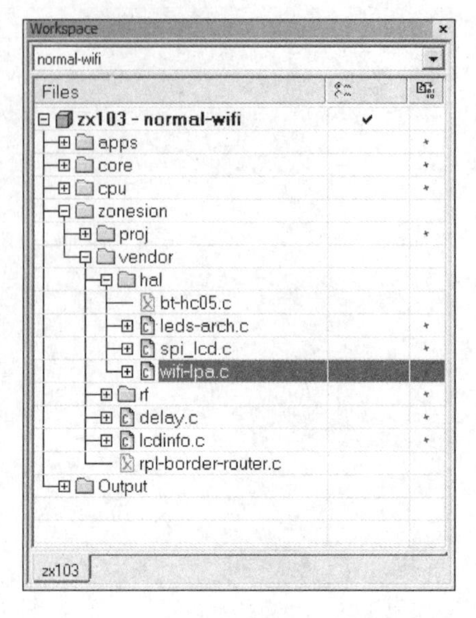

图 6.30　修改 WiFi AP 属性

```
#define CFG_SSID     "AndroidAP008"    //如将 WiFi 热点的名称设置成"AndroidAP008"
#define CFG_AUTH     AUTH_OPEN         //开放式
#define CFG_ENCRY    ENCRY_NONE        //无密码
#define CFG_KEY      ""                //无密码即将密码设置成空
```

如果修改了 WiFi AP 的名称，在 s210 网关的 Android 系统中对于热点的名称也要修改(选择“设置”→“无线和网络设置”→“绑定与便携式热点”→“便携式 WiFi 热点设置”→“配置 WiFi 热点”)，如图 6.31 所示。

图 6.31　网关修改 WiFi AP 名称

(7) 给 WiFi 无线节点起电，然后打开 J-Flash ARM 软件，选择 Target→Connect，让仿真器与 WiFi 无线节点进行连接，连接成功后，J-Flash ARM 软件 LOG 窗口会提示 Connected Successfully，选择 Project→Download and debug 将程序烧写到 WiFi 无线节点中。

(8) 下载完毕后选择 Debug→Go，程序全速运行；也可以将 WiFi 无线节点重新上电或者按下复位按钮让刚才下载的程序重新运行。

3. WiFi 无线节点 IPv6 组网信息查看

(1) WiFi 无线节点重新上电后，通过 WiFi 无线节点屏幕显示可查看到接入点为 AndroidAP008，WiFi 无线节点的 MAC 地址是 AC：CF：23：27：49：F6，如图 6.32 所示。按照无线模块网络节点的计算方法，计算得到 WiFi 无线节点的网络地址是 aaaa：2：：02fe：accf：2327：49f6。

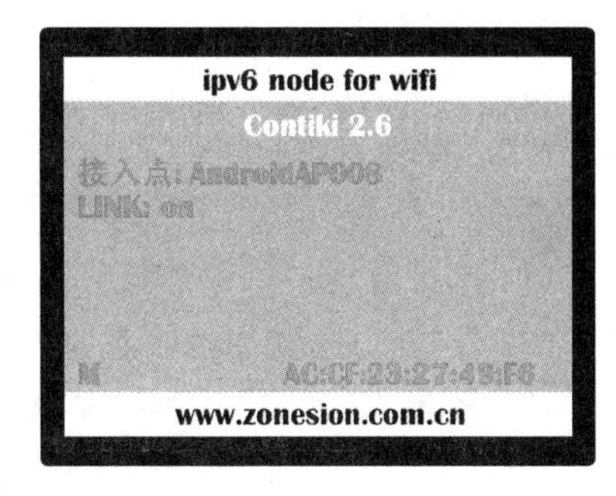

图 6.32　WiFi 无线节点屏幕显示信息

(2) 测试网络，从第(1)步获得了 WiFi 无线节点地址为 aaaa：2：：02fe：accf：2327：49f6，利用 ping 测试 PC 端连接 WiFi 无线节点连接情况，命令行终端输出如下信息表示 PC 端连接 WiFi 无线节点成功，测试表明 WiFi 无线节点 IPv6 组网成功：

```
C:\Users\Administrator > ping aaaa:2::02fe:accf:2327:49f6
正在 Ping aaaa:2::2fe:accf:2327:49f6 具有 32 字节的数据:
来自 aaaa:2::2fe:accf:2327:49f6 的回复: 时间 = 300ms
来自 aaaa:2::2fe:accf:2327:49f6 的回复: 时间 = 187ms
来自 aaaa:2::2fe:accf:2327:49f6 的回复: 时间 = 98ms
来自 aaaa:2::2fe:accf:2327:49f6 的回复: 时间 = 193ms
aaaa:2::2fe:accf:2327:49f6 的 Ping 统计信息:
    数据包: 已发送 = 4,已接收 = 4,丢失 = 0 (0% 丢失),
往返行程的估计时间(以毫秒为单位):
    最短 = 98ms,最长 = 300ms,平均 = 194ms
```

6.6　任务 49　节点间 UDP 通信开发

6.6.1　学习目标

- 理解 Contiki 中 UDP 通信的工作原理；
- 掌握 UDP 服务器端程序实现流程；
- 掌握 UDP 客户端程序程序实现流程。

6.6.2　开发环境

- 硬件：s210 系列网关(包含 STM32W108 无线协调器、蓝牙模块、WiFi 模块)，调试转接板，STM32 系列无线开发板，USB MINI 线，J-Link 仿真器，PC；
- 软件：Windows XP/7/8/10，IAR 集成开发环境，串口调试工具。

选择两块 STM32W108 无线节点通信，一块作为客户端节点，另一块作为服务器端节点，也可以选择其他无线节点通信。

6.6.3 原理学习

1. UDP 简介

用户数据报协议(User Datagram Protocol,UDP)是 ISO 参考模型中一种无连接的传输层协议,提供面向操作的简单非可靠信息传送服务,UDP 直接工作于 IP 的上层,具有以下特点:

(1) 不可靠连接,UDP 消息发送时,它不可能知道它会到达目的地;

(2) 发送无序,如果两个消息被发送到目的地,它们到达的顺序是无法预测的;

(3) 轻量级,无序的消息发送,没有跟踪连接等,仅仅是一个基于 IP 的传输层设计协议;

(4) 无数据校验,单独发送数据包,完整性只有到达时才能检查;

(5) 无堵塞控制,UDP 本身不能避免拥挤,堵塞控制须在应用程序级别实现;

(6) UDP 头部包含很少的字节,比 TCP 头部消耗少,传输效率高。

在具体实现上,UDP 存在以下和 TCP 不同的地方:

(1) 不进行数据分片,保持用户数据完整投递,用户可以直接将从 UDP 接收到的数据解释为应用程序认定的格式和意义;

(2) 没有对 UDP 承载的整个用户数据的到达进行确认,这由用户来完成;

(3) 没有连接的概念,不提供流量控制,也不存在对连接进行建立和维护;

(4) 进行数据校验,和 TCP 一样将保持它首部和数据的检验和,这是一个端到端的检验和,当校验和出现差错的时候,抛弃数据;

(5) TCP 的流量控制是针对点对点通信双方的处理能力,没有考虑网络的承载能力,而且在广域网上也没有办法获得连接所要跨越各个网络的承载能力,而局域网的情况是不同的,可以容易地获得承载能力比较准确的数值;

(6) TCP 分片和基于分片的确认方式,要占用一些通信带宽,降低了以太网上的有效载荷,因为独立分片对于用户来说是没有意义的,所以基于分片的确认方式对用户来说也是没有意义的,只是可靠传输的维持手段,对用户来说,基于整个用户数据的确认方式更为有效。

6.6.4 开发内容

本任务实现任意两个节点间的 UDP 通信,通信的两个节点一个作为 UDP 服务器端,另一个作为客户端。服务器端程序接收客户端程序发过来的数据后通过串口显示出来,然后回送给客户端。客户端程序运行后定时给服务器端发送数据,同时在串口显示收到服务器发过来的数据。

1. Contiki 中 UDP 编程介绍

uip_udp_new()是用来建立一个 UDP 连接的,入口参数是远程的 IP 地址和远程的端口。uip_udp_new 函数将远程 IP 和端口写入到 uip_udp_conns 数组中的某一个位置,并返回它的地址。系统中支持的最大连接数量就是这个数组的大小,可通过 UIP_UDP_CONNS 宏来定义它的值。

uip_newdata()用来检查是否有数据需要处理,如果收到数据会存放在 uip_appdata 指向的地址中,通过 uip_datalen()函数可以知道收到数据的长度。

2. 服务器程序运行流程

流程图如图 6.33 所示。

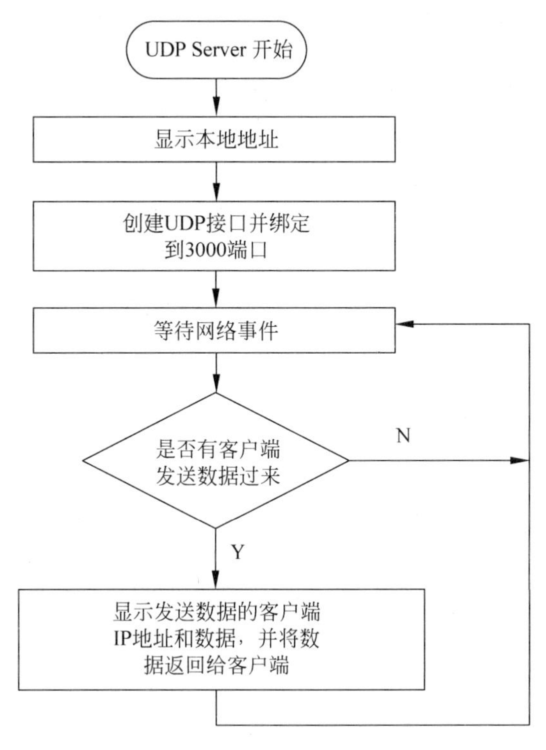

图 6.33 UDP 服务器程序运行流程图

服务器程序 udp-server.c(Resource\01-开发例程\第 6 章\ 6.6-udp-ipv6\user\ udp-server.c)解析如下所示：

```
PROCESS_THREAD(udp_process, ev, data)
{
  PROCESS_BEGIN();
  PRINTF("UDP server started\n\r");
  Display_ASCII6X12_EX(0, LINE_EX(4), "udp server", 0);//在屏幕上显示"udp server"
  Display_ASCII6X12_EX(0, LINE_EX(5), "A:", 0);          //在屏幕上显示"A: "
  Display_ASCII6X12_EX(0, LINE_EX(6), "R:", 0);          //在屏幕上显示"R: "
  print_local_addresses();                               //显示本地地址
  server_conn = udp_new(NULL, UIP_HTONS(0), NULL);       //分配一个 UDP 接口
  udp_bind(server_conn, UIP_HTONS(3000));                //将 UDP 接口绑定到本地的 3000 端口
  while(1) {
    PROCESS_YIELD();
    if(ev == tcpip_event) {
      tcpip_handler();                                   //处理 TCP/IP 事件
    }
  }
  PROCESS_END();
```

```
}
static voidtcpip_handler(void)
{
  if(uip_newdata()) {                                          //检查是否有新的数据
    ((char *)uip_appdata)[uip_datalen()] = 0;
    PRINTF("Server received: '%s' from ", (char *)uip_appdata);
                                                             //显示发送数据客户端 IP 地址
    PRINT6ADDR(&UIP_IP_BUF->srcipaddr);
    PRINTF("\n\r");
    sprintf(buf, "%02X:%02X", UIP_IP_BUF->srcipaddr.u8[14], UIP_IP_BUF->srcipaddr.u8
[15]);
    Display_ASCII6X12_EX(12, LINE_EX(5), (char *)buf, 0);
                                                    //在屏幕显示 Client 节点 MAC 地址后两位
    Display_ASCII6X12_EX(12, LINE_EX(6), (char *)uip_appdata, 0);
                                                          //在屏幕显示服务器端接收的数据
    uip_ipaddr_copy(&server_conn->ripaddr, &UIP_IP_BUF->srcipaddr);
                                              //设置发送数据的目的地址为客户端 IP 地址和端口
    server_conn->rport = UIP_UDP_BUF->srcport;
    delay_ms(200);
    uip_udp_packet_send(server_conn, uip_appdata, uip_datalen());     //将数据返回客户端

    memset(&server_conn->ripaddr, 0, sizeof(server_conn->ripaddr));
                                          //清除客户端信息,使得可以再次接收其他客户端数据
    server_conn->rport = 0;
  }
}
```

3. 客户端程序运行流程

流程图如图 6.34 所示。

客户端程序 udp-client. c(Resource\01-开发例程\第 6 章\ 6.6-udp-ipv6\user\ udp-client. c)解析如下:

```
PROCESS_THREAD(udp_process, ev, data)
{
  static struct etimer et;
  uip_ipaddr_t ipaddr;
  PROCESS_BEGIN();
  PRINTF("UDP client process started\n");
  Display_ASCII6X12_EX(0, LINE_EX(4), "udp client", 0);     //在屏幕上显示"udp client"
  Display_ASCII6X12_EX(0, LINE_EX(5), "S:", 0);             //在屏幕上显示"S: "
  Display_ASCII6X12_EX(0, LINE_EX(6), "R:", 0);             //在屏幕上显示"R: "
  print_local_addresses();                                  //显示本地地址
  set_connection_address(&ipaddr);                          //设置服务器 IP 地址

  client_conn = udp_new(&ipaddr, UIP_HTONS(3000), NULL);
                                                  //创建一个到服务器端口 3000 的 UDP 连接
```

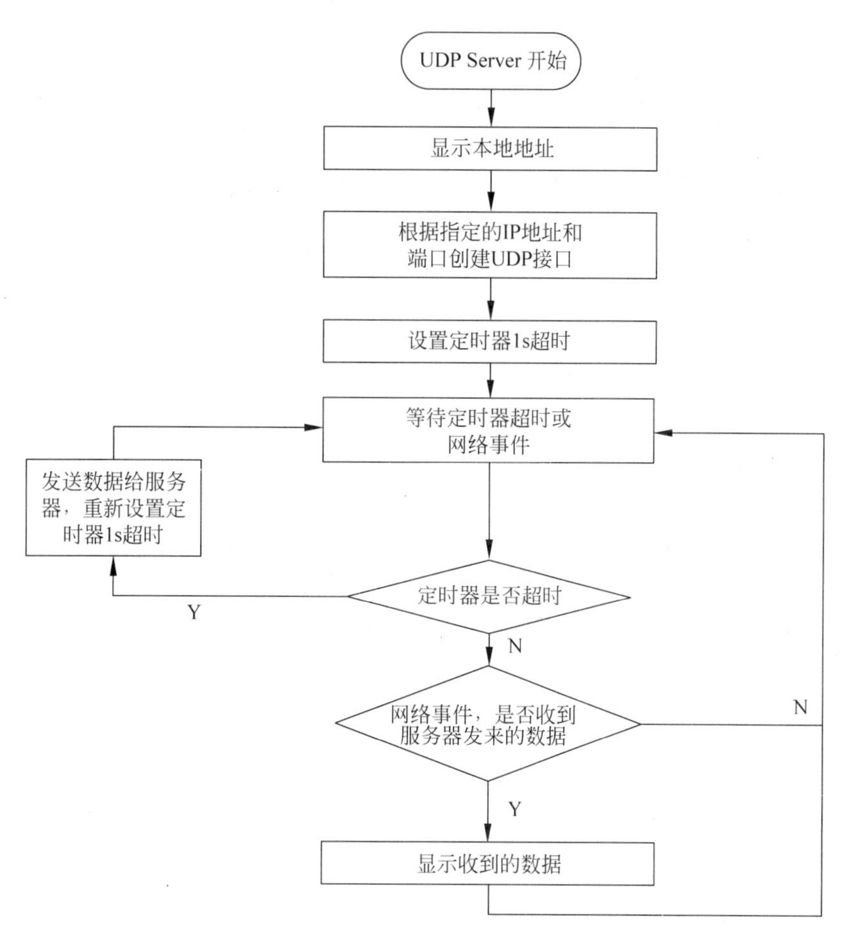

图 6.34　UDP 客户端程序运行流程图

```
    PRINTF("Created a connection with the server ");
    PRINT6ADDR(&client_conn->ripaddr);
    PRINTF(" local/remote port %u/%u\n\r",
    UIP_HTONS(client_conn->lport), UIP_HTONS(client_conn->rport));
    etimer_set(&et, SEND_INTERVAL);                    //设置定时器,定时间隔为 1s
    while(1) {
      PROCESS_YIELD();
      if(etimer_expired(&et)) {                        //检测定时器是否超时
        timeout_handler();                             //定时器超时处理,发送数据给服务器
        etimer_restart(&et);                           //重置定时器
      } else if(ev == tcpip_event) {
      tcpip_handler();                                 //处理 TCP/IP 事件(服务器回复的数据)
      }
    }
    PROCESS_END();
}
static voidtcpip_handler(void)
{
```

```
    char * str;
    if(uip_newdata()) {
      str = uip_appdata;
      str[uip_datalen()] = '\0';
      printf("Response from the server: '%s'\n\r", str);
      Display_ASCII6X12_EX(12, LINE_EX(6), str, 0);
                                        //在屏幕上显示的"R: "后显示接收到的服务器端数据
    }
  }
  static voidtimeout_handler(void)
  {
    static int seq_id;
    printf("Client sending to: ");
    PRINT6ADDR(&client_conn->ripaddr);                    //打印地址
    sprintf(buf, "Hello %d from the client", ++seq_id);
    printf(" (msg: %s)\n\r", buf);
    uip_udp_packet_send(client_conn, buf, UIP_APPDATA_SIZE);
    uip_udp_packet_send(client_conn, buf, strlen(buf));
    Display_ASCII6X12_EX(12, LINE_EX(5), buf, 0);
                                        //在屏幕上显示的"S: "后显示客户端发送的信息
  }
```

6.6.5 开发步骤

本任务实现节点间 UDP 通信，选择两块 STM32W108 无线节点通信，一块作为客户端节点，另一块作为服务器端节点。开发步骤如下：

1. IEEE 802.15.4 子网网关环境部署

确保完成 6.2 节的 IPv6 网关项目开发，保证 PC 端能与 IEEE 802.15.4 子网网关以及 IEEE 802.15.4 边界路由器进行正常通信。

2. 编译固化 udp-server 程序

(1) 参考 1.2.4 节硬件连接与调试的内容将服务器端 STM32W108 无线节点的跳线设置成模式二，并确保 STM32W108 无线模块已固化无线射频驱动程序；

(2) 通过调试转接板将 J-Link 仿真器连接到 PC 和 ZXBee 无线节点板。在 PC 上打开串口助手或者超级终端，设置接收的波特率为 115 200b/s。

(3) 准备 Contiki IPv6 源代码包，将 Resource\03-系统代码\contiki-2.6 复制到工作目录。

(4) 将 6.6-udp-IPv6 开发例程源代码包(Resource\01-开发例程\第 6 章\6.6-udp-IPv6)复制到 Contiki 目录下：contiki-2.6\zonesion\example\iar\。

(5) 打开工程文件，在 Workspace 下拉列表框中选择 rpl 工程，参考 6.3.5 节的内容修改 PANID 和 Channel，并保持与 STM32W108 无线协调器一致，重新编译源代码，编译成功后执行下一步。

(6) 给服务器端 STM32W108 无线节点起电，然后打开 J-Flash ARM 软件，选择 Target→Connect，让仿真器与服务器端 STM32W108 无线节点进行连接，连接成功后，J-Flash ARM

软件 LOG 窗口会提示 Connected Successfully，将程序烧写到服务器端 STM32W108 无线节点中。

（7）下载完毕后选择 Debug→Go，程序全速运行；也可以将服务器端 STM32W108 无线节点重新上电或者按下复位按钮让刚才下载的程序重新运行。

（8）服务器端 STM32W108 无线节点重新上电，通过屏幕显示可查看到服务器端 STM32W108 无线节点的 MAC 地址是 00:80:E1:02:00:1D:57:FD，按照无线模块网络节点的计算方法计算得到服务器端 STM32W108 无线节点的网络地址是 aaaa::0280:e102:001d:57fd。

3. 编译固化 udp-client 程序

（1）将客户端 STM32W108 无线节点的跳线设置成模式二。

（2）正确连接 J-Link 仿真器、串口线到 PC 和客户端 STM32W108 无线节点（通过调试转接板），在 PC 上打开串口助手或者超级终端，设置接收的波特率为 115 200b/s。

（3）准备 Contiki IPv6 源代码包，将 Resource\03-系统代码\contiki-2.6 复制到工作目录。

（4）将本任务开发例程源代码包（Resource\01-开发例程\第 6 章\6.6-udp-IPv6）复制到 Contiki 目录下：contiki-2.6\zonesion\example\iar\。

（5）打开本任务工程文件 udp-client.eww，在 Workspace 下拉列表框选择 rpl 工程，参考 6.3.5 节的内容修改 PANID 和 Channel，并保持与 STM32W108 无线协调器一致。

修改 udp-client.c（udp-client-rpl/zonesion/proj/ user/udp-client.c）文件，将 UDP_SERVER_ADDR 修改为服务器端 STM32W108 无线节点网络地址，如下所示：

```
#define UDP_SERVER_ADDR      aaaa::0280:e102:001d:57fd
```

（6）给客户端 STM32W108 无线节点起电，然后打开 J-Flash ARM 软件，选择 Target→Connect，让仿真器与客户端 STM32W108 无线节点进行连接，连接成功后，J-Flash ARM 软件 LOG 窗口会提示 Connected Successfully，将程序烧写到客户端 STM32W108 无线节点中。

（7）下载完毕后选择 Debug→Go，运行程序；也可以将客户端 STM32W108 无线节点重新上电或者按下复位按钮让刚才下载的程序重新运行。

4. 测试节点间组网

对于 IEEE 802.15.4 无线节点，通过无线节点屏幕显示的 Rank 值判断组网是否成功。

（1）重启客户端 STM32W108 无线节点、服务器端 STM32W108 无线节点、IEEE 802.15.4 边界路由器无线节点。

（2）边界路由器屏幕 Rank 值显示 0.0（表示顶级节点），且客户端 STM32W108 无线节点、服务器端 STM32W108 无线节点屏幕 Rank 值显示 5.0 以下的值（值越小表示网络越稳定，组网不成功，Rank 值显示：-.--），表示客户端节点与服务器节点组网成功。

对于蓝牙无线节点、WiFi 无线节点，通过无线节点屏幕显示的 LINK 值判断组网是否成功。无线节点屏幕显示的 LINK 值为 off 表示组网不成功，LINK 值为 on 表示组网成功。

5. 查看节点间 UDP 通信信息

客户端节点与服务器端节点的屏幕显示了 UDP 通信的数据发送与接收消息。UDP 客户端节点与 UDP 服务器端节点组网成功后，通过屏幕的信息来查看节点间 UDP 通信信息。

服务器端显示了客户端的 MAC 地址，并不断接收客户端发送的信息：Hello {i} from the client，其中 i 不断递增。服务器接收到消息的同时，将接收的消息发送给客户端，如图 6.35 所示。

客户端不断向服务器端发送消息：Hello {i} from the client，其中 i 不断递增，客户端发送消息的同时，接收服务器端发送给客户端的消息，如图 6.36 所示。

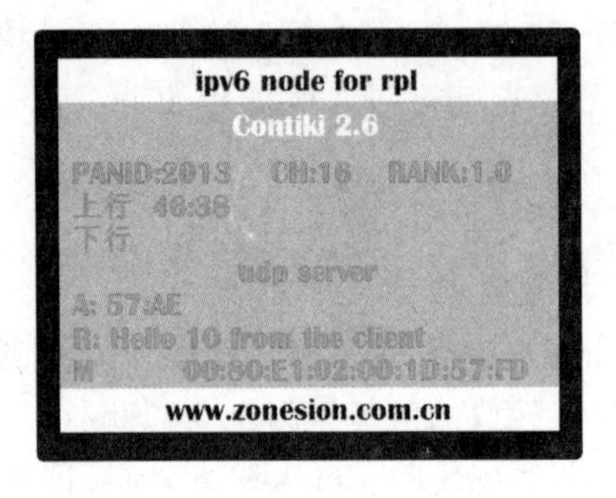

图 6.35　服务器端节点显示信息

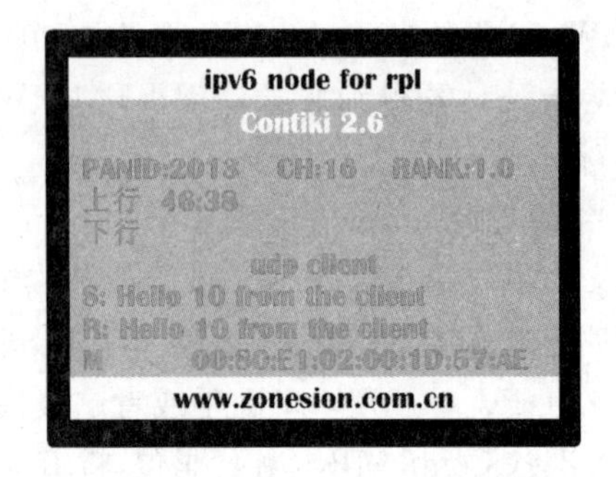

图 6.36　客户端节点显示信息

6.7　任务 50　节点间 TCP 通信开发

6.7.1　学习目标

- 理解 Contiki 中 TCP 工作原理；
- 掌握 TCP 服务器端和客户端程序的实现流程。

6.7.2　开发环境

- 硬件：s210 系列网关(包含 STM32W108 无线协调器、蓝牙模块、WiFi 模块)，调试转接板，STM32 系列无线开发板，USB MINI 线，J-Link 仿真器，PC；
- 软件：Windows XP/7/8/10，IAR 集成开发环境，串口调试工具。

6.7.3　原理学习

1. TCP 简介

TCP(Transmission Control Protocol，传输控制协议)是一种面向连接的、可靠的运输层(Transport layer)通信协议，是面向连接和面向广域网的通信协议。其目的是在跨越多个网络通信时，为两个通信端点之间提供一条具有下列特点的通信方式：基于流的方式；面向连接；可靠通信方式；在网络状况不佳的时候尽量降低系统由于重传带来的带宽开销；通信连接维护是面向通信的两个端点的，而不考虑中间网段和节点。

为满足 TCP 以上特点，TCP 做了如下规定：

(1) 数据分片：在发送端对用户数据进行分片，在接收端进行重组，由 TCP 确定分片的大小并控制分片和重组；

(2) 到达确认：接收端接收到分片数据时，根据分片数据序号向发送端发送一个确认；

(3) 超时重发：发送方在发送分片时启动超时定时器，如果在定时器超时之后没有收

到相应的确认,重发分片;

(4) 滑动窗口:TCP连接每一方的接收缓冲空间大小都固定,接收端只允许另一端发送接收端缓冲区所能接纳的数据,TCP在滑动窗口的基础上提供流量控制,防止较快主机致使较慢主机的缓冲区溢出;

(5) 失序处理:作为IP数据报传输的TCP分片到达时可能会失序,TCP将对收到的数据进行重新排序,将收到的数据以正确的顺序交给应用层。

2. TCP与UDP

UDP和TCP的主要区别是两者在如何实现信息的可靠传递方面不同。TCP中包含了专门的传递保证机制,当数据接收方收到发送方传来的信息时,会自动向发送方发出确认消息;发送方只有在接收到该确认消息之后才继续传送其他信息,否则将一直等待直到收到确认信息为止。具体区别如下所示:

(1) TCP面向连接,UDP面向非连接;

(2) TCP传输速度慢,UDP传输速度快;

(3) TCP有丢包重传机制,UDP没有;

(4) TCP保证数据的正确性,UDP可能丢包。

6.7.4 开发内容

本任务实现任意两个节点间的TCP通信,通信的两个节点一个作为TCP的服务器端,另一个作为TCP的客户端。服务器端程序接收客户端程序发过来的数据后通过串口显示出来,然后回送给客户端。客户端程序运行后定时给服务器端发送数据,同时在串口显示收到服务器发过来的数据。Contiki中TCP编程介绍如下:

tcp_listen函数用在服务器程序中监听到一个指定的端口,然后等待客户程序的连接。

uip_newdata函数用来判断是否收到新的数据。如果收到数据,数据将被存放在uip_appdata指向的内存中,其长度由uip_datalen函数指出。

tcp_connect函数在客户端程序中用来连接到服务器。该函数接收3个参数,第一个是服务器IP地址,第二个是服务器端口号,第三个是应用程序状态信息。当客户程序连接到服务器后客户程序会收到一个tcpip_event事件,通过uip_connected函数可以判断连接是否成功。如果连接成功就可以同服务器进行收发数据了。

uip_send函数实现数据的发送。该函数接收两个参数,第一个是要发送数据的内存地址,第二个参数是要发送数据的长度。当TCP收到数据后会通过tcpip_event事件通知应用程序,应用程序通过uip_newdata函数检查是否收到数据。

TCP服务器程序流程如图6.37所示。

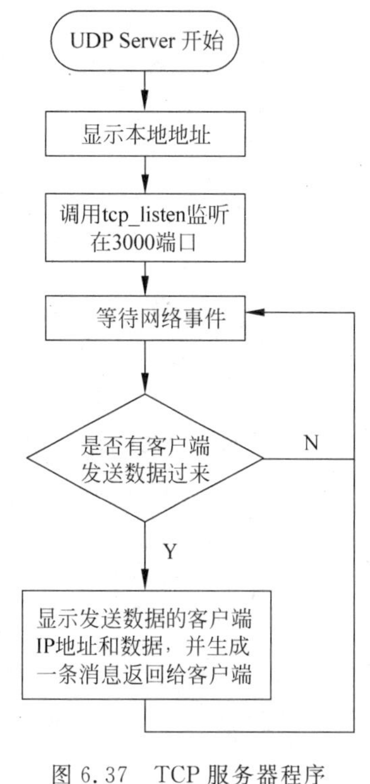

图6.37 TCP服务器程序运行流程图

TCP 服务器程序 tcp-server. c(Resource\01-开发例程\第 6 章\ 6.7-tcp-ipv6\user\tcp-server. c)详细解析如下所示：


```
PROCESS_THREAD(tcp_process, ev, data)
{
  PROCESS_BEGIN();
  PRINTF("TCP server started\n\r");

  print_local_addresses();                              //显示本地地址
  Display_ASCII6X12_EX(0, LINE_EX(4), "tcp server", 0); //在屏幕上显示"tcp server"
  Display_ASCII6X12_EX(0, LINE_EX(5), "A:", 0);         //在屏幕上显示"A: "
  Display_ASCII6X12_EX(0, LINE_EX(6), "R:", 0);         //在屏幕上显示"R: "
  tcp_listen(UIP_HTONS(3000));                          //TCP 服务器监听在 3000 端口
  while(1) {
    PROCESS_YIELD();
    if(ev == tcpip_event) {                             //等待网络事件
      tcpip_handler();                                  //处理网络事件
    }
  }

  PROCESS_END();
}
static voidtcpip_handler(void)
{
  static int seq_id;
  char buf[MAX_PAYLOAD_LEN];
  if(uip_newdata()) {                                  //检查是否收到新的数据
    ((char *)uip_appdata)[uip_datalen()] = 0;
    PRINTF("Server received: '%s' from ", (char *)uip_appdata);
                                                       //显示发数据的客服端 IP 地址
    PRINT6ADDR(&UIP_IP_BUF->srcipaddr);
    PRINTF("\n\r");

    sprintf(buf, "%02X:%02X", UIP_IP_BUF->srcipaddr.u8[14], UIP_IP_BUF->srcipaddr.u8
[15]);
    Display_ASCII6X12_EX(12, LINE_EX(5), (char *)buf, 0);
                                              //在屏幕显示 Client 节点 MAC 地址后两位
    Display_ASCII6X12_EX(12, LINE_EX(6), (char *)uip_appdata, 0);
                                              //在屏幕显示服务器端接收的数据

    PRINTF("Responding with message: ");
    sprintf(buf, "Hello from the server! (%d)", ++seq_id); //生成返回给客户端的消息
    PRINTF("%s\n\r", buf);
    uip_send(buf, strlen(buf));                        //将数据发送给客服端
  }
}
```

TCP 客户端程序流程如图 6.38 所示。

TCP 客户端程序 tcp-client. c(Resource\01-开发例程\第 6 章\ 6.7-tcp-ipv6\user\ tcp-

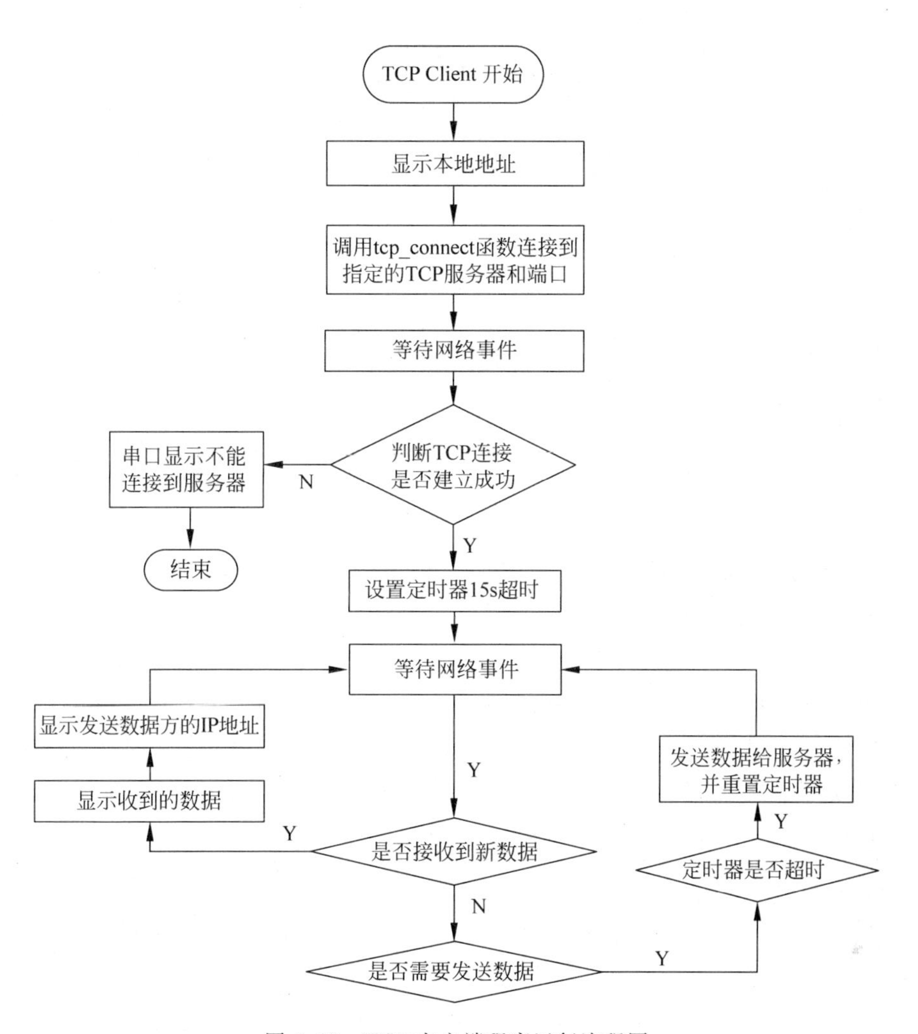

图 6.38　TCP 客户端程序运行流程图

client.c)详细解析如下：

```
PROCESS_THREAD(tcp_process, ev, data)
{
  PROCESS_BEGIN();
  PRINTF("TCP client process started\n");
  Display_ASCII6X12_EX(0, LINE_EX(4), "tcp client", 0);   //在屏幕上显示"tcp client"
  Display_ASCII6X12_EX(0, LINE_EX(5), "S:", 0);           //在屏幕上显示"S: "
  Display_ASCII6X12_EX(0, LINE_EX(6), "R:", 0);           //在屏幕上显示"R: "

  print_local_addresses();                                //显示本机 IP 地址
  uiplib_ipaddrconv(QUOTEME(TCP_SERVER_ADDR), &ipaddr);   //设置服务器 IP 地址
  tcp_connect(&ipaddr, UIP_HTONS(3000), NULL);            //连接到服务器的 3000 端口
  PROCESS_WAIT_EVENT_UNTIL(ev == tcpip_event);            //等待网络事件
  if(uip_aborted() || uip_timedout() || uip_closed()) {
                                                //如果连接不成功,串口显示提示信息
```

```
        printf("Could not establish connection\n");
    } else if(uip_connected()) {                          //连接成功
        printf("Connected\n");
        etimer_set(&et, SEND_INTERVAL);                   //设置定时器 15s 超时
        while(1) {
            PROCESS_YIELD();                              //等待定时器超时或网络事件
            if(ev == tcpip_event) {                       //如果是网络事件
                tcpip_handler();                          //处理网络事件
            }
        }
    }
    PROCESS_END();
}
static voidtcpip_handler(void)
{
    char * str;
    if(uip_newdata()) {                                   //检查是否收到新数据
        str = uip_appdata;
        str[uip_datalen()] = '\0';
        printf("Response from the server: '%s'\n\r", str);    //显示收到的数据
        Display_ASCII6X12_EX(12, LINE_EX(6), str, 0);
                                    //在屏幕上显示的"R: "后显示接收到的服务器端发送的信息
    }
    if (uip_poll()) {                                     //检查是否有数据需要发送
        static char buf[MAX_PAYLOAD_LEN];
        static int seq_id;

        if (stimer_expired(&t)) {                         //监测定时器是否超时
            sprintf(buf, "Hello %d from the client", ++seq_id);
            printf(" (msg: %s)\n\r", buf);
            uip_send(buf, strlen(buf));                   //发送数据给服务器
            Display_ASCII6X12_EX(12, LINE_EX(5), buf, 0);
                                          //在屏幕上显示的"S: "后显示客户端发送的信息
            stimer_restart(&t);                           //重置定时器
        }
    }
}
```

6.7.5 开发步骤

选择两块 STM32W108 无线节点通信，一块作为客户端节点，另一块作为服务器端节点，也可以选择其他无线节点通信。

1. IEEE 802.15.4 子网网关环境部署

确保完成 6.2 节的 IPv6 网关项目开发，保证 PC 端能与 IEEE 802.15.4 子网网关以及 IEEE 802.15.4 边界路由器进行正常通信。

2. 编译固化 tcp-server 程序到服务器端 STM32W108 无线节点

(1) 参考 1.2.4 节硬件连接与调试的内容将服务器端 STM32W108 无线节点的跳线设

置成模式二，并确保STM32W108无线模块已固化无线射频驱动程序。

(2) 通过调试转接板将J-Link仿真器连接到PC和ZXBee无线节点板。在PC上打开串口助手或者超级终端，设置接收的波特率为115 200b/s。

(3) 准备Contiki IPv6源代码包，将Resource\03-系统代码\contiki-2.6复制到工作目录。

(4) 将6.7-tcp-IPv6开发例程源代码包(Resource\01-开发例程\第6章\6.7-tcp-IPv6)复制到Contiki源代码目录下：H:\contiki-2.6\zonesion\example\iar\。

(5) 打开工程文件tcp-server.eww(H:\contiki-2.6\zonesion\example\iar\6.7-tcp-IPv6\tcp-server.eww)，在Workspace下拉列表框中选择rpl工程，参考6.3.5节的内容修改PANID和Channel，并保持与STM32W108无线协调器一致，然后选择Project→Rebuild All，重新编译源代码。

(6) 给服务器端STM32W108无线节点起电，然后打开J-Flash ARM软件，选择Target→Connect，让仿真器与服务器端STM32W108无线节点进行连接，连接成功后，J-Flash ARM软件LOG窗口会提示Connected Successfully，将程序烧写到服务器端STM32W108无线节点中。

(7) 下载完毕后选择Debug→Go，程序全速运行；也可以将服务器端STM32W108无线节点重新上电或者按复位按钮让刚才下载的程序重新运行。

(8) 服务器端STM32W108无线节点重新上电，通过屏幕显示可查看到服务器端STM32W108无线节点的MAC地址是00:80:E1:02:00:1D:57:FD，按照无线网络模块地址的计算方法，得到服务器端STM32W108无线节点的网络地址是aaaa::0280:e102:001d:57fd。

3. 编译固化tcp-client程序到客户端STM32W108无线节点

(1) 参考1.2.4节硬件连接与调试的内容将客户端STM32W108无线节点的跳线设置成模式二。

(2) 正确连接J-Link仿真器、串口线到PC和客户端STM32W108无线节点(通过调试转接板)，在PC上打开串口助手或者超级终端，设置接收的波特率为115 200b/s。

(3) 准备Contiki IPv6源代码包，将Resource\03-系统代码\contiki-2.6复制到工作目录。

(4) 将6.7-tcp-IPv6开发例程源代码包(Resource\01-开发例程\第6章\6.7-tcp-IPv6)复制到Contiki目录下：contiki-2.6\zonesion\example\iar\。

(5) 打开工程文件tcp-client.eww(H:\contiki-2.6\zonesion\example\iar\6.7-tcp-IPv6\tcp-client.eww)，在Workspace下拉列表框中选择rpl工程，参考6.3.5节的内容修改PANID和Channel，并保持与STM32W108无线协调器一致。

修改udp-client.c文件，将UDP_SERVER_ADDR修改为服务器端STM32W108无线节点网络地址，如下所示，重新编译源代码，编译成功后执行下一步。

```
#define TCP_SERVER_ADDR      aaaa::0280:e102:001d:57fd
```

(6) 给客户端STM32W108无线节点起电，然后打开J-Flash ARM软件，选择Target

→Connect，让仿真器与客户端 STM32W108 无线节点进行连接，连接成功后，J-Flash ARM 软件 LOG 窗口会提示 Connected Successfully，将程序烧写到客户端 STM32W108 无线节点中。

(7) 下载完毕后选择 Debug→Go，运行程序；也可以将客户端 STM32W108 无线节点重新上电或者按下复位按钮让刚才下载的程序重新运行。

4. 测试节点间组网是否成功

参照 6.6.5 节的测试节点间组网是否成功小节的内容，测试 TCP 客户端节点与 TCP 服务器端节点组网是否成功。

5. 节点间 TCP 通信信息查看

客户端节点与服务器端节点的屏幕显示了 TCP 通信的数据发送与接收消息。TCP 客户端节点与 TCP 服务器端节点组网成功后，通过屏幕的信息查看节点间 TCP 通信信息。

服务器端显示了客户端的 MAC 地址，并不断接收客户端发送的信息：Hello {i} from the client，其中 i 不断递增，服务器接收到消息的同时，将接收的消息发送给客户端，如图 6.39 所示。

客户端不断向服务器端发送消息：Hello {i} from the client，其中 i 不断递增，客户端发送消息的同时，接收服务器端发送给客户端的消息，如图 6.40 所示。

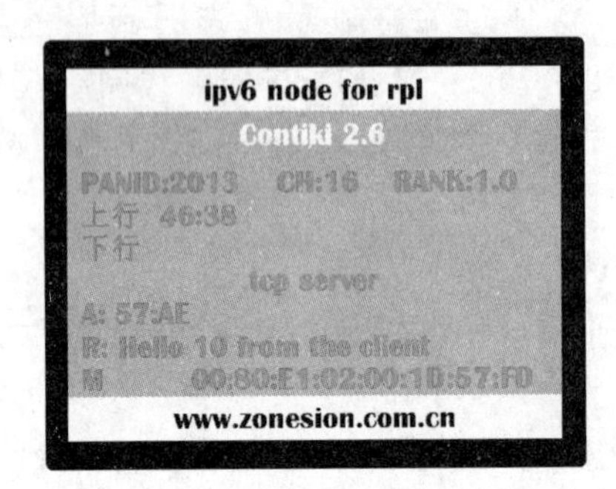

图 6.39 服务器端节点显示信息

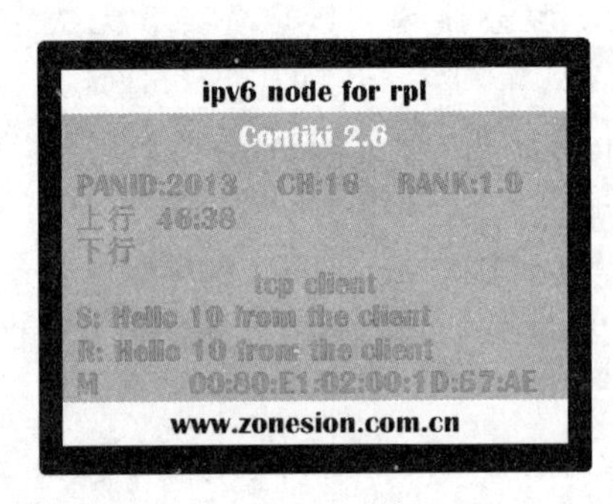

图 6.40 客户端节点显示信息

6.8 任务 51 PC 与节点间 UDP 通信开发

6.8.1 学习目标

- 理解 Contiki 中 UDP 工作原理；
- 学会在 PC 端开发 Java 程序实现 UDP 通信。

6.8.2 开发环境

- 硬件：s210 系列网关(包含 STM32W108 无线协调器、蓝牙模块、WiFi 模块)，调试转接板，STM32 系列无线开发板，USB MINI 线，J-Link 仿真器，PC；
- 软件：Windows XP/7/8/10，IAR 集成开发环境，串口调试工具。

6.8.3 原理学习

在本任务中涉及到的主要原理仍然是 UDP，所以可以参考本章的 6.6 节。

6.8.4 开发内容

本任务实现 PC 与节点之间的 UDP 通信，PC 作为 UDP 的客户端，节点作为 UDP 服务器端，节点程序采用 6.6 节的 UDP 服务程序。PC 端通过命令行指定服务器端的地址和端口，以及要发送的数据，然后将数据发送给服务器端，并等待服务器端返回数据，然后退出，PC 端程序流程如图 6.41 所示。

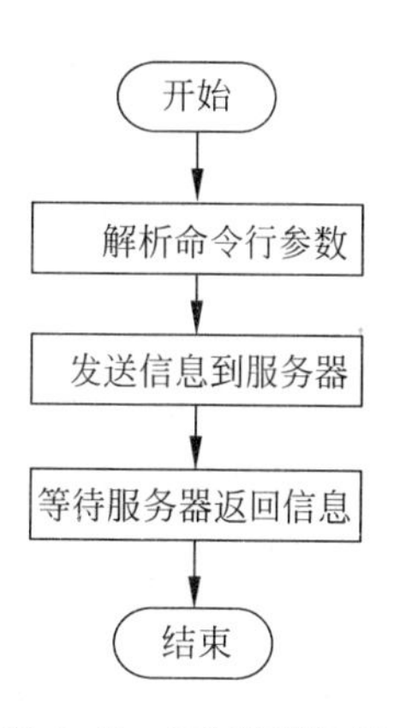

图 6.41 PC 端程序运行流程图

PC 端程序 UDPClient.java(Resource\01-开发例程\第 6 章\6.8-udp-pc\UDPClient.java)实现如下如下所示：

```
/* UDPClient */
import java.io.*;
import java.net.*;
class UDPClient {
    public static void main(String[] args)throws IOException {
/* UDPClient 接收 3 个参数,第一个为服务器 IP 地址,第二个为服务器端口,第三个为要发送的数据 */
    if (args.length < 3) {
        System.out.println("UDPClient <server ip><server port><message to send>");
        System.exit(0);
    }
    String server_ip = args[0];
    int server_port = Integer.parseInt(args[1]);
    String msg = args[2];
    DatagramSocket client = new DatagramSocket();                //创建 UDP Socket
    byte[] sendBuf = msg.getBytes();
    InetAddress addr = InetAddress.getByName(server_ip);
    System.out.println(server_ip + " <<< " + msg);
    DatagramPacket sendPacket
            = new DatagramPacket(sendBuf ,sendBuf.length , addr , server_port);
                                                                 //发送数据到服务器端
    client.send(sendPacket);
    byte[] recvBuf = new byte[1024];
    DatagramPacket recvPacket
            = new DatagramPacket(recvBuf , recvBuf.length);     //接收服务器端返回数据
    client.receive(recvPacket);
    String recvStr = new String(recvPacket.getData() , 0 ,recvPacket.getLength());
    System.out.println(server_ip + " >>> " + recvStr);
    client.close();
    }
}
```

6.8.5 开发步骤

选择一块 STM32W108 无线节点作为服务器端节点，PC 作为客户端，也可以选择其他无线节点通信。

1. IEEE 802.15.4 子网网关环境部署

确保完成 6.2 节的 IPv6 网关项目开发，保证 PC 端能与 IEEE 802.15.4 子网网关以及 IEEE 802.15.4 边界路由器进行正常通信。

2. 编译固化 udp-server 程序到服务器端 STM32W108 无线节点

(1) 按照 6.6.5 节的“编译固化 udp-server 程序到服务器端 STM32W108 无线节”内容的第(1)～(7)步，完成服务器端 STM32W108 无线节点的 udp-server 程序编译与固化。

(2) 服务器端 STM32W108 无线节点重新上电，通过屏幕显示可查看到服务器端 STM32W108 无线节点的 MAC 地址是 00:80:E1:02:00:1D:57:FD，参考无线模块网络地址实现与计算，得到服务器端 STM32W108 无线节点的网络地址是 aaaa::0280:e102:001d:57fd。

(3) 测试组网是否成功。重启 IEEE 802.15.4 边界路由器和服务器端 STM32W108 无线节点，在 PC 端选择“开始”→“运行”，输入 cmd，打开命令行终端，输入 ping aaaa::0280:e102:001d:57fd 命令，命令行终端输出如下信息表示 PC 端连接 UDP 服务器端 STM32W108 无线节点成功：

```
C:\Users\Administrator>ping aaaa::0280:e102:001d:57fd
正在 Ping aaaa::280:e102:1d:57fd 具有 32 字节的数据:
来自 aaaa::280:e102:1d:57fd 的回复: 时间 = 379ms
来自 aaaa::280:e102:1d:57fd 的回复: 时间 = 56ms
来自 aaaa::280:e102:1d:57fd 的回复: 时间 = 231ms
来自 aaaa::280:e102:1d:57fd 的回复: 时间 = 471ms
aaaa::280:e102:1d:57fd 的 Ping 统计信息:
    数据包: 已发送 = 4,已接收 = 4,丢失 = 0 (0% 丢失),
往返行程的估计时间(以毫秒为单位):
    最短 = 56ms,最长 = 471ms,平均 = 284ms
```

3. 安装 Java 编译运行环境 JDK(PC 端客户端程序使用 Java 语言编写)

(1) 安装 Java JDK(Resource\04-常用工具\JAVA\jdk-6u33-windows-i586.exe)，设置安装目录为 C:\Program Files\Java\jdk1.6.0_33\。

(2) 配置系统环境变量。在 PC 桌面右击“计算机”，在弹出的快捷菜单中选择“属性”，在打开的计算机属性窗口中选择“高级系统设置”，在“系统属性”对话框中单击“环境变量”按钮，配置系统环境变量 PATH 和 CLASSPATH。

在“编辑系统变量”对话框中设置 PATH 变量，在原有变量后面添加：

```
;C:\Program Files\Java\jdk1.6.0_33\bin;
```

在“编辑系统变量”对话框中设置 CLASSPATH 变量，在原有变量后面添加(如果不存在该变量，则新建一个)：

```
;C:\Program Files\Java\jdk1.6.0_33\lib;
```

设置界面如图 6.42 所示。

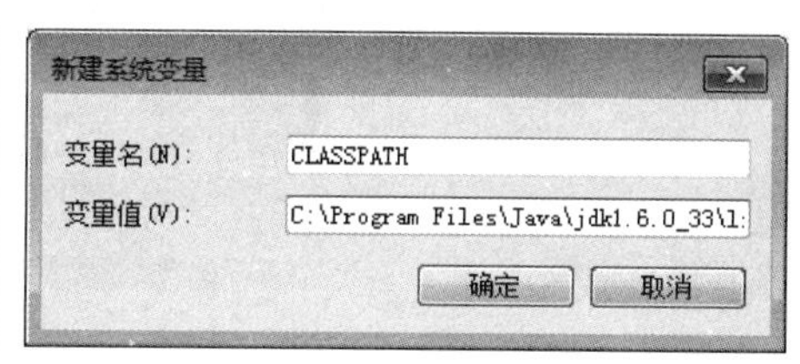

图 6.42 设置 JDK 环境变量

(3) 测试 JDK 安装是否成功。在 PC 端选择“开始”→“运行”,输入 cmd,打开命令行终端。输入如下命令测试,显示 JDK 版本信息表明 JDK 安装成功:

```
C:\Users\Administrator> java - version
java version "1.6.0_33"
Java(TM) SE Runtime Environment (build1.6.0_33 - b19)
Java HotSpot(TM) Client VM (build 24.60 - b09, mixed mode, sharing)
C:\Users\Administrator> javac - version
javac1.6.0_33
```

4. 编译运行 PC 端 UDPClient.java 程序

(1) 准备 6.8-udp-pc 开发例程包,将 Resource\01-开发例程\第 6 章\6.8-udp-pc 开发例程源代码包复制到工作目录。

(2) 在 PC 端选择“开始”→“运行”,输入 cmd,打开命令行终端,按照下面流程输入相应内容进行测试:

```
#1. 设置当前目录
C:\Users\Administrator> H:
H:\> cd 6.8 - udp - pc
#2. 编译当前目录下的 UDPClient.java 程序
H:\6.8 - udp - pc > javac UDPClient.java
#3. 运行编译后的 UDPClient.class 文件,命令如下:
javaUDPClient <server ip><server port><message to send>,其中参数<server ip>为服务器端
STM32W108 无线节点网络地址、<server port>为 3000、<message to send>为发送消息;
H:\6.8 - udp - pc > java UDPClient aaaa::0280:e102:001d:57fd 3000 "Hello from the client"
aaaa::0280:e102:001d:57fd <<< Hello from the client
aaaa::0280:e102:001d:57fd >>> Hello from the client
```

5. UDP 服务器端与 PC 客户端通信信息查看

(1) UDP 服务器端 STM32W108 无线节点屏幕显示了客户端的 MAC 地址后两位,每次运行 PC 客户端 UDPClient.java 程序,服务器端 STM32W108 无线节点 D5 灯会不断闪烁,其显示屏幕显示接收客户端发送的信息: Hello from the client,服务器接收到消息的同时将其接收的消息发送给客户端,如图 6.43 所示。

图 6.43　服务器端节点显示信息

(2) 用 USB MINI 线通过调试转接板连接 UDP 服务器端 STM32W108 无线节点与 PC。在 PC 上打开串口助手或者超级终端，设置接收的波特率为 115 200b/s。当运行 PC 客户端 UDPClient.java 程序时，串口终端显示如下信息表明 UDP 服务器端 STM32W108 无线节点与 PC 客户端通信成功：

```
Server received: 'Hello from the client' from bbbb::2
Server received: 'Hello from the client' from bbbb::2
Server received: 'Hello from the client' from bbbb::2
Server received: 'Hello from the client' from bbbb::2
…
```

特别注意：本任务也可以选择其他无线节点作为服务器节点(WiFi 无线节点、蓝牙无线节点)，可参考“编译固化 udp-server 程序到服务器端 STM32W108 无线节点”开发步骤，根据所选无线模块选择相应工程。例如，选择 WiFi 无线节点，则选择 nomal-wifi 工程执行编译固化。也可选择无线节点作为客户端节点，PC 端作为服务器节点，开发者可以自行开发。

6.9　任务 52　PC 与节点间 TCP 通信

6.9.1　学习目标

- 理解 Contiki 中 TCP 编程原理；
- 学会在 PC 端开发 Java 程序实现 TCP 通信。

6.9.2　开发环境

- 硬件：s210 系列网关(包含 STM32W108 无线协调器、蓝牙模块、WiFi 模块)，调试转接板，STM32 系列无线开发板，USB MINI 线，J-Link 仿真器，PC；
- 软件：Windows XP/7/8/10，IAR 集成开发环境，串口调试工具。

6.9.3　原理学习

本任务涉及的原理主要是 TCP，所以可参考 6.7 节。

6.9.4 开发内容

本任务实现 PC 与节点之间的 TCP 通信,PC 作为 TCP 的客户端,节点作为 TCP 服务器端,节点程序采用 6.7 节的 TCP 服务程序。PC 端通过命令行指定服务器端的地址和端口,以及要发送的数据,然后将数据发送给服务器端,并等待服务器端返回数据,然后退出,PC 端程序流程,如图 6.44 所示。

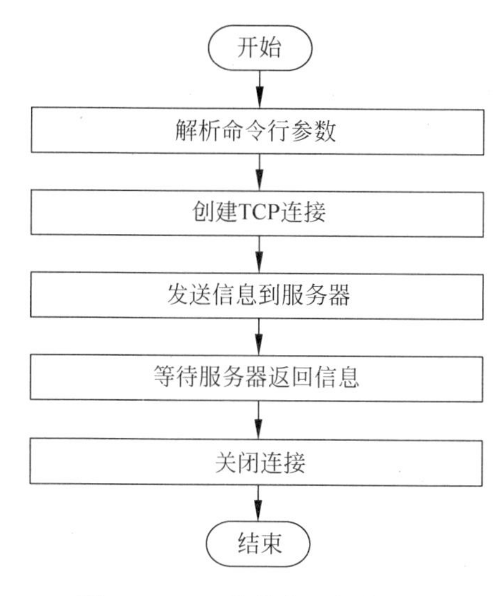

图 6.44　PC 端程序运行流程图

PC 端程序 TCPClient. java(Resource\01-开发例程\第 6 章\ 6.9-tcp-pc\TCPClient. java)实现如下:

```
import java.io.BufferedReader;
import java.io.DataOutputStream;
import java.io.InputStream;
import java.io.InputStreamReader;
import java.io.OutputStream;
import java.net.InetAddress;
import java.net.Socket;
public class TCPClient {
    public static void main(String [] args) {
        /* TCPClient 接收 3 个参数,第一个是服务器 IP 地址,第二个为服务器端口,第三个为要
发送的数据 */
        try{
            if(args.length < 3) {
                System.out.println("TCPClient <server ip><server port><message to send>");
            System.exit(0);
            }
            String server_ip = args[0];
            int server_port = Integer.parseInt(args[1]);
            String msg = args[2];
```

```
            //建立到服务器的连接
            Socket s = new Socket(InetAddress.getByName(server_ip), server_port);
            InputStream ips = s.getInputStream();
            OutputStream ops = s.getOutputStream();
            System.out.println("发送: " + msg);           //发送消息到服务器
            ops.write(msg.getBytes());
            byte[] buf = new byte[1024];
            int r = ips.read(buf, 0, buf.length);        //读取服务器的返回信息
            String rv = new String(buf, 0, r);
            System.out.println("收到: " + rv);
            ips.close();
            ops.close();
            s.close();                                   //关闭连接
        } catch(Exception e) {
            e.printStackTrace();
        }
    }
}
```

6.9.5 开发步骤

选择一块STM32W108无线节点作为服务器端节点,PC作为客户端;也可以选择其他无线节点通信。

1. IEEE 802.15.4子网网关环境部署

确保完成6.2节的IPv6网关项目开发,保证PC端能与IEEE 802.15.4子网网关以及IEEE 802.15.4边界路由器进行正常通信。

2. 编译固化tcp-server程序到服务器端STM32W108无线节点

(1) 完成服务器端STM32W108无线节点的tcp-server程序编译与固化。

(2) 服务器端STM32W108无线节点重新上电,通过屏幕显示可查看到服务器端STM32W108无线节点的MAC地址是00:80:E1:02:00:1D:57:FD,按照无线模块网络地址实现与计算,得到服务器端STM32W108无线节点的网络地址是aaaa::0280:e102:001d:57fd。

(3) 测试组网是否成功。参照6.8.5节的内容测试PC端连接TCP服务器端STM32W108无线节点是否成功。

3. 编译运行PC端TCPClient.java程序

(1) 准备6.9-tcp-pc开发例程包,将Resource\01-开发例程\第6章\6.9-tcp-pc开发例程源代码包复制到工作目录。

(2) 在PC端选择"开始"→"运行",输入cmd,打开命令行终端,并按照下面流程输入相应的内容进行测试:

```
#1. 设置当前目录
C:\Users\Administrator>H:
H:\>cd 6.9-tcp-pc
#2. 编译当前目录下的 TCPClient.java 程序
H:\6.9-tcp-pc>javac TCPClient.java
#3. 运行编译后的 TCPClient.class 文件,命令如下:java TCPClient <server ip><server port><message to send>,其中参数<server ip>为服务器端 STM32W108 无线节点网络地址、<server port>为 3000、<message to send>为发送消息;
H:\6.9-tcp-pc>java TCPClient aaaa::0280:e102:001d:57fd 3000 "hello from the client"
发送:hello from the client
收到:Hello from the server! (1)
#4. 第二次运行客户端程序
H:\6.9-tcp-pc>java TCPClient aaaa::0280:e102:001d:57fd 3000 "hello from the client"
发送:hello from the client
收到:Hello from the server! (2)
#5. 第三次运行客户端程序
H:\6.9-tcp-pc>java TCPClient aaaa::0280:e102:001d:57fd 3000 "hello from the client"
发送:hello from the client
收到:Hello from the server! (3)
```

4. TCP 服务器端与 PC 客户端通信信息查看

(1) 服务器端 STM32W108 无线节点屏幕显示了客户端的 MAC 地址后两位,每次运行 PC 客户端 TCPClient.java 程序,服务器端 STM32W108 无线节点 D5 灯会不断闪烁,且屏幕显示接收客户端发送的信息:Hello from the client,服务器接收到消息的同时,向客户端发送:Hello from the server!,如图 6.45 所示。

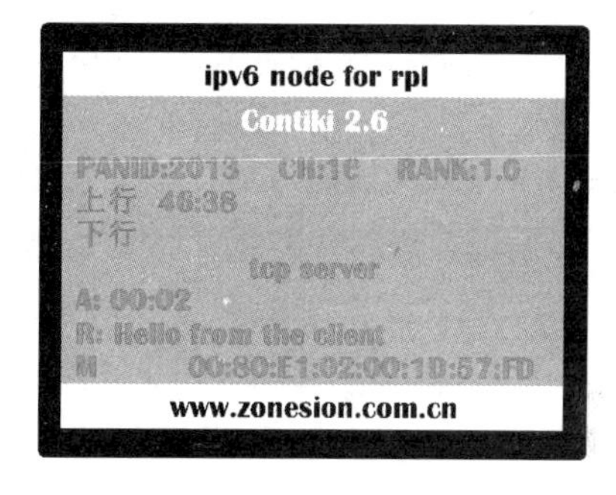

图 6.45　服务器端节点显示信息

(2) 用 USB MINI 线通过调试转接板连接 TCP 服务器端 STM32W108 无线节点与 PC。在 PC 上打开串口助手或者超级终端,设置接收的波特率为 115 200b/s。当运行 PC 客户端 TCPClient.java 程序时,串口终端显示如下信息表明 TCP 服务器端 STM32W108 无线节点与 PC 客户端通信成功:

```
Server received: 'hello from the client' from bbbb::2
Responding with message: Hello from the server! (1)
Server received: 'hello from the client' from bbbb::2
Responding with message: Hello from the server! (2)
Server received: 'hello from the client' from bbbb::2
Responding with message: Hello from the server! (3)
Server received: 'hello from the client' from bbbb::2
…
```

注意:本任务也可以选择其他无线节点作为服务器节点(WiFi 无线节点、蓝牙无线节点),可参考"编译固化 tcp-server 程序到服务器端 STM32W108 无线节点"开发步骤,根据所选无线模块选择相应工程，例如选择 WiFi 无线节点则选择 nomal-wifi 工程执行编译固化。

可选择无线节点作为客户端节点，PC 端作为服务器节点，开发者可以自行开发。

6.10 任务 53 Protosocket 编程开发

6.10.1 学习目标

- 理解 Protothread 的原理；
- 学会 Protosocket 的开发方法。

6.10.2 开发环境

- 硬件：s210 系列网关(包含 STM32W108 无线协调器、蓝牙模块、WiFi 模块)，调试转接板，STM32 系列无线开发板，USB MINI 线，J-Link 仿真器，PC；
- 软件：Windows XP/7/8/10，IAR 集成开发环境，串口调试工具。

6.10.3 原理学习

Protosocket 库使用 Protothread 提供顺序控制流，这样使得它在内存方面使用较少，并且也意味着 Protosocket 继承了 Protothread 的限制功能。每个 Protosocket 仅仅与一个单功能块共存，通过 Protosocket 库实现功能需求，并不需要保留自动变量。Protothread 是专为资源有限的系统设计的一种耗费资源特别少并且不使用堆栈的线程模型，其特点是：

(1) 纯 C 语言实现，无硬件依赖性；

(2) 极少的资源需求，每个 Protothread 仅需要 2 个额外的字节；

(3) 可以用于有操作系统或无操作系统的场合；

(4) 支持阻塞操作且没有栈的切换。

使用 Protothread 实现多任务的最主要的好处在于它的轻量级。每个 Protothread 不需要拥有自已的堆栈，所有的 Protothread 共享同一个堆栈空间，这一点对于 RAM 资源有限的系统尤为有利。相对于操作系统下的多任务而言，每个任务都有自已的堆栈空间，这将消耗大量的 RAM 资源，而每个 Protothread 仅使用一个整型值保存当前状态。

6.10.4 开发内容

本任务用 Contiki 提供的 Protosocket 库建立一个 TCP 服务器端程序，然后使用 6.9 节的 PC 端 TCP 客户端程序来连接的服务器端程序，相关函数解析如表 6.4 所示。

表 6.4 Protosocket 库函数解析

函　数	说　明
PT_THREAD(name_args)	声明一个 Protothread
PT_BEGIN(pt)	声明一个 Protothread 的起点。其应被放置在 Protothread 在其中运行的函数的开始。所有在 PT_BEGING()上面的 C 语句都在 Protothread 函数调用时被执行

续表

函　　数	说　　明
PT_END(pt)	声明一个 Protothread 结束。必须始终与匹配 PT_BEGIN()宏使用
PSOCK_INIT(psock, buffer, buffersize)	初始化和使用 Protosocket 前必须被调用。初始化还指定了 Protosocket 输入缓冲器
PSOCK_BEGIN(psock)	在调用其他 Protosocket 函数之前，必须先调用该宏开始与 Protosocket 关联
PSOCK_END(psock)	该宏用于声明该 Protosocket 的 Protothread 结束。必须始终与匹配 PSOCK_BEGIN()宏使用
PSOCK_DATALEN(psock)	返回当前缓存中需要读取数据的长度
PSOCK_READBUF_LEN(psock, len)	从缓存读取 len 个字节到 psock 缓存
PSOCK_SEND(psock, data, datalen)	用一个 Protosocket 发送数据。该 Protosocket Protothread 阻塞，直到所有数据都被发送并且确认对方已经接收到后返回

Psocket 服务器端关键源代码 example-psock-server.c(Resource\01-开发例程\第 6 章\6.10-psocket-ipv6\user\example-psock-server.c)解析如下：

```
PROCESS_THREAD(example_psock_process, ev, data)
{
  PROCESS_BEGIN();
  print_local_addresses();                          //显示本地地址
  Display_ASCII6X12_EX(0, LINE_EX(4), "protosocket server", 0);
  Display_ASCII6X12_EX(0, LINE_EX(5), "A:", 0);
  Display_ASCII6X12_EX(0, LINE_EX(6), "R:", 0);
  tcp_listen(UIP_HTONS(3000));                      //打开 3000 的 TCP 端口
  while (1) {                                       //服务器端主循环,不会退出
    PROCESS_WAIT_EVENT_UNTIL(ev == tcpip_event);    //等待网络事件

      if (uip_connected()) {                        //有客户端连接上
       PSOCK_INIT(&ps, buffer, sizeof(buffer));     //初始化 psocket 接口

       while(!(uip_aborted() || uip_closed() || uip_timedout())) {     //当连接没有断开
       PROCESS_WAIT_EVENT_UNTIL(ev == tcpip_event); //等待 TCP 事件
       handle_connection(&ps);                      //处理 TCP 事件
       }
     }
  }
  PROCESS_END();
}
```

handle_connection()实现如下：

```
staticPT_THREAD(handle_connection(struct psock * p))
{
  PSOCK_BEGIN(p);                                          //psocket 处理开始
  while(1)
  {
    PSOCK_READBUF_LEN(p, PSOCK_DATALEN(p));                //读取收到的数据
    printf("Got the following data: %s \n\r", buffer);
    PSOCK_SEND(p, buffer, PSOCK_DATALEN(p));               //将数据返回给对方
  }
  printf("close client socket\r\n");
  PSOCK_CLOSE(p);                                          //关闭 TCP 连接
  PSOCK_END(p);
}
```

6.10.5 开发步骤

本任务用 Protosocket 库实现 TCP 连接，以 6.9 节的 PC 端程序作为客户端，一块 STM32W108 无线节点作为服务器端进行通信；选择一块 STM32W108 无线节点作为服务器端节点，PC 端 TCPClient.java(客户端)，也可以选择其他无线节点通信。

1. IEEE 802.15.4 子网网关环境部署

确保完成 6.2 节的 IPv6 网关项目开发，保证 PC 端能与 IEEE 802.15.4 子网网关以及 IEEE 802.15.4 边界路由器进行正常通信。

2. 编译固化 psocket-server 程序到服务器端 STM32W108 无线节点

(1) 将服务器端 STM32W108 无线节点的跳线设置成模式二，并确保 STM32W108 无线模块已固化无线射频驱动程序。

(2) 通过调试转接板将 J-Link 仿真器连接到 PC 和 ZXBee 无线节点板。在 PC 上打开串口助手或者超级终端，设置接收的波特率为 115 200b/s。

(3) 准备 Contiki IPv6 源代码包，将 Resource\03-系统代码\contiki-2.6 复制到工作目录。

(4) 将 6.10-psocket-IPv6 开发例程源代码包(Resource\01-开发例程\第 6 章\ 6.10-psocket-IPv6)复制到 Contiki 目录下：contiki-2.6\zonesion\ example\iar\。

(5) 打开工程文件 psocket-server.eww，在 Workspace 下拉列表框中选择 rpl 工程，参考 6.3.5 节的内容修改 PANID 和 Channel，并保持与 STM32W108 无线协调器一致，重新编译源代码，编译成功后执行下一步。

(6) 给服务器端 STM32W108 无线节点起电，将程序烧写到服务器端 STM32W108 无线节点中。

(7) 服务器端 STM32W108 无线节点重新上电，通过屏幕显示可查看到服务器端 STM32W108 无线节点的 MAC 地址是 00:80:E1:02:00:1D:57:FD，按照无线模块网络节点的计算方法计算，得到服务器端 STM32W108 无线节点的网络地址是 aaaa::0280:e102:001d:57fd。

(8) 测试组网是否成功。参照 6.8.5 节的第(3)步，测试 PC 端连接 Psocket 服务器端

STM32W108 无线节点是否成功。

3. 编译运行 PC 端 TCPClient.java 程序

本任务以 6.9 节的 PC 端 TCPClient.java 程序作为客户端，STM32W108 无线节点作为服务器端进行通信，编译运行 6.9 节的 PC 端 TCPClient.java 程序。

（1）准备 6.9-tcp-pc 开发例程包，将 Resource\01-开发例程\第 6 章\6.9-tcp-pc 开发例程源代码包复制到工作目录。

（2）在 PC 端选择“开始”→“运行”，输入 cmd，打开命令行终端，并按照下面流程输入相应的内容进行测试：

```
#1. 设置当前目录
C:\Users\Administrator > H:
H:\> cd 6.9 - tcp - pc
#2. 编译当前目录下的 TCPClient.java 程序
H:\6.9 - tcp - pc > javac TCPClient.java
#3. 运行编译后的 TCPClient.class 文件,命令如下: java TCPClient < server ip >< server port >
< message to send >,其中参数< server ip >为服务器端 STM32W108 无线节点网络地址、< server port >
为 3000、< message to send >为发送消息;
H:\6.9 - tcp - pc > java TCPClient aaaa::0280:e102:001d:57fd 3000 "Hello from the client"
发送: Hello from the client
收到: Hello from the client
```

4. Psocket 服务器端与客户端通信信息查看

（1）Psocket 服务器端 STM32W108 无线节点屏幕显示了客户端的 MAC 地址后两位，每次运行 PC 客户端 TCPClient.java 程序，服务器端 STM32W108 无线节点 D5 灯会不断闪烁，其显示屏幕显示接收客户端发送的信息：Hello from the client，服务器接收到消息的同时，向客户端发送：Hello from the client，如图 6.46 所示。

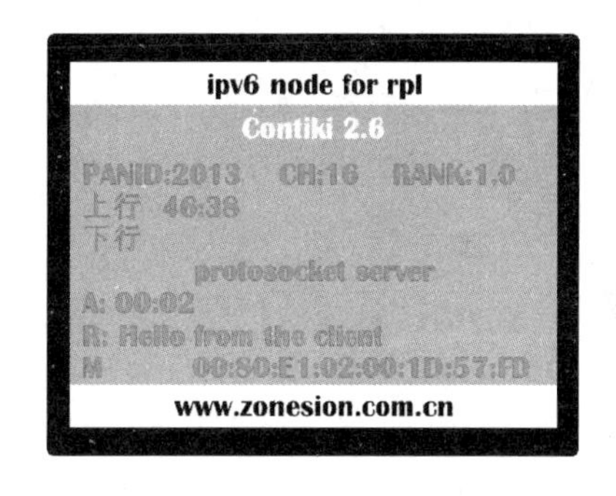

图 6.46 Psocket 服务器端节点显示信息

（2）用串口线连接 Psocket 服务器端 STM32W108 无线节点与 PC。在 PC 上打开串口助手或者超级终端，设置接收的波特率为 115 200b/s。当运行 PC 客户端 TCPClient.java 程序时，串口终端显示如下信息表明 Psocket 服务器端 STM32W108 无线节点与 PC 客户端通信成功：

```
Got the following data: hello from the client
close client socket
Got the following data: hello from the client
close client socket
```

第7章 基于IPv6的物联网综合项目开发

本章学习多无线网络融合下IPv6组网应用开发,ST ZigBee、TI ZigBee、WiFi和蓝牙4种无线节点在IPv6网络下对传感器的采集和控制,同时学习Contiki操作系统下CoAP的使用,掌握基于Windows和Android下的CoAP物联网应用程序的开发。

7.1 任务54 基于IPv6的多无线网络融合框架

7.1.1 学习目标

- 熟悉基于Contiki IPv6下多网融合框架;
- 掌握构建IPv6多网融合开发环境;
- 学会搭建简单的多无线网络。

7.1.2 开发环境

- 硬件:s210系列网关(包含STM32W108无线协调器、蓝牙模块、WiFi模块),调试转接板,STM32系列无线开发板,USB MINI线,J-Link仿真器,PC;
- 软件:Windows XP/7/8/10,IAR集成开发环境,串口调试工具。

7.1.3 原理学习

IPv6智能物联网综合系统软件工作框架如下:移植Contiki操作系统支持4种类型无线和IPv6协议,传感器的采集控制通过CoAP进行传输;智能网关集成IEEE 802.15.4路由、WiFi AP、蓝牙Master等模组,支持4种类型无线节点的数据接入,通过Linux操作系统下的IPv6处理,提供对外的应用服务接口;上层应用可以基于CoAP库进行Windows、Android和Web下的物联网应用开发。多网融合系统软件工作框架如图7.1所示。

CoAP原理具体可通过后面7.4节学习,本任务将通过完整的构建一个IPv6多网融合应用模型来快速了解系统构成。

7.1.4 开发内容

本任务以ZW-s210m4in1开发平台为例,它主要以ZigBee/IPv6/WiFi/蓝牙无线技术、ARM接口/传感器接口技术为基础,进行无线传感物联网络通信技术及相关协议,板载12组多协议无线传感节点(ZigBee、IPv6、WiFi、蓝牙)。

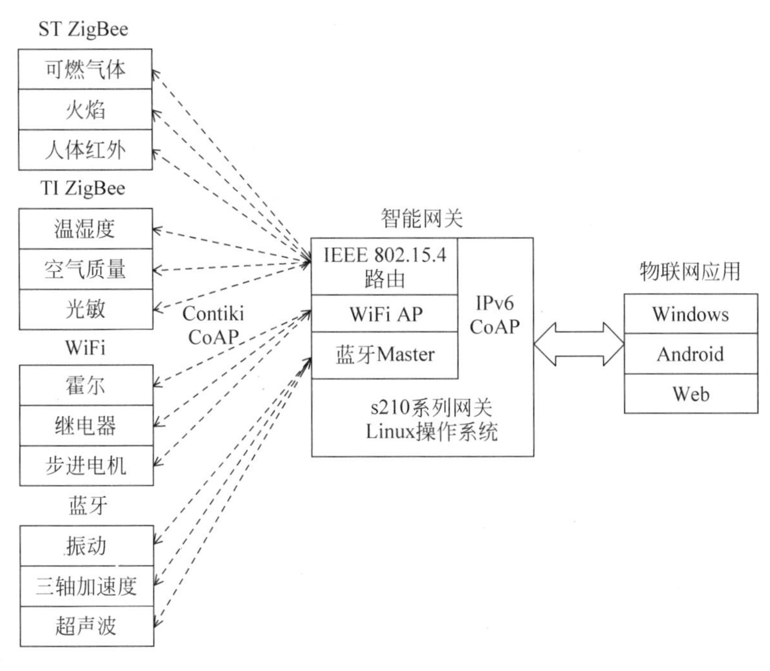

图 7.1　多网融合系统软件工作框架

ZW-s210m4in1 开发平台为每个 ZXBee 系列无线节点移植了 Contiki 操作系统，包含 STM32W108 ZigBee 节点、CC2530 ZigBee 节点、WiFi HF-LPA 节点和蓝牙 HC05 节点，网络层采用标准的 IPv6 进行数据通信，通过智能网关，实现应用的统一化，达到多种无线模块的网络融合的目的，如图 7.2 所示。

图 7.2　IPv6 多网融合框架

ZW-s210m4in1 开发平台程序融合了基于多种网络的组网控制，其中 ST ZigBee、WiFi、蓝牙 3 种无线模块固化的是 Contiki 操作系统（IPv6 协议），而 TI ZigBee 固化的是 ZigBee ZStack 协议，网络构建成功后，可以在无线节点的 LCD 上显示出网络的信息。

7.1.5 开发步骤

本节将构建一个完整的 IPv6 多网融合网络，同时可以在无线节点的 LCD 上显示网络信息和传感器信息。

1. 准备工作

准备 s210 系列网关及 ZXBee 系列无线节点，以 ZW-s210m4in1 开发平台为例，默认提供 s210m 网关及 12 种无线节点及传感器：ST STM32W108 无线节点（可燃气体、火焰、人体红外）、TI CC2530 无线节点（温湿度、空气质量、光敏）、WiFi 无线节点（霍尔、继电器、步进电机）、蓝牙无线节点（振动、三轴加速度、超声波），每个无线节点都由 STM32 控制主板及对应的无线核心模组构成，其中 Contiki 操作系统是烧写到 STM32 控制主板中，无线核心模组烧写相应的透传无线固件。准备工作如下：

(1) 准备一台 ZW-s210m4in1 作为开发平台。

(2) 检查工具：调试转接板、J-Link ARM 仿真器、CC2530 仿真器（仅 CC2530 无线节点使用）。

(3) 所有无线节点的跳线设置成模式二。

(4) ZW-s210m4in1 开发平台默认提供 IEEE 802.15.4 边界路由模组（STM32W108 无线协调器），该模组跳线设置成模式三。

(5) 获得节点镜像文件，或者采用开发资源包内已经编译好的镜像文件（Resource\02-镜像\节点\IPv6）：

```
sensor - 802.15.4    # IEEE 802.15.4 节点传感器镜像文件夹(固化到 STM32F103, CC2530/
STM32W108 通用)
sensor - bt          # 蓝牙节点传感器镜像文件夹(固化到 STM32F103 处理器)
sensor - WIFI        # WiFi 节点传感器镜像文件夹(固化到 STM32F103 处理器)
rpl - border - router.hex
            # IEEE 802.15.4 边界路由器镜像(固化到 STM32F103 处理器,CC2530/STM32W108 通用)
slip - radio - cc2530 - rf - uart.hex
                 # CC2530 射频模块镜像(固化到 CC2530 处理器,当 CC2530 运行 IPv6 模式)
slip - radio - zxw108 - rf - uart.hex     # STM32w108 射频模块镜像(固化到 STM32W108 处理器)
```

2. 无线节点网络信息的修改

对于 ZigBee、WiFi 网络，为了避免多台开发平台进行开发时造成的网络冲突，必须对源代码修改，修改相应的网络信息：

(1) 准备 Contiki IPv6 源代码包，将 Resource\03-系统代码\contiki-2.6 复制到工作目录。

(2) 将 DEMO 协议栈工程源代码包（Resource\01-开发例程\第 7 章\ 7.5.1-iar-mesh-top）复制到 Contiki 目录下：contiki-2.6\zonesion\example\iar。

(3) 打开工程文件 zx103.eww（H:\contiki-2.6\zonesion\example\iar\7.5.1-iar-mesh-top\zx103.eww），在 Workspace 下拉列表中选择需要编译的工程，如 rpl 工程，如图 7.3 所示。

(4) 修改 IEEE 802.15.4 网络 PANID 和 Channel。修改文件 contiki-conf.h（zx103-normal-wifi/zonesion/proj/contiki-conf.h）如图 7.4 所示。将 IEEE802154_CONF_PANID

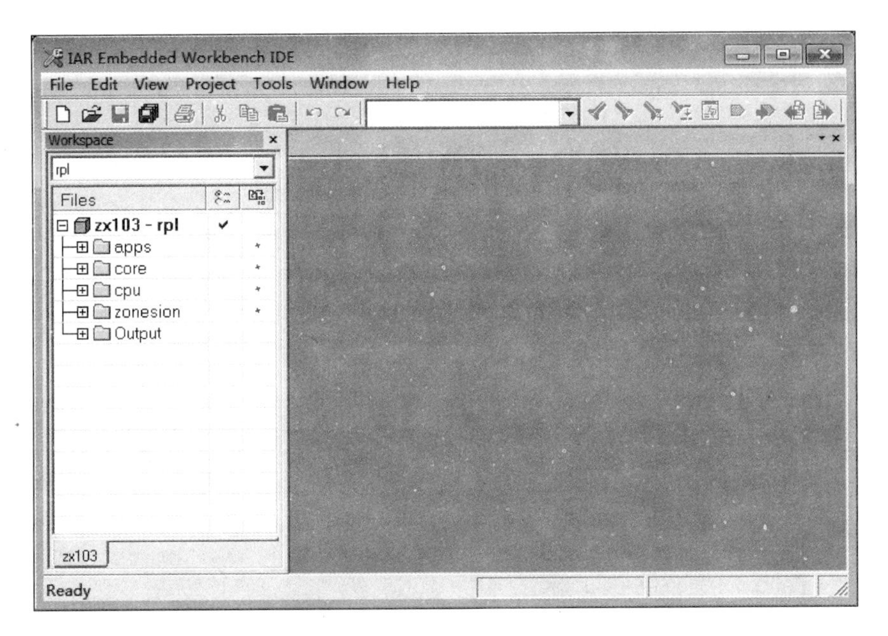

图 7.3 选择 rpl 工程

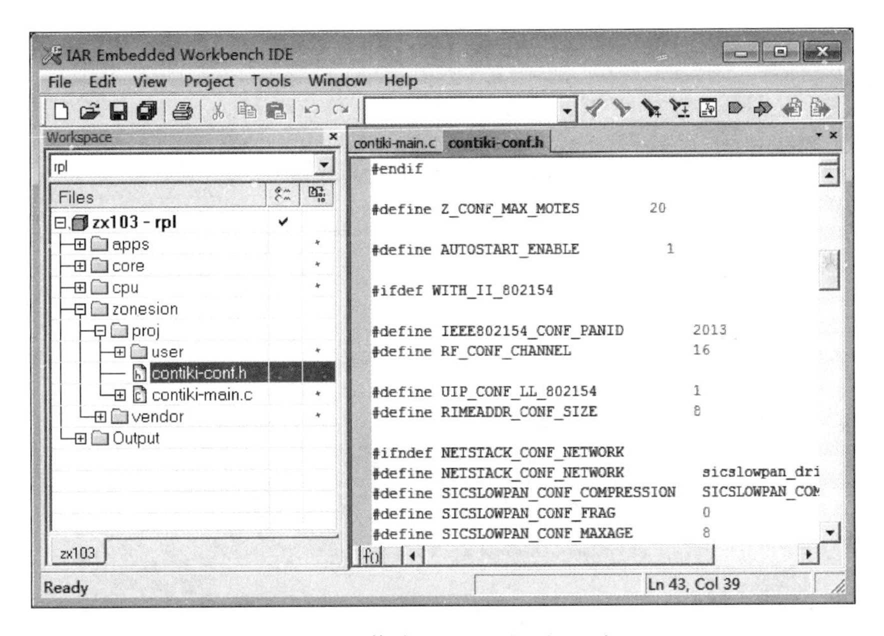

图 7.4 修改 PANID 和 Channel

修改为个人身份证号的后 4 位，RF_CONF_CHANNEL 可以不修改。

```
#define IEEE802154_CONF_PANID     2013
#define RF_CONF_CHANNEL            16          //根据需要酌情修改，取值范围为 11～26
```

(5) 修改 WiFi 网络 AP 属性，如图 7.5 所示。修改文件 wifi-lpa.c(zx103-normal-wifi/zonesion/vendor/hal/wifi/lpa.c，将 CFG_SSID 的名称定义后面增加 3 位数字，其他相关密

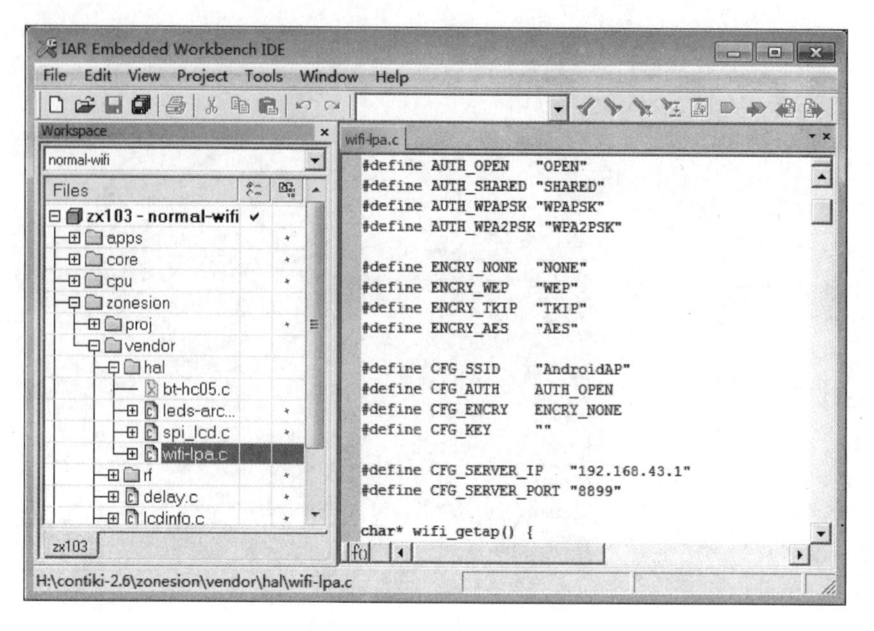

图 7.5 修改 WiFi AP 属性

钥安全信息的宏定义也可根据需要修改：

```
#define CFG_SSID"AndroidAP008"        //如将 WIFI 热点的名称设置成"AndroidAP008"
#define CFG_AUTH AUTH_OPEN            //开放式
#define CFG_ENCRY ENCRY_NONE          //无密码
#define CFG_KEY ""                    //无密码即将密码设置成空
```

如果修改了 WiFi AP 的名称，在 s210 网关的 Android 系统中对于热点的名称也要修改(选择“设置”→“无线和网络设置”→“绑定与便携式热点”→“便携式 WiFi 热点设置”→“配置 WiFi 热点”，如图 7.6 所示)。

图 7.6 在网关中修改 WiFi AP 名称

3. 编译无线节点 Contiki 工程源代码

对于 ZigBee、WiFi 网络，为了避免多台开发平台进行验证时造成的网络冲突，须对源代码进行修改，修改相应的网络信息：

(1) 打开工程文件 zx103. eww(contiki-2. 6\zonesion\example\iar\7. 5. 1-iar-mesh-top\zx103. eww)。

(2) 在 Workspace 下拉列表框中选择需要编译的工程，如 rpl 工程，如图 7.7 所示。

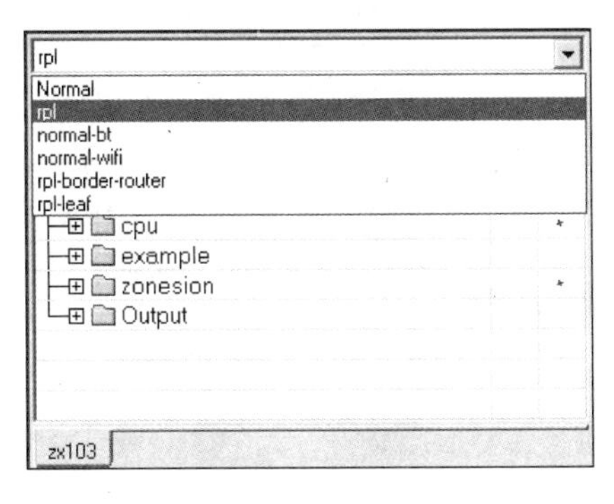

图 7.7 选择需要编译的工程

相应的源代码如下：

```
rpl                        # IEEE 802.15.4 节点工程(带路由功能)
normal - wifi              # WiFi 节点工程
normal - bt                # 蓝牙节点工程
rpl - border - router      # IEEE 802.15.4 网关工程
rpl - leaf                 # IEEE 802.15.4 节点工程(不带路由功能)
```

(3) 修改传感器定义：根据节点所携带的传感器不同，需要修改工程源代码，涉及到的文件为 misc_sensor. h(zx103-normal-wifi/zonesion/proj/user/misc_sensor. h)，如图 7.8 所示。相应源代码如下：

```
#define SENSOR_HumiTemp                11 /* 温湿度传感器 */

#define SENSOR_AirGas                  12 /* 空气质量传感器 */
#define SENSOR_Photoresistance         13 /* 光敏传感器 */

#define SENSOR_CombustibleGas          21 /* 可燃气体 */
#define SENSOR_Flame                   22 /* 火焰 */
#define SENSOR_Infrared                23 /* 人体红外 */
#define SENSOR_Acceleration            31 /* 三轴加速度 */
#define SENSOR_Ultrasonic              32 /* 超声波测距 */
#define SENSOR_Pressure                33 /* 气压传感器 */
#define SENSOR_Relay                   41 /* 继电器 */
#define SENSOR_AlcoholGas              42 /* 酒精 */
#define SENSOR_Hall                    43 /* 霍尔 */
#define SENSOR_StepMotor               51 /* 步进电机 */
#define SENSOR_Vibration               52 /* 振动传感器 */
```

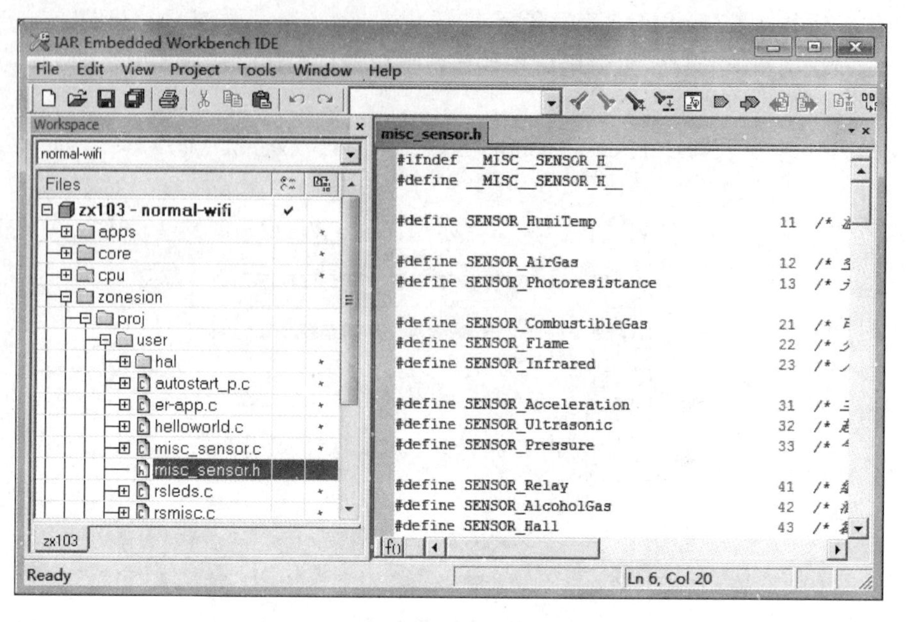

图 7.8　修改传感器定义

```
#define SENSOR_RFID135                    53 /* 高频 RFID 传感器 */
#define SENSOR_Rain                       61 /* 雨滴传感器 */
#define SENSOR_InfObstacle                62 /* 红外避障传感器 */
#define SENSOR_Touch                      63 /* 触摸传感器 */
#define SENSOR_WaterproofTemp             64 /* 防水型温度传感器 */
#define SENSOR_Noise                      65 /* 噪声传感器 */
#define SENSOR_ResistivePressure          66 /* 电阻式压力传感器 */
#define SENSOR_Flow                       67 /* 流量计数传感器 */
#define SENSOR_Alarm                      68 /* 声光报警传感器 */
#define SENSOR_Fanner                     69 /* 风扇传感器 */
#define SENSOR_IR350                      70 /* 红外遥控 */
#define SENSOR_SpeechSynthesis            71 /* 语音合成传感器 */
#define SENSOR_SpeechRecognition          72 /* 语音识别传感器 */
#define SENSOR_FingerPrint                73 /* 指纹识别传感器 */
#define SENSOR_RFID125                    74 /* 低频 RFID 传感器 */
#define SENSOR_Button                     75 /* 紧急按钮传感器 */
#define SENSOR_DCMotor                    76 /* 直流电机传感器 */
#define SENSOR_DigitalTube                77 /* 数码管传感器 */
#define SENSOR_SoilMoisture               78 /* 土壤湿度传感器 */
#define CONFIG_SENSOR      SENSOR_Relay  #修改此处来确定使用的传感器类型

#if CONFIG_SENSOR == SENSOR_HumiTemp
#define SENSOR_TemperatureAndhumidity_DHT11    #选择 DHT11 温湿度传感器
#define SENSOR_TemperatureAndhumidity_SHT11    #选择 SHT11 温湿度传感器
...
```

(4) 选择 Project→Rebuild All,重新编译源代码,编译成功后,在 contiki-2.6\zonesion\example\iar\7.5.1-iar-mesh-top\rpl\Exe 下可以看到已经生成了 zx103.hex,将该文件命名为可理解的名称,其他工程的编译与此类似。

4. 固化无线节点镜像

如果修改了网络信息,重新编译了无线节点镜像,需要重新将新的镜像固化到无线节点的 STM32 控制主板的 ARM 芯片内。

(1) 确保 ZXBee 无线节点的跳线连接正确,无线协调器板跳线说明(无线节点都是默认运行 Contiki IPv6 协议的跳线模式二工作模式),传感器设置为"底板 STM32F103 驱动传感器"的模式。

(2) ZW-s210m4in1 开发平台开机上电,将调试转接板接到协调器/无线节点的对应接口上,接上 J-Link 仿真器,将协调器/无线节点的电源开关打开,此时电源 LED 指示灯会点亮。

(3) 运行 J-Flash ARM 程序,选择 Options→Project settings,弹出 Project Settings 对话框,在 Target Interface 选项卡中选择 SWD 调试模式,SWD speed before init 选择 5kHz,在 CPU 选项卡,Device 选择 ST STM32F103CB,设置好后单击"确认"按钮退出,如图 7.9 所示。

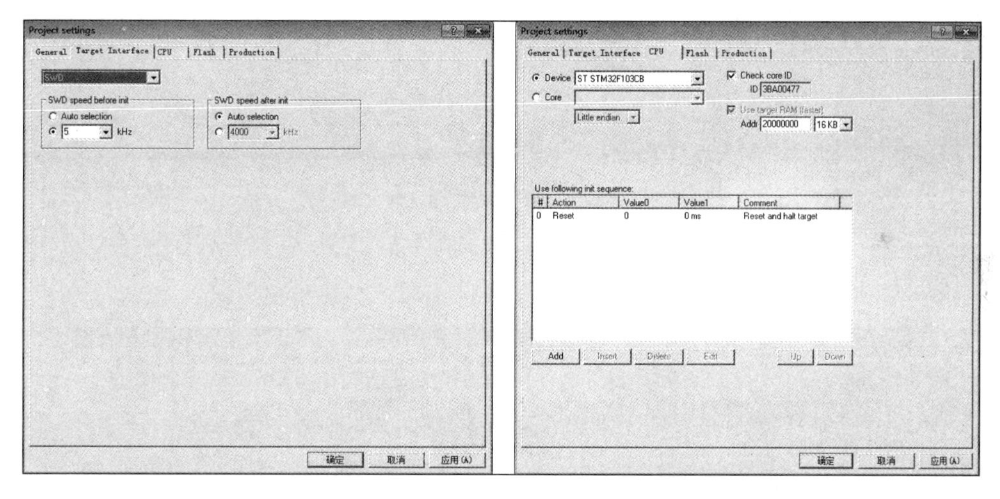

图 7.9　J-Flash ARM 程序设置

(4) 在 J-Flash ARM 程序菜单栏,选择 File→Open data file,选择需要固化的镜像文件,如蓝牙节点的超声波传感器镜像"超声波测距.hex"(Resource\02-镜像\节点\IPv6\超声波测距.hex),如图 7.10 所示。

(5) 在 J-Flash ARM 程序菜单栏选择 Program & Verify 开始固化镜像,如图 7.11 所示。

(6) 参照第(4)~(5)步将其他镜像都固化好,具体是:IEEE 802.14.5 无线节点(可燃气体、火焰、人体红外)、WiFi 无线节点(霍尔、继电器、步进电机)、蓝牙无线节点(振动、三轴加速度、超声波)。

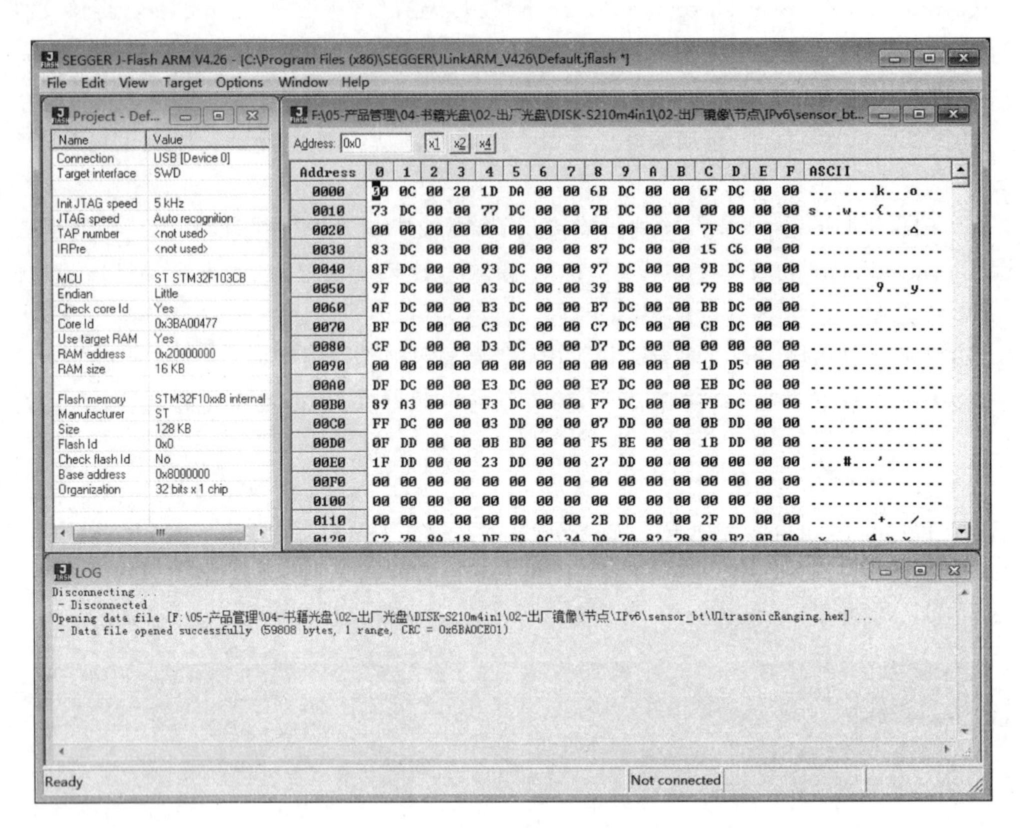

图 7.10　选择要固化的镜像文件

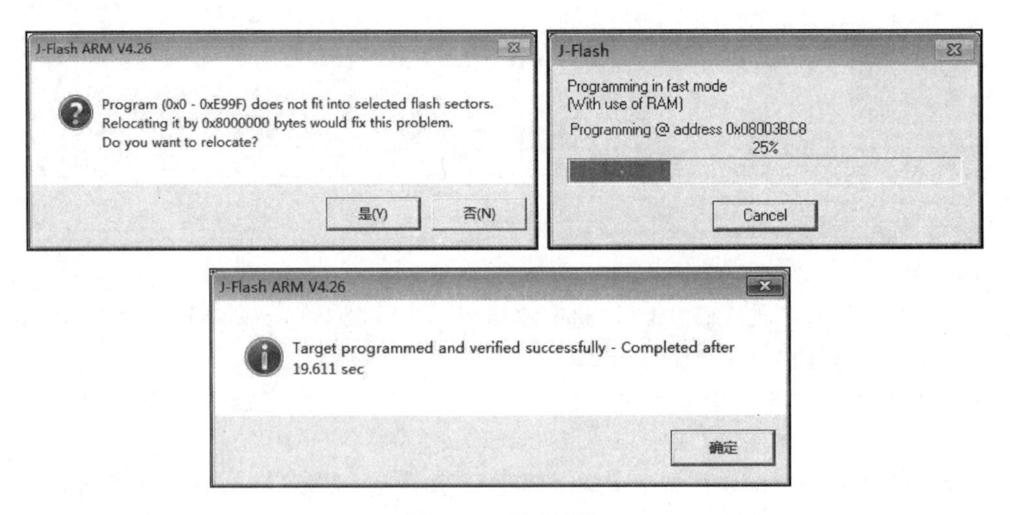

图 7.11　固化镜像

5. 组网及信息查看

如果修改了网络信息，重新编译了无线节点镜像，需要重新将新的镜像固化到无线节点的 STM32 控制主板的 ARM 芯片内（无线核心模组的镜像默认就是最新的，可以不用修改）。

（1）确保 ZW-s210m4in1 开发平台的 ZXBee 系列节点的开关为 OFF 状态，给开发平台开机上电（如果配置的无线节点部分是单独供电，需要接上 5V3A 的电源适配器供电），启动 Android 操作系统。

（2）选择“设置”→“无线和网络”→“蓝牙”，将蓝牙打开。

（3）运行“网关设置”应用程序，将后 3 项服务选项都勾选上，如图 7.12 所示。设置完成后在通知栏会出现 WiFi 热点和蓝牙图标，退出程序。

图 7.12 启动 ZigBee 网关服务

说明：如果修改了 WiFi AP 的名称，在 s210 网关的 Android 系统中对于热点的名称也要修改（选择“设置”→“无线和网络设置”→“绑定与便携式热点”→“便携式 WiFi 热点设置”→“配置 WiFi 热点”）。

（4）将 ZW-s210m4in1 开发平台上的 STM32W108 无线协调器模块电源开关打开，此时节点 LCD 上会显示网络信息。STM32W108 无线协调器模块开始组建 IEEE 802.15.4 rpl 网络（IPv6），组网成功后，节点 LCD 上会显示节点级别为 0.0。

（5）依次将 IEEE 802.15.4 无线节点模块、WiFi 无线节点模块和蓝牙无线节点模块的电源开关打开。此时 IEEE 802.15.4 无线节点模块加入到 IEEE 802.15.4 rpl 网络（IPv6）中，节点 LCD 上会显示节点组网信息，当节点级别稳定在 10 以内则入网成功。WiFi 无线节点模块加入到 WiFi IPv6 网络中，连接成功后 WiFi 无线核心板 D10 LINK 灯会长亮。蓝牙无线节点模块连接到蓝牙 IPv6 网络中（在网关配置上需要添加需要入网的蓝牙节点 ID，默认已经配置好，如果要修改可参考附录 A.4），连接成功后蓝牙无线核心板 D5 灯会长亮。

（6）每个无线节点都集成一个 1.8 寸 LCD，屏上会显示节点的信息，如图 7.13 所示。

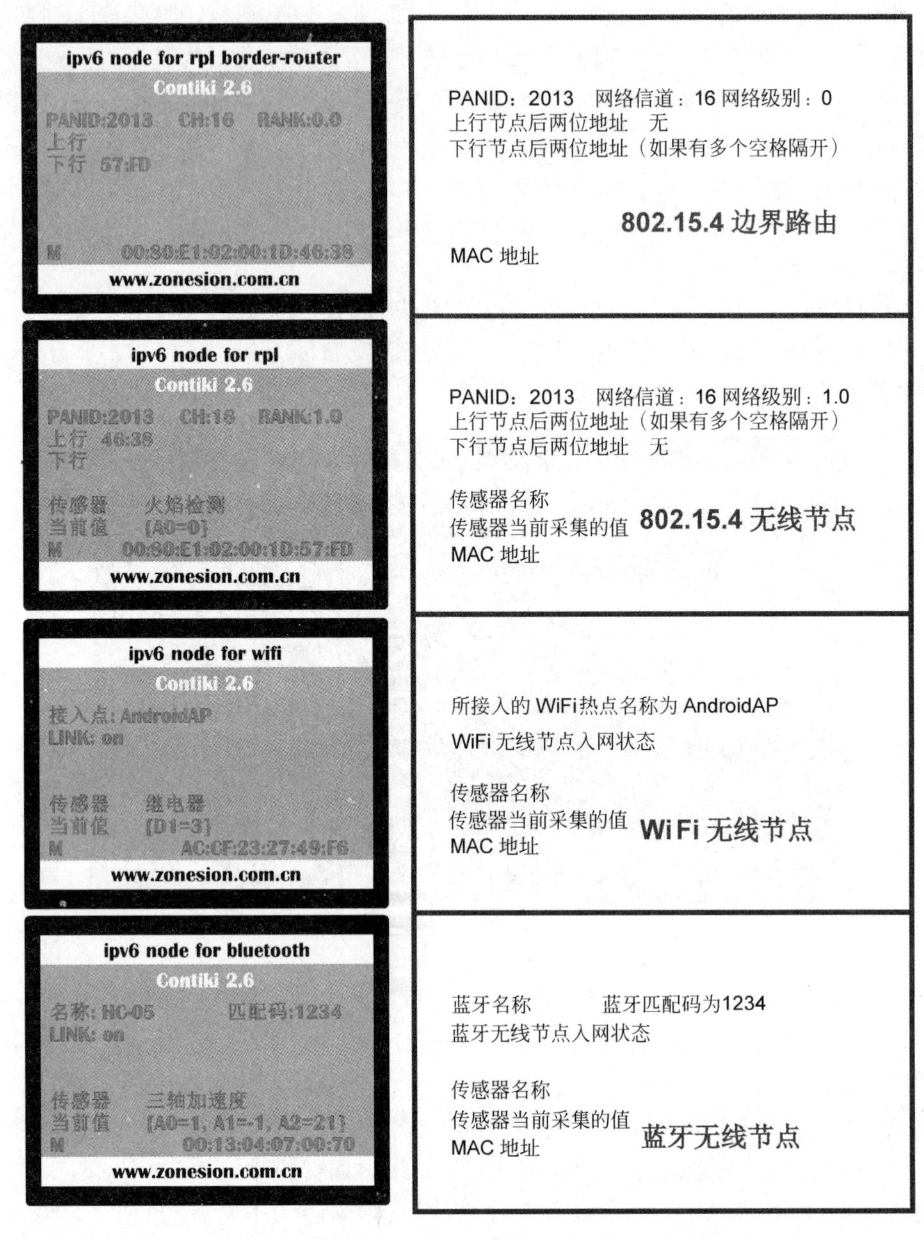

图 7.13 节点 LCD 上显示的信息

7.2 任务 55 节点数据通信协议

7.2.1 学习目标

- 掌握 ZXBee 应用层通信协议；
- 学会利用通信协议进行节点简单程序开发。

7.2.2 原理学习

在后续章节的项目开发中，实现了基于 RPL、蓝牙、WiFi 网络的无线节点传感器信息采集以及外设控制，由于传感器的种类较多，以及外设的种类也多样化，为每一套传感器的外设控制都实现相应的数据通信格式将变得尤为复杂，也不利于开发者理解源代码的实现，因此针对这些原因设计了一套传感器 ZXBee 数据通信协议，ZXBee 数据通信协议定义了物联网整个项目从底层到上层数据段。ZXBee 数据通信协议内容如下：

1. 通信协议数据格式

通信协议数据格式：{[参数]=[值],{[参数]=[值],…}。

(1) 每条数据以“{}”作为起始字符。

(2) “{}”内参数多个条目以“,”分隔。

(3) 示例：{CD0=1,D0=?}。

2. 通信协议参数说明

通信协议参数说明如下：

(1) 参数名称定义。

① 变量：A0～A7、D0、D1、V0～V3。

② 命令：CD0、OD0、CD1、OD1。

(2) 变量可以对值进行查询，示例：{A0=?}。

(3) 变量 A0～A7 在物联网云数据中心可以保存为历史数据(本任务不适用)。

(4) 命令是对位进行操作。

3. 通信协议解析

(1) A0～A7：用于传递传感器数值或者携带的信息量，权限为只读，支持上传到物联网云数据中心存储。示例如下：

① 温湿度传感器采用 A0 表示温度值，A1 表示湿度值，数值类型为浮点型 0.1 精度。

② 火焰报警传感器采用 A0 表示警报状态，数值类型为整型，固定为 0(未检测到火焰)或者 1(检测到火焰)。

③ 高频 RFID 模块采用 A0 表示卡片 ID 号，数值类型为字符串。

(2) D0：D0 的 Bit0～Bit7 分别对应 A0～A7 的状态(是否主动上传状态)，权限为只读，0 表示禁止上传，1 表示允许主动上传。示例如下：

① 温湿度传感器 A0 表示温度值，A1 表示湿度值，D0=0 表示不上传温度和湿度信息，D0=1 表示主动上传温度值，D0=2 表示主动上传湿度值，D0=3 表示主动上传温度和湿度值。

② 火焰报警传感器采用 A0 表示警报状态，D0=0 表示不检测火焰，D0=1 表示实时检测火焰。

③ 高频 RFID 模块采用 A0 表示卡片 ID 号，D0=0 表示不上报卡号，D0=1 表示运行刷卡响应上报 ID 卡号。

(3) CD0/OD0：对 D0 的位进行操作，权限为只写，CD0 表示位清零操作，OD0 表示位置一操作。示例如下：

① 温湿度传感器 A0 表示温度值，A1 表示湿度值，CD0=1 表示关闭 A0 温度值的主动

上报。

② 火焰报警传感器采用 A0 表示警报状态，OD0＝1 表示开启火焰报警监测，当有火焰报警时，会主动上报 A0 的数值。

(4) D1：D1 表示控制编码，开发者根据传感器属性来自定义功能，权限为只读。示例如下：

① 温湿度传感器：D1 的 Bit0 表示电源开关状态。例如：D1＝0 表示电源处于关闭状态，D1＝1 表示电源处于打开状态。

② 继电器：D1 的 Bit 表示各路继电器状态。例如：D1＝0 关闭两路继电器 S1 和 S2，D1＝1 开启继电器 S1，D1＝2 开启继电器 S2，D1＝3 开启两路继电器 S1 和 S2。

③ 风扇：D1 的 Bit0 表示电源开关状态，Bit1 表示正转反转，例如：D1＝0 或者 D1＝2 风扇停止转动(电源断开)，D1＝1 风扇处于正转状态，D1＝3 风扇处于反转状态。

④ 红外电器遥控：D1 的 Bit0 表示电源开关状态，Bit1 表示工作模式/学习模式。例如：D1＝0 或者 D1＝2 表示电源处于关闭状态，D1＝1 表示电源处于开启状态且为工作模式，D1＝3 表示电源处于开启状态且为学习模式。

(5) CD1/OD1：对 D1 的位进行操作，权限为只写，CD1 表示位清零操作，OD1 表示位置 1 操作。

(6) V0～V3：用于表示传感器的参数，开发者根据传感器属性自定义功能，权限为可读写。示例如下：

① 温湿度传感器：V0 表示自动上传数据的时间间隔。

② 风扇：V0 表示风扇转速。

③ 红外电器遥控：V0 表示红外学习的键值。

④ 语音合成：V0 表示需要合成的语音字符。

4. 复杂数据通信示例

在实际应用中可能硬件接口会比较复杂，如一个无线节点携带多种不同类型传感器数据。下面以一个示例来解析。

例如，某个设备具备有一个燃气检测传感器、一个声光报警装置、一个排风扇，要求有如下功能：设备可以开关电源；可以实时上报燃气浓度值；当燃气达到一定峰值，声光报警器会报警，同时排风扇会工作；根据燃气浓度的不同，报警声波频率和排风扇转速会不同。

根据上述需求，定义协议，如表 7.1 所示。

表 7.1　复杂设备数据通信协议

传感器	属　性	参　数	权限	说　明
复杂设备	燃气浓度值	A0	R	燃气浓度值，浮点型：0.1 精度
	上报状态	D0(OD0/CD0)	R(W)	D0 的 Bit0 表示燃气浓度上传状态，OD0/CD0 进行状态控制
	开关状态	D1(OD1/CD1)	R(W)	D1 的 Bit0 表示设备电源状态，Bit1 表示声光报警状态，Bit2 表示排风扇状态，OD0/CD0 进行状态控制
	上报间隔	V0	RW	修改主动上报的时间间隔
	声光报警声波频率	V1	RW	修改声光报警声波频率

5. 本任务设计的通信示例

本任务设计的通信示例如表 7.2 所示。

表 7.2　设计通信示例

传感器	属　性	参　数	权限	说　明
温湿度	温度值	A0	R	温度值
	湿度值	A1	R	湿度值
	上报状态	D0(OD0/CD0)	R(W)	D0 的 Bit0 表示温度上传状态、Bit1 表示湿度上传状态
	上报间隔	V0	RW	修改主动上报的时间间隔
光敏/空气质量/可燃气体/超声波/大气压力/酒精/雨滴/防水温度/流量计数	数值	A0	R	数值
	上报状态	D0(OD0/CD0)	R(W)	D0 的 Bit0 表示上传状态
	上报间隔	V0	RW	修改主动上报的时间间隔
三轴加速度	X 值	A0	R	X 值
	Y 值	A1	R	Y 值
	Z 值	A2	R	Z 值
	上报状态	D0(OD0/CD0)	R(W)	D0 的 Bit0 表示 X 值上传状态，Bit1 表示 Y 值上传状态，Bit2 表示 Z 值上传状态
	上报间隔	V0	RW	修改主动上报的时间间隔
火焰/霍尔/人体红外/噪声/振动/触摸/紧急按钮/红外避障/土壤湿度	数值	A0	R	数值，0 或者 1 变化
	上报状态	D0(OD0/CD0)	R(W)	D0 的 Bit0 表示上传状态
继电器	继电器开合	D1(OD1/CD1)	R(W)	D1 的 Bit 表示各路继电器开关状态，OD1 为开，CD1 为关(Bit0 为继电器 1，Bit1 为继电器 2)
风扇	电源开关	D1(OD1/CD1)	R(W)	D1 的 Bit0 表示电源状态，OD1 为开，CD1 为关
	转速	V0	RW	表示转速
声光报警	电源开关	D1(OD1/CD1)	R(W)	D1 的 Bit0 表示电源状态，OD1 为开，CD1 为关
	频率	V0	RW	表示发声频率
步进电机	转动状态	D1(OD1/CD1)	R(W)	D1 的 Bit0 表示转动状态，Bit1 表示正转/反转，X0 表示不转，01 表示正转，11 表示反转
	角度	V0	RW	表示转动角度，0 表示一直转动
直流电机	转动状态	D1(OD1/CD1)	R(W)	D1 的 Bit0 表示转动状态，Bit1 表示正转/反转 X0 表示不转，01 表示正转，11 表示反转
	转速	V0	RW	表示转速
红外电器遥控	状态开关	D1(OD1/CD1)	R(W)	D1 的 Bit0 表示工作模式/学习模式，OD1=1 为学习模式，CD1=1 为工作模式
	键值	V0	RW	表示红外键值
高频 RFID/低频 RFID	ID 卡号	A0	R	ID 卡号，字符串
	上报状态	D0(OD0/CD0)	R(W)	D0 的 Bit0 表示允许识别

续表

传感器	属　性	参　数	权限	说　明
语音识别	语音指令	A0	R	语音指令,字符串,不能主动去读取
	上报状态	D0(OD0/CD0)	R(W)	D0 的 Bit0 表示允许识别并发送读取的语音指令
数码管	显示开关	D1(OD1/CD1)	R(W)	D1 的 Bit0 表示是否显示码值
	码值	V0	RW	表示数码管码值
语音合成	合成开关	D1(OD1/CD1)	R(W)	D1 的 Bit0 表示是否合成语音
	合成字符	V0	RW	表示需要合成的语音字符
指纹识别	指纹指令	A0	R	指纹指令,数值表示指纹编号,0 表示识别失败
	上报状态	D0(OD0/CD0)	R(W)	D0 的 Bit0 表示允许识别

说明：由于 IPv6 多网融合框架采用的是 CoAP 服务通信,当应用端开始建立 CoAP 会话后,无线节点才和应用端进行连接,此时数据上传或者控制才有效,所以上述 ZXBee 通信协议中的主动上报和主动上报时间间隔的设定无效(见灰色部分)。

7.3　任务 56　信息采集及控制(UDP)

7.3.1　学习目标

- 理解 UDP 通信的工作原理;
- 掌握利用 UDP 实现传感器的数据采集以及传感器的控制,实现无线节点功能、LED 无线节点功能、PC 服务器端功能。

7.3.2　开发环境

- 硬件：s210 系列网关(包含 STM32W108 无线协调器、蓝牙模块、WiFi 模块),调试转接板,STM32 系列无线开发板,USB MINI 线,J-Link 仿真器,PC;
- 软件：Windows XP/7/8/10,IAR 集成开发环境,串口调试工具。

7.3.3　原理学习

在本任务主要涉及到 UDP 的通信原理,在 6.7 节中已经讲述过 UDP 相关的工作原理。

7.3.4　开发内容

本任务分别为 PC 服务器端与和按键 STM32W108 无线节点、LED STM32W108 无线节点之间的通信,实现了 PC 服务器端与按键 STM32W108 无线节点、LED STM32W108 无线节点建立连接,通过按键 STM32W108 无线节点控制 LED STM32W108 无线节点 D4 灯。

在本任务中,PC 服务器端与 STM32W108 无线节点的通信采用了 UDP 的通信原理,而按键客户端控制 LED 客户端灯的开关命令采用了 7.2 节介绍的 ZXBee 数据通信协议，结合本任务的内容，下面介绍 ZXBee 协议的使用。

1. 通信协议参数说明

通信协议参数分为两种：一种是变量参数，变量可以对值进行查询；一种是命令参数，命令参数可以对位进行操作。通信协议参数说明如表 7.3 所示。

表 7.3　参数说明

参　　数	参数说明
变量：D1	变量可以对值进行查询，示例：{D1=?}
命令：CD1、OD1	命令是对位进行操作

1）变量参数

D1 表示控制编码，开发者根据传感器属性来自定义功能，权限为只读，在本任务中用 D1 的 Bit0 数据位来控制无线节点的 D4 LED 灯的点亮或者熄灭，如表 7.4 所示。

表 7.4　变量参数示例

变　　量	说　　明
D1=0	表示 Bit0 为 0，意为 D4 关闭
D1=1	表示 Bit0 为 1，意为 D4 打开
{D1=?}	查询 D4 的状态

2）命令参数

{OD1=1}表示打开 D4 LED 灯，在本任务中用{OD1=1}命令和{CD1=1}来控制无线节点的 D4 LED 灯的点亮和熄灭，如表 7.5 所示。

表 7.5　命令参数

命　　令	说　　明
{OD1=1}	打开 D4
{CD1=1}	关闭 D4
{TD1=1}	对 D4 灯进行反转控制

2. 按键客户端实现

按键客户端 client-key.c 执行流程图如图 7.14 所示。

按键客户端实现了通过 3000 端口号、服务器端网络地址与 PC 服务器端建立 UDP 连接，并监听无线节点板的按键触发事件，一旦无线节点板的 K1 键被按下，向 PC 服务器端发送 A0=0 命令，K1 键松开，向服务器发送 A1=1 命令。此过程的核心源代码实现如下所示(Resource\01-开发例程\第 7 章\ 7.3-sensor-udp\7.3.1-iar-udp\user\ client-key.c)：

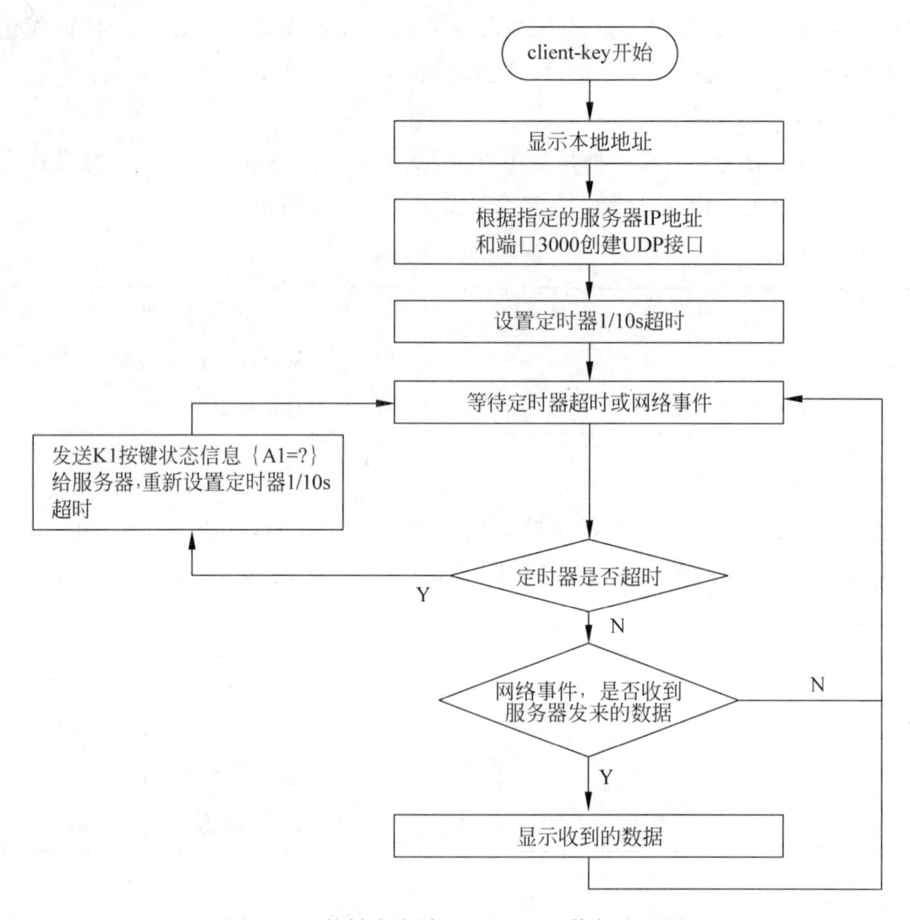

图 7.14　按键客户端 client-key. c 执行流程图

```
PROCESS_THREAD(udp_ctrl_process, ev, data)
{
  static struct etimer et;
  uip_ipaddr_t ipaddr;

  PROCESS_BEGIN();
  PRINTF("UDP client key process started\n");
  Display_ASCII6X12_EX(0, LINE_EX(4), "udp key client", 0);//在屏幕上显示"udp key client"
  Display_ASCII6X12_EX(0, LINE_EX(5), "S:", 0);            //在屏幕上显示"S: "
  Display_ASCII6X12_EX(0, LINE_EX(6), "R:", 0);            //在屏幕上显示"R: "
  key_init();                                              //按键初始化
  print_local_addresses();                                 //打印本地地址
  if(uiplib_ipaddrconv(QUOTEME(UDP_SERVER_ADDR), &ipaddr) == 0) {
    PRINTF("UDP client failed to parse address '%s'\n", QUOTEME(UDP_CONNECTION_ADDR));
  }
  printf("connect to ");
  PRINT6ADDR(&ipaddr);
```

```
    printf("\r\n");

    client_conn = udp_new(&ipaddr, UIP_HTONS(3000), NULL);      //连接到服务器的 3000 端口
    PRINTF("Created a connection with the server ");
    PRINT6ADDR(&client_conn -> ripaddr);
    PRINTF(" local/remote port %u/%u\n\r",
  UIP_HTONS(client_conn -> lport), UIP_HTONS(client_conn -> rport));
    etimer_set(&et, CLOCK_SECOND/10);                           //设置定时器
    while(1) {
      PROCESS_YIELD();                                          //等待定时器超时,或网络事件
      if(etimer_expired(&et)) {                                 //定时器超时
        timeout_handler();                                      //处理定时器超时事件
        etimer_restart(&et);
      } else if(ev == tcpip_event) {                            //如果是网络事件
        tcpip_handler();                                        //处理网络事件
      }
    }
    PROCESS_END();
  }

  static void
  tcpip_handler(void)                                           //处理网络事件
  {
    char * str;
    if(uip_newdata()) {                                         //检查是否收到新数据
      str = uip_appdata;
      str[uip_datalen()] = '\0';
      printf("Response from the server: '%s'\n\r", str);        //显示收到的数据
      Display_ASCII6X12_EX(12, LINE_EX(6), str, 0);
                                  //在屏幕上显示的"R: "后显示接收到的服务器端发送的信息
    }
  }
  static char buf[MAX_PAYLOAD_LEN];
  static void
  timeout_handler(void)                                         //处理定时器超时事件
  {
    static int st = -1;
    int cv;
    cv = GPIO_ReadInputDataBit(GPIOA, GPIO_Pin_0);
    if (cv != st) {
      sprintf(buf, "{A0 = %u}", cv);
      Display_ASCII6X12_EX(12, LINE_EX(5), buf, 0);
                                          //在屏幕上显示"S: "后显示客户端发送的信息
      uip_udp_packet_send(client_conn, buf, strlen(buf));
    }
    st = cv;
  }
```

3. LED 客户端实现

LED 无线节点客户端 client-led.c 执行流程图如图 7.15 所示。

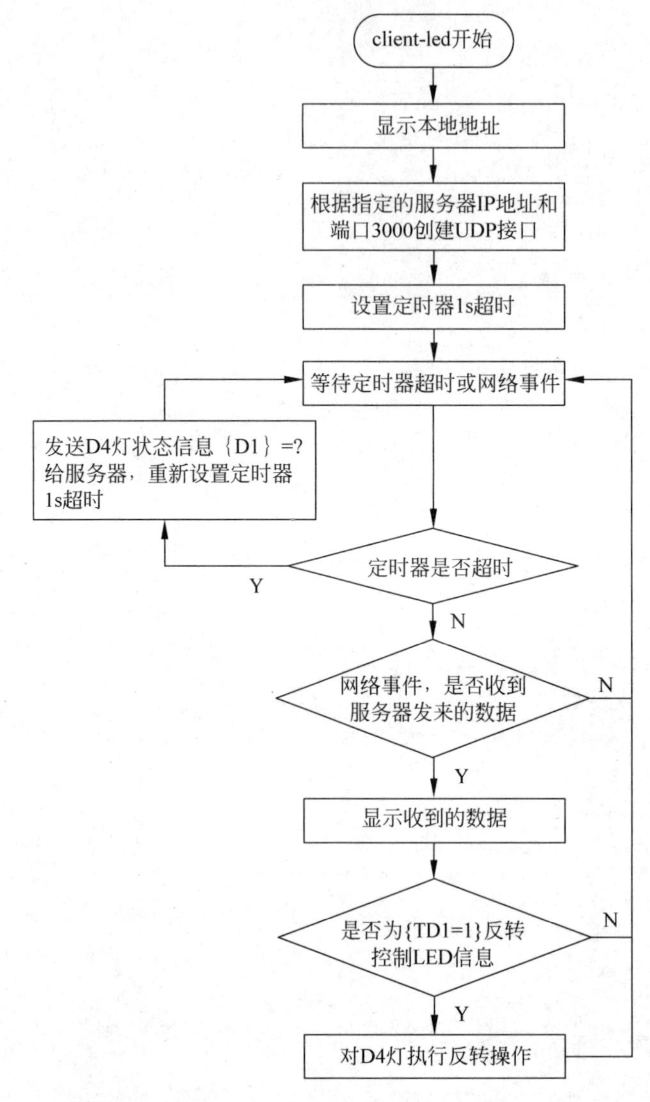

图 7.15　LED 无线节点客户端 client-led.c 执行流程图

LED 客户端实现了通过 3000 端口号与 PC 服务器端建立 UDP 连接，并不断向服务器发送{D1=?}消息（“?”的值表示 D4 灯的开、关状态信息，0 表示关，1 表示开），返回无线节点板 D4 灯的开、关状态信息。同时接收服务器端发送过来的 TD1=1 消息，控制 D4 灯的反转。此过程的核心源代码实现如下所示（Resource\01-开发例程\第 7 章\ 7.3-sensor-udp\7.3.1-iar-udp\user\ client-led.c）：

```
PROCESS_THREAD(udp_ctrl_process, ev, data)
{
  static struct etimer et;
```

```
    uip_ipaddr_t ipaddr;

    PROCESS_BEGIN();
    PRINTF("UDP client led process started\n");
    Display_ASCII6X12_EX(0, LINE_EX(4), " udp led client", 0); //在屏幕上显示"udp led client"
    Display_ASCII6X12_EX(0, LINE_EX(5), "S:", 0);             //在屏幕上显示"S: "
    Display_ASCII6X12_EX(0, LINE_EX(6), "R:", 0);             //在屏幕上显示"R: "

    print_local_addresses();                                  //打印本地地址

      if(uiplib_ipaddrconv(QUOTEME(UDP_SERVER_ADDR), &ipaddr) == 0) {
      PRINTF("UDP client failed to parse address '%s'\n", QUOTEME(UDP_CONNECTION_ADDR));
    }

    printf("connect to ");
    PRINT6ADDR(&ipaddr);
    printf("\r\n");


    client_conn = udp_new(&ipaddr, UIP_HTONS(3000), NULL);    //连接到服务器的 3000 端口

    PRINTF("Created a connection with the server ");
    PRINT6ADDR(&client_conn->ripaddr);
    PRINTF(" local/remote port %u/%u\n\r",
      UIP_HTONS(client_conn->lport), UIP_HTONS(client_conn->rport));

    etimer_set(&et, CLOCK_SECOND);                            //设置定时器每 1s 超时
    while(1) {
      PROCESS_YIELD();
      if(etimer_expired(&et)) {                               //如果是定时器超时事件
        timeout_handler();                                    //处理定时器超时事件
        etimer_restart(&et);
      } else if(ev == tcpip_event) {                          //如果是网络事件
        tcpip_handler();                                      //处理网络事件
      }
    }
    PROCESS_END();
  }
  static void
  tcpip_handler(void)                                         //处理网络事件
  {
    char *str;
    if(uip_newdata()) {
      str = uip_appdata;
      str[uip_datalen()] = '\0';
      printf("Response from the server: '%s'\n\r", str);
```

```
      Display_ASCII6X12_EX(12, LINE_EX(6), str, 0);
                                        //在屏幕信息"R: "后显示接收到的服务器发送的信息
      if (strcmp(str, "{TD1 = 1}") == 0) {          //如果接收到{TD1 = 1}命令
         leds_toggle(1);                            /对 D4 灯进行反转控制
      }
    }
  }
  static char buf[MAX_PAYLOAD_LEN];
  static void
  timeout_handler(void)                             //处理定时器超时事件
  {
    int st;
    st = leds_get();                                //获取 D4 灯的状态
    sprintf(buf, "{D1 = %d}", st&0x01);
    Display_ASCII6X12_EX(12, LINE_EX(5), buf, 0);//在屏幕信息"S: "后显示发送的 D1 状态信息
    uip_udp_packet_send(client_conn, buf, strlen(buf));           //发送的 D1 状态信息
  }
```

4. PC 作为服务器端实现

PC 服务器端 UDPServer. java 执行流程图如图 7. 16 所示。

PC 服务器端开启了 3000 端口号与按键客户端、LED 客户端建立连接，并不断接收客户端发送过来的 A1 消息和 D1 消息，通过 A1 消息获取到按键客户端的网络地址和端口号，通过 D1 消息获取到 LED 客户端的网络地址和端口号，获取到客户端的网络地址和端口号之后，一旦接收到按键客户端发送过来的按键被按下的消息（A1＝0），立即向 LED 客户端发送 TD1＝1 命令，按键客户端接收到 TD1＝1 消息后执行 D4 灯的反转，同时返回 D4 的状态信息给服务器。

此过程的核心源代码实现如下所示（Resource\01-开发例程\第 7 章\7. 3-sensor-udp\7. 3. 2-pc-udp\UDPServer. java）：

```
  class UDPServer{
      public static void main(String[ ] args)throws IOException{
      InetAddress led_a = null;
          int led_port = 0;
          InetAddress key_a = null;
          int key_port;
      System.out.println("UDP Server start at port 3000");
          DatagramSocket server = new DatagramSocket(3000);    //服务器开启 3000 端口
          byte[ ] recvBuf = new byte[100];
          DatagramPacket recvPacket
              = new DatagramPacket(recvBuf , recvBuf.length);
          while (true) {
            server.receive(recvPacket);
            String recvStr = new String(recvPacket.getData() , 0 , recvPacket.getLength());
            InetAddress addr = recvPacket.getAddress();
            int port = recvPacket.getPort();
```

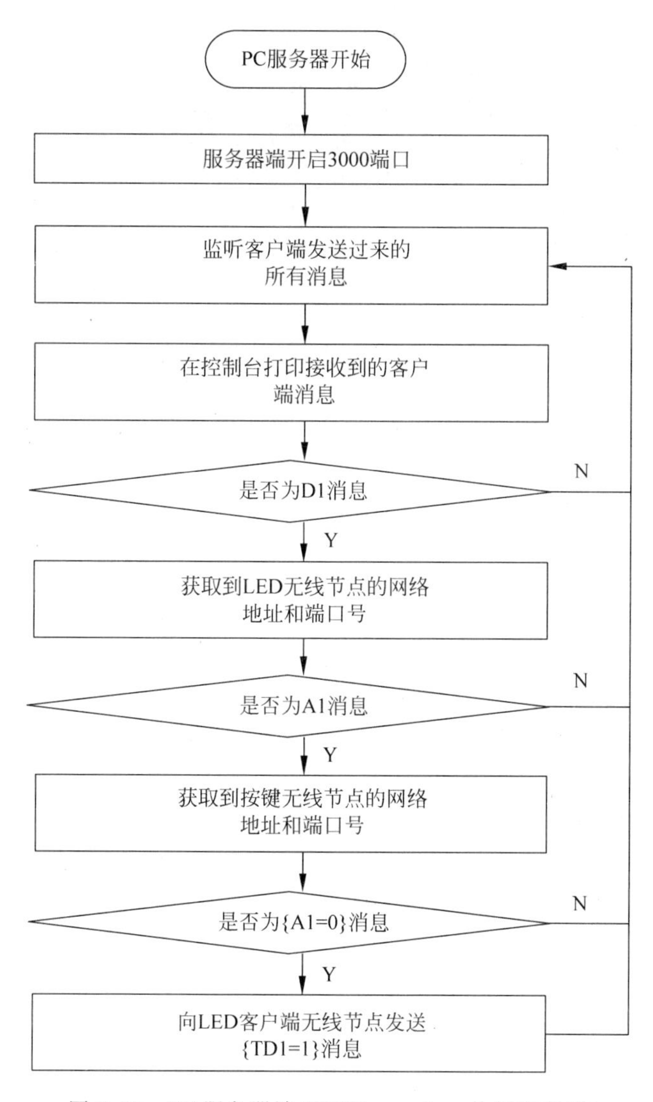

图 7.16　PC 服务器端 UDPServer.java 执行流程图

```
        System.out.println(addr + " >>> " + recvStr);  //在控制台打印接收到的消息
        if (recvStr.contains("D1")) {
                                      //处理 LED 客户端发送过来的 LED 灯状态消息,即 D1 消息
            led_a = addr;                              //获取 LED 客户端的网络地址
            led_port = port;                           //获取 LED 客户端的端口号
        }
        if (recvStr.contains("A0")) {                  //处理按键客户端发送过来的 A0 消息
            key_a = addr;                              //获取按键客户端的网络地址
            key_port = port;                           //获取按键客户端的端口号
        }
        if (recvStr.equals("{A0 = 0}")) {
            if (led_a != null) {
                String sendStr = "{TD1 = 1}";          //控制灯的反转命令
```

```
                    byte[] sendBuf;
                    sendBuf = sendStr.getBytes();
                    System.out.println(led_a + " <<< " + sendStr); //在控制台打印发送的消息
                    DatagramPacket sendPacket = new DatagramPacket(sendBuf , sendBuf.length ,
led_a , led_port );      //接收到按键客户端发送过来的 A0 消息后,控制 LED 客户端的 D4 灯反转
                    server.send(sendPacket);
                }
            }
        }
        //server.close();
    }
}
```

7.3.5 开发步骤

本章将完成传感器信息采集及控制,此任务选择两块 STM32W108 无线节点作为客户端节点(一块作为按键端、一块作为 LED 端),PC 作为服务器端,也可以选择其他无线节点通信。

1. IEEE 802.15.4 子网网关环境部署

确保完成 6.2 节的 IPv6 网关项目开发,保证 PC 端能与 IEEE 802.15.4 子网网关以及 IEEE 802.15.4 边界路由器进行正常通信。

2. 运行 PC 服务器端

(1) 准备 7.3.2-pc-udp 开发例程包,将 Resource\01-开发例程\第 7 章\7.3-sensor-udp\7.3.2-pc-udp 开发例程源代码包复制到工作目录;

(2) 在 PC 端选择“开始”→“运行”,输入 cmd,打开命令行终端,并按照下面流程输入相应的内容进行测试:

```
#1.设置当前目录
C:\Users\Administrator>H:
H:\>cd 7.3.2-pc-udp
#2.编译当前目录下的 UDPServer.java 程序
H:\7.3.2-pc-udp>javac UDPServer.java
#3.运行编译后的 UDPServer.class 程序
H:\7.3.2-pc-udp>java UDPServer
UDP Server start at port 3000
...
```

3. 编译固化 LED 端 STM32W108 无线节点镜像

(1) 参考 1.2.4 节硬件与调试的内容将 STM32W108 无线节点的跳线设置成模式二。

(2) 通过调试转接板将 J-Link 仿真器连接到 PC 和 ZXBee 无线节点板。在 PC 上打开串口助手或者超级终端,设置接收的波特率为 115 200b/s。

(3) 准备 Contiki IPv6 源代码包,将 Resource\03-系统代码\contiki-2.6 复制到工作目录。

（4）将 7.3-sensor-udp 目录下的 7.3.1-iar-udp 开发例程源代码包（Resource\01-开发例程\第 7 章\7.3-sensor-udp\7.3.1-iar-udp）复制到 Contiki 目录下：contiki-2.6\zonesion\example\iar\。

（5）打开工程文件 zx103-client-led.eww（H:\contiki-2.6\zonesion\example\iar\7.3.1-iar-udp\zx103-client-led.eww），在 Workspace 下拉列表框中选择 rpl 工程，参考 6.3.5 节的内容修改 PANID 和 Channel，并保持与 STM32W108 无线协调器一致。修改 client-key.c 文件（zx103-client-key-rpl → zonesion → proj → user → client-key.c），将 UDP_SERVER_ADDR 修改为 PC 服务器端 IPv6 网络地址，如下所示：

```
#define UDP_SERVER_ADDR     bbbb::2
```

重新编译源代码，编译成功后执行下一步。

（6）给 STM32W108 无线节点起电，然后打开 J-Flash ARM 软件，选择 Target → Connect，让仿真器与 STM32W108 无线节点进行连接，连接成功后，将程序烧写到 STM32W108 无线节点中。

4. 编译固化按键端 STM32W108 无线节点镜像

（1）参照“编译固化 LED 端 STM32W108 无线节点镜像”步骤完成（1）～（4）步。

（2）打开 zx103-client-key.eww（H:\contiki-2.6\zonesion\example\iar\7.3.1-iar-udp\zx103-client-key.eww），在 Workspace 下拉列表框中选择 rpl 工程，参考 6.3.5 节的内容修改 PANID 和 Channel，并保持与 STM32W108 无线协调器一致；修改 client-led.c 文件（zx103-client-led-rpl / zonesion / proj / user /client-led.c），将 UDP_SERVER_ADDR 修改为 PC 服务器端 IPv6 网络地址，如下所示：

```
#define UDP_SERVER_ADDR     bbbb::2
```

重新编译源代码，编译成功后执行下一步。

（3）参照“编译固化 LED 端 STM32W108 无线节点镜像”完成第（6）步，将程序烧写到按键端 STM32W108 无线节点中。

5. 测试节点间组网是否成功

参照 6.6.5 节的“测试节点间组网是否成功”的内容，测试 LED 端 STM32W108 无线节点、按键端 STM32W108 无线节点组网是否成功。

6. 信息采集与控制实验（UDP）

（1）LED 端 STM32W108 无线节点、按键端 STM32W108 无线节点组网成功后，PC 服务端不断接收到 LED 端 STM32W108 无线节点发送过来的 D4 灯状态信息，如下所示：

```
/aaaa:0:0:0:280:e102:1d:57fd >>> {D1 = 0}
/aaaa:0:0:0:280:e102:1d:57fd >>> {D1 = 0}
/aaaa:0:0:0:280:e102:1d:57fd >>> {D1 = 0}
/aaaa:0:0:0:280:e102:1d:57fd >>> {D1 = 0}
```

```
/aaaa:0:0:0:280:e102:1d:57fd >>> {D1 = 0}
/aaaa:0:0:0:280:e102:1d:57fd >>> {D1 = 0}
...
```

(2) PC 服务器端不断接收到 LED 端发送过来的 D4 灯状态信息{D1=0},即此时 LED 无线节点 D4 灯处于熄灭状态。按下按键端 STM32W108 无线节点的 K1 键,按键端 STM32W108 无线节点发送 A1=0 命令给 PC 服务器端,服务器端接收到{A0=0}消息,同时向 LED 端 STM32W108 无线节点(即 aaaa:0:0:0:280:e102:1d:57fd)发送{TD1=1}消息。LED 端 STM32W108 无线节点执行完 D4 灯的反转后,返回{D1=1}状态信息给服务器端,如下所示:

```
...
/aaaa:0:0:0:280:e102:1d:57fd >>> {D1 = 0}
/aaaa:0:0:0:280:e102:1d:57ae >>> {A0 = 0}
/aaaa:0:0:0:280:e102:1d:57fd <<< {TD1 = 1}
/aaaa:0:0:0:280:e102:1d:57ae >>> {A0 = 1}
/aaaa:0:0:0:280:e102:1d:57fd >>> {D1 = 1}
/aaaa:0:0:0:280:e102:1d:57fd >>> {D1 = 1}
/aaaa:0:0:0:280:e102:1d:57fd >>> {D1 = 1}
```

(3) 从客户端查看演示效果,当前 LED 端 D4 处于熄灭状态,LED 端 STM32W108 无线节点屏幕显示"S:{D1=0} R:{TD1=1}";按下按键端 STM32W108 无线节点的 K1 键,其屏幕显示"S:{A0=0}",同时,LED 端 D4 灯被反转,且 LED 端 STM32W108 无线节点屏幕显示"S:{D1=1} R:{TD1=1}";松开按键端 STM32W108 无线节点的 K1 键,其屏幕显示"S:{A0=1}",如图 7.17 所示。

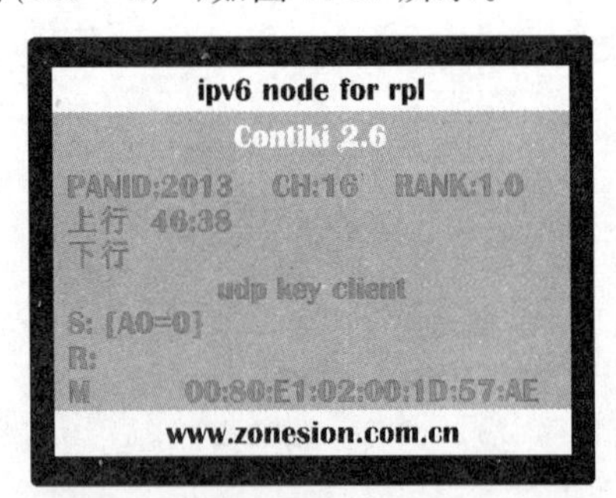

PANID:2013 网络信道:16 网络级别:1.0
上行节点后两位地址 46:38
下行节点后两位地址无
S:K1按键表示A0的值(按下为0),客户端定时发送A0的值
R:空
MAC 地址

ipv6 node for rpl
Contiki 2.6
PANID:2013 CH:16 RANK:1.0
上行 46:38
下行
udp led client
S: {D1=0}
R: {TD1=1}
M 00:80:E1:02:00:1D:57:FD
www.zonesion.com.cn

PANID:2013 网络信道:16 网络级别:1.0
上行节点后两位地址 46:38
下行节点后两位地址无
S:D1表示D4灯的状态(0表示灭,1表示亮),客户端定时上报D1的值
R:接收服务器发送的控制命令(TD1表示状态反转)
MAC地址

图 7.17 客户端屏幕显示效果图

7.3.6 总结与扩展

本任务也可其他选择无线节点(WiFi 无线节点、蓝牙无线节点)作为客户端节点,PC 端作为服务器节点,开发者可以自行尝试。

7.4 任务 57 信息采集及控制(CoAP)

7.4.1 学习目标

- 理解 CoAP;
- 掌握实现 STM32W108 无线节点 CoAP 服务端功能,PC 端通过 CoAP 控制无线节点功能,Android 端通过 CoAP 控制无线节点功能。

7.4.2 开发环境

- 硬件:s210 系列网关(包含 STM32W108 无线协调器、蓝牙模块、WiFi 模块)、调试转接板,STM32 系列无线开发板,USB MINI 线,J-Link 仿真器,PC;
- 软件:Windows XP/7/8/10,IAR 集成开发环境,串口调试工具。

7.4.3 原理学习

在众多应用领域中,互联网 Web 服务已经非常普及,该服务依赖于 Web 的基本 REST (Representational State Transfer)式架构。REST 式架构是指表述性状态转换架构,是互联网资源访问协议的一般性设计风格。REST 提出了一些设计概念和准则:网络上的所有对象都被抽象为资源;每个资源对应一个唯一的资源标识;将所有资源链接在一起;使用标准的通用方法;对资源的所有操作是无状态的。HTTP 就是一个典型的符合 REST 准则的协议,但在受限网络(Constrained Network)中,数据包长度受限,还可能会表现出大量丢包,也可能会有大量的设备在任何时间点关机,但是又会在短暂的时间内定期地"苏醒"。网络以及网络中的节点严重受限于吞吐量、可用的功率,特别是每个节点的代码空间存储空间低,无法支持复杂的协议实现,HTTP 显得过于复杂,开销过大,因此也需要为受限网络上运行的面向资源的应用设计一种符合 REST 准则的协议。

CoAP(Constrained Application Protocol)是一种面向网络的协议,其主要目标就是设计一个通用 Web 协议,满足受限环境的特殊需求。CoAP 不是盲目地压缩 HTTP,而是实现一个针对 M2M 进行优化的与 HTTP 共同的 REST 形式的子集。虽然 CoAP 可以用于压缩简单的 HTTP 接口,但是更重要的是它提供针对 M2M 的特性,例如内置发现、多播支持和异步消息交换。CoAP 可以轻易地翻译到 HTTP,以在满足对受限环境和 M2M 应用的特殊需求如多播支持、低开销和简单性的同时整合现有 Web 协议。汤春明等人在《无线物联网中 CoAP 协议的研究与实现》论文中详细介绍了 CoAP 的实现。内容如下:

1. CoAP 与 6LoWPAN 的关系

由于 TCP/IP 协议栈不适用于资源受限的设备,因此提出了一种 6LoWPAN(IPv6 over Low Power Wireless Personal Area Network)协议栈,6LoWPAN 使 IPv6 可用于低功耗的

有损网络，它是基于 IEEE 802.15.4 标准的，其中 CoAP 是 6LoWPAN 协议栈中的应用层协议。

2. CoAP 特点

CoAP 是为物联网中资源受限设备制定的应用层协议，是一种面向网络的协议，采用了与 HTTP 类似的特征，核心内容为资源抽象、REST 式交互以及可扩展的头选项等，应用程序通过 URI 标识来获取服务器上的资源，即可以像 HTTP 对资源进行 GET、PUT、POST 和 DELETE 等操作。CoAP 具有如下特点：

(1) 报头压缩：CoAP 包含一个紧凑的二进制报头和扩展报头。它只有短短的 4B 的基本报头，基本报头后面跟扩展选项。

(2) 方法和 URIs：为了实现客户端访问服务器上的资源，CoAP 支持 GET、PUT、POST 和 DELETE 等方法。CoAP 还支持 URIs，这是 Web 架构的主要特点。

(3) 传输层使用 UDP：CoAP 是建立在 UDP 之上，以减少开销和支持组播功能。它也支持一个简单的停止和等待的可靠性传输机制。

(4) 支持异步通信：HTTP 对 M2M(Machine-to-Machine)通信不适用，这是由于事务总是由客户端发起。而 CoAP 协议支持异步通信，这对 M2M 通信应用来说是常见的休眠/唤醒机制。

(5) 支持资源发现：为了自主地发现和使用资源，它支持内置的资源发现格式，用于发现设备上的资源列表，或者用于设备向服务目录公告自己的资源。它支持 RFC5785 中的格式，在 CoRE 中用/.well-known/core 的路径表示资源描述。

(6) 订阅机制：CoAP 使用异步通信方式，用订阅机制实现从服务器到客户端的消息推送，实现 CoAP 的发布，订阅机制，它是请求成功后自动注册的一种资源后处理程序。它是由默认的 EVENT_和 PERIODIC_RESOURCEs 来进行配置的。它们的事件和轮询处理程序用 EST.notify_subscri bers()函数来发布。

3. CoAP 协议栈

CoAP 的传输层使用 UDP。由于 UDP 传输的不可靠性，CoAP 采用了双层结构，定义了带有重传的事务处理机制，并且提供资源发现和资源描述等功能。CoAP 采用尽可能小的载荷，从而限制了分片。

事务层(Transaction Layer)用于处理节点之间的信息交换，同时提供组播和拥塞控制等功能。请求/响应层(Request/Response Layer)用于传输对资源进行操作的请求和响应信息。CoAP 的 REST 构架是基于该层的通信。CoAP 的双层处理方式，使得 CoAP 没有采用 TCP，也可以提供可靠的传输机制。利用默认的定时器和指数增长的重传间隔时间实现 CON(Confirmable)消息的重传，直到接收方发出确认消息。另外，CoAP 的双层处理方式支持异步通信，这是物联网和 M2M 应用的关键需求之一。

4. CoAP 的交互模型

CoAP 使用类似于 HTTP 的请求/响应模型：CoAP 终端节点作为客户端向服务器发送一个或多个请求，服务器端回复客户端的 CoAP 请求。不同于 HTTP，CoAP 的请求和响应在发送之前不需要事先建立连接，而是通过 CoAP 信息来进行异步信息交换。CoAP 使用 UDP 进行传输，这是通过信息层选项的可靠性来实现的。CoAP 定义了 4 种类型的信息：可证实的 CON(Confirmable)信息、不可证实的 NON(Non-Confirmable)信息、可确认的 ACK(Acknowledgement)信息和重置 RST(Reset)信息。方法代码和响应代码包含在这些信息中，实现请求和响应功能。这 4 种类型信息对于请求/响应的交互来说是透明的。

CoAP 的请求/响应语义包含在 CoAP 信息中，其中分别包含方法代码和响应代码。CoAP 选项中包含可选的(或默认的)请求和响应信息，例如 URI 和负载内容类型。令牌选项用于独立匹配底层的请求到响应信息。

5. 请求/响应模型

请求包含在可证实的或不可证实的信息中，如果服务器端是立即可用的，它对请求的应答包含在可证实的确认信息中来进行应答。

虽然 CoAP 目前还在制订当中，但 Contik 嵌入式操作系统已经支持 CoAP。Contiki 是一个多任务操作系统，并带有 uIPv6 协议栈，适用于嵌入式系统和无线传感器网络，它占用系统资源小，适用于资源受限的网络和设备。目前，火狐浏览器已经集成了 Copper 插件，从而实现了 CoAP。

6. CoAP 火狐浏览器实现(B/S 架构)

B/S 架构的系统结构如图 7.18 所示。

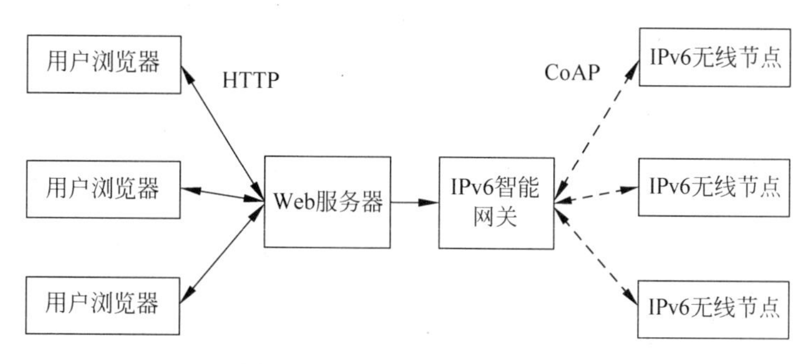

图 7.18　B/S 架构系统结构图

系统由用户浏览器、Web 服务器、IPv6 智能网关、IPv6 无线节点组成。用户浏览器通过 HTTP 访问 Web 服务器，IPv6 无线节点通过 CoAP 和 IPv6 智能网关进行通信，从而实现用户浏览器访问节点上资源的功能，图 7.18 中实线表示有线连接，虚线表示无线连接。

7.4.4　开发内容

1. 无线节点 CoAP 服务端实现

1) CoAP REST 引擎实现

任务中起到关键性作用的是 CoAP REST 引擎。该引擎的作用是将所有的网络对象(无线节点的 LED 资源)抽象为网络资源，然后将这些网络资源提供给客户端，客户端(PC 端或者是 Android 端)通过 Web 浏览器、CoAP 命令来访问或者控制这些网络资源。下面是 REST 服务进程的源代码实现机解析(Resource\01-开发例程\第 7 章\ 7.4-sensor-coap\7.4.1-iar-coap\user\er-app.c)。

```
PROCESS(rest_server_er_app, "Erbium Application Server");
//AUTOSTART_PROCESSES(&rest_server_er_app);          //定义 rest 服务进程
PROCESS_THREAD(rest_server_er_app, ev, data)
```

```
{
  PROCESS_BEGIN();
  PRINTF("Starting Erbium Application Server\n");
  Display_ASCII6X12_EX(0, LINE_EX(4), "coap server", 0);     //在 LCD 上显示 coap server
  er_poll_event = process_alloc_event();
  rest_init_engine();                                        //初始化 rest 引擎
  rest_activate_resource(&resource_leds);                    //激活 LED 资源
  /* 定义应用所需要的事件 */
  while(1) {
    PROCESS_WAIT_EVENT();
    if (ev == er_poll_event) {
      #if REST_RES_SEPARATE && WITH_COAP > 3

       separate_finalize_handler();
#endif
    }
  } /* while (1) */
  PROCESS_END();
}
```

2）LED 资源驱动实现

在上述源代码中分析了 REST 引擎进程的实现，同时激活了 LED 资源，那么 LED 资源详细实现如下所示。其中"RESOURCE(leds, METHOD_GET | METHOD_POST, "control/led","");"语句定义了 LED 资源，leds 定义了资源名，METHOD_GET | METHOD_POST 定了请求该 LED 资源的 POST 和 GET 两种方式，"control/led"定义 LED 资源的请求路径。且在处理 POST 请求的代码中实现了打开、关闭、翻转 LED 命令的解析和对 LED 灯的控制(Resource\01-开发例程\第 7 章\7.4.1-iar-coap\user\rsleds.c)。

```
RESOURCE(leds, METHOD_GET | METHOD_POST , "control/led", "");
//LED 资源定义,赋予 POST、GET 方法

//LED 资源事件处理方法
void
leds_handler(void * request, void * response, uint8_t * buffer, uint16_t preferred_size,
int32_t * offset)
{
  size_t len = 0;
  uint8_t led = 1;
  static char buf[64];
  if (METHOD_GET == coap_get_rest_method(request)) {             //处理 GET 请求
    Display_ASCII6X12_EX(0, LINE_EX(5), "GET LED", 0);          //LCD 上显示 GET LED
    snprintf(buf, sizeof(buf), "{D1 = %d}", leds_get()&led);  //获取 LED 的状态
    REST.set_header_content_type(response, REST.type.TEXT_PLAIN);
    REST.set_response_payload(response, buf, strlen(buf));     //发送 LED 的状态给客户端
    return;
  }
```

```
    if (METHOD_POST == coap_get_rest_method(request)) {            //处理 POST 请求
        Display_ASCII6X12_EX(0, LINE_EX(5), "POST LED", 0);        //在 LCD 上显示 POST LED
        char * payload = NULL;
      len = REST.get_request_payload(request, &payload);
      memcpy(buf, payload, len);
      buf[len] = 0;
      Display_ASCII6X12_EX(0, LINE_EX(6), buf, 0);                 //LCD 上显示接收的指令
      //根据指令的内容判断执行相应的 LED 的控制方法
      if (len > 0 && payload[0] == '{' && payload[len - 1] == '}') {
        if (memcmp(&payload[1], "OD1 = 1", 4) == 0) {              //打开 LED
          leds_on(led);
        } else
        if (memcmp(&payload[1], "CD1 = 1", 4) == 0) {              //关闭 LED
          leds_off(led);
        } else
        if (memcmp(&payload[1], "TD1 = 1", 4) == 0) {              //翻转 LED
          leds_toggle(led);
        } else {
          REST.set_response_status(response, REST.status.BAD_REQUEST);
          return;
        }
        snprintf(buf, sizeof(buf), "{D1 = %d}", leds_get()&led);
        REST.set_header_content_type(response, REST.type.TEXT_PLAIN);
        REST.set_response_payload(response, buf, strlen(buf)); //发送 LED 的状态给客户端
      } else {
        REST.set_response_status(response, REST.status.BAD_REQUEST);
      }
      return;
    }
}
```

2. PC 端通过 CoAP 控制无线节点实现

CoapOP.java 实现了的 PC 端通过 CoAP 发送命令控制无线节点 LED 灯的开与关，详细实现如下所示(Resource\01-开发例程\第 7 章\7.4-sensor-coap\7.4.2-pc-coap\CoapOP.java)：

```
public class CoapOP {
    public static void main(String[ ] argv) throws Exception {
        if (argv.length < 2) {
            System.out.println("Coap <GET|POST> [data] <url>");
                                                          //CoAP 命令运行参数格式
            System.exit(1);
        }
        Log.setLevel(Level.OFF);
        Log.init();
        Request r = null;
        if (argv[0].equalsIgnoreCase("GET")) {                    //处理 GET 请求
            r = new GETRequest();
```

```
        } else
        if (argv[0].equalsIgnoreCase("POST")) {          //处理 POST 请求
            r = new POSTRequest();
        } else {
            System.out.println("Unknow operator '" + argv[0] + "'");
            System.exit(1);
        }
        String url = null;
        if (argv.length >= 3) {                          //获取命令的 URL 参数
            r.setPayload(argv[1]);
            url = argv[2];
        } else {
            url = argv[1];
        }
        r.setURI(url);                                   //设置请求的 URL 参数
        r.enableResponseQueue(true);

        r.execute();                                     //执行请求的发送
        Response response = r.receiveResponse();         //获取无线节点返回的响应
        if (response == null) {
            throw new Exception("sensor response time out");
        }
        if (response.getCode() != CodeRegistry.RESP_CONTENT) {
            throw new Exception(CodeRegistry.toString(response.getCode()));
        }
        System.out.println("OK");
        System.out.println(response.getPayloadString());         //打印无线节点返回的响应
    }
}
```

3. Android 端通过 CoAP 控制无线节点实现

MainActivity.java 实现了的 Android 端通过 CoAP 发送命令控制无线节点 LED 灯的开与关，详细实现如下所示（Resource\01-开发例程\第 7 章\7.4-sensor-coap\7.4.3-android-coap\src\com\zonesion\ipv6\ex77\ctrl\coap\MainActivity.java）：

```
public class MainActivity extends Activity implements OnClickListener {
    String mDefServerAddress = "aaaa:2::02fe:accf:2320:7399";
    Button mBtnOn;
    Button mBtnOff;
    Button mBtnSt;
    TextView mTVInfo;
    EditText mETAddr;
    /* 发送命令单击事件实现 */
    @Override
    public void onClick(View v) {

        String msg = null;
        Request request = null;
```

```
        if (v == mBtnOn) {                                //处理打开 LED 命令单击事件
            msg = "{OD1 = 1}";                            //打开 LED 命令
            request = new POSTRequest();
        }
        if (v == mBtnOff) {                               //处理关闭 LED 命令单击事件
            msg = "{CD1 = 1}";                            //关闭 LED 命令
            request = new POSTRequest();
        }
        if (v == mBtnSt) {                                //处理获取 LED 状态单击事件
            msg = "{D1 = ?}";                             //获取 LED 状态命令
            request = new GETRequest();
        }
        if (request == null) return;

        String uri = "coap://[" + mETAddr.getText().toString() + "]/control/led";
                                                          //拼接 URL 字符串

        request.setURI(uri);                              //设置 Request 消息的 URL
        request.setPayload(msg);                          //设置 Request 消息的命令参数
        request.enableResponseQueue(true);
        try {
            request.execute();                            //发送 Request 消息
            Response response = request.receiveResponse(); //接收 Response 响应
            if (response == null) {
                throw new Exception("sensor response time out");
            }
            if (response.getCode() != CodeRegistry.RESP_CONTENT) {
                throw new Exception(CodeRegistry.toString(response.getCode()));
            }
            mTVInfo.setText("节点状态:" + response.getPayloadString());
                                                          //打印 response 消息
        } catch (Exception e) {

            e.printStackTrace();
        }
    }
}
```

7.4.5 开发步骤

本节将完成传感器信息采集及控制(CoAP),选择一块 STM32W108 无线节点作为服务器端,PC(或者 Android)作为客户端,也可以选择其他无线节点通信。

1. IEEE 802.15.4 子网网关环境部署

确保完成 6.2 节的 IPv6 网关项目开发,保证 PC 端能与 IEEE 802.15.4 子网网关以及 IEEE 802.15.4 边界路由器进行正常通信。

2. 编译固化服务器端 STM32W108 无线节点镜像

(1) 参考 1.2.4 节硬件与调试的内容将 STM32W108 无线节点的跳线设置成模式二。

(2) 通过调试转接板将J-Link仿真器连接到PC和ZXBee无线节点板。在PC上打开串口助手或者超级终端,设置接收的波特率为115 200b/s。

(3) 准备Contiki IPv6源代码包,将Resource\03-系统代码\contiki-2.6复制到工作目录。

(4) 将7.4-sensor-coap目录下的7.4.1-iar-coap开发例程源代码包(Resource\01-开发例程\第7章\7.4-sensor-coap\7.4.1-iar-coap)复制到Contiki目录下: contiki-2.6\zonesion\ example\iar\。

(5) 打开工程文件zx103.eww(H:\contiki-2.6\zonesion\example\iar\7.4.1-iar-coap\zx103.eww),在Workspace下拉列表框中选择rpl工程,参考6.3.5节的内容修改PANID和Channel,并保持与STM32W108无线协调器一致,重新编译源代码,编译成功后执行下一步。

(6) 给STM32W108无线节点起电,然后打开J-Flash ARM软件,选择Target → Connect,让仿真器与STM32W108无线节点进行连接,连接成功后,将程序烧写到STM32W108无线节点中。

3. 服务器端STM32W108无线节点网路地址查看

STM32W108协调器、服务器端STM32W108无线节点重新上电,通过屏幕显示可查看到服务器端STM32W108无线节点的MAC地址是00:80:E1:02:00:1D:57:AE,按照无线模块网络节点的计算方法计算服务器端STM32W108无线节点的网络地址是aaaa::0280:E102:001D:57AE。

4. 测试节点间组网是否成功

参照6.6.5节测试节点间组网是否成功的内容测试STM32W108无线节点与STM32W108协调器组网是否成功。

5. PC客户端测试结果

(1) 准备7.4.2-pc-coap开发例程包: 将Resource\01-开发例程\第7章\7.4-sensor-coap\7.4.2-pc-coap开发例程源代码包复制到工作目录。

(2) 在PC端选择"开始"→"运行",输入cmd,打开命令行终端,并按照下面流程输入相应的内容进行测试:

```
#1. 设置当前目录
C:\Users\Administrator > H:
H:\> cd 7.4.2 - pc - coap
#2. 编译当前目录下的CoapOP.java程序,其中 - cp参数选项指定编译所需的Californium - coap
 - z.jar包
H:\7.4.2 - pc - coap > javac  - cp Californium - coap - z.jar CoapOP.java
```

(3) 运行编译后的CoapOP.class文件参数说明。运行命令:

```
java  - cp .;Californium - coap - z.jarCoap < GET|POST > [data] < url >
```

其中:"cp .;Californium-coap-z.jar"指定运行CoapOP.class文件所需的Jar文件;参数< GET|POST >指定发送GET|POST请求;[data]指定请求发送的数据(例如{OD1=

1}、{CD1=1}、{D1=?}等)；< url >指定请求的目的地址，(例如 coap://[aaaa::0280:E102:001D:57AE]/control/led，其中[]内指定 STM32W108 无线节点的网络地址 aaaa::0280:E102:001D:57AE，/control/led 指定所要打开的资源)。具体如下：

```
#3. 查看运行 CoapOP.class 文件所需的参数选项
H:\7.4.2-pc-coap>java -cp .;Californium-coap-z.jar CoapOP
Coap <GET|POST> [data] <url>
```

(4) 点亮 STM32W108 无线节点的 D4 灯。开灯命令发送成功后，可以看到 STM32W108 无线节点板上的 D4 灯被点亮，同时命令窗口返回响应消息{D1=1}，表示 D4 灯的最新状态为开。特别注意 URL(即 coap://[aaaa::0280:E102:001D:57AE]/control/led)内的网络地址为服务器端 STM32W108 无线节点的网络地址查看所获得的地址。具体如下：

```
#3. 发送{OD1 = 1}命令执行点亮无线节点 D4 灯操作。
H:\7.4.2-pc-coap>java -cp .;Californium-coap-z.jar CoapOP POST {OD1 = 1} coap://
[aaaa::0280:E102:001D:57AE]/control/led
2014-10-20 14:55:03 [util.Log] INFO - ==[ START-UP ]===========================
========
OK
{D1 = 1}
```

(5) 熄灭 STM32W108 无线节点的 D4 灯。关灯命令发送成功后，可以看到 STM32W108 无线节点板上的 D4 灯被熄灭，同时命令窗口返回响应消息{D1=0}，表示 D4 灯的最新状态为关。特别注意 URL(即 coap://[aaaa::0280:E102:001D:57AE]/control/led)内的网络地址为服务器端 STM32W108 无线节点的网络地址查看所获得的地址。具体如下：

```
#4. 发送{CD1 = 1}执行关闭无线节点 D4 灯操作。
H:\7.4.2-pc-coap>java -cp .;Californium-coap-z.jar CoapOP POST {CD1 = 1} coap://
[aaaa::0280:E102:001D:57AE]/control/led
2014-10-20 14:59:13 [util.Log] INFO - ==[ START-UP ]============================
======================
========
OK
{D1 = 0}
```

(6) 查询 STM32W108 无线节点 D4 灯的状态。查询命令发送成功后，窗口返回响应消息{D1=0}，表示当前 D4 灯的最新状态为关。特别注意 URL(即 coap://[aaaa::0280:E102:001D:57AE]/control/led)内的网络地址为服务器端 STM32W108 无线节点的网络地址查看所获得的地址。具体如下：

```
#4. 发送 GET 请求查询 D4 灯的状态。
H:\7.4.2 - pc - coap > java - cp .;Californium - coap - z.jar CoapOP GET coap://[aaaa::0280:
E102:001D:57AE]/control/led
2014 - 10 - 20 15:03:33 [util.Log] INFO - == [ START - UP ] ============================
========
OK
{D1 = 0}
```

6. Android 客户端实验测试结果

(1) 准备 7.4.3-android-coap 开发例程包，将 Resource\01-开发例程\第 7 章\7.4-sensor-coap\7.4.3-android-coap 开发例程源代码包复制到工作目录。

(2) 准备 Android 开发环境，参考"Resource\05-文档资料\Android 开发环境搭建.pdf"，完成 Android 环境的安装与配置。

(3) 编译 7.4.3-android-coap 工程，参考 DISK-Android\产品手册.pdf 文件的 10.3 导入 Android 开发例程"进行 7.4.3-android-coap 工程的导入和编译，生成 7.4-ctrl-coap.apk 并安装到 s210 开发平台内。

(4) 在 s210 网关平台 Android 系统中打开"7.4 CoAP Android 库使用"应用程序，并在"节点地址"栏中输入服务器端 STM32W108 无线节点的网络地址 aaaa::0280:E102:001D:57AE，显示如图 7.19 所示。

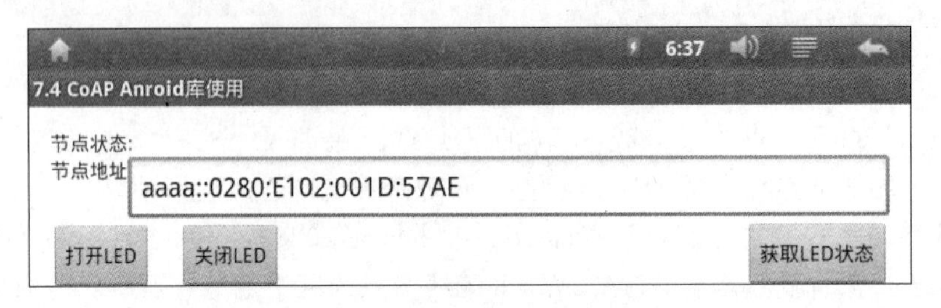

图 7.19 Android 端测试显示页面

根据图 7.19 所示的按钮功能，单击"获取 LED 状态"按钮即可查询 D4 的状态，单击"打开 LED""关闭 LED"按钮就可以看到无线节点的 D4 灯点亮、熄灭。

(5) 单击"获取 LED 状态"按钮，STM32W108 无线节点的 D5 不停闪烁，表示获取的无线节点 LED D4 灯状态消息已发送到无线节点，同时接收到 STM32W108 无线节点返回的响应消息{D1=0}，表示 D4 灯的最新状态为关，如图 7.20 所示。

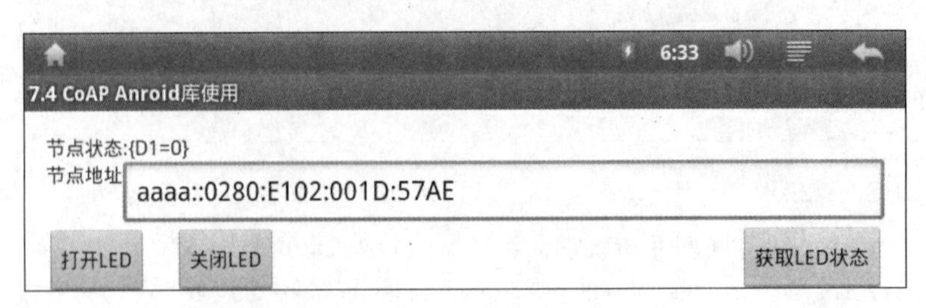

图 7.20 Android 端测试显示页面

(6) 单击“打开 LED”按钮，STM32W108 无线节点的 D4 灯被点亮，同时接收到 STM32W108 无线节点返回的响应消息{D1＝1}，表示 D4 灯的最新状态为开，如图 7.21 所示。

图 7.21　Android 端测试显示页面

(7) 单击“关闭 LED”按钮，STM32W108 无线节点的 D4 灯被熄灭，同时接收到 STM32W108 无线节点返回的响应消息{D1＝0}，表示 D4 灯的最新状态为关，如图 7.22 所示。

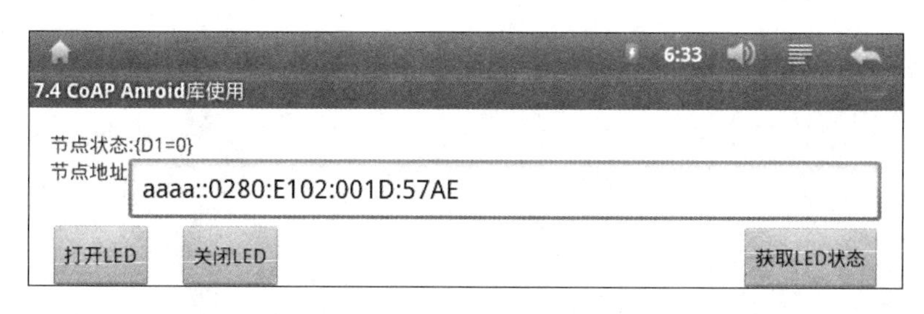

图 7.22　Android 端测试显示页面

7.4.6　总结与扩展

本任务也可以选择其他无线节点作为服务器节点（WiFi 无线节点、蓝牙无线节点），开发者可自行尝试。

7.5　任务 58　传感器综合应用

7.5.1　学习目标

- 掌握构建 IPv6 多网融合开发环境（RPL 网络、WiFi 网络、蓝牙网络）；
- 掌握无线节点 TOP 图构建底层代码功能、无线节点信息采集与 LED 控制底层功能；
- 掌握 MeshTop 综合应用程序构建网络 TOP 图（RPL 网络、WiFi 网络、蓝牙网络）、采集传感器数据、控制 LED 灯功能。

7.5.2　开发环境

- 硬件：s210 系列网关（包含 STM32W108 无线协调器、蓝牙模块、WiFi 模块），调试转接板，STM32 系列无线开发板、USB MINI 线，J-Link 仿真器，PC；

• 软件：Windows XP/7/8/10，IAR 集成开发环境，串口调试工具。

7.5.3 开发内容

1. 无线节点信息采集与 LED 控制底层实现

1) CoAP REST 引擎实现

在本任务中起关键作用的是 CoAP REST 引擎，该引擎的作用是将所有的网络对象（无线节点的 LED 资源和传感器信息采集资源）抽象为网络资源，然后将这些网络资源提供给客户端，客户端（PC 端或者是 Android 端）通过 Web 浏览器、CoAP 命令来访问或者控制这些网络资源，下面是 REST 服务进程的源代码实现机解析（Resource\01-开发例程\第 7 章\7.5-mesh-top\7.5.1-iar-mesh-top\user\er-app.c）。

```
process_event_t er_poll_event;
PROCESS(rest_server_er_app, "Erbium Application Server");  //定义 REST 服务进程
//AUTOSTART_PROCESSES(&rest_server_er_app);
PROCESS_THREAD(rest_server_er_app, ev, data)
{
  PROCESS_BEGIN();
  PRINTF("Starting Erbium Application Server\n");
   er_poll_event = process_alloc_event();

  rest_init_engine();                                    //初始化 REST 引擎
  rest_activate_resource(&resource_leds);                //激活 LED 资源
    rest_activate_event_resource(&resource_misc);  //激活 misc 资源(传感器资源)
    /* 定义应用所需要的事件 */
  while(1) {
    PROCESS_WAIT_EVENT();
    if (ev == er_poll_event) {                           //如果事件为传感器采集数据改变事件
      if (data == &resource_misc) {

        misc_event_handler(&resource_misc);         //调用 misc_event_handler()方法进行处理
      }
#if REST_RES_SEPARATE && WITH_COAP > 3

      separate_finalize_handler();
#endif
    }
  } /* while (1) */
  PROCESS_END();
}
```

2) LED 资源驱动实现

在上述源代码中分析了 CoAP REST 引擎进程的实现，以及如何激活 led 资源和 misc 资源（用于传感器信息采集），关于 LED 资源驱动的实现请参考 7.4.4 节内容。

3) 传感器信息采集资源驱动实现

传感器信息资源的采集如何实现呢？下面将介绍传感器信息采集驱动的实现过程。rsmisc.c 通过定义一个 misc_app 线程完成传感器初始化配置、传感器信息采集和实时更

新。该线程开始执行后，首先调用 sensor_misc.config()完成传感器初始化配置，通过定时器每隔 1s 调用 sensor_misc.getValue()方法对 LCD 信息实时更新以及调用 sensor_misc.poll(tick++)方法对传感器数据的动态更新。此处 sensor misc.config()、sensor_misc.getValue()、sensor_misc.poll(tick++)方法为结构体定义的方法，其每个传感器均有上述方法的具体实现，在"4)传感器信息采集资源的定义实现"中具体介绍。rsmisc.c 的源代码如下(Resource\01-开发例程\第 7 章\7.5.1-iar-coap\user\rsmisc.c)。

```
PROCESS_NAME(rest_server_er_app);                    //声明 rest_server_er_app 线程
PROCESS(misc_app, "misc sensor app");                //定义 misc_app 线程
PROCESS_THREAD(misc_app, ev, data)
{
  static struct etimer timer;
  static unsigned int tick = 0;
  PROCESS_BEGIN();
  sensor_misc.config();                              //执行传感器初始化配置
#if !defined(WITH_RPL_BORDER_ROUTER)
  Display_GB_12(1, 80, CO_TEXT, "传感器 "SENSOR_NAME);  //LCD 幕信息显示
  Display_GB_12(1, 80 + 14, CO_TEXT, "当前值");
#endif
  etimer_set(&timer, CLOCK_CONF_SECOND);             //定义一个定时器
  while(1) {
    PROCESS_WAIT_EVENT();
    if(ev == PROCESS_EVENT_TIMER) {                  //如果为定时器触发事件则执行

      #if !defined(WITH_RPL_BORDER_ROUTER)
        char buf[64];
        //调用 getValue()方法更新实时数据到 LCD
        snprintf(buf, sizeof(buf), "%s", sensor_misc.getValue());
        Display_ASCII6X12_EX(55, 80 + 14, buf, 0);
      #endif
      sensor_misc.poll(tick++);                      //每隔 1s 执行 poll()方法
      etimer_reset(&timer);
    }
  }

  PROCESS_END();
}
Voidmisc_event_handler(resource_t *r)                //实时数据更新事件处理方法
{
  static uint16_t event_counter = 0;
  char *pcontent;
  ++event_counter;
  PRINTF("TICK %u for /%s\n", event_counter, r->url);
  pcontent = sensor_misc.getValue();                 //调用 getValue()方法更新实时数据
```

```
  coap_packet_t notification[1];

  coap_init_message(notification, COAP_TYPE_NON, CONTENT_2_05, 0);
  REST.set_header_content_type(notification, REST.type.TEXT_PLAIN);
  coap_set_payload(notification, pcontent, strlen(pcontent));


  REST.notify_subscribers(r, event_counter, notification);

}
void misc_sensor_notify(void)
{
  extern process_event_t er_poll_event;
  process_post(&rest_server_er_app, er_poll_event, &resource_misc);
//通过 REST 引擎触发传感器采集数据改变事件.另外,在 rest_server_er_app 线程中监听了该事
//件,并在监听事件中
//调用 misc_event_handler(resource_t * r)方法执行更新事件处理

}
```

rsmisc.c 还实现了对信息采集资源的定义，以及对信息采集资源进行 CoAP 访问的详细处理，sensor/misc 资源详细实现如下所示(Resource\01-开发例程\第 7 章\7.3.1-iar-coap\user\rsmisc.c)。其中"EVENT_RESOURCE(misc, METHOD_GET | METHOD_POST, "sensor/misc", "obs");"语句定义了传感器信息采集资源，misc 定了资源名，METHOD_GET | METHOD_POST 定义了请求 misc 资源的两种方式 POST 和 GET，sensor/misc 定义了传感器信息采集资源的请求路径；且在处理上层发送过来的 GET 请求时，通过调用传感器信息采集资源的 getValue()方法返回当前传感器信息采集值。

```
EVENT_RESOURCE(misc, METHOD_GET | METHOD_POST, "sensor/misc", "obs");
void
misc_handler(void * request, void * response, uint8_t * buffer, uint16_t preferred_size,
int32_t * offset)
{
     int length = 0;
     char * pdat, * rdat;

    if ((METHOD_POST == REST.get_method_type(request))) {        //处理 POST 请求
      int len;
      len = REST.get_request_payload(request, &pdat);
      if (len > 0) {
        rdat = ZXBee_decode(pdat, len, sensor_misc.execute);
        length = strlen(rdat);
        if (length > preferred_size) {
            length = preferred_size;
        }
```

```
        memcpy(buffer, rdat, length);
      }
    }
    if (METHOD_GET == REST.get_method_type(request)) { //处理 GET 请求
      char * pv;
      if (REST.get_query_variable(request, "q", &pv)) {

        if (pv != NULL && * pv == 't') {
#ifdef WITH_RPL_BORDER_ROUTER
          length = sprintf((char * )buffer, "%u", 3);
#else
          length = sprintf((char * )buffer, "%u", CONFIG_SENSOR);
#endif
        }
      } else {
        rdat = sensor_misc.getValue(); //调用传感器资源获取当前传感器采集值
        if (rdat != NULL && (length = strlen(rdat))> 0) {
          if (length > preferred_size) {
            length = preferred_size;
          }
          memcpy(buffer, rdat, length);
        } else {
          length = 2;
          buffer[0] = '{';
          buffer[1] = '}';
        }
      }
    }
    REST.set_header_content_type(response, REST.type.TEXT_PLAIN);

    REST.set_header_etag(response, (uint8_t * ) &length, 1);
    REST.set_response_payload(response, buffer, length);
}
```

4）传感器信息采集资源的定义实现

上述源代码中介绍了传感器信息采集驱动的实现，在处理上层发送过来的 GET 请求时，通过调用传感器信息采集资源的 getValue()方法返回当前传感器信息采集值，那么传感器信息采集资源是如何定义的？下面介绍传感器信息采集资源的定义实现。

misc_sensor.c 定义了 misc_sensor.h 头文件中所列出的所有传感器资源（例如温湿度传感器、空气质量传感器、光敏传感器等），下面以空气质量传感器为例介绍该传感器信息采集资源所定义的方法实现，其中主要方法说明如表 7.6 所示。

表 7.6 空气质量相关实现方法

方 法 名	说 明
static void AirGas_Config(void);	空气质量传感器初始化
static char * AirGas_GetTextValue(void);	获取空气质量传感器信息采集值
static voidAirGas_Poll(int tick);	监测空气质量传感器信息采集值的改变
static char * AirGas_Execute(char * key, char * val);	响应上层发送的{A0=?}命令查询空气质量传感器信息采集值

misc_sensor.c 核心代码实现如下所示（Resource\01-开发例程\第 7 章\7.5.1-iar-coap\user\misc_sensor.c)：

```
#elif CONFIG_SENSOR == SENSOR_AirGas
/************************* 空气质量传感器 ***********************************/
static void AirGas_Config(void)                    //空气质量传感器初始化
{
  ADC_Configuration();
}
static char * AirGas_GetTextValue(void)            //获取空气质量传感器信息采集值
{
  uint16_t v;
  v = ADC_ReadValue();                             //读取传感器采集值
  snprintf(text_value_buf, sizeof(text_value_buf), "{A0 = %u}", v);
  return text_value_buf;
}
static void AirGas_Poll(int tick)                  //监测空气质量传感器信息采集值的改变
{
  if (tick % 5 == 0) {
    misc_sensor_notify();
  }
}
static char * execute(char * key, char * val)
                              //响应上层发送的{A0 = ?}命令查询空气质量传感器信息采集值
{
  text_value_buf[0] = 0;
  if (strcmp(key, "A0") == 0 && val[0] == '?') {
    snprintf(text_value_buf, sizeof(text_value_buf), "A0 = %u", ADC_ReadValue());
  }
  return text_value_buf;
}
MISC_SENSOR(CONFIG_SENSOR, &AirGas_Config,
&AirGas_GetTextValue, &AirGas_Poll, &execute);  //将上述 4 种方法封装到 MISC_SENSOR 宏
```

misc_sensor.h 实现了传感器资源的定义和 MISC_SENSOR 宏的定义，并将封装在 MISC_SENSOR 宏里的方法填充到 sensor_t 结构体中，方便在传感器信息采集资源实现中通过统一的结构体方法调用相应的传感器资源实现方法，其中空气质量传感器资源实现方法与结构体定义方法对应关系如表 7.7 所示。

表 7.7 方法和结构体的对应关系

空气质量传感器资源实现方法	结构体定义方法
static void AirGas_Config(void);	void (*config)();
static char* AirGas_GetTextValue(void);	char* (*getValue)();
static void AirGas_Poll(int tick);	void (*poll)(int);
static char* AirGas_Execute(char* key, char* val);	char* (*execute)(char* key, char* val);

misc_sensor.h 核心代码实现如下所示(Resource\01-开发例程\第 7 章\7.5.1-iar-coap\user\misc_sensor.h)。

```
#define SENSOR_HumiTemp                  11 /*温湿度传感器*/
#define SENSOR_AirGas                    12 /*空气质量传感器*/
#define SENSOR_Photoresistance           13 /*光敏传感器*/
#define SENSOR_CombustibleGas            21 /*可燃气体*/
#define SENSOR_Flame                     22 /*火焰*/
#define SENSOR_Infrared                  23 /*人体红外*/
..........................................//以上是资源定义
#define CONFIG_SENSOR      SENSOR_AirGas      //配置当前工程为 SENSOR_AirGAS 传感器资源
typedef struct {                      //sensor_t 结构体
  void (*config)();
  char* (*getValue)();
  char* (*execute)(char* key, char* val);
  void (*poll)(int);
} sensor_t;
extern void misc_sensor_notify(void);
extern sensor_t sensor_misc;
#define MISC_SENSOR(name, cg, gv, po, ex) sensor_t sensor_misc = {.config = ##cg, .
getValue = ##gv,.poll = ##po,.execute = ##ex}
```

2. MeshTop 综合应用程序实现

1) MeshTop 综合应用程序 TOP 图构建实现

RPLNetTOPActivity.java 实现了 RPL TOP 图的构建,WiFiNetTOPActivity.java 实现了 WiFi TOP 图的构建,BTNetTOPActivity.java 实现了 BT TOP 图的构建,TOPActivity.java 实现了 MeshTop 图的构建。以下详细介绍 RPL TOP 图的构建过程,其他网络的 TOP 图构建方法与之类似,开发者可自行阅读源代码了解其实现过程(Resource\01-开发例程\第 7 章\7.5.2-android-mesh-top\MeshTOP\src\com\zonesion\mesh\top\RPLNetTOPActivity.java)。

(1) RPLNetTOPActivity 界面 RPL TOP 图构建实现。

RPLNetTOPActivity.java 通过"new ConnectThread(3000);"开启 3000 端口与所有的无线节点建立连接,一旦某一无线节点与服务器端建立连接,则调用 onDataHandler(InetAddress a, byte[] b, int len)将该无线节点添加到 RPL TOP 图中,其中 byte b[]为无线节点发送给服务器端的路由数据包,通过解析路由数据包数据,将该节点的上行、下行、邻居节点信息分别填充到对应集合中,最后调用"mTopManage.handlerNDR(ma, b[0], ln, ld, lr);"根据该节点的集合数据信息将该节点绘画到 RPL TOP 图中。

(2) RPLNetTOPActivity界面节点单击事件实现。

通过mTopHandler.setNodeClickListener(new OnClickListener(){})实现了节点单击事件处理。在该方法中通过“intent.putExtra("mote", a.toString());”将传感器MoteAddress信息封装到intent,通过“intent.putExtra("type", st);”将传感器type信息封装到intent,通过“BTNetTOPActivity.this.startActivity(intent);”跳转到MiscActivity.class的同时,将上述封装信息传递到了MiscActivity.class,在MiscActivity中根据intent中封装的传感器type信息,动态生成标签(LED标签、传感器标签),使得每次单击不同的节点进入MiscActivity看到的是特定节点的标签页面。具体源代码如下:

```
public class BTNetTOPActivity extends Activity implements DataHandler {
    TopManage mTopManage;
    TopHandler mTopHandler;
    ConnectThread mConnectThread = new ConnectThread(3000);     //服务器端开启 3000 端口
    HashMap<Short, MoteAddress> mNodes = new HashMap<Short, MoteAddress>();
    HashMap<Short, Integer> mNodeType = new HashMap<Short, Integer>();
    @Override
    public void onCreate(Bundle savedInstanceState) {
        super.onCreate(savedInstanceState);
        setContentView(R.layout.top);
        mTopHandler = new TopHandler(this,
                (DragLayout) findViewById(R.id.dragLayout));
        mTopManage = new TopManage(mTopHandler);
        //mTopHandler 实现节点单击事件
        mTopHandler.setNodeClickListener(new OnClickListener() {

            @Override
            public void onClick(View v) {
                MoteAddress a = (MoteAddress) v.getTag();
                String x = a.toString().toUpperCase();
                if (x.endsWith("AAAA:2::1") || x.equals("AAAA::1") || x.equals("AAAA:1::1")) {
                    Toast.makeText(BTNetTOPActivity.this, "网关虚拟节点,不能进行此操作",
                            Toast.LENGTH_LONG).show();
                    return;
                }
                int t = mNodeType.get(a.getShortAddr());
                Intent intent = new Intent();
                intent.putExtra("mote", a.toString());
                                                //将传感器 MoteAddress 信息封装到 intent
                String st = "0";
                if (t != 3) {
                    st += "," + t;
                }
                intent.putExtra("type", st);            //将传感器 type 信息封装到 intent
                intent.setClass(BTNetTOPActivity.this,com.zonesion.mesh.node.misc.
MiscActivity.class);
                BTNetTOPActivity.this.startActivity(intent); //跳转到 MiscActivity.class
```

```
            }
        });
        mConnectThread.setOnDataHandler(this);
        mConnectThread.setDaemon(true);
        mConnectThread.start();
    }
        ................省略........................
    @Override
    public void onDataHandler(InetAddress a, byte[] b, int len) { //RPL TOP 构建消息处理

        if (!a.getHostAddress().contains("aaaa:1::")) return;
        MoteAddress ma = new MoteAddress(a);
        short sa = ma.getShortAddr();
        if (!mNodes.containsKey(sa)) mNodes.put(sa, ma);
        ArrayList<MoteAddress> ln = new ArrayList<MoteAddress>();
                                                    //上行节点 MoteAddress 集合
        ArrayList<MoteAddress> ld = new ArrayList<MoteAddress>();
                                                    //下行节点 MoteAddress 集合
        ArrayList<MoteAddress> lr = new ArrayList<MoteAddress>();
                                                    //邻居节点 MoteAddress 集合
        int rlen;
        //分析无线节点发送给服务器的路由数据包,解析路由数据包数据,将节点分别填充到相
        //应集合当中
        if (b[1] != 0) {
            for (int i = 0; i < b[1]; i++) {
                short x = buildShortAddr(b[4 + i * 2], b[4 + i * 2 + 1]);
                if (mNodes.containsKey(x)) {
                    ld.add(mNodes.get(x));
                }
            }
        }
        if (b[2] != 0) {
            for (int i = 0; i < b[2]; i++) {
                short x = buildShortAddr(b[4 + b[1] * 2 + i * 2], b[4 + (b[1] * 2) + i * 2 + 1]);
                if (mNodes.containsKey(x)) {
                    lr.add(mNodes.get(x));
                }
            }
        }
        if (b[3] != 0) {
            for (int i = 0; i < b[3]; i++) {
                short x = buildShortAddr(b[4 + b[1] * 2 + b[2] * 2 + i * 2], b[4 + b[1] * 2 +
b[2] * 2 + i * 2 + 1]);
                if (mNodes.containsKey(x)) {
                    ln.add(mNodes.get(x));
                }
            }
        }
        rlen = 1 + 3 + b[1] * 2 + b[2] * 2 + b[3] * 2;
```

```
            if (b[0] != 1) {
                if (mNodes.containsKey(MoteAddress.BT_GW_SHORTADDR))
                    ld.add(mNodes.get(MoteAddress.BT_GW_SHORTADDR));
            }
            mTopManage.handlerNDR(ma, b[0], ln, ld, lr); //通过填充后的集合数据绘画 TOP 图
            ...............省略.......................
        }
    }
```

2) MeshTop 综合应用程序 LED 控制实现

LedCtrlView.java 实现了对指定传感器资源的 LED 灯控制。其中的核心实现是 RunCoapThread 类，该类是一个发送 CoAP 请求线程，通过实例化 RunCoapThread (InetAddress addr, String uri, String method, String payload)构造方法，调用"CoapOP.moteControl(maddr, muri, mmethod, mpayload);"方法向无线节点发送 CoAP 请求。

LedCtrlView.java 执行流程：LedCtrlView 启动后通过 RunCoapThread 线程发送 GET 请求获取 LED 灯当前的状态信息，在 RunCoapThread 中解析 LED 灯当前的状态信息，并通过 mHandler 改变 LED 图标反映 LED 当前状态。单击开、关按钮触发按键事件，在 onClick (View arg0) 方法中处理对 LED 灯的开关控制，其实现方式：通过 RunCoapThread 线程向无线节点发送 CoAP POST 请求。

LedCtrlView.java 核心实现源代码如下所示（Resource\01-开发例程\第 7 章\7.5.2-android-mesh-top\MeshTOP\src\com\zonesion\mesh\node\misc\LedCtrlView.java）：

```
public class LedCtrlView extends MoteView implements OnClickListener {
        ................省略 Activity 资源初始化.............
        mHandler = new Handler() {          //改变 LED 图标亮、灭消息处理
            @Override
            public void handleMessage(Message msg) {

                if (msg.what == 1) {
                    mLed1View.setImageBitmap(Resource.imageLedOn);
                    led1 = 1;
                } else {
                    led1 = 0;
                    mLed1View.setImageBitmap(Resource.imageLedOff);
                }
            }
        };
        try {                           //LedCtrlView 启动后发送 GET 请求查询 LED 灯当前的状态
            (new RunCoapThread(
                    InetAddress.getByName(LedCtrlView.this.mMoteAddress.toString()),
                    "/control/led", "GET", "")).start();
        } catch (UnknownHostException e) {
            e.printStackTrace();
        }
    }
```

```
    class RunCoapThread extends Thread{
        InetAddress maddr;
        String muri;
        String mmethod;
        String mpayload;
        //执行发送 CoAP 请求线程
        RunCoapThread(InetAddress addr, String uri, String method, String payload) {
            super();
            maddr = addr;                         //传感器资源网络地址
            muri = uri;                           //URL: 指明操作的传感器资源
            mmethod = method;                     //请求的方式: POST 或者 GET
            mpayload = payload;                   //操作: 打开或关闭
            this.setDaemon(true);
        }
        public void run() {
            String rs;
            try {
                //发送 CoAP 请求,并返回 LED 状态信息
                rs = CoapOP.moteControl(maddr, muri, mmethod, mpayload);
            } catch (Exception e) {

                e.printStackTrace();
                return;
            }
            ................省略解析 LED 状态信息..............
            }
        }
    }
    @Override
    public void onClick(View arg0) {              //LED 开关单击事件处理

        String uri;
        String[] cmds = {"{OD1 = 1}", "{CD1 = 1}"};
        String payload = cmds[led1];              //命令: 指明操作的动作,打开或关闭
        if (arg0 == mBtn1) {
            uri = "/control/led";                 //URL: 指明操作的资源是 LED
        } else
            return;

        try {
            new RunCoapThread(
                    InetAddress.getByName(LedCtrlView.this.mMoteAddress.toString()), uri,
                    "POST", payload).start();  //执行发送 CoAP 请求线程
        } catch (UnknownHostException e) {
            e.printStackTrace();
        }

    }
}
```

3）MeshTop 综合应用程序信息采集图表实现

以下仅以空气质量传感器信息采集图表实现为例进行详细说明，其他传感器信息采集实现方式与此类似类似，开发者可自行分析其实现过程。

AirGasView.java 实现了实时采集空气质量传感器信息并动态更新到图表。其核心实现是通过调用 registerMoteHandler(InetAddress a, String rs, ResponseHandler h)方法向无线节点/sensor/misc 资源发送请求信息，获得相应消息后，解析响应消息得到传感器信息采集最新的值，通过"mHandler.obtainMessage(1, v1).sendToTarget();"方法发送给 mHandler 进行更新图表处理。

AirGasView.java 核心实现源代码如下所示(Resource\01-开发例程\第 7 章\7.5.2-android-mesh-top\MeshTOP\src\com\zonesion\mesh\node\misc\AirGasView.java)：

```
public class AirGasView extends MoteView {
    public AirGasView(Context c, MoteAddress a) {
        ......................省略图表资源初始化....................................
        mHandler = new Handler() {          //动态更新图表 Handler 实现
            @Override
            public void handleMessage(Message msg) {
                if (msg.what < 0) {
                    mThread = new cThread();
                    mThread.setDaemon(true);
                    mThread.start();
                } else {
                    int v = (Integer)msg.obj;
                    mValueView.setText("" + v);
                    updateChart(v);       //更新最新数据 v 到图表
                }
            }
        };
        mThread.setDaemon(true);
        mThread.start();
    }
    Thread mThread = new cThread();
    class cThread extends Thread {
        cThread() {
            super();
        }
        public void run() {
            try {
//通过 CoapOP.registerMoteHandler()方法向无线节点/sensor/misc 资源发送请求信息,获得相应
//消息后,解析响应消息得到传感器信息采集最新的值,通过"mHandler.obtainMessage(1, v1).
//sendToTarget();"发送给 mHandler 进行更新图表处理
                    CoapOP.registerMoteHandler(
                            InetAddress.getByName(mMoteAddress.toString()),
                            "/sensor/misc", new ResponseHandler() {
                                @Override
                                public void handleResponse(Response arg0) {
```

```
                                        String dat = arg0.getPayloadString();
                                        if (dat.charAt(0) == '{' && dat.charAt(dat.length() - 1) == '}') {
                                            dat = dat.substring(1, dat.length() - 1);
                                            String[] vs = dat.split(",");
                                            for (String v : vs) {
                                                String[] tag = v.split("=");
                                                if (tag.length == 2) {
                                                    if (tag[0].equals("A0")) {
                                                        int v1  = Integer.parseInt(tag[1]);
                                                                mHandler.obtainMessage(1, v1).
sendToTarget();
                                                    }
                                                }
                                            }
                                        }
                                    }
                                });
                } catch (Exception e) {

                    //e.printStackTrace();
                    mHandler.obtainMessage(-1, e.getMessage()).sendToTarget();
                }
            }
        };
        int[] q = new int[100];
        int size = 0;

        private void updateChart(int v1) { //将最新的数据添加到图表实现
            //设置好下一个需要增加的节点
            int addX = 0;
            System.arraycopy(q, 0, q, 1, q.length - 1);
            q[0] = v1;
            size++;
            if (size >= 100)
            size = 100;
            //将旧的点集中x和y的数值取出来放入backup中,并且将x的值加1,造成曲线向右平
            //移的效果
            //点集先清空,为了做成新的点集而准备
            seriesQ.clear();
            //将新产生的点首先加入到点集中,然后在循环体中将坐标变换后的一系列点都重新加
            //入到点集中
            for (int k = 0; k < size; k++) {
                seriesQ.add(k * 5, q[k]);
            }
            //视图更新,使得曲线呈现动态
            chart.invalidate();
        }
    }
```

3. 无线节点 TOP 图构建底层实现

Android 服务器端根据无线节点发送的路由数据包信息建立的 TOP 图。其中路由数据包格式如表 7.8 所示。

表 7.8 数据包格式

名称	节点类型	父节点个数 np	子节点个数 nc	邻居个数 nn	地址	传感器类型

无线节点发出的路由数据包由节点类型(1B)、父节点个数 np(1B)、子节点个数 nc(1B)、邻居个数 nn(1B)、地址(共(np * 2 + nc * 2 + nn * 2)byte)、传感器类型(1B)组成。其中：

(1) 节点类型：值为 1 表示 board-router，值为 2 表示 rpl node，值为 3 表示 leaf node；

(2) 地址：表示父节点、子节点、邻居节点地址，每个地址为 MAC 地址最后 2B；

(3) 传感器类型：指明无线节点上所连接的传感器类型(例如温湿度传感器、光敏传感器等)。

路由数据包格式如表 7.9 所示。

表 7.9 路由数据包格式

名称	节点类型	父节点个数 np	子节点个数 nc	邻居个数 nn	地址	传感器类型
字节数/B	1	1	1	1	np * 2 + nc * 2 + nn * 2	1

upd-client.c 实现了路由数据包的封装，通过 3000 端口号和网络地址与服务器建立连接后，不断向服务器发送路由数据包。该数据包包含了网关、无线节点的节点类型、父节点个数、子节点个数、邻居节点个数、地址、传感器类型等信息，服务器正是根据无线节点发送的路由数据包信息建立的 TOP 图。具体源代码如下(Resource\01-开发例程\第 7 章\7.5-mesh-top\7.5.1-iar-mesh-top\user\udp-client.c)：

```
PROCESS_THREAD(udp_client_process, ev, data)
{
  uip_ipaddr_t ipaddr;
  static struct etimer et;
  int dlen;
  PROCESS_BEGIN();
  //ADC_Configuration();
  //random_init(ADC_ReadValue());
  //ADC_Disable();
  printf("UDP client process started\n");
#ifdef WITH_RPL
  uip_ip6addr(&ipaddr,0xaaaa,0,0,0,0,0,0,1);//RPL 地址：指明其 RPL 网关地址为 aaaa：1
#endif
#ifdef WITH_BT_NET
```

```
  uip_ip6addr(&ipaddr,0xaaaa,1,0,0,0,0,0,1); //BT 地址：指明其蓝牙网关地址为 aaaa: 1: : 1
#endif
#ifdef WITH_WIFI_NET
  uip_ip6addr(&ipaddr,0xaaaa,2,0,0,0,0,0,1); //WIFI 地址：指明其 WIFI 网关地址为 aaaa: 2: : 1
#endif

  l_conn = udp_new(&ipaddr, UIP_HTONS(3000), NULL);
                                          //通过端口号 3000 与网络地址与服务器建立连接
  etimer_set(&et, CLOCK_SECOND * 10 + (random_rand() % 10));

  while(1) {
    PROCESS_YIELD();
    //if(!etimer_expired(&et)) continue;
    ...//实现路由数据包的封装
    //指明无线节点的节点类型、父节点、子节点、邻居节点、地址、传感器类型
    }
    UDP_DATA_BUF[3] = n;
    dlen += 1 + n * 2;
#ifndef WITH_RPL_BORDER_ROUTER
    UDP_DATA_BUF[dlen] = CONFIG_SENSOR;
    dlen += 1;
#endif
    uip_udp_packet_send(l_conn, UDP_DATA_BUF, dlen);
    etimer_set(&et, CLOCK_SECOND * 6);
  }
  PROCESS_END();
}
```

7.5.4 开发步骤

1. 无线节点端组网信息查看

请参考 7.1.5 节的开发步骤依次完成：①无线节点网络信息的修改；②编译无线节点 Contiki 工程源代码；③固化无线节点镜像；④组网及信息查看。

2. Android 端组网信息 MeshTop 图查看

(1) 准备 MeshTop 开发例程包，将 Resource\01-开发例程\第 7 章\7.5-mesh-top\7.5.2-android-mesh-top\MeshTop 开发例程源代码包复制到工作目录。

(2) 准备 Android 开发环境：参考"Resource\05-文档资料\Android 开发环境搭建.pdf"，完成 Android 环境的安装与配置。

(3) 编译 MeshTop 工程，参考"DISK-Android\产品手册.pdf 文件下 10.3 导入 Android 开发例程"进行 H:\MeshTop 工程的导入和编译，生成 MeshTop.apk 并安装到 s210 开发平台内。

(4) 其中 MeshTop 应用程序用于 WiFi、蓝牙 Bluefooth、IEEE 802.15.4 共 3 种网络 TOP 图的查看，WiFi TOP 应用程序用于 WiFi 网络 TOP 图的查看，BlueTooth 应用程序用于蓝牙网络 TOP 图的查看，RPL TOP 应用程序用于 IEEE 802.15.4 网络 TOP 图的查看，如图 7.23 所示。

(5) 无线节点组网成功后，分别单击 RPL TOP 应用程序、WiFi TOP 应用程序、BlueTooth 应用程序，查看相应网络 TOP 图，如图 7.24～图 7.26 所示。

图 7.23　MeshTop 应用程序

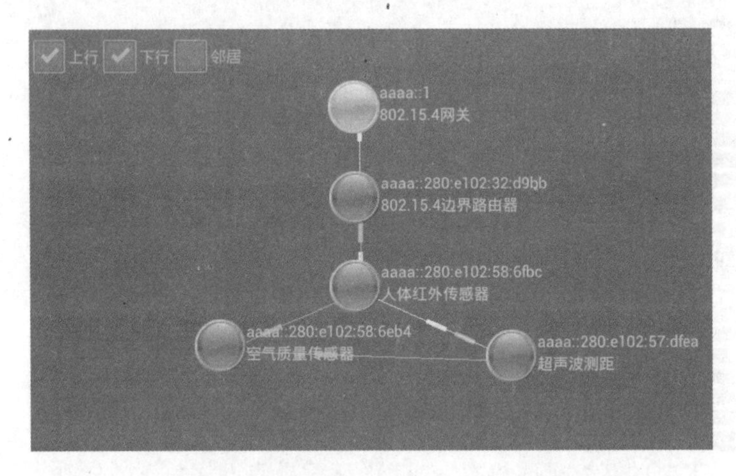

图 7.24　IEEE 802.15.4 网络 TOP 图

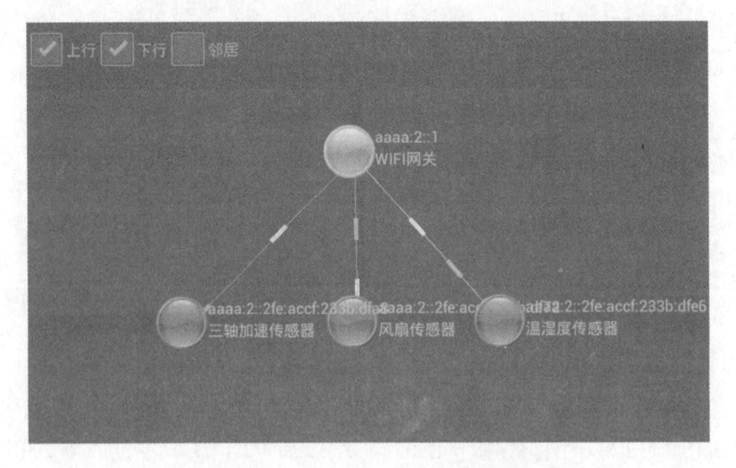

图 7.25　WiFi 网络 TOP 图

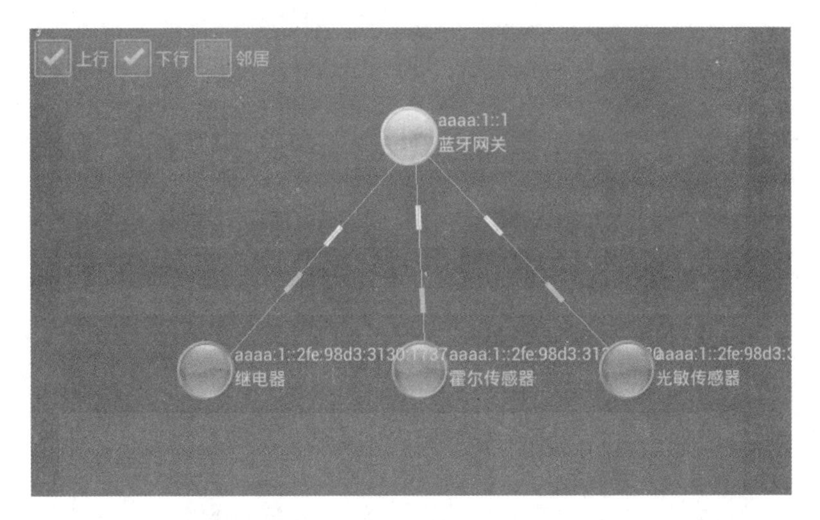

图 7.26　蓝牙网络 TOP 图

(6) 单击 MeshTop 应用程序，查看 3 种网络融合的 TOP 图，如图 7.27 所示。

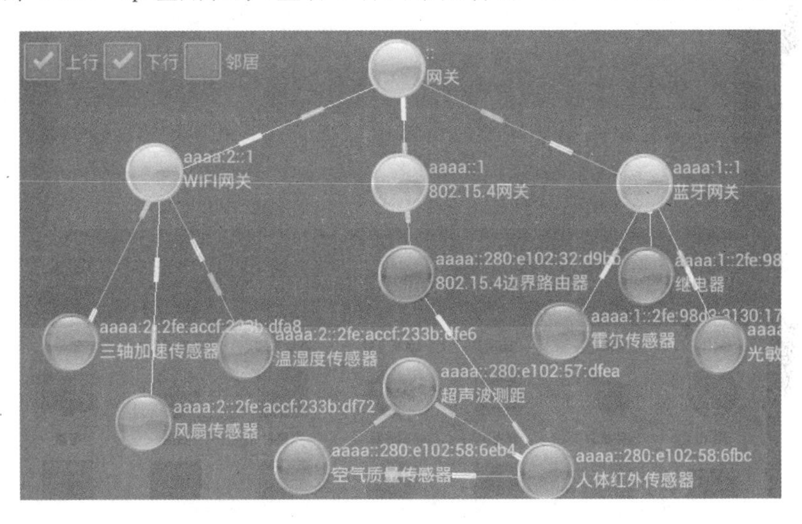

图 7.27　多网融合 TOP 图

(7) 单击每个无线节点，可以进入到节点信息界面，每个节点都包含两个选项卡，其中一个用于控制 STM32 节点板载的 D4 LED，如图 7.28 所示。

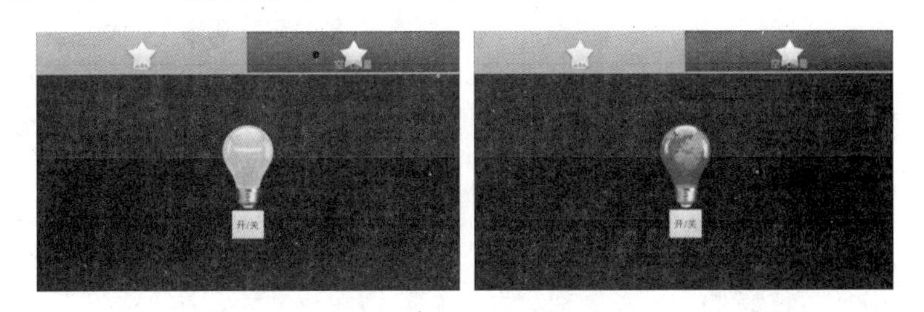

图 7.28　节点板载 LED 的控制

(8) STM32W108 无线节点——空气质量传感器。空气质量视图界面以曲线图的形式动态显示空气质量的值,并在右下角实时更新 STM32W108 无线节点采集的空气质量传感器的值,如图 7.29 所示。

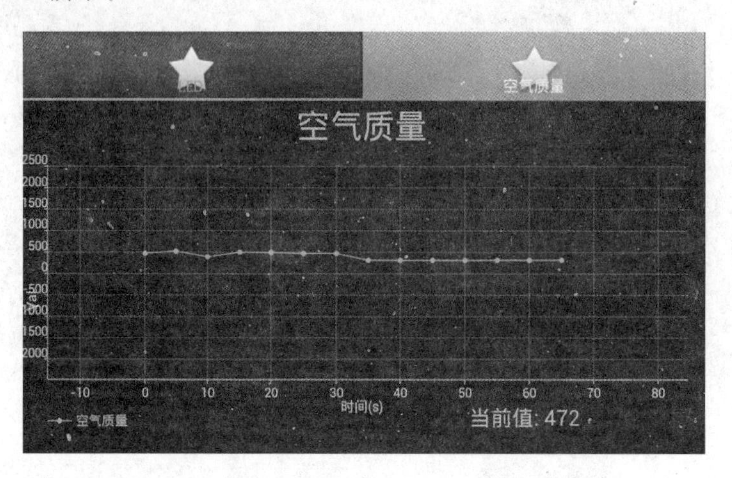

图 7.29　STM32W108 无线节点——空气质量视图界面

(9) WiFi 无线节点——风扇传感器。在风扇传感器视图界面可通过 Spanner 控件滑动控制风扇传感器的风速,如图 7.30 所示。

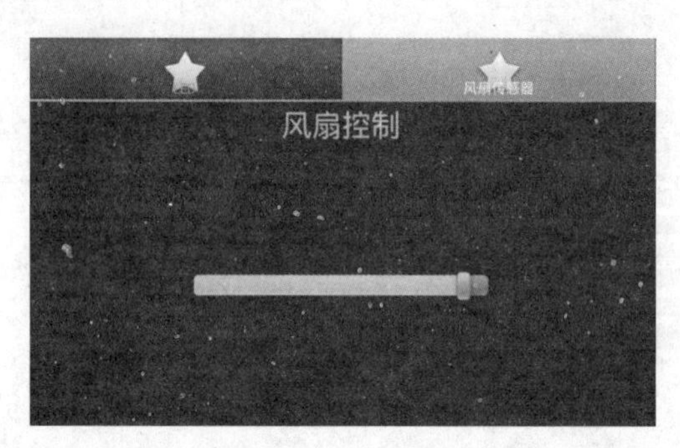

图 7.30　WiFi 无线节点——风扇传感器视图界面

(10) 蓝牙无线节点——继电器传感器。在继电器传感器视图界面可通过的开关按钮控制继电器的开合,可以看到对应的节点 LED 指示灯亮灭,听到继电器吸合的"咔嚓"声,如图 7.31 所示。

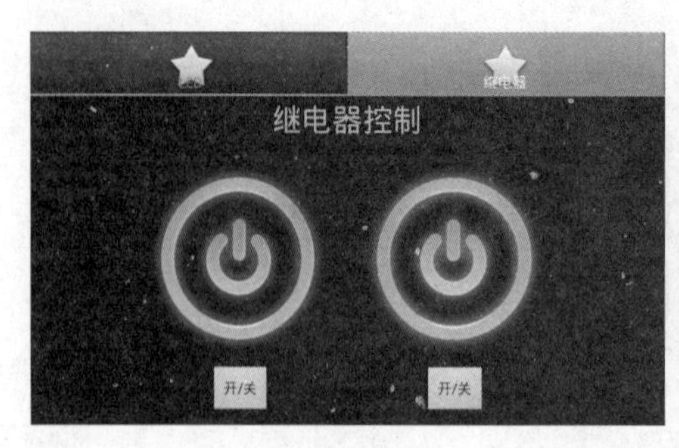

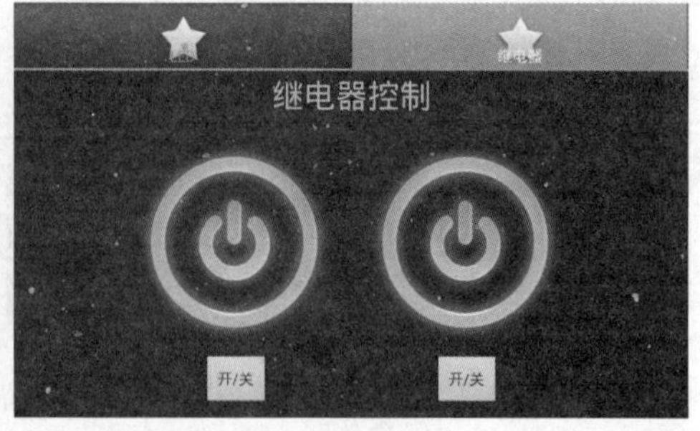

图 7.31　蓝牙无线节点——继电器控制

7.6 任务 59 传感器的自定义开发

7.6.1 学习目标

- 掌握无线节点端定义新的传感器信息采集功能;
- 掌握 Android 端自定义传感器的应用层视图创建功能。

7.6.2 开发环境

- 硬件: s210 系列网关(包含 STM32W108 无线协调器、蓝牙模块、WiFi 模块,调试转接板,STM32 系列无线开发板,USB MINI 线,J-Link 仿真器,PC;
- 软件: Windows XP/7/8/10,IAR 集成开发环境,串口调试工具。

7.6.3 开发内容

本任务以添加一个灯光传感器为例,实现添加一个自定义传感器。实现添加一个自定义传感器需要完成无线节点信息采集与 LED 控制的底层代码实现、Android 应用层视图的代码实现。按照传感器综合应用的开发内容介绍,现有的工程 7.5.1-iar-mesh-top 已经完成了无线节点 TOP 图构建底层实现、CoAP REST 引擎实现、LED 驱动与传感器信息采集驱动实现;目前无线节点端需要完成的是自定义传感器资源定义实现,Android 需要完成的是自定义传感器的应用层视图创建。

1. 无线节点端定义新的传感器信息采集资源

(1) 准备 Contiki IPv6 源代码包,将 Resource\03-系统代码\contiki-2.6 复制到工作目录。

(2) 将 7.5-mesh-top 目录下的 7.5.1-iar-mesh-top 开发例程源代码包(Resource\01-开发例程\第 7 章\7.5-mesh-top\7.5.1-iar-mesh-top)复制到 Contiki 目录下: contiki-2.6\zonesion\ example\iar\。

(3) 修改 misc_sensor.h 文件(H:\contiki-2.6\zonesion\ example\iar\7.5.1-iar-mesh-top\user\misc_sensor.h),添加灯光传感器资源变量定义,修改后的源代码如下所示,其中黑体部分为添加的内容。

```
.................省略.....................
#define SENSOR_Relay                        41   /* 继电器 */
#define SENSOR_AlcoholGas                   42   /* 酒精 */
#define SENSOR_Hall                         43   /* 霍尔 */
//添加灯光传感器资源定义
#define SENSOR_Light                        44   /* 灯光传感器 */
................省略.....................
```

(4) 修改 misc_sensor.h(H:\contiki-2.6\zonesion\ example\iar\7.5.1-iar-mesh-top\user\misc_sensor.h)文件,指定灯光传感器资源名,修改后的源代码如下所示,其中黑体部分为添加的内容。

```
................省略...................
#elif CONFIG_SENSOR ==   SENSOR_DigitalTube
#define SENSOR_NAME                                  "数码管传感器"
#elif CONFIG_SENSOR ==   SENSOR_SoilMoisture
#define SENSOR_NAME                                  "土壤湿度传感器"
#elif CONFIG_SENSOR ==   SENSOR_Light
#define SENSOR_NAME                                  "灯光传感器"
#else
#define SENSOR_NAME                                  "未知"
#endif
................省略...................
```

(5) 修改 misc_sensor.c(H:\contiki-2.6\zonesion\ example\iar\7.5.1-iar-mesh-top\user\misc_sensor.c)文件,在 misc_sensor.c 文件末尾 #endif 之前添加灯光传感器资源方法实现,需要添加的内容如下所示。

```
#elif CONFIG_SENSOR == SENSOR_Light
#define ACTIVE 0
/************************** 灯光传感器 ***********************************/
static void Light_Config(void)
{
  RCC_APB2PeriphClockCmd(RCC_APB2Periph_GPIOB, ENABLE);

  GPIO_InitTypeDef GPIO_InitStructure;
  GPIO_InitStructure.GPIO_Pin = GPIO_Pin_0 | GPIO_Pin_5;
  GPIO_InitStructure.GPIO_Speed = GPIO_Speed_2MHz;
  GPIO_InitStructure.GPIO_Mode = GPIO_Mode_Out_PP;
  GPIO_Init(GPIOB, &GPIO_InitStructure);
  GPIO_WriteBit(GPIOB, GPIO_Pin_0, !ACTIVE);
  GPIO_WriteBit(GPIOB, GPIO_Pin_5, !ACTIVE);
}
static char * Light_GetTextValue(void)
{
    sprintf(text_value_buf, "{D1 = %u}",
    (GPIO_ReadOutputDataBit(GPIOB, GPIO_Pin_0) == ACTIVE) |
    (GPIO_ReadOutputDataBit(GPIOB, GPIO_Pin_5) == ACTIVE)<<1);
  return text_value_buf;
}
static void Light_Poll(int tick)
{
  sprintf(text_value_buf, "{D1 = %u}",
    (GPIO_ReadOutputDataBit(GPIOB, GPIO_Pin_0) == ACTIVE) |
    (GPIO_ReadOutputDataBit(GPIOB, GPIO_Pin_5) == ACTIVE)<<1);
}
static char * execute(char * key, char * val)
{
  int v;
```

```
    text_value_buf[0] = 0;
    if (strcmp(key, "CD1") == 0) {
      v = atoi(val);
      if (v & 0x01) {
        GPIO_WriteBit(GPIOB, GPIO_Pin_0, !ACTIVE);
      }
      if (v & 0x02) {
        GPIO_WriteBit(GPIOB, GPIO_Pin_5, !ACTIVE);
      }
    }
    if (strcmp(key, "OD1") == 0) {
      v = atoi(val);
      if (v & 0x01) {
        GPIO_WriteBit(GPIOB, GPIO_Pin_0, ACTIVE);
      }
      if (v & 0x02) {
        GPIO_WriteBit(GPIOB, GPIO_Pin_5, ACTIVE);
      }
    }
    if (strcmp(key, "D1") == 0 && val[0] == '?') {
      sprintf(text_value_buf, "D1 = %u",
      (GPIO_ReadOutputDataBit(GPIOB, GPIO_Pin_0) == ACTIVE) |
      (GPIO_ReadOutputDataBit(GPIOB, GPIO_Pin_5) == ACTIVE)<< 1);
    }
    return text_value_buf;
  }
  MISC_SENSOR(CONFIG_SENSOR, &Light_Config,
  &Light_GetTextValue, &Light_Poll, execute);
```

2. Android 应用端定义新的传感器信息采集资源

(1) 准备 MeshTop 开发例程包，将 Resource\01-开发例程\第 7 章\7.5-mesh-top\7.5.2-android-mesh-top\MeshTop 开发例程源代码包复制到工作目录。

(2) 在 H:\MeshTOP\src\com\zonesion\mesh\node\misc 包中添加 LightView.java 文件，LightView.java 内容如下所示。

```
package com.zonesion.mesh.node.misc;
import java.net.InetAddress;
import android.content.Context;
import android.os.Handler;
import android.os.Message;
import android.view.LayoutInflater;
import android.view.View;
import android.view.View.OnClickListener;
import android.widget.Button;
import android.widget.ImageView;
import android.widget.TextView;
import com.zonesion.mesh.R;
```

```
import com.zonesion.mesh.coap.CoapOP;
import com.zonesion.mesh.top.MoteAddress;
public classLightView extends MoteView {
    Handler mHandler;
    ImageView mImageView1, mImageView2;
    int mv1 = 0, mv2 = 0;
    public LightView(Context c, MoteAddress a) {
        super(c, a);
        mView = LayoutInflater.from(c).inflate(R.layout.misc_relay, null);
        TextView tv = (TextView) mView.findViewById(R.id.tv_misc_relay_title);
        tv.setText("灯光控制");
        mImageView1 = (ImageView) mView.findViewById(R.id.iv1_misc_relay_status);
        mImageView2 = (ImageView) mView.findViewById(R.id.iv2_misc_relay_status);

        Button btn = (Button) mView.findViewById(R.id.btn1_onoff);
        btn.setOnClickListener(new OnClickListener() {
            @Override
            public void onClick(View arg0) {

                new Thread() {
                    public void run() {
                        try {
                            String cmd;
                            if (mv1 == 0) cmd = "{OD1 = 1,D1 = ?}";
                            else cmd = "{CD1 = 1,D1 = ?}";

                            String rs = CoapOP.moteControl(
                                    InetAddress.getByName(mMoteAddress.toString()),
                                    "/sensor/misc", "POST", cmd);
                            mHandler.obtainMessage(1, rs).sendToTarget();
                        } catch (Exception e) {
                        }
                    }
                }.start();
            }
        });
        btn = (Button) mView.findViewById(R.id.btn2_onoff);
        btn.setOnClickListener(new OnClickListener() {
            @Override
            public void onClick(View arg0) {
                new Thread() {
                    public void run() {
                        try {
                            String cmd;
                            if (mv2 == 0) cmd = "{OD1 = 2,D1 = ?}";
                            else cmd = "{CD1 = 2,D1 = ?}";

                            String rs = CoapOP.moteControl(
                                    InetAddress.getByName(mMoteAddress.toString()),
```

```
                        "/sensor/misc", "POST", cmd);
                    mHandler.obtainMessage(1, rs).sendToTarget();
                } catch (Exception e) {
                }
            }
        }.start();
    }
});
mHandler = new Handler() {
    @Override
    public void handleMessage(Message msg) {
        String dat = (String) msg.obj;
        if (dat.length() == 0) return;
        if (dat.charAt(0) == '{' && dat.charAt(dat.length() - 1) == '}') {
            dat = dat.substring(1, dat.length() - 1);
            String[] vs = dat.split(",");
            for (String v : vs) {
                String[] tag = v.split("=");
                if (tag.length == 2) {
                    if (tag[0].equals("D1")) {
                        int x = Integer.parseInt(tag[1]);
                        if ((x & 0x01) == 0x01) {
                            mImageView1.setImageResource(R.drawable.power_on);
                            mv1 = 1;
                        } else {
                            mv1 = 0;
                            mImageView1.setImageResource(R.drawable.power_off);
                        }
                        if ((x & 0x02) == 0x02) {
                            mv2 = 1;
                            mImageView2.setImageResource(R.drawable.power_on);
                        }else {
                            mv2 = 0;
                            mImageView2.setImageResource(R.drawable.power_off);
                        }
                    }
                }
            }
        }
    }
};
mThread.setDaemon(true);
mThread.start();
}
Thread mThread = new Thread() {
    public void run() {
        try {
            String rs = CoapOP.moteControl(
                    InetAddress.getByName(mMoteAddress.toString()),
```

```
                    "/sensor/misc", "GET", "");
                mHandler.obtainMessage(1, rs).sendToTarget();
            } catch (Exception e) {
                mHandler.obtainMessage( - 1, e.getMessage()).sendToTarget();
            }
        }
    };

}
```

(3) 修改 MiscActivity.java 文件(H:\MeshTOP\src\com\zonesion\mesh\node\misc\MiscActivity.java),添加资源类型和资源名称。修改后的源代码如下所示,其中黑体部分为添加的内容。

```
    int[] mSensorTypes = { 0,
            11, 12, 13,
            21, 22, 23,
            31, 32, 33,
            41, 42, 43,44,
            51, 52, 53,
            61, 62, 63, 64, 65, 66, 67, 68, 69,
            70, 71, 72, 73, 74, 75, 76, 77, 78, 79};
        String[] mSensorNames = { "LED",
            "温湿度", "空气质量", "光敏",
            "可燃气体", "火焰", "人体红外",
            "三轴加速", "超声波测距", "压力检测",
            "继电器", "酒精传感器", "霍尔传感器","灯光",
            "步进电机", "震动传感器", "高频 RFID 传感器",
            "雨滴传感器","红外避障传感器", "触摸传感器","防水型温度传感器","噪声传感
            器","电阻式压力传感器","流量计数传感器", "声光报警", "风扇传感器",
            "红外遥控传感器", "语音合成传感器","语音识别传感器",
            "指纹识别传感器","低频 RFID 传感器", "紧急按钮传感器", "直流电机传感器",
            "数码管传感器", "土壤湿度检测", "颜色传感器"};
```

(4) 修改 Tool.java 文件(H:\MeshTOP\src\com\zonesion\mesh\top\tool.java),添加 TOP 图中节点显示名称。修改后的源代码如下所示,其中黑体部分为添加的内容。

```
        final static int[] mSensorTypes = { 0,
            1, 2, 3,
            11, 12, 13,
            21, 22, 23,
            31, 32, 33,
            41, 42, 43,44,
            51, 52, 53,
            61, 62, 63, 64, 65, 66, 67, 68, 69,
            70, 71, 72, 73, 74, 75, 76, 77, 78, 79
            };
```

```
final static String[ ] mSensorNames = { "网关",
    "蓝牙网关", "WiFi 网关", "802.15.4 边界路由器",
    "温湿度传感器", "空气质量传感器", "光敏传感器",
    "可燃气体",      "火焰传感器", "人体红外传感器",
    "三轴加速传感器", "超声波测距", "气压传感器",
    "继电器", "酒精传感器", "霍尔传感器", "灯光传感器",
    "步进电机", "震动传感器",      "高频 RFID 传感器",
    "雨滴传感器", "红外避障传感器" , "触摸传感器", "防水型温度传感器",
    "噪声传感器", "电阻式压力传感器", "流量计数传感器", "声光报警",  "风扇传感器",
    "红外遥控传感器", "语音合成传感器",
    "语音识别传感器", "指纹识别传感器", "低频 RFID 传感器", "紧急按钮传感器", "直流
    电机传感器", "数码管传感器", "土壤湿度检测",
    "颜色传感器"
    };
```

7.6.4 开发步骤

1. 编译固化无线节点镜像

(1) 确保完成 7.5 节的传感器应用综合实验。

(2) 参考 7.1.5 节的“编译无线节点 Contiki 工程源代码”修改传感器定义,设定编译的传感器类型为自定义传感器 SENSOR_Light(工程 zx103/zonesion/proj/user/misc_sensor.h)。

```
#define CONFIG_SENSOR      SENSOR_Light          #修改此处来确定使用的传感器类型
```

(3) 在 IAR 环境的 Workspace 下拉列表框中选择 rpl,选择 Project→Rebuild All,重新编译源代码,编译成功后,将 contiki-2.6\zonesion\demo\iar\rpl\Exe 生成的 zx103.hex 重命名为 SENSOR_Light.hex。

(4) 参考 7.1.5 节的“固化无线节点镜像重新固化 SENSOR_Light.hex 文件到 STM32W108 无线节点(连接继电器传感器)。

(5) 组网成功后,灯光传感器屏幕显示信息如图 7.32 所示。

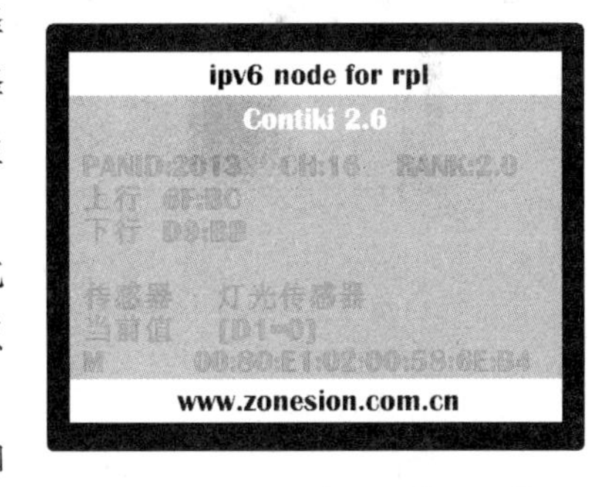

图 7.32 灯光传感器屏幕显示信息

2. 编译 Android 端 MeshTop 工程

(1) 参考“Resource\05-文档资料\Android 开发环境搭建.pdf”,将修改后的 MeshTop 工程执行导入和编译操作,生成 MeshTop.apk。

(2) 用 USB MINI 线连接 PC 与 s210 开发平台,参考“DISK-Android\产品手册.pdf”文件下“10.2 创建应用程序并运行”,安装 MeshTop.apk 程序到 s210 网关平台 Android 系统。

(3) 灯光传感器组网成功后,运行 RPL TOP 应用程序,界面如图 7.33 所示,可以看到灯光传感器已经成功加入 IEEE 802.15.4 网络。

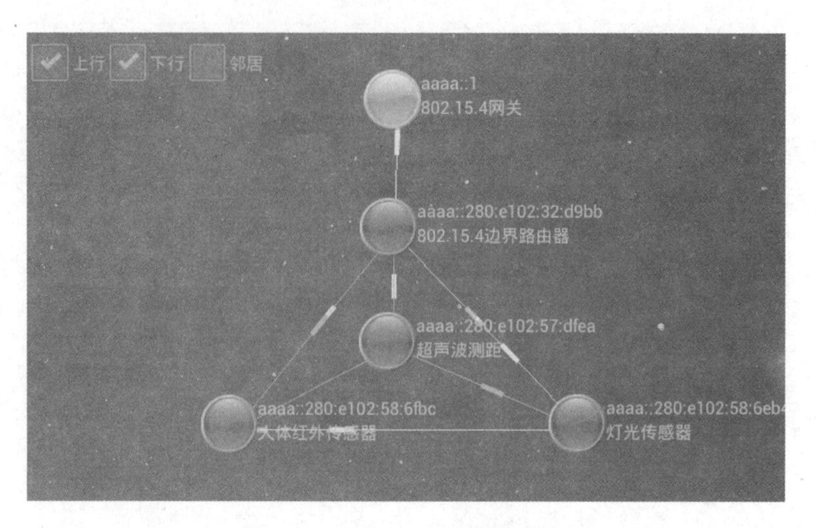

图7.33 RPL TOP图组网界面

(4) 单击灯光传感器节点,进入灯光传感器控制界面视图,选择LED标签,单击"开/关"按钮,对STM32节点板载的D4 LED进行开关控制,如图7.34所示。

图7.34 STM32节点板载的D4 LED控制

(5) 在灯光传感器控制界面视图,选择"灯光"标签,单击第一组"开/关"按钮,对继电器的D4 LED进行开关控制;单击第二组"开/关"按钮,对继电器的D5 LED进行开关控制,如图7.35所示。

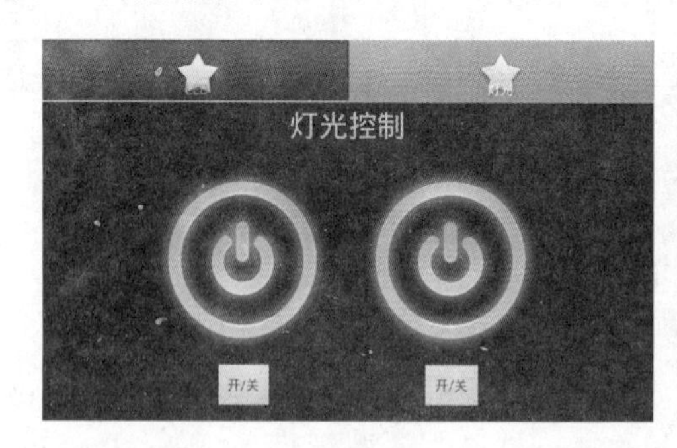

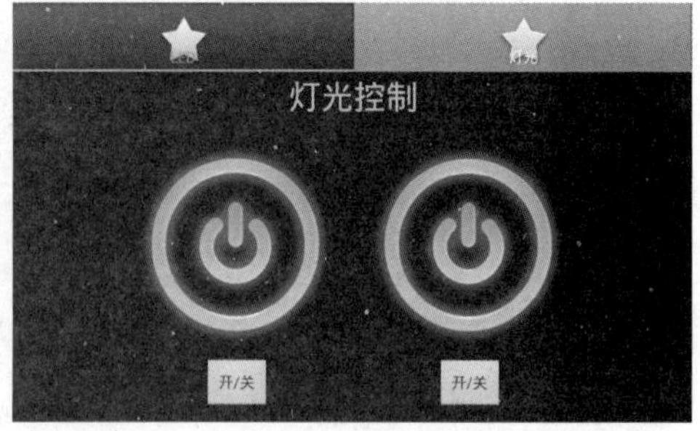

图7.35 对继电器的D4/D5 LED开关控制

第8章 物联网平台综合项目开发

第7章介绍了基于IPv6的智能物联网的综合项目开发,仅支持本地和局域网客户端对IPv6节点的采集、控制等操作,同时在该章中定义的应用层节点通信协议理解起来稍显复杂。

为了能够实现远程客户端对物联网IPv6节点的远程控制,同时也为了能够让开发者快速地开发出自定义的远程控制客户端程序,本章搭建了一个智云物联平台,然后针对该智云物联平台开发出一套简单易懂的ZXBee协议,并在该协议上开发出一套API,这些API主要包括无线节点的实时数据采集、历史数据查询和视频监控。

图8.1是智云物联平台系统框架结构图,通过该图可知,智能网关、Android客户端程序、Web客户端服务通过数据中心可以实现对传感器的远程控制,包括实时数据采集、传感器控制和历史数据查询。

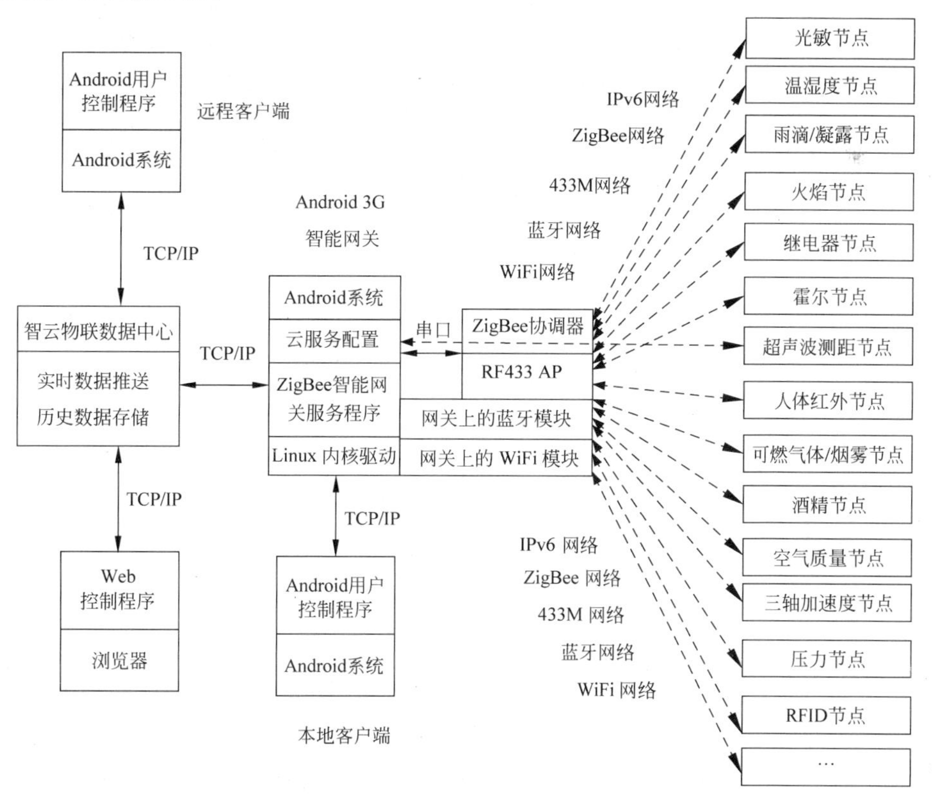

图8.1 智云物联平台系统框架结构图

8.1 任务 60 智云物联开发基础

8.1.1 学习目标

了解智云物联平台的构成和基本应用。

8.1.2 智云物联平台介绍

智云物联平台是一个开放的公共物联网接入平台，为所有的爱好者和开发者服务，使物联网传感器数据的接入、存储和展现变得轻松简单，让开发者能够快速开发出专业的物联网应用系统，如图 8.2 所示。

图 8.2 智云物联平台

一个典型意义的物联网应用，一般要完成传感器数据的采集、存储，数据的加工和处理这三项工作。举例来说，对于驾驶员，希望获取去目的地的路途上的路况，为了完成这个目标，就需要有大量的交通流量传感器对几个可能路线上的车流和天气状况进行实时的采集，并存储到集中的路况处理服务器，应用在服务器上，通过适当的算法得出大概的到达时间，并将处理的结果展示给驾驶员。由此可得出大概的系统架构设计可以分为如下三部分：

- 传感器硬件和接入互联网的通信网关（负责将传感器数据采集起来，发送到互联网服务器）。
- 高性能的数据接入服务器和海量存储。
- 特定应用，处理结果展现服务。

要解决上述物联网系统架构的设计，需要有一个基于云计算与互联网的平台加以支撑，而这个平台的稳定性、可靠性、易用性，对该物联网项目的成功实施，有着非常关键的作用。智云物联平台就是这样的一个开放平台，实现了物联网服务平台的主要基础功能开发，提供开放程序接口，为开发者提供基于互联网的物联网应用服务。使用智云物联平台进行项目开发，有以下特点：

- 让无线传感网快速接入到互联网和电信网，支持手机和 Web 远程访问及控制。
- 解决多开发者对单一设备访问的互斥，数据对多开发者的主动消息推送等技术难题。
- 提供免费的物联网大数据存储服务，支持一年以上海量数据存储、查询、分析、获取等。
- 开源稳定的底层工业级传感网络协议栈，轻量级的 ZXBee 数据通信格式（JSON 数据包）易学易用。
- 开源的海量传感器硬件驱动库，开源的海量应用项目资源。
- 免应用编程的 B/S 项目发布系统，Android 组态系统，LabView 数据接入系统。
- 物联网分析工具，能够跟踪传感网络层、网关层、数据中心层、应用层的数据包信息，快速定位故障点。

8.1.3 智云物联基本框架

智云物联平台在移动互联/物联网项目架构中框架如图 8.3 所示。

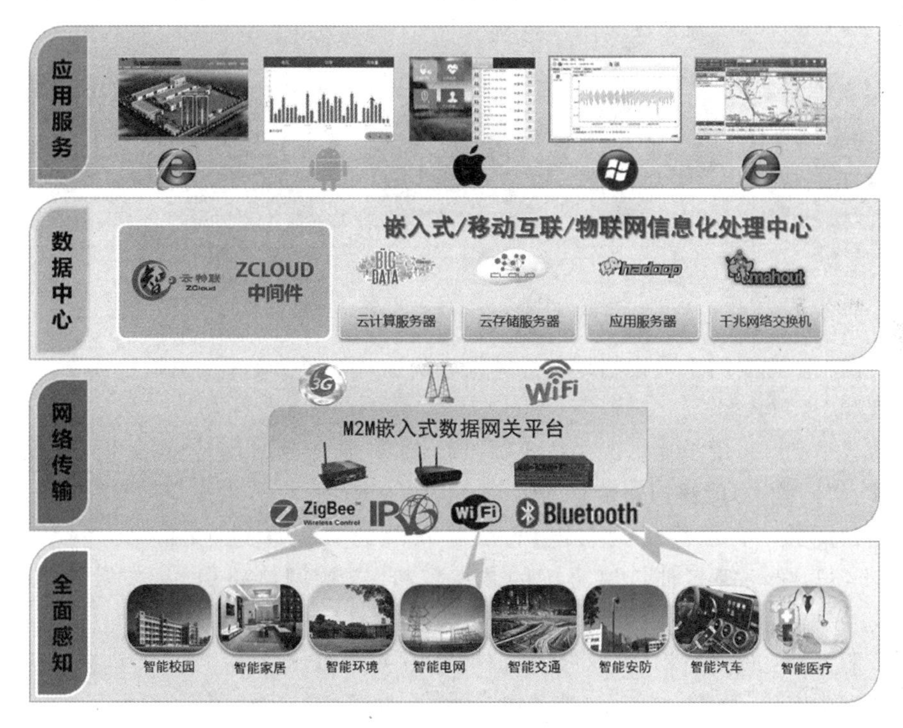

图 8.3 智云物联平台框架

1. 数据中心

高性能工业级物联网数据集群服务器，支持海量物联网数据的接入、分类存储、数据决策、数据分析及数据挖掘；分布式大数据技术，具备数据的即时消息推送处理、数据仓库存储与数据挖掘等功能；云存储采用多处备份，数据永久保存，数据丢失概率小于 0.1%；基于 B/S 架构的后台分析管理系统，支持 Web 对数据中心进行管理和系统运营监控。

主要功能模块：消息推送、数据存储、数据分析、触发逻辑、应用数据、位置服务、短信通知、视频传输等。

2. 应用服务

智云物联开放平台应用程序编程接口，提供 Sensor HAL 层、Android 库、Web JavaScript 库等 API 二次开发编程接口，具有互联网/物联网应用所需的采集、控制、传输、显示、数据库访问、数据分析、自动辅助决策、手机/Web 应用等功能，可以基于该 API 上开发一整套完整的互联网/物联网应用系统；提供实时数据（即时消息）、历史数据（表格/曲线）、视频监控（可操作云台转动、抓拍、录像等）、自动控制、短信/GPS 等编程接口；提供 Android 和 Windows 平台下 ZXBee 数据分析测试工具，方便程序的调试及测试；基于开源的 JSP 框架的 B/S 应用服务，支持开发者注册及管理、后台登录管理等基本功能，支持项目属性和前端页面的修改。

Android 应用组态软件，支持各种自定义设备，包括传感器、执行器、摄像头等的动态添加、删除和管理，无须编程即可完成不同应用项目的构建。

8.1.4 智云物联常用硬件

智云物联平台支持各种智能设备的接入。硬件模型如图 8.4 所示。

传感器

智云节点

智云网关

云服务器

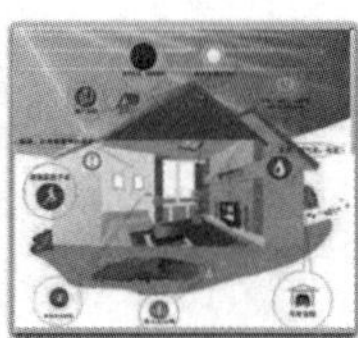
应用终端

图 8.4 硬件模型

- 传感器：主要用于采集物理世界中发生的物理事件和数据，包括各类物理量、标识、音频、视频数据。
- 智云节点：采用单片机或 ARM 等微控制器，具备物联网传感器的数据的采集、传输、组网能力，能够构建传感网络。
- 智云网关：实现传感网与电信网/互联网的数据联通，支持 ZigBee、WiFi、BT、RF433、IPv6 等多种传感协议的数据解析，支持网络路由转发，实现 M2M 数据交互。
- 云服务器：负责对物联网海量数据进行中央处理，运行云计算大数据技术，实现对数据的存储、分析、计算、挖掘和推送功能，并采用统一的开放接口为上层应用提供数据服务。
- 应用终端：运行物联网应用的移动终端，如 Android 手机/平板等设备。

8.1.5 智云物联优秀项目

采用智云物联开放平台框架，可以完成各种物联网应用项目开发，图 8.5 是一些优秀项目展示，详细介绍参考网页介绍（http://www.zhiyun360.com/docs/01xsrm/03.html）。

智能家居
智能农业
远程抄表
智能仓储
智能医疗
水产养殖
智能工厂
仪器预约
智能电网
智能交通
智能电梯
食品溯源
家庭能耗
雾霾监测
智能小车
无线考勤

图 8.5　智云优秀项目

8.1.6　开发前准备工作

本章主要指引开发者快速学习基于智云物联公共服务平台快速开发移动互联/物联网的综合项目，学习智云物联产品前，要求开发者预先学习以下基本知识和技能：

(1) 了解和掌握基于 STM32F103/STM32W108 的单片机、ARM 接口技术、传感器接口技术；

(2) 了解 IPv6、RF433、ZigBee、BLE、低功耗 WiFi 等无线传感网基础知识及无线协议栈组网原理；

(3) 了解和掌握 Java 编程，掌握 Android 应用程序开发；

(4) 了解和掌握 HTML、JavaScript、CSS、Ajax 开发，熟练使用 DIV+CSS 进行网页设计；

(5) 了解和掌握 JDK+ApacheTomcat+Eclipse 环境搭建及网站开发。

8.2 任务 61 智云平台基本开发

8.2.1 学习目标

- 掌握智云平台硬件的部署；
- 学会智云网站项目及 ZCloudApp 的使用；
- 学会 ZCloudTools 工具的使用；
- 学会 ZCloudDemo 程序的使用。

8.2.2 开发环境

- 硬件：温度传感器，光敏传感器，继电器传感器，声光报警传感器，步进电机传感器(可自由选择传感器)，智云网关(默认为 s210 系列开发平台)，IPv6 无线节点板(STM32W108 节点、WiFi(IPv6)节点、蓝牙(IPv6)节点)，J-Link 仿真器，调试转接板；
- 软件：Windows XP/7/8，ARM 嵌入式开发平台 IAR。

8.2.3 原理学习

本任务通过构建一个完整的物联网项目来展示智云平台的使用，智云平台系统模型如图 8.6 所示。

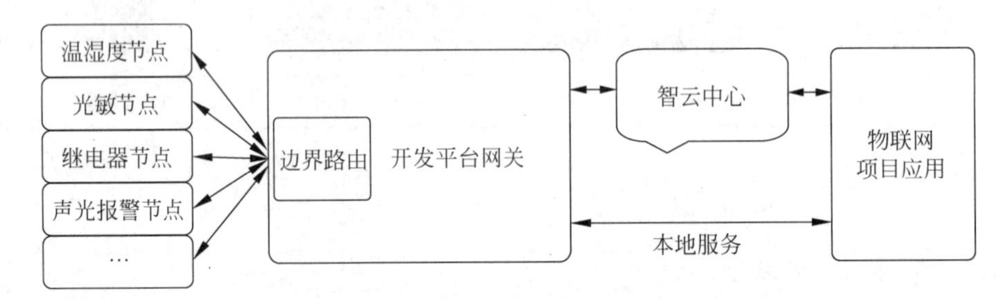

图 8.6 智云平台系统模型

(1) 边界路由、温湿度节点、光敏节点、继电器节点、声光报警节点、步进电机节点通过 IPv6 无线传感网络联系在一起，其中边界路由作为整个网络的汇集中心。

(2) 边界路由与开发平台网关进行交互，通过开发平台网关上运行的服务程序，将传感网与电信网和移动网进行连接，同时将数据推送给智云中心，也支持数据推送到本地局域网。

(3) 智云数据中心提供数据的存储服务、数据推送服务、自动控制服务等深度的项目接口，本地服务仅支持数据的推送服务。

(4) 物联网应用项目通过智云 API 进行具体应用的开发，能够实现对传感网内节点进行采集、控制、决策等。

8.2.4 开发内容

智云平台通过图 8.7 所示的简单的几个步骤即可完成项目部署。

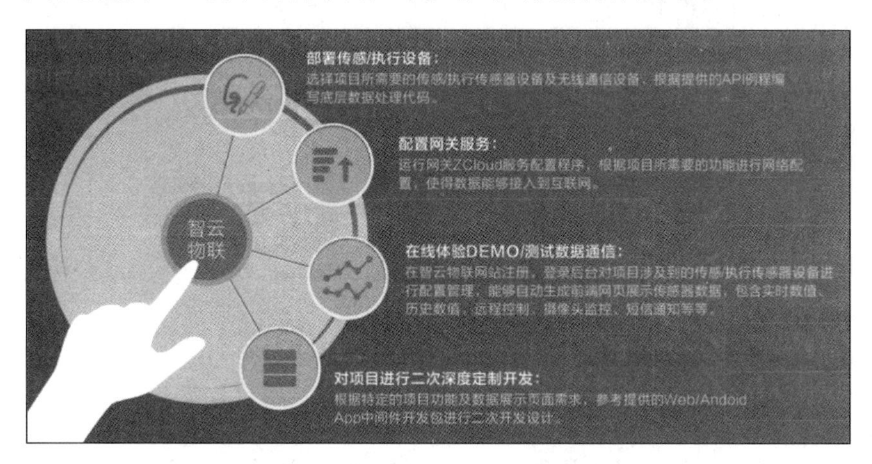

图 8.7 智云平台项目部署示意图

8.2.4.1 部署传感/执行设备

智云平台硬件系统包括无线传感器节点和智云网关(开发平台)，无线传感器节点通过IPv6 协议与智云网关的边界路由构建无线传感网，然后通过智云网关内置的智云服务与移动网/电信网进行连接，通过上层应用进行采集与控制，无线传感器节点硬件部署如下：

(1) 根据 IPv6 无线节点类型，固化无线节点驱动镜像；

(2) 根据边界路由节点所携带的传感器类型固化镜像；

(3) 更新智云网关上的边界路由(IEEE 802.15.4 网关)的镜像；

(4) 给智云网关和边界路由节点上电，建立无线传感网络。

8.2.4.2 配置网关服务

智云网关通过智云服务配置工具的配置接入到电信网和移动网，设置如下：

(1) 将开发平台网关通过 3G/WiFi/以太网任意一种方式接入到互联网(若仅在局域网内使用，可不用连接到互联网)，在智云网关的 Android 系统运行程序：智云服务配置工具。

(2) 在"用户账号""用户密钥"栏输入正确的智云 ID/KEY，也可单击"扫一扫二维码"按钮，用摄像头扫描购买的智云 ID/KEY 所提供的二维码图片，自动填写 ID/KEY(若数据仅在局域网使用，可任意填写)，如图 8.8 所示。

(3) 服务地址为 zhiyun360.com，若使用本地搭建的智云数据中心服务，则填写正确的本地服务地址。

(4) 单击"开启远程服务"按钮，成功连接智云服务后则支持数据传输到智云数据中心；单击"开启本地服务"按钮，成功连接后智云服务将向本地进行数据推送。

智云服务配置工具配置之前需要对接入的节点进行设置。

(1) 在智云服务配置工具主界面，按下 MENU 按键，弹出"无线接入设置"菜单，单击进入菜单，在弹出的界面勾选"IPv6 接入配置"复选框(默认该服务会自动判别智云网关的串口设置，若需要更改则勾选"ZigBee 配置"复选框，在弹出的菜单中选择串口)，如图 8.9 所

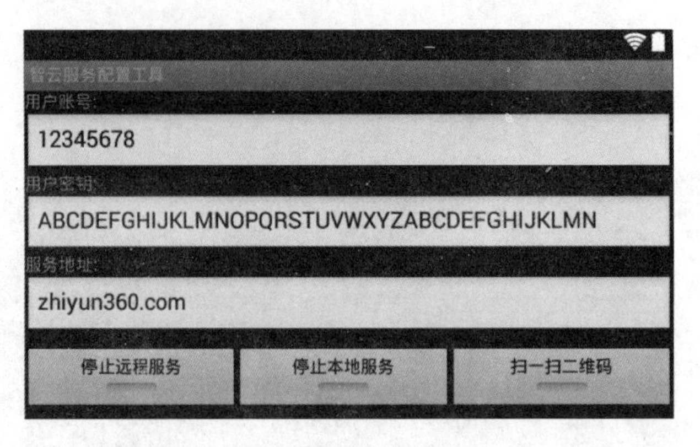

图 8.8　配置网关服务

示。设置成功后,会提示服务已启动。

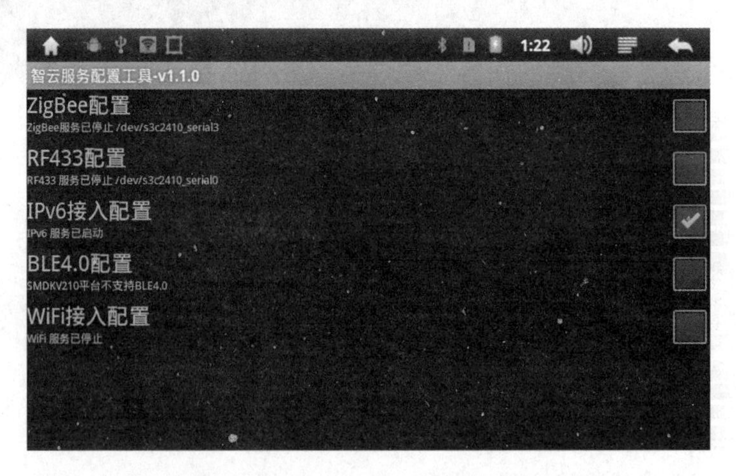

图 8.9　无线接入设置

(2) 智云网关默认兼容早期 IPv6 演示程序,在使用智云服务时,需要确保串口未被占用,在“无线接入设置”的界面,按下 MENU 按键,弹出“其他设置”菜单,单击进入菜单,在弹出的界面将“启用 ZigBee 网关”复选框关闭,如图 8.10 所示。

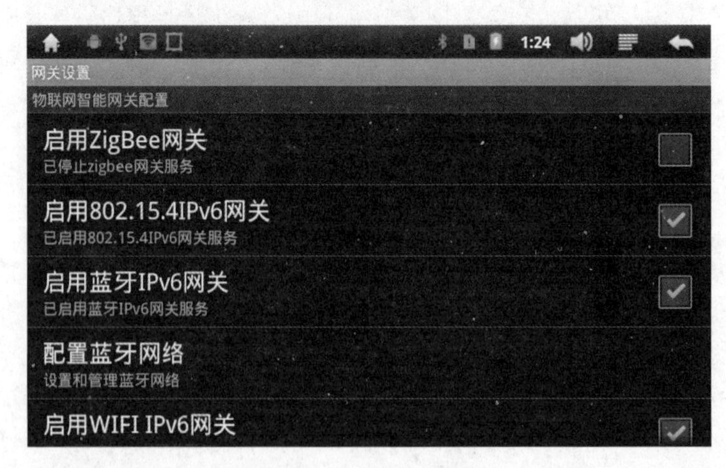

图 8.10　其他设置

8.2.4.3 测试数据通信

智云物联开发平台提供了智云综合应用用于数据调试，安装 ZCloudTools 应用程序并对硬件设备进行调试。

ZCloudTools 应用程序包含 4 大功能：网络拓扑及硬件控制、节点数据分析与调试、节点传感器历史数据查询、ZigBee 网络信息远程更新等，主要操作演示界面如图 8.11 所示。

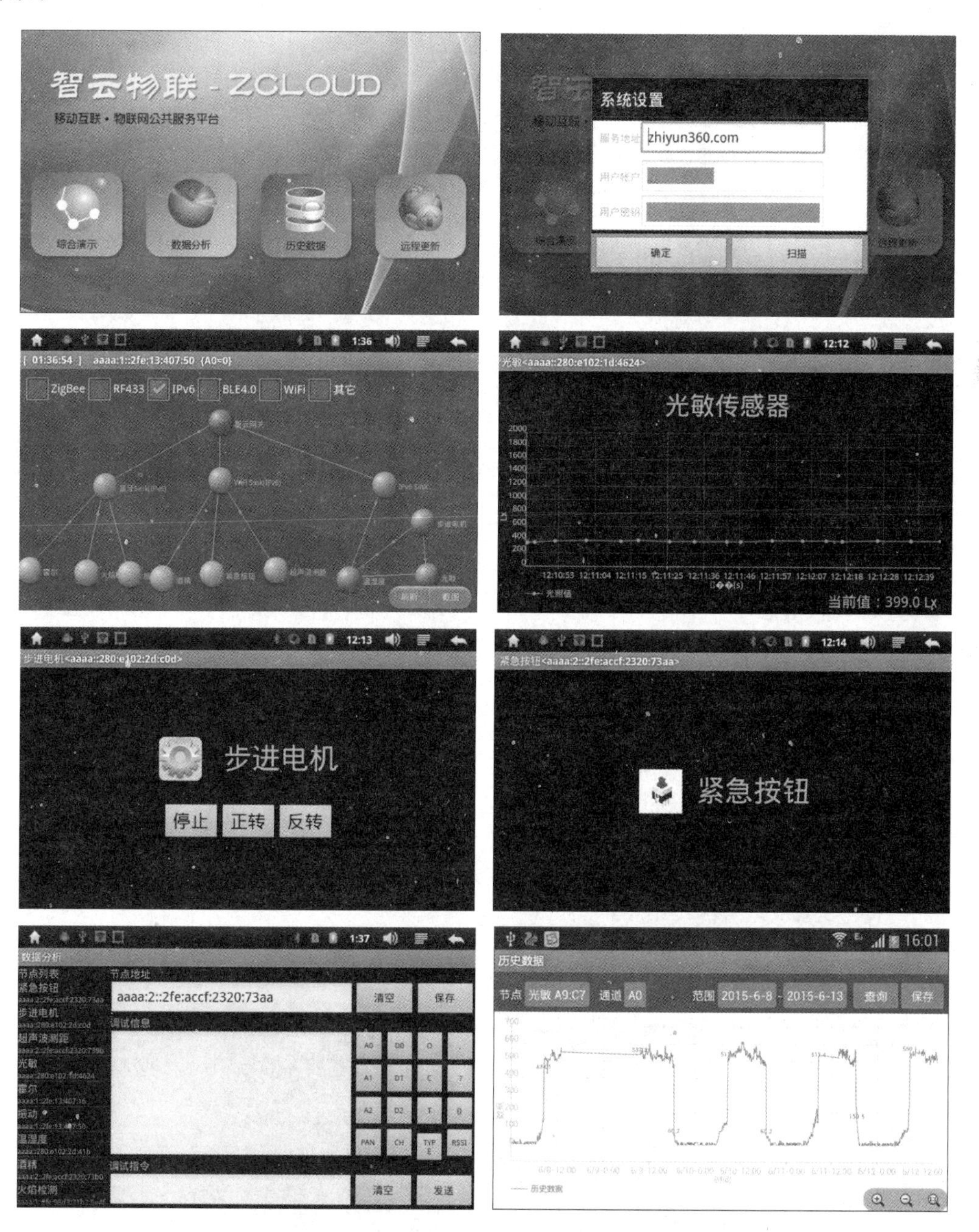

图 8.11 ZCloudTools 功能展示

8.2.4.4 在线体验 DEMO

智云物联开发平台提供了针对 Android 的应用组态 DEMO 程序，支持设备的动态添加、删除和管理。通过项目信息的导入，能够自动为设备生成特有属性功能：传感器进行历史数据曲线展示及实时数据的自动更新展示，执行器通过动作按钮进行远程控制且可对执行动作进行消息跟踪，摄像头可以通过动作按钮控制云台转动。无须编程即可完成不同应用项目的构建，如智能家居管理平台、智能农业管理平台、智能家庭用电管理平台、工业自动化专家系统等。

安装 ZCloudDemo 应用程序并对硬件设备进行演示及调试，相关参考截图如下。

1. 导入配置文件

运行 ZCloudDemo 程序，按下 MENU 按键，在弹出的菜单项中选择导入 ZCloudDemoV2. xml 文件，如图 8.12 所示。

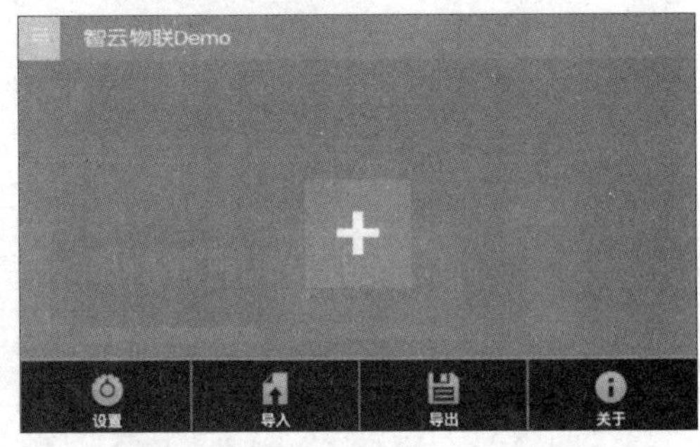

图 8.12　ZCloudDemo 配置文件导入

2. 查看设备信息

文件导入成功后将自动生成所有设备列表模块，单击设备图标即可展示该设备的信息，部分截图如图 8.13 所示。

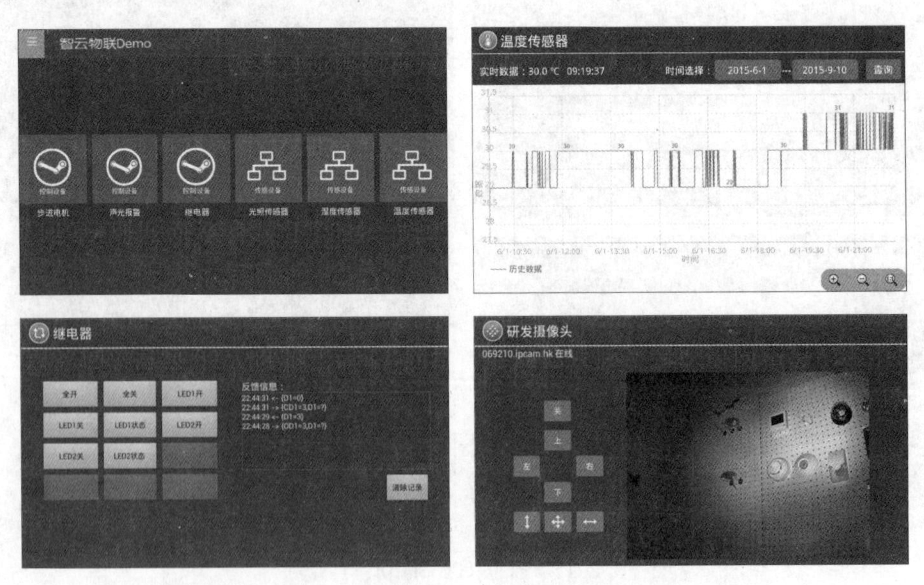

图 8.13　ZCloudDemo 设备信息查看

3. 添加/删除设备

单击＋图标可添加新的设备，长按设备图标弹出对话框提示是否编辑/删除设备，如图 8.14 所示。

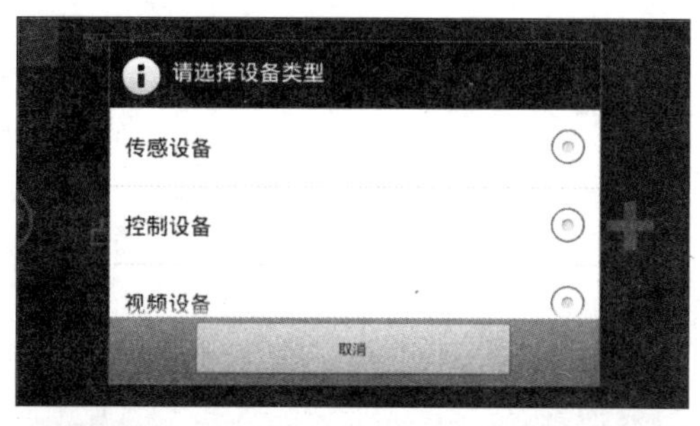

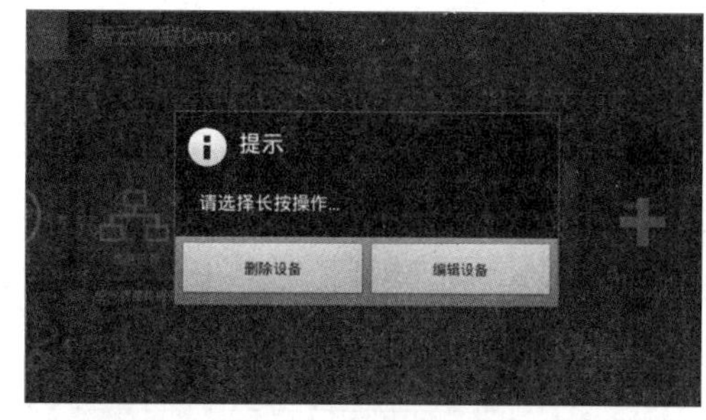

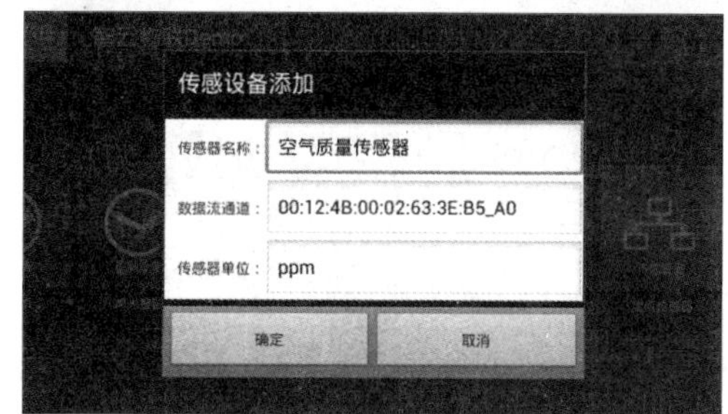

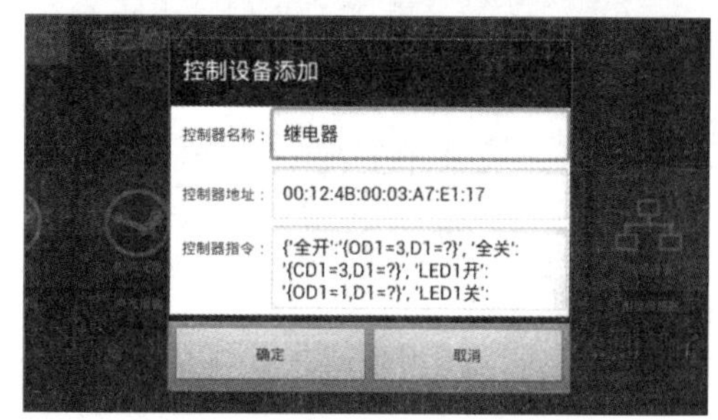

图 8.14 ZCloudDemo 设备添加/删除

8.2.4.5 智云网站及 APP

智云平台为开发者提供一个应用项目分享的应用网站 http://www.zhiyun360.com，通过注册开发者可以轻松发布自己的应用项目。

开发者的应用项目可以展示节点采集的实时在线数据、查询历史数据，并且以曲线的方式进行展示；对执行设备，开发者可以编辑控制命令，对设备进行远程控制；同时可以在线查阅视频图像，并且支持远程控制摄像头云台的转动，支持设置自动控制逻辑进行摄像头图片的抓拍并曲线展示。

参考的在线网站为 http://www.zhiyun360.com/Home/Sensor? ID=15。智云网站展示如图 8.15 所示。

同时与智云物联应用网站配套 Android 端的 ZCloudApp 应用界面，如图 8.16 所示。

8.2.5 开发步骤

1. 准备硬件环境

(1) 准备一套 s210 系列开发平台，将边界路由节点插入到对应的主板插槽，准备无线节点板，将无线节点板和对应的传感器接到节点扩展板上，示意图见第 1.2 节硬件框图。

(2) 通过 J-Flash ARM 将镜像(文件目录：资源开发包 Resource\02-镜像\节点\IPv6\sensor_802.15.4，蓝牙模组的节点在 sensor_bt 中，WiFi 模组的节点在 sensor_wifi 中)固化到 IPv6 节点中，如温湿度、继电器等节点，节点烧写步骤可参考前面章节。

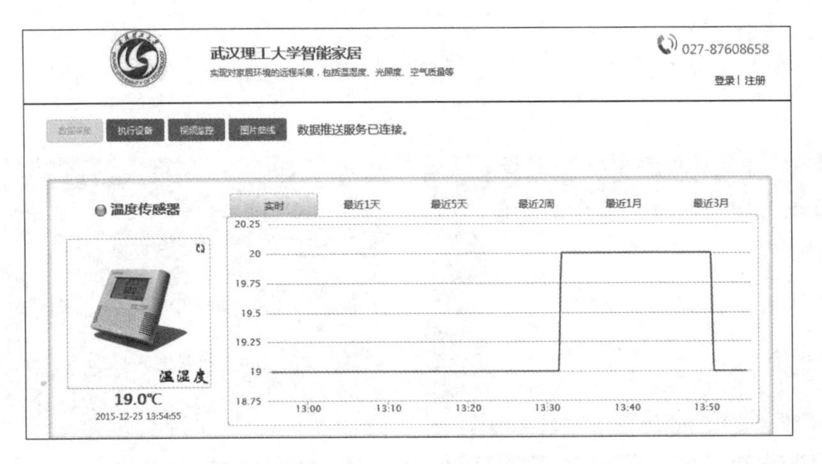

图 8.15　智云网站展示

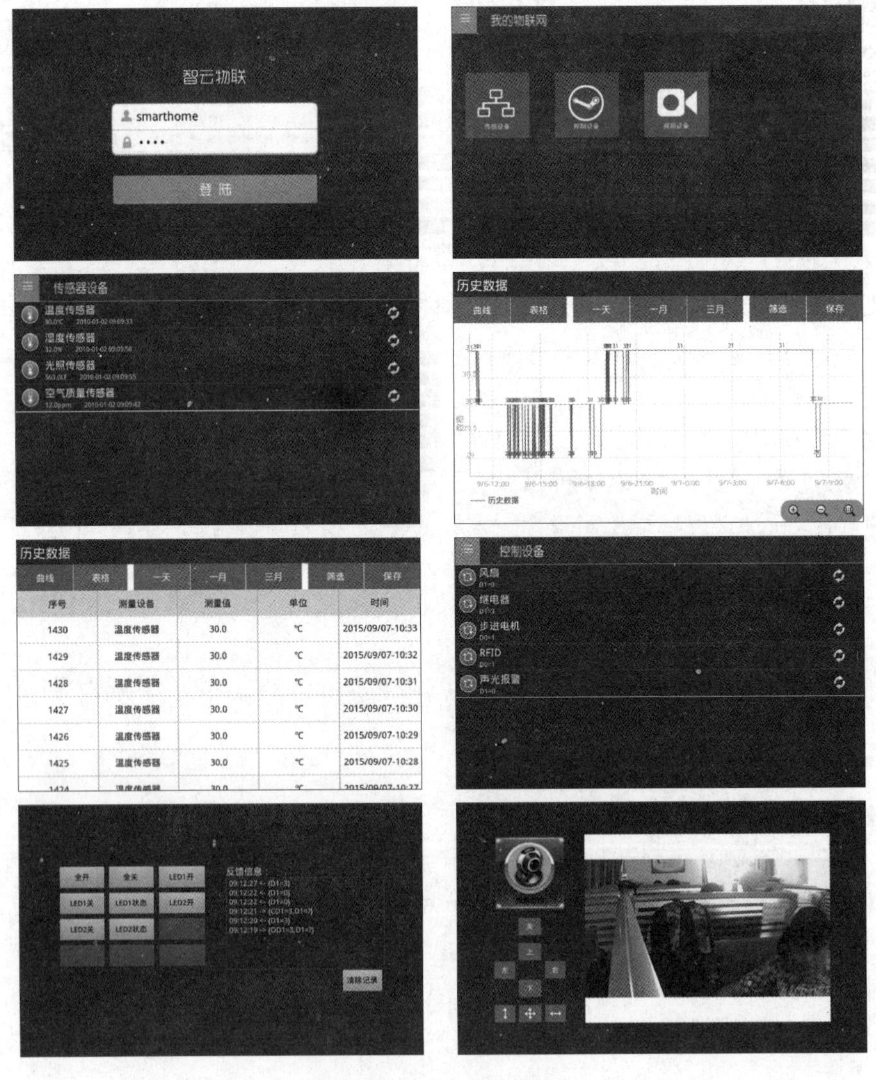

图 8.16　ZCloudApp 展示

注意：为了避免多台开发平台之间的干扰，请读者打开源代码修改 PANID，重新编译生成 hex 文件之后再进行固化。

(3) 将边界路由和无线节点的电源开关设置为 OFF 状态。

(4) 给 s210 系列开发平台接上电源适配器(12V/2A)，长按 Power 键开机进入到 Android 系统。

(5) 根据需要，选用 WiFi、以太网接口、3G 将开发平台连接互联网。

注意：若需要将传感器数据上传到智云数据中心，或者客户端程序远程操作则必须将开发平台连入互联网。

(6) 先拨动边界路由节点的电源开关为 ON 状态，参考 6.3 节内容来判断是否组网成功。

(7) 当边界路由建立好网络后，拨动 5 个无线节点的电源开关为 ON 状态，此时每个无线节点的屏幕的 RANK 值显示出来，边界路由节点的 RANK 值为 0.0。

(8) 当有数据包进行收发时，边界路由节点和无线节点的 D5 LED 灯会闪烁。

2. 配置网关服务

按 8.2.3.2 节内容配置网关服务。

3. ZCoudTools 功能演示

运行 ZCloudTools 开发者控制程序，ZCloudTools 开发者程序运行后就会进入如图 8.17 所示的页面。

图 8.17 ZCloudTools 程序入口界面

1) 服务器地址和网关的设置

进入 ZCoudTools 主界面后，按下 MENU 按键，单击“配置网关”菜单，在弹出的界面输入服务地址：zhiyun360.com，输入用户账号和用户密钥(智云项目 ID/KEY)，单击“确定”按钮保存，如图 8.18 所示。

2) 综合演示

单击“综合演示”图标，进入节点拓扑图综合演示界面，等待一段时间后，就会形成所有传感节点的拓扑图结构，包括智云网关(红色)、路由节点(橘黄色)和终端节点(浅蓝色或紫色)，如图 8.19 所示。

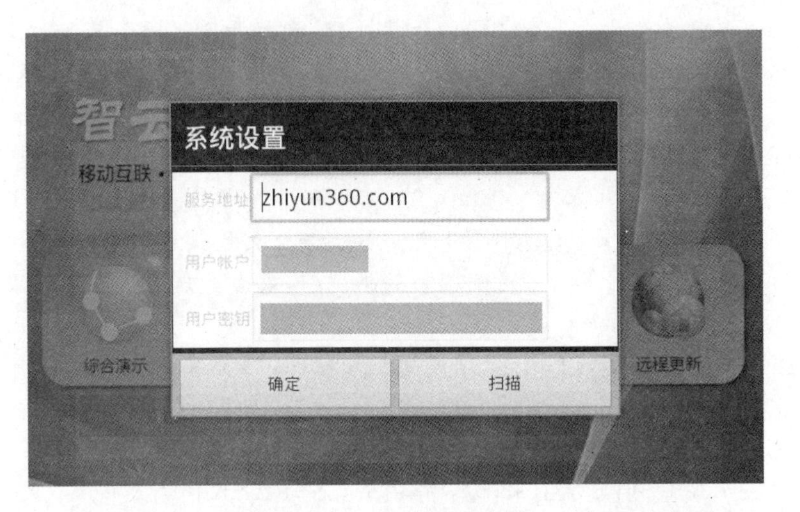

图 8.18　设置服务器地址

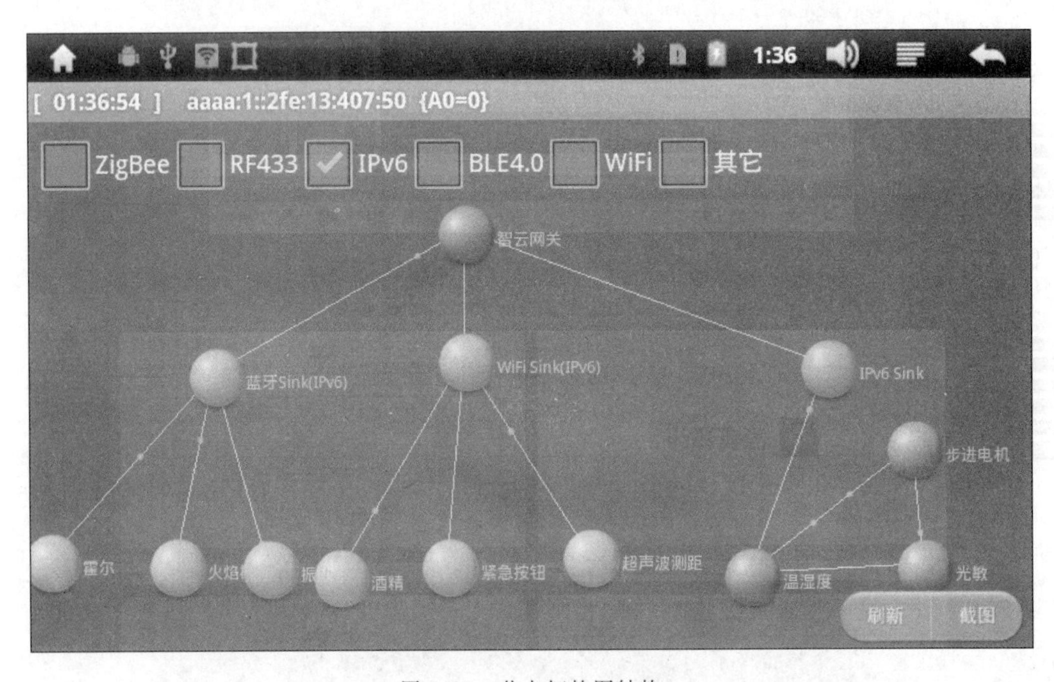

图 8.19　节点拓扑图结构

单击节点的图标就可以进入相应的节点控制页面，如图 8.20 所示。它是部分传感器的操作页面。采集类传感器以曲线形式显示采集到的值，安防类传感器检测到变化后会做出警报声并提示相关消息，控制类传感器可以直接控制相关的操作。

3）数据分析

单击“数据分析”图标，进入数据分析界面(在此以温湿度节点为例介绍调试过程)。

单击节点列表中的“温湿度”节点，进入温湿度节点调试界面。输入调试指令“{A0=?，A1=?}”并发送，查询当前温湿度值，如图 8.21 所示。

输入调试指令“{V0=3}”并发送，修改主动上报时间间隔为 3s，如图 8.22 所示。

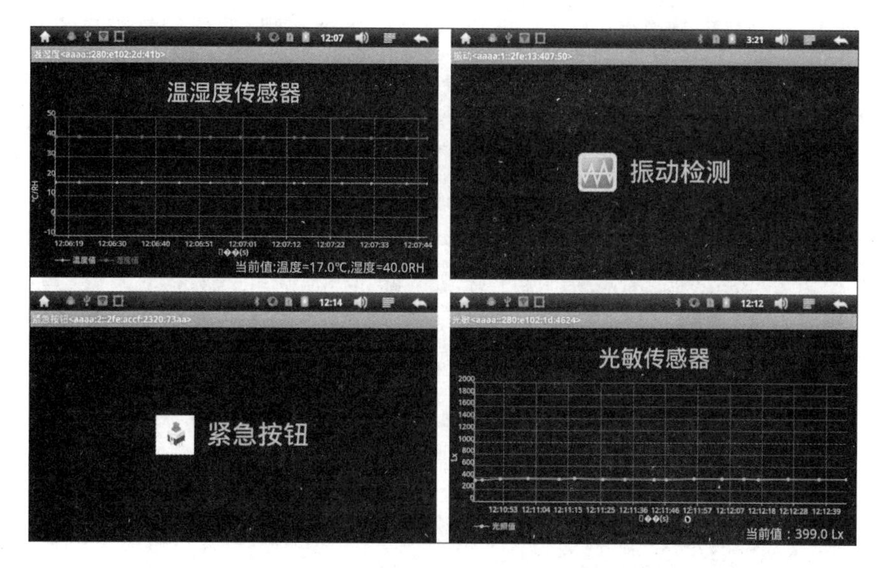

图 8.20　分传感器节点控制显示页面

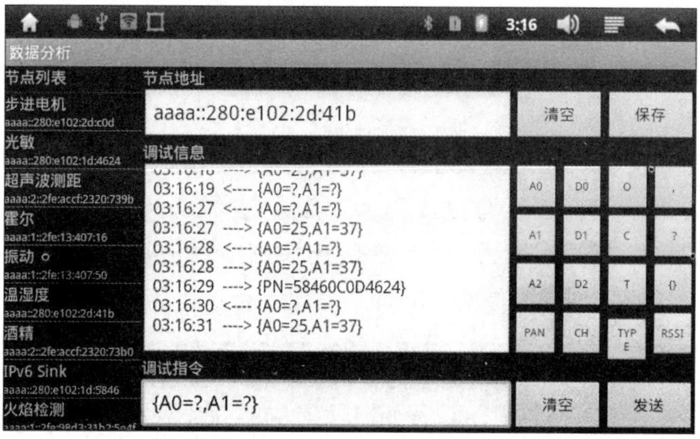

图 8.21　查询温湿度值

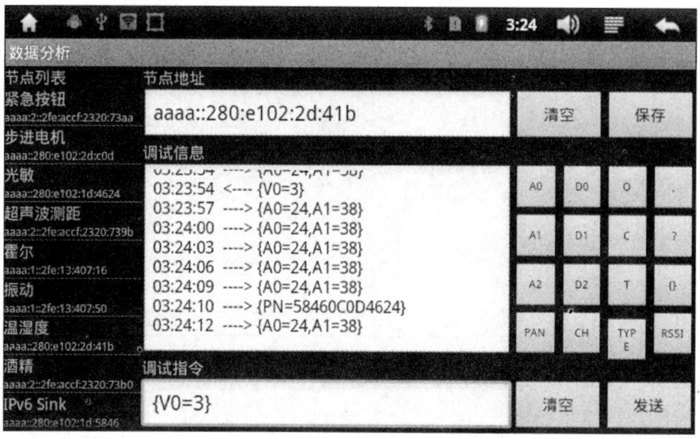

图 8.22　修改上报时间间隔

输入调试指令“{CD0=1}”，发送指令后，禁止温度值上报，调试信息窗口只显示当前湿度值，如图 8.23 所示。

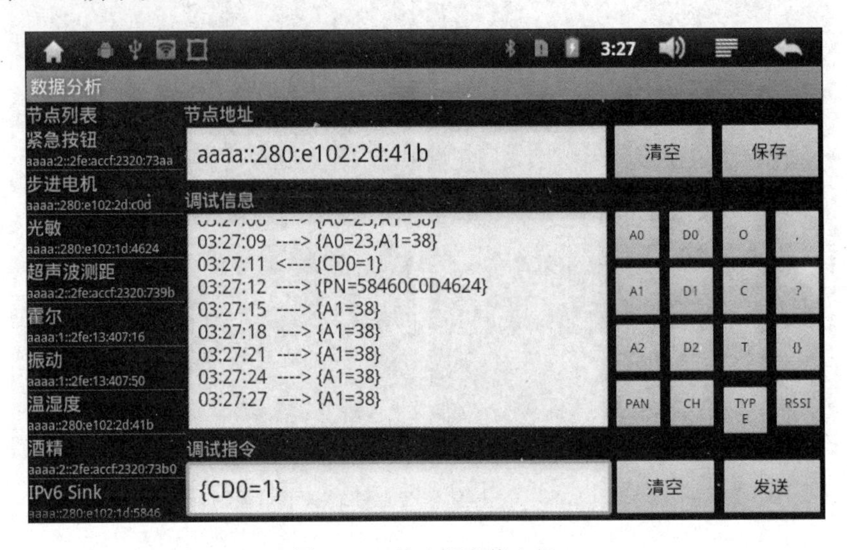

图 8.23　禁止温度值上报

说明：调试指令的具体含义在 8.3 节将有详细说明，此处只需了解开发步骤即可。

4）历史数据

历史数据模块实现了获取指定设备节点某时间段的历史数据。单击“历史数据”图标进入历史数据查询功能模块，选择温湿度节点，通道选择 A0，时间范围选在“2015-1-1”至“2015-2-1”时间段，单击“查询”按钮，历史数据查询成功后会以曲线的形式显示在页面中，如图 8.24 所示。

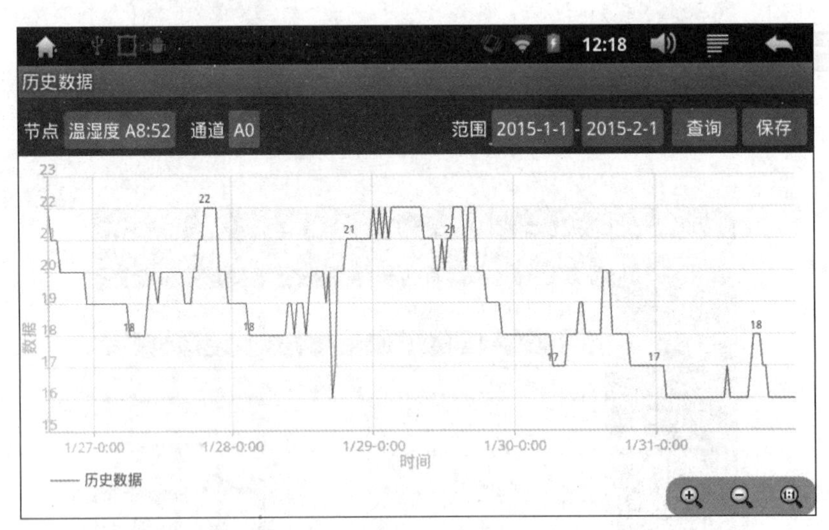

图 8.24　历史数据查询显示页面

注意：只有当开发平台连入互联网，并且在智云数据中心中存储有该传感器采集到的值时，才能够查询到历史数据。在查询时尽量选择合理的时间进行查询。

8.2.6 总结与扩展

搭建自己的智云硬件环境，并安装应用进行演示，掌握智云平台的使用。

8.3 任务62 物联网通信协议

8.3.1 学习目标

- 熟悉 ZXBee 智云通信协议；
- 掌握 ZXBee 协议格式定义；
- 掌握各种传感器的协议。

8.3.2 开发环境

- 硬件：温度传感器，步进电机传感器，智云网关（默认为 s210 系列开发平台），STM32F103 无线节点板（可选择 STM32W108 节点、WiFi(IPv6)节点、蓝牙(IPv6)节点），J-Link 仿真器，调试转接板；
- 软件：Windows XP/7/8，ARM 嵌入式开发平台 IAR。

8.3.3 原理学习

8.3.3.1 智云通信协议说明

智云物联云服务平台支持物联网无线传感网数据的接入，并定义了物联网数据通信的规范——ZXBee 数据通信协议。

ZXBee 数据通信协议对物联网整个项目从底层到上层的数据段做出了定义，该协议有以下特点：

(1) 数据格式的语法简单，语义清晰，参数少而精；

(2) 参数命名合乎逻辑，见名知义，变量和命令的分工明确；

(3) 参数读写权限分配合理，可以有效抵抗不合理的操作，能够在最大程度上确保数据安全；

(4) 变量能对值进行查询，可以方便应用程序调试；

(5) 命令是对位进行操作，能够避免内存资源浪费。

总之，ZXBee 数据通信协议在物联网无线传感网中值得应用和推广，开发者也容易在其基础上根据需求进行定制、扩展和创新。

8.3.3.2 智云通信协议详解

1. 通信协议数据格式

通信协议数据格式：{[参数]=[值],{[参数]=[值],…}。

(1) 每条数据以“{}”作为起始字符；

(2) “{}”内参数多个条目以“,”分隔；

(3) 示例：{CD0=1,D0=?}

注意：通信协议数据格式中的字符均为英文半角符号。

2. 通信协议参数说明

通信协议参数说明如下：

(1) 参数名称定义为：

① 变量：A0～A7、D0、D1、V0～V3。

② 命令：CD0、OD0、CD1、OD1。

③ 特殊参数：ECHO、TYPE、PN、PANID、CHANNEL。

(2) 变量可以对值进行查询，示例：{A0=?}。

(3) 变量 A0～A7 在物联网云数据中心可以存储保存为历史数据。

(4) 命令是对位进行操作。

具体参数解释如下：

(1) A0～A7：用于传递传感器数值或者携带的信息量，权限为只能通过赋值"?"来进行查询当前变量的数值，支持上传到物联网云数据中心存储。示例如下：

① 温湿度传感器采用 A0 表示温度值，A1 表示湿度值，数值类型为浮点型 0.1 精度。

② 火焰报警传感器采用 A0 表示警报状态，数值类型为整型，固定为 0(未检测到火焰)或者 1(检测到火焰)。

③ 高频 RFID 模块采用 A0 表示卡片 ID 号，数值类型为字符串。

(2) D0：D0 的 Bit0～Bit7 分别对应 A0～A7 的状态(是否主动上传状态)，权限为只能通过赋值"?"来进行查询当前变量的数值，0 表示禁止上传，1 表示允许主动上传。示例如下：

① 温湿度传感器 A0 表示温度值，A1 表示湿度值，D0=0 表示不上传温度和湿度信息，D0=1 表示主动上传温度值，D0=2 表示主动上传湿度值，D0=3 表示主动上传温度和湿度值。

② 火焰报警传感器采用 A0 表示警报状态，D0=0 表示不检测火焰，D0=1 表示实时检测火焰。

③ 高频 RFID 模块采用 A0 表示卡片 ID 号，D0=0 表示不上报卡号，D0=1 表示运行刷卡响应上报 ID 卡号。

(3) CD0/OD0：对 D0 的位进行操作，CD0 表示位清零操作，OD0 表示位置一操作。示例如下：

① 温湿度传感器 A0 表示温度值，A1 表示湿度值，CD0=1 表示关闭 A0 温度值的主动上报。

② 火焰报警传感器采用 A0 表示警报状态，OD0=1 表示开启火焰报警监测，当有火焰报警时，会主动上报 A0 的数值。

(4) D1：D1 表示控制编码，权限为只能通过赋值"?"来进行查询当前变量的数值，开发者根据传感器属性来自定义功能。示例如下：

① 温湿度传感器：D1 的 Bit0 表示电源开关状态。例如：D1=0 表示电源处于关闭状态，D1=1 表示电源处于打开状态。

② 继电器：D1 的 Bit 表示各路继电器状态。例如：D1=0 关闭两路继电器 S1 和 S2，D1=1 开启继电器 S1，D1=2 开启继电器 S2，D1=3 开启两路继电器 S1 和 S2。

③ 风扇：D1 的 Bit0 表示电源开关状态，Bit1 表示正转反转。例如：D1=0 或者 D1=2

风扇停止转动(电源断开),D1=1 风扇处于正转状态,D1=3 风扇处于反转状态。

④ 红外电器遥控：D1 的 Bit0 表示电源开关状态,Bit1 表示工作模式/学习模式。例如：D1=0 或者 D1=2 表示电源处于关闭状态,D1=1 表示电源处于开启状态且为工作模式,D1=3 表示电源处于开启状态且为学习模式。

(5) CD1/OD1：对 D1 的位进行操作,CD1 表示位清零操作,OD1 表示位置 1 操作。

(6) V0~V3：用于表示传感器的参数,开发者根据传感器属性自定义功能,权限为可读写。示例如下：

① 温湿度传感器：V0 表示自动上传数据的时间间隔。

② 风扇：V0 表示风扇转速。

③ 红外电器遥控：V0 表示红外学习的键值。

④ 语音合成：V0 表示需要合成的语音字符。

(7) 特殊参数：ECHO、TYPE、PN、PANID、CHANNEL。

ECHO：用于检测节点在线的指令,将发送的值进行回显。如发送{ECHO=test},若节点在线则回复数据：{ECHO=test}。

TYPE：表示节点类型,该信息包含了节点类别、节点类型、节点名称,权限为只能通过赋值"?"来进行查询当前值。TYPE 的值由 5 个 ASCII 字节表示,例如：1 1 001,第一字节表示节点类别(1：ZigBee,2：RF433,3：WiFi,4：BLE,5：IPv6,9：其他);第二字节表示节点类型(0：汇集节点,1：路由/中继节点,2：终端节点);第 3~5 字节合起来表示节点名称(编码开发者自定义)。ZXBee 系列节点类型定义如表 8.1 所示。

表 8.1 ZXBee 系列节点类型定义

节点编码	节点名称	节点编码	节点名称
000	协调器	020	直流电机传感器
001	光敏传感器	021	紧急按钮传感器
002	温湿度传感器	022	数码管传感器
003	继电器传感器	023	低频 RFID 传感器
004	人体红外检测	024	防水温度传感器
005	可燃气体检测	025	红外避障传感器
006	步进电机传感器	026	干簧门磁传感器
007	风扇传感器	027	红外对射传感器
008	声光报警传感器	028	二氧化碳传感器
009	空气质量传感器	029	颜色识别传感器
010	振动传感器	030	九轴自由度传感器
011	高频 RFID 传感器	031	一氧化碳传感器
012	三轴加速度传感器	100	红外遥控传感器
013	噪声传感器	101	流量计数传感器
014	超声波测距传感器	102	粉尘传感器
015	酒精传感器	103	土壤湿度传感器
016	触摸感应传感器	104	火焰识别传感器
017	雨滴/凝露传感器	105	语音识别传感器
018	霍尔传感器	106	语音合成传感器
019	压力传感器	107	指纹识别传感器

PN(仅针对 ZigBee/802.15.4 IPv6 节点)：表示节点的上行节点地址信息和所有邻居节点地址信息，权限为只能通过赋值“?”来进行查询当前值。

PN 的值为上行节点地址和所有邻居节点地址的组合。其中每 4 个字节表示一个节点地址后 4 位，第 1 个 4 字节表示该节点上行节点后 4 位，第 2～n 个 4 字节表示其所有邻居节点地址后 4 位。

PANID：表示节点组网的标志 ID，权限为可读写，此处 PANID 的值为十进制，而底层代码定义的 PANID 的值为十六进制，需要自行转换。例如，8200(十进制)＝0x2008(十六进制)，通过{PANID＝8200}命令将节点的 PANID 修改为 0x2008。PANID 的取值范围为 1～16 383。

CHANNEL：表示节点组网的通信通道，权限为可读写，此处 CHANNEL 的取值范围为十进制数 11～26。例如：通过命令{CHANNEL＝11}将节点的 CHANNEL 修改为 11。

在实际应用中可能硬件接口会比较复杂，如一个无线节点携带多种不同类型传感器数据，下面以一个示例来进行解析。

例如，某个设备有一个燃气检测传感器、一个声光报警装置、一个排风扇，要求有如下功能：①设备可以开关电源；②可以实时上报燃气浓度值；③当燃气达到一定峰值，声光报警器会报警，同时排风扇会工作；④据燃气浓度的不同，报警声波频率和排风扇转速会不同。根据该需求，协议定义如表 8.2 所示。

表 8.2　复杂数据通信设备协议定义

传感器	属性	参数	权限	说　　明
复杂设备	燃气浓度值	A0	R	燃气浓度值，浮点型：0.1 精度
	上报状态	D0(OD0/CD0)	R(W)	D0 的 Bit0 表示燃气浓度上传状态，OD0/CD0 进行状态控制
	开关状态	D1(OD1/CD1)	R(W)	D1 的 Bit0 表示设备电源状态，Bit1 表示声光报警状态，Bit2 表示排风扇状态，OD0/CD0 进行状态控制
	上报间隔	V0	RW	修改主动上报的时间间隔
	声光报警声波频率	V1	RW	修改声光报警声波频率
	排风扇转速	V2	RW	修改排风扇转速

复杂的应用都是在简单的基础上进行一系列的组合和叠加，简单应用的不同组合和叠加可以变成复杂的应用。一个传感器可以作为一个简单的应用，不同传感器的配合使用可以实现复杂的应用功能。

8.3.3.3　节点协议定义

传感器的 ZXBee 通信协议参数定义及说明如表 8.3 所示。

表 8.3 传感器的 ZXBee 协议参数定义及说明

传感器	属性	参数	权限	说　明
温湿度	温度值	A0	R	温度值，浮点型：0.1 精度
	湿度值	A1	R	湿度值，浮点型：0.1 精度
	上报状态	D0(OD0/CD0)	R(W)	D0 的 Bit0 表示温度上传状态、Bit1 表示湿度上传状态
	上报间隔	V0	RW	修改主动上报的时间间隔
光敏/空气质量/超声波/大气压力/酒精/雨滴/防水温度/流量计数	数值	A0	R	数值，浮点型：0.1 精度
	上报状态	D0(OD0/CD0)	R(W)	D0 的 Bit0 表示上传状态
	上报间隔	V0	RW	修改主动上报的时间间隔
三轴加速度	X 值	A0	R	X 值，浮点型：0.1 精度
	Y 值	A1	R	Y 值，浮点型：0.1 精度
	Z 值	A2	R	Z 值，浮点型：0.1 精度
	上报状态	D0(OD0/CD0)	R(W)	D0 的 Bit0 表示 X 值上传状态、Bit1 表示 Y 值上传状态、Bit2 表示 Z 值上传状态
	上报间隔	V0	RW	修改主动上报的时间间隔
可燃气体/火焰/霍尔/人体红外/噪声/振动/触摸/紧急按钮/红外避障/土壤湿度	数值	A0	R	数值，0 或者 1 变化
	上报状态	D0(OD0/CD0)	R(W)	D0 的 Bit0 表示上传状态
继电器	继电器开合	D1(OD1/CD1)	R(W)	D1 的 Bit 表示各路继电器开合状态，OD1 为开、CD1 为合
风扇	电源开关	D1(OD1/CD1)	R(W)	D1 的 Bit0 表示电源状态，Bit1 表示正转/反转
	转速	V0	RW	表示转速
声光报警	电源开关	D1(OD1/CD1)	R(W)	D1 的 Bit0 表示电源状态，OD1 为上电、CD1 为关电
	频率	V0	RW	表示发声频率
步进电机	转动状态	D1(OD1/CD1)	R(W)	D1 的 Bit0 表示转动状态，Bit1 表示正转/反转 X0：不转，01：正转，11：反转
	角度	V0	RW	表示转动角度，0 表示一直转动
直流电机	转动状态	D1(OD1/CD1)	R(W)	D1 的 Bit0 表示转动状态，Bit1 表示正转/反转 X0：不转，01：正转，11：反转
	转速	V0	RW	表示转速
红外电器遥控	状态开关	D1(OD1/CD1)	R(W)	D1 的 Bit0 表示工作模式/学习模式，OD1=1 为学习模式、CD1=1 为工作模式
	键值	V0	RW	表示红外键值

续表

传感器	属性	参数	权限	说　明
高频 RFID/低频 RFID	ID 卡号	A0	R	ID 卡号,字符串
	上报状态	D0(OD0/CD0)	R(W)	D0 的 Bit0 表示允许识别
语音识别	语音指令	A0	R	语音指令,字符串,不能主动去读取
	上报状态	D0(OD0/CD0)	R(W)	D0 的 Bit0 表示允许识别并发送读取的语音指令
数码管	显示开关	D1(OD1/CD1)	R(W)	D1 的 Bit0 表示是否显示码值
	码值	V0	RW	表示数码管码值
语音合成	合成开关	D1(OD1/CD1)	R(W)	D1 的 Bit0 表示是否合成语音
	合成字符	V0	RW	表示需要合成的语音字符
指纹识别	指纹指令	A0	R	指纹指令,数值表示指纹编号,0 表示识别失败
	上报状态	D0(OD0/CD0)	R(W)	D0 的 Bit0 表示允许识别

8.3.4 开发内容

ZCloudTools 软件提供了通信协议测试工具,进入程序的"数据分析"功能模块就可以测试 ZXBee 协议。"数据分析"模块实现了获取指定设备节点上传的数据信息,并通过发送指令实现对节点状态的获取以及控制执行。进入"数据分析"模块,左侧列表会依次列出网关下的组网成功的节点设备,如图 8.25 所示。

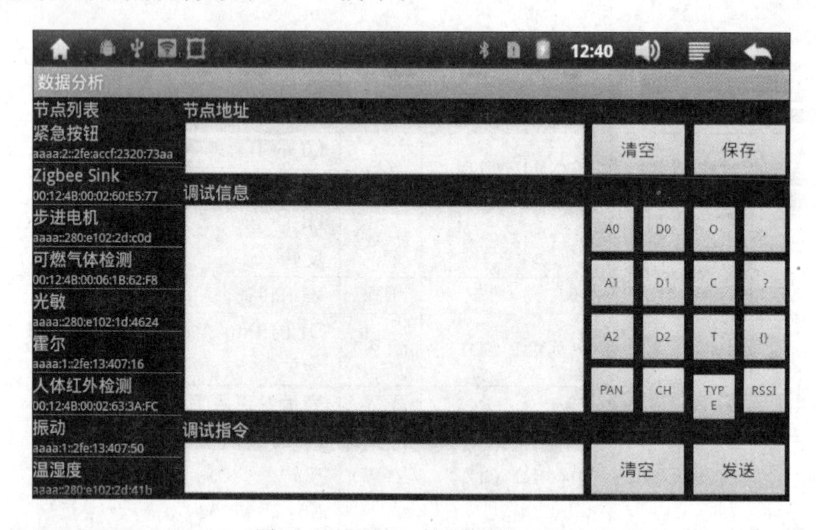

图 8.25　ZXBee 协议测试工具

单击节点列表中的某个节点,例如步进电机,ZCloudTools 自动将该节点的 MAC 地址填充到节点地址文本框中,并获取该节点所上传的数据信息显示在调试信息文本框中,如图 8.26 所示。

也可通过输入命查询步进电机的状态、控制步进电机转动等。例如:{D1=?}查询步进电机状态,输入调试指令"{OD1=3,D1=?}"或"{CD1=2,OD1=1,D1=?}"或"{CD1=1,D1=?}"并发送,修改步进电机状态值,并查询当前步进电机状态值,执行结束后,可看到步

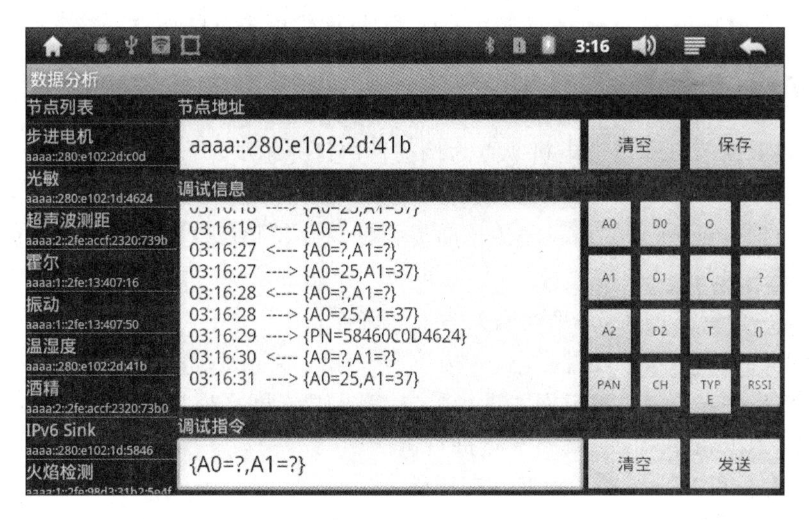

图 8.26　测试举例

进电机正转或反转或停执行结果如 8.27 所示。

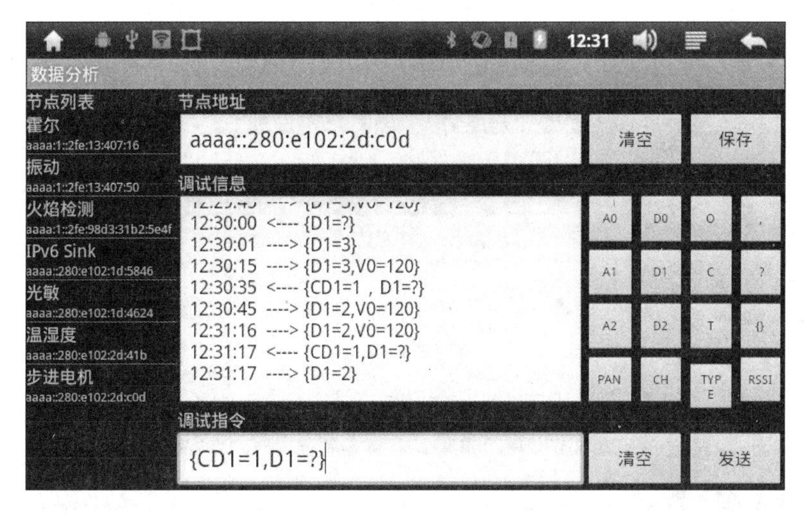

图 8.27　测试

本任务将以温湿度传感器和步进电机传感器为例学习 ZXBee 通信协议，根据 8.3.3.3 节内容，节点温湿度传感器和步进电机传感器参数定义及说明如表 8.4 所示。

表 8.4　温湿度传感器和步进电机传感器参数定义及说明

传感器	属性	参数	权限	说　　明
温湿度	温度值	A0	R	温度值，浮点型：0.1 精度
	湿度值	A1	R	湿度值，浮点型：0.1 精度
	上报状态	D0(OD0/CD0)	R(W)	D0 的 Bit0 表示温度上传状态、Bit1 表示湿度上传状态
	上报间隔	V0	RW	修改主动上报的时间间隔
步进电机	步进电机转停	D1(OD1/CD1)	R(W)	D1 的 Bit 表示各路步进电机转停状态，OD1 为开、CD1 为合

8.7节将介绍基于Web的调试工具的使用,将提供更丰富的调试功能。

8.3.5 开发步骤

此处以温湿度节点和步进电机节点为例进行协议介绍。

(1) 参考前面章节步骤将温湿度节点、步进电机节点、边界路由节点(智云网关板载)的镜像文件固化到节点中(当多台设备使用时需要针对源代码修改网络信息并重新编译镜像,具体参考附录A.4);

(2) 准备一台智云网关,并确保网关为最新镜像;

(3) 参考8.2节步骤给硬件上电,并构建形成无线传感网络;

(4) 参考8.2节步骤对智云网关进行配置,确保智云网络连接成功;

(5) 运行ZCloudTools工具对节点进行调试。

单击"数据分析"图标,进入数据分析界面。

单击节点列表中的"温湿度"节点,进入温湿度节点调试界面。输入调试指令"{A0=?,A1=?}"并发送,查询当前温湿度值,节点信息显示在"节点地址"文本框中,并获取该节点所上传的数据,信息显示在"调试信息"文本框中,如图8.28所示。

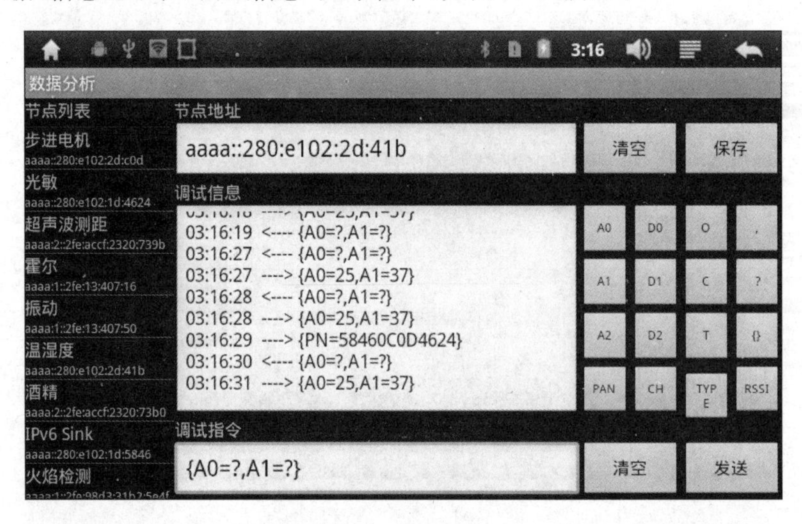

图8.28 查询温湿度值

输入调试指令"{V0=3}"并发送,修改主动上报时间间隔为3s,节点信息显示在"节点地址"文本框中,并获取该节点所上传的数据,信息显示在"调试信息"文本框中,如图8.29所示。

输入调试指令"{CD0=1}",发送指令后,禁止温度值上报,调试信息窗口只显示当前湿度值,节点信息显示在"地址"文本框中,并获取该节点所上传的数据,信息显示在"调试信息"文本框中,如图8.30所示。

单击"步进电机"节点图标,进入步进电机节点控制界面。单击"开关"按钮,控制步进电机转动,如图8.31所示。

返回主界面,单击"数据分析"图标,进入数据分析界面。单击节点列表中的"步进电机"节点,进入步进电机节点调试界面。输入调试指令"{D1=?}"并发送,查询当前步进电机状态值,如图8.32所示。

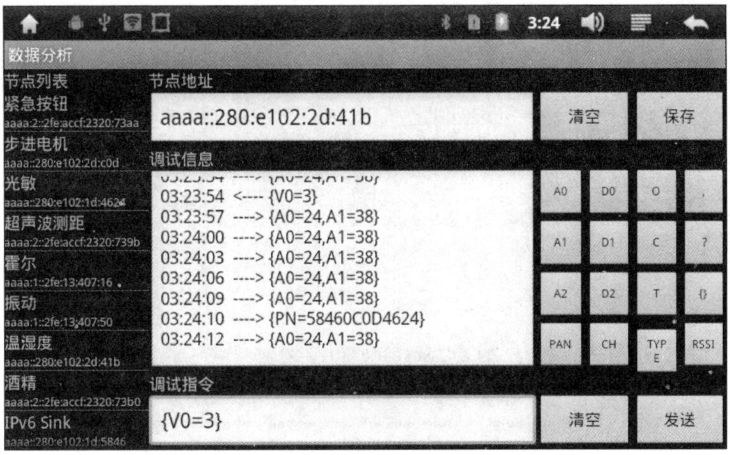

3:24
数据分析
节点列表
紧急按钮
aaaa:2::2fe:accf:2320:73aa
步进电机
aaaa::280:e102:2d:c0d
光敏
aaaa::280:e102:1d:4624
超声波测距
aaaa:2::2fe:accf:2320:739b
霍尔
aaaa:1::2fe:13:407:16
振动
aaaa:1::2fe:13:407:50
温湿度
aaaa::280:e102:2d:41b
酒精
aaaa:2::2fe:accf:2320:73b0
IPv6 Sink
aaaa::280:e102:1d:5846
节点地址
aaaa::280:e102:2d:41b
清空 保存
调试信息
03:23:54 <---- {V0=3}
03:23:57 ----> {A0=24,A1=38}
03:24:00 ----> {A0=24,A1=38}
03:24:03 ----> {A0=24,A1=38}
03:24:06 ----> {A0=24,A1=38}
03:24:09 ----> {A0=24,A1=38}
03:24:10 ----> {PN=58460C0D4624}
03:24:12 ----> {A0=24,A1=38}
A0 D0 O .
A1 D1 C ?
A2 D2 T {}
PAN CH TYPE RSSI
调试指令
{V0=3}
清空 发送

图 8.29　修改上报时间间隔

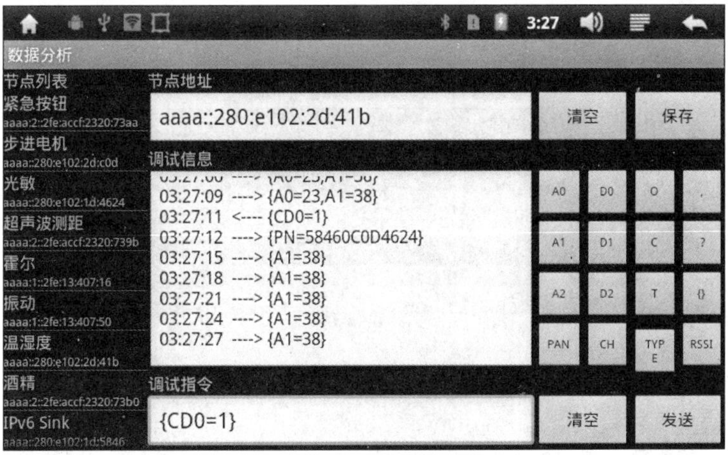

3:27
数据分析
节点列表
紧急按钮
aaaa:2::2fe:accf:2320:73aa
步进电机
aaaa::280:e102:2d:c0d
光敏
aaaa::280:e102:1d:4624
超声波测距
aaaa:2::2fe:accf:2320:739b
霍尔
aaaa:1::2fe:13:407:16
振动
aaaa:1::2fe:13:407:50
温湿度
aaaa::280:e102:2d:41b
酒精
aaaa:2::2fe:accf:2320:73b0
IPv6 Sink
aaaa::280:e102:1d:5846
节点地址
aaaa::280:e102:2d:41b
清空 保存
调试信息
03:27:09 ----> {A0=23,A1=38}
03:27:11 <---- {CD0=1}
03:27:12 ----> {PN=58460C0D4624}
03:27:15 ----> {A1=38}
03:27:18 ----> {A1=38}
03:27:21 ----> {A1=38}
03:27:24 ----> {A1=38}
03:27:27 ----> {A1=38}
A0 D0 O .
A1 D1 C ?
A2 D2 T {}
PAN CH TYPE RSSI
调试指令
{CD0=1}
清空 发送

图 8.30　禁止温度值上报

图 8.31　步进电机节点控制

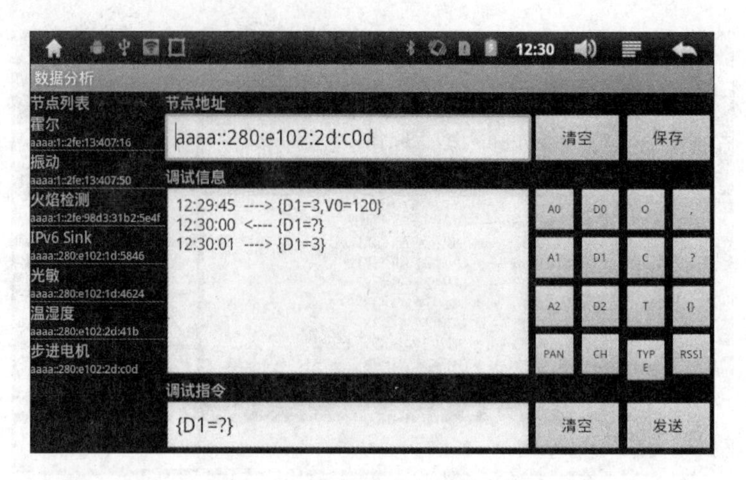

图 8.32　查询步进电机状态值

输入调试指令"{OD1=3,D1=?}"或"{CD1=2,OD1=1,D1=?}"或"{CD1=1,D1=?}"并发送，修改步进电机状态值，并查询当前步进电机状态值，执行结束后，可看到步进电机正转或反转或停执行结果，如图 8.33 所示。

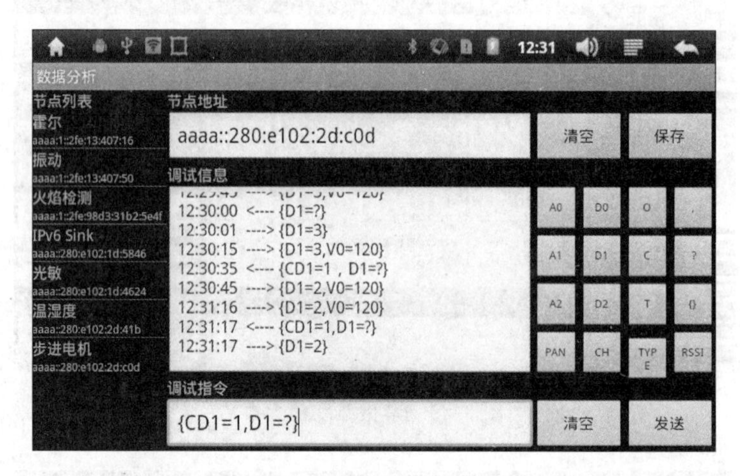

图 8.33　修改步进电机状态值

8.3.6　总结与扩展

从传感器列表选择若干传感器/执行器，构建一套智能家居系统，并设计协议表格。

8.4　任务 63　IPv6 的节点硬件驱动开发

8.4.1　学习目标

- 掌握智云硬件驱动原理；
- 掌握 IPv6 节点的采集类传感器驱动开发、报警类传感器驱动开发和控制类传感器驱动开发。

8.4.2 开发环境

- 硬件：光敏传感器，人体红外传感器，步进电机传感器，智云网关(默认为 s210 系列开发平台)，STM32 微处理器，J-Link 仿真器，调试转接板；
- 软件：Windows XP/7/8，ARM 嵌入式开发平台 IAR。

8.4.3 原理学习

Contiki 操作系统集成了两种类型的无线传感器网络协议栈 uIP 和 Rime。其中 uIP 是一个小型的符合 RFC 规范的 TCP/IP 协议栈，使得 Contiki 可以直接和 Internet 通信。uIP 包含了 IPv4 和 IPv6 两种协议栈版本，支持 TCP、UDP、ICMP 等协议，但是编译时只能二选一，不可以同时使用。

程序运行后，进行了一系列必要的操作，包括系统时钟、LED、串口等的初始化；根据宏定义选项在 LCD 上显示 WiFi/蓝牙/IEEE 802.15.4 等相关信息；根据宏定义，选择相应的初始化函数来初始化 WiFi、蓝牙或是 IEEE 802.15.4 模块；进程初始化、事件定时器开启、etimer 定时初始化；设置无线模块(WiFi、蓝牙和 IEEE 802.15.4 模块)的 MAC 地址；初始化 SLIP 串行连接(蓝牙、WiFi 模块需要这个功能)；IPv6 数据队列缓冲区初始化，启动 TCP/IP 网络进程；串口打印无线模块的 IPv6 链接地址；启动 LCD 显示进程；启动 5 个自启进程；进入操作系统调度等。

启动 TCP/IP 网络进程后，就会初始化 RPL，加入无线网络。进入操作系统调度后，会周期性地产生一个事件，这个事件发生后，触发操作系统进入到特定的进程中，采集/上传传感器的数据。当上位机/边界路由节点发来指令后，程序会触发某个事件，然后进入这个事件处理进程，来处理收到的命令。具体的源代码将在下面分析，图 8.34 所示为程序流程图。

在 main 中，有如下几行源代码是一个 while(1)的无限循环，当操作系统代码执行到此处后，将一直执行循环内部分语句。无限循环内部是一个 do-while 的循环，执行语句为{ }为空，执行条件为 process_run() > 0。可见，在无限循环内，实际上在不停地执行 process_run 这个函数，然后判断其返回值是否大于 1。如果否，则执行“idle_count++；”，即系统空闲计数器自加；如果是，则执行{ }这一空语句；然后继续执行 process_run 进行下一轮的判断。Contiki 操作系统正是用此函数管理调度任务的。

```
while(1) {
  do {
  } while(process_run() > 0);
  idle_count++;
}
```

那么传感器驱动程序，是怎么被操作系统调用的呢？又是在什么时间调用的呢？在操作系统入口函数 main 函数进入无限循环之前，调用了一个名为 autostart_start 的函数，函数的参数为 autostart_processes。根据名称可以初步判断，此函数为自动启动函数，其参数则是要自动启动的进程。使用右键 Go to 功能查看其定义，源代码如下：

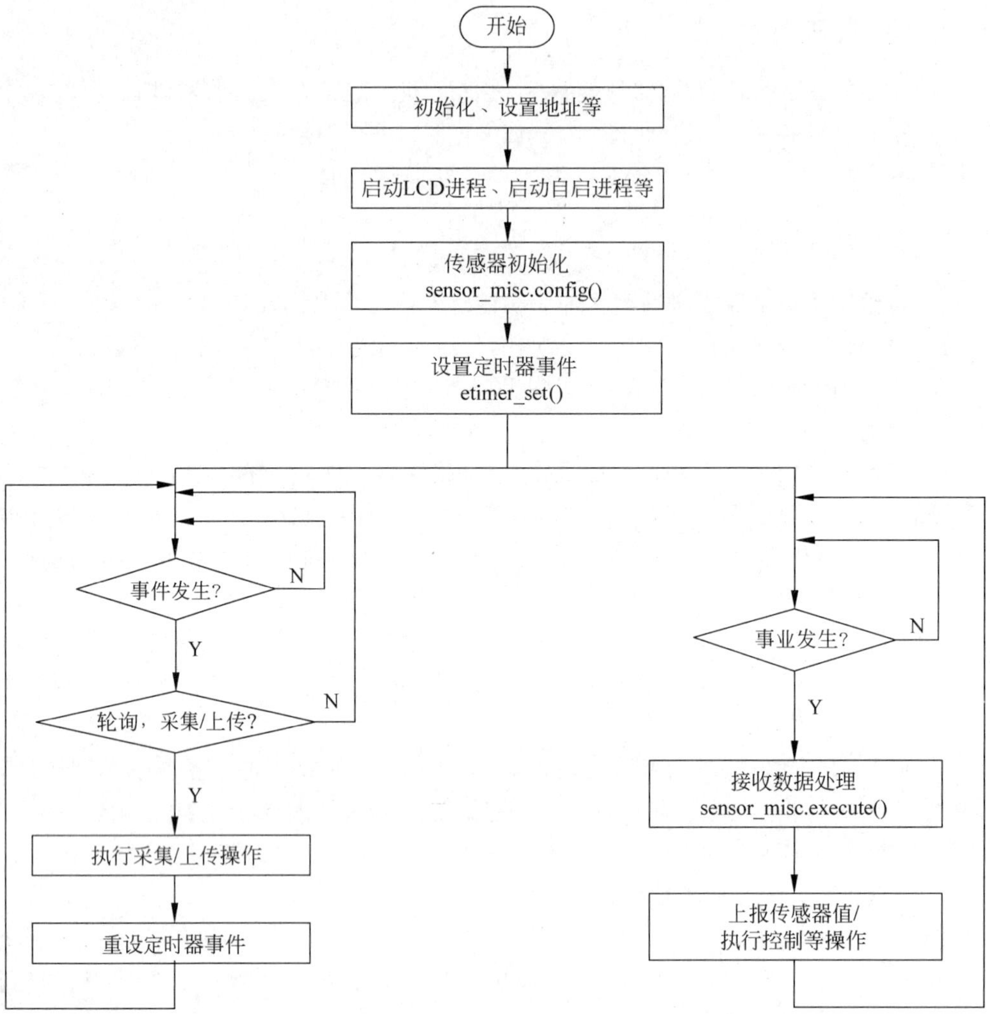

开始

初始化、设置地址等

启动LCD进程、启动自启进程等

传感器初始化
sensor_misc.config()

设置定时器事件
etimer_set()

事件发生?

N

Y

轮询，采集/上传?

N

Y

执行采集/上传操作

重设定时器事件

事业发生?

N

Y

接收数据处理
sensor_misc.execute()

上报传感器值/
执行控制等操作

图 8.34　无线节点流程图

```
void  autostart_start(struct process * const processes[]) {
int i;
for(i = 0; processes[i] != NULL; ++i) {
  process_start(processes[i], NULL);
  PRINTF("autostart_start: starting process '%s'\n", processes[i]->name);
}
}
```

上述代码的一个子函数 process_start 的作用是启动进程，因此 autostart_start 函数的功能是将其作为参数的结构体指针数组中的进程（元素）全部启动。那么此函数在 main 中到底自动启动了哪些进程？作为参数的 AUTOSTART_PROCESSES 是一个可变宏，它的具体内容是在工程中目录的 zonesion\proj\user\autostart_p.c 文件中，具体源代码如下：

```
AUTOSTART_PROCESSES(
                &helloworld,
                &rest_server_er_app,
#ifndef  WITH_RPL_BORDER_ROUTER
                &misc_app,
#endif
                &udp_client_process,
                &ZXBee_process
                );
```

现在可知，原来在操作系统进入轮询之前，autostart_start 函数启动了 helloworld、rest_server_er_app、misc_app、udp_client_process、ZXBee_process 这 5 个进程。其实这 5 个进程就是开发者自定义的进程，用来实现开发者所需要的功能。

使用右键 Go to definition 功能前往 AUTOSTART_PROCESSES 中的第 3 个进程 misc_app，这个进程就是处理传感器驱动的进程。源代码如下：

```
PROCESS_NAME(rest_server_er_app);
PROCESS(misc_app, "misc sensor app");
PROCESS_THREAD(misc_app, ev, data)
{
  static struct etimer timer;
  static unsigned int tick = 0;
  PROCESS_BEGIN();

  sensor_misc.config();                    //传感器初始化
#if !defined(WITH_RPL_BORDER_ROUTER)
  Display_GB_12(1, 80, CO_TEXT, "传感器  "SENSOR_NAME);
  Display_GB_12(1, 80 + 14, CO_TEXT, "当前值");
#endif

  etimer_set(&timer, CLOCK_CONF_SECOND);
  while(1) {
    PROCESS_WAIT_EVENT();
    if(ev == PROCESS_EVENT_TIMER) {
      #if !defined(WITH_RPL_BORDER_ROUTER)
        char buf[64];
        snprintf(buf, sizeof(buf), "%s", sensor_misc.getValue());
        /*将传感器采集到的数据更新*/
        Display_ASCII6X12_EX(55, 80 + 14, buf, 0);
      #endif
      sensor_misc.poll(tick++);           //轮询传感器任务(是采集数据还是上传数据)
      etimer_reset(&timer);
    }
  }
  PROCESS_END();
}
```

前 3 行是进程的特定格式，接下来是一个名为 PROCESS_BEGIN()的函数，从其名字不难看出这是进程开始的函数。所有的进程都必须执行这个函数来开始。接下来进行传感器的初始化，如上代码第一个汉字出现处。传感器初始化函数将在下面进行详细讲解。传感器初始化完成后，将会在 LCD 上显示相关内容。函数 etimer_set(&timer, CLOCK_CONF_SECOND)是设置事件定时器，接着进入函数 PROCESS_WAIT_EVENT()等待定时器事件发生，在等待的过程中，系统实际上是在执行其他的任务。当事件定时器时间到后，发生定时器事件，这时程序将从"PROCESS_WAIT_EVENT();"后面的 if 语句开始执行，至于程序是如何执行到此处的，那便是依赖于操作系统的调度了。

if 语句的执行条件是当前发生的事件是否为定时器事件，执行语句里面有汉字注释的函数，与传感器相关，在接下来的内容将会详细地讲解。在 if 的执行语句中，首先将传感器采集到的数据更新到数组中，然后在 LCD 中本地显示。接下来执行函数 sensor_misc. poll(tick++)，其参数为 tick，这个函数的作用的是轮询传感器任务，根据 tick 的值确定传感是否需要上传数据，是否需要采集数据等。最后为 etimer_reset(&timer)函数，其作用是设置定时器时间。设置完成后，程序又进入"PROCESS_WAIT_EVENT();"等待定时器事件发生，如此这般，周而复始。这样，在操作系统的调度下，传感器相关的程序就周期性地执行了。

从上面可注意到，misc_app 这一进程中调用了 3 个传相关的感器驱动函数，这 3 个函数分别是 sensor_misc. config，sensor_misc. getValue，sensor_misc. poll。这 3 个函数有一个特点，就是都是结构体 sensor_misc 中的函数。将光标移到 sensor_misc 上面使用右键 definition 功能，进入下面程序：

```
MISC_SENSOR(CONFIG_SENSOR, &HumiTemp_Config,
            &HumiTemp_GetTextValue, &HumiTemp_Poll, &HumiTemp_Execute);
```

MISC_SENSOR 是一个可变宏，和 sensor_misc 对应，它里面的 5 个成员都是函数的地址。sensor_misc. config()对应函数 HumiTemp_Config()，同样地，sensor_misc. getValue()这一函数对应的是 HumiTemp_GetTextValue()，sensor_misc. poll()与 HumiTemp_Poll()对应。这 3 个对应的函数是在 misc_sensor. c 中定义。

当无线节点收到上层应用发来的如{D0 =?}这样的指令，是如何处理的呢? AUTOSTART_PROCESSES 这个可变宏中 5 个成员里有一个叫做 &ZXBee_process 的成员，选中它使用右键 definition 功能，找到 ZXBee_process 进程，其源代码如下：

```
PROCESS_THREAD(ZXBee_process, ev, data){
  uip_ipaddr_t ipaddr;
   int dlen;
  PROCESS_BEGIN();
  printf("ZXBee UDP client process started\n");
 #ifdef WITH_RPL
  uip_ip6addr(&ipaddr,0xaaaa,0,0,0,0,0,0,1);
 #endif
 #ifdef WITH_BT_NET
  uip_ip6addr(&ipaddr,0xaaaa,1,0,0,0,0,0,1);
```

```
#endif
#ifdef WITH_WIFI_NET
  uip_ip6addr(&ipaddr,0xaaaa,2,0,0,0,0,0,1);
#endif

  l_conn = udp_new(&ipaddr, UIP_HTONS(7000), NULL);
  udp_bind(l_conn, UIP_HTONS(7001));
  ZXBee_report_event   = process_alloc_event();

  while(1) {
    PROCESS_YIELD();
    if(ev == tcpip_event){
      tcpip_handler();                              //TCP/IP 事件处理函数
    } else
    if (ev == ZXBee_report_event) {
      char * p = sensor_misc.getValue();            //更新传感器采集到的数据
      if (p != NULL) {
        dlen = strlen(p);
        uip_udp_packet_send(l_conn, p, dlen);       //上传到智云
      }
    }
   }
  PROCESS_END();
}
```

在 while(1)无限循环中，先看 else 后面的代码，当 ZXBee_report_event 事件被设置，程序将更新传感器采集到的数据，并上传到智云。那么 ZXBee_report_event 事件是在哪里设置的呢？

是在 sensor_misc.poll 这个轮询传感器任务的函数里面设置的！再看上面的 if 语句，当 TCP/IP 事件发生后，就执行 TCP/IP 事件处理函数。那么 TCP/IP 事件是什么时候发生的呢？原来，当无线节点收到智云发来的指令后，就会设置 TCP/IP 事件。TCP/IP 处理函数源代码如下，其在文件中分布于源代码的上部。

```
static voidtcpip_handler(void){
  char *appdata;
  int len;
  if(uip_newdata()) {
    appdata = (char *)uip_appdata;
    appdata[uip_datalen()] = 0;
    char * rdat = ZXBee_decode(appdata, uip_datalen(), sensor_misc.execute);
    /* 命令处理函数 */
    if (rdat != NULL) {
      len = strlen(rdat);
      uip_udp_packet_send(l_conn, rdat, len);                //将处理后的结果上传到智云
    }
  }
}
```

TCP/IP 事件处理函数的是这样工作的：当发生了 TCP/IP 事件，如果收到 TCP/IP 数据，就解析这些数据并把解析结果放到缓冲区，最后上传到智云。这里的解析函数便是 sensor_misc. execute()。

在开发过程中，开发者只需要填充(定义)以下几个函数即可很快速地开发 IPv6 协议下的传感器硬件驱动开发。表 8.6 所示为以温湿度传感器为例列出的各函数。

表 8.5　传感器 HAL 函数(温湿度)

函 数 名 称	函 数 说 明
HumiTemp_Config	传感器硬件初始化
HumiTemp_Poll	传感器数据定时采集/上报(轮询传感器任务)
HumiTemp_Execute	开发者命令处理函数
HumiTemp_GetTextValue	将传感器的值复制到发送缓冲区
MISC_SENSOR	对应可变宏

8.4.4　开发内容

节点按功能可划分为采集类节点、报警类节点和控制类节点。

采集类传感器主要包括光敏传感器、温湿度传感器、可燃气体传感器、空气质量传感器、酒精传感器、超声波测距传感器、三轴加速度传感器、压力传感器、雨滴/凝露传感器等，这类传感器主要是用于采集环境值。

报警类传感器主要包括触摸开关传感器、人体红外传感器、火焰传感器、霍尔传感器、红外避障传感器、RFID 传感器、语音识别传感器等，这类传感器主要用于检测外部环境的 0/1 变化并报警。

控制类传感器主要包括继电器传感器、步进电机传感器、风扇传感器、红外遥控传感器等，这类传感器主要用于控制传感器的状态。

8.4.4.1　采集类传感器

光敏传感器主要采集光照值，ZXBee 协议定义如表 8.6 所示。

表 8.6　光敏传感器 ZXBee 通信协议定义

传感器	属性	参数	权限	说明
光敏传感器	数值	A0	R	数值，浮点型：0.1 精度
	上报状态	D0(OD0/CD0)	R(W)	D0 的 Bit0 表示上传状态
	上报间隔	V0	RW	修改主动上报的时间间隔

光敏传感器程序逻辑驱动开发设计如图 8.35 所示。

程序实现过程如下。

1）在 msc_sensor. h 文件中编写源代码

首先宏定义定义传感器表示号：

```
#define SENSOR_Photoresistance              13  /*光敏传感器*/
```

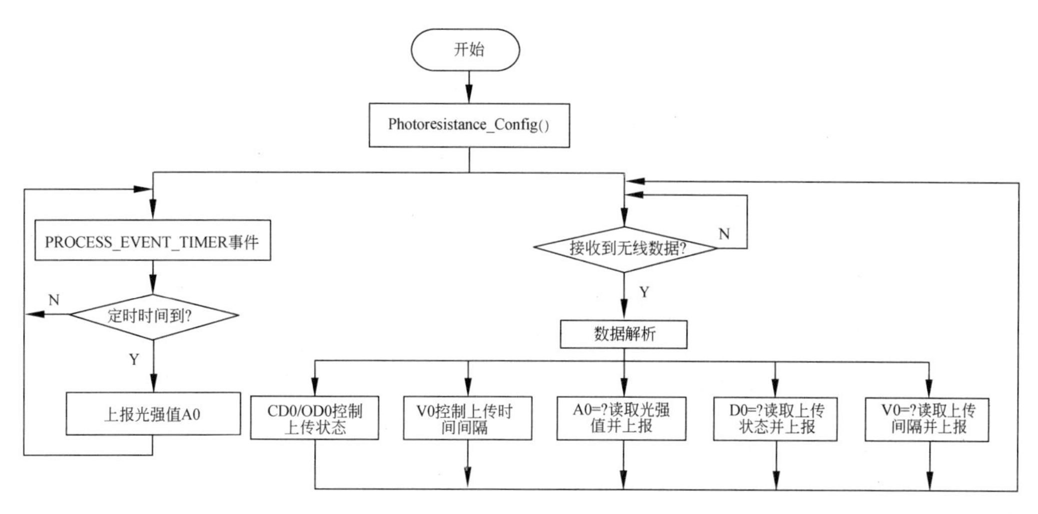

图 8.35 光敏传感器程序逻辑

接着宏定义，选中光敏传感器：

```
#define CONFIG_SENSOR            SENSOR_Photoresistance
```

上述代码需要注意的是宏定义只需要修改(请注意是修改)后面的部分为 SENSOR_Photoresistance，而不是重新写一行上述代码。这个宏定义是一直存在的，处于选中某一个传感器的状态。

最后宏定义传感器名称和类型等：

```
#elif CONFIG_SENSOR == SENSOR_Photoresistance
#define SENSOR_NAME                              "光敏传感器"
#define SENSOR_TYPE                              "001"
```

2) 在 msc_sensor.c 实现预编译选项和定义参数

```
#elif CONFIG_SENSOR == SENSOR_Photoresistance         //预编译选项
static uint16_t adc_v = 0;                            //光照强度初值为 0
static uint8_t interval = 30;                         //主动上报时间间隔，默认为 30s
static uint8_t report_enable = 1;                     //默认开启主动上报功能
```

3) 在 msc_sensor.c 中实现传感器初始化代码

```
static void Photoresistance_Config(void)
{
  ADC_Configuration();
}
```

上述代码调用了 ADC_Configuration 作为子函数来配置芯片 ADC 功能。

4）在 msc_sensor. c 中实现轮询传感器任务函数

其源代码如下：

```
static void Photoresistance_Poll(int tick)
{
  //每 1s 读取一次光照强度值
  if (tick % 1 == 0) {
    adc_v = ADC_ReadValue();
    adc_v = ((uint16_t)((1 - adc_v/256.0) * 3.3 * 1000) - 1680)/100;
  }

  //用于 MeshTOP 构建 TOP 图
  if (tick % 5 == 0) {
    misc_sensor_notify();
  }

  //定时上报数据
  if (tick % interval == 0) {
    if (report_enable == 0) {}                    //判断上报状态
    else {
ZXBee_report();
    }
  }
}
```

作为参数的 tick 每秒钟增加 1，因此上述代码可以实现每 1s 采集一次数据；每 5s 上传一次 TOP 图信息；每 interval 秒上传一次数据。在上报之前，需要将传感器的值读取到发送缓冲区，这就调用了下列函数：

```
static char * Photoresistance_GetTextValue(void)
{
  snprintf(text_value_buf, sizeof(text_value_buf), "{A0 = %u}", adc_v);
  return text_value_buf;
}
```

5）调用函数处理开发者命令

当节点收到指令后，会最终调用开发者命令处理函数 Photoresistance_Execute()来处理开发者命令，其源代码如下：

```
static char * Photoresistance_Execute(char * key, char * val)
{
  int Ival;
  Ival = atoi(val);                         //将字符串变量 val 解析转换为整型变量赋值
  text_value_buf[0] = 0;

  if (strcmp(key, "OD0") == 0) {
```

```
        report_enable |= Ival;                               //修改上报状态
    }
    if (strcmp(key, "CD0") == 0) {
        report_enable &= ~Ival;
    }

    if (strcmp(key, "A0") == 0 && val[0] == '?') {
        sprintf(text_value_buf, "A0 = %u", adc_v);           //返回光照强度值
    }
    if (strcmp(key, "D0") == 0 && val[0] == '?') {
        sprintf(text_value_buf,"D0 = %u",report_enable);     //返回上报状态
    }
    if (strcmp(key, "V0") == 0) {
        if (val[0] == '?'){
            sprintf(text_value_buf,"V0 = %u",interval);      //返回上报时间间隔
        }
        else{
            interval = Ival;                                 //修改上报时间间隔
        }
    }
    return text_value_buf;
}
```

6）将代码与可变宏定义对应

需要将上面定义的代码和 misc_app 进程中的可变宏定义对应起来，必须使用下列源代码：

```
MISC_SENSOR(CONFIG_SENSOR, &Photoresistance_Config,
        &Photoresistance_GetTextValue, &Photoresistance_Poll, &Photoresistance_Execute);
}
```

至此，光敏传感器节点的底层开发就完成了。因为不同传感器的参数标识和类型不同，初始化传感器的过程也不同，并且不同传感器采集数据的方式不同，所以当需要开发其他采集类的传感器时，只需要修改 msc_seneor.h 文件中的宏定义和 msc_seneor.c 文件中的函数即可。

8.4.4.2 报警类传感器

人体红外传感器主要用于监测活动人物的接近，当监测到活动人对象时，每隔 3s 实时上报报警值 1，当人离开后，每隔 30s 上报解除报警值 0。ZXBee 通信协议定义如表 8.7 所示。

表 8.7 传感器 ZXBee 通信协议定义

传感器	属性	参数	权限	说　明
人体红外	数值	A0	R	人体红外报警状态，0 或 1
	上报状态	D0(OD0/CD0)	R(W)	D0 的 Bit0 表示上传状态
	上报时间间隔	V0	R(W)	修改主动上报的时间间隔

人体红外传感器程序逻辑驱动开发设计如图 8.36 所示。

程序实现过程如下。

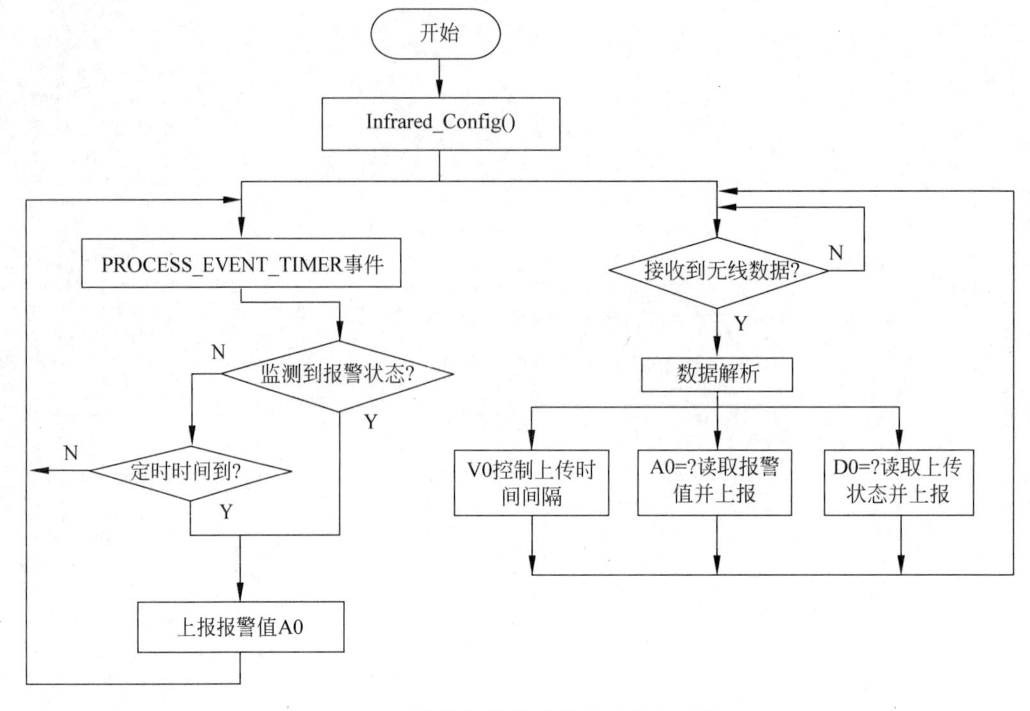

图 8.36　人体红外传感器监测程序逻辑

1）在 msc_sensor.h 文件中编写源代码

首先宏定义定义传感器表示号：

```
#define SENSOR_Infrared                         23   /* 人体红外传感器 */
```

接着宏定义，选中人体红外传感器：

```
#define CONFIG_SENSOR                           SENSOR_Infrared
```

上述代码需要注意的是宏定义只需要修改（请注意是修改）后面的部分为 SENSOR_Infrared，而不是重新写一行上述代码。这个宏定义是一直存在的，处于选中某一个传感器的状态。

最后宏定义传感器名称和类型等：

```
#elif CONFIG_SENSOR == SENSOR_Infrared
#define SENSOR_NAME                              "人体红外传感器"
#define SENSOR_TYPE                              "004"
```

2）在 msc_sensor.c 实现预编译选项和定义参数

```
#elif CONFIG_SENSOR == SENSOR_Infrared
static char io_status = 0;                          //传感器报警初值为 0
static uint8_t interval = 30;                       //主动上报时间间隔,默认为 30s
static uint8_t report_enable = 1;                   //默认开启主动上报功能
```

3）在 msc_sensor.c 中实现传感器初始化代码

```
static void Infrared_Config(void)
{
  RCC_APB2PeriphClockCmd(RCC_APB2Periph_GPIOB, ENABLE);

  GPIO_InitTypeDef GPIO_InitStructure;
  GPIO_InitStructure.GPIO_Pin = GPIO_Pin_5;
  GPIO_InitStructure.GPIO_Speed = GPIO_Speed_2MHz;
  GPIO_InitStructure.GPIO_Mode = GPIO_Mode_IPU;
  GPIO_Init(GPIOB, &GPIO_InitStructure);
  GPIO_SetBits(GPIOB, GPIO_Pin_0);
}
```

上述源代码主要是配置了相应 I/O 口的模式、方向等。

4）在 msc_sensor.c 中实现轮询传感器任务函数

其源代码如下：

```
static void Infrared_Poll(int tick)
{
  static char last = 0xff;                              //记录上次传感器的值
  //每 1s 读取一次人体红外检测值
  if (tick % 1 == 0) {
    if ( GPIO_ReadInputDataBit(GPIOB, GPIO_Pin_5) ) {
      io_status = 1;
    } else {
      io_status = 0;
    }
  }

  //如果检测值改变则上报数据
  if (io_status != last) {
    misc_sensor_notify();
    ZXBee_report();                                     //上报
    last = io_status;
  }

  //定时上报数据
  if (tick % interval == 0) {
    if (report_enable == 0) {}                          //判断上报状态
    else {
        ZXBee_report();
    }
  }
}
```

作为参数的 tick 每秒钟增加 1，因此上述代码可以实现每 1s 采集一次数据；每 interval 秒上传一次数据。此外，当检测到人体值变化后（有人体靠近或者离开），会立即上报，这恰恰体现了安防报警的特点：一有异常，立即报警。在上报之前，需要将传感器的值读取到发送缓冲区，这就调用了下列函数：

```
static char * Infrared_GetTextValue(void)
{
  snprintf(text_value_buf, sizeof(text_value_buf), "{A0 = %u}",io_status);
  return text_value_buf;
}
```

5）调用函数处理开发者命令

当节点收到指令后，会最终调用开发者命令处理函数 Infrared_Execute 来处理开发者命令，其源代码如下：

```
static char * Infrared_Execute(char * key, char * val)
{
  int Ival;
  Ival = atoi(val);                          //将字符串变量 val 解析转换为整型变量赋值
  text_value_buf[0] = 0;

  if (strcmp(key, "OD0") == 0) {
    report_enable |= Ival;                                      //修改上报状态
  }
  if (strcmp(key, "CD0") == 0) {
    report_enable &= ~Ival;
  }
  if (strcmp(key, "A0") == 0 && val[0] == '?') {
    sprintf(text_value_buf, "A0 = %u", io_status);              //返回检测值(0/1)
  }
  if (strcmp(key, "D0") == 0 && val[0] == '?') {
    sprintf(text_value_buf,"D0 = %u",report_enable);            //返回上报状态
  }
  if (strcmp(key, "V0") == 0) {
    if (val[0] == '?'){
      sprintf(text_value_buf,"V0 = %u",interval);               //返回上报时间间隔
    }
    else{
      interval = Ival;                                          //修改上报时间间隔
    }
  }
  return text_value_buf;
}
```

6）将代码和可变宏定义对应

要将上面定义的代码和 misc_app 进程中的可变宏定义对应起来，必须使用下列源代码：

```
MISC_SENSOR(CONFIG_SENSOR, &Infrared_Config,
            &Infrared_GetTextValue, &Infrared_Poll, &Infrared_Execute);
```

至此，人体红外传感器节点的底层开发就完成了。因为不同传感器的参数标识和类型不同，初始化传感器的过程也不同，并且不同传感器采集数据的方式不同，所以当需要开发其他采集类的传感器时，只需要修改 msc_seneor. h 文件中的宏定义和 msc_seneor. c 文件

中的函数即可。

8.4.4.3 控制类传感器

步进电机传感器属于典型的控制类传感器，可通过发送执行命令控制步进电机的转停，ZXBee 协议定义如表 8.8 所示。

表 8.8 传感器 ZXBee 通信协议定义

传感器	属性	参数	权限	说　明
步进电机	步进电机转停	D1(OD1/CD1)	R(W)	D1 的 Bit 表示各路步进电机转停状态，OD1 为转，CD1 为停

步进电机程序逻辑如图 8.37 所示。

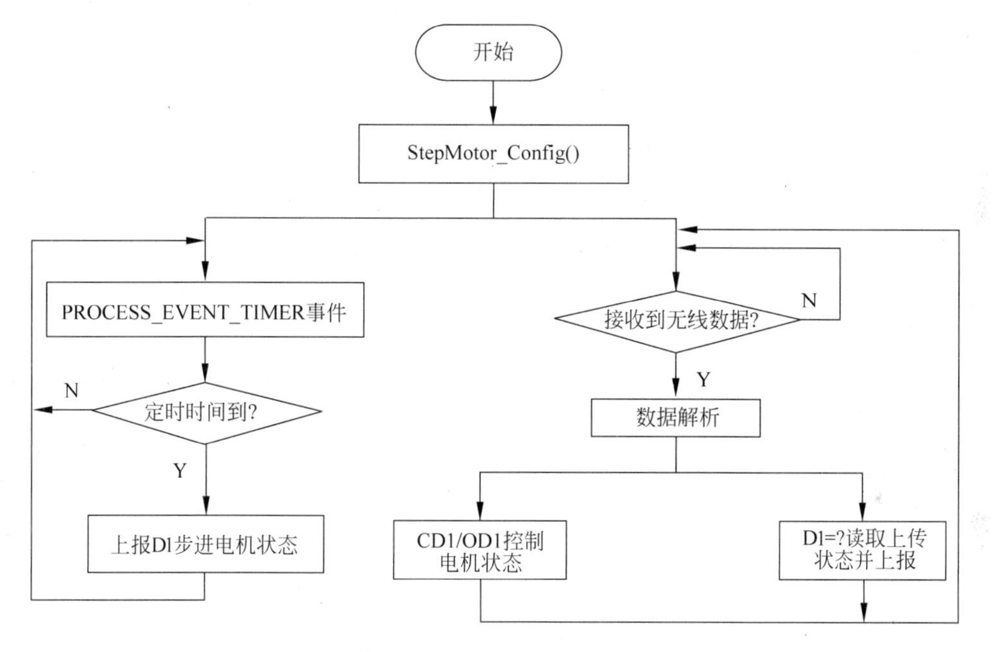

图 8.37 步进电机程序逻辑

程序实现过程如下。

1) 在 msc_sensor.h 文件中编写源代码

首先宏定义定义传感器表示号：

```
#defineSENSOR_StepMotor                          /*步进电机传感器*/
```

接着宏定义，选中步进电机传感器：

```
#define CONFIG_SENSOR                    SENSOR_StepMotor
```

上述代码需要注意的是宏定义只需要修改(请注意是修改)后面的部分为 SENSOR_StepMotor，而不是重新写一行上述代码。这个宏定义是一直存在的，处于选中某一个传感器的状态。

最后宏定义传感器名称和类型等。

```
#elif CONFIG_SENSOR == SENSOR_StepMotor
#define SENSOR_NAME                                 "步进电机传感器"
#define SENSOR_TYPE                                 "006"
```

2）在 msc_sensor.c 实现预编译选项和定义参数

```
#elif CONFIG_SENSOR == SENSOR_StepMotor
#define ACTIVE 0
static uint8_t status = 0;                    //步进电机初始状态为停
static uint8_t interval = 30;                 //主动上报时间间隔,默认为 30s
static uint8_t report_enable = 1;             //默认开启主动上报功能
```

3）在 msc_sensor.c 中实现传感器初始化代码

```
static voidStepMotor_Config(void)
{
RCC_APB2PeriphClockCmd(RCC_APB2Periph_GPIOB, ENABLE);
  GPIO_InitTypeDef GPIO_InitStructure;
  GPIO_InitStructure.GPIO_Pin = GPIO_Pin_0 | GPIO_Pin_5;
  GPIO_InitStructure.GPIO_Speed = GPIO_Speed_2MHz;
  GPIO_InitStructure.GPIO_Mode = GPIO_Mode_Out_PP;
  GPIO_Init(GPIOB, &GPIO_InitStructure);
  GPIO_WriteBit(GPIOB, GPIO_Pin_0, !ACTIVE);
  GPIO_WriteBit(GPIOB, GPIO_Pin_5, !ACTIVE);
}
```

上述代码主要是配置了相应 I/O 口的模式、方向等。

4）在 msc_sensor.c 中实现轮询传感器任务函数

其源代码如下：

```
static voidStepMotor_Poll(int tick)
{
  //每 1s 读取一次步进电机转停状态
  if (tick % 1 == 0) {
    status = (GPIO_ReadOutputDataBit(GPIOB, GPIO_Pin_0) == ACTIVE) |
    (GPIO_ReadOutputDataBit(GPIOB, GPIO_Pin_5) == ACTIVE)<< 1;
  }

  //用于 MeshTOP 构建 TOP 图
  if (tick % 5 == 0) {
    misc_sensor_notify();
  }

  //定时上报数据   if (tick % interval == 0) {
    if (report_enable == 0) {}                     //判断上报状态
```

```
        else {
          ZXBee_report();
        }
      }
    }
```

作为参数的 tick 每秒钟增加 1，因此上述代码可以实现每 1s 采集一次数据；每 5s 执行一次上报 TOP 信息；每 interval 秒上传一次数据。上报传感器状态之前，需要将传感器的状态复制到发送缓冲区，这一步骤调用了下列函数：

```
static char * StepMotor_GetTextValue(void)
{
  sprintf(text_value_buf, "{D1 = %u}",status);
  return text_value_buf;
}
```

5）调用函数处理开发者命令

当节点收到指令后，会最终调用开发者命令处理函数 StepMotor _Execute 来处理开发者命令，其源代码如下：

```
static char * StepMotor_Execute(char * key, char * val)
{
  int Ival;
  Ival = atoi(val);
                                          //将字符串变量 val 解析转换为整型变量赋值
  text_value_buf[0] = 0;

  if (strcmp(key, "OD0") == 0) {
    report_enable | = Ival;                           //修改上报状态
  }
  if (strcmp(key, "CD0") == 0) {
    report_enable & = ~Ival;
  }
  if (strcmp(key, "D0") == 0 && val[0] == '?') {
    sprintf(text_value_buf,"D0 = %u",report_enable); //返回上报状态
  }
  if(strcmp(key, "D1") == 0 && val[0] == '?'){
    sprintf(text_value_buf, "D1 = %d", mode);         //返回步进电机的工作模式
  }
  if (strcmp(key, "V0") == 0) {
    if (val[0] == '?'){
      sprintf(text_value_buf,"V0 = %u",interval);     //返回上报时间间隔
    }
    else{
      interval = Ival;                                //修改上报时间间隔
    }
  }
  if(strcmp(key, "V1") == 0){
```

```
        if (val[0] == '?') {
          sprintf(text_value_buf, "V1 = %d", degree);               //返回转动角度
        }
        else {
          degree = atoi(val);
          if (mode == 3) {                                          //反转
            step_times = degree * 64 / 5.625;
          } else
          if (mode == 1) {                                          //正转
            step_times = -1 * degree * 64 / 5.625;
          }
        }
      }
      if(strcmp(key, "OD1") == 0){
        mode |= Ival;                                               //修改步进电机的工作模式
      }
      if(strcmp(key, "CD1") == 0){
        mode &= ~Ival;
        if( Ival & 0x01 ){
          step_times = 0;                                           //停止转动
        }
      }
      return text_value_buf;
    }
```

步进电机的控制是在上述源代码中完成的，当收到打开或者关闭步进电机的命令后，程序会立即执行相应的操作。

6）将代码和可变宏定义对应

要将上面定义的代码和 misc_app 进程中的可变宏定义对应起来，必须使用下列源代码：

```
MISC_SENSOR(CONFIG_SENSOR, &StepMotor_Config,
            &StepMotor_GetTextValue, &StepMotor_Poll, &StepMotor_Execute);
```

至此，步进电机传感器节点的底层开发就完成了。因为不同传感器的参数标识和类型不同，初始化传感器的过程也不同，并且不同传感器采集数据的方式不同，所以当需要开发其他采集类的传感器时，只需要修改 msc_seneor. h 文件中的宏定义和 msc_seneor. c 文件中的函数即可。

8.4.5 开发步骤

此处以光敏节点、人体红外节点和步进电机节点为例进行协议介绍。

(1) 参考附录 A. 3，将无线节点驱动镜像固化到无线节点中。对于 CC2530 和 STM32W108 无线模块，对应镜像分别为 slip-radio-cc2530-rf-uart. hex 和 slip-radio-zxw108-rf-uart. hex，在开发资源包资料 02-镜像\节点\Ipv6 中。

(2) 参考 1.4 节的步骤将光敏节点、人体红外节点、步进电机节点、边界路由节点（智云网关板载）的镜像文件固化到节点中（当多台设备使用时需要针对源代码修改网络信息并重

新编译镜像下载)。

(3) 准备一台智云网关,并确保网关为最新镜像。

(4) 给硬件上电,并构建形成无线传感网络。

(4) 参考 8.2 节步骤对智云网关进行配置,确保智云网络连接成功。

(5) 运行 ZCloudTools 工具对节点进行调试。

部分测试步骤(以步进电机为例)如下:

单击"综合演示"图标,进入节点拓扑图综合演示界面,等待一段时间后,就会形成所有传感节点的拓扑图结构(由于组网原因,有多余节点,可忽略无关节点),包括智云网关、路由节点和终端节点,如图 8.38 所示。

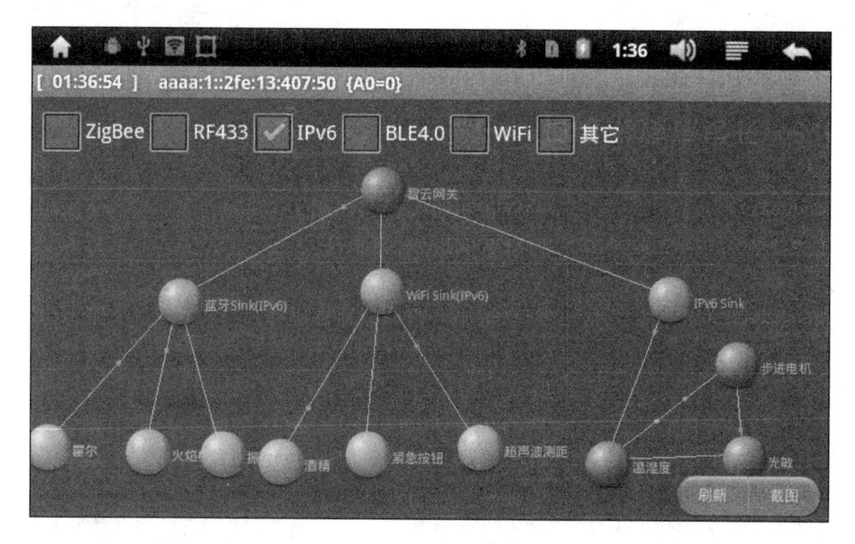

图 8.38 节点拓扑图

单击"步进电机"节点图标,进入步进电机节点控制界面。单击"开关"按钮,控制步进电机转动,如图 8.39 所示。

图 8.39 步进电机节点控制

返回主界面，单击“数据分析”图标，进入数据分析界面。单击节点列表中的“步进电机”节点，进入步进电机节点调试界面。输入调试指令“{D1=?}”并发送，查询当前步进电机状态值，如图 8.40 所示。

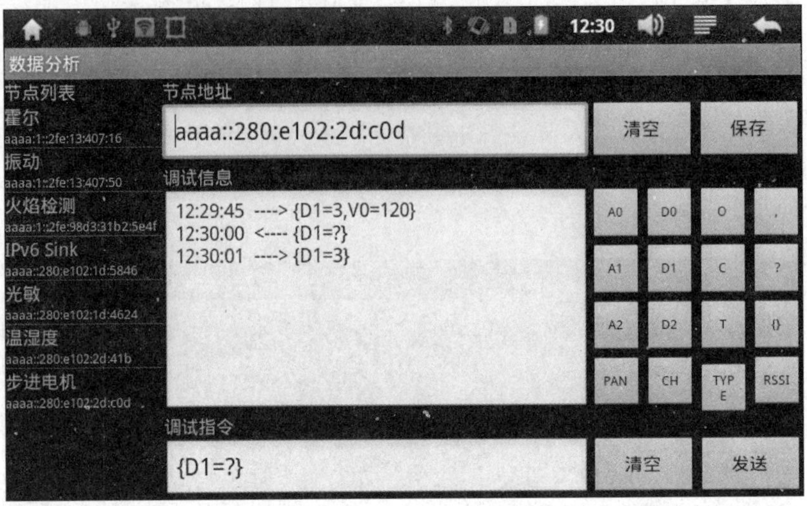

图 8.40 查询步进电机状态值

输入调试指令“{OD1=3，D1=?}”或“{CD1=2，OD1=1，D1=?}”或“{CD1=1，D1=?}”并发送，修改步进电机状态值，并查询当前步进电机状态值，执行结束后，可看到步进电机正转或反转或停执行结果，如图 8.41 所示。

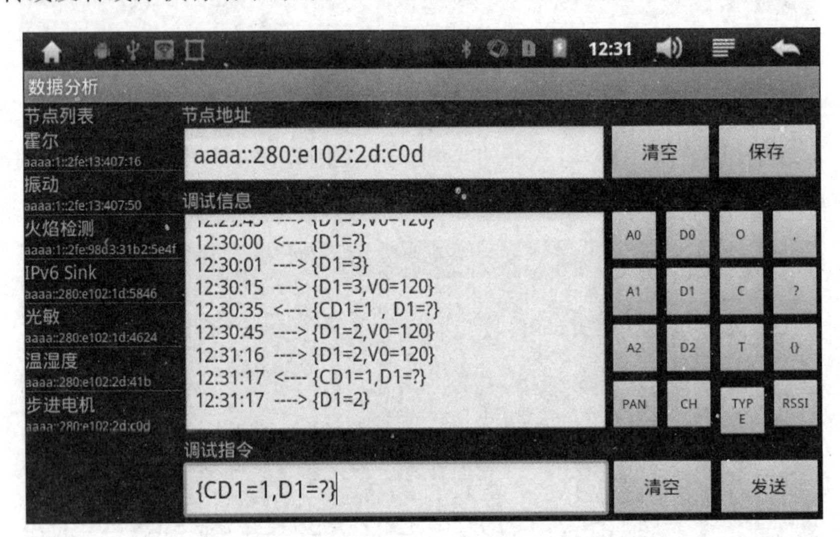

图 8.41 修改步进电机状态值

8.4.6 总结与扩展

针对 ZXBee CC2530 无线节点的传感器参考源代码见本章节项目源代码，可根据需求修改可燃气体传感器源代码为报警类传感器源代码。

8.5 任务64 Android API开发

8.5.1 学习目标

- 熟悉智云硬件驱动开发；
- 理解ZigBee智云通信协议程序功能；
- 熟悉Android API的实时连接、历史数据、自动控制和开发者数据接口的构成，并利用这些接口进行项目开发。

8.5.2 开发环境

- 硬件：温度传感器(根据需求选择传感器)，摄像头，智云网关(默认为s210系列任务箱)，STM32系列无线开发板(两个)，CC Debugger仿真器，调试转接板；
- 软件：Windows XP/7/8，ARM嵌入式开始平台IAR，Android集成开发环境。

8.5.3 原理学习

智云物联云平台提供5大应用接口(API)供开发者使用，包括实时连接(WSNRTConnect)、历史数据(WSNHistory)、摄像头(WSNCamera)、自动控制(WSNAutoctrl)、开发者数据(WSNProperty)，详细逻辑图如图8.42所示。

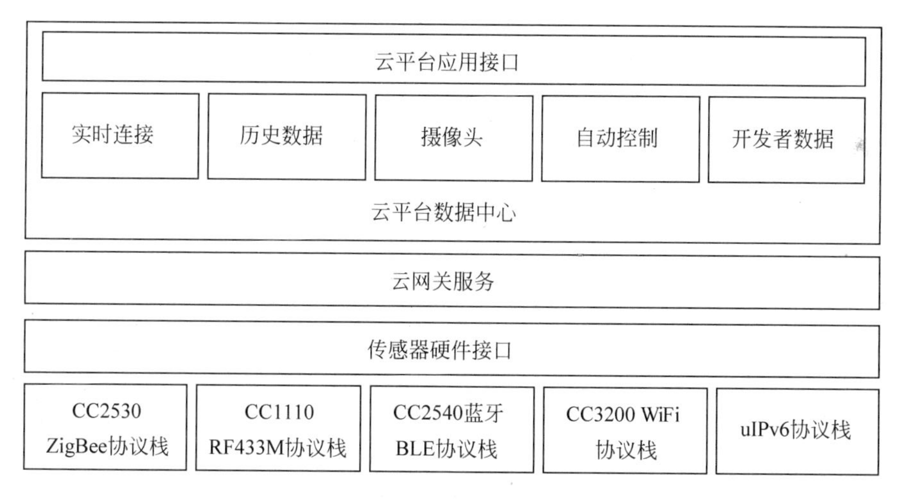

图8.42 接口图

针对Android移动应用程序开发，智云平台提供应用接口库libwsnDroid2.jar，开发者只需要在编写Android应用程序时，先导入该jar包，然后在代码中调用相应的方法即可。

8.5.3.1 实时连接接口

实时连接接口基于智云平台的消息推送服务，消息推送服务通过利用云端与客户端之间建立稳定、可靠的长连接来为开发者提供向客户端应用推送实时消息服务。智云消息推送服务针对物联网行业特征，支持多种推送类型：传感实时数据、执行控制命令、地理位置信息、SMS短信消息等，同时提供开发者信息及通知消息统计信息，方便开发者进行后续开发及运营。基于 Android 的接口如表 8.9 所示。

表 8.9　实时连接接口

函　　数	参数说明	功　　能
new WSNRTConnect(String myZCloudID, String myZCloudKey);	myZCloudID:智云账号 myZCloudKey:智云密钥	建立实时数据实例,并初始化智云 ID 及密钥
connect();	无	建立实时数据服务连接
disconnect();	无	断开实时数据服务连接

setRTConnectListener(){
onConnect()
onConnectLost(Throwable arg0)
onMessageArrive(String mac, byte[] dat)
};
	mac:传感器的 MAC 地址
	dat: 发送的消息内容
		设置监听,接收实时数据服务推送过来的消息。
		onConnect:连接成功操作
		onConnectLost:连接失败操作
		onMessageArrive: 数据接收操作

sendMessage(String mac, byte[] dat);	mac:传感器的 MAC 地址 dat: 发送的消息内容	发送消息
setServerAddr(String sa);	sa:数据中心服务器地址及端口	设置/改变数据中心服务器地址及端口号
setIdKey(String myZCloudID, String myZCloudKey);	myZCloudID:智云账号 myZCloudKey:智云密钥	设置/改变智云 ID 及密钥(需要重新断开连接)

8.5.3.2　历史数据接口

历史数据基于智云数据中心提供的智云数据库接口开发,智云数据库采用 Hadoop 后端分布式数据库集群,并且多机房自动冗余备份,自动读写分离,开发者不需要关注后端机器及数据库的稳定性、网络问题、机房灾难、单库压力等各种风险。物联网传感器数据可以在智云数据库永久保存,通过提供的简单的 API 编程接口可以完成与云存储服务器的数据连接、数据访问存储、数据使用等。基于 Android 的历史数据接口如表 8.10 所示。

表 8.10　基于 Android 的历史数据接口

函　　数	参数说明	功　　能
new WSNHistory(String myZCloudID, String myZCloudKey);	myZCloudID:智云账号 myZCloudKey:智云密钥	初始化历史数据对象,并初始化智云 ID 及密钥
queryLast1H(String channel);	channel:传感器数据通道	查询最近 1 小时的历史数据
queryLast6H(String channel);	channel:传感器数据通道	查询最近 6 小时的历史数据
queryLast12H(String channel);	channel:传感器数据通道	查询最近 12 小时的历史数据
queryLast1D(String channel);	channel:传感器数据通道	查询最近 1 天的历史数据
queryLast5D(String channel);	channel:传感器数据通道	查询最近 5 天的历史数据
queryLast14D(String channel);	channel:传感器数据通道	查询最近 14 天的历史数据
queryLast1M(String channel);	channel:传感器数据通道	查询最近 1 月(30 天)的历史数据
queryLast3M(String channel);	channel:传感器数据通道	查询最近 3 月(90 天)的历史数据

续表

函　　数	参数说明	功　　能
queryLast6M(String channel);	channel:传感器数据通道	查询最近6月(180天)的历史数据
queryLast1Y(String channel);	channel:传感器数据通道	查询最近1年(365天)的历史数据
query();	无	获取所有通道最后一次数据
query(String channel);	channel:传感器数据通道	获取该通道下最后一次数据
query(String channel, String start, String end);	channel:传感器数据通道 start:起始时间 end:结束时间	通过起止时间查询指定时间段的历史数据
query(String channel, String start, String end, String interval);	channel:传感器数据通道 start:起始时间 end:结束时间 interval:采样点的时间间隔,	通过起止时间查询指定时间段指定时间间隔的历史数据
setServerAddr(String sa)	sa:数据中心服务器地址及端口	设置/改变数据中心服务器地址及端口号
setIdKey(String myZCloudID, String myZCloudKey);	myZCloudID:智云账号 myZCloudKey:智云密钥	设置/改变智云ID及密钥

注意:

(1) 每次采样的数据点最大个数为1500。

(2) 历史数据返回格式示例(压缩的JSON格式):

```
{"current_value":"11.0","datapoints":[{"at":"2015 - 08 - 30T14:30:14Z","value":"11.0"},
{"at":"2015 - 08 - 30T14:30:24Z","value":"11.0"},{"at":"2015 - 08 - 30T14:30:34Z","
value":"12.0"},......{"at":"2015 - 08 - 30T15:29:54Z","value":"11.0"},{"at":"2015 - 08 -
30T15:30:04Z","value":"11.0"}],"id":"00:12:4B:00:02:37:7E:7A_A0","at":"2015 - 08 -
30T15:30:04Z"}
```

(3) 历史数据接口支持动态的调整采样间隔,当查询函数没有赋值给interval参数时,采样间隔遵循以下原则取点,如表8.11所示。

表8.11　传感器ZXBee通信协议定义

一次查询支持的最大查询范围	interval默认取值	描　　述
≤6h	0	提取存储的每个点
≤12h	30	每30秒取一个点
≤24h	60	每1分钟取一个点
≤5d	300	每5分钟取一个点
≤14d	900	每15分钟取一个点
≤30d	1800	每30分钟取一个点
≤90d	10 800	每3小时取一个点
≤180d	21 600	每6小时取一个点
≤365d	43 200	每12小时取一个点
> 365d	86 400	每24小时取一个点

8.5.3.3 摄像头接口

智云平台提供对 IP 摄像头的远程采集控制接口，支持远程对视频图像进行实时采集、图像抓拍、控制云台转动等操作，基于 Android 的接口如表 8.12 所示。

表 8.12 基于 Android 的接口

函　数	参数说明	功　能
new WSNCamera (String myZCloudID, String myZCloudKey);	myZCloudID：智云账号 myZCloudKey：智云密钥	初始化摄像头对象，并初始化智云 ID 及密钥
initCamera(String myCameraIP, String user, String pwd, String type);	myCameraIP：摄像头外网域名/IP 地址 user：摄像头开发者名 pwd：摄像头密码 type：摄像头类型（F-Series、F3-Series、H3-Series） 以上参数从摄像头手册获取	设置摄像头域名、开发者名、密码、类型等参数
openVideo();	无	打开摄像头
closeVideo();	无	关闭摄像头
control(String cmd);	cmd：云台控制命令。参数如下： UP：向上移动一次 DOWN：向下移动一次 LEFT：向左移动一次 RIGHT：向右移动一次 HPATROL：水平巡航转动 VPATROL：垂直巡航转动 360PATROL：360 度巡航转动	发指令控制摄像头云台转动
checkOnline();	无	检测摄像头是否在线
snapshot();	无	抓拍照片

setCameraListener(){
onOnline (String myCameraIP, boolean online)
onSnapshot (String myCameraIP, Bitmap bmp)
onVideoCallBack(String myCameraIP, Bitmap bmp)
}
	myCameraIP：摄像头外网域名/IP 地址
	online：摄像头在线状态（0/1）
	bmp：图片资源
		监听摄像头返回数据。
		onOnline：摄像头在线状态返回
		onSnapshot：返回摄像头截图
		onVideoCallBack：返回实时的摄像头视频图像

freeCamera(String myCameraIP);	myCameraIP：摄像头外网域名/IP 地址	释放摄像头资源
setServerAddr(String sa)	sa：数据中心服务器地址及端口	设置/改变数据中心服务器地址及端口号
setIdKey (String myZCloudID, String myZCloudKey);	myZCloudID：智云账号 myZCloudKey：智云密钥	设置/改变智云 ID 及密钥

8.5.3.4 自动控制接口

智云物联平台内置了一个操作简单但是功能强大的逻辑编辑器，为开发者的物联网系统编辑复杂的控制逻辑，可以实现数据更新、设备状态查询、定时硬件系统控制、定时发送短消息、根据各种变量触发某个复杂控制策略实现系统复杂控制等。智云自动控制接口基于触发逻辑单元的自动控制功能，触发器、执行器、执行策略、执行记录保存在智云数据中心，实现步骤如下：

(1) 为每个传感器、执行器的关键数据和控制量创建一个个变量。

(2) 新建基础控制策略，控制策略中可以运用上一步新建的变量。

(3) 新建复杂控制策略，复杂控制策略可以使用运算符，可以无穷组合基础控制策略。

自动控制接口如表 8.13 所示。

表 8.13 自动控制接口

函　　数	参 数 说 明	功　　能
new WSNAutoctrl(String myZCloudID, String myZCloudKey);	myZCloudID：智云账号 myZCloudKey：智云密钥	初始化自动控制对象，并初始化智云 ID 及密钥
createTrigger(String name, String type, JSONObject param);	name：触发器名称 type：触发器类型(sensor，timer) param：触发器内容，JSON 对象格式，创建成功后返回该触发器 ID(JSON 格式)	创建触发器
createActuator(String name, String type, JSONObject param);	name：执行器名称 type：执行器类型(sensor、ipcamera、phone、job) param：执行器内容，JSON 对象格式，创建成功后返回该执行器 ID(JSON 格式)	创建执行器
createJob (String name, boolean enable, JSONObject param);	name：任务名称 enable：true(使能任务)，false(禁止任务) param：任务内容，JSON 对象格式，创建成功后返回该任务 ID(JSON 格式)	创建任务
deleteTrigger(String id);	id：触发器 ID	删除触发器
deleteActuator(String id);	id：执行器 ID	删除执行器
deleteJob(String id);	id：任务 ID	删除任务
setJob(String id, boolean enable);	id：任务 ID enable：true(使能任务)，false(禁止任务)	设置任务使能开关
deleteSchedudler(String id);	id：任务记录 ID	删除任务记录
getTrigger();	无	查询当前智云 ID 下的所有触发器内容
getTrigger(String id);	id：触发器 ID	查询该触发器 ID 内容
getTrigger(String type);	type：触发器类型	查询当前智云 ID 下的所有该类型的触发器内容
getActuator();	无	查询当前智云 ID 下的所有执行器内容

续表

函　　数	参数说明	功　　能
getActuator(String id);	id:执行器 ID	查询该执行器 ID 内容
getActuator(String type);	type:执行器类型	查询当前智云 ID 下的所有该类型的执行器内容
getJob();	无	查询当前智云 ID 下的所有任务内容
getJob(String id);	id:任务 ID	查询该任务 ID 内容
getSchedudler();	无	查询当前智云 ID 下的所有任务记录内容
getSchedudler (String jid, String duratI/On);	id:任务记录 ID duratI/On:duratI/On = x < year|month|day|hours|minute > //默认返回 1 天的记录	查询该任务记录 ID 某个时间段的内容
setServerAddr(String sa)	sa:数据中心服务器地址及端口	设置/改变数据中心服务器地址及端口号
setIdKey (String myZCloudID, StringmyZCloudKey);	myZCloudID:智云账号 myZCloudKey:智云密钥	设置/改变智云 ID 及密钥

8.5.3.5　开发者数据接口

智云开发者数据接口提供私有的数据库使用权限，实现多客户端间共享的私有数据进行存储、查询和使用。私有数据存储采用 key-value 型数据库服务，编程接口更简单高效，开发者数据接口如表 8.14 所示。

表 8.14　开发者数据接口

函　　数	参数说明	功　　能
new WSNProperty(String myZCloudID, String myZCloudKey);	myZCloudID:智云账号 myZCloudKey:智云密钥	初始化开发者数据对象，并初始化智云 ID 及密钥
put(String key, String value);	key:名称 value:内容	创建开发者应用数据
get();	无	获取所有的键值对
get(String key);	key:名称	获取指定 key 的 value 值
setServerAddr(String sa)	sa:数据中心服务器地址及端口	设置/改变数据中心服务器地址及端口号
setIdKey (String myZCloudID, String myZCloudKey);	myZCloudID:智云账号 myZCloudKey:智云密钥	设置/改变智云 ID 及密钥

8.5.4 开发内容

结合节点和 ZXBee 协议，开发一套基于 Android 的简单的 libwsnDroidDemo 程序（该程序在“05-任务例程\第 7 章\任务 04：智云 Android 应用示例”目录下）供开发者理解。根据 8.5.3 节中实现的接口，在该应用中实现的功能主要是传感器的读取与控制、历史数据查询与曲线显示、摄像头的控制、自动控制和应用数据存储与读取。为了让程序更有可读性，该应用使用两个包，每个包分为多个 Activity 类，使用接口实现控制与数据的存取，其中，在 com.zhiyun360.wsn.auto 包下是对自动控制接口中的方法进行调用与实现的。因此主 Activity 只需要实现通过单击不同的按钮或多层次按钮跳转到其他 Activity 中即可。因此在 src 包中的目录结构如图 8.43 所示。

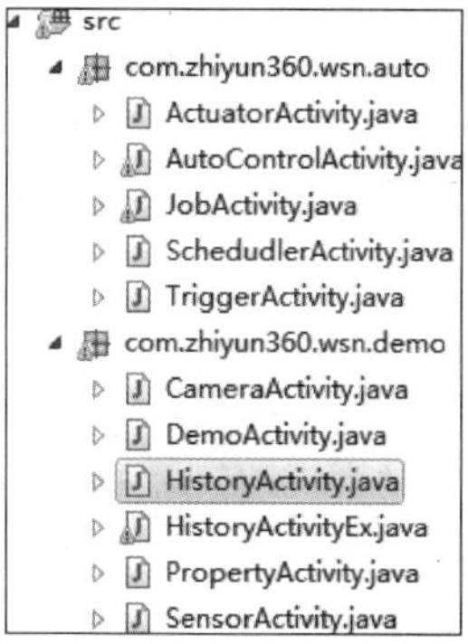

其中，DemoActivity 即为主 Activity，主要是作为一个引导作用，用来跳转到不同的 Activity，也可在 DemoActivity.java 文件中定义静态变量，方便引用。每个 Activity 都应有自己的布局，这里不详述布局文件的编写。

```
src
  com.zhiyun360.wsn.auto
    ActuatorActivity.java
    AutoControlActivity.java
    JobActivity.java
    SchedudlerActivity.java
    TriggerActivity.java
  com.zhiyun360.wsn.demo
    CameraActivity.java
    DemoActivity.java
    HistoryActivity.java
    HistoryActivityEx.java
    PropertyActivity.java
    SensorActivity.java
```

图 8.43 src 目录结构

8.5.4.1 实时连接接口开发示例

要实现传感器实时数据的发送需要在 SensorActivity.java 文件中调用类 WSNRTConnect 的几个方法即可，具体调用方法及步骤如下：

(1) 连接服务器地址。外网服务器地址及端口默认为 zhiyun360.com：28081，如果开发者需要修改，调用方法 setServerAddr(sa)进行设置即可。

```
wRTConnect.setServerAddr(zhiyun360.com:28081);     //设置外网服务器地址及端口
```

(2) 初始化 ID 及秘钥。先定义序列号和密钥，然后初始化。本示例中是在 DemoActivity 中设置 ID 与 Key，并在每个 Activity 中直接调用即可，后续不再陈述。

```
String myZCloudID = "12345678";        //序列号
String myZCloudKey = "12345678";       //密钥
wRTConnect = new WSNRTConnect(DemoActivity.myZCloudID,DemoActivity.myZCloudKey);
```

注意：*序列号和密钥为开发者注册云平台账户时所需的传感器序列号和密钥。*

(3) 建立数据推送服务连接。

```
wRTConnect.connect();     //调用 connect 方法
```

(4) 注册数据推送服务监听器。接收实时数据服务推送过来的消息。

```
wRTConnect.setRTConnectListener(new WSNRTConnectListener() {
        @Override
```

```
            public void onConnect() {   //连接服务器成功

            }
            @Override
            public void onConnectLost(Throwable arg0) {     //连接服务器失败

            }
            @Override
            public void onMessageArrive(String arg0, byte[] arg1) {    //数据到达

            }
        });
```

（5）实现消息发送。调用 sendMessage()方法想指定的传感器发送消息。

```
String mac = "00:12:4B:00:03:A7:E1:17";                   //目的地址
String dat = "{OD1 = 1,D1 = ?}"                           //数据指令格式
wRTConnect.sendMessage(mac, dat.getBytes());              //发送消息
```

注意：sendMessage()方法只有当数据推送服务连接成功后使用有效。

（6）断开数据推送服务。

```
wRTConnect.disconnect();
```

（7）SensorActivity 的完整示例。下面是一个完整的 SensorActivity.java 代码源示例，源代码参考 libwsnDroidDemo/src/SensorActivity.java。

```
public class SensorActivity extends Activity {
    private Button mBTNOpen,mBTNClose;
    private TextView mTVInfo;
    private WSNRTConnect wRTConnect;
    private void textInfo(String s) {
        mTVInfo.setText(mTVInfo.getText().toString() + "\n" + s);
    }
    @Override
    public void onCreate(Bundle savedInstanceState) {
        super.onCreate(savedInstanceState);
        setContentView(R.layout.sensor);
        setTitle("传感器数据采集与控制模块");
        mBTNOpen = (Button) findViewById(R.id.btnOpen);
        mBTNClose = (Button) findViewById(R.id.btnClose);
        mTVInfo = (TextView) findViewById(R.id.tvInfo);
        //实例化 WSNRTConnect,并初始化智云 ID 和 KEY
        wRTConnect = new WSNRTConnect(DemoActivity.myZCloudID,DemoActivity.myZCloudKey);
        //设置 WSNRTConnect 服务器地址
        wRTConnect.setServerAddr("zhiyun360.com:28081");
```

```
        //设置监听器
        mBTNClose.setOnClickListener(new View.OnClickListener() {
            @Override
            public void onClick(View v) {

                String mac = "00:12:4B:00:03:A7:E1:17";
                String dat = "{CD1 = 1,D1 = ?}";
                textInfo(mac + " <<< " + dat);
                wRTConnect.sendMessage(mac, dat.getBytes());
            }
        });
        //建立连接
        wRTConnect.connect();
        mBTNOpen.setOnClickListener(new OnClickListener() {
            @Override
            public void onClick(View arg0) {

                String mac = "00:12:4B:00:03:A7:E1:17";
                String dat = "{OD1 = 1,D1 = ?}";
                textInfo(mac + " <<< " + dat);
                wRTConnect.sendMessage(mac, dat.getBytes());
            }
        });
        wRTConnect.setRTConnectListener(new WSNRTConnectListener() {
            @Override
            public void onConnect() {

                textInfo("connected to server");
            }
            @Override
            public void onConnectLost(Throwable arg0) {

                textInfo("connectI/On lost");
            }
            @Override
            public void onMessageArrive(String arg0, byte[] arg1) {

                textInfo(arg0 + " >>> " + new String(arg1));
            }
        });
        textInfo("connecting...");
    }
    @Override
    public void onDestroy() {
        wRTConnect.disconnect();          //断开连接
        super.onDestroy();
    }
  }
  }
```

8.5.4.2 历史数据接口开发示例

同理,要实现获取传感器的历史数据需要在 HistoryActivity.java 文件中调用类 WSNHistory 的几个方法即可,具体调用方法及步骤如下:

(1) 实例化历史数据对象。直接实例化并连接。

(2) 连接服务器地址。外网服务器地址及端口默认为 zhiyun360.com:28081,如果开发者需要修改,调用方法 setServerAddr(sa)进行设置即可。

```
wRTConnect.setServerAddr(zhiyun360.com:28081);     //设置外网服务器地址及端口
```

(3) 初始化智云 ID 及秘钥。先定义序列号和密钥,然后初始化。

```
String myZCloudID = "12345678";          //序列号
String myZCloudKey = "12345678";         //密钥
wHistory = newWSNHistory (DemoActivity.myZCloudID,DemoActivity.myZCloudKey);
//初始化智云 ID 及密钥
```

(4) 查询历史数据。以下方法为查询自定义时段的历史数据,如需要查询其他时间段(例如,最近一个小时,最近一个月)历史数据,请参考 8.5.3 节 API 的介绍。

```
wHistory.queryLast1H(String channel);
wHistory.queryLast1M(String channel);
```

(5) HistoryActivity 的完整示例。下面是一个完整的 HistoryActivity.java 源代码示例,源代码参考 SDK 包/libwsnDroidDemo/src/HistoryActivity.java。

```
public class HistoryActivity extends Activity implements OnClickListener {
    private String channel = "00:12:4B:00:02:CB:A8:52_A0"; //定义数据流通道
    Button mBTN1H, mBTN6H, mBTN12H, mBTN1D, mBTN5D, mBTN14D, mBTN1M, mBTN3M,
            mBTN6M, mBTN1Y, mBTNSTART, mBTNEND, mBTNQUERY;
    TextView mTVData;
    SimpleDateFormat simpleDateFormat;
    SimpleDateFormat outputDateFormat;
    WSNHistory wHistory;                                    //定义历史数据对象
    @SuppressLint("SimpleDateFormat")
    @Override
    public void onCreate(Bundle savedInstanceState) {
        super.onCreate(savedInstanceState);
        setContentView(R.layout.histroy);
        simpleDateFormat = new SimpleDateFormat("yyyy - M - d");
        outputDateFormat = new SimpleDateFormat("yyyy - MM - dd'T'HH:mm:ss");
        mTVData = (TextView) findViewById(R.id.tvData);
        mBTN1H = (Button) findViewById(R.id.btn1h);
        mBTN6H = (Button) findViewById(R.id.btn6h);
        mBTN12H = (Button) findViewById(R.id.btn12h);
```

```
        mBTN1D = (Button) findViewById(R.id.btn1d);
        mBTN5D = (Button) findViewById(R.id.btn5d);
        mBTN14D = (Button) findViewById(R.id.btn14d);
        mBTN1M = (Button) findViewById(R.id.btn1m);
        mBTN3M = (Button) findViewById(R.id.btn3m);
        mBTN6M = (Button) findViewById(R.id.btn6m);
        mBTN1Y = (Button) findViewById(R.id.btn1y);
        mBTNSTART = (Button) findViewById(R.id.btnStart);
        mBTNEND = (Button) findViewById(R.id.btnEnd);
        mBTNQUERY = (Button) findViewById(R.id.query);
        //为每个按钮设置监听器响应单击事件
        mBTN1H.setOnClickListener(this);
        mBTN6H.setOnClickListener(this);
        mBTN12H.setOnClickListener(this);
        mBTN1D.setOnClickListener(this);
        mBTN5D.setOnClickListener(this);
        mBTN14D.setOnClickListener(this);
        mBTN1M.setOnClickListener(this);
        mBTN3M.setOnClickListener(this);
        mBTN6M.setOnClickListener(this);
        mBTN1Y.setOnClickListener(this);
        mBTNSTART.setOnClickListener(this);
        mBTNEND.setOnClickListener(this);
        mBTNQUERY.setOnClickListener(this);
        wHistory = new WSNHistory(); //初始化历史数据对象
        //初始化智云 ID 和秘钥
        wHistory.initZCloud(DemoActivity.myZCloudID, DemoActivity.myZCloudKey);
    }
    //为按钮实现单击事件
    @Override
    public void onClick(View arg0) {

        mTVData.setText("");
        String result = null;
        try {
            if (arg0 == mBTN1H) {       //查询近 1 小时的历史数据
                result = wHistory.queryLast1H(channel);
            }
            if (arg0 == mBTN6H) {       //查询近 6 小时的历史数据
                result = wHistory.queryLast6H(channel);
            }
            if (arg0 == mBTN12H) {      //查询近 12 小时的历史数据
                result = wHistory.queryLast12H(channel);
            }
            if (arg0 == mBTN1D) {       //查询近 1 天的历史数据
                result = wHistory.queryLast1D(channel);
            }
            if (arg0 == mBTN5D) {       //查询近 5 天的历史数据
                result = wHistory.queryLast5D(channel);
```

```
        }
        if (arg0 == mBTN14D) {          //查询近 14 天的历史数据
            result = wHistory.queryLast14D(channel);
        }
        if (arg0 == mBTN1M) {           //查询近 1 个月的历史数据
            result = wHistory.queryLast1M(channel);
        }
        if (arg0 == mBTN3M) {           //查询近 3 个月的历史数据
            result = wHistory.queryLast3M(channel);
        }
        if (arg0 == mBTN6M) {           //查询近 6 个月的历史数据
            result = wHistory.queryLast6M(channel);
        }
        if (arg0 == mBTN1Y) {           //查询近 1 年的历史数据
            result = wHistory.queryLast1Y(channel);
        }
        if (arg0 == mBTNSTART) {        //设置要查询数据的起始时间
            new DatePickerDialog(this,
                    new DatePickerDialog.OnDateSetListener() {
                        @Override
                        public void onDateSet(DatePicker view, int year,
                                int monthOfYear, int dayOfMonth) {
                            mBTNSTART.setText(year + "-"
                                    + (monthOfYear + 1) + "-" + dayOfMonth);
                        }
                    }, 2014, 0, 1).show();
        }
        if (arg0 == mBTNEND) {          //设置要查询数据的截止时间
            new DatePickerDialog(this,
                    new DatePickerDialog.OnDateSetListener() {
                        @Override
                        public void onDateSet(DatePicker view, int year,
                                int monthOfYear, int dayOfMonth) {
                            mBTNEND.setText(year + "-" + (monthOfYear + 1)
                                    + "-" + dayOfMonth);
                        }
                    }, 2014, 0, 1).show();
        }
        if (arg0 == mBTNQUERY) {        //单击查询按钮
            Date sdate = simpleDateFormat.parse(mBTNSTART.getText()
                    .toString());
            Date edate = simpleDateFormat.parse(mBTNEND.getText()
                    .toString());
            String start = outputDateFormat.format(sdate) + "Z";
            String end = outputDateFormat.format(edate) + "Z";
            result = wHistory.queryLast(start, end, "0", channel); //调用查询函数
        }
        mTVData.setText(jsonFormatter(result));                  //显示数据
    } catch (ExceptI/On e) {
```

```
                e.printStackTrace();
                Toast.makeText(getApplicatI/OnContext(), "查询数据失败,请重试!",
                        Toast.LENGTH_SHORT).show();
            }
        }
        public static String jsonFormatter(String uglyJSONString) {
            Gson gson = new GsonBuilder().setPrettyPrinting().create();
            JsonParser jp = new JsonParser();
            JsonElement je = jp.parse(uglyJSONString);
            String prettyJsonString = gson.toJson(je);
            return prettyJsonString;
        }
    }
```

(6) 实现历史数据曲线显示。在 HistoryActivityEx.java 类中,调用同样的方法初始化并建立连接后,引用 java.text.SimpleDateFormat 包中的方法进行 data-.> text 格式转换,源代码如下,此处不对该方法进行过多阐述。读者可自行查阅相关资料。

```
SimpleDateFormat outputDateFormat = new SimpleDateFormat("yyyy-MM-dd'T'HH:mm:ss");
                JSONObject jsonObjs = new JSONObject(result);
                JSONArray datapoints = jsonObjs.getJSONArray("datapoints");
                if (datapoints.length() == 0) {
                    Toast.makeText(getApplicatI/OnContext(), "获取数据点为 0!",
                            Toast.LENGTH_SHORT).show();
                    return;
                }
                for (int i = 0; i < datapoints.length(); i++) {
                    JSONObject jsonObj = datapoints.getJSONObject(i);

                    String val = jsonObj.getString("value");
                    String at = jsonObj.getString("at");

                    Double dval = Double.parseDouble(val);
                    Date dat = outputDateFormat.parse(at);

                    xlist.add(dat);
                    ylist.add(dval);
                }
```

(7) 引用 org.achartengine 中的子类,可以实现数据图表显示。已在源代码中注释完毕,这里不再过多陈述方法的调用,读者也可自行查阅。源代码如下:

```
XYMultipleSeriesRenderer renderer = new XYMultipleSeriesRenderer();
                renderer.setAxisTitleTextSize(16);    //数轴文字字体大小
                renderer.setChartTitleTextSize(20);   //标题字体大小
                renderer.setLabelsTextSize(15);       //数轴刻度字体大小
```

```
            renderer.setLegendTextSize(15);              //曲线
            renderer.setPointSize(5f);
            renderer.setMargins(new int[] { 20, 30, 15, 20 });
            XYSeriesRenderer r = new XYSeriesRenderer();
            r.setColor(Color.rgb(30, 144, 255));
            //r.setPointStyle(PointStyle.CIRCLE);
            r.setFillPoints(false);
            r.setLineWidth(1);
            r.setDisplayChartValues(true);
            renderer.addSeriesRenderer(r);               //加载曲线信息
            renderer.setApplyBackgroundColor(true);
            renderer.setBackgroundColor(Color.WHITE);
            renderer.setXLabels(10);
            renderer.setYLabels(10);
            renderer.setShowGrid(true);
            renderer.setMarginsColor(Color.WHITE);
            renderer.setZoomButtonsVisible(true);
            renderer.setChartTitle("");
            renderer.setXTitle("时间");
            renderer.setYTitle("数值");
            renderer.setXAxisMin(xlist.get(0).getTime());
            renderer.setXAxisMax(xlist.get(xlist.size() - 1).getTime());
            renderer.setYAxisMin(minValue);
            renderer.setYAxisMax(maxValue);              //数轴上限
            renderer.setAxesColor( Color.LTGRAY);
            renderer.setLabelsColor( Color.LTGRAY);
            XYMultipleSeriesDataset dataset = new XYMultipleSeriesDataset();
            TimeSeries series = new TimeSeries("历史数据");
            for (int k = 0; k < xlist.size(); k++) {
                series.add(xlist.get(k), ylist.get(k)); //载入数据
            }
            dataset.addSeries(series);                   //通过 series 传递加载数据
            GraphicalView mGrapView = ChartFactory.getTimeChartView(getBaseContext(),
                    dataset, renderer, "M/d - H:mm");
            LinearLayout layout = (LinearLayout) findViewById(R.id.curveLayout);
            LinearLayout.LayoutParams lp = new LinearLayout.LayoutParams(
LayoutParams.FILL_PARENT, LayoutParams.FILL_PARENT);
            lp.weight = 1;
            layout.addView(mGrapView, lp);               //视图显示并加载
```

（8）借助 try-catch 语句来处理查询失败情况：

```
try{
...}
catch (ExceptI/On e) {

            e.printStackTrace();
            Toast.makeText(getApplicatI/OnContext(), "获取历史数据失败!",
                    Toast.LENGTH_SHORT).show();
        }
```

8.5.4.3 摄像头接口开发示例

1）实例化，并初始化智云 ID 及密钥

```
wCamera = new WSNCamera("12345678", "12345678");     //实例化,并初始化智云 ID 及密钥
```

2）摄像头初始化，并检测在线

```
String myCameraIP = "ayari.easyn.hk";      //摄像头 IP
    String user = "admin";                 //用户名
    String pwd = "admin";                  //密码
    String type = "H3 - Series";           //摄像头类型
wCamera.initCamera(myCameraIP, user, pwd, type);
mTVCamera.setText(myCameraIP + "正在检查是否在线...");
        wCamera.checkOnline();
```

3）调用接口方法，实现摄像头的控制

```
public void onClick(View v) {

        if (v == mBTNSnapshot) {
            if(isOn == true)
            {
            wCamera.snapshot();
            }
        }
        if (v == mBTNStartVideo) {
            wCamera.openVideo();
            mIVVideo.setVisibility(View.VISIBLE);
            isOn = true;
        }
        if (v == mBTNStopVideo) {
            wCamera.closeVideo();
            mIVVideo.setImageBitmap(null);
            mIVVideo.setVisibility(View.INVISIBLE);
            isOn = false;
        }
        if (v == mBTNup) {
            if(isOn == true)     {
            wCamera.control("UP");
            }
        }
        if (v == mBTNdown) {
            if(isOn == true)     {
            wCamera.control("DOWN");
            }
        }
        if (v == mBTNleft) {
```

```
            if(isOn == true){
            wCamera.control("LEFT");}
        }
        if (v == mBTNright) {
            if(isOn == true){
            wCamera.control("RIGHT");}
        }
        if (v == mBTNHPatrol)
        {
            if(isOn == true){
            wCamera.control("HPATROL");}
        }
        if (v == mBTNVPatrol) {
            if(isOn == true){
            wCamera.control("VPATROL");}
        }
        if (v == mBTN360Patrol) {
            if(isOn == true){
            wCamera.control("360PATROL");}
        }
    }
```

4）通过回调函数，返回 Bitmap，获取得到的拍摄图片

```
public void onVideoCallBack(String camera, Bitmap bmp) {

        if (camera.equals(myCameraIP)) {
if(isOn == ture){
            mIVVideo.setImageBitmap(bmp);
            }
        }
    }
```

5）释放摄像头资源

```
public void onDestroy() {
        //释放摄像头资源
        wCamera.freeCamera();
        super.onDestroy();
    }
```

8.5.4.4　应用数据接口开发示例

（1）用同样方法，初始化 ID、KEY，并建立连接，连接服务器，源代码略。

（2）调用 wsnProperty 的 put(key,value)方法保存键值对。

```
String propertyKey = editKey.getText().toString();
                String propertyValue = editValue.getText().toString();
                if(propertyKey.equals("") || propertyValue.equals("")){
                    Toast.makeText(PropertyActivity.this, "应用属性名或应用属性值不能为空",
            Toast.LENGTH_SHORT).show();
                }else{
                    try {
                        wsnProperty.put(propertyKey, propertyValue);
                        Toast.makeText(PropertyActivity.this, "成功保存应用属性值到服务器",
                        Toast.LENGTH_SHORT).show();
                    } catch (ExceptI/On e) {
                        e.printStackTrace();
                    }
                }
```

(3) 调用 wsnProperty 的 get()方法读取键值对。

```
String propertyKey = editKey.getText().toString();
                try {
                    if(propertyKey.equals("")){
                        String result = wsnProperty.get();
                         Toast.makeText(PropertyActivity.this, "成功从服务器读取所有的
应用属性值",
                Toast.LENGTH_SHORT).show();
                        tvResult.setText(jsonFormatter(result));
                    }else{
                        String result = wsnProperty.get(propertyKey);
                         Toast.makeText(PropertyActivity.this, "成功从服务器读取应用属
性值",
                Toast.LENGTH_SHORT).show();
                         tvResult.setText("属性名为: " + propertyKey + ",属性值为: " +
jsonFormatter(result));
                    }
                } catch (ExceptI/On e) {
                    e.printStackTrace();
                }
```

8.5.4.5 自动控制接口开发示例

本任务以单独一个包作为示例,AutoControlActivity.java 是包中的主 Activity,通过 button 跳转到 4 个不同的 Activity 中。下面对每个 Activity 进行详细阐述。

(1) TriggerActivity 类是触发器的处理界面,用于保存触发器基本信息(name、MAC 地址、通道名、条件),当传感器达到触发条件时,进行执行器中的执行命令;也可查询当前保存的触发器。

① 实例化,并建立连接。

```
wsnAutoControl = new WSNAutoctrl(DemoActivity.myZCloudID, DemoActivity.myZCloudKey);//
DemoActivity中定义的 id、key
wsnAutoControl.setServerAddr("zhiyun360.com:8001");//开发者自己设置
```

② 条件运算符选择。

```
radI/OGroup.setOnCheckedChangeListener(new OnCheckedChangeListener() {
            @Override
            public void onCheckedChanged(RadI/OGroup group, int checkedId) {

                if (checkedId == radI/OButton0.getId()) {
                    operateSelected = radI/Os[0];
                } else if(checkedId == radI/OButton1.getId()){
                    operateSelected = radI/Os[1];
                } else if(checkedId == radI/OButton2.getId()){
                    operateSelected = radI/Os[2];
                } else if(checkedId == radI/OButton3.getId()){
                    operateSelected = radI/Os[3];
                } else if(checkedId == radI/OButton4.getId()){
                    operateSelected = radI/Os[4];
                } else if(checkedId == radI/OButton5.getId()){
                    operateSelected = radI/Os[5];
                } else if(checkedId == radI/OButton6.getId()){
                    operateSelected = radI/Os[6];
                } else if(checkedId == radI/OButton7.getId()){
                    operateSelected = radI/Os[7];
                } else if(checkedId == radI/OButton8.getId()){
                    operateSelected = radI/Os[8];
                }
            }
        });
```

③ 调用 wsnAutoControl.createTrigger(name，"sensor",param)方法实现保存触发器信息。

```
JSONObject param = new JSONObject();
                    param.put("mac", mac);
                    param.put("ch", channel);
                    param.put("op", operateSelected);
                    param.put("value", operateValue);
                    param.put("once", true);
                        String result = wsnAutoControl.createTrigger(name, "sensor",
param);
                    if(!result.equals("")){
                        JSONObject object = new JSONObject(result);
                        Integer id = object.getInt("id");
```

```
                    Toast.makeText(TriggerActivity.this, "添加触发器到服务器成
功,返回 ID 为" + id, Toast.LENGTH_SHORT).show();
                }else{
                    Toast.makeText(TriggerActivity.this, "添加触发器到服务器失
败!", Toast.LENGTH_SHORT).show();
                }
```

④ 调用 wsnAutoControl. getTrigger()方法用来获取所有保存的触发器,源代码参考 libwsnDrI/OdDemo\src\TriggerActivity.java。

⑤ 同理,所有保存触发器和查询触发器的操作都会抛出异常,因此要用 try-catch 语句进行处理。

⑥ 断开连接。

```
protected void onDestroy() {

        super.onDestroy();
    }
```

(2) ActuatorActivity 类执行器处理界面,保存执行器基本信息,用于相应触发器的条件处理事件,执行命令;也有查询的接口方法。处理执行器和处理触发器的方法类似,两者的主要区别在于方法的名称不同,调用 wsnAutoControl. createActuator(name,"sensor",param)方法来保存执行器信息,调用 wsnAutoControl. getActuator()方法来查询保存的执行器信息。源代码如下:

```
protected void onCreate(Bundle savedInstanceState) {

        super.onCreate(savedInstanceState);
        setContentView(R.layout.actuator);
        setTitle("自动控制 - 执行器");
        editName = (EditText) findViewById(R.id.editName);
        editMac = (EditText) findViewById(R.id.editMac);
        editCommand = (EditText) findViewById(R.id.editCommand);
        btnSave = (Button) findViewById(R.id.btnSave);
        btnQuery = (Button) findViewById(R.id.btnQuery);
        tvResult = (TextView) findViewById(R.id.tvResult);

        wsnAutoControl = new WSNAutoctrl(DemoActivity.myZCloudID, DemoActivity.myZCloudKey);
        wsnAutoControl.setServerAddr("zhiyun360.com:8001");
        btnSave.setOnClickListener(new View.OnClickListener() {

            @Override
            public void onClick(View v) {

                String name = editName.getText().toString();
                String mac = editMac.getText().toString();
```

```
                String command = editCommand.getText().toString();
                if(name.equals("")||mac.equals("")||command.equals("")){
                    Toast.makeText(ActuatorActivity.this, "执行器名或 MAC 地址或指令不能
为空!",
            Toast.LENGTH_SHORT).show();
                }else{
                    try {
                        System.out.println("in try");
                        JSONObject param = new JSONObject();
                        param.put("mac", mac);
                        param.put("data", command);
                        String result = wsnAutoControl.createActuator(name, "sensor", param);
                        if(!result.equals("")){
                            JSONObject object = new JSONObject(result);
                            Integer id = object.getInt("id");
                            Toast.makeText(ActuatorActivity.this, "保存执行器到服务器
成功,返回 ID 为" + id, Toast.LENGTH_SHORT).show();
                        }else{
                             Toast.makeText(ActuatorActivity.this, "保存执行器到服务器
失败!",
                    Toast.LENGTH_SHORT).show();
                        }
                    } catch (ExceptI/On e) {
                        e.printStackTrace();
                    }

                }
            }
        });

        btnQuery.setOnClickListener(new View.OnClickListener() {

            @Override
            public void onClick(View v) {
                //TODO Auto - generated method stub
                try {
                    String result = wsnAutoControl.getActuator();
                    tvResult.setText(jsonFormatter(result));
                      Toast.makeText(ActuatorActivity.this, "查询所有的执行器成功!",
Toast.LENGTH_SHORT).show();
                } catch (ExceptI/On e) {
                    e.printStackTrace();
                }
            }
        });
    }

    public String jsonFormatter(String uglyJSONString) {
```

```
        Gson gson = new GsonBuilder().disableHtmlEscaping().setPrettyPrinting().create();
        JsonParser jp = new JsonParser();
        JsonElement je = jp.parse(uglyJSONString);
        String prettyJsonString = gson.toJson(je);
        return prettyJsonString;
    }


    @Override
    protected void onDestroy() {

        super.onDestroy();
    }

}
```

(3) JobActivity 类是执行策略处理界面，用于配对触发器和执行器，用来实现自动控制。调用 wsnAutoControl.createJob(name, enable, param)方法来创建执行策略，调用 wsnAutoControl.getJob()方法来浏览所有执行策略。源代码如下：

```
    protected void onCreate(Bundle savedInstanceState) {

        super.onCreate(savedInstanceState);
        setContentView(R.layout.job);
        setTitle("自动控制 - 执行策略");
        editName = (EditText) findViewById(R.id.editName);
        editTriggerId = (EditText) findViewById(R.id.editTriggerID);
        editActuatorId = (EditText) findViewById(R.id.editActuatorID);
        radI/OGroup = (RadI/OGroup) findViewById(R.id.radI/OGroup);
        radI/OButton0 = (RadI/OButton) findViewById(R.id.radI/OGroupButton0);
        radI/OButton1 = (RadI/OButton) findViewById(R.id.radI/OGroupButton1);
        btnSave = (Button) findViewById(R.id.btnSave);
        btnQuery = (Button) findViewById(R.id.btnQuery);
        tvResult = (TextView) findViewById(R.id.tvResult);

        wsnAutoControl = new WSNAutoctrl(DemoActivity.myZCloudID, DemoActivity.myZCloudKey);
        wsnAutoControl.setServerAddr("zhiyun360.com:8001");

        radI/OGroup.setOnCheckedChangeListener(new OnCheckedChangeListener() {
            @Override
            public void onCheckedChanged(RadI/OGroup group, int checkedId) {

                if (checkedId == radI/OButton0.getId()) {
                    enable = true;
                } else if(checkedId == radI/OButton1.getId()){
                    enable = false;
```

```
                }
            }
        });

        btnSave.setOnClickListener(new View.OnClickListener() {

            @Override
            public void onClick(View v) {

                String name = editName.getText().toString();
                String triggerId = editTriggerId.getText().toString();
                String actuatorId = editActuatorId.getText().toString();
                if(name.equals("")||triggerId.equals("")||actuatorId.equals("")){
                    Toast.makeText(JobActivity.this, "执行策略名或触发器 ID 或执行器 ID
不能为空!", Toast.LENGTH_SHORT).show();
                }else{
                    String[] tids = triggerId.split(",");
                    String[] aids = actuatorId.split(",");
                    try{
                        JSONObject param = new JSONObject();
                        JSONArray tidsArray = new JSONArray();
                        JSONArray aidsArray = new JSONArray();
                        for(int i = 0;i<tids.length;i++){
                            tidsArray.put(tids[i]);
                        }
                        for(int j = 0;j<aids.length;j++){
                            aidsArray.put(aids[j]);
                        }
                        param.put("tids", tidsArray);
                        param.put("aids", aidsArray);
                        String result = wsnAutoControl.createJob(name, enable, param);
                        if(!result.equals("")){
                            JSONObject jsonObject = new JSONObject(result);
                            Integer id = jsonObject.getInt("id");
                            Toast.makeText(JobActivity.this, "保存执行策略到服务器成
功,返回 ID 为" + id, Toast.LENGTH_SHORT).show();
                        }else{
                            Toast.makeText(JobActivity.this, "保存执行策略到服务器失
败!", Toast.LENGTH_SHORT).show();
                        }
                    }catch (ExceptI/On e) {

                        Toast.makeText(JobActivity.this, "请输入正确的触发器 ID 和执行
ID 格式!", Toast.LENGTH_SHORT).show();
                    }
                }
            }
        });
        btnQuery.setOnClickListener(new View.OnClickListener() {
```

```
            @Override
            public void onClick(View v) {

                String result;
                try {
                    result = wsnAutoControl.getJob();
                    tvResult.setText(jsonFormatter(result));
                } catch (ExceptI/On e) {
                    //TODO Auto - generated catch block
                    e.printStackTrace();
                }
            }
        });
    }
    public String jsonFormatter(String uglyJSONString) {
        Gson gson = new GsonBuilder().disableHtmlEscaping().setPrettyPrinting().create();
        JsonParser jp = new JsonParser();
        JsonElement je = jp.parse(uglyJSONString);
        String prettyJsonString = gson.toJson(je);
        return prettyJsonString;
    }
    @Override
    protected void onDestroy() {
        super.onDestroy();
    }
}
```

(4) SchedudlerActivity 类定义了开发者查询执行记录的方法。开发者查询分为两种：过滤查询和执行查询。调用 wsnAutoControl.getSchedudler(number, duratI/On)方法用来过滤查询，调用 wsnAutoControl.getSchedudler()方法用来执行查询。源代码如下：

```
    protected void onCreate(Bundle savedInstanceState) {

        super.onCreate(savedInstanceState);
        setContentView(R.layout.schedudler);
        setTitle("自动控制 - 执行记录");
        wsnAutoControl = new WSNAutoctrl(DemoActivity.myZCloudID, DemoActivity.myZCloudKey);
        wsnAutoControl.setServerAddr("zhiyun360.com:8001");
        btnQuery = (Button) findViewById(R.id.btnQuery);
        btnFilter = (Button) findViewById(R.id.btnFilter);
        editNumber = (EditText) findViewById(R.id.editNumber);
        tvResult = (TextView) findViewById(R.id.tvResult);
        spinner = (Spinner) findViewById(R.id.spinnerDuratI/On);
        //设置下拉列表的风格
        ArrayAdapter<String> adapter = new ArrayAdapter<String>(this,
android.R.layout.simple_spinner_item, duratI/Ons);
        adapter.setDropDownViewResource(android.R.layout.simple_spinner_dropdown_item);
```

```
        spinner.setAdapter(adapter);
        spinner.setOnItemSelectedListener(new OnItemSelectedListener() {
            @Override
            public void onItemSelected(AdapterView<?> parent, View view,
                    int positI/On, long id) {

                duratI/On = duratI/Ons[positI/On];
            }
            @Override
            public void onNothingSelected(AdapterView<?> parent) {

            }
        });
        btnFilter.setOnClickListener(new View.OnClickListener() {
            @Override
            public void onClick(View v) {

                String number = editNumber.getText().toString();
                if(editNumber.equals("")){
                    Toast.makeText(SchedudlerActivity.this, "过滤查询的数值文本框不能为
空!", Toast.LENGTH_SHORT).show();
                }else{
                    String result;
                    try {
                        result = wsnAutoControl.getSchedudler(number, duratI/On);
                        tvResult.setText(jsonFormatter(result));
                         Toast.makeText(SchedudlerActivity.this, "过滤查询执行记录成
功!", Toast.LENGTH_SHORT).show();
                    } catch (ExceptI/On e) {
                        e.printStackTrace();
                    }
                }
            }
        });
        btnQuery.setOnClickListener(new View.OnClickListener() {
            @Override
            public void onClick(View v) {

                String rcsult;
                try {
                    result = wsnAutoControl.getSchedudler();
                    tvResult.setText(jsonFormatter(result));
                     Toast.makeText(SchedudlerActivity.this, "从服务器获取执行记录成
功!", Toast.LENGTH_SHORT).show();
                } catch (ExceptI/On e) {

                    e.printStackTrace();
                }
            }
```

```
        });
    }
    public String jsonFormatter(String uglyJSONString) {
        Gson gson = new GsonBuilder().disableHtmlEscaping().setPrettyPrinting().create();
        JsonParser jp = new JsonParser();
        JsonElement je = jp.parse(uglyJSONString);
        String prettyJsonString = gson.toJson(je);
        return prettyJsonString;
    }
    @Override
    protected void onDestroy() {

        super.onDestroy();
    }
}
```

8.5.5 开发步骤

1. 部署智云硬件环境

(1) 参考附录A.3,将无线节点驱动镜像固化到无线节点中。STM32W108无线模块对应镜像slip-radio-zxw108-rf-uart.hex,开发资源包02-镜像\节点\Ipv6中。

(2) 参考1.4节步骤将传感器节点、边界路由节点(智云网关板载)的镜像文件固化到节点中(当多台设备使用时需要针对源代码修改网络信息并重新编译镜像下载)。

(3) 准备一台智云网关,并确保网关为最新镜像。

(4) 给硬件上电,并构建形成无线传感网络。

(5) 参考8.2节的步骤对智云网关进行配置,确保智云网络连接成功。

2. 用Android集成开发环境打开Android任务例程

在eclipse中导入任务例程libwsnDroidDemo文件,目录为01-开发例程\第08章\任务04:智云Android应用示例\libwsnDroidDemo,要实现8.5.4中的所有内容都需要用到libwsnDroid-20150731.jar包中的API,因此,需要将libwsnDroid2.jar包复制到工程目录的libs文件夹下,如图8.44所示。

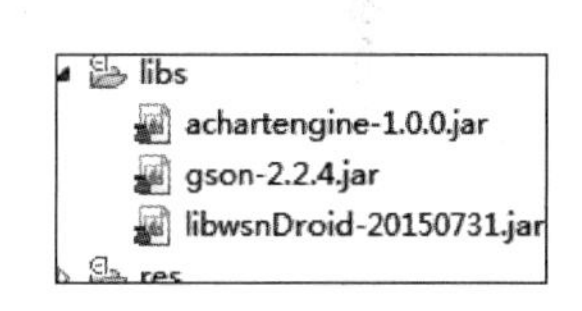

图8.44 libs文件夹下列表显示

3. 正确填写智云ID秘钥、服务器地址、摄像头信息

智云ID秘钥和服务器地址为网关中开发者自己设置,摄像头信息有摄像头IP、用户名、密码、摄像头类型,摄像头IP为摄像头连接网关后映射出的IP,其他3个摄像头均已给出。

4. 将程序运行虚拟机中或其他Android终端,并组网成功

5. 单击按钮,查看运行结果

以实时连接接口和摄像头接口为例来显示运行结果。

(1) 主界面显示,分为多个模块,单击分别进入不同的模块,如图8.45所示。

(2) 单击"传感器读取与控制"按钮,跳转到传感器读取与控制界面,此Activity调用的是实时连接接口中的方法。单击"开灯""关灯"按钮，显示实时控制的指令输出，如图 8.46 所示。

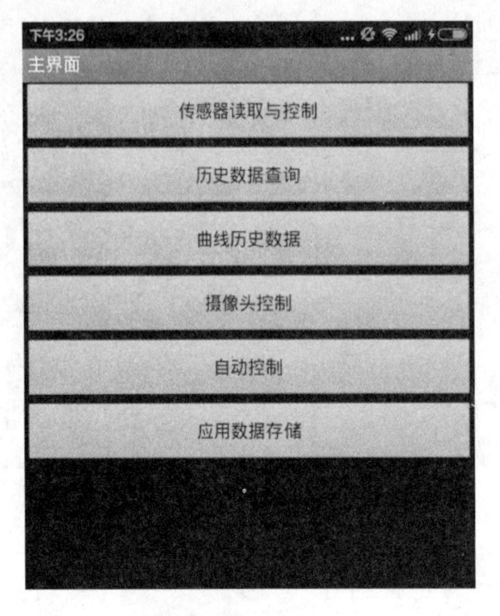

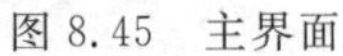
图 8.45　主界面

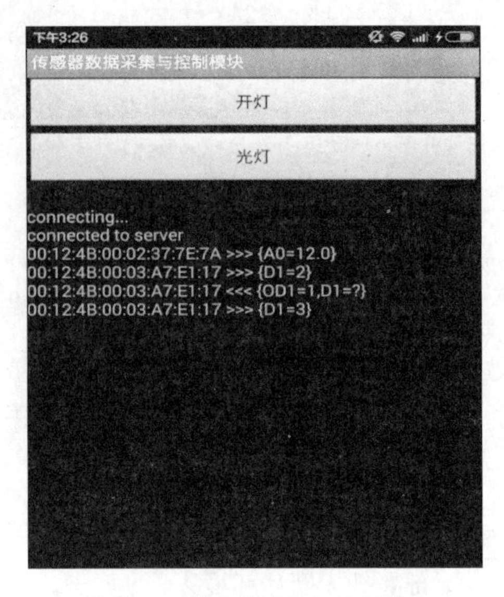

图 8.46　传感器读取与控制模块

(3) 返回到主界面，单击"摄像头控制"按钮，进入摄像头控制模块，当显示出 ayari. easyn. hk(摄像头 IP)在线后，就可以进行按钮控制摄像头，如图 8.47 所示。

图 8.47　摄像头控制模块

8.5.6 总结与扩展

根据 API 介绍，编写一个温湿度采集的应用，在主界面每隔 20s 更新一次温湿度的值。

8.6 任务 65 Web API 开发

8.6.1 学习目标

- 熟悉智云硬件驱动开发；
- 理解 ZigBee 智云通信协议程序功能；
- 熟悉 Web API 的实时连接、历史数据、自动控制和开发者数据接口的构成，并利用这些接口进行项目开发。

8.6.2 开发环境

- 硬件：温度传感器，声光报警传感器，智云 Android 开发平台(默认为 s210 系列 Android 开发平台)，STM32 系列无线开发板(两个)，CC2530 仿真器，调试转接板；
- 软件：Windows XP/7/8，ARM 嵌入式开发平台 IAR，Android 集成开发环境。

8.6.3 原理学习

针对 Web 应用开发，智云平台提供 JavaScript 接口库，有实时连接接口、历史数据接口、摄像头接口、开发者数据接口和自动控制接口，开发者直接调用相应的接口完成简单 Web 应用的开发。

8.6.3.1 实时连接接口

基于 Web JavaScript 的实时连接接口如表 8.15 所示。

表 8.15 实时连接接口

函 数	参数说明	功 能
new WSNRTConnect(myZCloudID, myZCloudKey);	myZCloudID:智云账号 myZCloudKey:智云密钥	建立实时数据实例，并初始化智云 ID 及密钥
connect()	无	建立实时数据服务连接
disconnect()	无	断开实时数据服务连接
onConnect()	无	监听连接智云服务成功
onConnectLost()	无	监听连接智云服务失败
onMessageArrive(mac, dat)	mac:传感器的 MAC 地址 dat: 发送的消息内容	监听收到的数据
sendMessage(mac, dat)	mac:传感器的 MAC 地址 dat: 发送的消息内容	发送消息
setServerAddr(sa)	sa:数据中心服务器地址及端口	设置/改变数据中心服务器地址及端口号
setIdKey(myZCloudID, myZCloudKey);	myZCloudID:智云账号 myZCloudKey:智云密钥	设置/改变智云 ID 及密钥(需要重新断开连接)

8.6.3.2 历史数据接口

基于 Web JavaScript 的历史数据接口如表 8.16 所示。

表 8.16 历史数据接口

函 数	参数说明	功 能
new WSNHistory(myZCloudID, myZCloudKey);	myZCloudID:智云账号 myZCloudKey:智云密钥	初始化历史数据对象,并初始化智云 ID 及密钥
queryLast1H(channel, cal);	channel:传感器数据通道 cal:回调函数(处理历史数据)	查询最近 1 小时的历史数据
queryLast6H(channel, cal);	channel:传感器数据通道 cal:回调函数(处理历史数据)	查询最近 6 小时的历史数据
queryLast12H(channel, cal);	channel:传感器数据通道 cal:回调函数(处理历史数据)	查询最近 12 小时的历史数据
queryLast1D(channel, cal);	channel:传感器数据通道 cal:回调函数(处理历史数据)	查询最近 1 天的历史数据
queryLast5D(channel, cal);	channel:传感器数据通道 cal:回调函数(处理历史数据)	查询最近 5 天的历史数据
queryLast14D(channel, cal);	channel:传感器数据通道 cal:回调函数(处理历史数据)	查询最近 14 天的历史数据
queryLast1M(channel, cal);	channel:传感器数据通道 cal:回调函数(处理历史数据)	查询最近 1 月(30 天)的历史数据
queryLast3M(channel, cal);	channel:传感器数据通道 cal:回调函数(处理历史数据)	查询最近 3 月(90 天)的历史数据
queryLast6M(channel, cal);	channel:传感器数据通道 cal:回调函数(处理历史数据)	查询最近 6 月(180 天)的历史数据
queryLast1Y(channel, cal);	channel:传感器数据通道 cal:回调函数(处理历史数据)	查询最近 1 年(365 天)的历史数据
query(cal);	cal:回调函数(处理历史数据)	获取所有通道最后一次数据
query(channel, cal);	channel:传感器数据通道 cal:回调函数(处理历史数据)	获取该通道下最后一次数据
query(channel, start, end, cal);	channel:传感器数据通道 start:起始时间 end:结束时间 cal:回调函数(处理历史数据) 时间为 ISO 8601 格式的日期,例如:2010-05-20T11:00:00Z	通过起止时间查询指定时间段的历史数据
query(channel, start, end, interval, cal);	channel:传感器数据通道 start:起始时间 end:结束时间 cal:回调函数(处理历史数据) interval:采样点的时间间隔,详细见后续说明 时间为 ISO 8601 格式的日期,例如:2010-05-20T11:00:00Z	通过起止时间查询指定时间段指定时间间隔的历史数据
setServerAddr(sa)	sa:数据中心服务器地址及端口	设置/改变数据中心服务器地址及端口号
setIdKey(myZCloudID, myZCloudKey);	myZCloudID:智云账号 myZCloudKey:智云密钥	设置/改变智云 ID 及密钥

8.6.3.3 摄像头接口

基于 Web JavaScript 的摄像头接口如表 8.17 所示。

表 8.17 摄像头接口

函数	参数说明	功能
new WSNCamera(myZCloudID, myZCloudKey);	myZCloudID:智云账号 myZCloudKey:智云密钥	初始化摄像头对象，并初始化智云 ID 及密钥
initCamera (myCameraIP, user, pwd, type);	myCameraIP：摄像头外网域名/IP 地址 user:摄像头开发者名 pwd:摄像头密码 type：摄像头类型（F-Series，F3-Series，H3-Series） 以上参数从摄像头手册获取	设置摄像头域名、开发者名、密码、类型等参数
openVideo();	无	打开摄像头
closeVideo();	无	关闭摄像头
control(cmd);	cmd:云台控制命令，参数如下： UP:向上移动一次 DOWN:向下移动一次 LEFT:向左移动一次 RIGHT:向右移动一次 HPATROL:水平巡航转动 VPATROL:垂直巡航转动 360PATROL：360 度巡航转动	发指令控制摄像头云台转动
checkOnline(cal);	cal:回调函数(处理检查结果)	检测摄像头是否在线
snapshot();	无	抓拍照片
setDiv(divID);	divID:网页标签	设置展示摄像头视频图像的标签
freeCamera(myCameraIP);	myCameraIP：摄像头外网域名/IP 地址	释放摄像头资源
setServerAddr(sa)	sa:数据中心服务器地址及端口	设置/改变数据中心服务器地址及端口号
setIdKey(myZCloudID, myZCloudKey);	myZCloudID:智云账号 myZCloudKey:智云密钥	设置/改变智云 ID 及密钥

8.6.3.4 自动控制接口

基于 Web JavaScript 的自动控制接口如表 8.18 所示。

表 8.18　自动控制接口

函　数	参数说明	功　能
new WSNAutoctrl(myZCloudID, myZCloudKey);	myZCloudID:智云账号 myZCloudKey:智云密钥	初始化自动控制对象,并初始化智云 ID 及密钥
createTrigger(name, type, param, cal);	name:触发器名称 type:触发器类型(sensor,timer) param:触发器内容,JSON 对象格式,创建成功后返回该触发器 ID(JSON 格式) cal:回调函数	创建触发器
createActuator(name, type, param, cal);	name:执行器名称 type:执行器类型(sensor、ipcamera、phone、job) param:执行器内容,JSON 对象格式创建成功后返回该执行器 ID(JSON 格式) cal:回调函数	创建执行器
createJob(name, enable, param, cal);	name:任务名称 enable:true(使能任务),false(禁止任务) param:任务内容,JSON 对象格式,创建成功后返回该任务 ID (JSON 格式) cal:回调函数	创建任务
deleteTrigger(id, cal);	id:触发器 ID cal:回调函数	删除触发器
deleteActuator(id, cal);	id:执行器 ID cal:回调函数	删除执行器
deleteJob(id, cal);	id:任务 ID cal:回调函数	删除任务
setJob(id, enable, cal);	id:任务 ID enable:true(使能任务),false(禁止任务) cal:回调函数	设置任务使能开关
deleteSchedudler(id, cal);	id:任务记录 ID cal:回调函数	删除任务记录
getTrigger(cal);	cal:回调函数	查询当前智云 ID 下的所有触发器内容
getTrigger(id, cal);	id:触发器 ID cal:回调函数	查询该触发器 ID 内容
getTrigger(type, cal);	type:触发器类型 cal:回调函数	查询当前智云 ID 下的所有该类型的触发器内容

续表

函　　数	参数说明	功　　能
getActuator(cal);	cal:回调函数	查询当前智云 ID 下的所有执行器内容
getActuator(id, cal);	id:执行器 ID cal:回调函数	查询该执行器 ID 内容
getActuator(type, cal);	type:执行器类型 cal:回调函数	查询当前智云 ID 下的所有该类型的执行器内容
getJob(cal);	cal:回调函数	查询当前智云 ID 下的所有任务内容
getJob(id, cal);	id:任务 ID cal:回调函数	查询该任务 ID 内容
getSchedudler(cal);	cal:回调函数	查询当前智云 ID 下的所有任务记录内容
getSchedudler(jid, duration, cal);	id:任务记录 ID duration: duration = x < year | month | day | hours | minute >,默认返回一天的记录 cal:回调函数	查询该任务记录 ID 某个时间段的内容
setServerAddr(sa)	sa:数据中心服务器地址及端口	设置/改变数据中心服务器地址及端口号
setIdKey(myZCloudID,myZCloudKey);	myZCloudID:智云账号 myZCloudKey:智云密钥	设置/改变智云 ID 及密钥

8.6.3.5　开发者数据接口

基于 Web JavaScript 的开发者数据接口如表 8.19 所示。

表 8.19　开发者数据接口

函　　数	参数说明	功　　能
new WSNProperty(myZCloudID, myZCloudKey);	myZCloudID:智云账号 myZCloudKey:智云密钥	初始化开发者数据对象,并初始化智云 ID 及密钥
put(key, value, cal);	key:名称 value:内容 cal:回调函数	创建开发者应用数据
get(cal);	cal:回调函数	获取所有的键值对
get(key, cal);	key:名称 cal:回调函数	获取指定 KEY 的值
setServerAddr(sa)	sa:数据中心服务器地址及端口	设置/改变数据中心服务器地址及端口号
setIdKey(myZCloudID, myZCloudKey);	myZCloudID:智云账号 myZCloudKey:智云密钥	设置/改变智云 ID 及密钥

8.6.4 开发内容

8.6.4.1 曲线的设计

在本任务中使用到的曲线图采用了 highchart 公司提供的一个图表库，开发者在使用时，只需要在 html 中包含相关库文件，然后调用相关方法即可。图 8.48 所示为本例程中使用的一个曲线图样式。

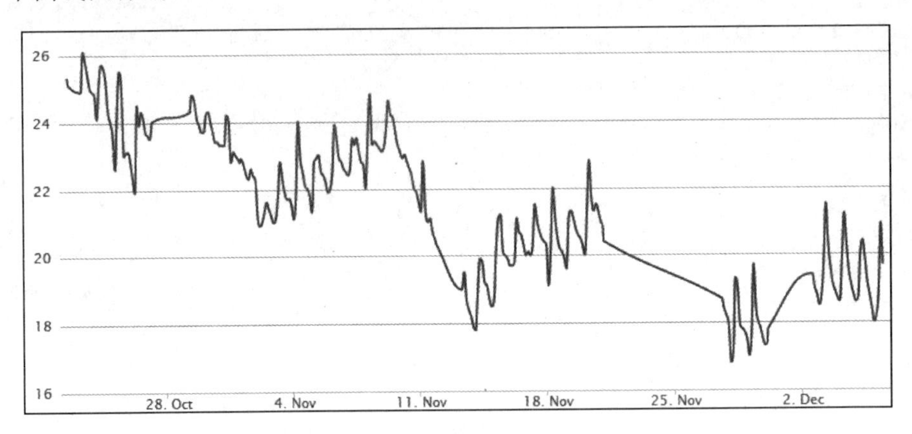

图 8.48 曲线图样式

注：图中横坐标表示时间日期，纵坐标表示显示的值。

本任务的开发步骤中，介绍在 html 页面中实现此曲线图的详细步骤。

8.6.4.2 仪表的设计

在本任务中表盘的实现也是采用了 highchart 公司提供的一个图表库，开发者在使用时，只需要在 html 中包含相应的库文件，然后调用相应的方法即可，如图 8.49 所示是本任务中使用的一个表盘样式。

本任务的开发步骤中，介绍在 html 页面中实现此表盘的详细步骤。

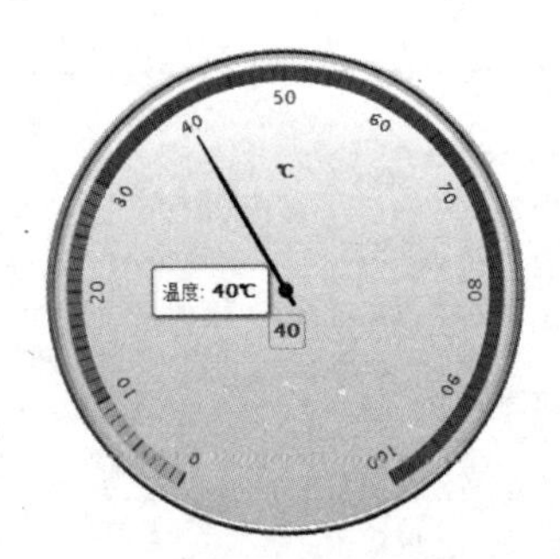

图 8.49 表盘样式

8.6.4.3 实时数据的接收与发送

智云物联云平台提供了实时数据推送服务的 API，开发者根据这些 API 可以实现与底层传感器的信息交互，只有理解了这些 API 后，开发者就可以在底层自定义一些协议，然后根据 API 和协议就可以实现底层传感器的控制、数据采集等功能。

结合表盘和实时数据的发送与接收来实现任务，任务流程为：Web 页面向底层硬件设备发送数据获取命令，底层设备成功收到命令后就上传相关数据，Web 页面接收到数据之后将数据进行解析后就会在表盘中显示数据，同时在相应的标签中显示接收的原始数据。

下面讲解基于 API 的 Web 页面实现。

在本任务中 realTimeData.html 页面的样式设计如图 8.50 所示，左侧的表盘显示温度值，右边通过文本框发送{A0=?}命令获取温度值，并将获取的温度值显示在表盘上，同时在下方显示接收的数据。

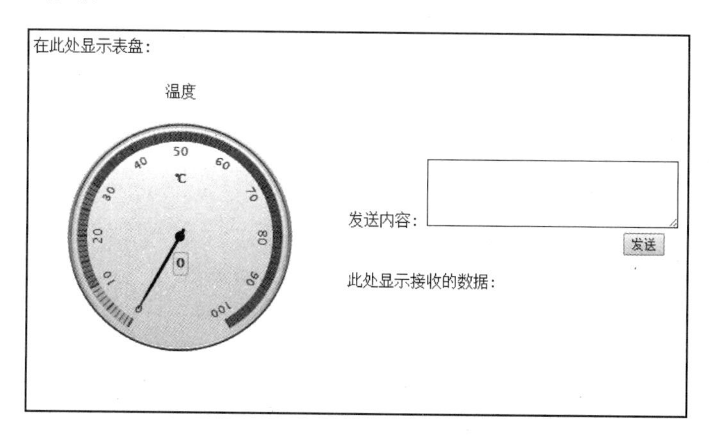

图 8.50　realTimeData.html 页面的样式

1. Web 页面样式实现

1）构建 html 页面

在 Web/examples 目录下新建一个项目文件夹，命名为 realTimeData，然后打开记事本，在记事本中输入以下 html 语句，输入完后保存为 utf-8 格式，文件命名为 realTimeData.html，并将该文件保存到 Web/examples/realTimeData 文件夹中。

```
<!DOCTYPE html PUBLIC "-//W3C//DTD XHTML 1.0 Transitional//EN"
"http://www.w3.org/TR/xhtml1/DTD/xhtml1-transitional.dtd">
<html xmlns="http://www.w3.org/1999/xhtml">
<head>
<meta http-equiv="Content-Type" content="text/html; charset=utf-8" />
<title>实时数据的发送与接收</title>
</head>
<body>
</body>
</html>
```

2）添加 html 内容

在<body></body>标签中添加 html 标签，内容为：

```
<div style="margin-left:300px">
<div id="state">连接中....</div>
<p>在此处显示表盘:</p>
<div id="dial" style="width:300px;height:300px;float:left">
</div>
<div style="margin-left:320px;margin-top:100px;">
发送内容:
<textarea type="text" id="sendMessage" style="width:250px;height:60px"></textarea>
</br>
<input type="button" value="发送" id="sendBt" style="margin-left:280px">
<p>此处显示接收的数据:</p>
```

```
<div id="showMessage"></div>
</div>
</div>
```


2. Web 逻辑源代码实现

1) 引入 js 脚本库

在 html 中添加 jQuery 语言库 jquery-1.11.0.min.js 和表盘实现的 highcharts.js 及 highcharts-more.js 库的引用，然后再添加表盘控件绘制 API 的 drawcharts.js 文件以及实时数据推送服务的 WSNRTConnect.js 文件，在<head></head>标签中添加如下源代码：

```
<script src="../../js/jquery-1.11.0.min.js" type="text/javascript"></script>
<script src="../../js/highcharts.js" type="text/javascript"></script>
<script src="../../js/highcharts-more.js" type="text/javascript"></script>
<script src="../../js/drawcharts.js" type="text/javascript"></script>
<script src="../../js/WSNRTConnect.js" type="text/javascript"></script>
```

说明："../"为进入上一级目录。

2) 添加表盘绘制 js 函数

在<head></head>标签中添加表盘的绘制函数，添加内容如下：

```
<script type="text/javascript">
$(function(){
    //绘制表盘样式
    getDial("#dial", "", "温度", "℃", 0, 100, { layer1: { from: 10, to: 30, color: green },
layer2: { from: 0, to: 10, color: yellow }, layer3: { from: 30, to: 100, color: red } });
});
</script>
```

3) 添加实时数据连接的 js 代码

本任务例程以智云平台的一个测试案例的传感器进行测试，实现实时数据的发送与接收功能。实现流程如下：创建数据服务对象→云服务初始化→发送命令数据→接收底层上传的数据→解析接收到的数据→数据显示。在第 2)步的表盘绘制源代码后面添加如下 js 源代码：

```
var myZCloudID = "123";                                          //序列号
    var myZCloudKey = "123";                                     //密钥
    var mySensorMac = "00:12:4B:00:02:CB:A8:52";                 //传感器的 MAC 地址
    var rtc = new WSNRTConnect(myZCloudID,myZCloudKey);          //创建数据连接服务对象
    rtc.connect();                                               //数据推送服务连接

    rtc.onConnect = function(){                                  //连接成功回调函数
        $("#state").text("数据服务连接成功!");
    };
```

```
    rtc.onConnectLost = function(){                          //数据服务掉线回调函数
        $ ("#state").text("数据服务掉线!");
    };

    rtc.onmessageArrive = function(mac, dat) {               //消息处理回调函数

        if((mac == mySensorMac)&&(dat.indexOf(",") == -1)){//接收数据过滤
            var recvMessage = mac + " 发来消息: " + dat;
            //给表盘赋值
            dat = dat.substring(dat.indexOf("=") + 1,dat.indexOf("}"));
                                                            //将原始数据的数字部分分离出来
            setDialData('#dial',parseFloat(dat));           //在表盘上显示数据
            $ ("#showMessage").text(recvMessage);           //显示接收到的原始数据
            }
        };
        $ ("#sendBt").click(function(){                      //发送按钮单击事件
            var message = $ ("#sendMessage").val();
            rtc.sendMessage(mySensorMac, message);           //向传感器发送数据
    });
```

说明：在本任务中采用了物联云平台的一个测试案例，以温湿度传感器为例，其中myZCloudID、myZCloudKey为开发者注册云平台账户时用到的传感器序列号和密钥，mySensorMac为传感器的MAC地址。开发者可以将myZCloudID、myZCloudKey、channel修改成自己的项目信息，然后实现自己项目案例中某个传感器的实时数据的发送与接收。

8.6.4.4 历史数据的获取与展示

本任务是结合曲线完成的，在第一个任务只是简单地实现了曲线图的绘制，并初始化了一些曲线数据值。本任务中的所有数据源来自服务器，因此重点是实现如何从服务器获取数据，并将获取到的数据在曲线图上显示。

针对历史数据查询的需求，智云物联云平台提供了丰富的历史数据查询的API，并将相应的方法封装到了WSNHistory.js文件中，开发者只需要调用WSNHistory.js中的若干方法即可实现历史数据的查询，下面根据这些API来实现历史数据查询的Web页面。

1. 数据获取API使用示例

1）查询最近3个月的历史数据

```
var myZCloudID = "xxxx";                           //开发者注册时使用的 ID
var myZCloudKey = "xxxx";                          //密钥
var channel = 'MAC 地址_参数';                      //数据通道,如 00:12:4B:00:02:CB:A8:52_A0
var WSNHistory = WSNHistory(myZCloudID,myZCloudKey); //新建一个对象,并初始化智云 ID、KEY
//最近 3 个月历史数据查询
WSNHistory.queryLast3M(channel,function(data){//data 参数为查询到的历史数据
        //数据处理
});
```

2）查询 2015 年 5 月 20 日到 2015 年 6 月 20 日的历史数据

```
var myZCloudID = "xxxx";                               //开发者注册时使用的 ID
var myZCloudKey = "xxxx";                              //密钥
var channel = 'MAC 地址_参数';                          //数据通道，如 00:12:4B:00:02:CB:A8:52_A0
var WSNHistory = new WSNHistory();                     //新建一个对象
WSNHistory.initZCloud(myZCloudID,myZCloudKey);//初始化
//查询 2015 年 5 月 20 日 - 2015 年 6 月 20 日
var startTime = "2014 - 12 - 22T15:52:28Z"
var endTime = "2015 - 05 - 22T15:52:28Z";
var interval = 1800;
WSNHistory.query(startTime, endTime, interval, channel, function(data){
                                                                //data 参数为查询到的历史数据
        //数据处理
});
```

2. Web 页面的实现

在本任务中 historyData.html 页面的样式设计如图 8.51 所示，该图为历史数据曲线显示图。图 8.52 所示为所查询历史数据的原始数据显示栏。

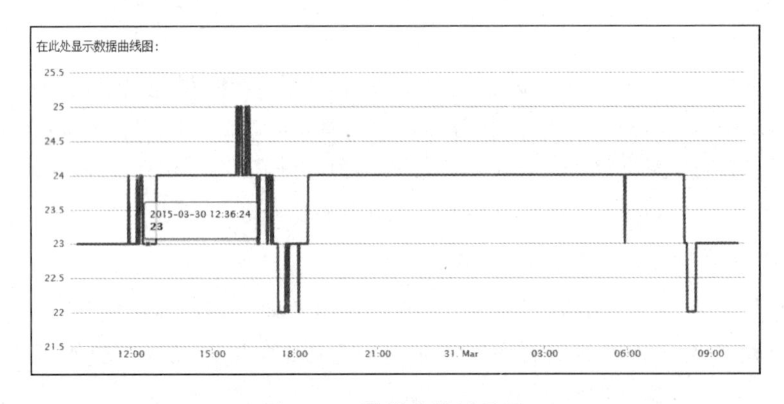

图 8.51　数据曲线显示图

此处显示接收到的历史数据：

{"current_value":"29.0","datapoints":[{"at":"2015-02-26T08:12:01Z","value":"14.0"},
{"at":"2015-02-26T10:04:02Z","value":"15.0"},{"at":"2015-02-26T12:08:03Z","value":"14.0"},
{"at":"2015-02-26T14:12:04Z","value":"15.0"},{"at":"2015-02-26T16:16:06Z","value":"16.0"},
{"at":"2015-03-18T15:19:43Z","value":"20.0"},{"at":"2015-03-18T15:44:14Z","value":"20.0"},
{"at":"2015-03-19T10:04:25Z","value":"17.0"},{"at":"2015-04-02T19:53:54Z","value":"472.7"},
{"at":"2015-04-11T10:16:56Z","value":"20.0"},{"at":"2015-04-11T12:12:27Z","value":"20.0"},
{"at":"2015-04-11T14:16:28Z","value":"22.0"},{"at":"2015-04-11T16:20:29Z","value":"21.0"},
{"at":"2015-04-11T18:24:00Z","value":"22.0"},{"at":"2015-04-11T20:28:02Z","value":"21.0"},
{"at":"2015-04-11T22:32:03Z","value":"21.0"},{"at":"2015-04-12T00:36:04Z","value":"21.0"},
{"at":"2015-04-12T02:40:05Z","value":"21.0"},{"at":"2015-04-12T04:44:07Z","value":"21.0"},
{"at":"2015-04-12T06:48:08Z","value":"21.0"},{"at":"2015-04-12T08:52:09Z","value":"21.0"},
{"at":"2015-04-12T10:56:10Z","value":"21.0"},{"at":"2015-04-12T13:00:12Z","value":"22.0"},
{"at":"2015-04-12T15:04:13Z","value":"22.0"},{"at":"2015-04-12T17:08:14Z","value":"22.0"},
{"at":"2015-04-12T19:12:15Z","value":"22.0"},{"at":"2015-04-12T21:16:17Z","value":"22.0"},
{"at":"2015-04-12T23:20:18Z","value":"22.0"},{"at":"2015-04-13T01:24:19Z","value":"22.0"},
{"at":"2015-04-13T03:28:21Z","value":"22.0"},{"at":"2015-04-13T05:32:22Z","value":"22.0"},
{"at":"2015-04-13T07:36:23Z","value":"22.0"},{"at":"2015-04-13T09:40:24Z","value":"21.0"},
{"at":"2015-04-13T11:44:26Z","value":"21.0"},{"at":"2015-04-13T13:48:27Z","value":"21.0"},
{"at":"2015-04-13T15:52:28Z","value":"22.0"},{"at":"2015-04-13T17:56:29Z","value":"23.0"},
{"at":"2015-05-16T19:56:01Z","value":"472.7"},{"at":"2015-05-22T08:22:40Z","value":"28.0"}

图 8.52　历史数据显示

下面依次介绍在 html 页面实现本例程的详细步骤。

1）Web 页面样式实现

（1）构建 HTML 页面。在 Web/examples 目录下新建一个项目文件夹，命名为 historyData，然后打开记事本，在记事本中输入以下 html 语句，输入完后保存为 utf-8 格式，文件命名为 historyData. html，并将该文件保存到 Web/examples/historyData 文件夹中。

```
<! DOCTYPE html PUBLIC " - //W3C//DTD XHTML 1. 0 Transitional//EN" "http://www. w3. org/TR/
xhtml1/DTD/xhtml1 - transitional. dtd">
< html xmlns = "http://www. w3. org/1999/xhtml">
< head >
< meta http - equiv = "Content - Type" content = "text/html; charset = utf - 8" />
< title >历史数据的查询</title >
</head >
< body >
</body >
</html >
```

（2）添加 html 标签。在< body ></body >标签中添加 html 标签，内容如下所示。

```
< p >在此处显示数据曲线图:</p >
< div id = "curve" >
</div >
< p >此处显示接收到的历史数据:</p >
< div id = "hisData" >
</div >
```

2）Web 逻辑源代码实现

（1）引入 js 脚本库。在 html 中添加 jQuery 语言库 jquery-1. 11. 0. min. js 和曲线图实现的 highcharts. js 库的引用，然后再添加曲线图控件绘制 API 的 drawcharts. js 文件，最后添加历史数据查询的 WSNHistory. js 文件，在< head ></head >标签中添加如下源代码。

```
< script src = "../../js/jquery - 1.11.0.min. js" type = "text/javascript"></script >
< script src = "../../js/highcharts. js" type = "text/javascript"></script >
< script src = "../../js/drawcharts. js" type = "text/javascript"></script >
< script src = "../../js/WSNHistory. js" type = "text/javascript"></script >
```

（2）编写 js 脚本调用曲线绘制的 API，创建历史数据查询对象，云服务初始化，调用历史数据查询的 API，然后将查询到的历史数据在曲线图上实现。本任务例程以智云物联云平台的一个测试案例的数据通道进行历史数据查询，查询的数据时间为最近一天，在< head ></head >标签中添加如下 js 源代码：

```
<script type = "text/javascript">
$ (function(){
    var myZCloudID = '123';                                    //开发者注册时使用的 ID
    var myZCloudKey = '123';                                   //密钥
    var channel = '00:12:4B:00:02:CB:A8:52_A0';                //数据通道
    var myHisData = new WSNHistory(myZCloudID,myZCloudKey);    //建立对象,并初始化

    //查询最近 3 个月的历史数据
    myHisData.queryLast3M(channel,function(dat){
        if(dat!= "")
        {
            var str = JSON.stringify(dat);            //将接收到的 JSON 数据对象转换成字符串
            $ ("#hisData").text(JSON.stringify(dat));     //显示接收到的原始数据

            var data = DataAnalysis(dat);
                                  //将接收到的 JSON 数据转换成二维数组形式在曲线图中显示
            showChart('#curve', 'spline', '', false,eval(data));
        }
        else
        {
            $ ("#curve").text("你查询的时间段没有数据!");
        }
    });
    });
</script>
```

① 在本任务查询的历史数据源来自智云物联云平台的一个测试案例，其中 myZCloudID、myZCloudKey 为开发者注册云平台账户时用到的传感器序列号和密钥，channel 为传感器的 MAC 地址与上传参数组成的一个字符串，例如"00:12:4B:00:02:CB:A8:52_A0"。开发者可以将 myZCloudID、myZCloudKey、channel 修改成自己的项目信息，然后实现查询自己项目案例中某个传感器的历史数据。

② 在上述 js 源代码中，调用了以下方法：

```
.queryLast3M(channel,function(data){ … })
```

该方法从智云物联数据中心获取传感器最近 3 个月的历史数据，数据获取成功后便会将获取到的历史数据赋值给第二个参数即回调函数中的 data 参数，开发者只需要在这个回调函数的函数体中对 data 进行处理即可。

下面来解释 data 数据处理的 js 源代码，源代码如下：

```
if(dat!= "")
    {
        var str = JSON.stringify(dat); //将接收到的 JSON 数据对象转换成字符串
        $ ("#hisData").text(JSON.stringify(dat)); //显示接收到的原始数据
```

```
        var data = DataAnalysis(dat);
                                        //将接收到的 JSON 数据转换成二维数组形式在曲线图中显示
        showChart('#curve', 'spline', '', false,eval(data));
    }
    else
    {
        $("#curve").text("你查询的时间段没有数据!");
    }
```

根据上述源代码不难理解，当 data 数据不为空时，将 data 数据作为曲线图的绘制数据源，由于曲线图库需要的数据格式是二维数组格式，而从服务器获取到的数据是 JSON 格式的数据形式，因此需要将接收到的 JSON 格式数据转换成二维数组的格式。

在该源代码中分别调用了 DataAnalysis()（该函数自定义，在 drawcharts.js 中）、eval() 函数（系统提供的函数）将 data 的数据格式转换成真正的二维数组。数据格式转换结束之后，调用曲线绘制函数在指定的 id=curve 标签中显示曲线图，同时在 id=hisData 标签中显示获取到的源历史数据内容；当 data 为空时，即显示“你查询的时间段没有数据!”

（3）自定义获取历史数据。

本任务中以获取最近 1 天的历史数据为例，获取 1 天、5 天、2 周、1 个月等时间的历史数据方法类似，只需要将函数名更改一下即可，同时历史数据查询的 API 也支持自定义时间段的数据查询。下面介绍 query() 函数的使用方法，开发者只需要在 js 源代码区写如下内容即可。

```
<script type="text/javascript">
$(function(){
    var myZCloudID = '123';  //开发者注册时使用的 ID
    var myZCloudKey = '123'; //密钥
    var channel = '00:12:4B:00:02:CB:A8:52_A0';   //数据通道
    var myHisData = new WSNHistory(myZCloudID, myZCloudKey);            //建立对象,并初始化
//任意时间段、时间间隔的历史数据查询
    var startTime = "2014-12-22T15:52:28Z";
    var endTime = "2015-05-22T15:52:28Z";
    var interval = 1800;
    myHisData.query(channel, startTime, endTime, interval,  function(dat){
        if(dat!= "")
        {
            var str = JSON.stringify(dat);         //将接收到的 JSON 数据对象转换成字符串
            $("#hisData").text(JSON.stringify(dat));           //显示接收到的原始数据

            var data = DataAnalysis(dat);
                                        //将接收到的 JSON 数据转换成二维数组形式在曲线图中显示
            showChart('#curve', 'spline', '', false,eval(data));

        }
```

```
            else
            {
                $("#curve").text("你查询的时间段没有数据!");
            }
        });
});

</script>
```

8.6.4.5 摄像头的显示与控制

智云物联云平台提供了 IP 摄像头的若干 API，开发者只要掌握了这些 API 的使用便可轻松掌握 Web 端视频监控的开发实现，在视频监控的实现中需要用到 camera-1.1.js 库文件、WSNCamera.js 文件，开发者用到的一些 API 都封装在 WSNCamera.js 中，而 WSNCamera.js 中的 API 的功能是依赖于 camera-1.0.js 库文件的，因此开发者在进行 Web 端的视频监控开发时，需要引用这两个 js 文件。下面根据这些 API 来实现 Web 端视频监控的编写，检测摄像头是否在线：

```
WSNCamera.checkOnline(function(state){
    //状态处理
    //state = 1,摄像头在线
    //state = 0,摄像头离线
});
```

摄像头初始化工程中 myCameraIP 参数说明：该参数支持“Camera:[IP:端口号]”或者“Camera:[域名]”两种赋值方式。如果摄像头做了端口映射，可以实现外网访问，则推荐开发者将该参数赋值为“Camera:[域名]”的形式；若摄像头只能在局域网访问，则该参数应赋值为“Camera:[IP:端口号]”的形式。

在本任务中 ipCamera.html 页面的样式设计如图 8.53 所示，左边按钮区域为摄像头的控制按钮，右边为视频监控的显示区域。

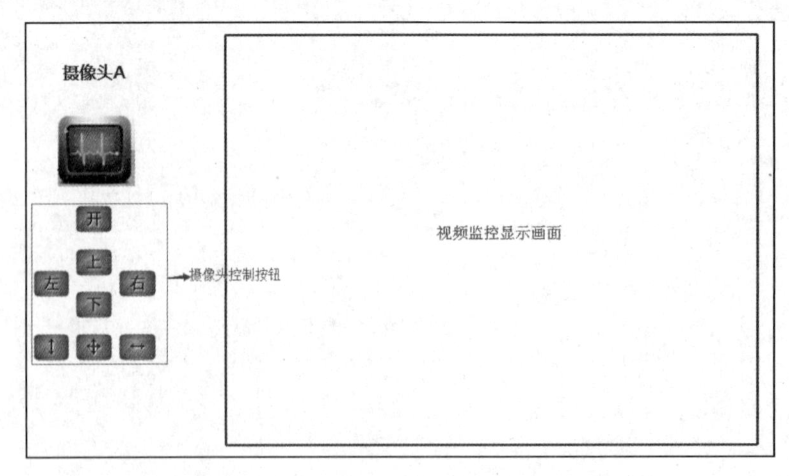

图 8.53 ipCamera.html 页面的样式设计

下面详细介绍视频监控Web页面的开发过程。

1. Web页面样式实现

1）构建HTML页面

在Web/examples目录下新建一个项目文件夹，命名为ipCamera，然后打开记事本，在记事本中输入以下html语句，输入完后保存为utf-8格式，文件命名为ipCamera.html，并将该文件保存到Web/examples/ipCamera文件夹中。

```
<!DOCTYPE html PUBLIC "-//W3C//DTD XHTML 1.0 Transitional//EN"
"http://www.w3.org/TR/xhtml1/DTD/xhtml1-transitional.dtd">
<html xmlns="http://www.w3.org/1999/xhtml">
<head>
<meta http-equiv="Content-Type" content="text/html; charset=utf-8" />
<title>视频监控系统的实现</title>
</head>
<body>
</body>
</html>
```

2）添加html标签

在<body></body>标签中添加html标签，内容为：

```
<div id="header">
    <div id="header_main">
<div id="logo" style="text-align:center;"><img src="images/monitor.jpg" /></div>
<div id="banner">
    <div id="logo_title">视频监控系统</div>
<div id="logo_intro">实现对家庭的视频监控以及远程控制.</div>
</div>
</div>
</div>
    <div id="block"></div>
<div id="main">
    <div class="clear"></div>
        <div class="custom_box button-rounded glow_in">
    <div class="c_box">
    <div class="c_sensor_title">
    <div class="c_sensor_name c_monitor_name">摄像头A</div>
<div class="c_sensor_img"><img src="images/title_img_4.png" /></div>

<div id="switch" class="switch_camera switch_camera_button"></div>
<div class="controller">
    <div id="ct_up" class="ct_up switch_camera_button"></div>
<div id="ct_left" class="ct_left switch_camera_button"></div>
<div id="ct_right" class="ct_right switch_camera_button"></div>
<div id="ct_down" class="ct_down switch_camera_button"></div>
<div id="ct_h" class="ct_h switch_camera_button"></div>
<div id="ct_c" class="ct_c switch_camera_button"></div>
<div id="ct_v" class="ct_v switch_camera_button"></div>
```

```
</div>
</div>
<div class = "c_sensor_box">
    <div class = "monitor_video button - rounded">
                        < img id = "img1" border = "0" src = ''>
    </div>
</div>
</div>
<div class = "clear"></div>
</div>
</div>
<div class = "clear"></div>
```

3）创建视频监控 Web 页面图片素材

开发者可以自定义，首先在 ipCamera 文件夹下创建 images 文件夹，然后在这个文件夹中存放参考页面展示的按钮、图片等素材。

4）编写 CSS 样式表

在第 3)步中添加了视频监控显示的 html 标签，但没有导入 CSS 样式表，为了让视频监控的 Web 页面显示与摄像头参考页面相同，需要编写 CSS 样式表。根据第 3)步编写的 html 标签以及参考页面的设计图来编写 custom. css 和 style. css 文件，两个 CSS 文件的内容如下所示。

custom. css 文件：

```
@charset "utf - 8";
/* CSS Document */
.custom_box
{
    width:1000px;
    border:1px solid #ccc;
}
.custom_box .dot_line
{
    width:960px;
    height:10px;
    margin:auto;
}
.c_box
{
    width:960px;
    height:auto;
    margin:auto;
}
.c_sensor_title
{
    width:200px;
    height:auto;
    float:left;
}
.c_sensor_name
```

```
{
    width:200px;
    height:50px;
    line-height:50px;
    text-align:center;
    float:left;
    margin-top:20px;
    font-size:20px;
    font-weight:600;
    margin-left:10px;
}
.c_sensor_img
{
    float:left;
    margin-left:48px;
}
.c_sensor_box
{
    width:760px;
    height:auto;
    float:left;
}
.switch
{
    margin-left:80px;
    background-image:url(../images/button_on.png);
}
.switch_camera
{
    margin-left:88px;
    background-image:url(../images/button_on.png);
}
.switch_camera_button
{
    width:44px;
    height:31px;
    float:left;
    cursor:pointer;
}
.monitor_video
{
    width:640px;
    height:480px;
    margin:50px 60px;
    border:3px solid #666;
}
.c_monitor_name
{
    margin-top:70px;
```

```
}
.controller
{
    width:200px;
    height:auto;
    margin-top:20px;
    float:left;
    position:relative;
    margin-left:10px;
}
.controller div
{
    position:absolute;
}
.ct_up
{
    background-image:url(../images/button_up.png);
    top:0;
    left:78px;
}
.ct_down
{
    background-image:url(../images/button_down.png);
    top:50px;
    left:78px;
}
.ct_left
{
    background-image:url(../images/button_left.png);
    top:25px;
    left:25px;
}
.ct_right
{
    background-image:url(../images/button_right.png);
    top:25px;
    right:25px;
}
.ct_v
{
    background-image:url(../images/button_vertical.png);
    top:100px;
    left:25px;
}
.ct_h
{
    background-image:url(../images/button_horizon.png);
    top:100px;
    right:25px;
```

```
}
.ct_c
{
    background-image:url(../images/button_comprehensive.png);
    top:100px;
    left:78px;
}
```

style.css 文件：

```
@charset "utf-8";
/* CSS文件 */
/* ============== 主体设计 ============== */
html
{
    margin:0;
    padding:0;
    overflow-y:scroll;
    overflow-x:hidden;
    background-color:#000;
}
body
{
    margin:0;
    padding:0;
    font-family:"微软雅黑","黑体","宋体";
    font-size:16px;
    color:#5D5A59;
    background-color:#fff;
}
img
{
    border:none;
}
.clear
{
    clear:both;
    height:30px;
}
.glow_in
{
    box-shadow: 0 0 10px #ccc inset;
    -webkit-box-shadow: 0 0 10px #ccc inset;
    -moz-box-shadow: 0 0 10px #ccc inset;
    background-color:#fefefe;
}
/* ============== 头部设计 ============== */
#header
{
    height:145px;
}
```

```
#header_main
{
    width:1000px;
    height:145px;
    margin:auto;
    position:relative;
}
#logo
{
    background-repeat:no-repeat;
    background-position:right;
    width:200px;
    height:80px;
    position:relative;
    float:left;
    left:30px;
    top:20px;
}
#banner
{
    width:340px;
    height:80px;
    position:relative;
    left:30px;
    top:40px;
    float:left;
    display:block;
}
#logo_title
{
    font-size:20px;
    font-weight:600;
}
#logo_intro
{
    font-size:12px;
    margin-top:5px;
}
#block
{
    height:10px;
    background-color:#000;
}
/*============== 中部设计 ==============*/
#main
{
    width:1000px;
    margin:auto;
    min-height:300px;
}
```

5）导入样式表

在 WSNCamera 文件夹下创建 css 文件夹，并将 custom.css 和 style.css 文件复制到 css 文件夹中，并在 ipCamera.html 中添加对其的引用。在<head></head>标签中添加如下内容：

```
<link href="css/style.css" rel="stylesheet" type="text/css" />
<link href="css/custom.css" rel="stylesheet" type="text/css" />
```

上述步骤完成后，便实现了视频监控的 Web 页面编写，显示效果如图 8.54 所示。

图 8.54　视频监控 Web 页面显示

2. Web 逻辑源代码实现

1）引入 js 脚本库

在 html 中添加 jQuery 语言库 jquery-1.11.0.min.js，然后添加视频监控 API 的 WSNCamera.js 文件以及 camera-1.1.js 文件，添加方法为在<head></head>标签中添加如下源代码：

```
<script src="../../js/jquery-1.11.0.min.js"></script>
<script src="../../js/camera-1.1.js" type="text/javascript"></script>
<script src="../../js/WSNCamera.js" type="text/javascript"></script>
```

2）编写逻辑代码

在前面的一些步骤只是实现了页面的 html 源代码编写，接下来重要的就是实现逻辑代码编写，以实现摄像头的显示、控制等功能。编写摄像头 js 源代码的流程如下：创建 WSNCamera 对象→云服务初始化→摄像头初始化→指定视频图像显示的位置→绑定摄像头的控制函数到控制按钮。摄像头的控制按钮与控制函数之间的绑定关系如表 8.20 所示。

表 8.20 摄像头的控制按钮与控制函数之间的绑定关系

按钮	调用函数	按钮	调用函数
开	openVideo();	右	control("RIGHT");
关	closeVideo();	↔	control("HPATROL");
上	control("UP");	↕	control("VPATROL");
下	control("DOWN");	✥	control("360PATROL");
左	control("LEFT");		

根据上述流程以及按钮与摄像头的控制函数的绑定关系来进行 js 源代码的编写，编写过程如下。

在< head ></head >标签内添加如下内容：

```
<script language = "Javascript">
$(function () {
var myZCloudID = '123';                                   //开发者注册时使用的 ID
var myZCloudKey = '123';                                  //密钥
var myImgId = "img1";                                     //img 标签的 ID
var myCameraIP = "Camera:192.168.0.207:83";               //摄像头 IP 地址
//varmyCameraIP = "Camera:069210.ipcam.hk ";              //摄像头 IP 地址
    var user = "admin";                                   //摄像头访问开发者名
    var pwd = "";                                         //摄像头访问密码
    var type = "F - Series";                              //摄像头型号

    //创建 myipcamera 对象,并初始化云服务
    var myipcamera = new WSNCamera(myZCloudID,myZCloudKey);
    myipcamera.initCamera(myCameraIP, user, pwd,type);//摄像头初始化
    myipcamera.setDiv(myImgId);                           //设置图像显示的位置
    myipcamera.checkOnline(function(state){
            //state = 1,摄像头在线
            //state = 0,摄像头不在线
            if(state == 1)
            {
```

```
            myipcamera.setResolution("640_480"); //将摄像头的分辨率设置成640 * 480
        }
    });
//初始化监视器开关默认关
$ ("#switch").click(function (){
    if (!this.flag) {
        $ (this).css("background-image", "url(images/button_off.png)");
        myipcamera.openVideo();                     //打开摄像头并显示
        $ ("#imgSnapshot").click(function(){
            myipcamera.snapshot();
        });
        }
    else {
        $ (this).css("background-image", "url(images/button_on.png)");
        myipcamera.closeVideo();                    //关闭视频监控
        }
        this.flag = !this.flag;
});
    //监视器控制器
    $ ("#ct_up").mousedown(function () {            //上
        myipcamera.control("UP");                   //向摄像头发送向上移动命令
        $ (this).css("background-image", "url(images/button_up_disable.png)");
    }).mouseup(function () {
        $ (this).css("background-image", "url(images/button_up.png)");
    }).mouseleave(function () {
        $ (this).css("background-image", "url(images/button_up.png)");
    });
    $ ("#ct_down").mousedown(function () {          //下
        myipcamera.control("DOWN");                 //向摄像头发送向下移动命令
        $ (this).css("background-image", "url(images/button_down_disable.png)");
    }).mouseup(function () {
        $ (this).css("background-image", "url(images/button_down.png)");
    }).mouseleave(function () {
        $ (this).css("background-image", "url(images/button_down.png)");
    });

    $ ("#ct_left").mousedown(function () {          //左
        myipcamera.control("LEFT");                 //向摄像头发送向左移动命令
        $ (this).css("background-image", "url(images/button_left_disable.png)");
    }).mouseup(function () {
        $ (this).css("background-image", "url(images/button_left.png)");
    }).mouseleave(function () {
        $ (this).css("background-image", "url(images/button_left.png)");
    });

    $ ("#ct_right").mousedown(function () {         //右
        myipcamera.control("RIGHT");                //向摄像头发送向右移动命令
        $ (this).css("background-image", "url(images/button_right_disable.png)");
    }).mouseup(function () {
```

```
            $(this).css("background-image", "url(images/button_right.png)");
        }).mouseleave(function () {
            $(this).css("background-image", "url(images/button_right.png)");
        });

        $("#ct_h").mousedown(function () {      //水平巡航
            myipcamera.control("HPATROL");       //向摄像头发送水平巡航命令
            $(this).css("background-image", "url(images/button_horizon_disable.png)");
        }).mouseup(function () {
            $(this).css("background-image", "url(images/button_horizon.png)");
        }).mouseleave(function () {
            $(this).css("background-image", "url(images/button_horizon.png)");
        });
        $("#ct_v").mousedown(function () {      //垂直巡航
            myipcamera.control("VPATROL");       //向摄像头发送垂直巡航命令
            $(this).css("background-image", "url(images/button_vertical_disable.png)");
        }).mouseup(function () {
            $(this).css("background-image", "url(images/button_vertical.png)");
        }).mouseleave(function () {
            $(this).css("background-image", "url(images/button_vertical.png)");
        });
        $("#ct_c").mousedown(function () {      //360°巡航
            myipcamera.control("360PATROL");     //向摄像头发送360°巡航命令
            $(this).css("background-image", "url(images/button_comprehensive_disable.png)");
        }).mouseup(function () {
            $(this).css("background-image", "url(images/button_comprehensive.png)");
        }).mouseleave(function () {
            $(this).css("background-image", "url(images/button_comprehensive.png)");
        });
    });
</script>
```

在初始化创建 WSNCamera 对象时，摄像头采用了智云物联云平台测试案例中的一个摄像头，并且在测试时采用了局域网内测试，开发者若要实现摄像头的视频监控，另外加上 IP 摄像头，并按照摄像头部署方法进行摄像头部署（参考 http://www.zhiyun360.com/Home/Post/18），获取摄像头的 IP 地址、端口号、访问账号、密码、摄像头类型之后再参考如下形式修改即可：

```
varmyCameraIP = "Camera:192.168.0.207:83";  //摄像头 IP 地址 + 端口号，修改成自己部署的摄
                                            //像头 IP 地址、端口号
var user = "admin";                         //修改成部署摄像头的访问开发者名
var pwd = "";                               //修改成部署摄像头访问密码
var type = "H3-Series";                     //摄像头型号
```

8.6.4.6 开发者应用数据开发

在本任务中 property.html 页面的样式设计如图 8.55 所示，第 1 栏为开发者应用数据模块应用 ID、密钥、服务器地址配置栏，第 2 栏为开发者应用数据查询栏，第 3 栏为开发者应用数据创建栏，第 4 栏为开发者应用数据显示栏。

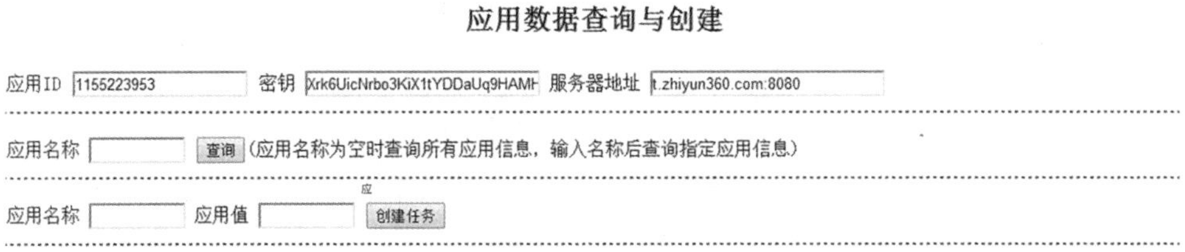

应用数据查询与创建

应用ID 1155223953 密钥 Xrk6UicNrbo3KiX1tYDDaUq9HAMH 服务器地址 t.zhiyun360.com:8080

应用名称 查询 (应用名称为空时查询所有应用信息，输入名称后查询指定应用信息)

应用名称 应用值 创建任务

图 8.55 应用数据查询与创建页面

1. Web 页面样式实现

1）构建 HTML 页面

在 Web/examples 目录下新建一个项目文件夹，命名为 property，然后打开记事本，在记事本中输入以下 html 语句，输入完后保存为 utf-8 格式，文件命名为 property.html，并将该文件保存到 Web/examples/property 文件夹中。

```
<! DOCTYPE html PUBLIC " - //W3C//DTD XHTML 1.0 Transitional//EN" "http://www.w3.org/TR/
xhtml1/DTD/xhtml1 - transitional.dtd">
<html xmlns = "http://www.w3.org/1999/xhtml">
    <head>
    <meta http - equiv = "Content - Type" content = "text/html; charset = utf - 8" />
    <title>应用数据查询与创建</title>
    </head>
    <body>
</body>
</html>
```

2）添加 html 标签

在<body></body>标签中添加 html 标签，内容如下所示。

```
<h2>应用数据查询与创建</h2>
        <! -- 配置服务器信息 -->
        <div class = "server block">
            <label for = "aid">应用 ID</label>
        <input type = "text" id = "aid" value = "123"/>
            <label for = "xkey">密钥</label>
        <input type = "text" id = "xkey" class = "form - control" value = "123" />
            <label for = "saddr">服务器地址</label>
        <input type = "url" id = "saddr" class = "form - control" value = "zhiyun360.com:
8080"/>
        </div>
        <hr/>
        <! -- 查询应用数据查询 -->
        <div class = "query block">
```

```
            <label for = "name">应用名称</label>
        <input type = "text" id = "name" class = "form - control" />
            <input type = "button" id = "property_query" value = "查询" />(应用名称为空时查
询所有应用信息,输入名称后查询指定应用信息)
        </div>
        <hr/>
        <! -- 创建应用数据 -->
        <div class = "create block">
            <label for = "property_name">应用名称</label>
            <input type = "text" id = "property_name" class = "form - control"/>
            <label for = "property_value">应用值</label>
    <input type = "text" id = "property_value" class = "form - control"/>
            <input type = "button" id = "property_create" class = "form_button" value = "创
建任务" />
        </div>
        <hr/>
        <div id = "data_show" class = "data block">
        <! -- 显示操作后数据 -->
        </div>
```

3）编写 CSS 样式

为了使 property. html 排版更加美观，需要编写 CSS 样式，根据第 2)步编写的 html 标签以及 property. html 参考页面的设计图，在< head ></head >中添加如下 CSS 样式源代码。

```
        <style>
            h2{
                text - align:center;
            }
            hr{
                width:1024px;
                margin:0px auto;
                border: 1px dashed #666;
            }
            label{
                width: 80px;
            }
            .form - control{
                width: 80px;
                margin - top:10px;
            }
            .form_button{
                margin - top:10px;
            }
            .server .form - control{
                width: 200px;
            }
            .block{
                width:1024px;
```

```
        margin:10px auto;
    }
</style>
```

2. Web 逻辑源代码实现

1）引入 js 脚本库

添加 jquery-1.11.0.min.js 和 WSNProperty.js 脚本库文件，添加方法为在<head></head>标签中添加如下源代码：

```
<script src="../WSN/jquery-1.11.0.min.js"></script>
<script src="../WSN/WSNProperty.js"></script>
```

2）编写 js 逻辑代码

```
<script>
        $(function(){
            //获取资产信息
            $("#property_query").click(function(){
                //初始化 API
                var myProperty = new WSNProperty($("#aid").val(), $("#xkey").val());
                myProperty.setServerAddr($("#saddr").val());
                var name = $("#name").val();
                if(name.length>0){
                myProperty.get(name, function(dat){
                        $("#data_show").text(dat);
                });
                }else{
                    myProperty.get(function(dat){
                        $("#data_show").text(dat);
                });
                }
            })
            //创建资产信息
            $("#property_create").click(function(){
                //初始化 API
                var myProperty = new WSNProperty($("#aid").val(), $("#xkey").val());
                myProperty.setServerAddr($("#saddr").val());
                var name = $("#property_name").val();
                var val = $("#property_val").val();
                myProperty.put(name,val, function(dat){
                var data = JSON.stringify(dat);        //JSON 对象变为字符串
                    $("#data_show").text(data);
            });
            })
        })
    </script>
```

8.6.4.7 自动控制模块开发

智云物联云平台开发者项目中的自动控制模块具有触发器、执行器、执行任务、执行历史记录等 API,这些 API 全部封装在 WSNAutoctrl.js 文件中,使用时导入该包即可。

1. 创建说明

1) 创建触发器详细说明

方法名：createTrigger(name, type, param, cb)。

- name 参数：触发器名；
- type 参数：触发器类型,可取值[sensor|timer]；
- cb 参数：数据处理回调函数；
- param 参数：触发器实体,依据 type 的不同,其实体参数取值也会有所不同,如下所示。

(1) 当 type="sensor"时,其 param 参数取值格式如下：

```
"param":{
    "uid":"<应用 ID>",          //可选参数,默认使用 url 中应用 ID,否则通过 uid 指定应用 ID
    "mac":"<节点 MAC 地址>",
    "ch":"<通道名>",
    "op":"<比较运算符>",          //op 取值: >,>=,<,<=,==,!=,CHANGE,&,!&
    "value":"<通道值>",
    "once":true                  //once:true 第一次触发,false 每次触发
}
```

(2) 当 type="timer"时,其 param 参数取值格式如下：

```
"param":{
    "year":"*",          //指定年
    "month":"*",         //指定月
    "day":"*",           //指定日
    "week":"*",          //指定星期
    "hour":"7",          //指定小时
    "minute":"1",        //指定分钟
    "second":"0"         //指定秒
}
```

2) 创建执行器详细说明

方法名：createActuator(name, type, param, cb)。

- name 参数：执行器名；
- type 参数：执行器类型,可取值[sensor|ipcamera|phone|job]；
- cb 参数：数据处理回调函数；
- param 参数：执行器实体,依据 type 的不同,其实体参数取值也会有所不同,如下所示。

（1）当 type="sensor"时，其 param 参数取值格式如下：

```
"param":{
    "uid":"<应用 ID>",        //可选参数,默认使用 url 中应用 ID,否则通过 uid 指定应用 ID
    "mac":"<节点 MAC 地址>",
    "data":"<节点指令>"
}
```

（2）当 type="ipcamera"时，其 param 参数取值格式如下：

```
"param":{
    "mac":"Camera:069219.ipcam.hk",
    "user":<开发者名>,
    "pwd":<密码>,
    "type":<摄像头类型>,
    "data":"{Action = TakenPicture}",
}
```

（3）当 type="phone"时，其 param 参数取值格式如下：

```
"param":{
    "uid":"<应用 ID>",        //可选参数,默认使用 url 中应用 ID,否则通过 uid 指定应用 ID
    "mac":"Phone:xxxxx",
    "data":"{Number = 22222,Action = [SendSMS],[Content = xxxxxxx]}"
}
```

（4）当 type="job"时，其 param 参数取值格式如下：

```
"param":{
    "uid":<应用 id>,              //可选参数,默认使用 url 中应用 ID,否则通过 uid 指定应用 ID
    "jid":< job id>,
    "enable":true|false
}
```

3）创建执行任务详细说明

方法名：WSNAutoctrl.createJob(name, enable, param, cb)。

- name 参数：执行器名；
- enable 参数：是否执行标志符；
- cb 参数：数据处理回调函数；
- param 参数：格式如下所示。

```
"param":{
    "tids":[<触发器 id>, ...],
    "aids":[<执行器 id>, ...],
}
```

2. 触发器

在本任务中 auto_sensor. html 页面的样式设计如图 8.56 所示，第 1 栏为自动控制触发器应用 ID、密钥、服务器地址配置，第 2 栏为触发器查询栏，第 3 栏为触发器(传感器类型)创建栏，第 4 栏为触发器(定时器类型)创建栏，第 5 栏为查询触发器显示栏。

图 8.56　自动控制触发器演示页面

1）Web 页面样式实现

(1) 构建 html 页面。在 Web/examples 目录下新建一个项目文件夹，命名为 autoctrl，然后打开记事本，在记事本中输入以下 html 语句，输入完后保存为 utf-8 格式，文件命名为 auto_sensor. html，并将该文件保存到 Web/examples/autoctrl 文件夹中。

```
<! DOCTYPE html PUBLIC " - //W3C//DTD XHTML 1.0 Transitional//EN"
"http://www.w3.org/TR/xhtml1/DTD/xhtml1 - transitional.dtd">
< html xmlns = "http://www.w3.org/1999/xhtml">
    < head >
    < meta http - equiv = "Content - Type" content = "text/html; charset = utf - 8" />
    < title>自动控制触发器</title>
    </head >
    < body >
</body >
</html >
```

(2) 添加 html 标签。在< body ></body >标签中添加 html 标签，内容如下所示。

```
    < h2 >自动控制触发器演示</h2 >
    <! -- 配置服务器信息 -- >
    < div class = "server block">
        < label for = "aid">应用 ID </label >
    < input type = "text" id = "aid" value = "123"/>
        < label for = "xkey">密钥</label >
    < input type = "text" id = "xkey" class = "form - control" value = "123" />
        < label for = "saddr">服务器地址</label >
```

```
        < input type = "url" id = "saddr" class = "form - control" value = "zhiyun360.com:8001"/>
        </div >
        < hr/>
        <! -- 查询触发器 -- >
        < div class = "query block">
            < label for = "sensor_id">触发器 ID </label >
        < input type = "text" id = "sensor_id" class = "form - control" />
            < input type = "button" id = "sensor_query" value = "查询" />
                          //触发器 ID 为空时查询所有触发器信息,输入 ID 后查询指定触发器信息
        </div >
        < hr/>
        <! -- 创建传感器类型触发器 -- >
        < div class = "create block">
            < label for = "sensor_name">触发器名</label >
            < input type = "text" id = "sensor_name" class = "form - control"/>
            < label for = "sensor_type">触发器类型</label >
            < input type = "text" id = "sensor_type" class = "form - control" readonly = "readonly"
    value = "sensor"/>
            < label for = "sensor_mac"> mac 地址</label >
            < input type = "text" id = "sensor_mac" class = "form - control"/>
            < label for = "sensor_ch">通道</label >
        < select class = "form - control" id = "sensor_ch">
    < option value = "A0"> A0 </option >
    < option value = "A1"> A1 </option >
    < option value = "A2"> A2 </option >
    < option value = "A3"> A3 </option >
    < option value = "A4"> A4 </option >
    < option value = "A5"> A5 </option >
    < option value = "A6"> A6 </option >
    < option value = "D0"> D0 </option >
    < option value = "D1"> D1 </option >
    < option value = "D2"> D2 </option >
    < option value = "D3"> D3 </option >
    < option value = "D4"> D4 </option >
    </select >
    < label for = "sensor_op">计算</label >
    < select class = "form - control" id = "sensor_op">
    < option value = ">">大于</option >
    < option value = "> = ">大于或等于</option >
    < option value = "<">小于</option >
    < option value = "< = ">小于或等于</option >
    < option value = " == ">等于</option >
    < option value = "!= ">不等于</option >
    < option value = "CHANGE"> CHANGE </option >
    < option value = "&">与</option >
    < option value = "!&">与后去反</option >
    </select >
            < label for = "sensor_value">值</label >
    < input type = "text" id = "sensor_value" class = "form - control"/>
    < label for = "sensor_once">触发规则</label >
```

```
<select class = "form - control" id = "sensor_once">
<option value = "true">第一次触发</option>
<option value = "false">每次触发</option>
</select>
        <input type = "button" id = "sensor_create" class = "form_button" value = "创建传感
器类型触发器" />
    </div>
    <hr/>
    <! -- 创建定时器类型触发器 -->
    <div class = "create block">
        <label for = "sensor_name">触发器名</label>
        <input type = "text" id = "timer_name" class = "form - control"/>
        <label for = "sensor_type">触发器类型</label>
        <input type = "text" id = "timer_type" class = "form - control" readonly = "readonly"
value = "timer"/>
        <label for = "timer_year">年</label>
        <input type = "text" id = "timer_year" class = "form - control"/>
        <label for = "timer_nonth">月</label>
        <input type = "text" id = "timer_nonth" class = "form - control"/>
        <label for = "timer_week">周</label>
        <input type = "text" id = "timer_week" class = "form - control"/>
        <label for = "timer_day_of_week">周几</label>
        <input type = "text" id = "timer_day_of_week" class = "form - control"/>
        <label for = "timer_day">日</label>
        <input type = "text" id = "timer_day" class = "form - control"/>
        <label for = "timer_hour">时</label>
        <input type = "text" id = "timer_hour" class = "form - control"/>
        <label for = "timer_minute">分</label>
        <input type = "text" id = "timer_minute" class = "form - control"/>
        <label for = "timer_second">秒</label>
        <input type = "text" id = "timer_second" class = "form - control"/>
        <input type = "button" id = "timer_create" class = "form_button" value = "创建定时器
类型触发器" />
        //创建定时器类型触发器时,值为" * /7"格式,表示每隔多久触发
    </div>
    <hr/>
    <div id = "data_show" class = "data block">
    <! -- 显示操作后数据 -->
    </div>
```

(3) 编写css样式。为了使auto_sensor.html排版更加美观,需要编写css样式,根据第2)步编写的html标签以及auto_sensor.html参考页面的设计图,在<head></head>中添加如下css样式源代码。

```
<style>
    h2{
        text - align:center;
    }
```

```
    hr{
        width:1024px;
        margin:0px auto;
        border: 1px dashed #666;
    }
    label{
        width: 80px;
    }
    .form - control{
        width: 80px;
        margin - top:10px;
    }
    .form_button{
        margin - top:10px;
    }
    .server .form - control{
        width: 200px;
    }
    .block{
        width:1024px;
        margin:10px auto;
    }
</style>
```

上述步骤完成后，便实现了触发器的 Web 页面编写，显示效果如图 8.57 所示。

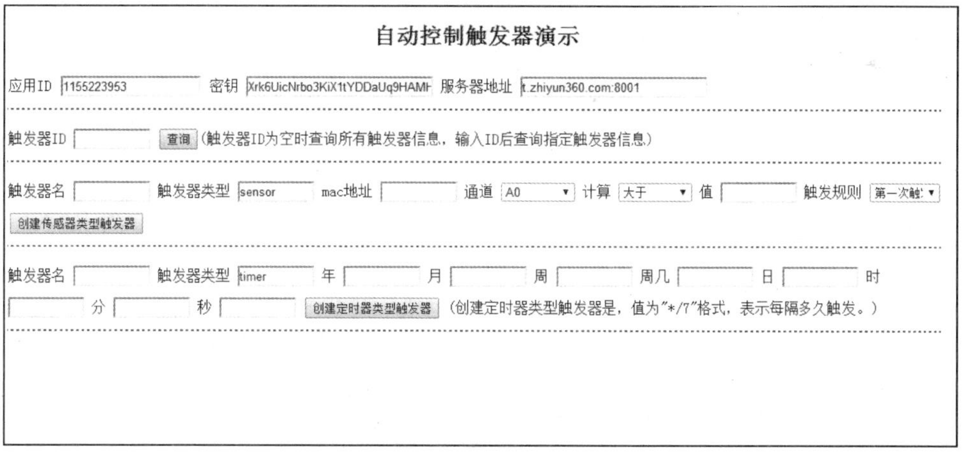

自动控制触发器演示

应用ID 1155223953 密钥 Xrk6UicNrbo3KiX1tYDDaUq9HAMH 服务器地址 t.zhiyun360.com:8001

触发器ID 查询 (触发器ID为空时查询所有触发器信息，输入ID后查询指定触发器信息)

触发器名 触发器类型 sensor mac地址 通道 A0 计算 大于 值 触发规则 第一次触
创建传感器类型触发器

触发器名 触发器类型 timer 年 月 周 周几 日 时
分 秒 创建定时器类型触发器 (创建定时器类型触发器是，值为"*/7"格式，表示每隔多久触发。)

图 8.57 自动控制触发器演示页面

2) Web 逻辑源代码实现

(1) 引入 js 脚本库。添加 jquery-1.11.0.min.js 和 WSNAutoctrl.js 脚本库文件，添加方法为在<head></head>标签中添加如下代码：

```
<script src = "../WSN/jquery - 1.11.0.min.js"></script>
<script src = "../WSN/WSNAutoctrl.js"></script>
```

（2）编写 js 逻辑代码。

```
<script>
        //初始化查询操作
        ac = new WSNAutoctrl();

        $(function(){
            //查询触发器
            $("#sensor_query").click(function(){
                var aid = $("#aid").val();
                var xkey = $("#xkey").val();
                var saddr = $("#saddr").val();
                ac.setIdKey(aid,xkey);                    //设置链接参数
                ac.setServerAddr(saddr);                  //设置服务器地址
                var num = $("#sensor_id").val();  //设置查询 ID
                if(isNaN(parseInt(num))){         //传递字符串不能转换为数字查询所有 ID
                    num = "";
                }else{                             //传递字符串能转换为数字查询指定 ID
                    num = parseInt(num);
                }
                ac.getTrigger(num, function(dat){
                    var data = JSON.stringify(dat); //JSON 对象变为字符串
                    $("#data_show").text(data);
                });
            })

            //创建传感器类型触发器
            $("#sensor_create").click(function(){
                var aid = $("#aid").val();
                var xkey = $("#xkey").val();
                var saddr = $("#saddr").val();
                ac.setIdKey(aid,xkey);                    //设置链接参数
                ac.setServerAddr(saddr);                  //设置服务器地址
                var name = $("#sensor_name").val();
                var type = $("#sensor_type").val();
                var pa = {};
                pa["mac"] = $("#sensor_mac").val();
                pa["ch"] = $("#sensor_ch").val();
                pa["op"] = $("#sensor_op").val();
                pa["value"] = $("#sensor_value").val();
                var once = $("#sensor_once").val();
                //once 值为布尔类型
                if(once == "true"){
                    once = true;
                }else{
                    once = false;
                }
                pa["once"] = once;
                ac.createTrigger(name, type, pa, function(dat){
```

```
                //var data = JSON.stringify(dat);    //JSON 对象变为字符串
                $("#data_show").text(data);
            });
        })
        //创建定时器类型触发器
        $("#timer_create").click(function(){
            var aid = $("#aid").val();
            var xkey = $("#xkey").val();
            var saddr = $("#saddr").val();
            ac.setIdKey(aid,xkey);                    //设置链接参数
            ac.setServerAddr(saddr);                  //设置服务器地址
            var name = $("#timer_name").val();
            var type = $("#timer_type").val();
            var pa = {};
            pa["year"] = $("#timer_year").val();
            pa["month"] = $("#timer_month").val();
            pa["week"] = $("#timer_week").val();
            pa["day_of_week"] = $("#timer_day_of_week").val();
            pa["hour"] = $("#timer_hour").val();
            pa["minute"] = $("#timer_minute").val();
            pa["second"] = $("#timer_second").val();
            ac.createTrigger(name, type, pa, function(dat){
                var data = JSON.stringify(dat);      //JSON 对象变为字符串
                $("#data_show").text(data);
            });
        })
    })
</script>
```

3. 执行器

在本任务中 auto_actuator.html 页面的样式设计如图 8.58 所示，第 1 栏为自动控应用ID、密钥、服务器地址配置，第 2 栏为执行器查询栏，第 3 栏为执行器(传感器类型)创建栏，第 4 栏为执行器(摄像头类型)创建栏，第 5 栏为执行器(电话类型)创建栏，第 6 栏为执行器(任务类型)创建栏，第 7 栏为查询执行器显示栏。

自动控制触发器演示

应用ID 1155223953 密钥 Xrk6UicNrbo3KiX1tYDDaUq9HAMH 服务器地址 t.zhiyun360.com:8001

执行器ID 查询 (执行器ID为空时查询所有执行器信息，输入ID后查询指定执行器信息)

执行器名 执行器类型 sensor mac地址 指令 创建传感器类型执行器

执行器名 执行器类型 ipcamera 摄像头地址 用户名 密码 指令 创建传感器类型执行器

执行器名 执行器类型 phone mac地址 指令 创建传感器类型执行器

执行器名 执行器类型 job 任务ID 使能 使能 创建传感器类型执行器

图 8.58　自动控制执行器演示页面

1）Web 页面样式实现

（1）构建 html 页面。在记事本中输入以下 html 语句，输入完后保存为 utf-8 格式，文件命名为 auto_actuator. html，并将该文件保存到 Web/examples/autoctrl 文件夹中。

```
<! DOCTYPE html PUBLIC " - //W3C//DTD XHTML 1.0 Transitional//EN"
"http://www.w3.org/TR/xhtml1/DTD/xhtml1 - transitional.dtd">
< html xmlns = "http://www.w3.org/1999/xhtml">
    < head >
    < meta http - equiv = "Content - Type" content = "text/html; charset = utf - 8" />
    < title >自动控制执行器</title >
    </head >
    < body >
</body >
</html >
```

（2）添加 html 标签。在< body ></body >标签中添加 html 标签，内容如下所示。

```
    < h2 >自动控制触发器演示</h2 >
    <! -- 配置服务器信息 -- >
    < div class = "server block">
        < label for = "aid">应用 ID </label >
    < input type = "text" id = "aid" value = "123"/>
        < label for = "xkey">密钥</label >
    < input type = "text" id = "xkey" class = "form - control" value = "123" />
        < label for = "saddr">服务器地址</label >
    < input type = "url" id = "saddr" class = "form - control" value = "zhiyun360.com:8001"/>
    </div >
    < hr/>
    <! -- 查询执行器 -- >
    < div class = "query block">
        < label for = "actuator_id">执行器 ID </label >
    < input type = "text" id = "actuator_id" class = "form - control" />
        < input type = "button" id = "actuator_query" value = "查询" />
                        //执行器 ID 为空时查询所有执行器信息，输入 ID 后查询指定执行器信息
    </div >
    < hr/>
    <! -- 创建传感器类型执行器 -- >
    < div class = "create block">
        < label for = "sensor_name">执行器名</label >
        < input type = "text" id = "sensor_name" class = "form - control"/>
        < label for = "sensor_type">执行器类型</label >
        < input type = "text" id = "sensor_type" class = "form - control" readonly = "readonly"
value = "sensor"/>
        < label for = "sensor_mac"> mac 地址</label >
        < input type = "text" id = "sensor_mac" class = "form - control"/>
        < label for = "sensor_data">指令</label >
        < input type = "text" id = "sensor_data" class = "form - control"/>
```

```
        <input type="button" id="sensor_create" class="form_button" value="创建传感
器类型执行器" />
    </div>
    <hr/>
    <!-- 创建摄像头类型执行器 -->
    <div class="create block">
        <label for="cam_name">执行器名</label>
        <input type="text" id="cam_name" class="form-control"/>
        <label for="cam_type">执行器类型</label>
        <input type="text" id="cam_type" class="form-control" readonly="readonly"
value="ipcamera"/>
        <label for="cam_mac">摄像头地址</label>
        <input type="text" id="cam_mac" class="form-control"/>
        <label for="cam_user">开发者名</label>
<input type="text" id="cam_user" class="form-control"/>
<label for="cam_pwd">密码</label>
        <input type="text" id="cam_pwd" class="form-control"/>
        <label for="cam_data">指令</label>
<input type="text" id="cam_data" class="form-control"/>
        <input type="button" id="cam_create" class="form_button" value="创建传感器类
型执行器" />
    </div>
    <hr/>
    <!-- 创建短信类型执行器 -->
    <div class="create block">
        <label for="phone_name">执行器名</label>
        <input type="text" id="phone_name" class="form-control"/>
        <label for="phone_type">执行器类型</label>
        <input type="text" id="phone_type" class="form-control" readonly="readonly"
value="phone"/>
        <label for="phone_mac">mac 地址</label>
        <input type="text" id="phone_mac" class="form-control"/>
        <label for="phone_data">指令</label>
<input type="text" id="phone_data" class="form-control"/>
        <input type="button" id="phone_create" class="form_button" value="创建传感器
类型执行器" />
    </div>
    <hr/>
    <!-- 创建任务类型执行器 -->
    <div class="create block">
        <label for="job_name">执行器名</label>
        <input type="text" id="job_name" class="form-control"/>
        <label for="job_type">执行器类型</label>
        <input type="text" id="job_type" class="form-control" readonly="readonly"
value="job"/>
        <label for="job_jid">任务 ID</label>
        <input type="text" id="job_jid" class="form-control"/>
        <label for="job_enable">使能</label>
        <select class="form-control" id="job_enable">
```

```
<option value = "true">使能</option>
<option value = "false">禁止</option>
</select>
        <input type = "button" id = "job_create" class = "form_button" value = "创建传感器类
型执行器" />
    </div>
    <hr/>
    <div id = "data_show" class = "data block">
    <! -- 显示操作后数据 -->
    </div>
```

（3）编写 CSS 样式。为了使 auto_actuator.html 排版更加美观，需要编写 CSS 样式，根据第 2)步编写的 html 标签以及 auto_actuator.html 参考页面的设计图，在< head ></head >中添加如下 CSS 样式源代码。

```
<style>
    h2{
        text - align:center;
    }
    hr{
        width:1024px;
        margin:0px auto;
        border: 1px dashed #666;
    }
    label{
        width: 80px;
    }
    .form - control{
        width: 80px;
        margin - top:10px;
    }
    .form_button{
        margin - top:10px;
    }
    .server .form - control{
        width: 200px;
    }
    .block{
        width:1024px;
        margin:10px auto;
    }
</style>
```

2）Web 逻辑代码实现

（1）引入 js 脚本库。添加 jquery-1.11.0.min.js 和 WSNAutoctrl.js 脚本库文件，添加方法为在< head ></head >标签中添加如下源代码：

```
<script src="../WSN/jquery-1.11.0.min.js"></script>
<script src="../WSN/WSNAutoctrl.js"></script>
```

（2）编写 js 逻辑代码。

```
<script>
        //初始化查询操作
        ac = new WSNAutoctrl();
        $(function(){
            //查询执行器
            $("#actuator_query").click(function(){
                var aid = $("#aid").val();
                var xkey = $("#xkey").val();
                var saddr = $("#saddr").val();
                ac.setIdKey(aid,xkey);                          //设置链接参数
                ac.setServerAddr(saddr);                        //设置服务器地址
                var num = $("#actuator_id").val();              //设置查询 ID
                if(isNaN(parseInt(num))){          //传递字符串不能转换为数字查询所有 ID
                    num = "";
                }else{                             //传递字符串能转换为数字查询指定 ID
                    num = parseInt(num);
                }
                ac.getActuator(num, function(dat){
                    var data = JSON.stringify(dat);             //JSON 对象变为字符串
                    $("#data_show").text(data);
                });
            })
            //创建传感器类型执行器
            $("#sensor_create").click(function(){
                var aid = $("#aid").val();
                var xkey = $("#xkey").val();
                var saddr = $("#saddr").val();
                ac.setIdKey(aid,xkey);                          //设置链接参数
                ac.setServerAddr(saddr);                        //设置服务器地址
                var name = $("#sensor_name").val();
                var type = $("#sensor_type").val();
                var pa = {};
                pa["mac"] = $("#sensor_mac").val();
                pa["data"] = $("#sensor_data").val();
                ac.createActuator(name, type, pa, function(dat){
                    var data = JSON.stringify(dat);             //JSON 对象变为字符串
                    $("#data_show").text(data);
                });
            })

            //创建摄像头类型执行器
            $("#timer_create").click(function(){
                var aid = $("#aid").val();
```

```
            var xkey = $ ("#xkey").val();
            var saddr = $ ("#saddr").val();
            ac.setIdKey(aid,xkey);                      //设置链接参数
            ac.setServerAddr(saddr);                    //设置服务器地址
            var name = $ ("#cam_name").val();
            var type = $ ("#cam_type").val();
            var pa = {};
            pa["mac"] = $ ("#cam_mac").val();
            pa["user"] = $ ("#cam_user").val();
            pa["pwd"] = $ ("#cam_pwd").val();
            pa["data"] = $ ("#cam_data").val();
            ac.createActuator(name, type, pa, function(dat){
                var data = JSON.stringify(dat);         //JSON 对象变为字符串
                $ ("#data_show").text(data);
            });
        })
        //创建短信类型执行器
        $ ("#phone_create").click(function(){
            var aid = $ ("#aid").val();
            var xkey = $ ("#xkey").val();
            var saddr = $ ("#saddr").val();
            ac.setIdKey(aid,xkey);                      //设置链接参数
            ac.setServerAddr(saddr);                    //设置服务器地址
            var name = $ ("#phone_name").val();
            var type = $ ("#phone_type").val();
            var pa = {};
            pa["mac"] = $ ("#phone_mac").val();
            pa["data"] = $ ("#phone_data").val();
            ac.createActuator(name, type, pa, function(dat){
                var data = JSON.stringify(dat);         //JSON 对象变为字符串
                $ ("#data_show").text(data);
            });
        })
        //创建任务类型执行器
        $ ("#job_create").click(function(){
            var aid = $ ("#aid").val();
            var xkey = $ ("#xkey").val();
            var saddr = $ ("#saddr").val();
            ac.setIdKey(aid,xkey);                      //设置链接参数
            ac.setServerAddr(saddr);                    //设置服务器地址
            var name = $ ("#job_name").val();
            var type = $ ("#job_type").val();
            var pa = {};
            pa["jid"] = $ ("#job_jid").val();
            var enable = $ ("#job_enable").val();
            //once 值为布尔类型
            if(enable == "true"){
                enable = true;
            }else{
```

```
                    enable = false;
                }
                pa["enable"] = enable;
                ac.createActuator(name, type, pa, function(dat){
                    var data = JSON.stringify(dat);      //JSON 对象变为字符串
                    $ ("#data_show").text(data);
                });
            })
        })
    </script>
```

4. 执行任务

在本任务中 auto_job.html 页面的样式设计如图 8.59 所示，第 1 栏为自动控制应用 ID、密钥、服务器地址配置，第 2 栏为执行任务查询栏，第 3 栏为执行任务创建栏，第 4 栏为查询执行任务显示栏。

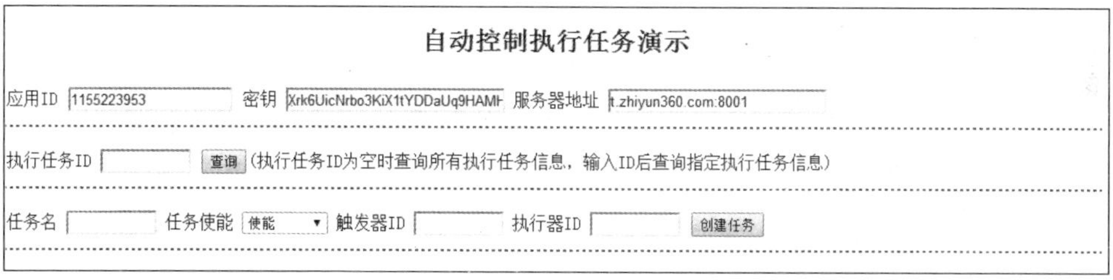

自动控制执行任务演示

应用ID 1155223953 密钥 Xrk6UicNrbo3KiX1tYDDaUq9HAMH 服务器地址 t.zhiyun360.com:8001

执行任务ID 查询 (执行任务ID为空时查询所有执行任务信息，输入ID后查询指定执行任务信息)

任务名 任务使能 使能 触发器ID 执行器ID 创建任务

图 8.59 自动控制执行任务演示页面

1) Web 页面样式实现

(1) 构建 html 页面。在记事本中输入以下 html 语句，输入完后保存为 utf-8 格式，文件命名为 auto_job.html，并将该文件保存到 Web/examples/autoctrl 文件夹中。

```
<!DOCTYPE html PUBLIC "-//W3C//DTD XHTML 1.0 Transitional//EN" "http://www.w3.org/TR/xhtml1/DTD/xhtml1-transitional.dtd">
<html xmlns = "http://www.w3.org/1999/xhtml">
    <head>
    <meta http-equiv = "Content-Type" content = "text/html; charset = utf-8" />
    <title>自动控制执行任务</title>
    </head>
    <body>
</body>
</html>
```

(2) 添加 html 标签。在<body></body>标签中添加 html 标签，内容如下所示。

```
<h2>自动控制执行任务演示</h2>
        <!-- 配置服务器信息 -->
        <div class = "server block">
            <label for = "aid">应用 ID</label>
```

```
        <input type="text" id="aid" value="123"/>
            <label for="xkey">密钥</label>
        <input type="text" id="xkey" class="form-control" value="123" />
            <label for="saddr">服务器地址</label>
        <input type="url" id="saddr" class="form-control" value="zhiyun360.com:
8001"/>
        </div>
        <hr/>
        <!--查询执行任务-->
        <div class="query block">
            <label for="job_id">执行任务 ID</label>
        <input type="text" id="job_id" class="form-control" />
            <input type="button" id="job_query" value="查询" />
                //执行任务 ID 为空时查询所有执行任务信息,输入 ID 后查询指定执行任务信息
        </div>
        <hr/>
        <!--创建执行任务-->
        <div class="create block">
            <label for="sensor_name">任务名</label>
            <input type="text" id="job_name" class="form-control"/>
            <label for="job_enable">任务使能</label>
            <select class="form-control" id="job_enable">
    <option value="true">使能</option>
    <option value="false">禁止</option>
    </select>
            <label for="job_tids">触发器 ID</label>
    <input type="text" id="job_tids" class="form-control"/>
            <label for="job_aids">执行器 ID</label>
    <input type="text" id="job_aids" class="form-control"/>
            <input type="button" id="job_create" class="form_button" value="创建任
务" />
        </div>
        <hr/>
        <div id="data_show" class="data block">
        <!--显示操作后数据-->
        </div>
```

(3) 编写 CSS 样式。为了使 auto_ job. html 排版更加美观,需要编写 CSS 样式,根据第(2)步编写的 html 标签以及 auto_ job. html 参考页面的设计图,在<head></head>中添加如下 CSS 样式源代码。

```
<style>
    h2{
        text-align:center;
    }
    hr{
        width:1024px;
```

```
        margin:0px auto;
        border: 1px dashed #666;
    }
    label{
        width: 80px;
    }
    .form-control{
        width: 80px;
        margin-top:10px;
    }
    .form_button{
        margin-top:10px;
    }
    .server .form-control{
        width: 200px;
    }
    .block{
        width:1024px;
        margin:10px auto;
    }
</style>
```

2）Web 逻辑代码实现

(1) 引入 js 脚本库。添加 jquery-1.11.0.min.js 和 WSNAutoctrl.js 脚本库文件，添加方法为在<head></head>标签中添加如下源代码。

```
<script src="../WSN/jquery-1.11.0.min.js"></script>
<script src="../WSN/WSNAutoctrl.js"></script>
```

(2) 编写 js 逻辑源代码。

```
<script>
            //初始化查询操作
            ac = new WSNAutoctrl();

            $(function(){
                //查询任务
                $("#job_query").click(function(){
                    var aid = $("#aid").val();
                    var xkey = $("#xkey").val();
                    var saddr = $("#saddr").val();
                    ac.setIdKey(aid,xkey);              //设置链接参数
                    ac.setServerAddr(saddr);            //设置服务器地址
                    var num = $("#job_id").val();   //设置查询 ID
                    if(isNaN(parseInt(num))){       //传递字符串不能转换为数字查询所有 ID
                        num = "";
```

```
            }else{                                    //传递字符串能转换为数字查询指定 ID
                num = parseInt(num);
            }
            ac.getJob(num, function(dat){
                var data = JSON.stringify(dat);       //JSON 对象变为字符串
                $ ("#data_show").text(data);
            });
        })
        //创建任务
        $ ("#job_create").click(function(){
            var aid = $ ("#aid").val();
            var xkey = $ ("#xkey").val();
            var saddr = $ ("#saddr").val();
            ac.setIdKey(aid, xkey);                   //设置链接参数
            ac.setServerAddr(saddr);                  //设置服务器地址
            var name = $ ("#job_name").val();
            var enable = $ ("#job_enable").val();
            //once 值为布尔类型
            if(enable == "true"){
                enable = true;
            }else{
                enable = false;
            }
            var pa = {
                tids:[],
                aids:[]
            };
            var tids = $ ("#job_tids").val();
            var aids = $ ("#job_aids").val();
            var t = tids.split(",");
            var a = aids.split(",");
            for(var i = 0;i < t.length;i++){
                pa.tids[i] = parseInt(t[i]);
            }
            for(var i = 0;i < a.length;i++){
                pa.aids[i] = parseInt(a[i]);
            }
            ac.createJob(name, enable, pa, function(dat){
                var data = JSON.stringify(dat);       //JSON 对象变为字符串
                $ ("#data_show").text(data);
            });
        })
    })
</script>
```

5. 执行历史记录

在本任务中 auto_schedududuler. html 页面的样式设计如图 8.60 所示。第 1 栏为自动控制应用 ID、密钥、服务器地址配置，第 2 栏为执行记录查询栏，第 3 栏为查询执行记录显示栏。

自动控制执行记录演示

应用ID 1155223953 密钥 Xrk6UicNrbo3KiX1tYDDaUq9HAMF 服务器地址 t.zhiyun360.com:8001

执行记录ID [查询] (执行任务ID为空时查询所有执行任务信息，输入ID后查询指定执行任务信息)

图 8.60 自动控制执行记录演示页面

1）Web 页面样式实现

(1) 构建 html 页面。在记事本中输入以下 html 语句，输入完后保存为 utf-8 格式，文件命名为 auto_schedudler.html，并将该文件保存到 web/examples/autoctrl 文件夹中。

```
<!DOCTYPE html PUBLIC "-//W3C//DTD XHTML 1.0 Transitional//EN"
"http://www.w3.org/TR/xhtml1/DTD/xhtml1-transitional.dtd">
<html xmlns="http://www.w3.org/1999/xhtml">
    <head>
    <meta http-equiv="Content-Type" content="text/html; charset=utf-8" />
    <title>自动控制执行记录</title>
    </head>
    <body>
</body>
</html>
```

(2) 添加 html 标签。在<body></body>标签中添加 html 标签，内容如下所示。

```
<h2>自动控制执行记录演示</h2>
    <!-- 配置服务器信息 -->
    <div class="server block">
        <label for="aid">应用 ID</label>
    <input type="text" id="aid" value="123"/>
        <label for="xkey">密钥</label>
    <input type="text" id="xkey" class="form-control" value="123" />
        <label for="saddr">服务器地址</label>
    <input type="url" id="saddr" class="form-control" value="zhiyun360.com:8001"/>
    </div>
    <hr/>
    <!-- 查询执行任务 -->
    <div class="query block">
        <label for="job_id">执行记录 ID</label>
    <input type="text" id="sc_id" class="form-control" />
        <input type="button" id="sc_query" value="查询" />
                //执行任务 ID 为空时查询所有执行任务信息，输入 ID 后查询指定执行任务信息
    </div>
    <hr/>
```

```
<div id = "data_show" class = "data block">
<! -- 显示操作后数据 -->
</div>
```

(3) 编写 CSS 样式。为了使 auto_schedudler. html 排版更加美观,需要编写 CSS 样式,根据第(2)步编写的 html 标签以及 auto_ schedudler. html 参考页面的设计图,在< head ></head >中添加如下 CSS 样式源代码。

```
<style>
        h2{
            text-align:center;
        }
        hr{
            width:1024px;
            margin:0px auto;
            border: 1px dashed #666;
        }
        label{
            width: 80px;
        }
        .form-control{
            width: 80px;
            margin-top:10px;
        }
        .form_button{
            margin-top:10px;
        }
        .server .form-control{
            width: 200px;
        }
        .block{
            width:1024px;
            margin:10px auto;
        }
    </style>
```

2) WEB 逻辑源代码实现

(1) 引入 js 脚本库。添加 jquery-1. 11. 0. min. js 和 WSNAutoctrl. js 脚本库文件,添加方法为在< head ></head >标签中添加如下源代码:

```
<script src = "../WSN/jquery-1.11.0.min.js"></script>
<script src = "../WSN/WSNAutoctrl.js"></script>
```

(2) 编写 js 逻辑代码。

```
<script>
        //初始化查询操作
        ac = new WSNAutoctrl();
        $(function(){
          //查询执行记录
          $("#sc_query").click(function(){
            var aid = $("#aid").val();
            var xkey = $("#xkey").val();
            var saddr = $("#saddr").val();
            ac.setIdKey(aid,xkey);                  //设置链接参数
            ac.setServerAddr(saddr);                //设置服务器地址
            var num = $("#sc_id").val();            //设置查询 ID
            if(isNaN(parseInt(num))){      //传递字符串不能转换为数字查询所有 ID
              num = "";
            }else{                          //传递字符串能转换为数字查询指定 ID
              num = parseInt(num);
            }
            ac.getJob(num, function(dat){
              var data = JSON.stringify(dat);     //JSON 对象变为字符串
              $("#data_show").text(data);
            });
          })
        })
    </script>
```

8.6.5 开发步骤

8.6.5.1 曲线的实现

(1) 在 Web\examples 目录下新建一个项目文件夹，命名为 curve，然后打开记事本，在记事本中输入以下 html 语句：

```
<!DOCTYPE html PUBLIC "-//W3C//DTD XHTML 1.0 Transitional//EN"
"http://www.w3.org/TR/xhtml1/DTD/xhtml1-transitional.dtd">
<html xmlns="http://www.w3.org/1999/xhtml">
<head>
<meta http-equiv="Content-Type" content="text/html; charset=utf-8" />
<title>曲线图的实现</title>
</head>
<body>
</body>
</html>
```

输入完后保存，文件命名为 curve.html，并将该文件保存到 curve 文件夹中。

说明：<!DOCTYPE html…>与<html xmlns="http://www.w3.org/1999/xhtml">标签内容为标准规范，在 html 中建议开发者添加这两个标签内容，否则可能会导致意想不

到的错误。

<meta http-equiv="Content-Type" content="text/html; charset=utf-8"/>标签的作用是支持文本的编码格式，如果不添加，可能会导致 js 文件中的汉字显示乱码。由于在这个页面中没有添加任何内容，因此运行这个页面后，将会显示空白。

（2）在 html 中添加 jQuery 语言库 jquery-1.11.0.min.js 和曲线图实现的 highcharts.js 库的引用，然后再添加曲线图控件绘制 API 的 drawcharts.js 文件。添加方法：在<head></head>标签中添加如下源代码。

```
<script src="../../js/jquery-1.11.0.min.js" type="text/javascript"></script>
<script src="../../js/highcharts.js" type="text/javascript"></script>
<script src="../../js/drawcharts.js" type="text/javascript"></script>
```

（3）在<body></body>标签中添加 html 标签，内容为：

```
<p>在此处显示曲线图:</p>
<div id="curve">
</div>
```

（4）编写 js 脚本调用曲线绘制的 API，在<head></head>标签中添加如下 js 源代码：

```
<script type="text/javascript">
 $(function(){
//曲线图显示用的二维数组数据
var data=[[1398368037823,2],[1398470377015,6],
              [1398556786135,1],[1398643177964,9],
              [1398710239656,10],[1398784852105,7]];
              showChart('#curve', 'spline', '', false,data);    //画曲线
});
</script>
```

说明：

① $(function(){})为文档就绪函数（也可称为入口函数），功能是当所有的 html 标签加载完毕之后开始执行此方法内编写的 js 代码。

② var data 声明的是一个二维数组。以[1398368037823,2]为例进行说明，第一个元素代表横坐标，为距离 1970-01-01 的毫秒数；第二个元素代表纵坐标，为需要显示的值。

③ showChart('#curve', 'spline', '', false,eval(data))方法是在 drawcharts.js 中定义的。参数说明：第一个参数为曲线图在 html 标签中显示的 ID；第二个参数为曲线显示的类型，spline 为平滑；第三个参数为数据的显示单位（本例程中为空字符）；第四个参数默认为 false；第五个参数即为曲线图的数据来源（注：必须是二维数组）。

综合①②③的解释不难发现此函数入口的功能就是在 curve.html 中 id=curve 的标签中画曲线类型为 spline，单位为℃，数据源为 data 数组的曲线图。

（5）保存 curve.html，然后双击 curve.html 文件访问该页面，显示效果如图 8.61 所示。

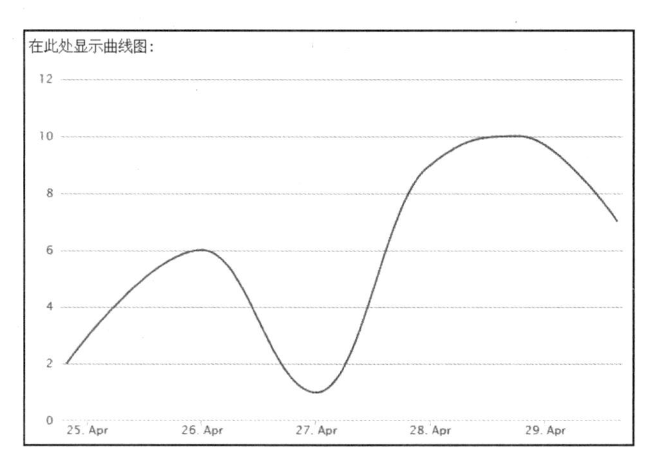

图 8.61　曲线图页面显示

8.6.5.2　仪表的实现

(1) 在 web/examples 目录下新建一个项目文件夹，命名为 dial，然后打开记事本，在记事本中输如以下 html 语句：

```
<!DOCTYPE html PUBLIC " - //W3C//DTD XHTML 1.0 Transitional//EN"
"http://www.w3.org/TR/xhtml1/DTD/xhtml1 - transitional.dtd">
<html xmlns = "http://www.w3.org/1999/xhtml">
<head>
<meta http - equiv = "Content - Type" content = "text/html; charset = utf - 8" />
<title>表盘的实现</title>
</head>
<body>
</body>
</html>
```

输入完后保存，文件命名为 dial. html，并将该文件保存到 dial 文件夹中。

说明：<!DOCTYPE html…>与< html xmlns＝http://www. w3. org/1999/xhtml >标签内容为标准规范，在 html 中建议开发者添加这两个标签内容，否则可能会导致意想不到的错误。

< meta http-equiv＝"Content-Type" content＝"text/html; charset＝utf-8"/>标签的作用是支持文本的编码格式，如果不添加的话，可能会导致 js 文件中的汉字显示乱码。

由于在这个页面中没有添加任何内容，因此运行这个页面后，将会显示空白。

(2) 在 html 中添加 jQuery 语言库 jquery-1. 11. 0. min. js 和表盘实现的 highcharts. js 及 highcharts-more. js 库的引用，然后再添加表盘控件绘制 API 的 drawcharts. js 文件。添加方法：在< head ></head >标签中添加如下源代码。

```
<script src = "../../js/jquery - 1.11.0.min.js" type = "text/javascript"></script>
<script src = "../../js/highcharts.js" type = "text/javascript"></script>
```

```
<script src="../../js/highcharts-more.js" type="text/javascript"></script>
<script src="../../js/drawcharts.js" type="text/javascript"></script>
```


(3) 添加完 js 库的引用后，html 页面中显示表盘，在< body ></body >标签中添加如下标签内容：

```
<p>在此处显示表盘:</p>
<div id="dial">
</div>
```

然后再添加开发者自定义的脚本文件，以实现表盘在 html 中的绘制，在< head ></head >标签中输入如下内容：

```
<script type="text/javascript">
 $(function(){
getDial("#dial", "", "温度", "℃", 0, 100, { layer1: { from: 10, to: 30, color: green },
layer2: { from: 0, to: 10, color: yellow }, layer3: { from: 30, to: 100, color: red } });
})
</script>
```

说明：$(function){})为文档就绪函数，这个函数里面调用了 getDia 表盘绘制函数。#dial 表示表盘在 id=dial 的标签中显示。后面的{ layer1：{from：10，to：30，color：green }，layer2：{ from：0，to：10，color：yellow }，layer3：{ from：30，to：100，color：red } }表示将表盘分为三层：第一层数据显示范围 10～30，颜色为 green；第二层数据显示范围 0～10，颜色为 yellow；第三层数据显示范围 30～100，颜色为 red。

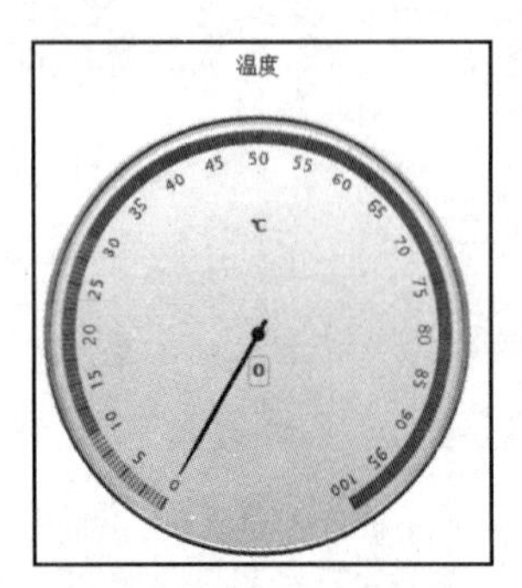

图 8.62　仪表显示界面 1

编写完后保存该文件，双击 dial. html 文件访问该页面，显示效果如图 8.62 所示。

(4) 第(3)步实现了在指定位置绘制表盘的功能，现在需要做的是在 html 页面中的表盘显示数据，表盘数据显示的方法为直接调用 setDialData()函数对表盘赋值，以实现表盘指针的旋转以及显示框的显示。实现方法：在第(3)步中的 js 源代码后面添加如下内容并保存。

```
setDialData('#dial',67);
```

(5) 保存后，双击 dial. html 文件访问该页面，可以看到该表盘的指针值变化了，显示效果如图 8.63 所示。

8.6.5.3　实时数据的接收与发送

js 源代码编写完毕后，保存该文件，双击 realTimeData. html 文件运行，在 Web 页面中看到如图 8.64 所示的效果。

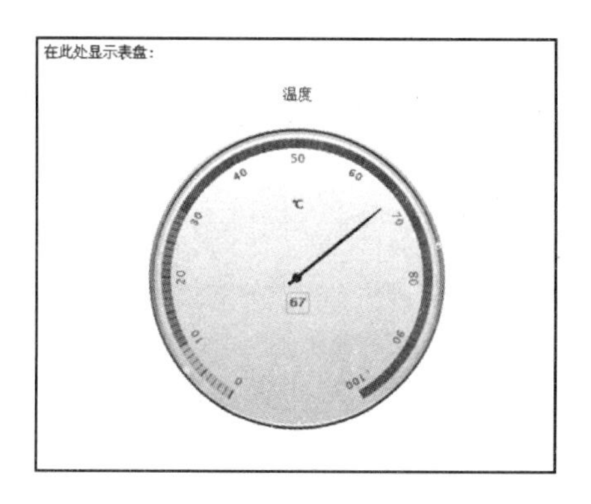

图 8.63　仪表显示界面 2

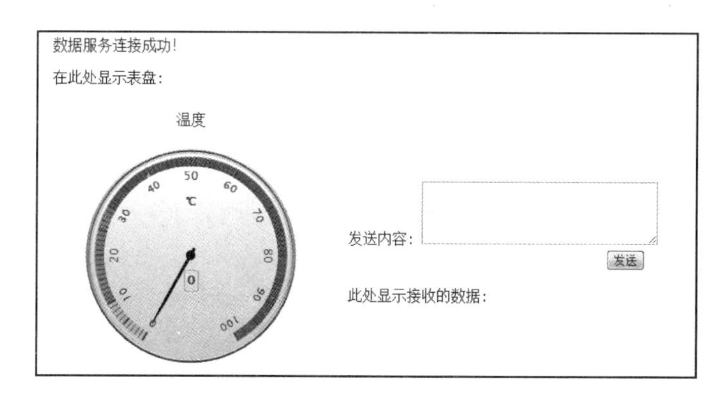

图 8.64　实时数据页面显示 1

页面显示“数据服务连接成功!”表明数据服务已经成功连接,底层传感器与 Web 页面可以进行正常通信,在“发送内容”文本框中输入“{A0=?}”命令(该命令为向底层的温湿度传感器查询当前温度值),然后单击“发送”按钮,数据发送成功后便可在页面接收到从底层传过来的数据,同时将数据解析之后在表盘中显示,如图 8.65 所示。

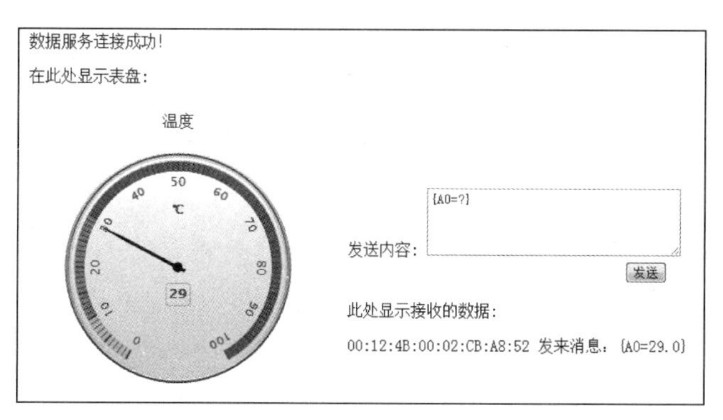

图 8.65　实时数据页面显示 2

从图 8.65 可知,Web 端与底层传感器交互成功,Web 端发送{A0=?}查询命令后,底层传感器就发送{A0=29.0}数据至 Web 端。

8.6.5.4 历史数据的获取与展示

js 源代码编写完后保存 historyData.html，然后双击 historyData.html 文件访问该页面，将看到如图 8.66 所示的效果。

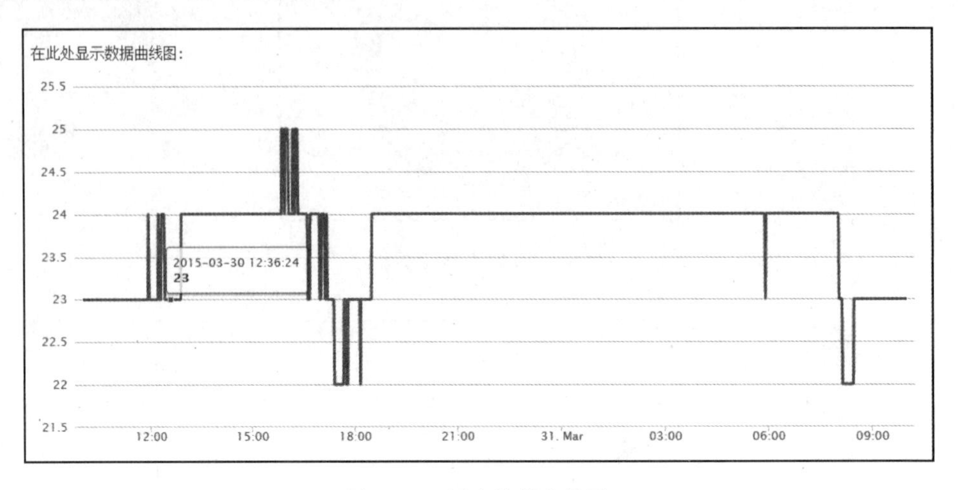

图 8.66 历史数据曲线图

8.6.5.6 开发者应用数据开发

编写完 js 源代码后，保存，双击 property.html 页面运行，显示效果如图 8.67 所示。

应用数据查询与创建

应用ID 1155223953 密钥 Xrk6UicNrbo3KiX1tYDDaUq9HAMH 服务器地址 t.zhiyun360.com:8080

应用名称 查询 (应用名称为空时查询所有应用信息，输入名称后查询指定应用信息)

应用名称 应用值 创建任务

图 8.67 应用数据查询与创建页面

8.6.5.7 自动控制模块开发

1. 触发器

编写完 js 源代码后，保存，双击 auto_sensor.html 页面运行，显示效果如图 8.68 所示。

2. 执行器

编写完 js 源代码后，保存，双击 auto_actuator.html 页面运行，显示效果如图 8.69 所示。

3. 执行任务

编写完 js 源代码后，保存，双击 auto_job.html 页面运行，显示效果如图 8.70 所示。

4. 执行历史记录

编写完 js 源代码后，保存，双击 auto_schedududuler.html 页面运行，显示效果如图 8.71 所示。

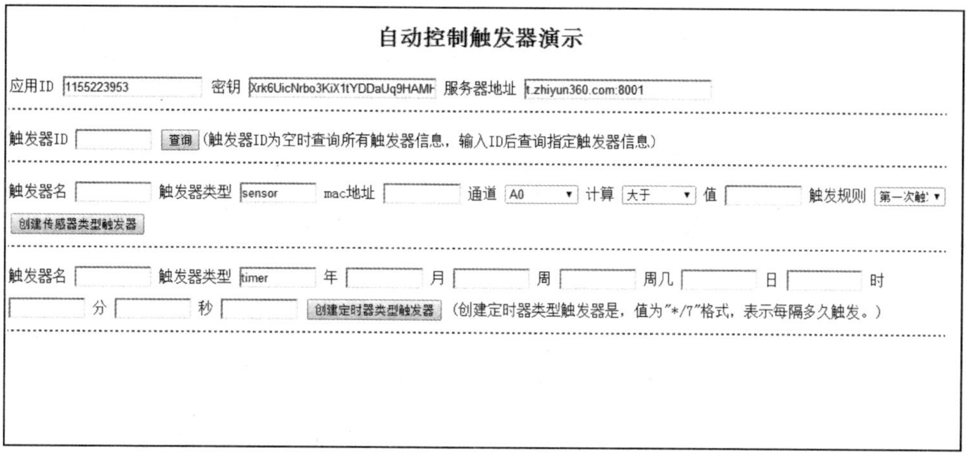

自动控制触发器演示

应用ID 1155223953　密钥 Xrk6UicNrbo3KiX1tYDDaUq9HAMF　服务器地址 t.zhiyun360.com:8001

触发器ID　查询（触发器ID为空时查询所有触发器信息，输入ID后查询指定触发器信息）

触发器名　触发器类型 sensor　mac地址　通道 A0　计算 大于　值　触发规则 第一次触
创建传感器类型触发器

触发器名　触发器类型 timer　年　月　周　周几　日　时
分　秒　创建定时器类型触发器　（创建定时器类型触发器是，值为"*/7"格式，表示每隔多久触发。）

图 8.68　自动控制触发器演示页面

自动控制触发器演示

应用ID 1155223953　密钥 Xrk6UicNrbo3KiX1tYDDaUq9HAMF　服务器地址 t.zhiyun360.com:8001

执行器ID　查询（执行器ID为空时查询所有执行器信息，输入ID后查询指定执行器信息）

执行器名　执行器类型 sensor　mac地址　指令　创建传感器类型执行器

执行器名　执行器类型 ipcamera　摄像头地址　用户名　密码　指令
创建传感器类型执行器

执行器名　执行器类型 phone　mac地址　指令　创建传感器类型执行器

执行器名　执行器类型 job　任务ID　使能 使能　创建传感器类型执行器

图 8.69　自动控制执行器演示页面

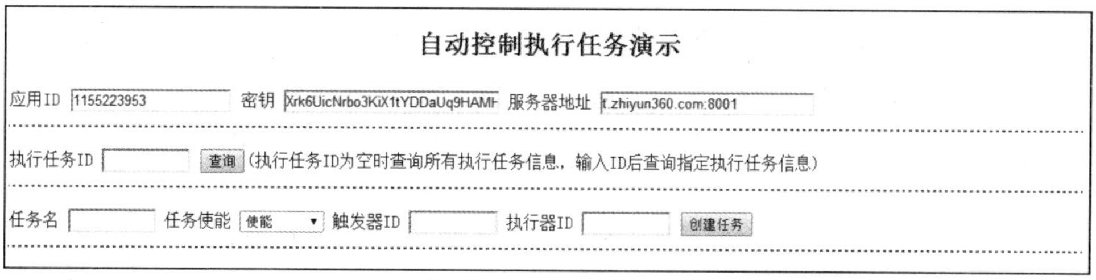

自动控制执行任务演示

应用ID 1155223953　密钥 Xrk6UicNrbo3KiX1tYDDaUq9HAMF　服务器地址 t.zhiyun360.com:8001

执行任务ID　查询（执行任务ID为空时查询所有执行任务信息，输入ID后查询指定执行任务信息）

任务名　任务使能 使能　触发器ID　执行器ID　创建任务

图 8.70　自动控制执行任务演示页面

8.6.6　总结与扩展

该任务实现了 Web API 开发，开发者可以编写一个温湿度采集的应用，在主界面每隔 30s 更新一次温湿度的值。

自动控制执行记录演示

应用ID 1155223953 密钥 Xrk6UicNrbo3KiX1tYDDaUq9HAMH 服务器地址 t.zhiyun360.com:8001

执行记录ID 查询 (执行任务ID为空时查询所有执行任务信息，输入ID后查询指定执行任务信息)

图 8.71 自动控制执行记录演示页面

8.7 任务 66 开发调试工具

8.7.1 学习目标

- 熟悉云平台开发调试工具，并进行项目调试。

8.7.2 开发环境

- 硬件：温度传感器，声光报警器，智云网关(默认为 s210 系列任务箱)，STM32 系列无线开发板，CC Debugger 仿真器，调试转接板；
- 软件：Windows XP/7/8，ARM 嵌入式开发平台 IAR，Android 集成开发环境。

8.7.3 原理学习

为了快速使用智云平台进行项目开发，提供了智云开发调试工具，能够跟踪应用数据包及学习 API 的运用，该工具采用 Web 静态页面方式提供，如图 8.72 所示。它主要包含以下内容：

(1) 智云数据分析工具，支持设备数据包的采集、监控及指令控制，支持智云数据库的历史数据查询。

(2) 智云自动控制工具，支持自动控制单元触发器、执行器、执行策略、执行记录的调试。

(3) 智云网络拓扑工具，支持进行传感器网络拓扑分析，能够远程更新传感网络 PANID 和 Channel 等信息。

8.7.4 开发内容

8.7.4.1 实时数据推送测试工具

实时数据推送演示通过消息推送接口，能够实时抓取项目上、下行所有节点数据包，支持通过命令对节点进行操作，如获取节点实时信息、控制节点状态等操作，如图 8.73 所示。

8.7.4.2 历史数据测试工具

历史数据测试工具能够接入到数据中心数据库，对项目任意时间段历史数据进行获取，支持数值型数据曲线图展示、JSON 数据格式展示，同时支持摄像头抓拍的照片在曲线时间轴展示，如图 8.74 所示。

图 8.72　智云开发调试工具

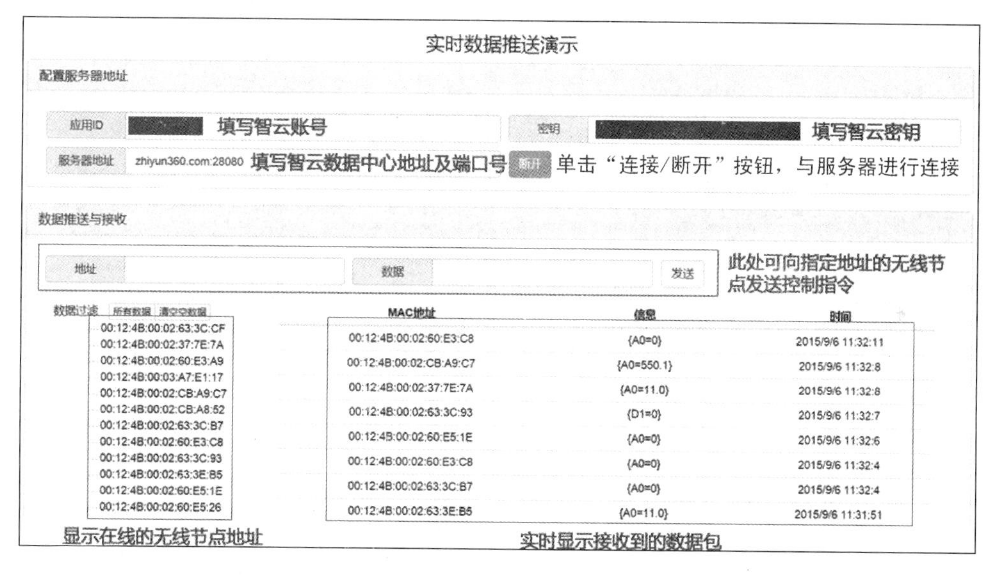

图 8.73　实时数据推送演示

8.7.4.3　网络拓扑测试工具

ZigBee 协议模式下网络拓扑分析工具能够实时接收并解析 ZigBee 网络数据包，将接收到的网络信息通过拓扑图的形式展示，通过颜色对不同节点类型进行区分，显示节点的 IEEE 地址，如图 8.75 所示。

8.7.4.4　应用数据存储与查询测试工具

应用数据存储与查询测试工具通过开发者数据库接口，支持在该项目下存取开发者数据，以 key-value 键值对的形式保存到数据中心服务器，同时支持通过 key 获取到其对应的 value 数值。在界面可以对开发者应用数据库进行查询、存储等操作，如图 8.76 所示。

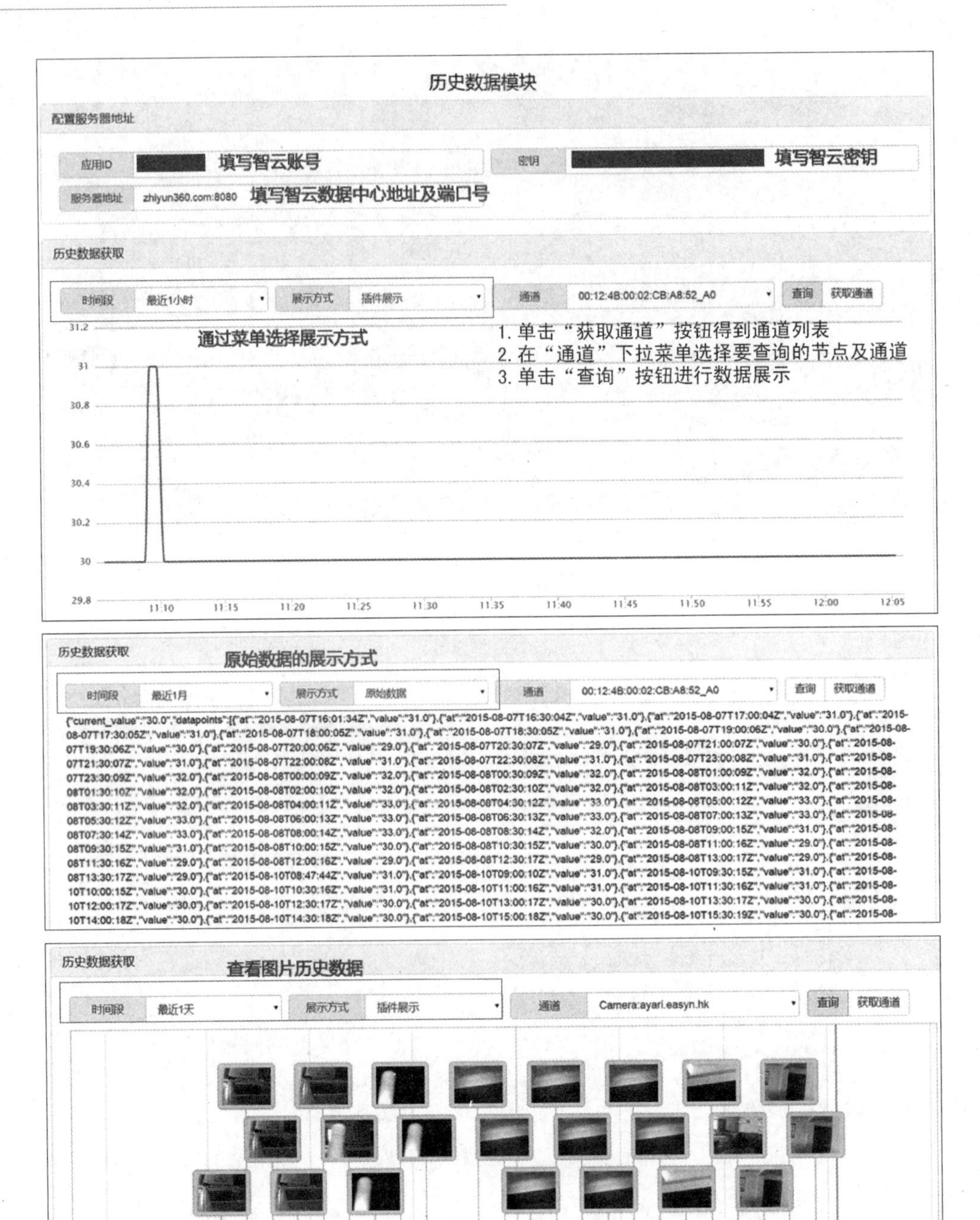

图 8.74　历史数据查询演示

8.7.4.5　自动控制测试工具

自动控制测试工具通过内置的逻辑编辑器实现复杂的自动控制逻辑，包括触发器(传感器类型、定时器类型)、执行器(传感器类型、短信类型、摄像头类型、任务类型)、执行任务、执行记录 4 大模块，每个模块都具有查询、创建、删除功能，如图 8.77 所示。

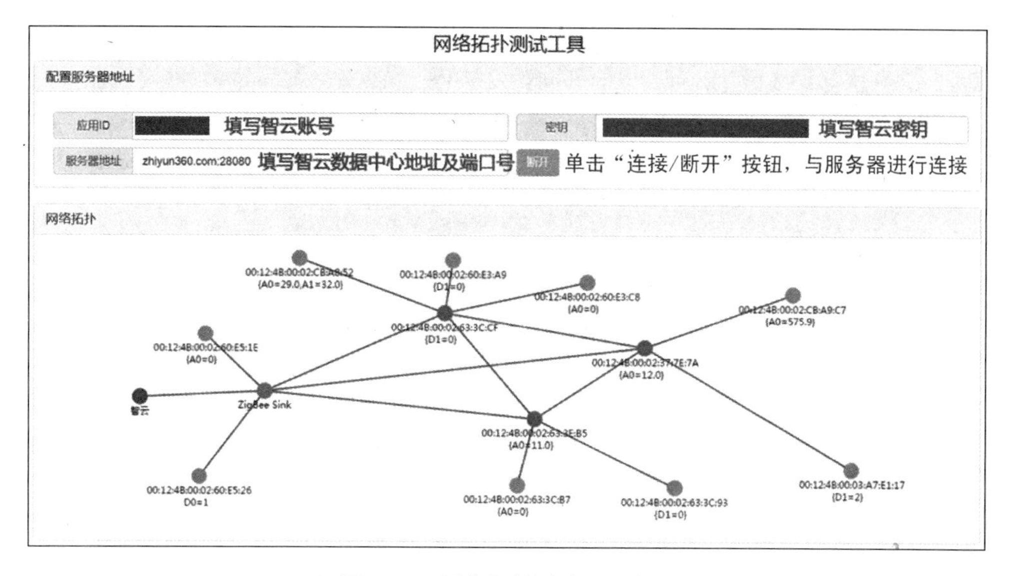

图 8.75　网络拓扑测试工具演示

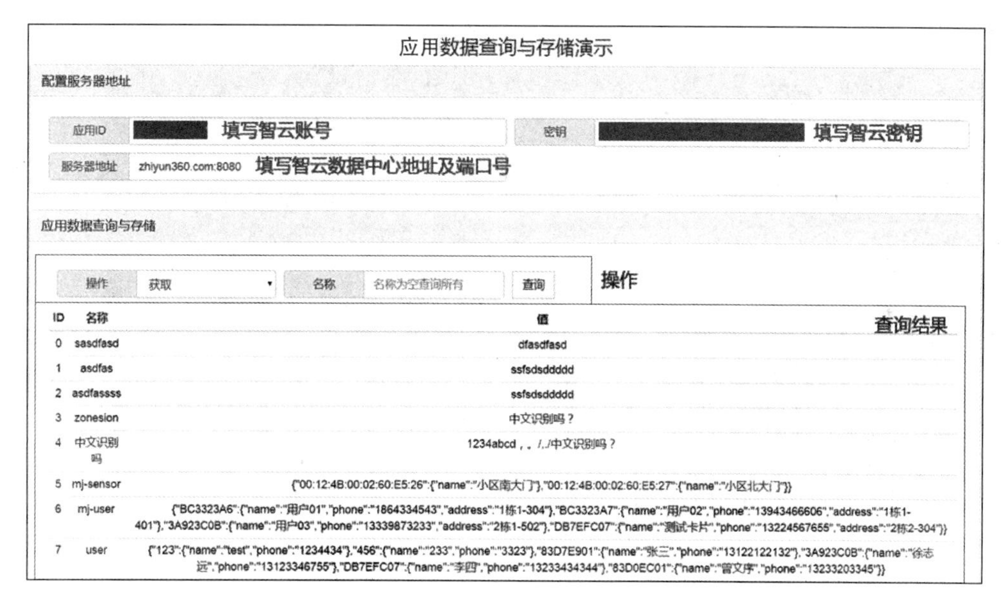

图 8.76　应用数据存储与查询测试工具演示

8.7.5　开发步骤

(1) 将温湿度节点、声光报警节点、协调器节点镜像文件固化到节点中；

(2) 准备一台智云网关，并确保网关为最新镜像；

(3) 给硬件上电，并构建形成无线传感网络；

(4) 对智云网关进行配置，确保智云网络连接成功；

(5) 运行 Web 调试工具对节点进行调试。

打开 Web 调试工具，进入调试主页面，如图 8.78 所示。

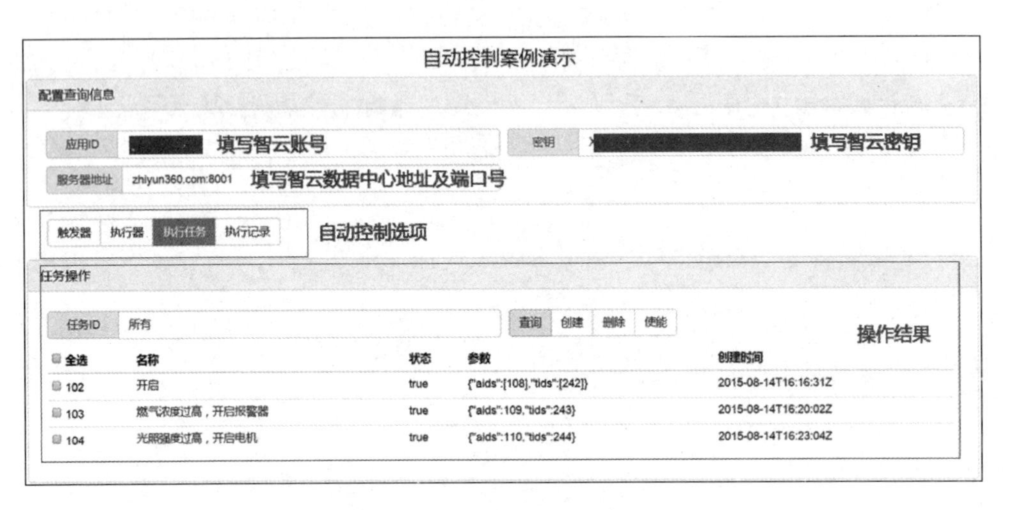

图 8.77　自动控制工具演示

图 8.78　Web 调试工具

单击“实时数据”进入实时数据调试页面，先输入正确的智云应用 ID、密钥和服务器地址，单击“链接”按钮连接到至云服务器，就可以开始测试了。例如，输入温湿度节点的 MAC 地址和查询数据的命令，即可查询到当前温湿度传感器采集到的数据，如图 8.79 所示。

也可以输入声光报警器的 MAC 地址和控制报警器的命令，即可对报警器进行实时控制，并查询到报警器当前的状态，如图 8.80 所示。

单击“用户数据”进入用户数据接口的调试页面，用户数据接口提供存储和读取的操作，可以先选择“存储”。存储成功后，再选择“获取”选项，输入要查询数据的 key，即 username，下面会显示其对应的 value 值，如图 8.81 所示。

实时数据测试工具
配置服务器地址
应用ID
密钥
服务器地址 zhiyun360.com:28080
断开
数据推送与接收
地址 00:12:4B:00:02:CB:A8:52
数据 {A0=?,A1=?}
发送
数据过滤 所有数据 清空空数据
00:12:4B:00:02:63:3C:CF
00:12:4B:00:02:60:E5:1E
00:12:4B:00:02:37:7E:7A
00:12:4B:00:02:CB:A8:52
00:12:4B:00:02:63:3C:B7
00:12:4B:00:02:63:3E:B5
00:12:4B:00:02:60:E5:26
00:12:4B:00:02:CB:A9:C7
00:12:4B:00:03:A7:E1:17
00:12:4B:00:02:63:3C:93
00:12:4B:00:02:60:E3:C8
00:12:4B:00:02:60:E3:A9

MAC地址	信息	时间
00:12:4B:00:02:CB:A8:52	{A0=28.0,A1=33.0}	2015/9/16 11:29:23

图 8.79　实时数据测试工具 1

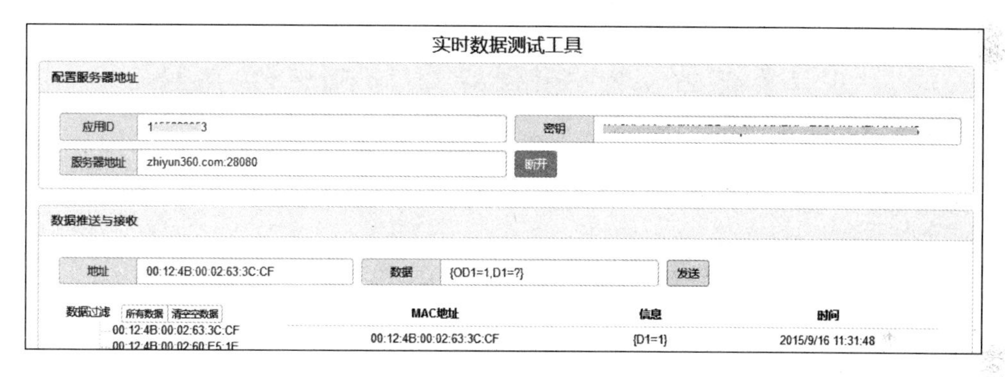

图 8.80　实时数据测试工具 2

图 8.81　用户数据测试工具

8.7.6　总结与扩展

掌握基本的云平台开发调试工具，可以尝试选择更多的传感器，用 Web 工具进行分析。

第9章 物联网云平台高级项目开发

前面8章详细介绍了STM32微处理器丰富的接口技术、各种传感器驱动、3种无线网络技术、基于Contiki操作系统的网络开发技术、基于IPv6的多无线网络融合技术、Android开发技术和云平台开发技术。本章为物联网云平台高级项目开发，有4个综合应用项目，分别是可燃气体检测系统开发、自动浇花系统开发、智能家居监控系统开发和农业环境自动监控系统开发，实现了物联网云平台的高级应用，通过开发提高对全书知识点的理解和应用。

9.1 任务67 可燃气体检测系统开发

9.1.1 学习目标

- 掌握报警类传感器的实时监测；
- 掌握智云实时数据编程接口的使用；
- 掌握智云通信协议sensor_check函数的运用；
- 掌握Android开发之横屏设置、ID/KEY登录设计以及Activity跳转与数据推送。

9.1.2 开发环境

- 硬件：可燃气体传感器，s210系列网关（包含STM32W108无线协调器、蓝牙模块、WiFi模块），STM32系列无线开发板，J-Link仿真器，调试转接板；
- 软件：Windows XP/7/8，ARM嵌入式开发平台IAR，Android集成开发环境。

9.1.3 原理学习

9.1.3.1 系统设计目标

通过实时监测厨房燃气报警状态，实现报警类传感器的设计，能够在Android移动客户端进行预警等，系统设计功能及目标如图9.1所示。

9.1.3.2 业务流程分析

燃气检测系统从传输过程分为3部分：传感节点、网关和客户端（Android，Web）。具体通信描述如下所示：

（1）传感器节点通过IEEE 802.15.4网络与网关的边界路由器进行组网，网关的边界路由器通过串口与智能网关进行数据通信。

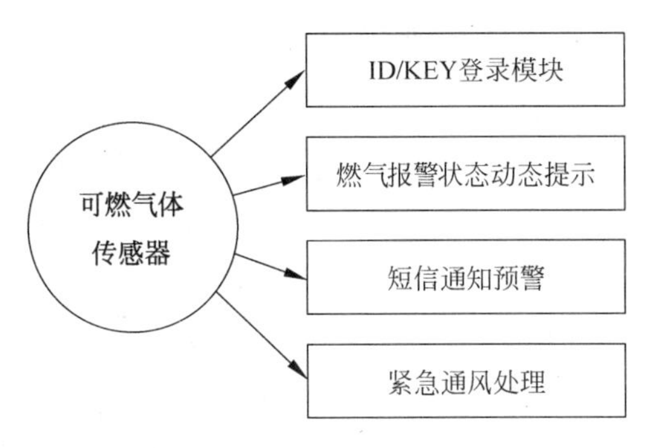

图 9.1 燃气检测系统设计功能及目标

(2) 底层节点的数据通过 IEEE 802.15.4 网络将数据传送给边界路由器，边界路由器通过串口将数据转发给网关服务，通过实时数据推送服务将数据推送给所有连接网关的客户端。

(3) Android 应用通过调用 ZCloud SDK API 的实时数据连接接口实现实时数据采集的功能。

9.1.3.3 硬件原理

本任务中采用 MQ-2 型可燃气体传感器，根据其原理图可知，图 9.2 所示的 ADC 口连接到 STM32 的 PB0 口。当有可燃气体存在时，传感器中的电阻会发生变化，从而改变电阻处的电压值，通过 ADC 来读取可燃气体传感器电阻处实时的电压值来实现实时检测。

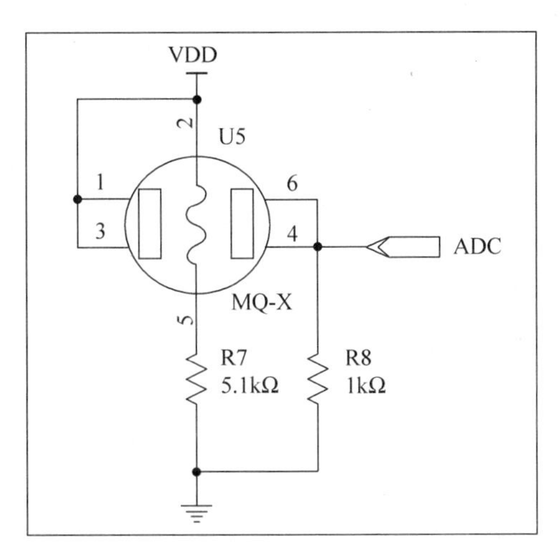

图 9.2 可燃气体传感器与 STM32 开发板接口原理

9.1.4 开发内容

9.1.4.1 硬件层驱动设计

1. ZXBee 智云数据通信协议

可燃气体传感器的通信协议如表 9.1 所示。

表 9.1 可燃气体传感器通信协议

传感器	属性	参数	权限	说明
参数	燃气体浓度值	A0	R(W)	浮点型：0.1 精度
	上报状态	D0(OD0/CD0)	R(W)	D0=0,禁止上报；D0=1,主动上报使能
	主动上报时间间隔	V0	R(W)	
命令	查询状态	{A0=?}	无	查询可燃气体浓度值
		{D0=?}	无	查询主动上报状态
		{OD0=1}	无	主动上报使能
		{CD0=1}	无	关闭主动上报
		{V0=?}	无	查询上报时间间隔

2. 传感器驱动程序开发

可燃气体传感器的驱动程序设计流程如图 9.3 所示。

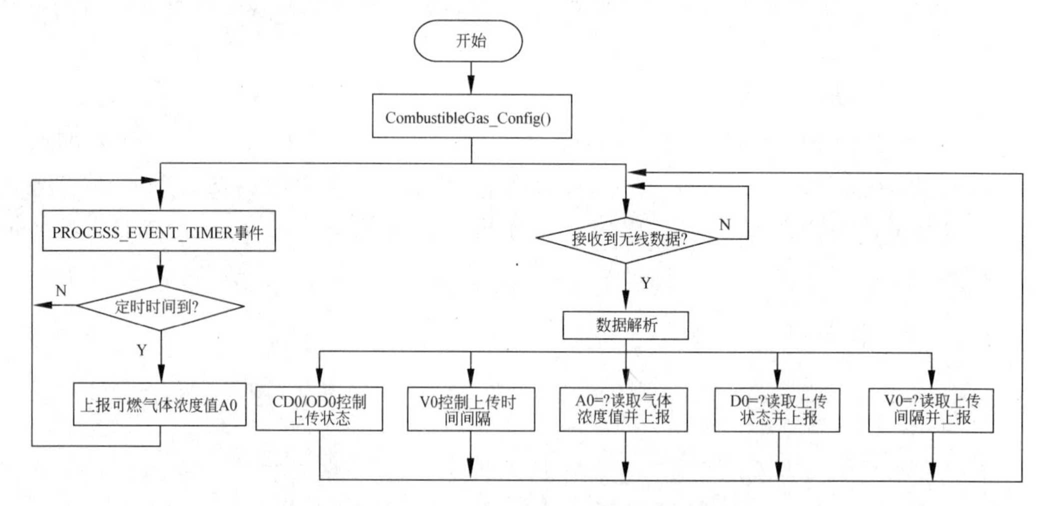

图 9.3 可燃气体传感器驱动程序设计流程

可燃气体传感器属于报警类传感器，其 ZXBee HAL 函数如表 9.2 所示。

表 9.2 可燃气体传感器 ZXBee HAL 函数

函数名称	函数说明
CombustibleGas_Config ()	可燃气体传感器初始化
CombustibleGas_GetTextValue ()	获取报警开关状态
CombustibleGas_Poll ()	轮询传感器任务
CombustibleGas_Execute ()	传感器执行接收到的命令

部分程序源代码如下：

```
/ ************************** 可燃气体传感器 *************************************** /
static uint16_t adc_v = 0;                          //可燃气体浓度初值为 0
static uint8_t interval = 30;                       //主动上报时间间隔,默认为 30s
```

```
static uint8_t report_enable = 1;      //默认开启主动上报功能

/*********************************************************************************
* 可燃气体传感器初始化配置
*********************************************************************************/
static void CombustibleGas_Config(void)
{
  ADC_Configuration();
}
/*********************************************************************************
* 获取可燃气体传感器的值
*********************************************************************************/
static char * CombustibleGas_GetTextValue(void)
{
  snprintf(text_value_buf, sizeof(text_value_buf), "{A0 = %u}", adc_v);
  return text_value_buf;
}
/*********************************************************************************
* 轮询传感器任务
*********************************************************************************/
static void CombustibleGas_Poll(int tick)
{
  //每 1s 读取一次可燃气体浓度值
  if (tick % 1 == 0) {
    adc_v = ADC_ReadValue();
  }

  //用于 MeshTOP 构建 TOP 图
  if (tick % 5 == 0) {
    misc_sensor_notify();
  }
//定时上报数据
  if (tick % interval == 0) {
    if (report_enable == 0) {}        //判断上报状态
    else {
      zxbee_report();
    }
  }
}
/*********************************************************************************
* 传感器执行接收到的命令
*********************************************************************************/
static char * CombustibleGas_Execute(char * key, char * val)
{
  int Ival;
  Ival = atoi(val);                    //将字符串变量 val 解析转换为整型变量赋值
  text_value_buf[0] = 0;
  if (strcmp(key, "OD0") == 0) {
```

```
        report_enable |= Ival;                                //修改上报状态
    }
    if (strcmp(key, "CD0") == 0) {
        report_enable &= ~Ival;
    }
    if (strcmp(key, "A0") == 0 && val[0] == '?') {
        sprintf(text_value_buf, "A0 = %u", adc_v);            //返回可燃气体浓度值
    }
    if (strcmp(key, "D0") == 0 && val[0] == '?') {
        sprintf(text_value_buf,"D0 = %u",report_enable);      //返回上报状态
    }
    if (strcmp(key, "V0") == 0) {
        if (val[0] == '?'){
            sprintf(text_value_buf,"V0 = %u",interval);       //返回上报时间间隔
        }
        else{
            interval = Ival;                                  //修改上报时间间隔
        }
    }
    return text_value_buf;
}
```

9.1.4.2 移动端应用设计

1. 工程框架介绍

燃气检测系统工程框架如表 9.3 所示。

表 9.3 燃气检测系统工程框架介绍

包名(类名)		说　明
com. zonesion. app 应用包	IOnWSNDataListener. java	传感器数据监听接口类
	ZApplication. java	Application 对象，定义应用程序全局单例对象
com. zonesion. ui 子模块 Activity 包	CombustibleActivity. java	实时可燃气体浓度值显示模块
	LoginActivity. java	id/key 登录模块

2. 程序业务流程分析

根据智云 Android 应用编程接口定义，燃气检测系统的应用程序设计流程如图 9.4 所示

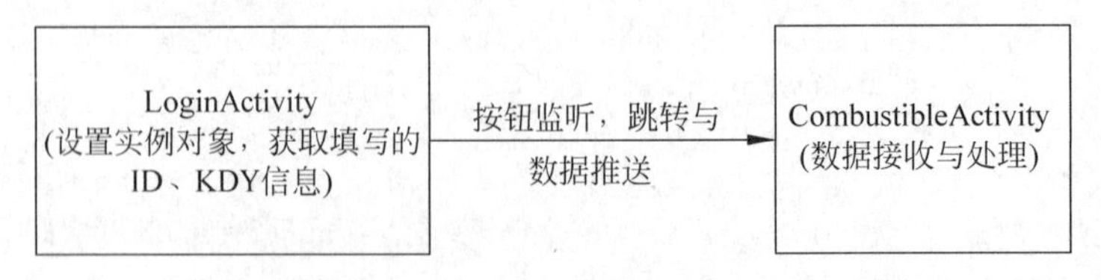

图 9.4 燃气检测系统的应用程序设计流程

3. 程序源代码分析

(1) 在 LoginActivity 中获取 EditText 控件，通过 EditText. setText()方法来设置 ID/KEY，然后通过 EditText. getText(). toString()和 keyEt. getText(). toString()方法获取填写的 ID/KEY。

```
public class LoginActivity extends Activity {
    private String ID = "12345678";
    private String KEY = "12345678";
    private EditText idEt;
    private EditText keyEt;
    private Button btn_antodisplay;
    private Button btn_login;
    private String idValue;
    private String keyValue;
    @Override
    public void onCreate(Bundle savedInstanceState) {
        super.onCreate(savedInstanceState);
        this.requestWindowFeature(Window.FEATURE_NO_TITLE); //隐藏标题
        setContentView(R.layout.start);
        //EditText 和 Button 实例对象
        idEt = (EditText) findViewById(R.id.id);
        keyEt = (EditText) findViewById(R.id.key);
        }
}
```

(2) 对 xml 文件中设置的两个 button 设置监听事件，对 LOGIN 按钮设置监听跳转到 CombustibleActivity，并传递 ID/KEY。

```
        //设置"自动产生 KEY"按钮的监听
        btn_antodisplay.setOnClickListener(new OnClickListener() {
            public void onClick(View v) {
                idValue = idEt.getText().toString();        //获取 EditText 中的 ID 值
                //判断是否可自动产生
                if (idValue.equals(ID)) {
                    keyEt.setText(KEY);
                }
            }
        });
        //设置 LOGIN 按钮的监听
        btn_login.setOnClickListener(new OnClickListener() {
            public void onClick(View v) {
                //获取两个 EditText 中的 ID、KEY 值
                idValue = idEt.getText().toString();
                keyValue = keyEt.getText().toString();
                //进行判断
                if (idValue.equals(ID) && keyValue.equals(KEY)) {
                    Toast.makeText(LoginActivity.this, "登录成功",
                            Toast.LENGTH_LONG).show();
```

```
                    Intent intent = new Intent(LoginActivity.this,
                    CombustibleActivity.class);
                    //跳转 Activity
                    intent.setClass(LoginActivity.this, CombustibleActivity.class);
                    //数据推送
                    Bundle bundle = new Bundle();
                    bundle.putString("idValue", idValue);
                    bundle.putString("keyValue", keyValue);
                    intent.putExtras(bundle);
                    LoginActivity.this.startActivity(intent);
                } else {
                    Toast.makeText(LoginActivity.this, "登录失败",
                            Toast.LENGTH_LONG).show();
                }
            }
        });
    }
}
```

(3) 在 CombustibleActivity 中获取传递过来的 ID/KEY,设置 ID/KEY 后进行实时连接。

```
public class CombustibleActivity extends Activity implements
    IOnWSNDataListener {
private ImageView alarmStatus;
private TextView combustibleTextView;
private AnimationDrawable recordingTransition;
private ImageButton statusControl;
private ZApplication mApplication;                    //ZApplication 实例化
private WSNRTConnect wRTConnect;                      //WSNRTConnect 实例化
private String mMac = "00:12:4B:00:03:D4:3E:F5";      //传感器 MAC 地址
//private String mMac = "00:12:4B:00:02:63:3C:B7";
private int status = 0;                             //0 代表关闭,1 代表开启,2 代表报警
private String COMBUSTIBLETURE = "当前状态安全";
@Override
protected void onCreate(Bundle savedInstanceState) {
super.onCreate(savedInstanceState);
requestWindowFeature(Window.FEATURE_NO_TITLE);        //隐藏 TITLE
getWindow().setFlags(WindowManager.LayoutParams.FLAG_FULLSCREEN,
        WindowManager.LayoutParams.FLAG_FULLSCREEN);
    setContentView(R.layout.combustible);
    //获取 LoginActivity 推送来的 ID,KEY
    Intent intent = this.getIntent();
    Bundle bundle = intent.getExtras();
    String idValueGet = bundle.getString("idValue");
    String keyValueGet = bundle.getString("keyValue");
    mApplication = (ZApplication) getApplication();
```

```
        wRTConnect = mApplication.getWSNRConnect();
        mApplication.registerOnIOnWSNDataListener(this); //注册监听,数据到,进行处理
        //进行连接
        wRTConnect.setServerAddr("zhiyun360.com:28081");
        wRTConnect.setIdKey(idValueGet, keyValueGet);
        wRTConnect.connect();
        combustibleTextView = (TextView) findViewById(R.id.combustibleInfo);
        combustibleTextView.setText(COMBUSTIBLETURE);
        alarmStatus = (ImageView) findViewById(R.id.alarmstatus);
        statusControl = (ImageButton) findViewById(R.id.statuscontrol);
        statusControl.setOnClickListener(new OnClickListener() {
            @Override
            public void onClick(View v) {

                switch(status)
                {
                case 0:
                wRTConnect.sendMessage(mMac, "{D0 = 1}".getBytes());
                alarmStatus.setBackgroundResource(R.drawable.on);
                statusControl.setBackgroundResource(R.drawable.button_on);
                status = 1;
                break;
                case 1:
                wRTConnect.sendMessage(mMac, "{D0 = 0}".getBytes());
                alarmStatus.setBackgroundResource(R.drawable.off);
                statusControl.setBackgroundResource(R.drawable.button_off);
                status = 0;
                break;
                case 2:
                wRTConnect.sendMessage(mMac, "{D0 = 0}".getBytes());
                alarmStatus.setBackgroundResource(R.drawable.off);
                statusControl.setBackgroundResource(R.drawable.button_off);
                combustibleTextView.setText(COMBUSTIBLETURE);
                status = 0;
                break;
                }
            }
        });
    }
    @Override
    public void onDestroy() {
        super.onDestroy();
        wRTConnect.disconnect();
        mApplication.unregisterOnIOnWSNDataListener(this);
    }
    @Override
    public void onMessageArrive(String mac, String tag, String val) {
        if (mMac.equalsIgnoreCase(mac)) {
            if (tag.equals("A0")) {                    //键值对第一个等于 A0
```

```
                    float v = Float.parseFloat(val); //将键值对 A0 对于的值进行格式转换
                    System.out.println(val);
                    if(status == 1)                    //开启传感器
                    {
                    if (v == 1) {
                        combustibleTextView.setText("DANGEROUS");
                        //报警
                        alarmStatus.setBackgroundResource(R.drawable.gifmove);
                        recordingTransition = (AnimationDrawable)alarmStatus.getBackground();
                        recordingTransition.start();
                        status = 2;
                    }

                    }
                    if(status == 2)    {
                        if(v == 0)    {
                        alarmStatus.setBackgroundResource(R.drawable.on);
                        combustibleTextView.setText(COMBUSTIBLETURE);
                        status = 1;
                    }
                    }
                }
            }
        }
        public void onConnectLost() {

        }
        @Override
        public void onConnect() {

            wRTConnect.sendMessage(mMac, "{A0 = ?}".getBytes());
        }
    }
```

(4) 强制横屏。

① 在 CombustibleDemo 的配置文件 AndroidManifest.xml 中设置 Android:screenOrientation 属性。

```
<activity
        Android:launchMode = "singleTask"
        Android:screenOrientation = "portrait" >
```

② 在 CombustibleActivity.java 文件中添加 onResume()方法,在该方法中设置横屏。

```
protected void onResume()
    {
        //设置为横屏
```

```
        if(getRequestedOrientation()!= ActivityInfo.SCREEN_ORIENTATION_LANDSCAPE){
            setRequestedOrientation(ActivityInfo.SCREEN_ORIENTATION_LANDSCAPE);
        }
        super.onResume();
    }
```

9.1.4.3 Web 端应用设计

根据 Web 应用编程接口定义，燃气检测系统的应用设计主要采用实时数据 API 接口，js 部分控制采集源代码如下：

```
<! DOCTYPE html >
< html >

< head lang = "en">
< meta charset = "UTF - 8">
< title >
厨房燃气监测系统
</title >
< script src = "js/WSNRTConnect.js" type = "text/javascript">
</script >
< script src = "js/jquery - 1.11.0.min.js" type = "text/javascript">
</script >
< style type = "text/css">
        body {margin: 0;padding: 0;background - color: #d9ad86;font - family: '微软雅黑','黑
体','宋体',serif;}
        .header {width: 100 % ;background - color: #a77a59;} h1 {padding: 0;margin:
        0 0 0 15px;font - size: 24px;color: #fff;line - height: 3em;font - weight: 100;}
        h1 small{ font - size: 12px;color: #fff;margin - left: 10px;} h1 span {float:right;
font - size:
        14px;} .content {width: 1100px;margin: 0 auto;} .rq {position: absolute;top:
        30px;left: 315px;width: 100px;}
</style >
< script type = "text/javascript">
        var myZCloudID = "12345678";                    //序列号
        var myZCloudKey = "12345678";                   //密钥
        var mySensorMac = "00:12:4B:00:02:37:7E:7A";    //传感器的 MAC 地址(可燃气体传感器)
        var rtc = new WSNRTConnect(myZCloudID, myZCloudKey); //创建数据连接服务对象
        rtc.connect(); //数据推送服务连接
        $ ("#ConnectState").text("数据服务连接中...") rtc.onConnect = function() {
                                                        //连接成功回调函数
          rtc.sendMessage(mySensorMac, "{A0 = ?}");     //向传感器发送数据
          $ ("#ConnectState").text("数据服务连接成功!");
        };
        rtc.onConnectLost = function() {                //数据服务掉线回调函数
          $ ("#ConnectState").text("数据服务掉线!");
        };
        rtc.onmessageArrive = function(mac, dat) {      //消息处理回调函数
```

```
            if ((mac == mySensorMac) && (dat.indexOf(",") == -1)) {                //接收数据过滤
              dat = dat.substring(dat.indexOf("=") + 1, dat.indexOf("}"));
                                                                //将原始数据的数字部分分离出来
              if (parseInt(dat) > 10) {
                document.getElementById("gas").src = ("images/ranqi.gif");
              }
            }
        };
</script>
</head>

<body>
<div class = "header">
<div class = "content">
<h1>
厨房燃气监测系统
<small>
可燃气体数值大于 10 发出警报
</small>
<span>
<lable id = "ConnectState">
</lable>
</span>
</h1>
</div>
</div>
<div class = "content" style = "position:relative;">
<img src = "images/rq-bg.jpg">
<!-- 开 -->
<img class = "rq" id = "gas" src = "images/ranqi1.png">
<!-- 关 -->
<!-- <img class = "rq" src = "images/ranqi.png"> -->
<!-- 报警 -->
<!-- <img class = "rq" src = "images/ranqi.gif"> -->
</div>
</body>
</html>
```

9.1.5 开发步骤

1. 部署硬件环境

(1) 准备 Android 开发平台，一个可燃气体传感器无线节点，设置节点板跳线为模式二。

(2) 打开例程，将开发资源包中的例程 SensorHalExamples 下工程复制到 Contiki 目录下：contiki-2.6\zonesion\example\iar\。

(3) 先选择 rpl 工程，分别在宏定义选择可燃气体传感器，编译并烧写到可燃气体节点。

(4) 选择 rpl-border-router，编译后烧写至智能网关的边界路由节点。

(5) 组成无线传感网络，并将数据接入到云平台服务中心。

2. Android 应用程序演示

(1) 根据实际硬件平台修改代码中传感器节点的 IEEE 地址及云平台 ID/KEY。

(2) 编译 CombustibleDemo 工程，并安装应用程序到 s210 系列 Android 开发平台或 Android 终端内。

(3) 设置 Android 终端设备接入到互联网或者与 Android 开发平台设备在同一个局域网内。进入 ID/KDY 登录界面，输入设置好的 ID，单击“自动显示 KEY”按钮，在 KEY 的 EditText 中显示出设置好的 KEY，单击 LOGIN 按钮，如图 9.5 所示，即可进入可燃气体实时数据显示界面，并显示出信息“登录成功”。

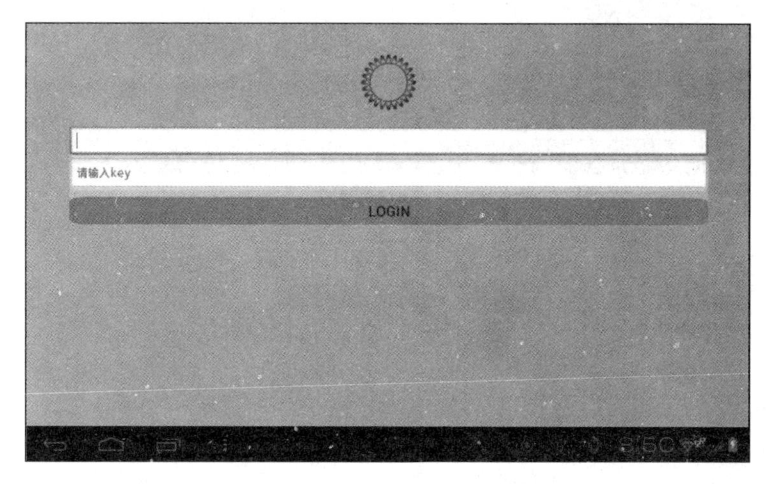

图 9.5　燃气检测系统登录界面

(4) 进入厨房燃气检测模块界面后，在主界面弹出“连接网关成功”消息后即表示链接到云平台服务中心，在中间会提示当前可燃气体的状态，如图 9.6 所示。

图 9.6　厨房燃气检测模块界面

（5）测试。正常状态下，界面会显示信息“当前状态安全”，背景中的传感器指示灯处于暗的状态；当用打火机对传感器进行喷气测试时，指示灯闪烁，显示信息为 DANGEROUS，如图 9.7 所示。

图 9.7　检测到燃气时的报警状态

3. Web 应用程序演示

（1）根据实际硬件平台修改代码中传感器节点的 IEEE 地址、云平台服务器地址（若在局域网内使用，则设置为 Android 开发平台的 IP）和云平台 ID/KEY。

（2）设置计算机接入到互联网或者与 Android 开发平台设备在同一个局域网内。用谷歌浏览器（或者支持 HTML5 技术的 IE10 以上版本浏览器）运行 CombustibleDemo-Web\CombustibleDemo.html，进入厨房燃气检测界面，在主界面右上角显示“数据服务连接成功！”消息后即表示链接到云平台服务中心，并时地显示当前的可燃气体浓度值，如图 9.8 所示。

图 9.8　燃气检测系统 Web 端

9.1.6　总结与扩展

燃气检测系统实现了可燃气体浓度检测并实时显示到客户端，其中有 Android 对两个

Activity 的跳转与数据推送。开发者还可以自行实现的功能如下：

(1) 页面的切换同样可以用 setContentview()方法，开发者可以尝试并查阅资料查看页面的切换与 Activity 的跳转的区别；

(2) 对于强制横屏的功能，也可以在.java 文件中添加 onresume()方法，在该方法中进行设置；

(3) 开发者也可自行实现燃气阈值通知报警功能和紧急通风处理功能；

(4) 将 IEEE 802.15.4 无线网络改为蓝牙无线网络和 WiFi 无线网络，重新实现项目功能。

9.2 任务 68 自动浇花系统开发

9.2.1 学习目标

- 掌握通信协议 sensor_control()函数；
- 掌握 Android 开发之 ViewPager 的应用；
- 掌握 Android UI 开发中 SeekBar、CheckBox 和 Spinner 控件的应用；
- 掌握自动浇花系统的硬件驱动开发、Android 和 Wed 应用开发。

9.2.2 开发环境

- 硬件：土壤温湿度传感器，直流电机传感器，s210 系列网关(包含 STM32W108 无线协调器、蓝牙模块、WiFi 模块)，STM32 系列无线开发板(两个)，J-Link 仿真器，调试转接板；
- 软件：Windows XP/7/8，ARM 嵌入式开发平台 IAR，Android 集成开发环境。

9.2.3 原理学习

9.2.3.1 系统设计目标

自动浇花系统设计功能及目标如图 9.9 所示。

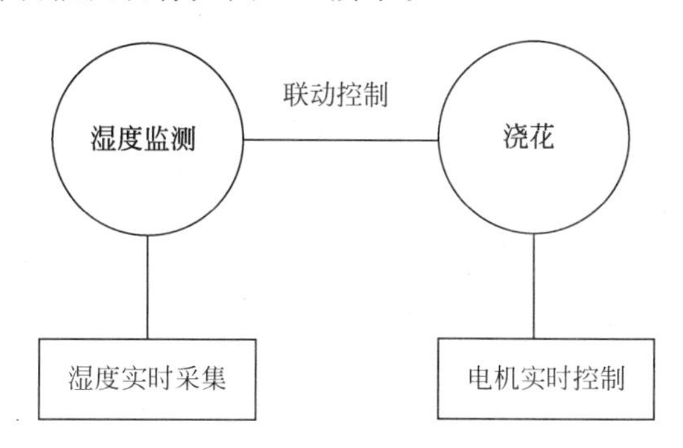

图 9.9 自动浇花系统设计功能及目标

(1) 实时数据采集：通过蓝牙无线网络实时显示传感器所在位置的土壤湿度的值。

(2) 执行控制：单击"打开"按钮，开启电机；单击"关闭"按钮，关闭电机。

(3) 联动控制：当土壤湿度值低于设定的阈值时，自动开启电机；当湿度值高于设定的阈值时，自动关闭电机。

9.2.3.2 业务流程分析

自动浇花系统的通信流程如图 9.10 所示。

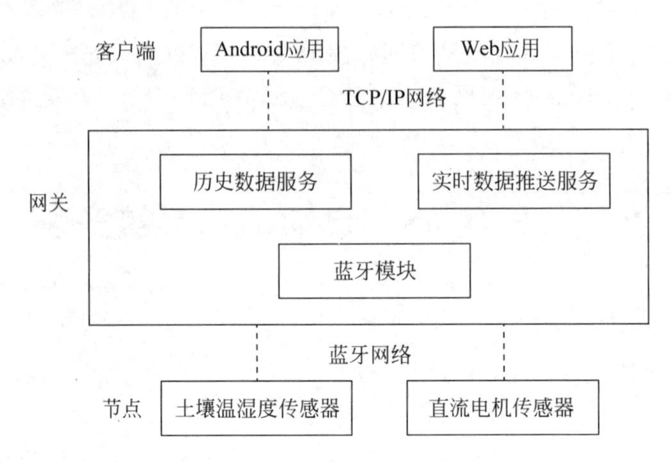

图 9.10 自动浇花系统通信流程

9.2.3.3 硬件原理

STM32 的部分接口电路如图 9.11 所示。

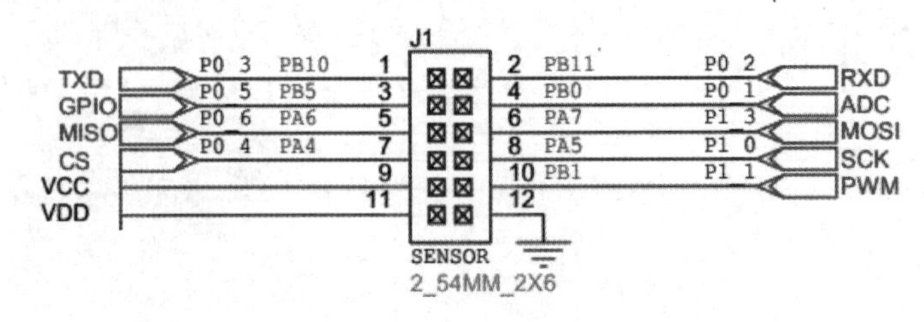

图 9.11 STM32 部分接口电路

土壤温湿度传感器的 GPIO 引脚和 STM32 的 PB5 连接，部分接口电路图如图 9.12 所示。

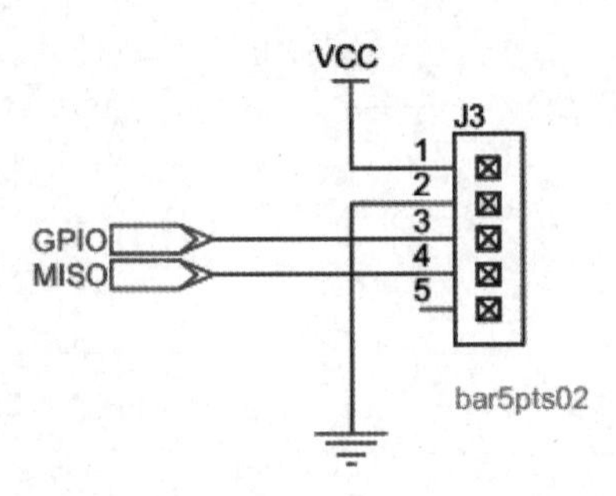

图 9.12 土壤温湿度传感器与 STM32 部分接口电路

直流电机传感器通过 STM32 的 PB5 输出高低电平实现直流电机的开关控制。与 STM32 部分接口电路图如图 9.13 所示。

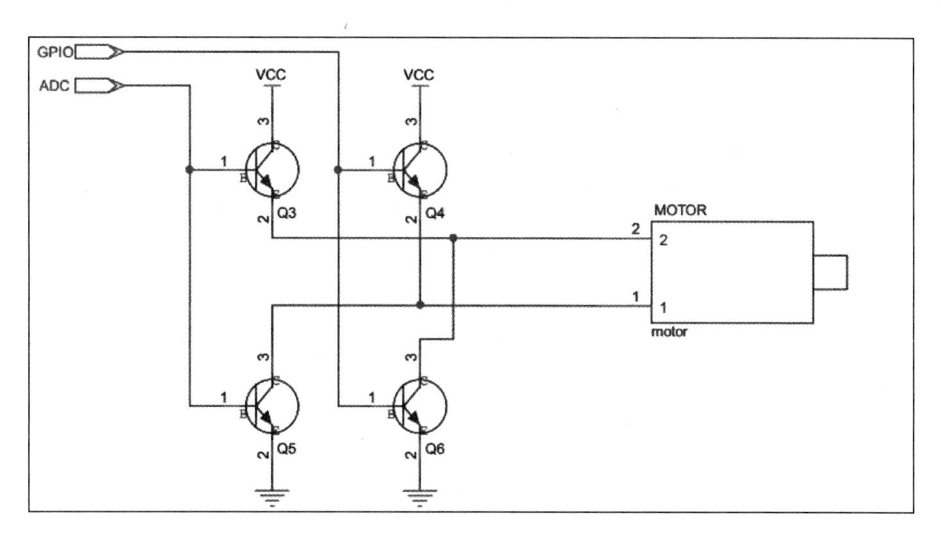

图 9.13 直流电机传感器与 STM32 部分接口电路

9.2.4 开发内容

9.2.4.1 硬件层驱动设计

1. 土壤温湿度传感器

1) ZXBee 数据通信协议

定义土壤温湿度传感器的通信协议如表 9.4 所示。

表 9.4 土壤温湿度传感器的通信协议

传感器	属性	参数	权限	说　　明
参数	土壤湿度值	A0	R(W)	浮点型：0.1 精度
	上报状态	D0(OD0/CD0)	R(W)	D0=0,禁止上报；D0=1,主动上报使能
	主动上报时间间隔	V0	R(W)	
命令	查询状态	{A0=?}	无	查询土壤湿度值
		{D0=?}	无	查询主动上报状态
		{OD0=1}	无	主动上报使能
		{CD0=1}	无	关闭主动上报
		{V0=?}	无	查询上报时间间隔

2) 传感器驱动程序开发

土壤温湿度传感器的驱动程序设计如图 9.14 所示。

土壤温湿度传感器属于采集类传感器，其 ZXBee HAL 函数如表 9.5 所示。

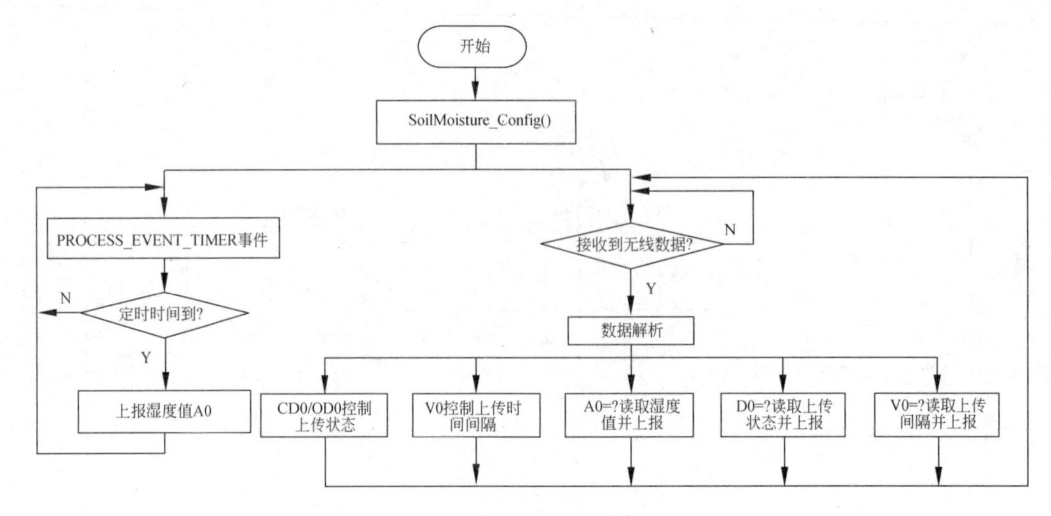

图 9.14　土壤温湿度传感器的驱动程序设计

表 9.5　温湿度传感器 ZXBee HAL 函数

函 数 名 称	函 数 说 明
SoilMoisture_Config()	传感器初始化
SoilMoisture _GetTextValue()	获取报警开关状态
SoilMoisture _Poll()	轮询传感器任务
SoilMoisture _Execute()	传感器执行接收到的命令

部分程序源代码如下：

```
/************************* 土壤湿度检测 **********************************
static char flag;
static void SoilMoisture_Config(void)
{
  RCC_APB2PeriphClockCmd(RCC_APB2Periph_GPIOB, ENABLE);
  GPIO_InitTypeDef GPIO_InitStructure;
  GPIO_InitStructure.GPIO_Pin = GPIO_Pin_5;
  GPIO_InitStructure.GPIO_Speed = GPIO_Speed_2MHz;
  GPIO_InitStructure.GPIO_Mode = GPIO_Mode_IPU;
  GPIO_Init(GPIOB, &GPIO_InitStructure);
}
static char * SoilMoisture_GetTextValue(void)
{
  snprintf(text_value_buf, sizeof(text_value_buf), "{A0 = %u}", flag);
  return text_value_buf;
}
```

```
static void SoilMoisture_Poll(int tick)
{
  static char last = 0xff;

  flag = GPIO_ReadInputDataBit(GPIOB, GPIO_Pin_5);
  if (flag != last) {
    misc_sensor_notify();
    last = flag;
  }
}
static char * SoilMoisture_Execute(char * key, char * val)
{
  int Ival;
  Ival = atoi(val);                              //将字符串变量 val 解析转换为整型变量赋值
  text_value_buf[0] = 0;
  if (strcmp(key, "OD0") == 0) {
    report_enable |= Ival;                                  //修改上报状态
  }
  if (strcmp(key, "CD0") == 0) {
    report_enable &= ~Ival;
  }
  if (strcmp(key, "A0") == 0 && val[0] == '?') {
    sprintf(text_value_buf, "A0 = %u", adc_v);              //返回土壤湿度值
  }
  if (strcmp(key, "D0") == 0 && val[0] == '?') {
    sprintf(text_value_buf,"D0 = %u",report_enable);        //返回上报状态
  }
  if (strcmp(key, "V0") == 0) {
    if (val[0] == '?'){
      sprintf(text_value_buf,"V0 = %u",interval);           //返回上报时间间隔
    }
    else{
      interval = Ival;                                      //修改上报时间间隔
    }
  }
  return text_value_buf;
}
```

2. 直流电机传感器

1）ZXBee 数据通信协议

直流电机传感器的通信协议如表 9.6 所示。

2）传感器驱动程序开发

土壤温湿度传感器的驱动程序开发参考远程温湿度计的相关内容，直流电机传感器的驱动开发设计如图 9.15 所示。

表 9.6 直流电机传感器的通信协议

传感器	属性	参数	权限	说明
参数	转动状态	D1	R(W)	D1 的 Bit0 表示转动状态，Bit1 表示正转/反转；X0：不转，01：正转，11：反转
	角度	V1	RW	表示转动角度，0 表示一直转动
	上报状态	D0(OD0/CD0)	R(W)	D0 的 Bit0 表示上传状态。D0＝0，禁止上报；D0＝1，主动上报使能
	主动上报时间间隔	V0	R(W)	
命令	查询控制状态	{D1＝?}	无	查询直流电机转动的状态
		{D0＝?}	无	查询主动上报状态
		{OD0＝1}	无	主动上报使能
		{OD1＝1}	无	设置直流电机转动
		{CD0＝1}	无	关闭主动上报
		{CD1＝1}	无	设置直流电机停止转动
		{V0＝?}	无	查询上报时间间隔

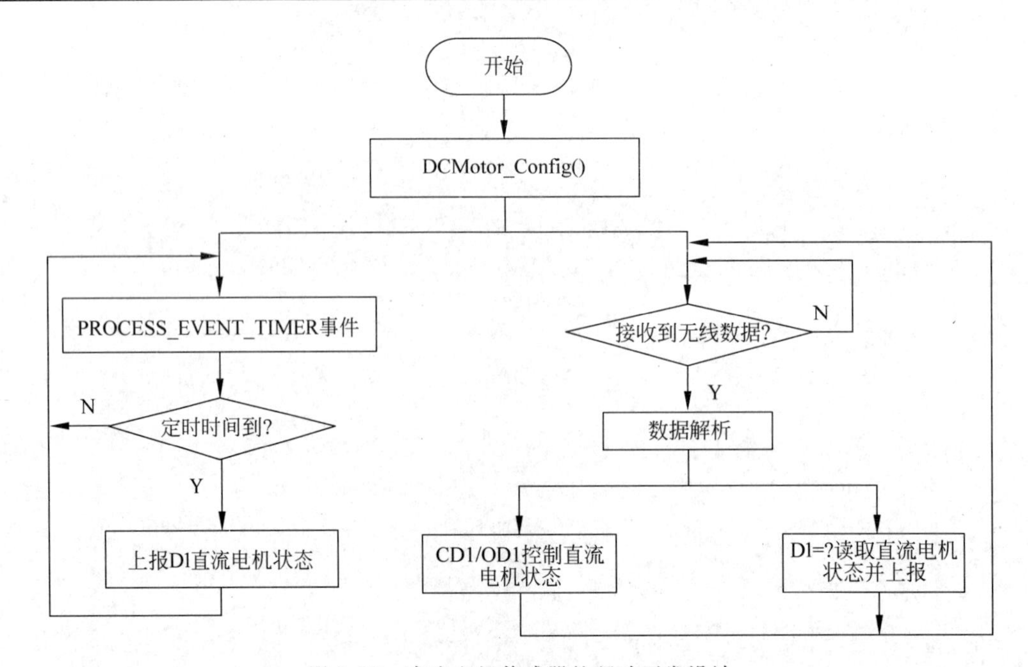

图 9.15 直流电机传感器的驱动开发设计

直流电机传感器属于控制类传感器，设定每隔 30s 主动上报传感器数值，与继电器的工作原理类似。直流电机传感器 ZXBee HAL 函数如表 9.7 所示。

表 9.7 直流电机传感器 ZXBee HAL 函数

核心函数名	函数说明
DCMotor_Config()	初始化，配置 GPIO 引脚
DCMotor_GetTextValue()	获取直流电机转动状态
DCMotor_Poll()	轮询传感器任务
sensor_control()	直流电机控制
DCMotor_Execute()	传感器执行接收到的命令

部分程序源代码如下：

```
#define ACTIVE 1
static int mode = 0;                                  //直流电机转动状态,默认停止转动
static uint8_t interval = 30;                         //主动上报时间间隔,默认为 30s
static uint8_t report_enable = 1;                     //默认开启主动上报功能
*****************************************************************************
* 初始化,配置 GPIO 引脚
*****************************************************************************/
static void DCMotor_Config(void)
{
  RCC_APB2PeriphClockCmd(RCC_APB2Periph_GPIOB, ENABLE);

  GPIO_InitTypeDef GPIO_InitStructure;
  GPIO_InitStructure.GPIO_Pin = GPIO_Pin_0 | GPIO_Pin_5;
  GPIO_InitStructure.GPIO_Speed = GPIO_Speed_2MHz;
  GPIO_InitStructure.GPIO_Mode = GPIO_Mode_Out_PP;
  GPIO_Init(GPIOB, &GPIO_InitStructure);
  GPIO_WriteBit(GPIOB, GPIO_Pin_0, !ACTIVE);
  GPIO_WriteBit(GPIOB, GPIO_Pin_5, !ACTIVE);
}

/*****************************************************************************
* 获取直流电机转动状态
*****************************************************************************/
static char * DCMotor_GetTextValue(void)
{
  sprintf(text_value_buf, "{D1 = %d}", mode);
  return text_value_buf;
}

/*****************************************************************************
* 轮询传感器任务
*****************************************************************************/
static void DCMotor_Poll(int tick)
{
  //定时上报数据
  if (tick % interval == 0) {
    if (report_enable == 0) {}                        //判断上报状态
    else {

      zxbee_report();
```

```
            }
        }
    }

    /*****************************************************************************
    * 传感器控制
    *****************************************************************************/
    void sensor_control(void)
    {
      if((mode & 0x01) == 0){                            //停止转动
          GPIO_WriteBit(GPIOB, GPIO_Pin_0, !ACTIVE);
          GPIO_WriteBit(GPIOB, GPIO_Pin_5, !ACTIVE);
      } else {                                           //转动
           GPIO_WriteBit(GPIOB, GPIO_Pin_0, ACTIVE);
           GPIO_WriteBit(GPIOB, GPIO_Pin_5, !ACTIVE);
      }
    }

    /*****************************************************************************
    * 传感器执行接收到的命令
    *****************************************************************************/
    static char * DCMotor_Execute(char * key, char * val)
    {
      int Ival;
      Ival = atoi(val);                                  //将字符串变量 val 解析转换为整型变量赋值
      text_value_buf[0] = 0;

      if (strcmp(key, "OD0") == 0) {
        report_enable |= Ival;                           //修改上报状态
      }
      if (strcmp(key, "CD0") == 0) {
        report_enable &= ~Ival;
      }
      if(strcmp(key, "D1") == 0 && val[0] == '?'){
        sprintf(text_value_buf, "D1 = %d", mode);//返回直流电机转动状态
      }
      if(strcmp(key, "OD1") == 0){
        mode |= Ival;                                    //修改直流电机转动状态(置 1)
        sensor_control();                                //控制直流电机转动/停止
      }
      if(strcmp(key, "CD1") == 0){
        mode &= ~Ival;                                   //修改直流电机转动状态(置 0)
```

```
        sensor_control();
    }
    if (strcmp(key, "D0") == 0 && val[0] == '?') {
      sprintf(text_value_buf,"D0 = %u",report_enable);          //返回上报状态
    }
    if (strcmp(key, "V0") == 0) {
      if (val[0] == '?'){
        sprintf(text_value_buf,"V0 = %u",interval);              //返回上报时间间隔
      }
      else{
        interval = Ival;                                         //修改上报时间间隔
      }
    }
    return text_value_buf;
}
```

9.2.4.2 移动端应用设计

1. 工程框架介绍

自动浇花系统工程框架如表 9.8 所示。

表 9.8 自动浇花系统工程框架

包名(类名)		说　明
com. zonesion. app 应用包	IOnWSNDataListener. java	传感器数据监听接口类
	ZApplication. java	Application 对象,定义应用程序全局单例对象
com. zonesion. tool 工具包	ChangeColorIconWithTextView	自定义 View 的实现
	MyDialog	自定义 ProgressDialog 的实现
com. zonesion. ui 子模块包	SoilFragment. java	土壤温湿度实时查询和电机控制模块
	HistoryChartFragment. java	历史数据查询模块
	SettingFragment. java	自动控制设置模块
	AboutFragment. java	关于模块
com. zonesion. activity activity 包	MainActivity. java	主 Activity

2. 程序业务流程分析

自动浇花系统调用的是实时数据 API 接口和历史数据 API 接口,将采集类传感器和控制类传感器结合在一起,程序的实现流程如图 9.16 所示。

3. 程序源代码剖析

(1) ZApplication 框架说明参考本任务的 Android 开发源代码。

(2) MainActivity 实现了 ViewPager 数据源设置,各个 Fragment 模块加载,以及自定义 View 的单击事件和 ActionBar 控件的应用。核心源代码如下所示。

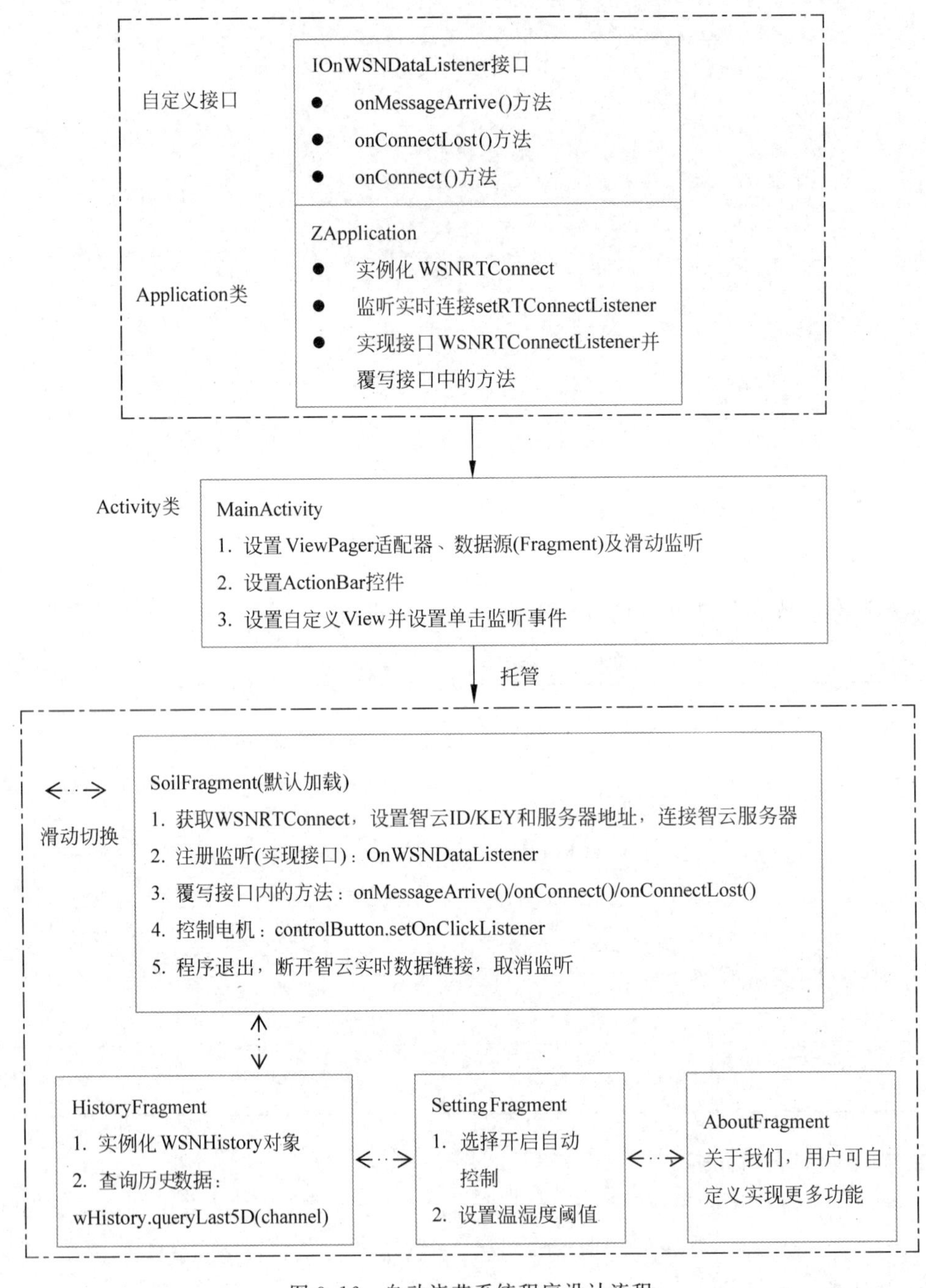

图 9.16　自动浇花系统程序设计流程

```
public class MainActivity extends FragmentActivity implements
    OnPageChangeListener, OnClickListener {
    …
    @Override
    protected void onCreate(Bundle savedInstanceState) {
        …
        setOverflowShowingAlways();                    //显示 ActionBar 导航栏的 Overflow 按钮
        ActionBar actionBar = getActionBar();
        actionBar.setDisplayShowHomeEnabled(true); //使用程序图标作为 home icon
        actionBar.setDisplayHomeAsUpEnabled(true); //显示返回的箭头,并可通过
                                                   //onOptionsItemSelected()进行监听
                                                   //其资源 ID 为 Android.R.id.home
        mViewPager = (ViewPager) findViewById(R.id.id_viewpager);     //获取 ViewPager 控件
        //实例化 Fragment 及 Fragment 指示器
        initDatas();
        mViewPager.setAdapter(mAdapter);               //为 mViewPager 设置适配器
        mViewPager.setOnPageChangeListener(this);
                              //为 mViewPager 设置页面滑动监听器,让 Activity 去实现监听}
    …
}
```

(3) 土壤温湿度实时数据采集和电机控制(SoilFragment)。

① 通过 mApplication.getWSNRConnect()获取 WSNRConnect 实例,设置 ID/KEY 和服务器地址,通过 mApplication.registerOnWSNDataListener(SoilFragmentthis)注册传感器数据监听(实现接口 IOnWSNDataListener),建立实时连接。

```
@Override
publicvoid onCreate(Bundle savedInstanceState) {
    super.onCreate(savedInstanceState);

    mApplication = (ZApplication) getActivity().getApplication();
    wRTConnect = mApplication.getWSNRConnect();
    wRTConnect.setIdKey(ID, KEY);                                  //设置 ID/KEY
    wRTConnect.setServerAddr("zhiyun360.com:28081");               //设置服务器地址
    mApplication.registerOnWSNDataListener(SoilFragment.this); //注册监听
        wRTConnect.connect();                                      //建立实时数据服务连接
    }
```

② 覆写接口的方法:在 onConnect()方法中发送查询温湿度值和直流电机状态的命令,即在连接成功后立即查询温湿度值而不是一直等待底层主动上传数据。

```
@Override
publicvoid onConnect() { //连接成功时发送查询命令

    wRTConnect.sendMessage(mMac, "{A0 = ?,A1 = ?}".getBytes());
wRTConnect.sendMessage(mMotorMac, "{D1 = ?}".getBytes());
    Toast.makeText(getActivity(), "{A0 = ?,A1 = ?}", Toast.LENGTH_SHORT).show();
}
```

③ 在 onMessageArrive()方法中解析获取到的传感器数据：将温湿度值显示在视图中；根据电机状态来设置背景图片。

```
@Override
publicvoid onMessageArrive(String mac, String tag, String val) {
    if (mTempMac.equalsIgnoreCase(mac)) {          //过滤出温湿度传感器的数据
        System.out.println(mTempMac + tag + val);
        if (tag.equals("A0")) {
            temp = Float.parseFloat(val);
            tempTextView.setText("温度值：" + fnum.format(temp) + "℃");
        }
        if (tag.equals("A1")) {
            humi = Float.parseFloat(val);
            humiTextView.setText("湿度值：" + fnum.format(humi) + "%RH");
        }
    }
    if (mac.equalsIgnoreCase(mMotorMac)) {          //过滤出电机传感器的数据
        if (tag.equals("D1")) {
            int v = Integer.parseInt(val);
            if (v == 1) {
                flag = true;
                bg.setBackgroundResource(R.drawable.jiaohua_on);
            }
            if (v == 0) {
                flag = false;
                bg.setBackgroundResource(R.drawable.jiaohua);
            }
        }
    }
}
```

④ 单击按钮发送{OD1=1,D1=?}{CD1=1,D1=?}命令来控制电机的开关。

```
controlButton.setOnClickListener(new OnClickListener() {
    @Override
    publicvoid onClick(View v) {

        if (flag == false) {          //关闭状态
            commond = "{OD1 = 1,D1 = ?}";
        } else {                      //打开状态
            commond = "{CD1 = 1,D1 = ?}";
        }
        //发送控制电机状态的命令
        wRTConnect.sendMessage(mMotorMac, commond.getBytes());          }
});
```

(4) 土壤温湿度历史数据查询(HistoryChartFragment)：实例化 WSNHistory，调用 WSNHistory 类的历史数据查询方法来查询指定时间段内的数据并以曲线图的形式显示。

在本任务中，增加了选择查询温度或者湿度的历史数据的功能，以及选择需要查询的时间段，可单击不同的按钮来查询指定时间段的历史数据，部分源代码如下所示。详细过程可参考 8.5 节中历史数据查询的流程解析。

```
case R.id.btn_week:
    mBtnWeek.setBackgroundResource(R.drawable.weekon);
    mBtnMonth.setBackgroundResource(R.drawable.month);
    mBtnMonths.setBackgroundResource(R.drawable.months);
    new getHistoryDataAsyn(1).execute(new String[0]);
    Toast.makeText(getActivity(), "正在查询近一周的数据", Toast.LENGTH_SHORT)
            .show();
    break;
case R.id.btn_month:
    mBtnWeek.setBackgroundResource(R.drawable.week);
    mBtnMonth.setBackgroundResource(R.drawable.monthon);
    mBtnMonths.setBackgroundResource(R.drawable.months);
    new getHistoryDataAsyn(2).execute(new String[0]);
    Toast.makeText(getActivity(), "正在查询近一个月的数据", Toast.LENGTH_SHORT)
            .show();
    break;
case R.id.btn_months:
    mBtnWeek.setBackgroundResource(R.drawable.week);
    mBtnMonth.setBackgroundResource(R.drawable.month);
    mBtnMonths.setBackgroundResource(R.drawable.monthson);
    new getHistoryDataAsyn(3).execute(new String[0]);
    Toast.makeText(getActivity(), "正在查询近三个月的数据", Toast.LENGTH_SHORT)
            .show();
    break;

@Override
protected Boolean doInBackground(String... arg0) {
    //list = getHistoryData.getData(getList.mClientAPPId, channel,
    //duration, interval, "1000", getList.mClientApiKey);
    try {
        if (i == 1) {
            historyResult = wHistory.queryLast5D(channel);
        } elseif (i == 2) {
            historyResult = wHistory.queryLast1M(channel);
        } elseif (i == 3) {
            historyResult = wHistory.queryLast3M(channel);
        }
        list = getList(historyResult);
    } catch (Exception e) {

        e.printStackTrace();
    }
    returntrue;
}
```

(5) 自动控制设置(SettingFragment)：当选择自动控制模式时，系统会默认设置温湿度阈值，用户也可以自己拖动温湿度阈值滚动条来设置温度和湿度的阈值，当查询到温度值过高(大于温度阈值)或湿度值过低(小于湿度阈值)时，会自动开启电机，此时单击开关按钮是无效的操作。

```
privatevoid setButtonClickable() {
    if (SettingFragment.status) {
        controlButton.setClickable(false);
    } else {
        controlButton.setClickable(true);
    }
}
        if (SettingFragment.status) { //开启自动控制模式
            if (temp > SettingFragment.autoTempValue
                    || humi < SettingFragment.autoHumiValue) {
                commond = "{OD1 = 1,D1 = ?}";
            } else {
                commond = "{CD1 = 1,D1 = ?}";
            }
            //发送查询电机状态的命令
            wRTConnect.sendMessage(mMotorMac, commond.getBytes());
        }
```

(6) CheckBox 使用。

① 在 XML 文件中定义 CheckBox 控件。

```
<CheckBox
    Android:id = "@ + id/checkBox"
    Android:layout_width = "wrap_content"
    Android:layout_height = "wrap_content"
    Android:text = "@string/checkbox" />
```

② 在 Java 文件中获取 CheckBox 控件并设置监听器，覆写其单击事件的方法。

```
//获取 CheckBox 并设置监听
autoCb = (CheckBox) v.findViewById(R.id.checkBox);
autoCb.setOnCheckedChangeListener(new OnCheckedChangeListener() {
    @Override
    publicvoid onCheckedChanged(CompoundButton buttonView,
            boolean isChecked) {

        if (isChecked)
            status = true;
        else
            status = false;
    }
});
```

(7) SeekBar 的使用。

① 在 XML 文件中定义 SeekBar 控件。

```
<SeekBar
    Android:id = "@ + id/tempSb"
    Android:layout_width = "150dp"
    Android:layout_height = "wrap_content" />
```

② 在 Java 文件中获取 SeekBar 控件并设置监听器。

```
tempSb = (SeekBar) v.findViewById(R.id.tempSb);
tempSb.setMax(100);                          //设置拖动条的最大值
tempSb.setOnSeekBarChangeListener(SettingFragment.this);
```

③ 覆写监听器中的方法。

```
@Override
publicvoid onProgressChanged(SeekBar seekBar, int progress,
        boolean fromUser) {

    if (seekBar.equals(tempSb)) { //温度设置拖动条
        autoTempValue = progress;
        tempValue.setText("设置的温度阈值为: " + autoTempValue);
    }
    if (seekBar.equals(humiSb)) { //湿度设置拖动条
        autoHumiValue = progress;
        humiValue.setText("设置的湿度阈值为: " + autoHumiValue);
    }
}
@Override
publicvoid onStartTrackingTouch(SeekBar seekBar) {

}
@Override
publicvoid onStopTrackingTouch(SeekBar seekBar) {

}
```

(8) Spinner 使用。

① 在 XML 文件中定义 Spinner 控件。

```
<Spinner
    Android:id = "@ + id/spinner"
    Android:layout_width = "wrap_content"
    Android:layout_height = "wrap_content" />
```

② 在 Java 文件中获取 Spinner 控件并设置适配器。

```
spinner = (Spinner) v.findViewById(R.id.spinner);
String list[] = { "温度", "湿度" };
adapter = new ArrayAdapter<String>(getActivity(),
        Android.R.layout.simple_spinner_item, list);
adapter.setDropDownViewResource(Android.R.layout.simple_spinner_dropdown_item);
spinner.setAdapter(adapter);
```

③ 为 Spinner 控件设置监听器并覆写单击事件的方法。

```
spinner.setOnItemSelectedListener(new OnItemSelectedListener() {
    @Override
    publicvoid onItemSelected(AdapterView<?> arg0, View arg1,
            int arg2, long arg3) {

        if (arg2 == 0)
            channel = channels[0];
        else
            channel = channels[1];
    }
    @Override
    publicvoid onNothingSelected(AdapterView<?> arg0) {
        //TODO Auto - generated method stub
    }
});
```

9.2.4.3 Web 端应用设计

根据 Web 应用编程接口定义，智能浇花系统的应用设计主要采用实时数据 API 接口和历史数据 API 接口，js 部分源代码如下：

```
var rtc = new WSNRTConnect(myZCloudID, myZCloudKey);     //创建数据连接服务对象
rtc.connect();                                           //数据推送服务连接
$("#ConnectState").text("数据服务连接中...");
rtc.onConnect = function() {                             //连接成功回调函数
  rtc.sendMessage(mySensorMac1, "{A0 = ?}");             //向温湿度传感器发送数据获取温度值
  rtc.sendMessage(mySensorMac1, "{A1 = ?}");             //向温湿度传感器发送数据获湿度值
  rtc.sendMessage(mySensorMac2, "{CD1 = 1,D1 = ?}");     //向继电器发送数据
  $("#ConnectState").text("数据服务连接成功!");
};
rtc.onConnectLost = function() {                         //数据服务掉线回调函数
  $("#ConnectState").text("数据服务掉线!");
};
rtc.onmessageArrive = function(mac, dat) {               //消息处理回调函数
  if ((mac == mySensorMac1) && (dat.indexOf(",") == -1)) {   //接收数据过滤
    var aisle = dat.substring(dat.indexOf("{") + 1, dat.indexOf("="));
    if (aisle == "A0") {                                 //判断是否为温度值
```

```
        dat = dat.substring(dat.indexOf(" = ") + 1, dat.indexOf("}"));
                                                         //将原始数据的数字部分分离出来
        setDialData('#dial1', parseFloat(dat));          //给表盘赋值
        Temperature = dat;
      }
      if (aisle == "A1") {                               //判断是否为湿度值
        dat = dat.substring(dat.indexOf(" = ") + 1, dat.indexOf("}"));
                                                         //将原始数据的数字部分分离出来
        setDialData('#dial2', parseFloat(dat));          //给表盘赋值
        Humidity = dat;
      }
    }
};

$ (function() {
  elem01 = document.querySelector('.js - min - max - start - temperature');  //选择 input 元素
  init01 = new Powerange(elem01, {
    min: -10,
    max: 50,
    start: 40,
    callback: function() {                       //实例化 powerange 类并且初始化参数
      $ ("#range1").text(elem01.value);  //显示温度阈值
      var IsChecked = document.getElementById("checkboxid").checked;
      if (IsChecked == true) {                   //判断复选框是否句选
        if (parseInt(Temperature) > parseInt(elem01.value) || parseInt(Humidity) < parseInt
(elem02.value)) {                                //若当前温度值高于阈值或湿度值低于阈值
          rtc.sendMessage(mySensorMac2, "{OD1 = 1,D1 = ?}");          //向继电器发送数据
          document.getElementById("bg").src = ("images/jh - on.gif");
        } else {
          rtc.sendMessage(mySensorMac2, "{CD1 = 1,D1 = ?}");          //向继电器发送数据
          document.getElementById("bg").src = ("images/jh - off.jpg");
        }
      }

    }
  });
  $ ("#range1").text(elem01.value);
  elem02 = document.querySelector('.js - min - max - start - humidity'); //选择 input 元素
  init02 = new Powerange(elem02, {
    min: 0,
    max: 50,
    start: 20,
    callback: function() {      //实例化 powerange 类并且初始化参数
      $ ("#range2").text(elem02.value);
      var IsChecked = document.getElementById("checkboxid").checked;
      if (IsChecked == true) {
        if (parseInt(Temperature) > parseInt(elem01.value) || parseInt(Humidity) < parseInt
(elem02.value)) {              //若当前温度值高于阈值或湿度值低于阈值
          rtc.sendMessage(mySensorMac2, "{OD1 = 1,D1 = ?}");  //向继电器发送数据
```

```
            document.getElementById("bg").src = ("images/jh - on.gif");
          } else {
            rtc.sendMessage(mySensorMac2, "{CD1 = 1,D1 = ?}"); //向继电器发送数据
            document.getElementById("bg").src = ("images/jh - off.jpg");
          }
        }
      }
  });
  $ ("#range2").text(elem02.value);
});

var flag = true;
function anniu() {
  var IsChecked = document.getElementById("radioid").checked;
  if (IsChecked == true) {
    var anNiu = document.getElementById("button");
    var bG = document.getElementById("bg");
    if (flag) {
      anNiu.src = ("images/jh - an - on.png");
      bG.src = ("images/jh - on.gif");
      rtc.sendMessage(mySensorMac2, "{OD1 = 1,D1 = ?}"); //向继电器发送数据
    } else {
      anNiu.src = ("images/jh - an - off.png");
      bG.src = ("images/jh - off.jpg");
      rtc.sendMessage(mySensorMac2, "{CD1 = 1,D1 = ?}"); //向继电器发送数据
    }
    flag = !flag
  }
}
function AutoControl() {
  var IsChecked = document.getElementById("checkboxid").checked;
  if (IsChecked == true) {
    if (parseInt(Temperature) > parseInt(elem01.value) && parseInt(Humidity) < parseInt
(elem02.value)) { //若当前温度值高于阈值或湿度值低于阈值
      rtc.sendMessage(mySensorMac2, "{OD1 = 1,D1 = ?}"); //向继电器发送数据
      document.getElementById("bg").src = ("images/jh - on.gif");
    }
  }
}
```

9.2.5 开发步骤

1. 部署硬件环境

(1) 准备 Android 开发平台,一个可燃气体传感器无线节点,设置节点板跳线为模式二。

(2) 打开例程,将开发资源包中的例程 SensorHalExamples 下工程复制到 Contiki 目录

下：contiki-2.6\zonesion\ example\iar\。

(3) 先选择 normal-bt 工程，分别在宏定义选择可燃气体传感器，编译并烧写到可燃气体节点。

(4) 选择 normal-bt，编译后烧写至智能网关的蓝牙节点。

(5) 组成无线传感网络，并将数据接入到云平台服务中心。

2. Android 应用程序

(1) 根据实际硬件平台修改代码中传感器节点的 IEEE 地址及云平台 ID/KEY。

(2) 编译 AutoFlowering 工程，并安装应用程序到 s210 系列 Android 开发平台或 Android 终端内。

(3) 设置 Android 终端设备接入到互联网或者与 Android 开发平台设备在同一个局域网内。进入自动浇花系统主界面，在主界面弹出“连接网关成功”消息后即表示连接到云平台服务中心。

(4) 连接网关成功后会发送查询温湿度值的命令并将温湿度值在右上角显示出来，用户也可以单击右下角的“打开/关闭”按钮来控制电机的开关，如图 9.17 所示。

图 9.17　土壤温湿度实时数据显示

(5) 切换至“曲线”页面，用户可以单击不同按钮来查询指定时间段的历史数据，也可以下拉 Spinner 控件来选择查询温度或者是湿度的历史数据，如图 9.18 所示。

(6) 切换至“设置”页面，选择自动控制模式，设置温湿度阈值，即可实现当温度过高或者湿度过低时自动开启电机的功能，设置界面如图 9.19 所示。

3. Web 应用程序演示

(1) 根据实际硬件平台修改代码中传感器节点的 IEEE 地址、云平台服务器地址(若在局域网内使用，则设置为 Android 开发平台的 IP)和云平台 ID/KEY。

(2) 设置计算机接入到互联网或者与 Android 开发平台设备在同一个局域网内。用谷歌浏览器(或者支持 HTML5 技术的 IE10 以上版本浏览器)运行 AutoFlowering-Web\AutoFlowering.html，进入自动浇花系统界面，在主界面右上角显示“数据服务连接成功！”

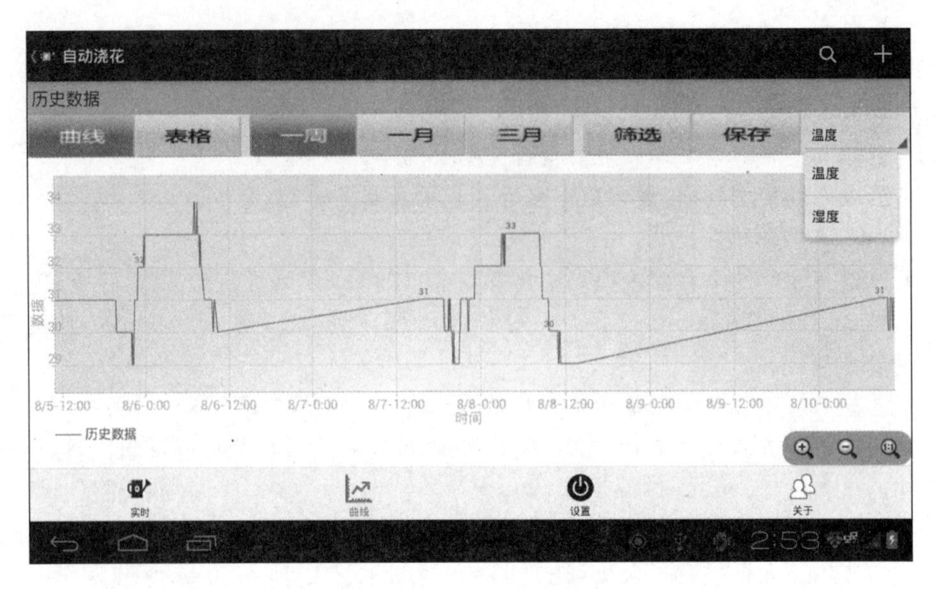

图 9.18　历史数据查询

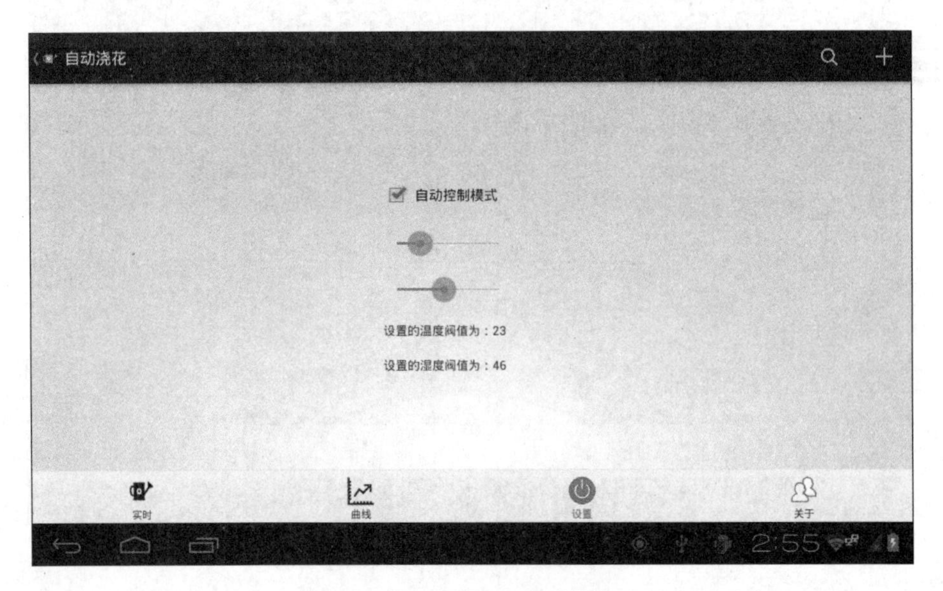

图 9.19　直流电机自动控制

消息后即表示连接到云平台服务中心，在左侧栏会实时地显示当前温湿度值，在页面下方可选择自动控制模式并设置温湿度阈值，也可以选择手动控制模式来控制电机的开关，如图 9.20 所示。

9.2.6　总结与扩展

(1) 本任务用到了两个传感器，使用了实时数据 API 接口和历史数据 API 接口，并用自动控制接口实现农业大田的自动灌溉。

(2) 将蓝牙无线网络改为 IEEE 802.15.4 无线网络和 WiFi 无线网络，重新实现项目功能。

图 9.20　自动浇花网页端设计效果图

9.3　任务 69　智能家居监控系统开发

9.3.1　学习目标

- 掌握多种传感器的联动开发；
- 掌握智能家居系统的硬件驱动开发，Android 和 Web 应用开发。

9.3.2　开发环境

- 硬件：可燃气体传感器，温湿度传感器，空气质量传感器，声光报警传感器，继电器，步进电机传感器，s210 系列网关(包含 STM32W108 无线协调器、蓝牙模块、WiFi 模块)，调试转接板，STM32 系列无线开发板若干，USB MINI 线，J-Link 仿真器，PC；
- 软件：Windows XP/7/8，ARM 嵌入式开发平台 IAR，Android 集成开发环境。

9.3.3　原理学习

9.3.3.1　系统设计目标

远程数字温度计按传输过程分为 3 部分：传感节点、网关和客户端(Android，Web)。通信流程图如图 9.21 所示。具体通信描述如下：

(1) 传感器节点通过 IEEE 802.15.4 网络、蓝牙网络和 WiFi 网络分别与网关 3 种无线模块进行组网，网关的无线模块通过串口和 USB 与网关进行数据通信。

(2) 网关通过实时数据推送服务将数据推送给所有连接网关的客户端，并通过历史数据存储服务将数据存储到数据中心。

(3) Android 应用通过调用 ZCloud SDK API 的实时数据连接接口实现实时数据采集的功能，通过调用历史数据访问接口实现历史数据的查询。

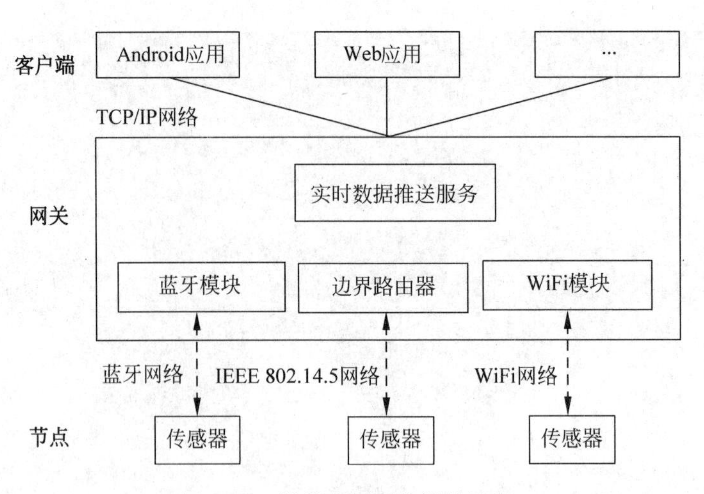

图 9.21 智能家居系统设计流程

智能家居监控系统中，用户通过调用 ZCloud SDK API 中接口来实现室内温湿度检测、空气质量数据检测、可燃气体浓度检测与可燃气体浓度过高时自动报警、灯光（继电器）控制、步进电机控制等功能操作。可以归为 3 个模块：实时数据显示模块、联动控制模块、执行控制模块，系统设计功能及目标如图 9.22 所示。

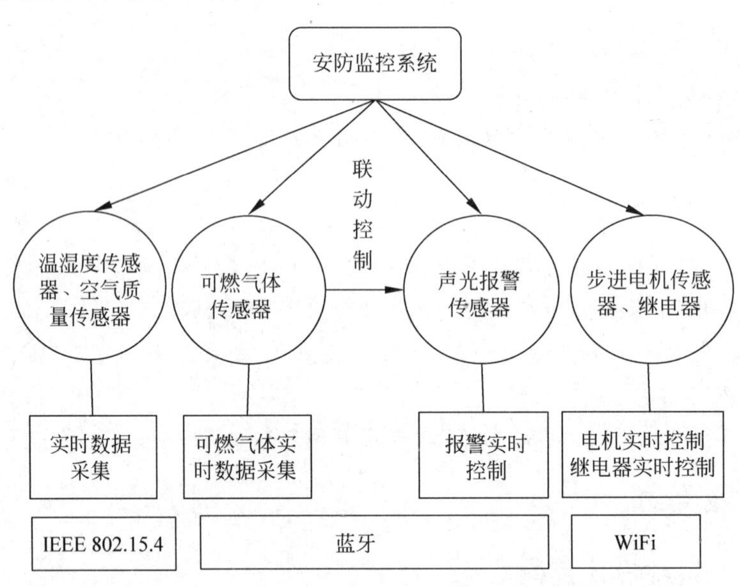

图 9.22 智能家居监控系统功能模块设计

(1) 实时数据显示模块：实时地显示温湿度、空气质量值（无线网络 IPv6-802.15.4 实现）。

(2) 联动控制模块：可燃气体浓度值实时显示，当检测到可燃气体浓度过高时，自动控制进行声光报警（无线网络 IPv6-蓝牙实现）。

(3) 执行控制模块：在 Android 端进行单击事件来控制报警开闭、灯光开闭（灯光开闭是通过继电器来实现的）和步进电机转停（无线网络 IPv6-WiFi 实现）。

9.3.3.2 业务流程分析

智能家居监控系统按传输过程分为 3 部分：传感节点、网关和客户端(Android,Web)。通信流程如图 9.23 所示，具体通信描述如下。

(1) 传感器节点通过 IEEE 802.15.4 网络、蓝牙网络和 WiFi 网络分别与网关 3 种无线模块进行组网，网关的无线模块通过串口和 USB 与网关进行数据通信。

(2) 底层节点的数据通过 3 种无线网络将数据传送给智能网关，网关通过实时数据推送服务将数据推送给所有连接网关的客户端，并通过历史数据存储服务将数据存储到数据中心。

(3) Android 应用通过调用 ZCloud SDK API 的实时数据连接接口实现实时数据采集的功能，通过调用历史数据访问接口实现历史数据的查询，详细实现参考下一节开发内容源代码实现部分。

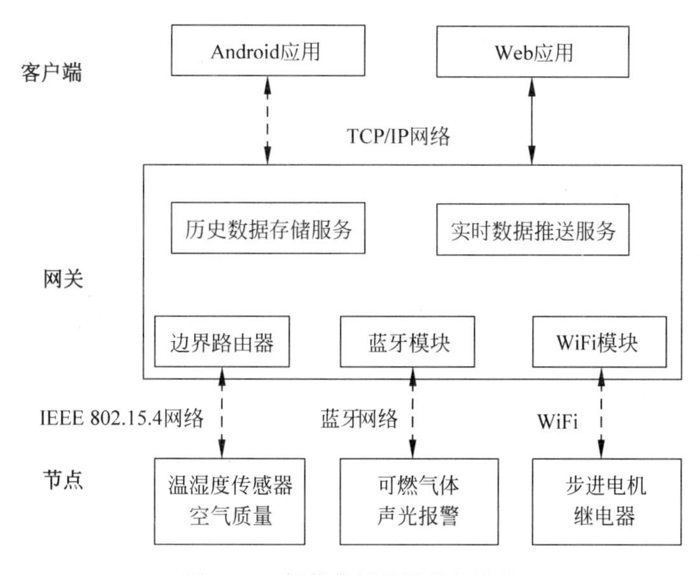

图 9.23 智能家居监测业务流程

9.3.4 开发内容

9.3.4.1 硬件层驱动设计

硬件有温湿度传感器、空气质量传感器、可燃气体传感器、继电器、步进电机和声光报警器，其中空气质量传感器和可燃气体传感器参考 9.1 节的设计，其他 3 个硬件设计如下。

1. 温湿度传感器

1) ZXBee 数据通信协议

定义温湿度传感器的通信协议如表 9.9 所示。

表 9.9　温湿度传感器的通信协议

传感器	属　　性	参　　数	权限	说　　明
参数	温度值	A0	R	浮点型：0.1 精度
	湿度值	A1	R	浮点型：0.1 精度
	上报状态	D0(OD0/CD0)	R(W)	D0=0,禁止主动上报；D0=1,温度上报使能；D0=2,湿度上报使能；D0=3,温度湿度上报使能
	主动上报时间间隔	V0	R(W)	单位 s
命令	查询和控制状态	{A0=?}	无	查询温度值
		{A1=?}	无	查询湿度值
		{D0=?}	无	查询主动上报状态
		{OD0=1}	无	温度上报使能
		{OD0=2}	无	湿度上报使能
		{OD0=3}	无	温度湿度上报使能
		{CD0=1}	无	关闭温度上报
		{CD0=2}	无	关闭湿度上报
		{CD0=3}	无	禁止主动上报
		{V0=?}	无	查询上报时间间隔

2）传感器驱动程序开发

温湿度传感器程序设计流程如图 9.24 所示。

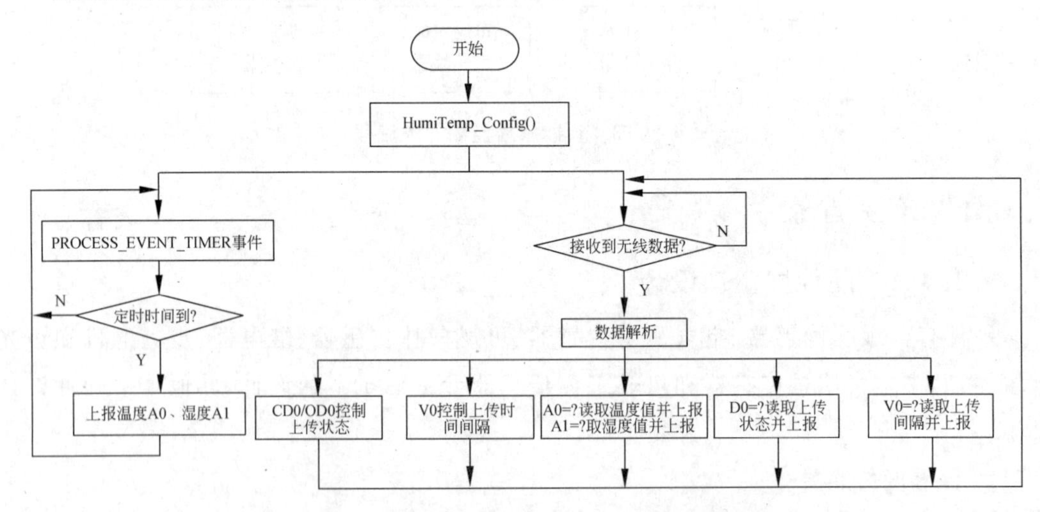

图 9.24　温湿度传感器驱动程序设计流程

温湿度传感器属于定时采集类传感器，设定每隔 30s 主动上报传感器数值。温湿度传感器 ZXBee HAL 函数如表 9.10 所示。

表 9.10 温湿度传感器 ZXBee HAL 函数

函数名称	函数说明
HumiTemp _Config()	温湿度传感器初始化
HumiTemp _GetTextValue()	获取温湿度传感器的值
HumiTemp _Poll()	轮询传感器任务
HumiTemp _Execute()	传感器执行接收到的命令

部分程序源代码如下：

```
/************************* 温湿度传感器 *****************************************/
static uint8_t temp = 0;                                    //温度初值设为 0
static uint8_t humi = 0;                                    //湿度初值设为 0
static uint8_t interval = 30;                               //主动上报时间间隔,默认为 30s
static uint8_t report_enable = 3;                           //默认开启温度和湿度上报功能
static uint8_t error = 1;
/*****************************************************************************
* 温湿度传感器初始化配置
*****************************************************************************/
static void HumiTemp_Config()
{
#ifdef SENSOR_HumiTemp_SHT11
  SHTXX_Init();
#endif
#ifdef SENSOR_HumiTemp_DHT11
  DHT11_Init();
#endif
}
/*****************************************************************************
* 获取温湿度传感器的值
*****************************************************************************/
static char * HumiTemp_GetTextValue()
{
  text_value_buf[0] = 0;
  if (error == 0) {
    //获取温度值
    if ((report_enable & 0x01) == 0x01) {
      snprintf(text_value_buf, sizeof(text_value_buf), "{A0 = %u}", temp);
    }
    //获取湿度值
    if ((report_enable & 0x02) == 0x02) {
      snprintf(text_value_buf, sizeof(text_value_buf), "{A1 = %u}", humi);
    }
    //获取温度值和湿度值
```

```
    if ((report_enable & 0x03) == 0x03) {
      snprintf(text_value_buf, sizeof(text_value_buf), "{A0 = %u,A1 = %u}", temp, humi);
    }
  }
  return text_value_buf;
}
/*********************************************************************************
* 轮询传感器任务
*********************************************************************************/
static void HumiTemp_Poll(int tick)
{
  //每 1s 读取一次温湿度值
  if (tick % 1 == 0) {
#ifdef SENSOR_HumiTemp_SHT11
    error = SHT11_Read_Data(&temp, &humi);
#endif
#ifdef SENSOR_HumiTemp_DHT11
    error = DHT11_Read_Data(&temp, &humi);
#endif
  }

  //用于 MeshTOP 构建 TOP 图
  if (tick % 5 == 0) {
    misc_sensor_notify();
  }

  //定时上报数据
  if (tick % interval == 0) {
    if (report_enable == 0) {}                    //判断上报状态
    else {
      zxbee_report();
    }
  }
}
/*********************************************************************************
* 传感器执行接收到的命令
*********************************************************************************/
static char * HumiTemp_Execute(char * key, char * val)
{
  int Ival;
  Ival = atoi(val);                               //将字符串变量 val 解析转换为整型变量赋值
  text_value_buf[0] = 0;

  if (strcmp(key, "OD0") == 0) {
```

```
        report_enable |= Ival;          //修改上报状态
    }
    if (strcmp(key, "CD0") == 0) {
        report_enable &= ~Ival;
    }
    if (strcmp(key, "A0") == 0 && val[0] == '?') {
        sprintf(text_value_buf,"A0 = %u",temp);                 //返回温度值
    }
    if (strcmp(key, "A1") == 0 && val[0] == '?') {
        sprintf(text_value_buf, "A1 = %u",humi);                //返回湿度值
    }
    if (strcmp(key, "D0") == 0 && val[0] == '?') {
        sprintf(text_value_buf,"D0 = %u",report_enable);        //返回上报状态
    }
    if (strcmp(key, "V0") == 0) {
        if (val[0] == '?'){
            sprintf(text_value_buf,"V0 = %u",interval);         //返回上报时间间隔
        }
        else{
            interval = Ival;                                    //修改上报时间间隔
        }
    }
    return text_value_buf;
}
```

2. 声光报警传感器

1）ZXBee 数据通信协议

声光报警传感器的通信协议如表 9.11 所示。

表 9.11　声光报警传感器的通信协议

传感器	属性	参数	权限	说　明
参数	电源开关	D1	R(W)	D1 的 Bit0 表示电源状态，OD1 为上电，CD1 为关电
	上报状态	D0(OD0/CD0)	R(W)	D0 的 Bit0 表示上传状态；D0＝0，禁止上报；D0＝1，主动上报使能
	主动上报时间间隔	V0	R(W)	
命令	查询状态	{A0＝?}	无	查询光照强度值
		{OD0＝1}	无	主动上报使能
		{OD1＝1}	无	开启声光报警
		{CD0＝1}	无	关闭主动上报
		{CD1＝1}	无	关闭声光报警
		{V0＝?}	无	查询上报时间间隔

2）传感器驱动程序开发

声光报警传感器的驱动程序设计流程如图 9.25 所示。

声光报警传感器的 ZXBee HAL 函数如表 9.12 所示。

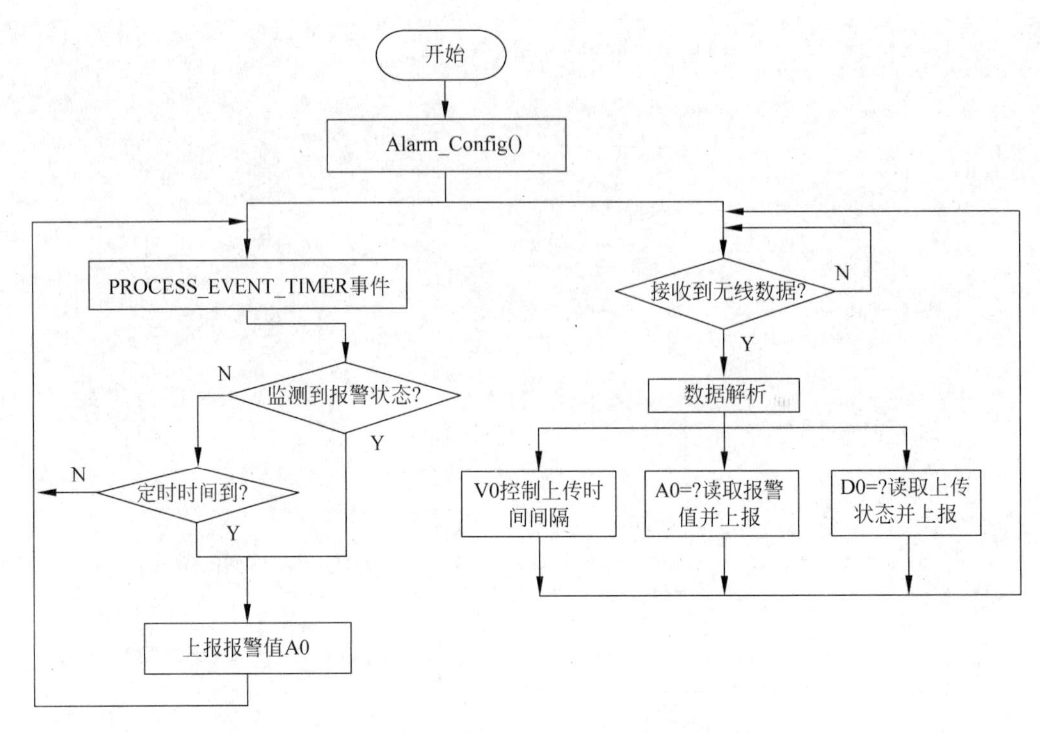

图 9.25　声光报警传感器驱动程序设计流程

表 9.12　声光报警传感器 ZXBee HAL 函数

函数名称	函数说明
Alarm_Config()	初始化
Alarm_GetTextValue()	获取报警开关状态
Alarm_Poll()	轮询传感器任务
Alarm_Execute()	传感器执行接收到的命令

部分程序源代码如下：

```
/************************** 声光报警传感器 ****************************************/
#include "hal/alarm.h"
static uint8_t interval = 30;                   //主动上报时间间隔,默认为30s
static uint8_t report_enable = 1;               //默认开启主动上报功能
/*****************************************************************************
* 初始化传感器
*****************************************************************************/
static void Alarm_Config(void)
{
  alarm_init();
}
/*****************************************************************************
* 获取报警开关状态
*****************************************************************************/
static char * Alarm_GetTextValue(void)
```

```
{
  snprintf(text_value_buf, sizeof(text_value_buf), "{D1 = %d}",  alarm_get());
  return text_value_buf;
}
/****************************************************************************
* 轮询传感器任务
****************************************************************************/
static void Alarm_Poll(int tick)
{
  //定时上报数据
  if (tick % interval == 0) {
    if (report_enable == 0) {}     //判断上报状态
    else {
      zxbee_report();
    }
  }
}
/****************************************************************************
* 传感器执行接收到的命令
****************************************************************************/
static char * Alarm_Execute(char * key, char * val)
{
  int Ival;
  Ival = atoi(val);                         //将字符串变量 val 解析转换为整型变量赋值
  text_value_buf[0] = 0;
  if (strcmp(key, "OD0") == 0) {
    report_enable |= Ival;                                    //修改上报状态
  }
  if (strcmp(key, "CD0") == 0) {
    report_enable &= ~Ival;
  }
  if (strcmp(key, "D1") == 0 && val[0] == '?') {
    sprintf(text_value_buf, "D1 = %d",  alarm_get());  //返回报警开关状态
  }
  if (strcmp(key, "CD1") == 0 && val[0] == '1') {          //关闭报警器电源
    alarm_set(0);
  }
  if (strcmp(key, "OD1") == 0 && val[0] == '1') {          //打开报警器电源
    alarm_set(1);
  }
  if (strcmp(key, "D0") == 0 && val[0] == '?') {
    sprintf(text_value_buf,"D0 = %u",report_enable);   //返回上报状态
  }
  if (strcmp(key, "V0") == 0) {
    if (val[0] == '?'){
      sprintf(text_value_buf,"V0 = %u",interval);       //返回上报时间间隔
    }
    else{
      interval = Ival;                                      //修改上报时间间隔
    }
  }
  return text_value_buf;
}
```

3. 继电器

1）ZXBee 数据通信协议

继电器的通信协议如表 9.13 所示。

表 9.13　继电器通信协议

传感器	属　性	参　数	权限	说　明
参数	继电器开合	D1	R(W)	D1 的 Bit 表示各路继电器开合状态，OD1 为开、CD1 为合
	上报状态	D0(OD0/CD0)	R(W)	D0 的 Bit0 表示上传状态；D0＝0，禁止上报；D0＝1，主动上报使能
	主动上报时间间隔	V0	R(W)	
命令	查询状态	{D1＝?}	无	查询继电器开合状态值
		{D0＝?}	无	查询主动上报状态
		{OD0＝1}	无	主动上报使能
		{OD1＝1}	无	开启第一路继电器
		{OD1＝2}	无	开启第二路继电器
		{OD1＝3}	无	两路继电器全部开启
		{CD0＝1}	无	关闭主动上报
		{CD1＝1}	无	关闭第一路继电器
		{CD1＝2}	无	关闭第二路继电器
		{CD1＝3}	无	两路继电器全部关闭
		{V0＝?}	无	查询上报时间间隔；

2）继电器驱动程序开发

继电器驱动程序设计流程如图 9.26 所示。

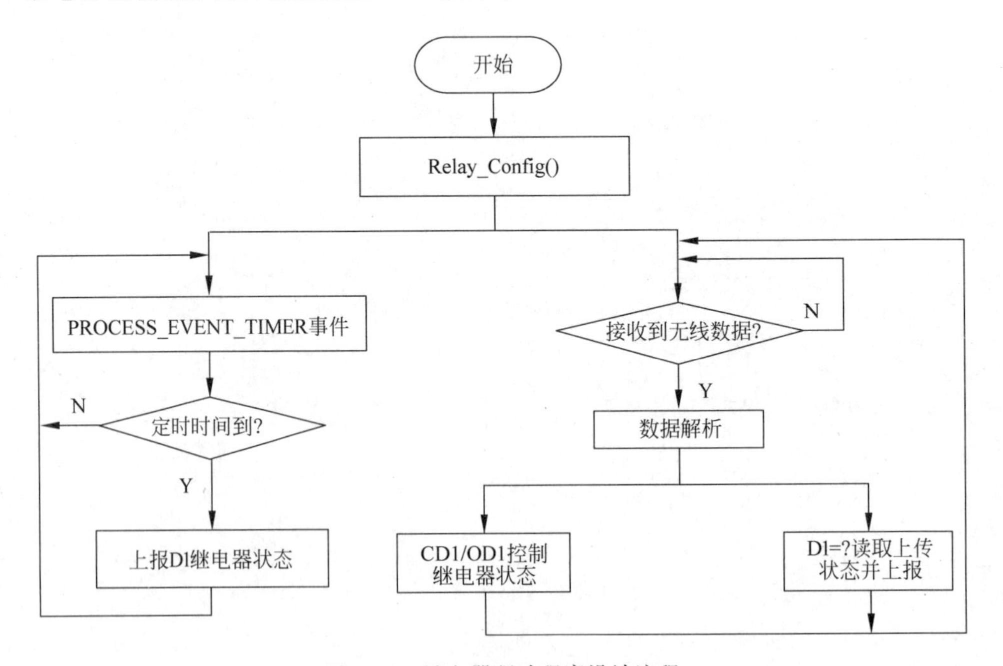

图 9.26　继电器驱动程序设计流程

继电器的 ZXBee HAL 函数如表 9.14 所示。

表 9.14 继电器的 ZXBee HAL 函数

函数名称	函数说明
Relay_Config()	初始化
Relay_GetTextValue()	获取继电器的值
Relay_Poll()	轮询传感器任务
Relay_Execute()	传感器执行接收到的命令

部分程序代码如下：

```
#define ACTIVE 0
static uint8_t status = 0;                          //继电器初始状态为全关
static uint8_t interval = 30;                       //主动上报时间间隔,默认为 30s
static uint8_t report_enable = 1;                   //默认开启主动上报功能
/*******************************************************************************
* 继电器初始化配置
*******************************************************************************/
static void Relay_Config(void)
{
  RCC_APB2PeriphClockCmd(RCC_APB2Periph_GPIOB, ENABLE);
  GPIO_InitTypeDef GPIO_InitStructure;
  GPIO_InitStructure.GPIO_Pin = GPIO_Pin_0 | GPIO_Pin_5;
  GPIO_InitStructure.GPIO_Speed = GPIO_Speed_2MHz;
  GPIO_InitStructure.GPIO_Mode = GPIO_Mode_Out_PP;
  GPIO_Init(GPIOB, &GPIO_InitStructure);
  GPIO_WriteBit(GPIOB, GPIO_Pin_0, !ACTIVE);
  GPIO_WriteBit(GPIOB, GPIO_Pin_5, !ACTIVE);
}
/*******************************************************************************
* 获取继电器的值
*******************************************************************************/
static char * Relay_GetTextValue(void)
{
  sprintf(text_value_buf, "{D1 = %u}", status);
  return text_value_buf;
}
/*******************************************************************************
* 轮询传感器任务
*******************************************************************************/
static void Relay_Poll(int tick)
{
  //每 1s 读取一次继电器开合状态
```

```
    if (tick % 1 == 0) {
      status = (GPIO_ReadOutputDataBit(GPIOB, GPIO_Pin_0) == ACTIVE) |
      (GPIO_ReadOutputDataBit(GPIOB, GPIO_Pin_5) == ACTIVE)<<1;
    }
    //用于 MeshTOP 构建 TOP 图
    if (tick % 5 == 0) {
      misc_sensor_notify();
    }
    //定时上报数据
    if (tick % interval == 0) {
      if (report_enable == 0) {}          //判断上报状态
      else {
        zxbee_report();
      }
    }
}
/*********************************************************************************
* 传感器执行接收到的命令
*********************************************************************************/
static char * Relay_Execute(char * key, char * val)
{
  int Ival;
  Ival = atoi(val);                       //将字符串变量 val 解析转换为整型变量赋值
  text_value_buf[0] = 0;
  if (strcmp(key, "OD0") == 0) {
    report_enable |= Ival;                //修改上报状态
  }
  if (strcmp(key, "CD0") == 0) {
    report_enable &= ~Ival;
  }
  if (strcmp(key, "CD1") == 0) {
    if (Ival & 0x01) {
      GPIO_WriteBit(GPIOB, GPIO_Pin_0, !ACTIVE);      //控制继电器关闭
      status &= ~Ival;                                //修改继电器开合状态
    }
    if (Ival & 0x02) {
      GPIO_WriteBit(GPIOB, GPIO_Pin_5, !ACTIVE);
      status &= ~Ival;
    }
  }
  if (strcmp(key, "OD1") == 0) {
    if (Ival & 0x01) {
      GPIO_WriteBit(GPIOB, GPIO_Pin_0, ACTIVE);       //控制继电器打开
```

```
            status |= Ival;
        }
        if (Ival & 0x02) {
            GPIO_WriteBit(GPIOB, GPIO_Pin_5, ACTIVE);
            status |= Ival;
        }
    }
    if (strcmp(key, "D1") == 0 && val[0] == '?') {
        sprintf(text_value_buf, "D1 = %u",status);             //返回继电器开合状态
    }
    if (strcmp(key, "D0") == 0 && val[0] == '?') {
        sprintf(text_value_buf,"D0 = %u",report_enable);   //返回上报状态
    }
    if (strcmp(key, "V0") == 0) {
        if (val[0] == '?'){
            sprintf(text_value_buf,"V0 = %u",interval);        //返回上报时间间隔
        }
        else{
            interval = Ival;                                   //修改上报时间间隔
        }
    }
    return text_value_buf;
}
```

4. 步进电机

1）ZXBee 数据通信协议

步进电机的通信协议如表 9.15 所示。

表 9.15　步进电机通信协议

传感器	属性	参数	权限	说　明
参数	转动状态	D1	R(W)	D1 的 Bit0 表示转动状态，Bit1 表示正转/反转；X0：不转，01：正转，11：反转
	角度	V1	RW	表示转动角度，0 表示一直转动
	上报状态	D0(OD0/CD0)	R(W)	D0 的 Bit0 表示上传状态；D0=0，禁止上报；D0=1，主动上报使能
	主动上报时间间隔	V0	R(W)	
命令	查询控制状态	{D1=?}	无	查询步进电机转动的状态
		{D0=?}	无	查询主动上报状态
		{V1=?}		查询步进电机转动的角度
		{OD0=1}	无	主动上报使能
		{D1=0}		步进电机停止转动
		{D1=1}		步进电机正转
		{D1=2}		步进电机停止转动
		{D1=3}		步进电机反转
		{OD1=1,CD1=2}	无	步进电机正转
		{OD1=3}	无	设置步进电机反转
		{CD0=1}	无	关闭主动上报
		{CD1=1}	无	设置步进电机停止转动
		{V0=?}	无	查询上报时间间隔

2）传感器驱动程序开发

步进电机的驱动程序设计流程如图 9.27 所示。

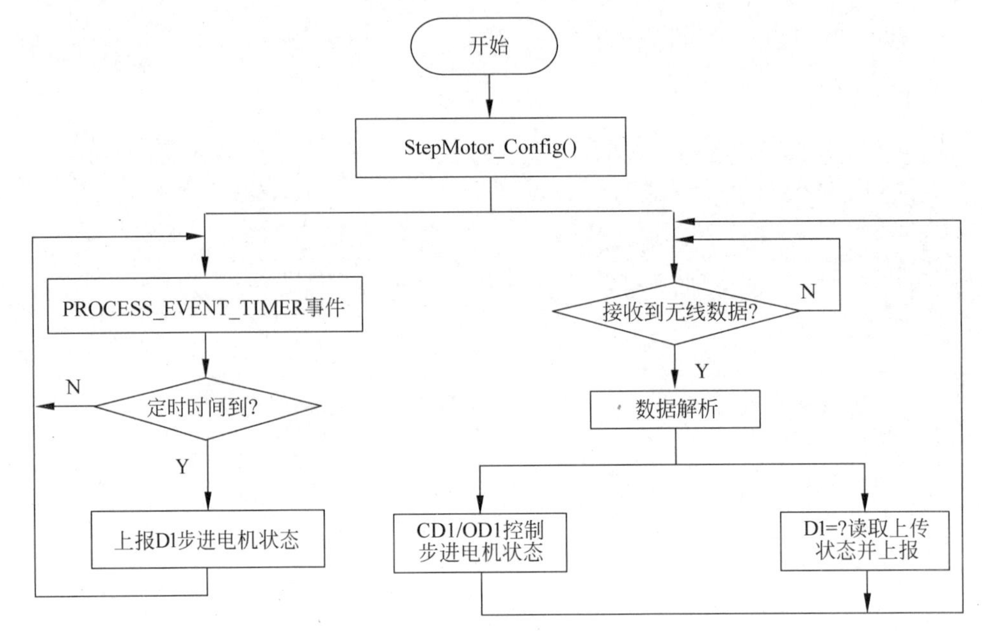

图 9.27 步进电机的驱动程序设计流程

步进电机的 ZXBee HAL 函数如表 9.16 所示。

表 9.16 步进电机的 ZXBee HAL 函数

函数名称	函数说明
StepMotor_Config()	初始化
Alarm_GetTextValue()	获取报警开关状态
Alarm_Poll()	轮询传感器任务
Alarm_Execute()	传感器执行接收到的命令

部分程序源代码如下：

```
/************************** 步进电机 ************************************************/
#include "hal/moto.h"
static int V0 = 120;                    //转动角度，默认为 0
static int D1 = 0;
static uint8_t report_enable = 1;       //默认开启主动上报功能
static uint8_t interval = 30;           //主动上报时间间隔，默认为 30s
/*****************************************************************************************
* 步进电机初始化配置
*****************************************************************************************/
static void StepMotor_Config(void)
{
  Moto_Init();
}
```

```
/**************************************************************************
* 获取步进电机转动状态值
**************************************************************************/
static char * StepMotor_GetTextValue(void)
{
  sprintf(text_value_buf, "{D1 = %d,V0 = %d}", D1,V0);
  return text_value_buf;
}
/**************************************************************************
* 轮询步进电机任务
**************************************************************************/
static void StepMotor_Poll(int tick)
{
  //定时上报数据
  if (tick % interval == 0) {
    zxbee_report();
  }
}
/**************************************************************************
* 步进电机执行接收到的命令
**************************************************************************/
static char * StepMotor_Execute(char * key, char * val)
{
  int Ival;
  Ival = atoi(val);                        //将字符串变量 val 解析转换为整型变量赋值
  text_value_buf[0] = 0;
  if(strcmp(key, "V0") == 0){

    if (val[0] == '?') {
      sprintf(text_value_buf, "V0 = %d", V0);           //返回转动角度
    }
    else {
      V0 = atoi(val);
    }
  }
  if (strcmp(key, "D1") == 0 && val[0] == '?') {
    sprintf(text_value_buf,"D1 = %u",D1);               //返回上报状态
  }
  if(strcmp(key, "OD1") == 0){
    D1 |= Ival;                                         //修改步进电机的工作模式
  }
  if(strcmp(key, "CD1") == 0){
    D1 &= ~Ival;
  }

  if((D1 & 0x01) == 0){
    step_times = 0;                                     //停止转动
  } else {
    if((D1 & 0x02) == 0x02){
      step_times = V0 * 64 / 5.625;                     //反转
    }else {
      step_times = -1 * V0 * 64 / 5.625;                //正转
    }
  }
  return text_value_buf;
}
```

9.3.4.2 移动端应用设计

1. 工程框架介绍

智能家居监控系统工程框架介绍如表9.17所示。

表9.17 智能家居监控系统工程框架介绍

包名(类名)		说明
com.zonesion.app 应用包	IOnWSNDataListener.java	传感器数据监听接口类
	ZApplication.java	Application对象,定义应用程序全局单例对象
com.zonesion.tool 工具包	ChangeColorIconWithTextView	自定义View的实现
com.zonesion.ui 子模块包	AlarmFragment.java	燃气报警联动控制模块
	ControlFragment.java	灯光电机控制模块
	TemHumAndAirFragment	实时数据查询模块
com.zonesion.activity activity包	MainActivity.java	主Activity

2. 程序业务流程分析

根据Android应用编程接口定义,智能家居监控系统的应用设计程序流程如图9.28所示。

3. 程序代码分析

Application类和Activity类详细分析请看本任务的Android开发源代码,Fragment相关源代码如下:

(1) TemHumAndAirFragment建立连接、注册监听,消息到来时进行数据分析并实时数据显示、断开连接。

```
public class TemHumAndAirFragment extends Fragment implements IOnWSNDataListener {
    private WSNRTConnect wRTConnect;
    private ZApplication mApplication;
    public static String ID = "12345678";          //用户 ID
    public static String KEY = "12345678";         //用户秘钥
    private TextView temView;
    private TextView humView;
    private TextView airView;
    //设置初始温度值
    private String TEMTURE = "0.0℃ ";
    //设置初始湿度值
    private String HUMTURE = " 0 % RH";
    private String AIRTURE = " 0ppm";
    //温湿度格式化
    private DecimalFormat temfnum = new DecimalFormat("###.0");
    private DecimalFormat humfnum = new DecimalFormat("###");
    //AQI 值格式化
```

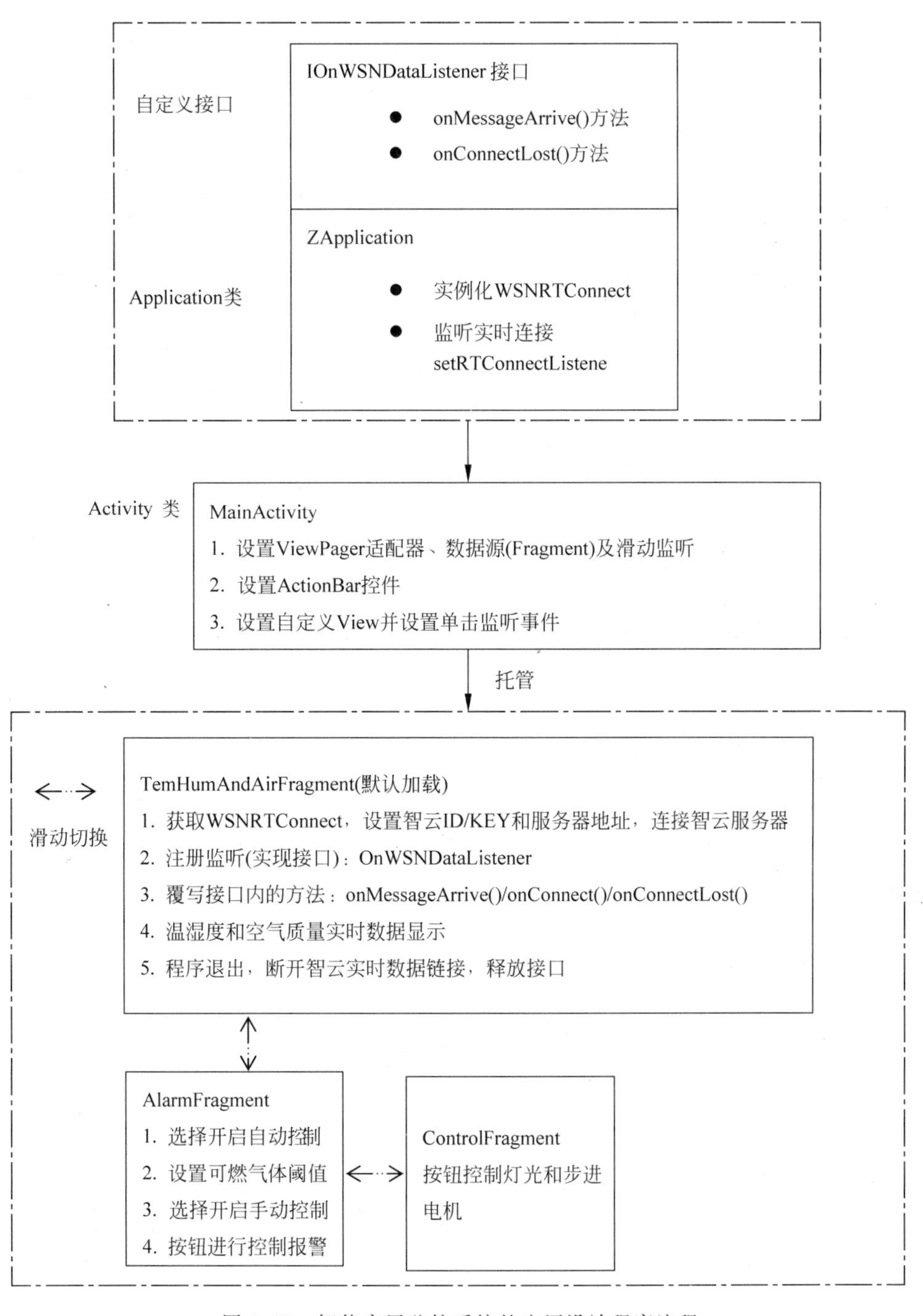

图 9.28　智能家居监控系统的应用设计程序流程

```
private DecimalFormat aqifnum = new DecimalFormat("###");
//定义 MAC 地址
private String mTemandhumMac = "00:12:4B:00:02:CB:A8:52";
private String airMac = "00:12:4B:00:02:63:3E:B5";
@Override
public void onCreate(Bundle savedInstanceState) {
    super.onCreate(savedInstanceState);
    mApplication = (ZApplication) getActivity().getApplication();
    wRTConnect = mApplication.getWSNRConnect();
    wRTConnect.setIdKey(ID, KEY);
    wRTConnect.setServerAddr("zhiyun360.com:28081");
    mApplication.registerOnWSNDataListener(TemHumAndAirFragment.this);
    wRTConnect.connect();
}
@Override
public View onCreateView(LayoutInflater inflater, ViewGroup container,
        Bundle savedInstanceState) {
    View v = inflater.inflate(R.layout.temhumair, container, false);
    temView = (TextView) v.findViewById(R.id.tem);
    humView = (TextView) v.findViewById(R.id.hum);
    airView = (TextView) v.findViewById(R.id.air);
    temView.setText(TEMTURE);
    humView.setText(HUMTURE);
    airView.setText(AIRTURE);
    return v;
}
@Override
public void onMessageArrive(String mac, String tag, String val) {
    if (mTemandhumMac.equalsIgnoreCase(mac)) {      //判断 MAC 地址
        if (tag.equals("A0")) {                     //判断参数
            float v = Float.parseFloat(val);
            TEMTURE = "温度值: " + temfnum.format(v) + "℃";
            temView.setText(TEMTURE);
        }
        if (mTemandhumMac.equals(mac)) {
            if (tag.equals("A1")) {                 //判断参数
                float n = Float.parseFloat(val);
                HUMTURE = "湿度值: " + humfnum.format(n) + "%RH";
                humView.setText(HUMTURE);
            }
        }
    }
    if (mac.equalsIgnoreCase(airMac)) {
        if (tag.equals("A0")) {
            float v = Float.parseFloat(val);
            AIRTURE = "AQI:" + aqifnum.format(v) + "ppm";
            airView.setText(AIRTURE);
        }
    }
```

```
        }
        @Override
        public void onConnect() {

            wRTConnect.sendMessage(mTemandhumMac, "{A0 = ?,A1 = ?}".getBytes());
            wRTConnect.sendMessage(airMac, "{A0 = ?}".getBytes());

        }
        @Override
        public void onConnectLost() {

        }
        public void onDestory() {
            super.onDestroy();
            wRTConnect.disconnect();
            mApplication.unregisterOnWSNDataListener(TemHumAndAirFragment.this);
        }
    }
}
```

(2) AlarmFragment 联动控制报警。

```
controlBtn.setOnClickListener(new OnClickListener() {
        @Override
        public void onClick(View v) {

            if (FLAG == 0) {      //关闭状态
                commond = "{OD1 = 1,D1 = ?}";
            } else {              //打开状态
                commond = "{CD1 = 1,D1 = ?}";
            }
            //发送查询状态的命令
            wRTConnect.sendMessage(mMac, commond.getBytes());
        }
});
```

Android 客户端有两种控制模式：自动控制模式和手动控制模式。选择开启自动控制,设置阈值,当可燃气体浓度达到指定的阈值时进行报警；选择开启手动控制,可以单击按钮进行报警控制。

① 控制模式选择。

```
//自动控制
    autoButton.setOnClickListener(new OnClickListener() {

        @Override
        public void onClick(View v) {
```

```
                autoButton.setBackgroundResource(R.drawable.autobgpress);
                controlButton.setBackgroundResource(R.drawable.buttonbg);
                controlFlag = 1;          //自动控制状态
                autoCombustibleValue.setVisibility(View.VISIBLE);
                combustibleSb.setVisibility(View.VISIBLE);
                controlBtn.setVisibility(View.INVISIBLE);
            }
        });
        //手动控制
      controlButton.setOnClickListener(new OnClickListener() {

            @Override
            public void onClick(View v) {

                autoButton.setBackgroundResource(R.drawable.autobg);
                controlButton.setBackgroundResource(R.drawable.buttonbgpress);
                controlFlag = 0;          //自动控制状态
                autoCombustibleValue.setVisibility(View.INVISIBLE);
                combustibleSb.setVisibility(View.INVISIBLE);
                controlBtn.setVisibility(View.VISIBLE);
            }
        });
```

② 自动控制模式。

```
if (controlFlag == 1) {             //开启了自动控制
        if (v >= value) {           //超出阈值,发送打开报警器的命令
            commond = "{OD1 = 1,D1 = ?}";
            wRTConnect.sendMessage(mAlarmMac, commond.getBytes());
        } else {
            commond = "{CD1 = 1,D1 = ?}";
            wRTConnect.sendMessage(mAlarmMac, commond.getBytes());
        }
    }
```

③ 手动控制模式。

```
//获取 ImageButton 并设置监听
controlBtn = (ImageButton) v.findViewById(R.id.controlBtn);
controlBtn.setOnClickListener(new OnClickListener() {
    @Override
    public void onClick(View v) {

        if (alarmFlag == 0) {           //关闭状态
            commond = "{OD1 = 1,D1 = ?}";
        } else {                        //打开状态
            commond = "{CD1 = 1,D1 = ?}";
```

```
            }
            //发送命令
            wRTConnect.sendMessage(mAlarmMac, commond.getBytes());
        }
});
if (alarmFlag == 1) {
                controlBtn.setBackgroundResource(R.drawable.bgbuttonon);
                imageView.setBackgroundResource(R.drawable.alarmon);
            } else {
                controlBtn.setBackgroundResource(R.drawable.bgbuttonoff);
                imageView.setBackgroundResource(R.drawable.alarmoff);
            }
```

(3) ControlFragment,按钮控制灯光开闭。

```
changeBtn.setOnClickListener(new OnClickListener() {
    @Override
    public void onClick(View v) {

        if (flag.equals("on")) {
            //关闭
            command = "{CD1 = 1,D1 = ?}";
        } else if (flag.equals("off")) {
            //打开
            command = "{OD1 = 1,D1 = ?}";
        }
        wRTConnect.sendMessage(lightMac, command.getBytes());
    }
});
```

(4) 按钮控制电机转停。

```
stepButton.setOnClickListener(new OnClickListener() {
    @Override
    public void onClick(View v) {
        if (flag.equals("on")) {
            command = "{CD1 = 1,D1 = ?}";
        }
        else if (flag.equals("off")) {
            command = "{OD1 = 3,D1 = ?}";
        }
        wRTConnect.sendMessage(stepMac, command.getBytes());
    }
});
```

9.3.4.3 Web 端应用设计

根据 Web 应用编程接口定义,智能家居监控系统的应用设计主要采用实时数据 API

接口和控制 API 接口，js 部分源代码如下：

```
<!DOCTYPE html>
<html>
<head lang="en">
    <meta charset="UTF-8">
    <title>智能家居监控系统</title>
    <link rel="stylesheet" type="text/css" href="css/bootstrap.css"/>
    <script src="js/jquery-1.11.0.min.js" type="text/javascript"></script>
    <script src="js/bootstrap.min.js" type="text/javascript"></script>
    <script src="js/WSNRTConnect.js" type="text/javascript"></script>
    <style type="text/css">
        body {margin: 0;padding: 0;background-color: #a3cf9a;font-family: '微软雅黑',
'黑体','宋体',serif;}
        .header {width: 100%;background-color: #89ae82;}
        h1 {padding: 0;margin: 0 0 0 15px;font-size: 24px;color: #fff;line-height: 3em;
font-weight: 100;}
        h1 small{ font-size: 12px;color: #fff;margin-left: 10px;}
        h1 span {float:right;font-size: 14px;}
        .content {width: 1200px;margin: 0 auto;}
        .body-left {float: left;width: 311px; margin-right:10px;text-align: center;
color: #fff;}
        .body-left .left-nav {float: left;width: 180px;list-style: none;margin: 0;
padding: 0;text-align: left;}
        .body-left .left-nav .line01 {background: #b4ddac;}
        .body-left .left-nav .line02 {background: #9ecb96;}
        .body-left .left-nav .active {background: #89ae82;}
        .body-left .left-nav a {position:relative;display:block;line-height:54px;text
-decoration:none;color: #fff;padding-left:60px;}
        .body-left .left-nav a img {position: absolute;top: 7px;left: 10px;}
        .body-left .content {float: left; width: 131px; background: #89ae82;
height: 378px;}
        .body-left .content .box {position: absolute;margin: 20px 10px;width: 111px;}
        .body-left .content .box h3 {font-size: 16px;padding: 0;margin: 20px 0;}
        .body-left .content .box p {padding: 0;margin: 10px 0;}
        .body-left .content .box p span {font-size: 36px;}
        .body-left .content .active {z-index: 10;}
        #button {width: 80px;}
        .body-right {position: relative;float: left;width: 879px;}
        .body-right .sgbj {position: absolute;top: 343px;left: 472px;width: 50px;}
        .body-right .deng {position: absolute;top: 2px;left: 189px;}
        .body-right .chuanglian {position: absolute;top: 42px;left: 85px;}
        .body-right .hy {position: absolute;top: -26px;left: 2px;width: 100px;}
</style>
<script type="text/javascript">
        var LightStatus;                //灯光状态
        var CurtainState;               //窗帘状态
        var CombustibleGasStatus;       //可燃气体检测状态
        var CombustibleGasSwitch;       //可燃气体报警开关
```

```
var AlarmStatus;                          //声光报警状态
var myZCloudID = "12345678";              //序列号
var myZCloudKey = "12345678";             //密钥
var mySensorMac1 = "00:12:4B:00:0D:C8:AF:7B"; //传感器的 MAC 地址(温湿度传感器)
var mySensorMac2 = "00:12:4B:00:06:1B:52:B5"; //传感器的 MAC 地址(空气质量传感器)
var mySensorMac3 = "00:12:4B:00:07:5E:4D:92"; //传感器的 MAC 地址(继电器)
var mySensorMac4 = "00:12:4B:00:07:5D:D7:CC"; //传感器的 MAC 地址(步进电机)
var mySensorMac5 = "00:12:4B:00:03:D4:65:B7"; //传感器的 MAC 地址(可燃气体传感器)
var mySensorMac6 = "00:12:4B:00:07:5E:3D:0C"; //传感器的 MAC 地址(声光报警)
var rtc = new WSNRTConnect(myZCloudID, myZCloudKey);  //创建数据连接服务对象
rtc.connect();                                        //数据推送服务连接
$("#ConnectState").text("数据服务连接中...");

rtc.onConnect = function () {                         //连接成功回调函数
    rtc.sendMessage(mySensorMac1, "{A0 = ?,A1 = ?}"); //向温湿度传感器发送数据
    rtc.sendMessage(mySensorMac2, "{A0 = ?}");        //向空气质量传感器发送数据
    rtc.sendMessage(mySensorMac3, "{D1 = ?}");        //向继电器发送数据
    rtc.sendMessage(mySensorMac4, "{D1 = ?,CD0 = 1}");//向步进电机发送数据
    rtc.sendMessage(mySensorMac5, "{A0 = ?,D0 = ?}"); //向可燃气体传感器发送数据
    rtc.sendMessage(mySensorMac6, "{D1 = ?}");        //向声光报警传感器发送数据
    $("#ConnectState").text("数据服务连接成功!");
};
rtc.onConnectLost = function () {                     //数据服务掉线回调函数
    $("#ConnectState").text("数据服务掉线!");
};
rtc.onmessageArrive = function(mac, dat) {            //消息处理回调函数
    console.log(mac, " >>> ", dat);
    if (mac != mySensorMac1 && mac != mySensorMac2 && mac != mySensorMac3 && mac !=
mySensorMac4 && mac != mySensorMac5 && mac != mySensorMac6) {    //判断传感器 MAC 地址
        console.log("" + mac + " not in sensors");
        return;
    }
    if (mac == mySensorMac1) {                        //温湿度传感器
        if (dat[0] == '{' && dat[dat.length - 1] == '}') {//判断字符串首尾是否为{}
            dat = dat.substr(1, dat.length - 2);       //截取{}内的字符串
            var its = dat.split(','); //以,来分割字符串
            for (var x in its) {
                var t = its[x].split(' = ');           //以 = 来分割字符串
                if (t.length != 2) continue;
                if (t[0] == "A0") {                    //判断参数 A0
                    $("#temperature").text(t[1]);      //显示温度值
                }
                if (t[0] == "A1") {                    //判断参数 A1
                    $("#humidity").text(t[1]);         //显示湿度值
                }
            }
        }
    }
```

```
if (mac == mySensorMac2) {                               //空气质量传感器
    if (dat[0] == '{' && dat[dat.length - 1] == '}') {  //判断字符串首尾是否为{}
        dat = dat.substr(1, dat.length - 2);            //截取{}内的字符串
        its = dat.split(',');                            //以,来分割字符串
        for ( x in its) {
            t = its[x].split('=');                      //以 = 来分割字符串
            if (t.length != 2) continue;
            if (t[0] == "A0") {                          //判断参数 A0
                $ ("#airQuality").text(t[1]);            //显示空气质量数值
            }
        }
    }
}
if (mac == mySensorMac3) {                               //继电器
    if (dat[0] == '{' && dat[dat.length - 1] == '}') {  //判断字符串首尾是否为{}
        dat = dat.substr(1, dat.length - 2);            //截取{}内的字符串
        its = dat.split(',');                            //以,来分割字符串
        for ( x in its) {
            t = its[x].split('=');                      //以 = 来分割字符串
            if (t.length != 2) continue;
            if (t[0] == "D1") {                          //判断参数 D1
                LightStatus = parseInt(t[1]);
                anNiu = document.getElementById("button04");
                bG = document.getElementById("deng");
                if (LightStatus) {
                    anNiu.src = ("images/an-on.png");
                    bG.src = ("images/deng_on.png");
                } else {
                    anNiu.src = ("images/an-off.png");
                    bG.src = ("images/deng_off.png");
                }
            }
        }
    }
}
if (mac == mySensorMac4) {                               //步进电机
    if (dat[0] == '{' && dat[dat.length - 1] == '}') {  //判断字符串首尾是否为{}
        dat = dat.substr(1, dat.length - 2);            //截取{}内的字符串
        its = dat.split(',');                            //以,来分割字符串
        for ( x in its) {
            t = its[x].split('=');                      //以 = 来分割字符串
            if (t.length != 2) continue;
            if (t[0] == "D1") {                          //判断参数 D1
                var anNiu = document.getElementById("button05");
                var bG = document.getElementById("chuanglian");
                if (t[1] == "0" || t[1] == "1") {       //判断步进电机状态
                    anNiu.src = ("images/an-on.png");
                    bG.src = ("images/chuanglian_on.gif");
                    CurtainState = true;                //窗帘状态为开
```

```
                        }
                        if (t[1] == "2" || t[1] == "3") { //判断步进电机状态
                            anNiu.src = ("images/an - off.png");
                            bG.src = ("images/chuanglian_off.gif");
                            CurtainState = false;          //窗帘状态为关
                        }
                    }
                }
            }
        }
        if (mac == mySensorMac5) {                         //可燃气体传感器
            if (dat[0] == '{' && dat[dat.length - 1] == '}') { //判断字符串首尾是否为{}
                dat = dat.substr(1, dat.length - 2);       //截取{}内的字符串
                its = dat.split(',');                      //以,来分割字符串
                for ( x in its) {
                    t = its[x].split('=');                 //以 = 来分割字符串
                    if (t.length != 2) continue;
                    if (t[0] == "A0") {                    //判断参数 A0
                        CombustibleGasStatus = parseInt(t[1]);
                        bG = document.getElementById("hy");
                        if (CombustibleGasStatus) {
                            bG.src = ("images/hy - bj.gif");
                        } else {
                            bG.src = ("images/hy - off.png");
                        }
                    }
                    if (t[0] == "D0") {                    //判断参数 D0
                        CombustibleGasSwitch = parseInt(t[1]);
                        anNiu = document.getElementById("button06");
                        if (CombustibleGasSwitch) {
                            anNiu.src = ("images/an - on.png");
                        } else {
                            anNiu.src = ("images/an - off.png");
                        }
                    }
                }
            }
        }
        if (mac == mySensorMac6) {                         //声光报警
            if (dat[0] == '{' && dat[dat.length - 1] == '}') { //判断字符串首尾是否为{}
                dat = dat.substr(1, dat.length - 2);       //截取{}内的字符串
                its = dat.split(',');                      //以,来分割字符串
                for ( x in its) {
                    t = its[x].split('=');                 //以 = 来分割字符串
                    if (t.length != 2) continue;
                    if (t[0] == "D1") {                    //判断参数 D1
                        AlarmStatus = parseInt(t[1]);
                        anNiu = document.getElementById("button07");
                        bG = document.getElementById("sgbj");
```

```
                    if (AlarmStatus) {
                        anNiu.src = ("images/an - on.png");
                        bG.src = ("images/sgbj - on.gif");
                    } else {
                        anNiu.src = ("images/an - off.png");
                        bG.src = ("images/sgbj - off.png");
                    }
                }
            }
        }
    }
};

function anniu04() {
    if (LightStatus) {
        rtc.sendMessage(mySensorMac3, "{CD1 = 1,D1 = ?}"); //向继电器发送数据(关)
    }else{
        rtc.sendMessage(mySensorMac3, "{OD1 = 1,D1 = ?}"); //向继电器发送数据(开)
    }
}
function anniu05() {
    if (CurtainState) {
        rtc.sendMessage(mySensorMac4, "{OD1 = 3,D1 = ?}");
                                                    //向步进电机发送数据(反转)
        setTimeout('rtc.sendMessage(mySensorMac4, "{CD1 = 1,OD1 = 2}")', 10000);
    }
    else {
        rtc.sendMessage(mySensorMac4, "{OD1 = 1,CD1 = 2,D1 = ?}");
                                                    //向步进电机发送数据(正转)
        setTimeout( 'rtc.sendMessage(mySensorMac4, "{CD1 = 3}")',10000);
    }
}
function anniu06() {
    if (CombustibleGasSwitch) {
        rtc.sendMessage(mySensorMac5, "{CD0 = 1,D0 = ?}");
                                                    //向可燃气体传感器发送数据
    }else{
        rtc.sendMessage(mySensorMac5, "{OD0 = 1,D0 = ?}");
                                                    //向可燃气体传感器发送数据
    }
}
function anniu07() {
    if (AlarmStatus) {
        rtc.sendMessage(mySensorMac6, "{CD1 = 1,D1 = ?}");
                                                //向声光报警传感器发送数据(关)
    }else{
        rtc.sendMessage(mySensorMac6, "{OD1 = 1,D1 = ?}");
                                                //向声光报警传感器发送数据(开)
    }
```

```
        }
</script>
</head>
<body>
<div class="header">
    <div class="content">
        <h1>智能家居监控系统<small>温湿度、空气质量、灯光、步进电机,燃气,声光报警
</small><span><lable  id="ConnectState"></lable></span></h1>
    </div>
</div>
<div class="content">
    <div class="body-left" style="line-height:73px;" >
    智能家居控制与显示
    <div>
        <ul class="left-nav">
            <li class="line01 active">
                <a href="#title1" data-toggle="tab">
                    <img src="images/tubiao01.png" width="40px">温度计
                </a>
            </li>
            <li class="line02">
                <a href="#title2" data-toggle="tab">
                    <img src="images/tubiao01.png" width="40px">湿度计
                </a>
            </li>
            <li class="line01">
                <a href="#title3" data-toggle="tab">
                    <img src="images/tubiao02.png" width="40px">空气质量检测器
                </a>
            </li>
            <li class="line02">
                <a href="#title4" data-toggle="tab">
                    <img src="images/tubiao03.png" width="40px">灯光
                </a>
            </li>
            <li class="line01">
                <a href="#title5" data-toggle="tab">
                    <img src="images/tubiao04.png" width="38px">步进电机
                </a>
            </li>
            <li class="line02">
                <a href="#title6" data-toggle="tab">
                    <img src="images/tubiao05.png" width="40px">可燃气体检测
                </a>
            </li>
            <li class="line01">
                <a href="#title7" data-toggle="tab">
                    <img src="images/tubiao06.png" height="40px">声光报警器
                </a>
```

```
                </li>
            </ul>
            <div class = "content">
                <div class = "box fade in active" id = "title1">
                    <p>温度值<br /><span>
                        <lable  id = "temperature"></lable>
                    </span></p>
                </div>
                <div class = "box fade" id = "title2">
                    <p>湿度值<br /><span>
                        <lable  id = "humidity"></lable>
                    </span></p>
                </div>
                <div class = "box fade" id = "title3">
                    <p>PM2.5<br /><span>
                        <lable  id = "airQuality"></lable>
                    </span></p>
                </div>
                <div class = "box fade" id = "title4">
                    <h3>开关</h3>
                    <img id = "button04" src = "images/an - off.png" onclick = "anniu04()"/>
                </div>
                <div class = "box fade" id = "title5">
                    <h3>开关</h3>
                    <img id = "button05" src = "images/an - off.png" onclick = "anniu05()"/>
                </div>
                <div class = "box fade" id = "title6">
                    <h3>开关</h3>
                    <img id = "button06" src = "images/an - off.png" onclick = "anniu06()"/>
                </div>
                <div class = "box fade" id = "title7">
                    <h3>开关</h3>
                    <img id = "button07" src = "images/an - off.png" onclick = "anniu07()"/>
                </div>
            </div>
        </div>
    </div>
    <div class = "body - right">
        <img id = "sgbj" class = "sgbj" src = "images/sgbj - off.png"/>
        <img id = "deng" class = "deng" src = "images/deng_off.png"/>
        <img id = "chuanglian" class = "chuanglian" src = "images/chuanglian_off.gif"/>
        <img id = "hy" class = "hy" src = "images/hy - off.png"/><! -- 报警: hy - bj.png -->
        <img id = "bg" src = "images/sys - bg.jpg"/>
    </div>
    </div>
    </body>
    </html>
```

9.3.5 开发步骤

1. 部署硬件环境

(1) 准备一个 s210 系列 Android 开发平台，可燃气体传感器无线节点、温湿度传感器、空气质量传感器、声光报警传感器、继电器、步进电机传感器，设置节点板跳线为模式二。

(2) 打开例程，将开发资源包中的例程 SensorHalExamples 下工程复制到 Contiki 目录下：contiki-2.6\zonesion\example\iar\。

(3) 温湿度传感器、空气质量传感器固化 IEEE 802.15.4 无线网络节点程序。

(4) 可燃气体传感器、声光报警器固化蓝牙网络节点程序。

(5) 步进电机、继电器固化 WiFi 无线网络。

(6) 组成无线传感网络，并将数据接入到云平台服务中心。

2. Android 应用程序演示

(1) 根据实际硬件平台修改代码中传感器节点的 IEEE 地址及云平台 ID/KEY。

(2) 编译 Android 工程，并安装应用程序到 s210 系列 Android 开发平台或 Android 终端内。

(3) 设置 Android 终端设备接入到互联网或者与 Android 开发平台设备在同一个局域网内。进入系统默认加载的 Fragment(TemHumAndAirFragment)，进入实时数据采集显示界面，在界面弹出“连接网关成功”消息后即表示连接到云平台服务中心，并会实时显示温湿度值、空气质量值，如图 9.29 所示。

图 9.29 实时数据显示界面

(4) 切换至报警界面，显示当前燃气值并可以选择手动或自动模式控制报警，如图 9.30 所示。

(5) 切换至控制界面，可以单击开关控制灯光和步进电机，如图 9.31 所示。

3. Web 应用程序演示

(1) 根据实际硬件平台修改代码中传感器节点的 IEEE 地址、云平台服务器地址(若在

图 9.30　控制报警器界面

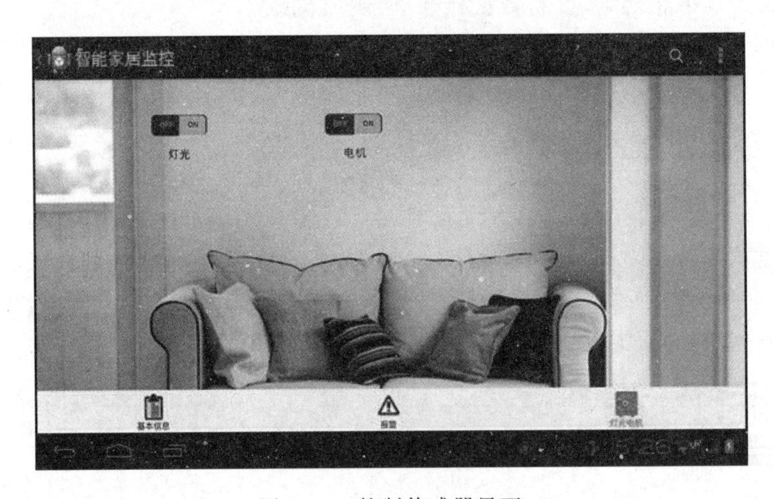

图 9.31　控制传感器界面

局域网内使用，则设置为 Android 开发平台的 IP)和云平台 ID/KEY。

(2) 设置计算机接入到互联网或者与 Android 开发平台设备在同一个局域网内。用谷歌浏览器(或者支持 HTML5 技术的 IE10 以上版本浏览器)运行。SmartLab -Web\SmartLab.html，进入管理界面，在主界面右上角显示“数据服务连接成功!”消息后即表示连接到云平台服务中心，在左侧有传感器的开关控制，可以开启进行控制实时数据采集、灯光开、步进电机工作、报警等。在右侧直观地显示左侧单击进行的操作，如图 9.32 所示。

9.3.6　总结与扩展

(1) 本任务用到了很多传感器，但传感器的联合使用却少，开发者可以发挥自己的想象力，用两个或多个传感器联合控制来实现智能家居控制。

(2) 本任务中所构造的布局不是很好，由于布局适配问题，在大屏幕下不能显示得很好。但是 Android 提供多布局，开发者可在 eclipse 中在 SmartLab 的 res 文件下创建 layout-large 文件夹，在此文件夹下建立同名的 layout 布局，再自己编写布局即可，这样就能很好地适配不同的终端。

图 9.32　智能家居监控系统 Web 端

9.4　任务 70　农业环境自动监控系统开发

9.4.1　学习目标

- 掌握智云多种传感器的联动开发；
- 掌握智云实时数据和历史数据编程接口的使用；
- 掌握 Android UI 之菜单开发、曲线绘制和二维码扫描功能的开发；
- 掌握农业自动控制 Android 端的应用开发设计和 PC 端的应用开发。

9.4.2　开发环境

- 硬件：采集传感器，温湿度传感器，空气质量传感器，光敏传感器和土壤温湿度传感器，有排气扇，步进电机，继电器，s210 系列网关（包含 STM32W108 无线协调器、蓝牙模块、WiFi 模块），调试转接板，STM32 系列无线开发板若干、USB MINI 线，J-Link 仿真器，PC；
- 软件：Windows XP/7/8，ARM 嵌入式开发平台 IAR，Android 集成开发环境。

9.4.3　原理学习

9.4.3.1　系统设计目标

农业环境监测信息系统中，主要实现 3 大自动监控功能：通风功能（IEEE 802.15.4 网络）、光强度遮阳功能（蓝牙无线网络）和灌溉功能（WiFi 无线网络）。系统功能设计功能及目标如图 9.33 所示。

9.4.3.2　业务流程分析

农作物环境监测从传输过程分为 3 部分：传感节点、网关和客户端（Android，Web）。其流程图如图 9.34 所示，具体通信描述如下。

（1）传感器节点通过 IEEE 802.15.4 网络、蓝牙网络和 WiFi 网络分别与网关 3 种无线

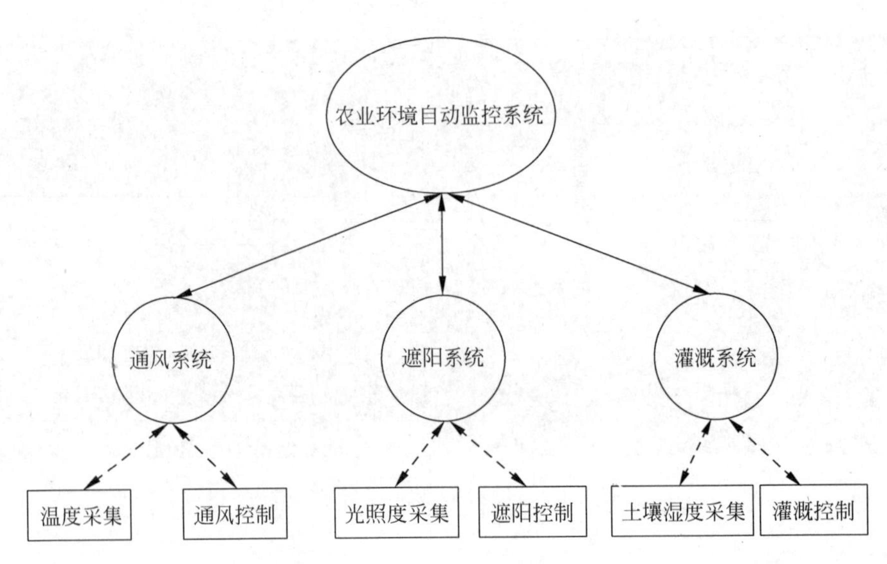

图 9.33　系统设计功能及目标

模块进行组网，网关的无线模块通过串口和 USB 与网关进行数据通信。

(2) 网关通过实时数据推送服务将数据推送给所有连接网关的客户端，并通过历史数据存储服务将数据存储到数据中心。

(3) Android 应用通过调用 ZCloud SDK API 的实时数据连接接口实现实时数据采集的功能，通过调用历史数据访问接口实现历史数据的查询。

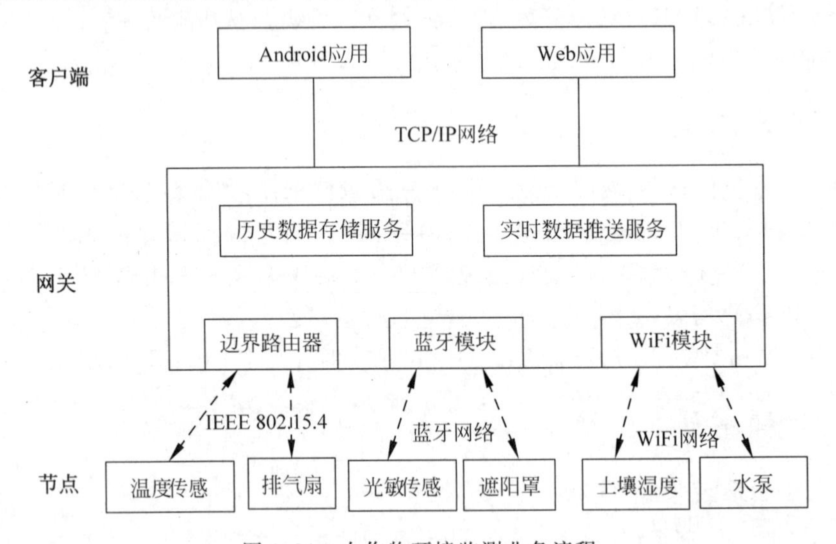

图 9.34　农作物环境监测业务流程

9.4.4 开发内容

9.4.4.1 硬件层驱动设计

本任务需要用到温度传感器、光敏传感器、土壤湿度传感器，控制节点有排气扇、遮阳罩(步进电机)和水泵(用继电器驱动)。除了排气扇，其他几个传感器和控制节点在前面已经进行了介绍,请读者在前文查阅,下面重点分析排气扇的硬件驱动。

1）排气扇 ZXBee 数据通信协议

排气扇的通信协议如表 9.18 所示。

表 9.18　排气扇通信协议

传感器	属性	参数	权限	说　明
参数	电源开关	D1	R(W)	D1 的 Bit 表示各路继电器开合状态,OD1 为开、CD1 为合
	上报状态	D0(OD0/CD0)	R(W)	D0 的 Bit0 表示上传状态；D0=0,禁止上报；D0=1,主动上报使能
	主动上报时间间隔	V0	R(W)	
命令	查询控制状态	{D1=?}	无	查询风扇传感器电源状态,1 表示开,0 表示关
		{D0=?}	无	查询主动上报状态
		{OD0=1}	无	主动上报使能
		{OD1=1}	无	开启风扇传感器电源
		{CD0=1}	无	关闭主动上报
		{CD1=1}	无	关闭风扇传感器电源
		{V0=?}	无	查询上报时间间隔

2）传感器驱动程序开发

排气扇程序属于控制类传感器,驱动设计流程如图 9.35 所示。

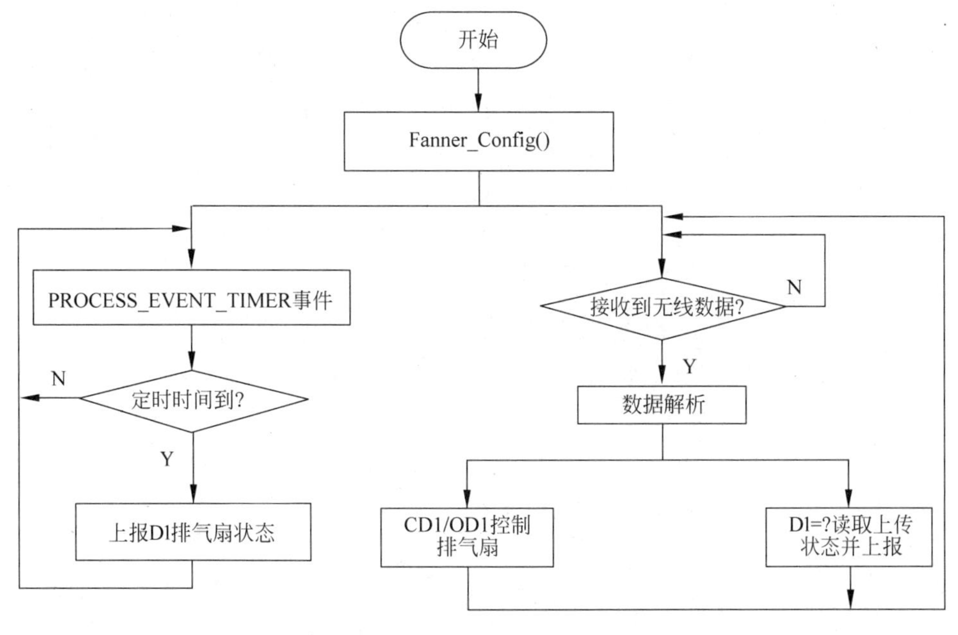

图 9.35　排气扇程序驱动设计流程

其 ZXBee HAL 函数如表 9.19 所示。

表 9.19 光敏传感器 ZXBee HAL 函数

核心函数名	函数说明
Fanner _Config()	初始化配置
Fanner _Poll()	轮询传感器任务
Fanner _GetTextValue()	获取传感器电源状态
Fanner _Execute()	传感器执行接收到的命令

部分程序源代码如下：

```
/************************** 排气扇 ***************************************/
#include "hal/fanner.h"
static int mode = 0;                         //风扇传感器电源状态,默认为关
static uint8_t interval = 30;                //主动上报时间间隔,默认为 30s
static uint8_t report_enable = 1;            //默认开启主动上报功能
/*****************************************************************************
* 初始化传感器
*****************************************************************************/
static void Fanner_Config(void)
{
  fanner_init();
}
/*****************************************************************************
* 获取传感器电源状态
*****************************************************************************/
static char * Fanner_GetTextValue(void)
{
  snprintf(text_value_buf, sizeof(text_value_buf), "{D1 = %d}", mode);
  return text_value_buf;
}
/*****************************************************************************
* 轮询传感器任务
*****************************************************************************/
static void Fanner_Poll(int tick)
{
  //定时上报数据
  if (tick % interval == 0) {
    if (report_enable == 0) {}               //判断上报状态
    else {
      zxbee_report();
    }
  }
}
/*****************************************************************************
* 执行接收到的命令
*****************************************************************************/
static char * Fanner_Execute(char * key, char * val)
{
  int Ival;
  Ival = atoi(val);                          //将字符串变量 val 解析转换为整型变量赋值
  text_value_buf[0] = 0;
```

```
    if (strcmp(key, "OD0") == 0) {
      report_enable | = Ival;                           //修改上报状态
    }
    if (strcmp(key, "CD0") == 0) {
      report_enable &= ~Ival;
    }
    if (strcmp(key, "D1") == 0 && val[0] == '?') {
      sprintf(text_value_buf, "D1 = %d", mode );        //返回电源状态
    }
    if (strcmp(key, "CD1") == 0 && val[0] == '1') {
      mode = 0;                                         //修改电源状态
      fanner_speed(0);                                  //关闭电源
    }
    if (strcmp(key, "OD1") == 0 && val[0] == '1') {
      mode = 1;
      fanner_speed(100);                                //打开电源
    }
    if (strcmp(key, "D0") == 0 && val[0] == '?') {
      sprintf(text_value_buf,"D0 = %u",report_enable);  //返回上报状态
    }
    if (strcmp(key, "V0") == 0) {
      if (val[0] == '?'){
        sprintf(text_value_buf,"V0 = %u",interval);     //返回上报时间间隔
      }
      else{
        interval = Ival;                                //修改上报时间间隔
      }
    }
    return text_value_buf;
}
```

9.4.4.2 移动端应用设计

1. 工程框架介绍

农业环境信息监测系统工程框架介绍如表 9.20 所示。

表 9.20 农业环境信息监测系统工程框架介绍

包名(类名)		说 明
com. zonesion. ui 主模块 Activity 包	MainActivity. java	主模块
com. zonesion. app 底层应用包	IOnWSNDataListener. java	传感器数据监听接口类
	ZApplication. java	Application 对象,定义应用程序全局单例对象
com. zonesion. tool 交互工具包	ChangeColorIconWithTextView. java	按钮导航
	MyAdapter. java	组件实例化
	MyDialog. java	历史数据查询等待对话框
	TableAdapter. java	组件实例化
	TableData. java	组件实例化及构造方法
com. zonesion. ui 界面显示包	HistoryChartFragment. java	历史数据获取与曲线图绘制类
	SoilFragment. java	内容界面:实时数据与状态信息

2. 程序业务流程分析

农业环境信息监控系统的应用设计除了采用实时数据 API 接口外，还采用了历史数据 API 接口。实时数据与历史数据查询的程序设计流程如图 9.36 所示。

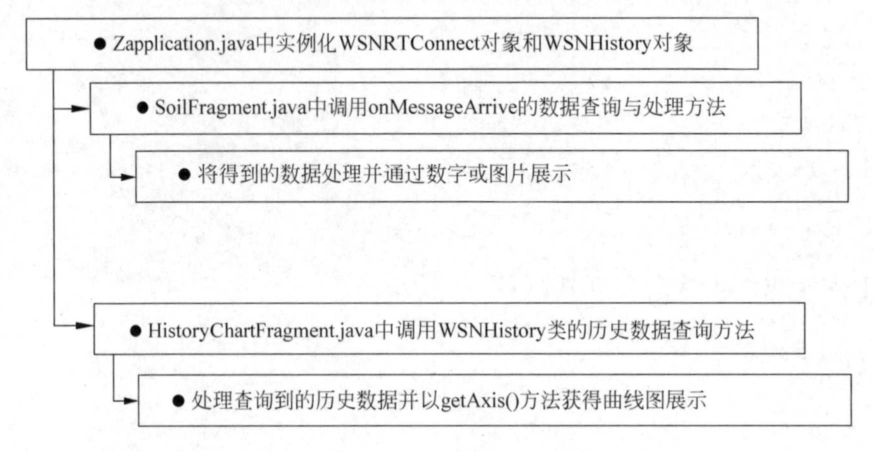

图 9.36 实时数据与历史数据查询的程序设计流程

3. 程序代码剖析

1）在 Zapplication.java 中实例化 WSNRTConnect 对象

```
public WSNRTConnect getWSNRConnect() {
    if (wRTConnect == null) {
        wRTConnect = new WSNRTConnect(); //实例化 WSNRTConnect 对象
    }
    return wRTConnect;
}
```

2）在 SoilFragment.java 中设置 WRTConnect 对象的 ID/KEY 和服务器地址

```
@Override
public void onCreate(Bundle savedInstanceState) {
    super.onCreate(savedInstanceState);
    mApplication = (ZApplication) getActivity().getApplication();
    wRTConnect = mApplication.getWSNRConnect();
    wRTConnect.setIdKey(ID, KEY);                                  //设置 ID/KEY
    wRTConnect.setServerAddr("zhiyun360.com:28080");               //设置服务器地址
    mApplication.registerOnWSNDataListener(SoilFragment.this);    //注册监听
    wRTConnect.connect();                                          //建立实时数据服务连接
    …
}
```

3）在 HistoryChartFragment.java 中设置需要查询历史数据的 Channel，并与参数配对

```
@Override
public View onCreateView(LayoutInflater inflater, ViewGroup container,
    ...
    @Override
        public void onItemSelected(AdapterView<?> arg0, View arg1,
                int arg2, long arg3) {
            //TODO Auto-generated method stub
            if (arg2 == 0) {
                unit = units[0];
                channel = channels[0];
            } else if(arg2 == 1) {
                channel = channels[1];
                unit = units[1];
            } else if(arg2 == 2) {
                channel = channels[2];
                unit = units[2];
            } else if(arg2 == 3) {
                channel = channels[3];
                unit = units[3];
            }
        }
}
```

4）getAxis()方法绘制曲线

```
private void getAxis() {
        at = new String[list.size()];
        value = new double[list.size()];
        date = new Date[list.size()];
        int count = 0;
        for (int i = 0; i < list.size(); i++) {
            count++;
            HashMap<String, Object> map = list.get(i);
            at[i] = (String) map.get("At");
            try {
                date[i] = simpleDateFormat.parse(at[i]);
            } catch (ParseException e) {
                //TODO Auto-generated catch block
                e.printStackTrace();
            }
            value[i] = Double.parseDouble((String) map.get("Value"));
        }
        System.out.println("数据填充次数 ============" + count);
        System.out.println("时间数组的长度 ============" + at.length);
    }
```

5）添加选项菜单

在 Android 系统中，菜单可以分为 3 类：选项菜单（Option Menu）、上下文菜单

(Context Menu)以及子菜单(Sub Menu)。本任务中使用的是选项菜单。

初始化 Fragment 指示器,即"ChangeColorIconWithTextView, initFragmentIndicator();",源代码如下:

```
@Override
    private void initFragmentIndicator() {

        ChangeColorIconWithTextView one = (ChangeColorIconWithTextView) findViewById(R.id.id_indicator_one);
        ChangeColorIconWithTextView two = (ChangeColorIconWithTextView) findViewById(R.id.id_indicator_two);

        one.setOnClickListener(this);
        two.setOnClickListener(this);
    }
```

在 ChangeColorIconWithTextVie.java 中定义导航按钮(或选项菜单)的图标、文本和功能即可。

9.4.4.3 Web 端应用设计

根据 Web 应用编程接口定义,农作物监测的应用设计主要采用实时数据和历史数据 API 接口,部分源代码如下:

```
<!DOCTYPE html>
<html>
  <head>
    <meta charset="UTF-8" />
    <title>农业环境信息监测系统</title>
    <link rel="stylesheet" type="text/css" href="css/bootstrap.css"/>
    <link rel="stylesheet" type="text/css" href="css/jquery.nstSlider.css"/>
    <link rel="stylesheet" type="text/css" href="css/style.css"/>
    <!-- 引入 js -->
    <script src="js/jquery-1.11.0.min.js"></script>
    <script src="js/script.js"></script>
    <script src="js/highcharts.js" type="text/javascript"></script>
    <script src="js/drawcharts.js" type="text/javascript"></script>
    <script src="js/WSNRTConnect.js" type="text/javascript"></script>
    <script src="js/WSNHistory.js" type="text/javascript"></script>
    <script src="js/bootstrap.min.js" type="text/javascript"></script>
    <script src="js/jquery.nstSlider.min.js" type="text/javascript"></script>
  </head>
  <body>
    <div class="header">
      <div class="content">
        <h1>
          农业环境信息监测系统
          <span>
```

```
            <lable id="ConnectState"></lable>
          </span>
        </h1>
      </div>
    </div>
    <div style="width:1228px;margin:0 auto; ">
    <div class="content">
      <div class="body-left" style="line-height:43px;">
        农业环境信息显示
        <div>
          <ul class="left-nav">
            <li class="line01">
              <a href="#title1" data-toggle="tab">
                <img src="images/温度(1).png" width="40px">空气温度 <span style=
"margin-left:100px;font-size:large"><lable id="temperature" >-- ℃</lable></span>
              </a>
      </li>
      <li class="line02">
        <a href="#title2" data-toggle="tab">
          <img src="images/湿度.png" width="40px">空气湿度<span style="margin-left:
100px;font-size:large"><lable id="humidity" >-- %</lable></span>
        </a>
      </li>
      <li class="line01">
        <a href="#title4" data-toggle="tab">
          <img src="images/光照.png" width="40px">光照强度<span style="margin-left:
100px;font-size:large"><lable id="lightQuality" >-- Lux</lable></span>
        </a>
      </li>
      <li class="line02">
        <a href="#title6" data-toggle="tab">
          <img src="images/土壤湿度.png" width="40px">土壤湿度<span style=
"margin-left:100px;font-size:large"><lable id="soilHum" >-- %</lable></span>
        </a>
      </li>
    </ul>
        </div>
      </div>
      <div class="body-right">
        <img src="images/nzw-bg.jpg" style="width:100%;height: 100%;" />
      </div>
    </div>
    <div class="main container-fluid" >
      <div class="row">
        <div class="col-lg-4 col-md-4 col-sm-4 col-xs-4">
        <div class="panel panel-default" style="margin-top: 10px;">
          <div class="panel-heading">排风扇<span id="fengshanStatus"
class="float-right text-red" style="margin-left: 180px;">当前状态: 关</span></div>
          <div class="panel-body">
```

```
            <div class = "col - lg - 3 col - md - 3 col - sm - 3 col - xs - 3"></div>
            <div class = "col - lg - 4 col - md - 4 col - sm - 4 col - xs - 4">
              < img id = "fs" src = " images/paiqishan - off. png" style = " width: 100px;
height: 100px;"/>
            </div>
            <div class = "row">
            <div class = "col - lg - 12 col - md - 12 col - sm - 12 col - xs - 12"
style = "margin - top: 10px;">
              <div class = "nstSlider" id = "fenNstSlider" data - range_min = "0"
data - range_max = "100"
                   data - cur_min = "0">
                <div class = "leftGrip"></div>
              </div>
              <label class = "leftLabel" id = "value2" style = "margin - left: 10px;m
argin - top: 10px;"></label>
            </div>
            </div>
          </div>
          <div class = "panel - heading">温度阈值设置< button id = "sdSure"
class = "btn btn - primary" style = "margin - left: 180px;">设置</button></div>
        </div>
      </div>
        <div class = "col - lg - 4 col - md - 4 col - sm - 4 col - xs - 4">
          <div class = "panel panel - default" style = "margin - top: 10px;">
            <div class = "panel - heading">遮阳电机< span id = "zheyanStatus"
class = "float - right text - red" style = "margin - left: 180px;">当前状态: 关</span></div>
            <div class = "panel - body">
              <div class = "col - lg - 3 col - md - 3 col - sm - 3 col - xs - 3"></div>
              <div class = "col - lg - 4 col - md - 4 col - sm - 4 col - xs - 4">
                < img id = "zheYan" src = "images/zheyanOff. png"
style = "width: 100px;height: 100px;"/>
              </div>
              <div class = "row">
                <div class = "col - lg - 12 col - md - 12 col - sm - 12 col - xs - 12"
style = "margin - top: 10px;">
                  <div class = "nstSlider" id = "motorNstSlider" data - range_min = "0"
data - range_max = "100"
                       data - cur_min = "20" data - cur_max = "80">
                    <div class = "bar"></div>
                    <div class = "leftGrip"></div>
                    <div class = "rightGrip"></div>
                  </div>
                  <div class = "labelgroup">
                    < label class = "leftLabel" id = "value3"></label>
                    < label class = "rightLabel" id = "value4"></label>
                  </div>
                </div>
              </div>
```

```
            </div>
            <div class = "panel - heading">光照度阈值设置< button id = "lightStatus" class
= "btn btn - primary" style = "margin - left:180px;">设置</button></div>
          </div>
        </div>
        <div class = "col - lg - 4 col - md - 4 col - sm - 4 col - xs - 4">
          <div class = "panel panel - default" style = "margin - top: 10px;">
            <div class = "panel - heading">水泵< span id = "shuibenStatus" class =
"float - right text - red" style = "margin - left: 180px;">当前状态：关</span></div>
            <div class = "panel - body"><div class = "col - lg - 3 col - md - 3 col - sm - 3 col
- xs - 3"></div>
              <div class = "col - lg - 4 col - md - 4 col - sm - 4 col - xs - 4">
                < img id = "shuiBen" src = "images/shuibenOff.png" style = "width: 100px;
height: 100px;"/>
              </div>
              <div class = "row">
                <div class = "col - lg - 12 col - md - 12 col - sm - 12 col - xs - 12" style =
"margin - top: 10px;">
                  <div class = "nstSlider" id = "benNstSlider" data - range_min = "0"
data - range_max = "100"
                      data - cur_min = "0">
                    <div class = "leftGrip"></div>
                  </div>
                  < label class = "leftLabel" id = "value5" style = "margin - left: 10px;
margin - top: 10px;"></label>
                </div>
              </div>
            </div>
            <div class = "panel - heading">土壤湿度阈值设置< button id = "soilSure" class
= "btn btn - primary" style = "margin - left: 180px;">设置</button></div>
          </div>
        </div>
      </div>
      <p style = "color: white;">历史数据查询</p><hr/>
      <ul id = "mytab" class = "nav nav - tabs">
        <li class = "active"><a href = "#home" data - toggle = "tab">空气温度</a></li>
        <li><a href = "#profile" data - toggle = "tab">空气湿度</a></li>
        <li><a href = "#settings" data - toggle = "tab">光照度</a></li>
        <li><a href = "#searchSoilHum" data - toggle = "tab">土壤湿度</a></li>
      </ul>
    </div>
      <div class = "tab - content">
        <div class = "tab - pane active" id = "home"><div class = "row">
          <div class = "col - lg - 12 col - md - 12 col - sm - 12 col - xs - 12">
            <div class = "panel panel - default">
              <div class = "panel - heading">空气温度</div>
              <div class = "panel - body">
                <ul class = "historyBtn">
                  <div class = "row">
```

```
                    <div class = "col - lg - 8 col - md - 8 col - sm - 8 col - xs - 8"><div id =
"her_temp">空气温度历史数据</div></div>
                    <div class = "col - lg - 3 col - md - 3 col - sm - 3 col - xs - 3">
                      <select class = "form - control" id = "tempSet">
                        <option value = "queryLast1H">最近 1 小时</option>
                        <option value = "queryLast6H">最近 6 小时</option>
                        <option value = "queryLast12H">最近 12 小时</option>
                        <option value = "queryLast1D">最近 1 天</option>
                        <option value = "queryLast7D">最近 1 周</option>
                        <option value = "queryLast14D">最近 2 周</option>
                        <option value = "queryLast1M">最近 1 月</option>
                        <option value = "queryLast3M">最近 3 月</option>
                        <option value = "queryLast6M">最近半年</option>
                        <option value = "queryLast1Y">最近 1 年</option>
                      </select>
                    </div>
                    <div class = "col - lg - 1 col - md - 1 col - sm - 1 col - xs - 1">
                      <button id = "tempHistoryDisplay" class = "btn btn - primary">查询
</button>
                    </div>
                  </div>
                </ul>
              </div>
            </div>
          </div>
        </div></div>
        <div class = "tab - pane" id = "profile">< div class = "row" >
          <div class = "col - lg - 12 col - md - 12 col - sm - 12 col - xs - 12">
            <div class = "panel panel - default">
              <div class = "panel - heading">空气湿度</div>
              <div class = "panel - body">
                <ul class = "historyBtn">
                  <div class = "row">
                    <div class = "col - lg - 8 col - md - 8 col - sm - 8 col - xs - 8"><div id =
"hum">空气湿度空气湿度</div></div>
                    <div class = "col - lg - 3 col - md - 3 col - sm - 3 col - xs - 3">
                      <select class = "form - control" id = "humSet">
                        <option value = "queryLast1H">最近 1 小时</option>
                        <option value = "queryLast6H">最近 6 小时</option>
                        <option value = "queryLast12H">最近 12 小时</option>
                        <option value = "queryLast1D">最近 1 天</option>
                        <option value = "queryLast7D">最近 1 周</option>
                        <option value = "queryLast14D">最近 2 周</option>
                        <option value = "queryLast1M">最近 1 月</option>
                        <option value = "queryLast3M">最近 3 月</option>
                        <option value = "queryLast6M">最近半年</option>
                        <option value = "queryLast1Y">最近 1 年</option>
                      </select>
                    </div>
```

```
                    <div class = "col - lg - 1 col - md - 1 col - sm - 1 col - xs - 1">
                      <button id = "HumHistoryDisplay" class = "btn btn - primary">查询
</button>
                    </div>
                  </div>
                </ul>
              </div>
            </div>
          </div>
        </div></div>
        <div class = "tab - pane" id = "settings"><div class = "row" >
          <div class = "col - lg - 12 col - md - 12 col - sm - 12 col - xs - 12">
            <div class = "panel panel - default">
              <div class = "panel - heading">光照强度</div>
              <div class = "panel - body">
                <ul class = "historyBtn">
                  <div class = "row">
                    <div class = "col - lg - 8 col - md - 8 col - sm - 8 col - xs - 8"><div id =
"her_light">光照强度历史数据</div></div>
                    <div class = "col - lg - 3 col - md - 3 col - sm - 3 col - xs - 3">
                      <select class = "form - control" id = "lightSet">
                        <option value = "queryLast1H">最近 1 小时</option>
                        <option value = "queryLast6H">最近 6 小时</option>
                        <option value = "queryLast12H">最近 12 小时</option>
                        <option value = "queryLast1D">最近 1 天</option>
                        <option value = "queryLast7D">最近 1 周</option>
                        <option value = "queryLast14D">最近 2 周</option>
                        <option value = "queryLast1M">最近 1 月</option>
                        <option value = "queryLast3M">最近 3 月</option>
                        <option value = "queryLast6M">最近半年</option>
                        <option value = "queryLast1Y">最近 1 年</option>
                      </select>
                    </div>
                    <div class = "col - lg - 1 col - md - 1 col - sm - 1 col - xs - 1">
                      <button id = "lightHistoryDisplay" class = "btn btn - primary">查询
</button>
                    </div>
                  </div>
                </ul>
              </div>
            </div>
          </div>
        </div></div>
        <div class = "tab - pane" id = "searchSoilHum"><div class = "row" >
          <div class = "col - lg - 12 col - md - 12 col - sm - 12 col - xs - 12">
            <div class = "panel panel - default">
              <div class = "panel - heading">土壤湿度</div>
              <div class = "panel - body">
                <ul class = "historyBtn">
```

```
                    <div class = "row">
                      <div class = "col - lg - 8 col - md - 8 col - sm - 8 col - xs - 8"><div id =
"soilHum_level">土壤湿度历史数据</div></div>
                      <div class = "col - lg - 3 col - md - 3 col - sm - 3 col - xs - 3">
                        <select class = "form - control" id = "soilHum_lSet">
                          <option value = "queryLast1H">最近 1 小时</option>
                          <option value = "queryLast6H">最近 6 小时</option>
                          <option value = "queryLast12H">最近 12 小时</option>
                          <option value = "queryLast1D">最近 1 天</option>
                          <option value = "queryLast7D">最近 1 周</option>
                          <option value = "queryLast14D">最近 2 周</option>
                          <option value = "queryLast1M">最近 1 月</option>
                          <option value = "queryLast3M">最近 3 月</option>
                          <option value = "queryLast6M">最近半年</option>
                          <option value = "queryLast1Y">最近 1 年</option>
                        </select>
                      </div>
                      <div class = "col - lg - 1 col - md - 1 col - sm - 1 col - xs - 1">
                        <button id = "soilHumHistoryDisplay" class = "btn btn - primary">查询
</button>
                      </div>
                    </div>
                  </ul>
                </div>
              </div>
            </div>
          </div>
        </div>
      </div>
        <div id = "toast">
        <span id = "toast_txt">
        </span>
        </div>
        </div>
      </body>
    </html>
```

9.4.5 开发步骤

1. 搭建硬件环境

(1) 准备一个 s210 系列 Android 开发平台，采集传感器、温湿度传感器、空气质量传感器、光敏传感器和土壤温湿度传感器，控制设备有排气扇、步进电机和继电器，设置节点板跳线为模式二。

(2) 分别传感器工程，编译代码。

(3) 把上述程序分别下载到对应的传感器节点板和协调器节点板中，同时读取传感器节点板的 IEEE 地址。

(4) 组成无线传感网络，并将数据接入到云平台服务中心。

2. Android 应用程序测试

(1) 根据实际硬件平台修改代码中传感器节点的 IEEE 地址及云平台 ID/KEY。

(2) 编译 AgriculturalInformation-Android 工程,并安装应用程序到 s210 系列 Android 开发平台或 Android 终端内。

(3) 设置 Android 终端设备接入到互联网或者与 Android 开发平台设备在同一个局域网内。进入农作物光强监测系统主界面,在主界面弹出"连接网关成功"消息后即表示连接到云平台服务中心,在屏幕中间会实时地显示当前的光照强度值,如图 9.37 所示。

图 9.37 光强值实时显示

(4) 单击历史数据查询按钮,会查询近 5 天的光照强度值,并以曲线的形式显示,如图 9.38 所示。可使用右下角的"缩放"按钮来查看曲线图。

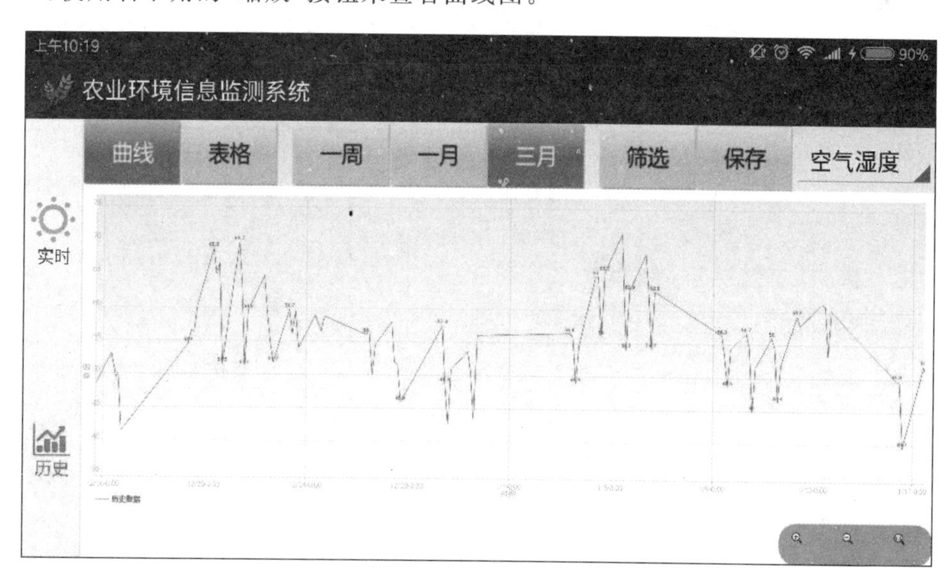

图 9.38 历史数据查询

3. Web 应用程序测试

(1) 根据实际硬件平台修改代码中传感器节点的 IEEE 地址、云平台服务器地址(若在局域网内使用,则设置为 Android 开发平台的 IP)和云平台 ID/KEY。

(2) 计算机接入到互联网,或与 Android 开发平台设备在同一个局域网内。用谷歌浏览器(或支持 HTML5 技术的 IE10 以上版本浏览器)运行 Web 工程 AgriculturalInformation-Web\AgriculturalInformation.html,进入监测界面,在主界面显示"数据服务连接成功!"消息后即表示连接到云平台服务中心,如图 9.39 和图 9.40 所示。

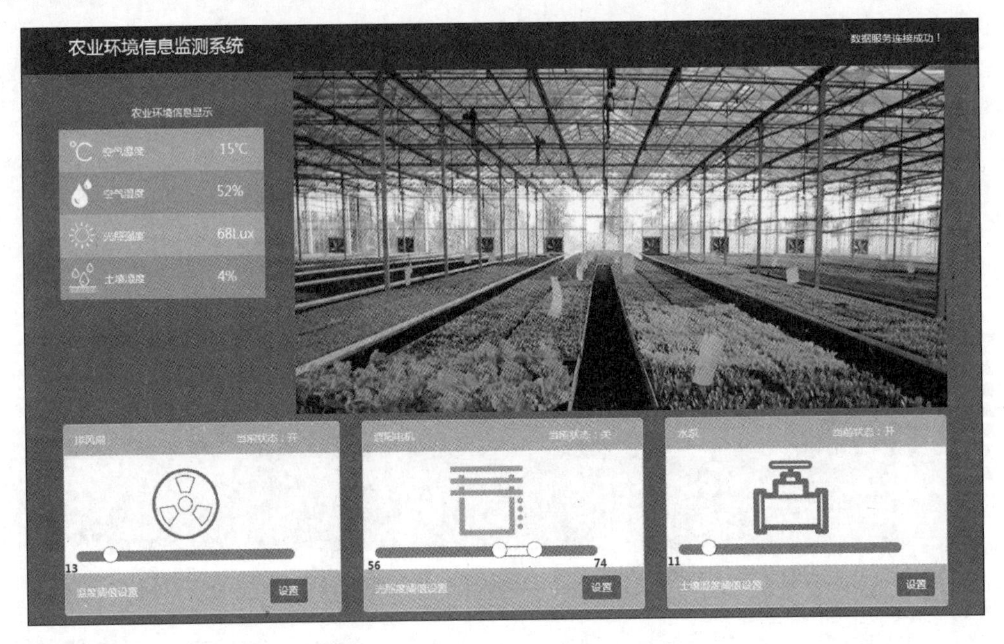

图 9.39　农业环境信息网页端效果 1

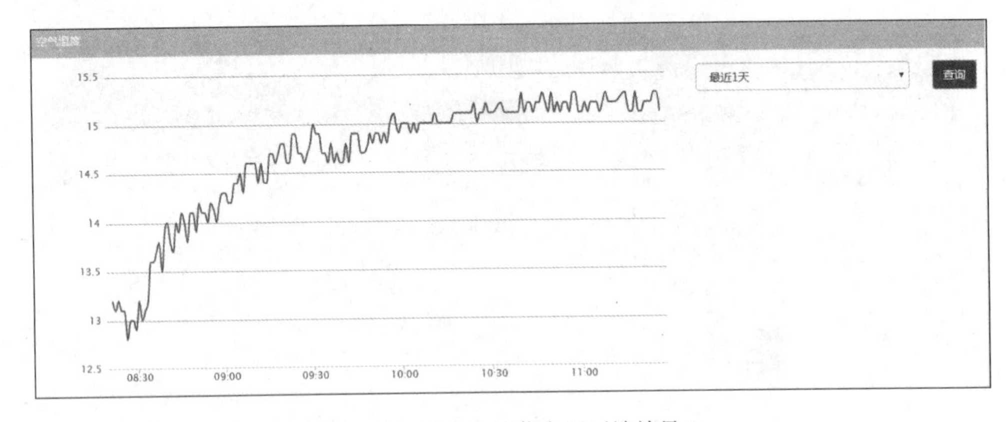

图 9.40　农业环境信息网页端效果 2

9.4.6　总结与扩展

本任务的主要实现农业环境信息的监测,用 3 种无线传感网络分别实现了 3 类数据采集和环境自动控制,开发者可以增加采集类和控制类传感器,利用自动控制原理实现联动功能。

附录A 常见硬件及问题

本部分主要介绍ZXBee物联网套件各个模块的硬件资源、使用说明及各种运行模式，同时介绍物联网开发环境的搭建。

A.1 无线节点读取IEEE地址

IPv6无线节点和协调器节点的读取IEEE地址的方法请参考4.1节项目内容。另外，ZigBee无线节点/协调器节点的读取IEEE地址的方法如下。

(1) 安装TI CC2530程序下载工具：SmartRF Flash Programmer(开发资源包\04-常用工具\ZigBee\Setup_SmartRFProgr_1.12.4.exe)。

(2) 将CC2530仿真器通过调试转接板连接到节点的调试接口槽，另一端通过USB线缆接入到计算机(驱动默认位置为C:\Program Files (x86)\Texas Instruments\SmartRF Tools\Drivers\Cebal)。

(3) 运行SmartRF Flash Programmer程序，在program下拉列表框中选择Program CCxxxx SoC or MSP430，此时从System-on-Chip选项卡中可以看到已经识别出仿真器为SmartRF04EB和节点芯片类型为CC2530，如果没有看到仿真器，则按一下仿真器的复位按钮或重新插拔仿真器的USB线缆，找到Read IEEE按钮并单击，在页面的IEEE 0x一栏就会显示CC2530的MAC地址信息，如图A.1所示。

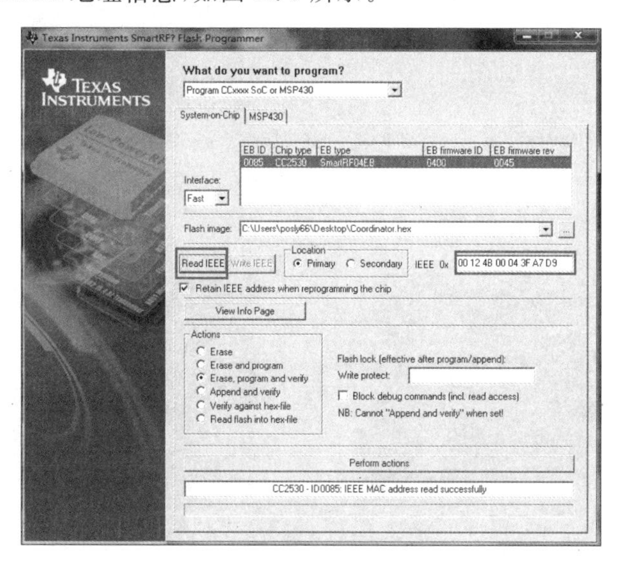

图A.1 SmartRF Flash Programmer程序

说明：默认无线节点采用的是主 IEEE 地址(全球唯一，不可修改)，但根据实际需求开发者可以采用扩展地址，可在上述软件的 Location 中选择 Secondary 进行读取/写入扩展地址，则此时节点启动时将默认使用该地址作为 IEEE 地址。当不使用扩展地址时，选择 Erase 擦除 Flash 即可。

A.2 传感器

(1) 可燃气体传感器(CombustibleGas)如图 A.2 所示。

空气质量传感器与可燃气体传感器外形一样，只是型号不同。

(2) 酒精传感器(AlcoholGas)如图 A.3 所示。

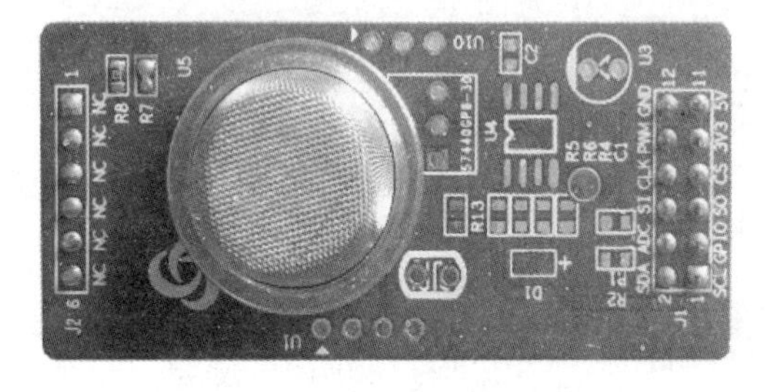

图 A.2 可燃气体传感器

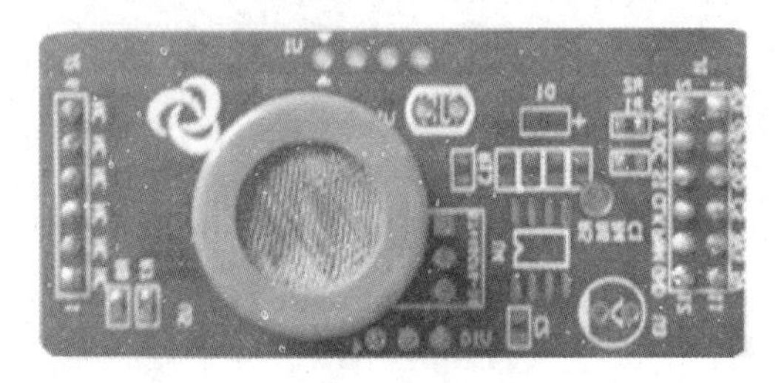

图 A.3 酒精传感器

(3) 雨滴/凝露传感器(Rain)如图 A.4 所示。

(4) 火焰传感器(Flame)如图 A.5 所示。

图 A.4 雨滴/凝露传感器

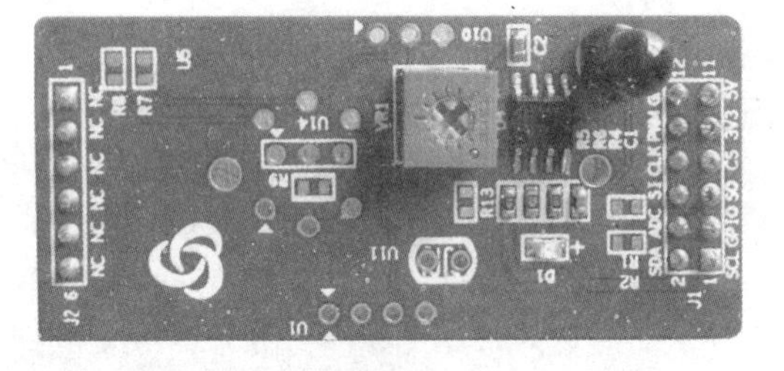

图 A.5 火焰传感器

检测火焰前，需要将电位器调节至 LED 灯刚刚灭。

(5) 光敏传感器(Photoresistance)如图 A.6 所示。

(6) 霍尔传感器(Hall)如图 A.7 所示。

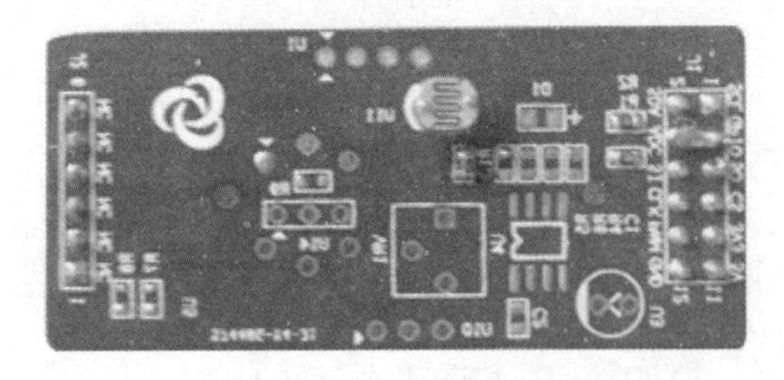

图 A.6 光敏传感器

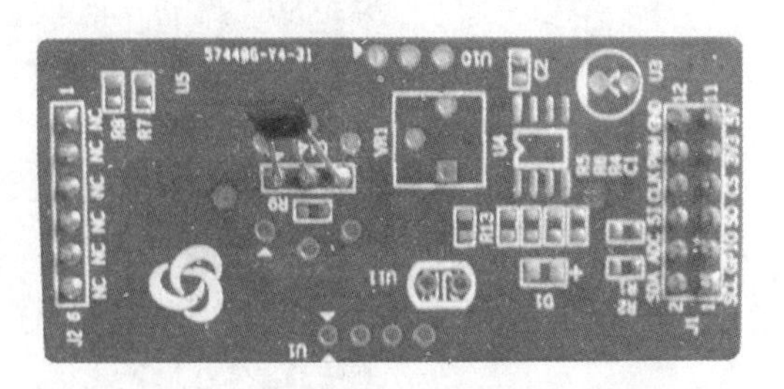

图 A.7 霍尔传感器

(7) 压力传感器(Pressure)如图 A.8 所示。

(8) 三轴加速度传感器(Acceleration)如图 A.9 所示。

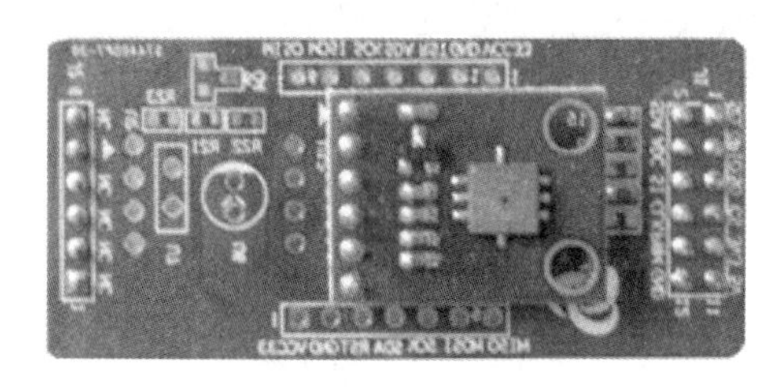

图 A.8　压力传感器

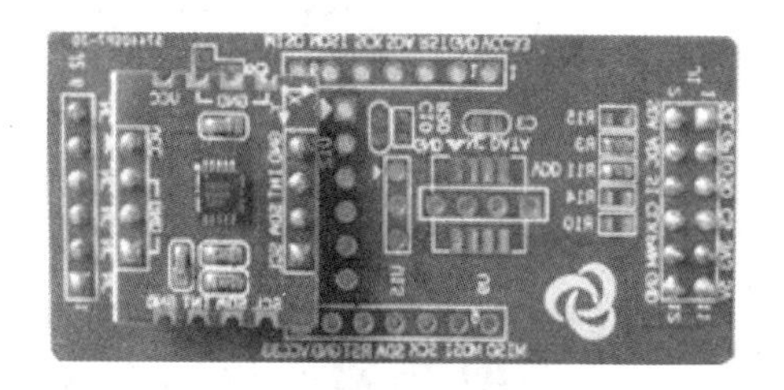

图 A.9　三轴加速度传感器

(9) 温湿度传感器(HumiTemp)分两种,分别如图 A.10 和图 A.11 所示。

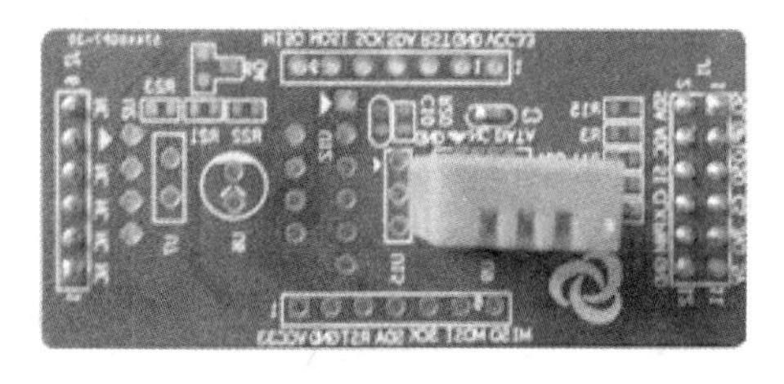

图 A.10　温湿度传感器 DHT11

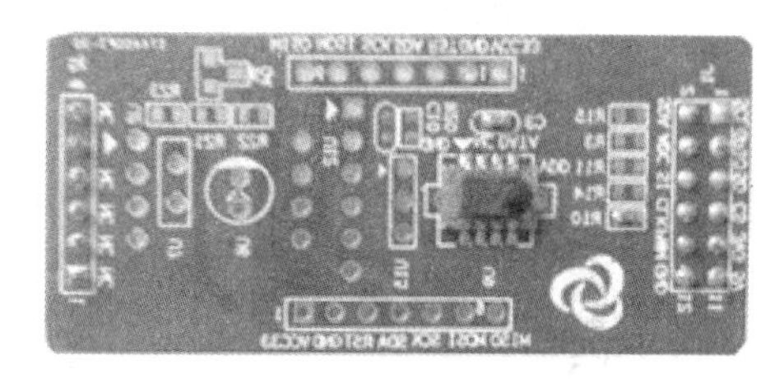

图 A.11　温湿度传感器 SHT11

(10) 人体红外传感器(Infrared)如图 A.12 所示。

(11) 超声波测距传感器(Ultrasonic)如图 A.13 所示。

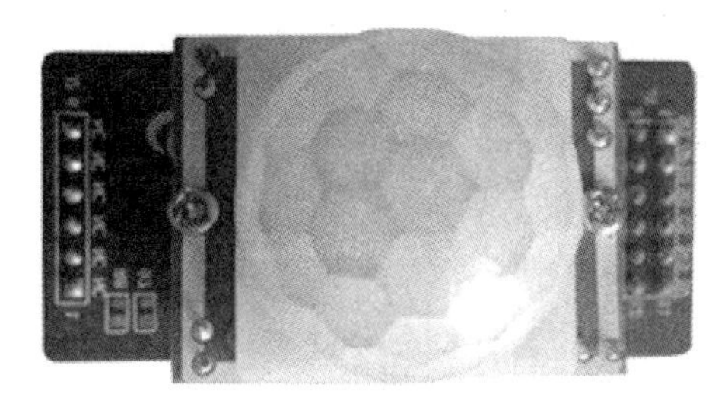

图 A.12　人体红外传感器

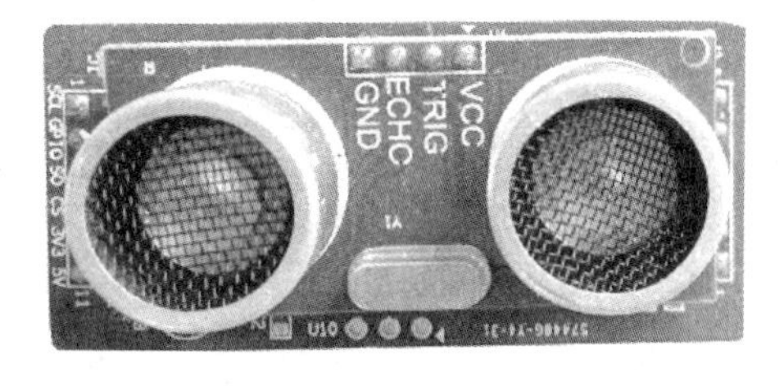

图 A.13　超声波测距传感器

(12) 继电器(Relay)如图 A.14 所示。

(13) RFID 如图 A.15 所示。

图 A.14　继电器

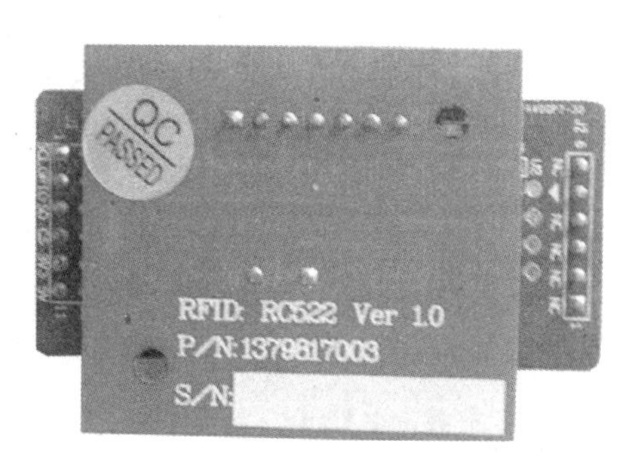

图 A.15　RFID

A.3 STM32W108 IPv6 radio 镜像固化

(1) 将 STM32W108 无线模块正确连接到 ZXBee 无线节点板，无线节点跳线设置如图 A.16 所示。

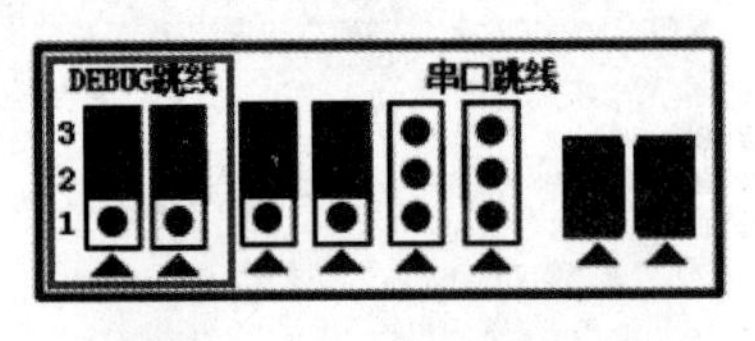

协调器：DEBUG跳线设置为2~3脚短接，其他跳线不变

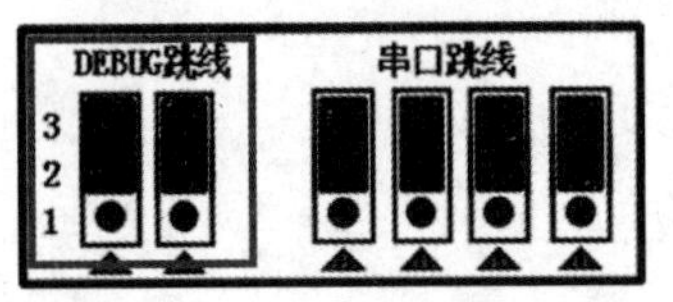

无线节点：DEBUG跳线设置为2~3脚短接，其他跳线不变

图 A.16 无线节点跳线设置

将 J-Link 仿真器的一端连接开发板，另一端连接 PC，开发板上电。

(2) 打开 J-Flash-ARM 软件，单击该软件工具栏的 Options 选项，选择 Project settings，在 Target Interface 选项卡中选择 SWD，如图 A.17 所示。

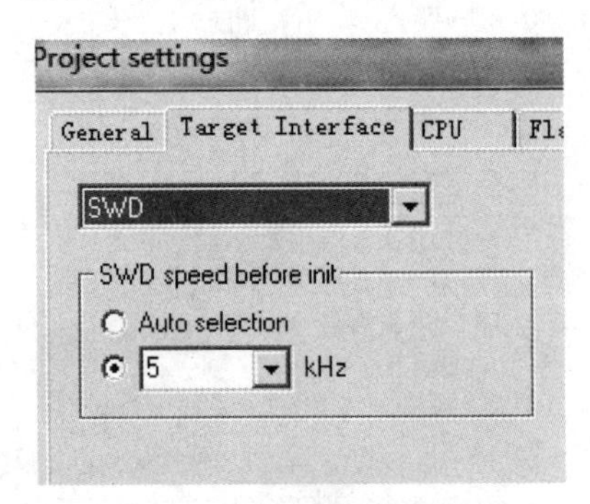

图 A.17 J-Flash-ARM 软件操作 1

(3) 在 CPU 选项卡中选择 ST STM32W108CB 如图 A.18 所示。

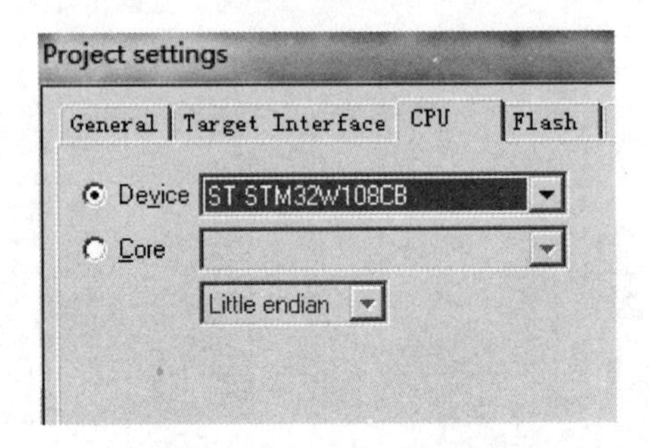

图 A.18 J-Flash-ARM 软件操作 2

(4) 选择 File→Open data file,打开 STM32W108 无线节点的射频驱动文件 slip-radio.zxw108-rf-uart.hex(Resource\02-镜像\节点\IPv6\slip-radio.zxw108-rf-uart.hex),该射频驱动程序镜像文件由 4.1 节 4.1-802_15_4_driver\w108-driver 下的源代码工程编译而来,如图 A.19 所示。

C:\Users\posly66\Desktop\02-出厂镜像\节点\slip-radio-zxw108-rf-uart.hex

Address: 0x8000000 x1 x2 x4

Address	0	1	2	3	4	5	6	7	8	9	A	B	C	D	E	F	ASCII
8000000	00	05	00	20	81	5B	00	08	79	5B	00	08	79	5B	00	08	... .[..y[..y[..
8000010	79	5B	00	08	79	5B	00	08	79	5B	00	08	00	00	00	00	y[..y[..y[......
8000020	00	00	00	00	00	00	00	00	00	00	00	00	79	5B	00	08	............y[..
8000030	79	5B	00	08	00	00	00	00	D5	00	00	08	8D	45	00	08	y[...........E..
8000040	F1	4C	00	08	79	5B	00	08	79	5B	00	08	79	5B	00	08	.L..y[..y[..y[..
8000050	61	5B	00	08	ED	46	00	08	79	5B	00	08	79	5B	00	08	a[...F..y[..y[..
8000060	89	6C	00	08	0D	83	00	08	89	72	00	08	F5	67	00	08	.l.......r...g..
8000070	79	5B	00	08	79	5B	00	08	79	5B	00	08	79	5B	00	08	y[..y[..y[..y[..
8000080	79	5B	00	08	EF	F3	11	80	70	47	80	F3	11	88	70	47	y[......pG....pG
8000090	EF	F3	11	80	0C	49	81	F3	11	88	70	47	EF	F3	11	80	.....I....pG....
80000A0	60	28	B4	BF	09	48	0A	48	70	47	08	49	81	F3	11	88	`(...H.HpG.I....
80000B0	70	47	72	B6	70	47	62	B6	70	47	BF	F3	5F	8F	BF	F3	pGr.pGb.pG.._...
80000C0	4F	8F	BF	F3	6F	8F	70	47	60	00	00	00	00	00	00	00	O...o.pG`.......
80000D0	01	00	00	00	0F	48	00	78	50	B1	EF	F3	08	80	A0	F1	.....H.xP.......
80000E0	20	00	80	F3	08	88	80	E8	F0	0F	0B	49	08	60	30	BF	...........I.`0.
80000F0	09	48	00	68	90	E8	F0	0F	00	F1	20	00	80	F3	08	88	.H.h...... .....
8000100	70	47	05	48	00	68	80	F3	08	88	62	B6	70	47	30	BF	pG.H.h....b.pG0.
8000110	70	47	00	00	02	10	00	20	03	10	00	20	03	2A	84	46	pG..... ... .*.F

图 A.19　打开驱动程序

(5) 选择 Target→Connect,然后单击 Erase chip,最后单击 Program & Verify,完成后即将该射频驱动程序烧写到 STM32W108 无线模块中,如图 A.20 所示。

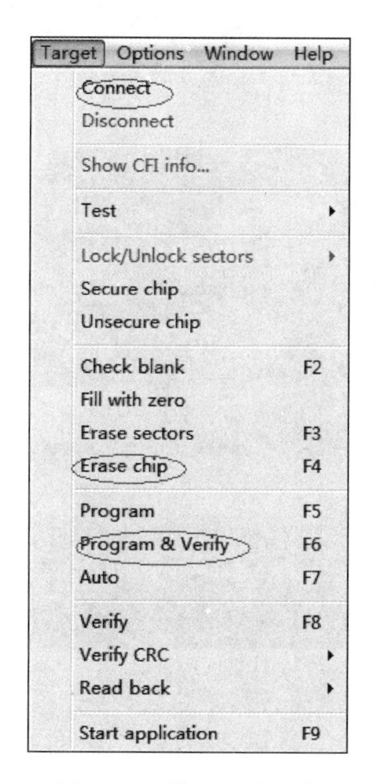

图 A.20　烧写驱动程序

A.4 蓝牙无线节点设置

(1) 启动网关 Android 系统，选择“设置”→“无线和网络”→“蓝牙”，将蓝牙打开。

(2) 拨动蓝牙无线节点开关上电，蓝牙无线节点的 D4 LED 灯会闪烁查找网关节点。运行“网关设置”程序，将蓝牙网关的服务选项勾选上。

(3) 打开“网关设置”程序的“配置蓝牙网络”选项，单击“添加设备”按钮，在弹出的窗口中输入需要连接的节点 MAC 地址(在蓝牙无线节点的 LCD 上可以找到)，即可绑定需要连接的蓝牙无线节点，依次添加需要绑定的蓝牙无线节点，入网成功的设备将会在窗口中显示，如图 A.21～图 A.23 所示。

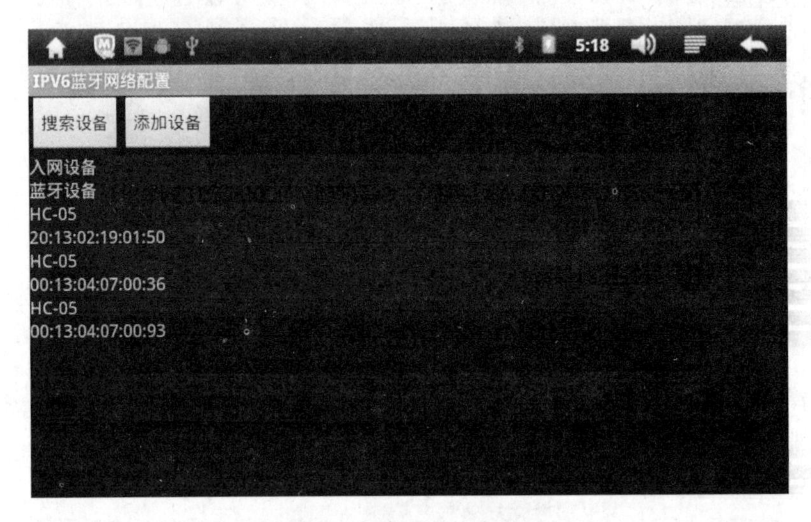

图 A.21 蓝牙无线连接 1

图 A.22 蓝牙无线连接 2

(4) 第一次使用会提示蓝牙匹配消息，输入匹配码 1234 即可，如图 A.24 所示。

(5) 蓝牙无线节点入网成功后，蓝牙无线核心板上的 D5 LED 会长亮。

图 A.23　蓝牙无线连接 3

图 A.24　蓝牙匹配

A.5　浏览器采集和控制节点

本节介绍火狐浏览器中 CoAP 插件的安装及使用，以温湿度传感器无线节点为例演示使用浏览器控制无线节点板 D4 灯的开关、采集温湿度传感器数据，以继电器无线节点为例分析使用浏览器控制传感器开发。

1. PC 与 IPv6 网关通信网络环境部署

请参考 6.2.5 节开发步骤依次完成：①网络配置准备工作；②网关端 IPv6 网络配置；③PC 端 IPv6 网络配置；④计算 IEEE 802.15.4 边界路由器网络地址；⑤测试 PC 端与 IPv6 网关通信；保证 PC 端能与 IPv6 子网进行正常通信。

2. 编译固化无线节点镜像

请参考 7.1.5 节开发步骤依次完成：①无线节点网络信息的修改；②编译无线节点

Contiki 工程源代码；③固化无线节点镜像；④组网及信息查看。

3. 火狐浏览器中 CoAP 插件安装与使用

(1) 先下载火狐浏览器 Firefox-full-latest.exe，在 PC 上安装火狐浏览器。

(2) 在火狐浏览器上安装 CoAP 的插件 copper_cu-0.13.1-fx.xpi(Resource\04-常用工具\copper_cu-0.13.1-fx.xpi)，将该插件复制到 PC 的任意位置(例如 H 盘)，右击鼠标，在弹出的快捷菜单中选择 Firefox 打开方式，然后单击"立刻安装"按钮，如图 10.25 所示。

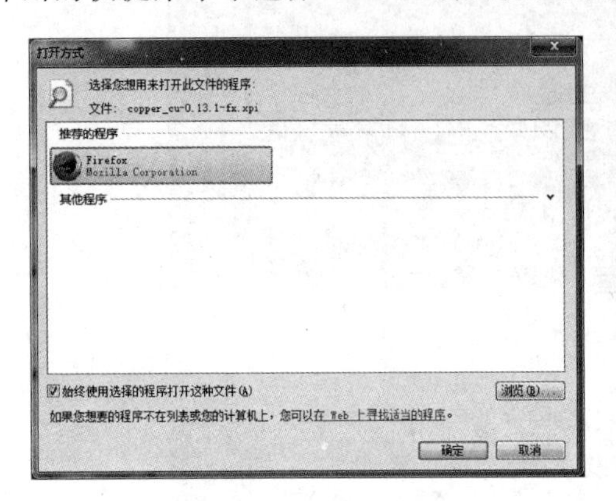

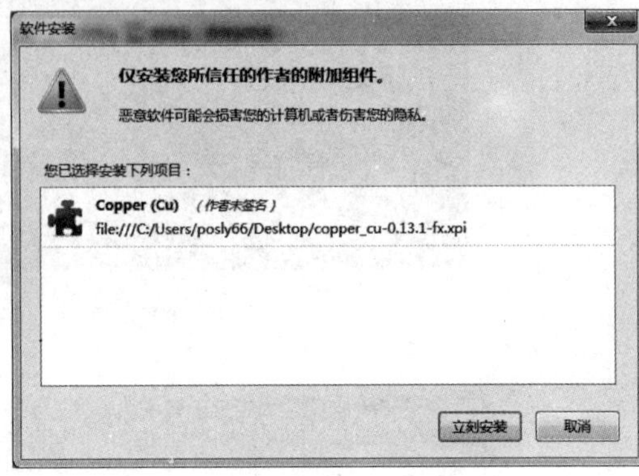

图 A.25　CoAP 协议插件安装

(3) 火狐浏览器安装完毕后，重启火狐浏览器，在火狐浏览器地址栏以"coap://[节点网络地址]"格式输入 STM32W108 无线节点的网络地址(无线节点网络地址的获取请参考 6.2.5 节)，输入示例为 coap://[aaaa::0280:e102:0058:6eb4]，输入完成后即可看到无线节点 CoAP 主界面，如图 A.26 所示。

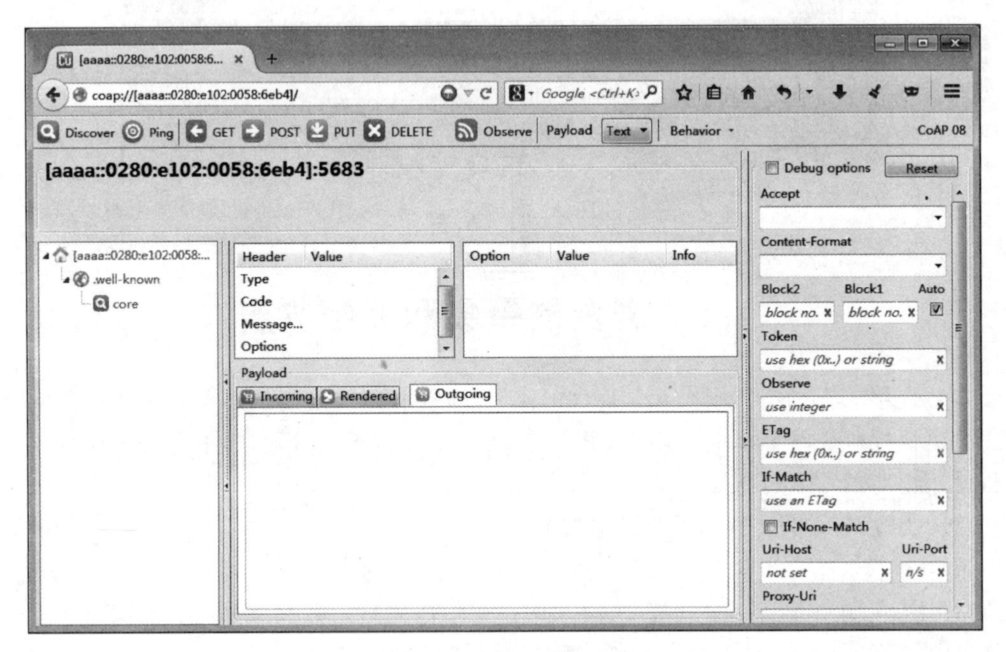

图 A.26　无线节点 CoAP 主界面

(4) 设置 CoAP 的版本。单击页面右端的“CoAP 08”按钮，在弹出的 Copper Preferences 对话框中选择 draft-ietf-core-coap-07/08 后单击“确定”按钮完成 CoAP 的版本设置，如图 A.27 所示。

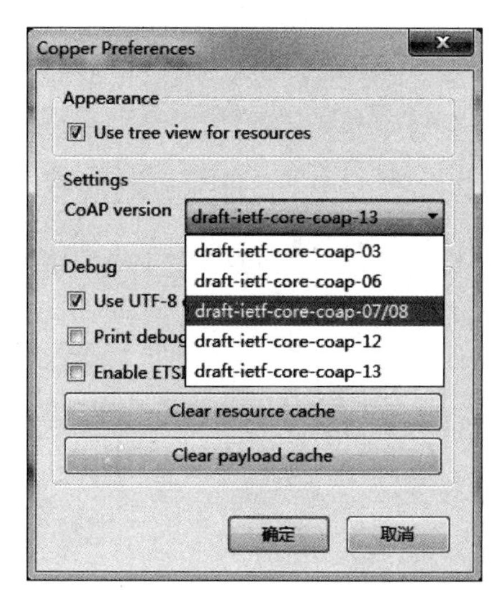

图 A.27　CoAP 的版本设置

(5) 获取无线节点可控制资源。CoAP 环境配置好后，单击页面顶部的 Discover 按钮，在 Web 页面的左侧导航窗口中列出无线节点的可控制资源，如图 A.28 所示。

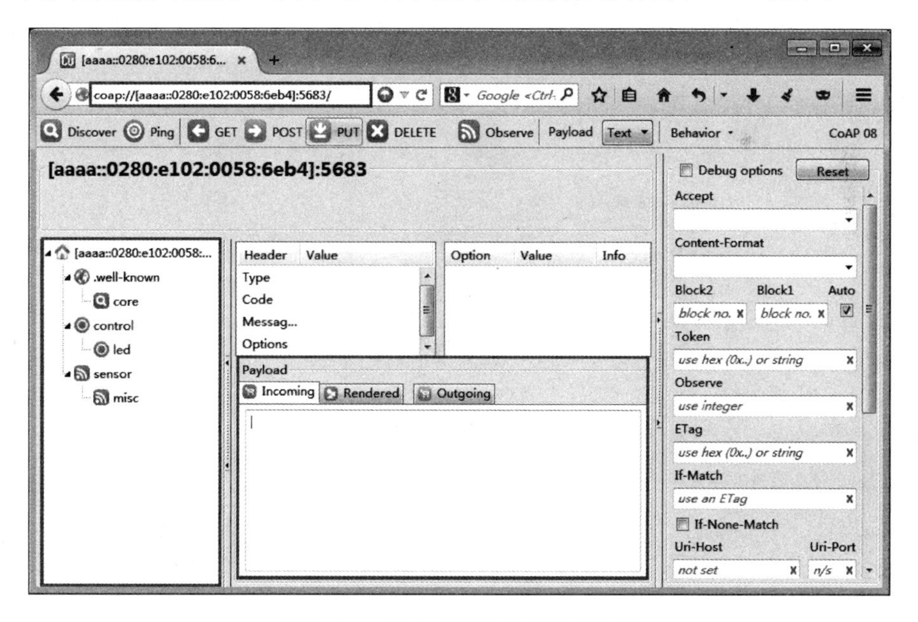

图 A.28　获取无线节点可控制资源

(6) 图 A.28 所示的主界面首行显示的按钮依次为 Discover、Ping、GET、POST、PUT、DELETE，其中 Discover 表示获取无线节点的资源列表并在左侧显示，Ping 用于测试使用 COAP 访问网路资源是否畅通，GET、POST、PUT 和 DELET 分别表示发送相应的请求。

(7) 图 A.28 所示的主界面右下角区域为资源消息的发送与接收栏。Incoming 为资源消息的接收栏,详细操作示例:选择左侧的 sensor/misc 资源,单击 GET 按钮,则将获取 sensor/misc 资源的返回消息并显示在 Incoming 文本框。Outgoing 为资源消息的发送栏,详细操作示例:选择左侧的 sensor/misc 资源,在 Outgoing 文本框中输入需要发送的消息,单击 POST 按钮,则将该消息发送给 sensor/misc 资源。

4. 使用浏览器控制无线节点板 D4 灯

下面以温湿度传感器无线节点为例演示使用浏览器控制无线节点板 D4 灯光,详细步骤如下。

(1) 参考 6.2.5 节中无线节点网络地址的获取方式,计算温湿度传感器无线节点的网络地址。在火狐浏览器地址栏以“coap://[节点网络地址]”格式输入湿度传感器无线节点的 CoAP 格式地址 coap://[aaaa::0280:e102:0058:6eb4],输入完成后,单击 Discover 按钮,弹出如图 A.29 所示的控制界面。

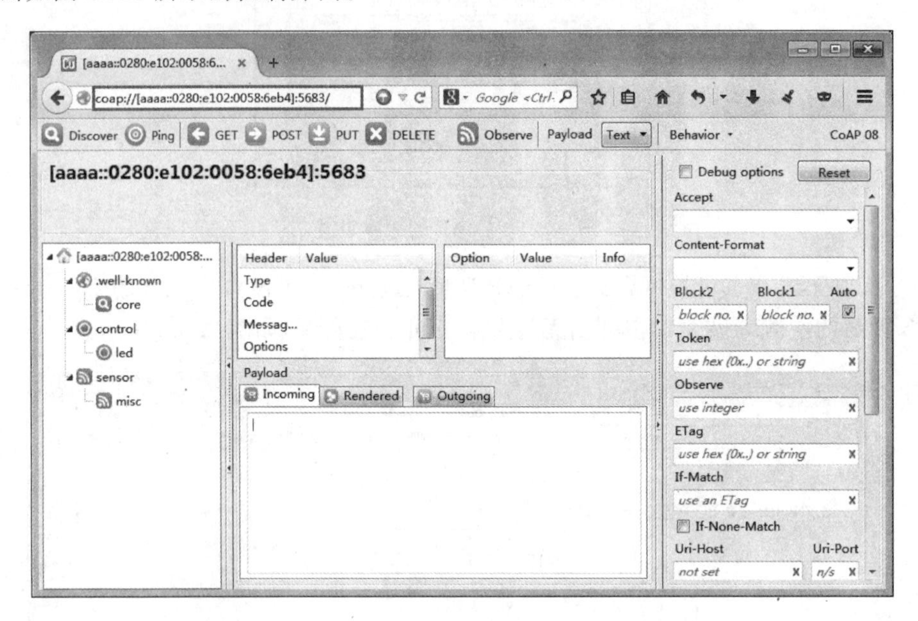

图 A.29 控制无线节点板 D4 灯

(2) 图 A.29 所示的 CoAP 的控制界面左侧资源视图显示了两种资源:control/led 和 sensor/misc。其中 control/led 资源为无线节点板灯光资源,sensor/misc 资源为温湿度无线节点信息采集资源。

(3) 获取无线节点板 D4 灯状态。在左侧资源视图选择 control/led 资源,浏览器 URL 地址更新为 coap://[aaaa::0280:e102:0058:6eb4]:5683/control/led,该 URL 表示当前选择的资源 control/led 资源。单击 GET 按钮发送 GET 请求获取 D4 灯状态消息,GET 请求发送成功后,在 Incoming 文本框中显示了获取到的 D4 灯状态消息:{D1=1},它表示当前 D4 灯处于开的状态,如图 A.30 所示。

(4) 关闭无线节点板 D4 灯。在 Outgoing 文本框中输入“{CD1=1}”,单击顶端的 POST 按钮发送关闭 D4 灯请求,可观察到无线节点板上的 LED 灯被关闭,同时在 Incoming 文本框中显示了获取到的 D4 灯状态消息:{D1=0},它表示当前 D4 灯处于关闭的状态,如图 A.31 所示。

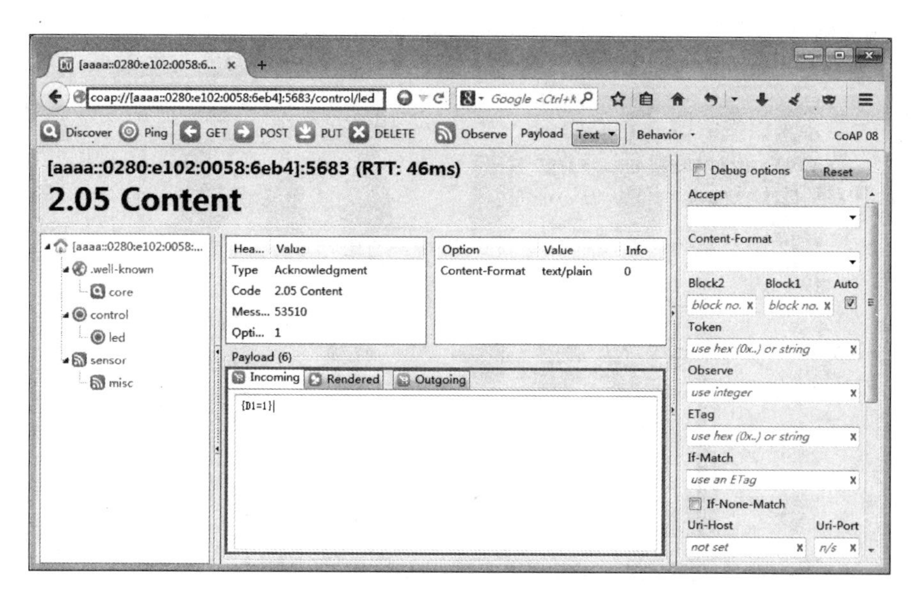

图 A.30　获取无线节点板 D4 灯状态

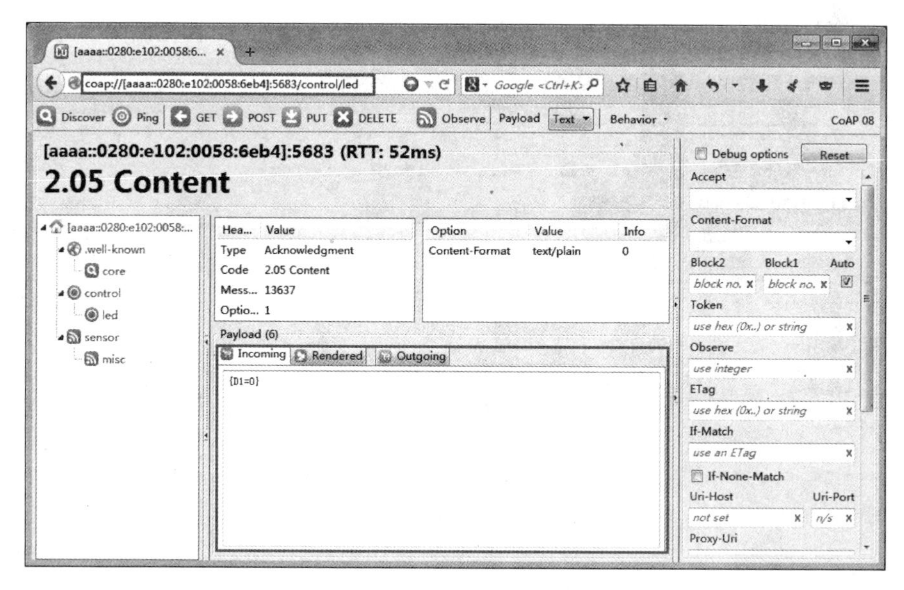

图 A.31　关闭无线节点板 D4 灯

(5) 打开无线节点板 D4 灯。在 Outgoing 文本框中输入"{OD1=1}"命令,单击 POST 按钮发送打开 D4 灯请求,可观察到无线节点板上的 LED 灯被点亮,同时在 Incoming 文本框中显示了获取到的 D4 灯状态消息:{D1=1},它表示当前 D4 灯处于打开的状态,如图 10.48 所示。

5. 使用浏览器采集传感器信息

下面以温湿度传感器无线节点为例演示使用浏览器采集传感器信息,详细步骤如下。

(1) 计算温湿度传感器无线节点的网络地址,在火狐浏览器地址栏以"coap://[节点网络地址]"格式输入湿度传感器无线节点的 CoAP 格式地址 coap://[aaaa::0280:e102:

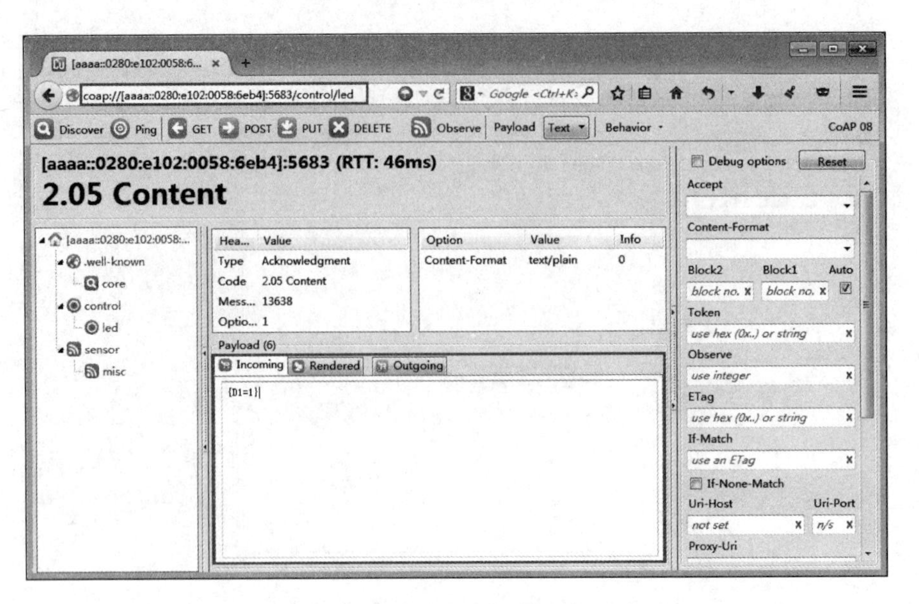

图 A.32　打开无线节点板 D4 灯

0058:6eb4]，输入完成后，单击 Discover 按钮，如图 A.33 所示的控制界面。

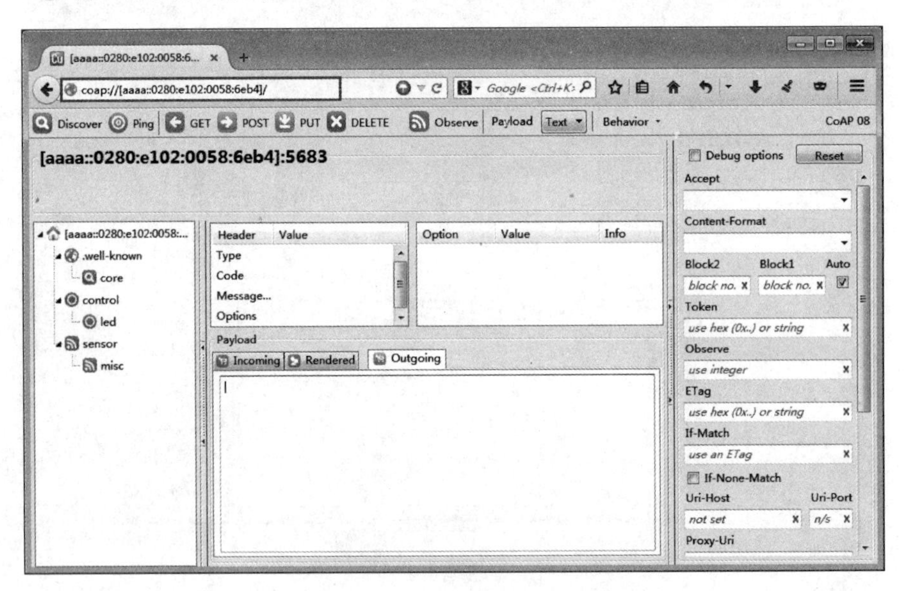

图 A.33　通过网络地址获取传感器信息 1

（2）选择 sensor/misc 资源。在左侧资源视图选择 sensor/misc 资源，浏览器 URL 地址更新为 coap://[aaaa::0280:e102:0058:6eb4]:5683/sensor/misc，该 URL 表示当前选择的资源 sensor/misc 资源(信息采集资源)，如图 A.34 所示。

（3）发送 GET 请求获取传感器采集信息。单击 GET 按钮发送 GET 请求获取传感器采集的温湿度信息，GET 请求发送成功后，在 Incoming 文本框中显示温湿度信息：{A0=22,A1=36}，它表示当前采集到的温度为 22℃、湿度为 36%，如图 A.35 所示。

（4）发送 POST 请求获取传感器采集信息。在 Outgoing 文本框中输入“{A0=?,

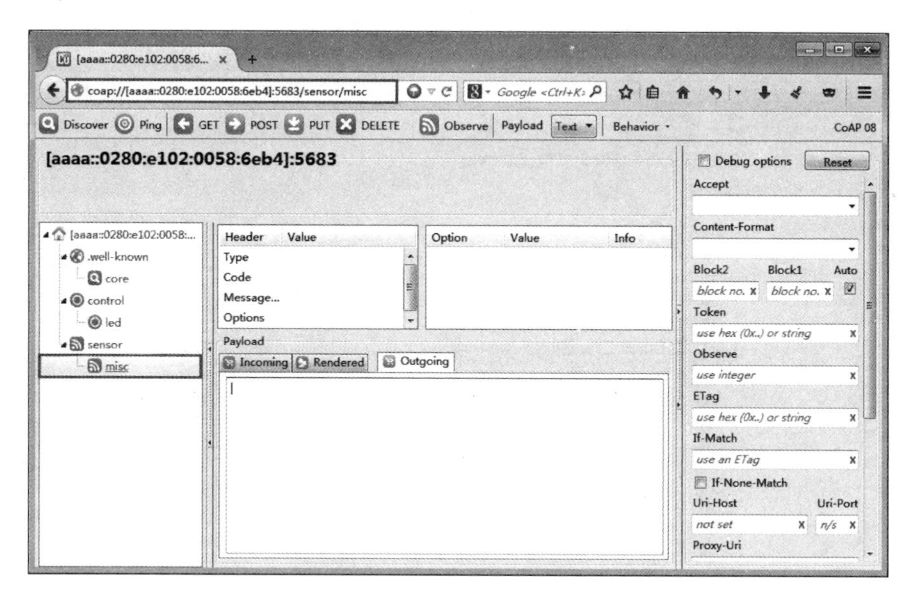

图 A.34　通过网络地址获取传感器信息 2

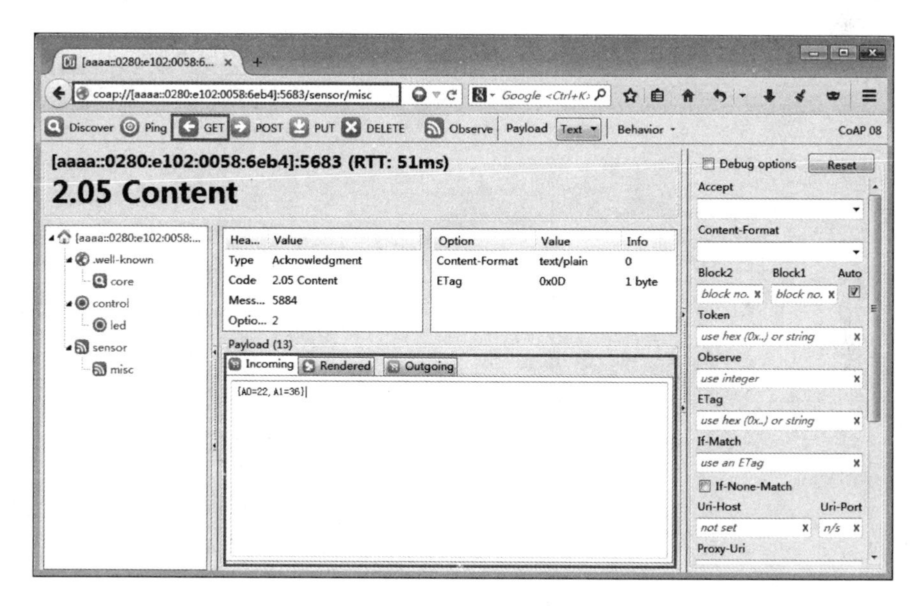

图 A.35　通过网络地址获取传感器信息 3

A1=?}”，点击 POST 按钮发送 POST 请求获取传感器采集的温湿度信息。POST 请求发送成功后，在 Incoming 文本框中显示温湿度信息：{A0=22，A1=36}，表示当前采集到的温度为 22℃、湿度为 36%，如图 A.36 所示。

6. 使用浏览器控制传感器

下面以继电器无线节点为例演示使用浏览器控制传感器，详细步骤如下。

（1）计算继电器无线节点的网络地址。在火狐浏览器地址栏以“coap://[节点网络地址]”格式输入继电器无线节点的 CoAP 格式地址 coap://[aaaa::0280:e102:0058:6fbc]，输入完成后，单击 Discover 按钮，弹出如图 A.37 所示的控制界面。

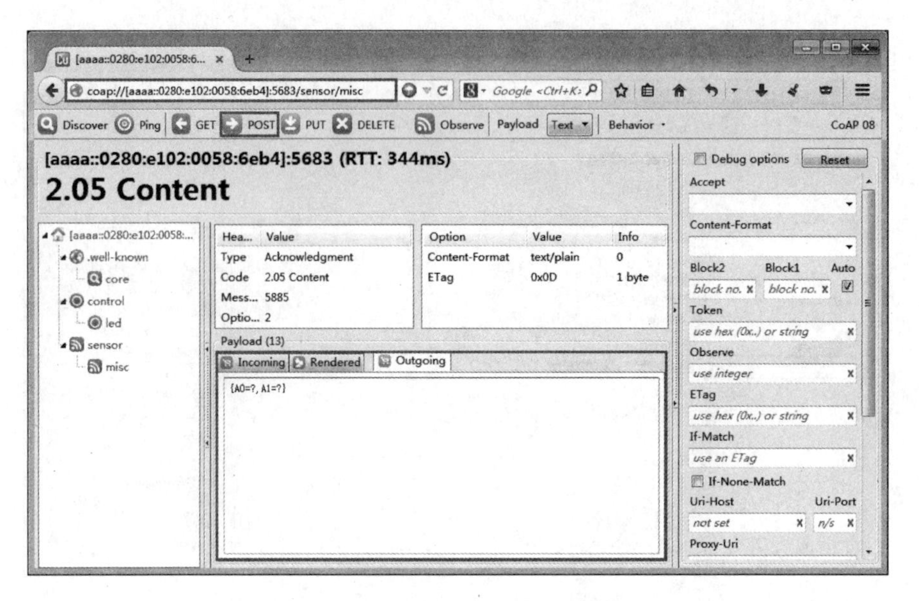

图 A. 36　通过网络地址获取传感器信息 4

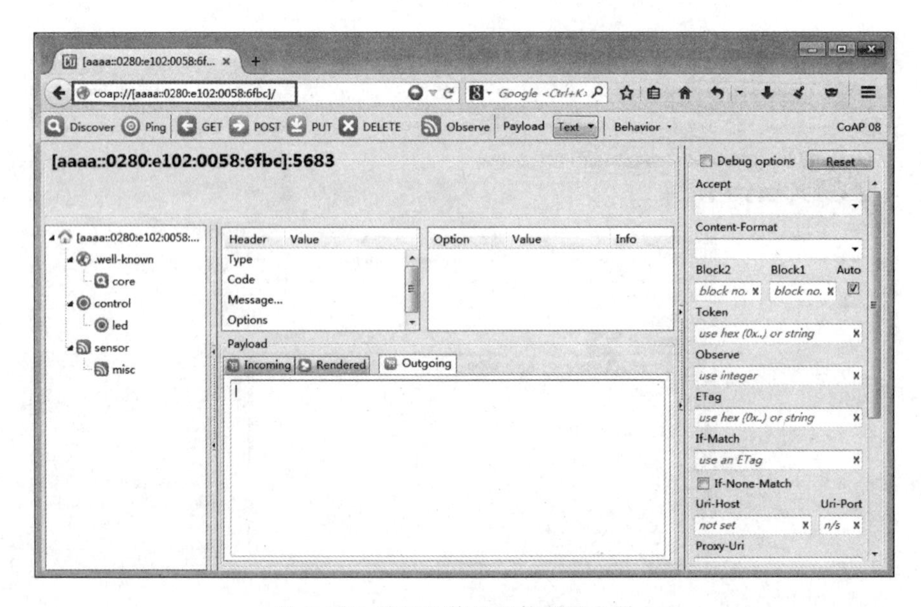

图 A. 37　通过网络地址控制继电器 1

（2）选择 sensor/misc 资源。在左侧资源视图选择 sensor/misc 资源，浏览器 URL 地址更新为 coap://[aaaa::0280:e102:0058:6fbc]:5683/sensor/misc，该 URL 表示当前选择的资源 sensor/misc 资源（继电器控制资源），如图 A. 38 所示。

（3）发送 GET 请求获取继电器开关状态信息。单击 GET 按钮发送 GET 请求获取继电器开关状态信息，GET 请求发送成功后，在 Incoming 文本框中显示温湿度信息：{D0=0}，它表示两个继电器均处于关的状态，如图 A. 39 所示。

（4）发送 POST 请求控制第一路继电器开。在 Outgoing 文本框中输入“{OD1=1, D1=?}”，单击 POST 按钮发送 POST 请求控制第一路继电器开，并同时获取返回的继电器

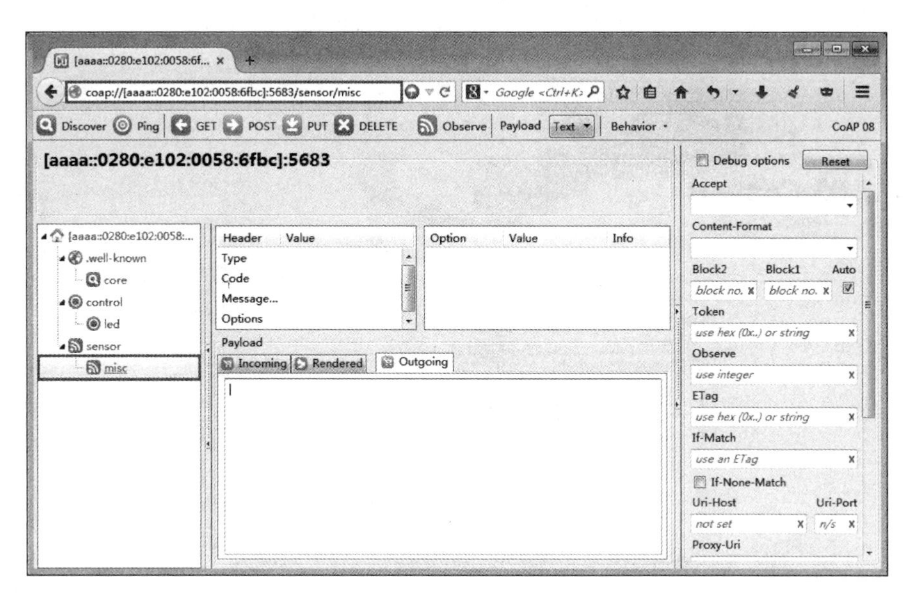

图 A.38　通过网络地址控制继电器 2

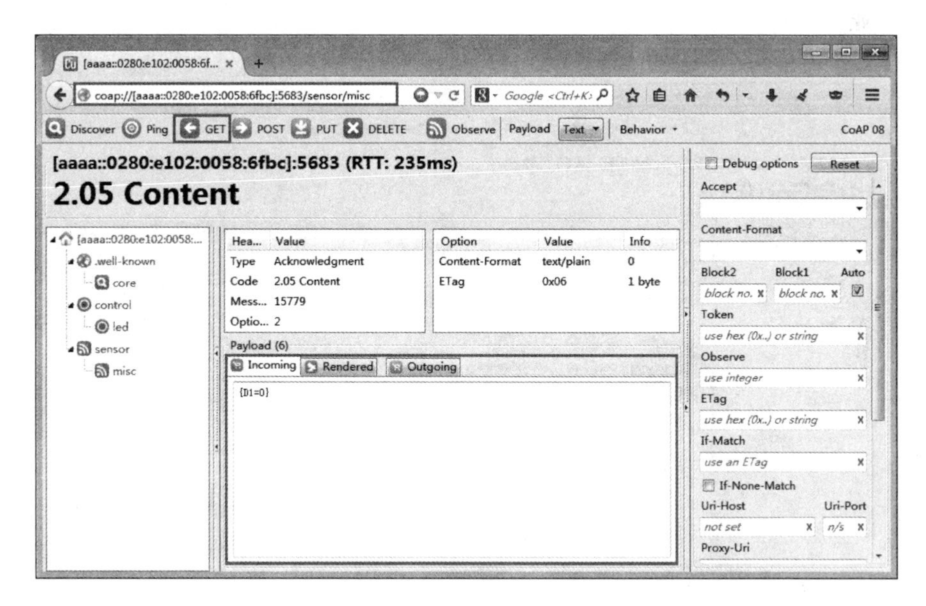

图 A.39　通过网络地址控制继电器 3

状态。POST 请求发送成功后，在 Incoming 文本框中显示温湿度信息：{D1=1}，表示第一路继电器处于开状态。开发者也可自行尝试发送{OD1=2,D1=?}控制第二路继电器开，发送{OD1=3,D1=?}控制所有的继电器开，如图 A.40 所示。

(5) 发送 POST 请求控制第一路继电器关。在 Outgoing 文本框中输入“{CD1=1,D1=?}”，单击 POST 按钮发送 POST 请求控制第一路继电器关，并同时获取返回的继电器状态。POST 请求发送成功后，在 Incoming 文本框中显示温湿度信息：{D1=0}，它表示第一路继电器处于关闭状态。开发者也可自行尝试发送{CD1=2,D1=?}控制第二路继电器关，发送{CD1=3,D1=?}控制所有的继电器关，如图 A.41 所示。

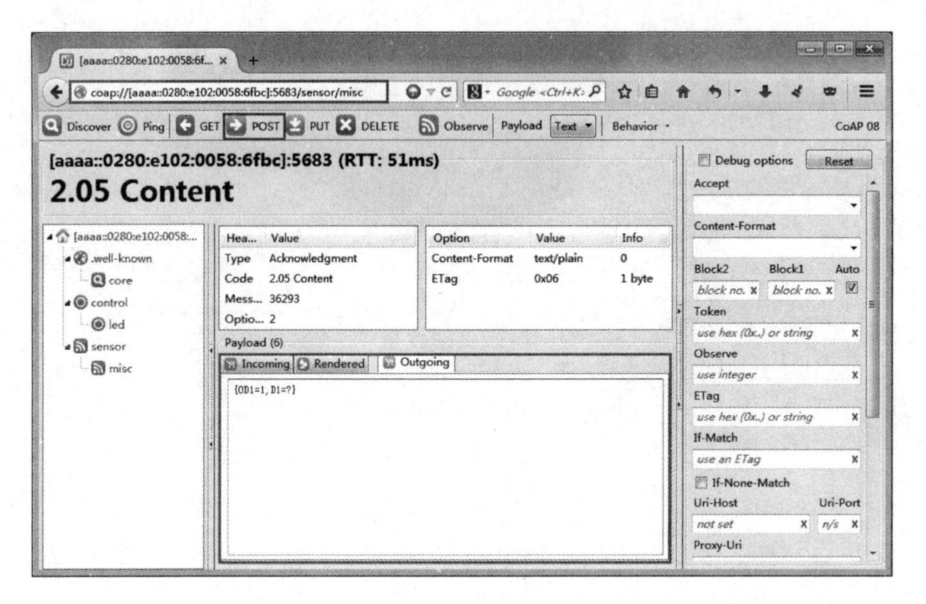

图 A.40　通过网络地址控制继电器 4

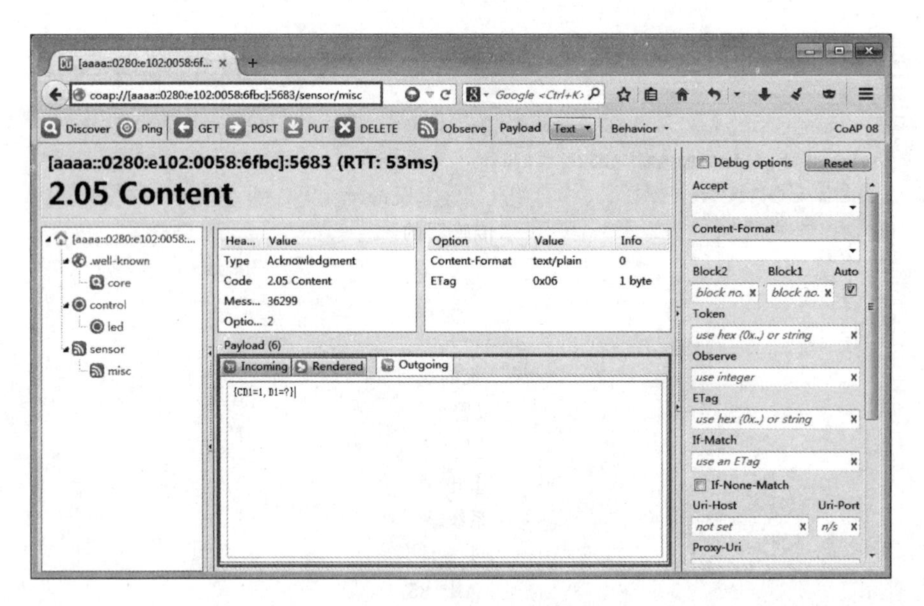

图 A.41　通过网络地址控制继电器 5

参考文献

[1] 刘云山.物联网导论[M].北京：科学出版社，2010.

[2] 廖建尚.物联网平台开发及应用——基于 CC2530 和 ZigBee [M].北京：电子工业出版社，2016.

[3] 刘艳来.物联网技术发展现状及策略分析[J].中国集体经济，2013(9)：154-156.

[4] 陈海明，崔莉，谢开斌.物联网体系结构与实现方法的比较研究[J].计算机学报，2013，36(1)：168-188.

[5] 廖建尚.基于物联网的温室大棚环境监控系统设计方法[J].农业工程学报，2016，32(11)：233-243.

[6] 赵巍.基于 IPv6 的物联网中低智能节点接入技术研究[D].沈阳：辽宁大学，2012.

[7] 江连山，侯乐青.IPv6 和物联网[J].电信网技术，2012(9)：1-6.

[8] 王义君，钱志鸿，王雪，等.基于 6LoWPAN 的物联网寻址策略研究[J].电子与信息学报，2012(4)：763-769.

[9] 陈仲华.IPv6 技术在物联网中的应用[J].电信科学，2010(4)：16-19.

[10] 王廷.基于 STM32W108 的油田无线传感器节点设计[D].秦皇岛：燕山大学，2011.

[11] 韩祺.无线点菜系统基站及上位机软硬件研究与实现[D].天津：天津大学，2008.

[12] 聂涛，许世宏.基于 FPGA 的 UART 设计[J].现代电子技术，2006(2)：127-129.

[13] 叶涵.LCD 显示缺陷自动光学检测关键技术研究[D].成都：电子科技大学，2013.

[14] 杨欢欢.基于 STM32 的温室远程控制系统的设计[D].杭州：杭州电子科技大学，2015.

[15] 贾玖玲.周期性非均匀采样处理带通信号的研究及实现[D].大连：大连海事大学，2016.

[16] 高婷.基于北斗定位的海上落水报警装置设计与研究[D].上海：上海海洋大学，2014.

[17] 宋景文.火焰传感器[J].自动化仪表，1991(5)：5-6.

[18] 刘振照.基于 OpenGL 的继电器三维可视化仿真系统的研究与开发[D].福州：福州大学，2006.

[19] 张璞汝，张千帆，宋双成，等.一种采用霍尔传感器的永磁电机矢量控制[J].电源学报，2017，15(1)：81-86.

[20] 张潭.开关型集成霍尔传感器的研究与设计[D].成都：电子科技大学，2013.

[21] 陈疆.基于超声波传感器的障碍物判别系统研究[D].杨凌：西北农林科技大学，2005.

[22] 范洪亮.基于红外传感器的地铁隧道监测系统的设计[D].哈尔滨：黑龙江大学，2015.

[23] 张群强，赵巧妮.基于 MQ-2 型传感器火灾报警系统的设计[J].价值工程，2015(13)：96-98.

[24] 李雯.基于 MQ-3 的酒精测试器的设计研究[J].电脑知识与技术，2015，11(20)：181-201.

[25] 徐良雄.酒精浓度超标报警器设计与分析[J].电子设计工程，2011(13)：82-84.

[26] 郭坚.基于 SIM908 的无人机空气质量监测系统设计与研究[D].天津：天津大学，2014.

[27] 杨枫.加速传感器在手机中的应用及其摄像头替代技术研究[D].上海：上海交通大学，2012.

[28] 张金燕，刘高平，杨如祥.基于气压传感器 BMP085 的高度测量系统实现[J].微型机与应用，2014(6)：64-67.

[29] 黄俊祥，陶维青.基于 MFRC522 的 RFID 读卡器模块设计[J].微型机与应用，2010(22)：16-18.

[30] 朱磊，聂希圣，牟文成.光敏传感器 AFS 在汽车车灯上的应用[J].汽车实用技术，2016(2)：78-79.

[31] 李士宁.传感网原理与技术[M].北京：机械工业出版社，2014.

[32] 宋菲，侯乐青.浅析智能物件网络中的 RPL 路由技术[J].电信网技术，2011(9)：23-26.

[33] 赵飞，叶震.UDP 协议与 TCP 协议的对比分析与可靠性改进[J].计算机技术与发展，2006(9)：219-221.

[34] 罗光平，郭卫锋.利用 Protothread 实现实时多任务系统[J].单片机与嵌入式系统应用，2008(5)：35-38.

[35] 汤春明，张荧，吴宇平.无线物联网中 CoAP 协议的研究与实现[J].现代电子技术，2013(1)：40-44.

[36] 吉诚.低速无线个域网能量有效性的研究[D].上海：上海交通大学，2008.

[37] 李宜安.基于 IEEE 802.15.4 标准的无线传感器网络研究[D].南京：东南大学，2006.
[38] 余国平.基于 Contiki 的 IPv6 自组织传感器网络研究与设计[D].武汉：武汉科技大学，2013.
[39] 杨鑫.低速数据网与局域网实时数据传输研究[D].成都：四川大学，2005.
[40] 季岩.关于蓝牙技术的研究[D].无锡：江南大学，2008.
[41] 田丹.基于低功耗蓝牙的移动微网系统研究[D].杭州：浙江大学，2014.
[42] 吉建功.基于单片机的桥梁挠度测量系统[D].北京：北京交通大学，2015.
[43] 李晓阳. WiFi 技术及其应用与发展[J].信息技术，2012(2)：196-198.
[44] 曾磊，张海峰，侯维岩.基于 WiFi 的无线测控系统设计与实现[J].电测与仪表，2011(7)：81-83.
[45] 张博.基于多节点无线通信技术的鱼塘含氧量监控系统的研究[D].武汉：武汉工程大学，2014.
[46] 刘垣.基于 Contiki OS 的无线传感器网络设计与实现[D].上海：华东师范大学，2016.
[47] 李凤国.基于 6LoWPAN 的无线传感器网络研究与实现[D].南京：南京邮电大学，2013.
[48] 盛李立.基于 Contiki 操作系统的无线传感器网络节点的设计与实现[D].武汉：武汉工程大学，2012.
[49] 蒋文栋.数字集成电路低功耗优化设计研究[D].北京：北京交通大学，2008.
[50] 李勇军.基于 Contiki 的远程家电监控系统的设计与实现[D].成都：电子科技大学，2012.
[51] 李勇.进程间通信的分布式实现[D].长春：吉林大学，2004.
[52] 袁海军，段美霞.基于 TUN/TAP 的非标卡虚拟化实现[J].硅谷，2015(3)：58-59.
[53] 宋菲，侯乐青.浅析智能物件网络中的 RPL 路由技术[J].电信网技术，2011(9)：23-26.
[54] 李士宁.传感网原理与技术[M].北京：机械工业出版社，2014.
[55] 李堃.基于 6LoWPAN 的 IPv6 无线传感器网络的研究与实现[D].南京：南京航空航天大学，2008.
[56] 赵飞，叶震. UDP 协议与 TCP 协议的对比分析与可靠性改进[J].计算机技术与发展，2006(9)：219-221.